John, Statistische Verfahren für Technische Meßreihen

VORWORT

In allen technischen Bereichen der Industrie werden ständig Daten erfaßt, um Entscheidungen zu treffen und Maßnahmen planvoll durchzuführen. Im Einkauf werden Zulieferteile auf ihre qualitative Beschaffenheit untersucht, um eine Annahme- oder Rückweisentscheidung des vorgelegten Warenposten zu treffen. In der Entwicklungsabteilung werden Prototypen auf ihre Leistungsdaten geprüft, um daraus evtl. erforderliche konstruktive Änderungen abzuleiten. In der laufenden Fertigung muß der vorhandene Qualitätsstandard der Erzeugnisse überwacht und den Gütevorschriften entsprechend gesichert werden. Der in der Fertigung arbeitende Mensch hat Anspruch auf eine leistungsgerechte Entlohnung. Um diesem Anspruch gerecht zu werden, muß der Betrieb sinnvolle Leistungsvorgaben festlegen. Im Warenausgang werden Fertigprodukte überprüft, um sicherzustellen, daß diese den vereinbarten Lieferbedingungen und vorhandenen gesetzlichen Vorschriften entsprechen. Das Wissen hierüber läßt sich stets nur über die Datenermittlung gewinnen. Eine wirtschaftliche Vorgehensweise ist dabei die Datenerfassung und -auswertung auf Stichprobenbasis. Der interessierende Sachverhalt wird dabei nicht erschöpfend, sondern nur auszugsweise untersucht und die Untersuchungsergebnisse anschließend auf den interessierenden Sachverhalt verallgemeinert, d.h. "hochgerechnet". Am häufigsten geschieht dies in nahezu allen technischen Bereichen durch das Erfassen von Meß-Daten (technische Meßreihen), seltener durch Zähl-Daten oder durch beurteilbare Daten.

In der vorliegenden Veröffentlichung werden daher alle wesentlichen statistischen Auswertungs- und Testverfahren für technische Meßreihen dargestellt.

Zu jedem einzelnen Verfahren gehört

- ein einführender, auf das Anwendungsumfeld gerichteter Kommentar
- die vordruckmäßig gestaltete Beschreibung des statistischen Verfahrens
- mindestens ein erläuterndes Beispiel
- eine betriebliche Aufgabenstellung, an der sich der Anwender dieser Schrift üben kann.

Bewußt ist diese Veröffentlichung für den Anwender statistischer Verfahren geschrieben worden. Auf die mathematisch-statistische Begründung der Verfahren wurde verzichtet, da es in der Literatur ausgezeichnete Darstellungen der Theorie dieser Verfahren gibt. Für den Praktiker sind Fragen, wie z.B.

- Welche statistischen Auswertungs- und Testverfahren für technische Meßreihen gibt es?
- Was sind die Anwendungsvoraussetzungen?
- Was leisten diese Verfahren?
- Wie werden die Verfahren gehandhabt?

von größter Wichtigkeit.

Den Praktiker interessiert erst in zweiter Linie die Frage nach den theoretischen Grundlagen.

Die Veröffentlichung ist modular aufgebaut. Bereits im einleitenden ersten Kapitel findet der Anwender einen Programmablaufplan, aus dem hervorgeht, wie die einzelnen statistischen Verfahren miteinander verknüpft sind. Dies ist für den Praktiker besonders wichtig, da zur Problemlösung stets mehrere aufeinanderfolgende Verfahren gehören. Leider gibt die übrige Fachliteratur der Technischen Statistik auf diese Tatsache wenig bis garkeine konkreten Hinweise.

Dem Programmablauf folgend erarbeitet sich der Praktiker seine Problemlösung, in dem er die entlang seines Lösungspfades liegenden statistischen Verfahren (Module) der Veröffentlichung nachvollzieht. Treten bestimmte Verfahrenskombinationen in der betrieblichen Praxis häufiger auf, wird man diese der Veröffentlichung entnehmen und zu einer betrieblichen Auswertungsrichtlinie zusammenfassen, wobei man den entsprechenden Auszug aus dem Programmablaufplan, die vordruckmäßig gestaltete allgemeine Verfahrensbeschreibung und ein betriebliches Beispiel statt des in den Vordrucken dargestellten Autorenbeispiels zu einer Auswertungsvorschrift zusammenfassen wird.

Von der hier gewählten Methodendarstellung zur EDV-unterstützten Anwendung der statistischen Verfahren ist es ein kleiner Schritt. Leider erlaubt es der Umfang dieser Schrift nicht, auch hierauf noch ausführlicher einzugehen. Lediglich im Kapitel 3.6 wird eine sicher von der Praxis begrüßte Sammlung von Näherungsformeln für wesentliche Wahrscheinlichkeitsverteilungen und im Kapitel 12 ein EDV-Programm zur mehrfachen Regressionsanalyse in der Anwendung veröffentlicht, obwohl selbstverständlich zu dem gesamten, im ersten

Kapitel dargestellten Programmablaufplan ein Dialogprogramm des Autors existiert.

In diese Veröffentlichung hat der Verfasser alle Erfahrungen, die er als Lehrer, Wissenschaftler und Praktiker in zahlreichen deutschen Industrieunternehmen, technisch-wissenschaftlichen Vereinigungen, Hochschulen und Behörden gewinnen konnte, eingebracht. Besonderer Dank gebührt dem Verband für Arbeitsstudien und Betriebsorganisation - REFA - e.V., der die Arbeiten an dieser Veröffentlichung ganz wesentlich unterstützt hat, sowie der Volkswagenwerk AG, wo diese Methoden in den Bereichen der Qualitätskontrolle, der Forschung und Entwicklung und der Zeitwirtschaft Eingang gefunden haben und heute zum festen Bestandteil des Prüfinstrumentariums zählen. Dank gebührt auch meiner Mitarbeiterin Frau G. Jahn, die die Druckvorlagen dieser Veröffentlichung mit großem Fleiß anfertigte und meiner Familie, die sich während der Entstehung dieser Veröffentlichungen häufig im Verzicht üben mußte.

Dr.-Ing. Bernd John
Darmstadt im Juli 1978

Inhaltsverzeichnis

1. DAS GRUNDMODELL DER TECHNISCHEN STATISTIK

1.1. Einführung

Im gesamten Bereich der Ingenieurwissenschaften steht man bei der Datenermittlung häufig vor dem Problem, daß die Ermittlung und Auswertung aller erfaßbaren Daten entweder zu zeitaufwendig oder zu kostenaufwendig oder aus sachlichen Gründen unmöglich ist. In diesen Situationen begnügt man sich damit, nur einige wenige statt alle möglichen Daten zum interessierenden Sachverhalt zu erfassen und auszuwerten. Solche Untersuchungen auf Stichprobenbasis führen zu Ergebnissen, die mittels der Methoden der technischen Statistik in allgemeingültige Aussagen umgeformt werden müssen.

Beispiele:

1. Aus Zeit- und Kostengründen ist man bei einer sich wiederholenden Arbeitsaufgabe nicht in der Lage, alle auftretenden Zyklen des interessierenden Ablaufs zu erfassen, um daraus z.B. die Auftragszeit zu ermitteln, sondern ist darauf angewiesen anhand einiger weniger Zyklen, also auf Stichprobenbasis, die verlangte Auftragszeit zu bestimmen.

2. Im Wareneingang wird die Zerreißfestigkeit des eingetroffenen Garns nicht etwa zerstörend am gesamten Material geprüft, sondern man beschränkt sich auf die Untersuchung einiger weniger Prüflinge, um sich ein Bild von der qualitativen Beschaffenheit der gesamten Warensendung zu machen.

3. Ein Arbeitsstudienmann erhält den Auftrag, Planzeitwerte für das Verpacken von Kunststoff-Spritzteilen auf Plastikbeutel und Faltschachteln zu erstellen. Es handelt sich dabei um Teile für das Basteln von Spielzeughäuschen. Insgesamt bietet die Firma 270 verschiedene Bausätze katalogmäßig an. Es ist unmöglich, das Verpacken jedes der 270 Bausätze mit einer Zeitaufnahme zu belegen. Statt dessen sollen Planzeiten auf der

Grundlage einer weniger stichprobenmäßig erfaßten Verpackungsaufgaben erstellt werden.

Diesen Beispielen liegt stets ein- und dasselbe Vorgehen zugrunde, das in der Praxis als Grundmodell der technischen Statistik bezeichnet wird. Bild 1 gibt dieses Grundmodell wieder, dessen Bestandteile zunächst eingehender erläutert werden müssen, ehe einzelne statistische Methoden näher beschrieben werden.

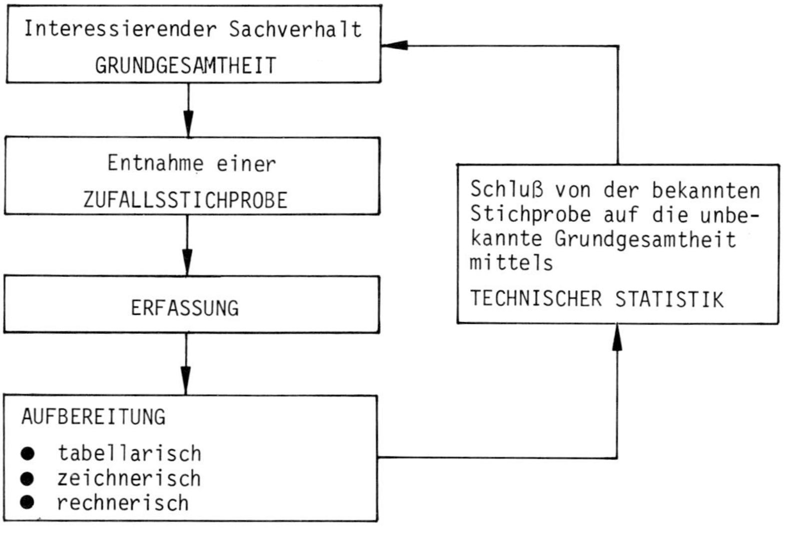

Bild 1: Grundmodell der technischen Statistik

1.2. Definition des Begriffes GRUNDGESAMTHEIT

Als Grundgesamtheit (Gesamtheit, Kollektiv, Population o.ä.) wird die Gesamtmenge aller Einheiten oder Ereignisse (Elemente, Teile, Stücke, Wiederholungen eines Ablaufs o.ä.) bezeichnet, die der statistischen Betrachtung zugrunde liegen.

Beispiele:

1. Bei einem Zeitaufnahmeproblem wird mit Grundgesamtheit die Gesamtzahl der Wiederholungen der Arbeitsaufgabe bezeichnet. Wenn die Arbeitsaufgabe beispielsweise lautet "Duplex-Zahnradpumpe reinigen und prüfen", dann macht die Grundgesamtheit die Gesamtmenge aller jemals unter gleichen Arbeitsbedingungen gereinigten und geprüften Duplex-Zahnradpumpen aus.
2. Bei einem Warenposten ist Grundgesamtheit die Gesamtzahl der angelieferten Einheiten.
3. Bei einer zur Zerreißfestigkeitsprüfung vorgelegten Garnlieferung besteht die Grundgesamtheit aus der Gesamtmenge der Prüflinge, die man für die Zerreißfestigkeitsprüfung aus der Garnlieferung fertigen könnte.
4. Für die Bildung von Planzeiten werden viele Grundgesamtheiten auf Stichprobenbasis untersucht. Eine Grundgesamtheit besteht aus der Gesamtmenge der Wiederholungen der Arbeitsaufgabe mit bestimmtem Arbeitsinhalt. Jedem anderen untersuchten Arbeitsinhalt ist ebenfalls eine Grundgesamtheit an Wiederholungen zugeordnet.

Die Größe der Grundgesamtheit kann endlich oder unendlich sein.

1.3. Definition des Begriffes STICHPROBE

Als Stichprobe wird die Teilmenge bezeichnet, die aus einer Grundgesamtheit zufällig entnommen wird.

Mit der Zufallsauswahl wird gewährleistet, daß jede Einheit der Grundgesamtheit die gleiche Chance hat, in die Stichprobe ausgewählt zu werden.

Damit wird sichergestellt, daß die Stichprobe repräsentativ ist, diese also die Verhältnisse in der Grundgesamtheit hinreichend gut wiederspiegelt.

1.4. Übersicht über die Auswertungs- und Testverfahren für Meßstichproben

Alle folgenden Ausführungen beschränken sich auf sogenannte Meßstichproben. Das heißt, daß ihnen Meß-Daten zugrunde liegen; vergleiche dazu auch Methodenlehre des Arbeitsstudiums, Teil 2: Datenermittlung, Carl Hanser Verlag, München 1971/1976, Seite 15.

Die nachfolgenden Seiten 5 bis 8 enthalten zunächst eine Übersicht über alle anschließend vordruckmäßig behandelten Verfahren. Diese bestehen nicht losgelöst voneinander, sondern sind miteinander durch eine Anwendungslogik verbunden. Diese Anwendungslogik kommt am besten durch Darstellung als Programmablaufplan zum Ausdruck (siehe Seite 9 bis 17).
Es empfiehlt sich, bei der Bearbeitung der einzelnen Verfahren stets den Ablaufplan einzusehen, da erst hieraus deren logische Verknüpfung mit anderen Auswertungsverfahren zu einem Auswertungssystem für technische Meßreihen ersichtlich wird.

Übersicht über Auswertungs- und Testverfahren für Meßstichproben

1. Tabellarische und zeichnerische Aufbereitung der Meßstichprobe

1.1. Klassifizierung der Meßstichprobe (Arithmetische Klassenteilung)

1.2. Darstellung der Meßstichprobe als Säulendiagramm

1.3. Darstellung der Meßstichprobe als Summenlinie

2. Rechnerische Aufbereitung der Meßstichprobe
(Berechnung von Stichprobenkenngrößen)

2.1. Arithmetischer Mittelwert bei kleiner Meßstichprobe

2.1.1. Arithmetischer Mittelwert $\overline{x}$
Kleine Meßstichprobe ($n \lesssim 50$) - Vorwiegend maschinelle Auswertung

2.1.2. Arithmetischer Mittelwert $\overline{x}$
Kleine Meßstichprobe ($n \lesssim 50$) - Manuelle Auswertung

2.2. Arithmetischer Mittelwert bei großer Meßstichprobe

2.2.1. Arithmetischer Mittelwert $\overline{x}$
Große Meßstichprobe ($n \gtrsim 50$) - Vorwiegend maschinelle Auswertung

2.2.2. Arithmetischer Mittelwert $\overline{x}$
Große Meßstichprobe ($n \gtrsim 50$) - Manuelle Auswertung

2.3. Zentralwert (Median)

2.3.1. Zentralwert (Median) $\tilde{x}$
Kleine Meßstichprobe ($n \lesssim 50$)

2.3.2. Zentralwert (Median) $\tilde{x}$
Große Meßstichprobe ($n \gtrsim 50$)

2.4. Spannweite

2.4.1. Einfache Spannweite R ($n \leqq 14$)

2.4.2. Mittlere Spannweite $\overline{R}$ ($n > 14$)

2.5. Varianz und Standardabweichung bei kleiner Meßstichprobe

2.5.1. Varianz s^2 und Standardabweichung s
Kleine Meßstichprobe ($n \lesssim 50$) - Vorwiegend maschinelle Auswertung

2.5.2. Varianz s^2 und Standardabweichung s
Kleine Meßstichprobe ($n \lesssim 50$) - Manuelle Auswertung

2.6. Varianz und Standardabweichung bei großer Meßstichprobe

2.6.1. Varianz s^2 und Standardabweichung 2
Große Meßstichprobe ($n \gtrsim 50$) - Vorwiegend maschinelle Auswertung

2.6.2. Varianz s^2 und Standardabweichung s
Große Meßstichprobe ($n \gtrsim 50$) - Manuelle Auswertung

2.7. Verbundmaße (relative Streumaße)

2.7.1. Streuzahl z

2.7.2. Variationszahl v

3. Test auf Zufälligkeit nach Swed und Eisenhart

Übersicht über Auswertungs- und Testverfahren für Meßstichproben

Übersicht über Auswertungs- und Testverfahren für Meßstichproben

Bezeichnung des Programmablaufplanes:

AUSWERTUNGS- UND TESTVERFAHREN FÜR MESSSTICHPROBEN

Verfahren Nr. 1 bis 3

Blatt: 1

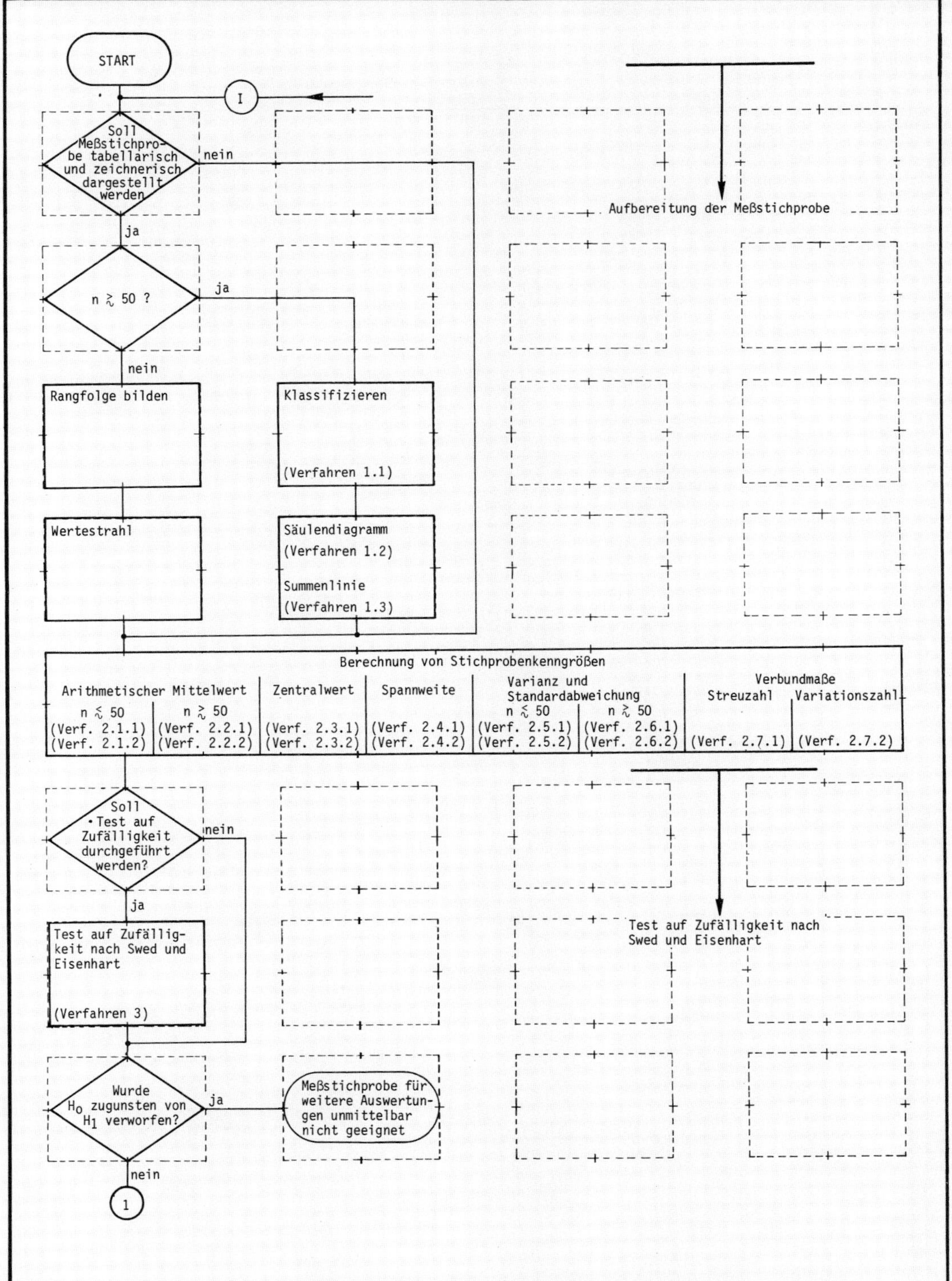

Bezeichnung des Programmablaufplanes:

AUSWERTUNGS- UND TESTVERFAHREN FÜR MESSSTICHPROBEN

Verfahren Nr. 4

Blatt: 2

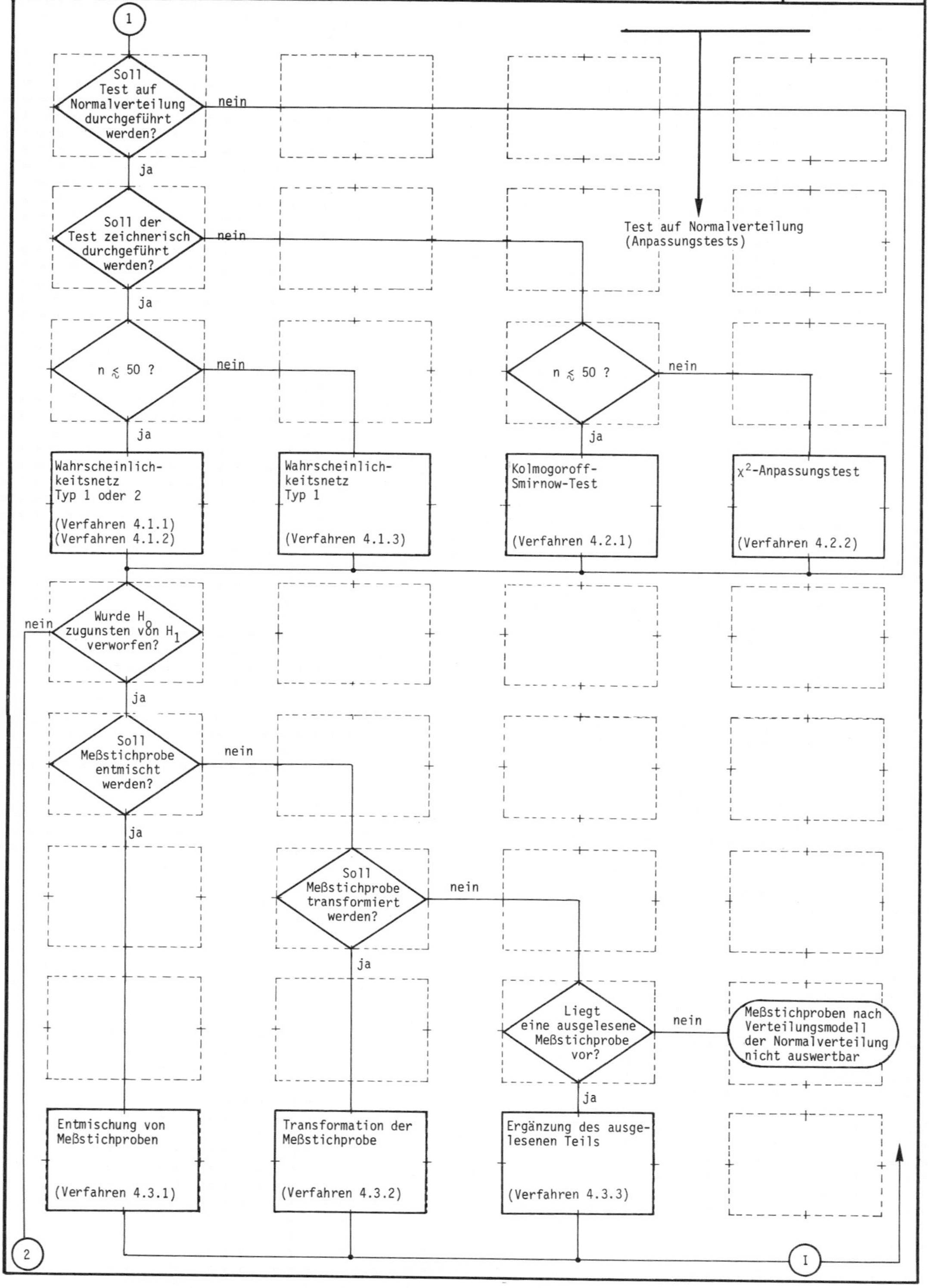

Bezeichnung des Programmablaufplanes:

AUSWERTUNGS- UND TESTVERFAHREN FÜR MESSSTICHPROBEN

Verfahren Nr. 5;7

Blatt: 3

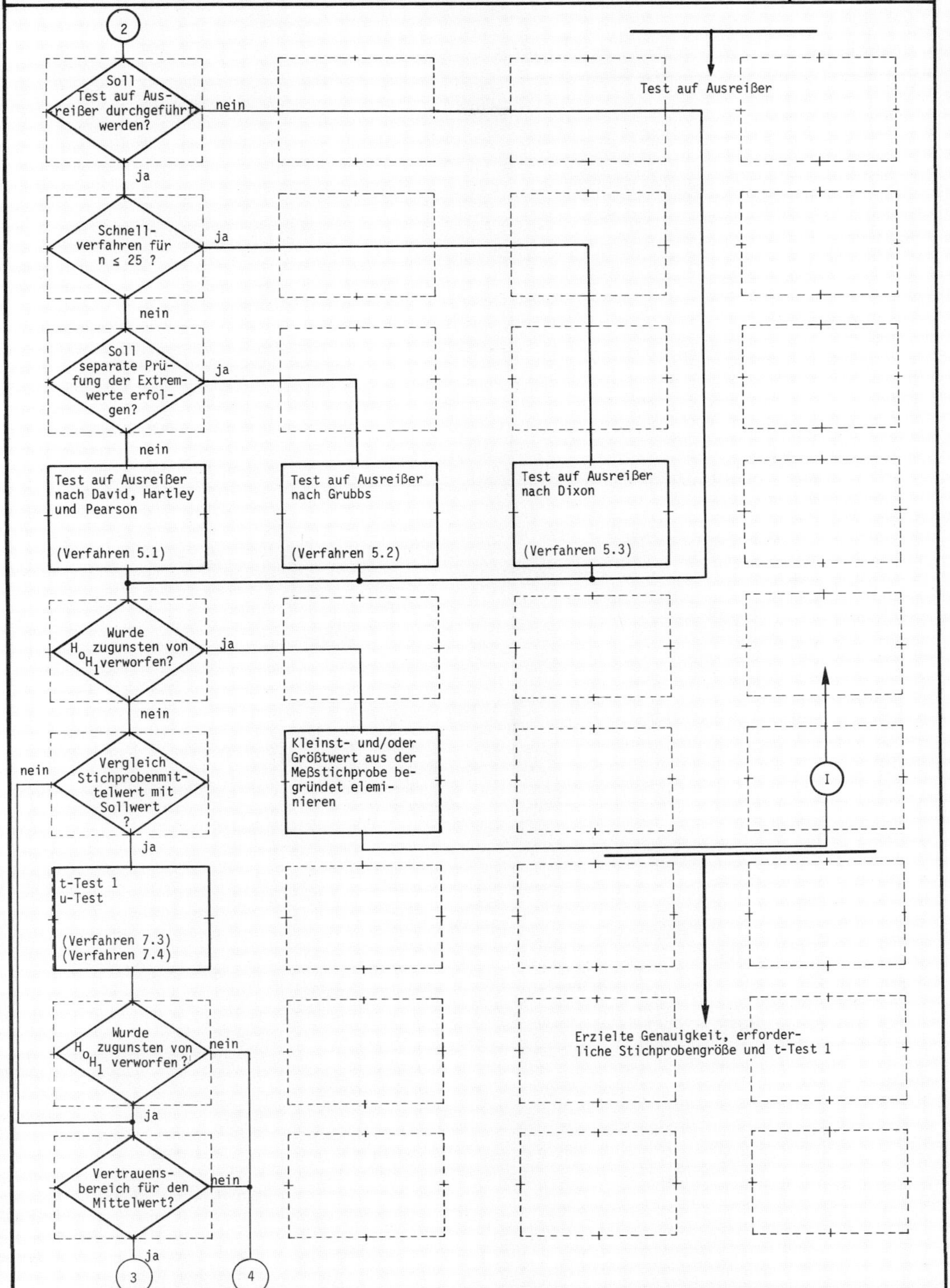

Bezeichnung des Programmablaufplanes: | Verfahren Nr. 6 | Blatt: 4

Problemstellung:

AUSWERTUNGS- UND TESTVERFAHREN FÜR MESSSTICHPROBEN

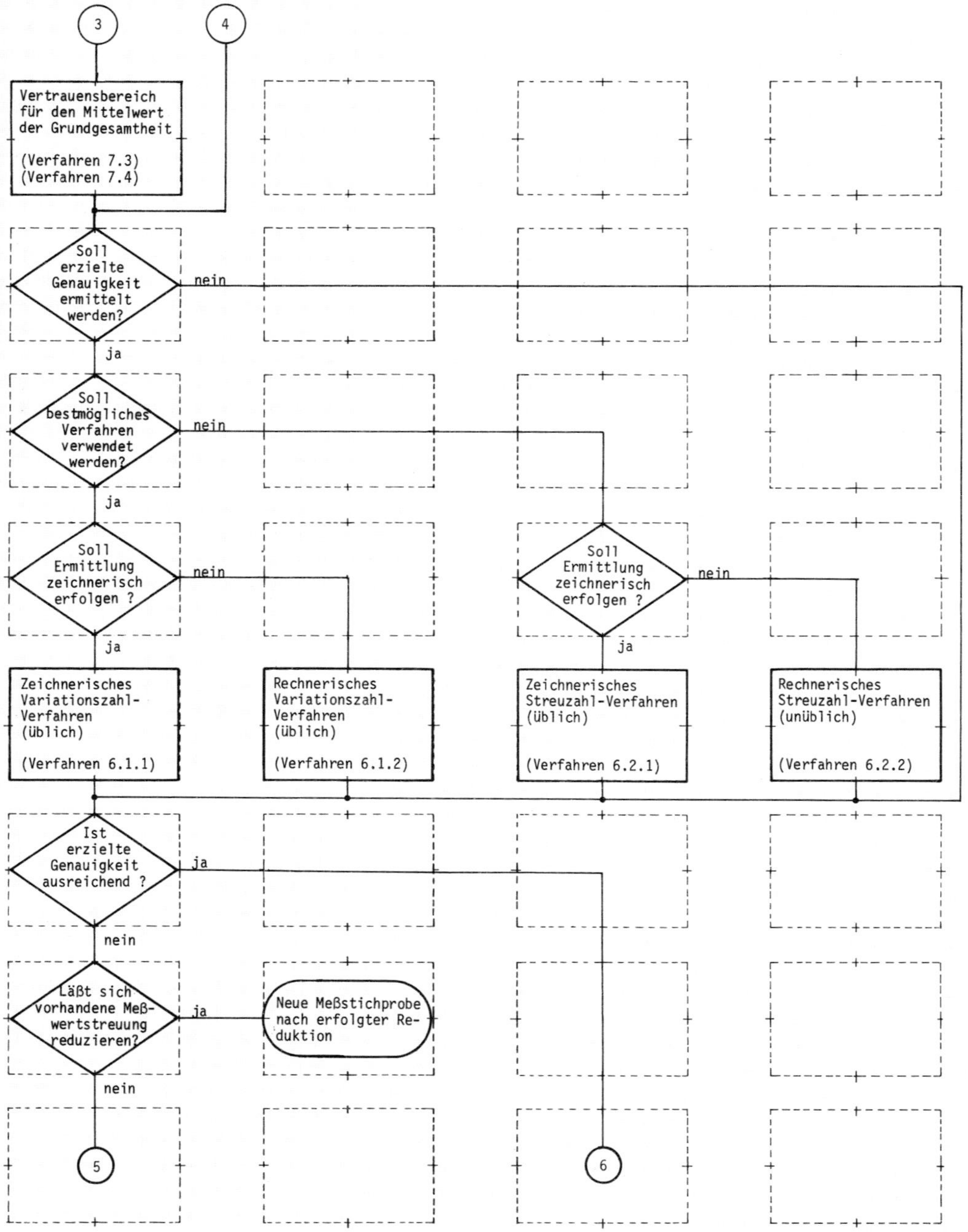

Bezeichnung des Programmablaufplanes: | Verfahren Nr. 7

AUSWERTUNGS- UND TESTVERFAHREN FÜR MESSSTICHPROBEN | Blatt: 5

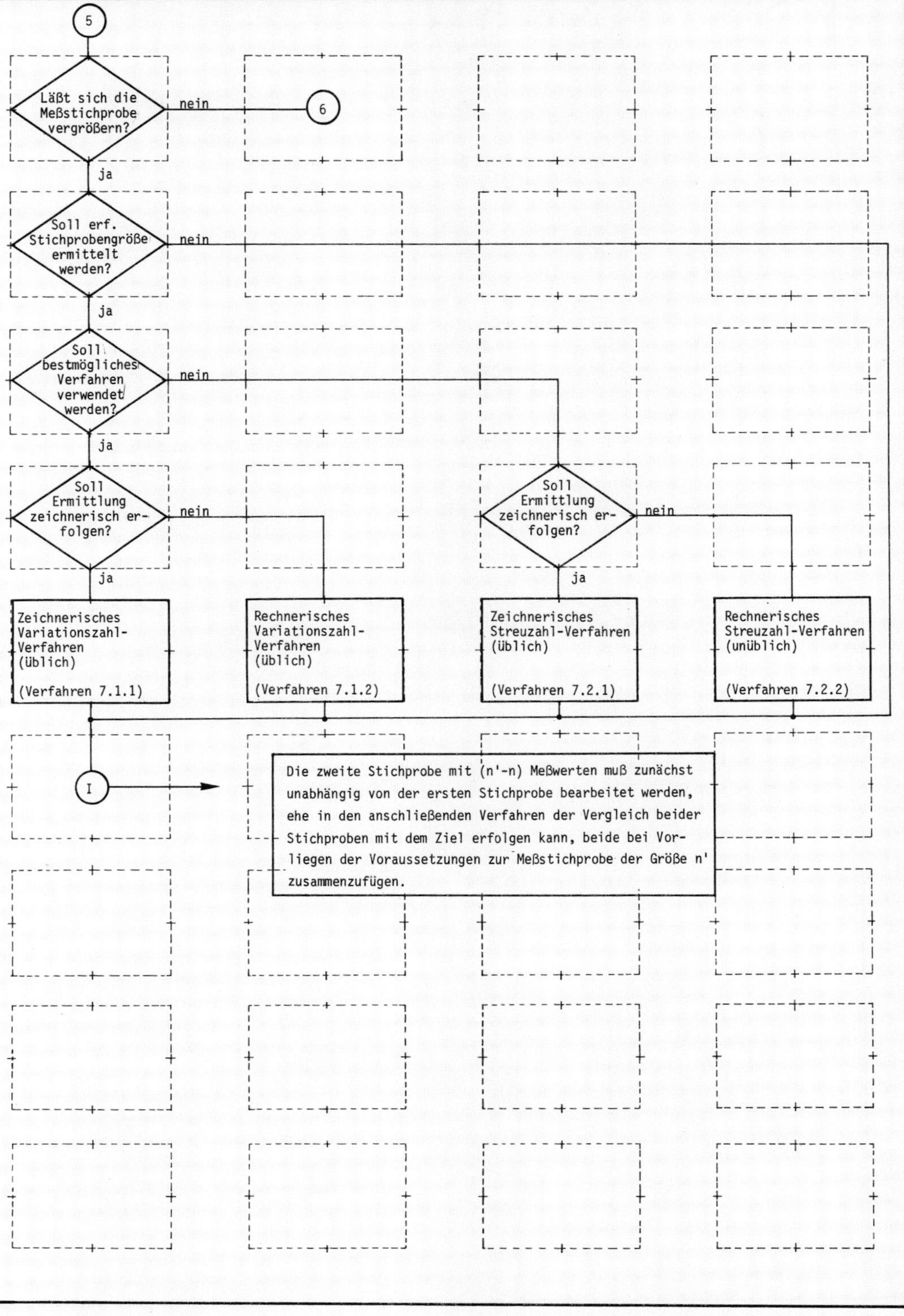

Bezeichnung des Programmablaufplanes: AUSWERTUNGS- UND TESTVERFAHREN FÜR MESSSTICHPROBEN

Verfahren Nr. 8;9

Blatt: 6

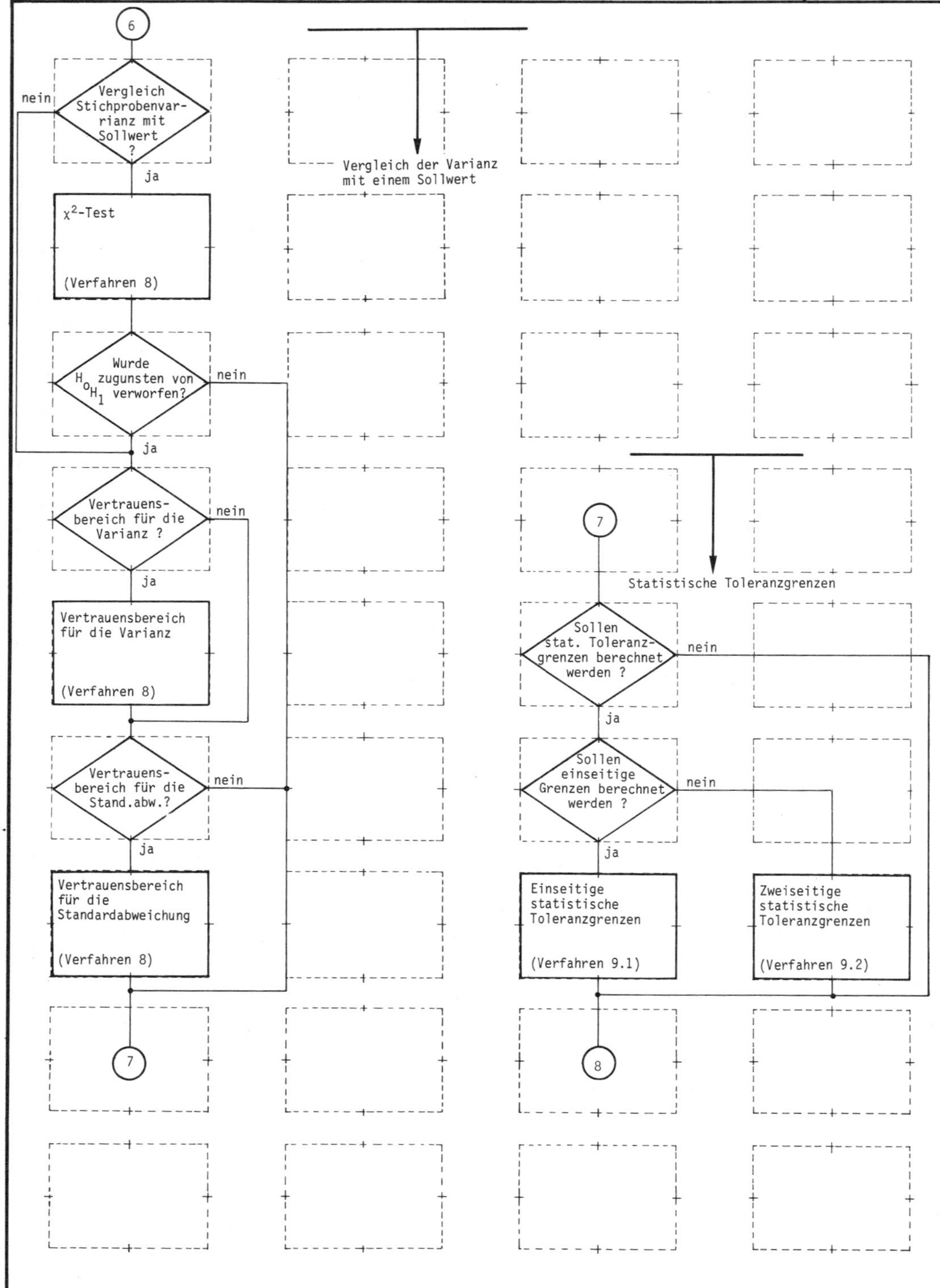

Bezeichnung des Programmablaufplanes:

AUSWERTUNGS- UND TESTVERFAHREN FÜR MESSSTICHPROBEN

Verfahren Nr. 10;11

Blatt: 7

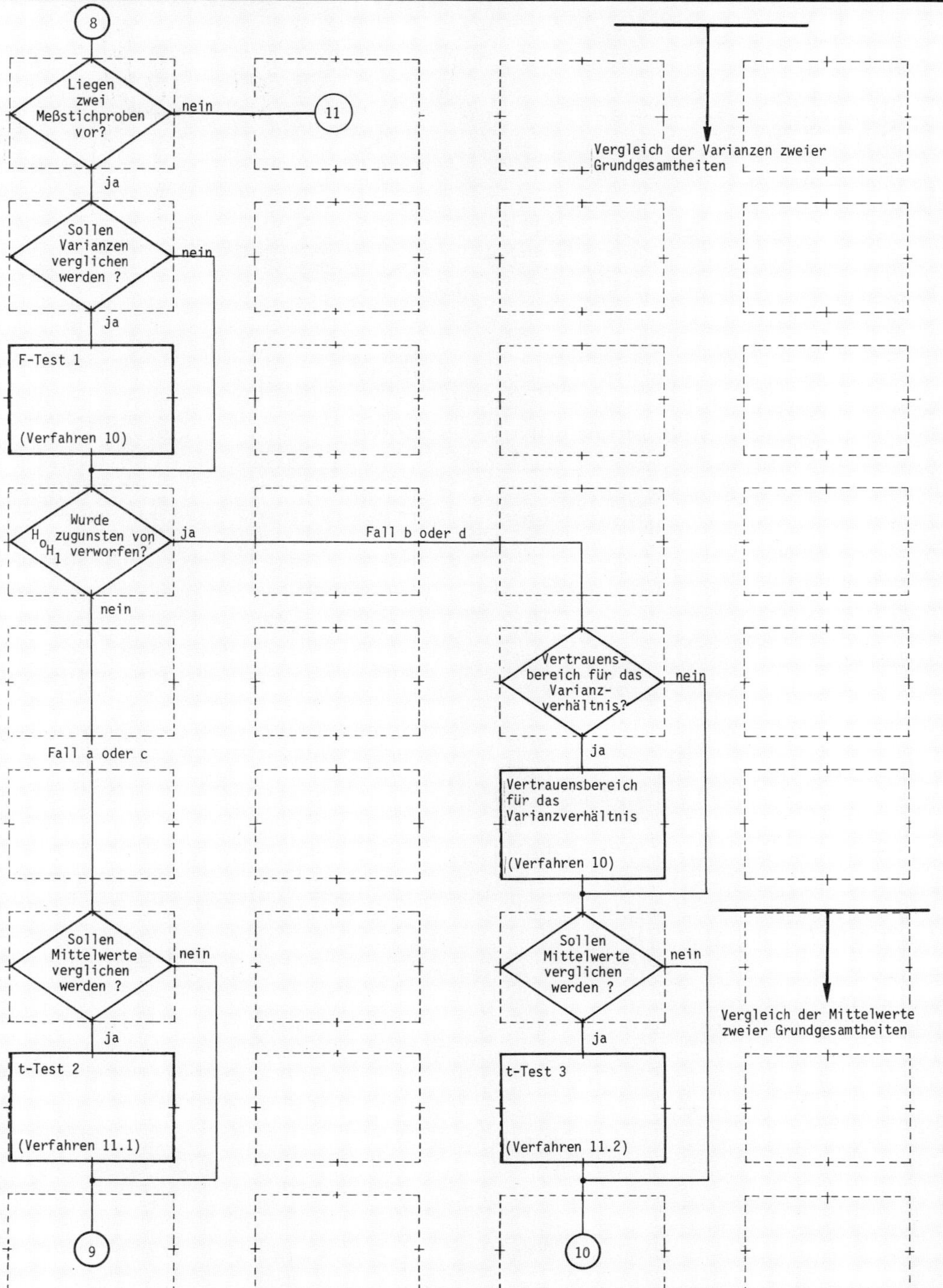

Bezeichnung des Programmablaufplanes:

AUSWERTUNGS- UND TESTVERFAHREN FÜR MESSSTICHPROBEN

Verfahren Nr. 11

Blatt: 8

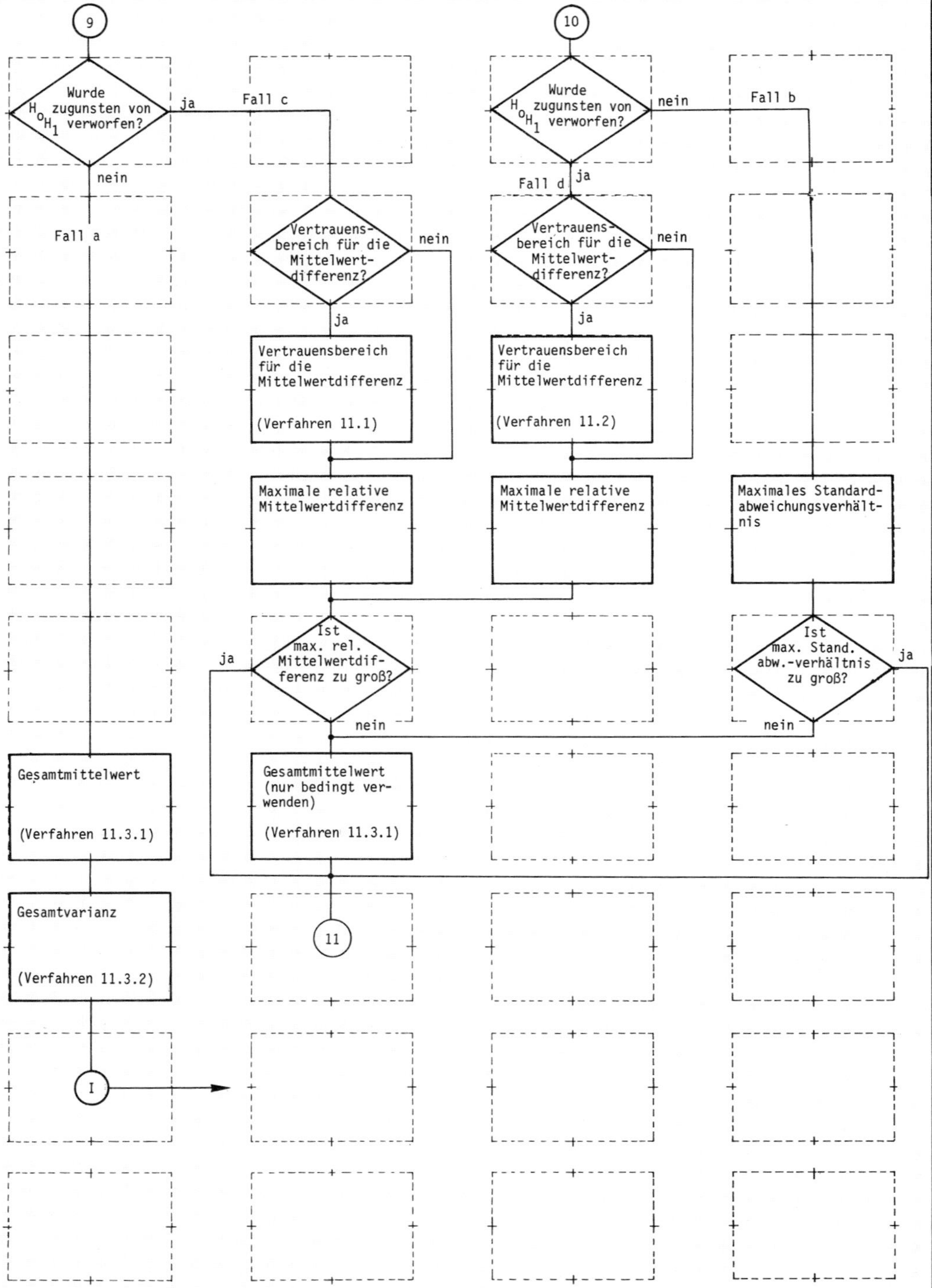

Bezeichnung des Programmablaufplanes:

AUSWERTUNGS- UND TESTVERFAHREN FÜR MESSSTICHPROBEN

Verfahren Nr. 12

Blatt: 9

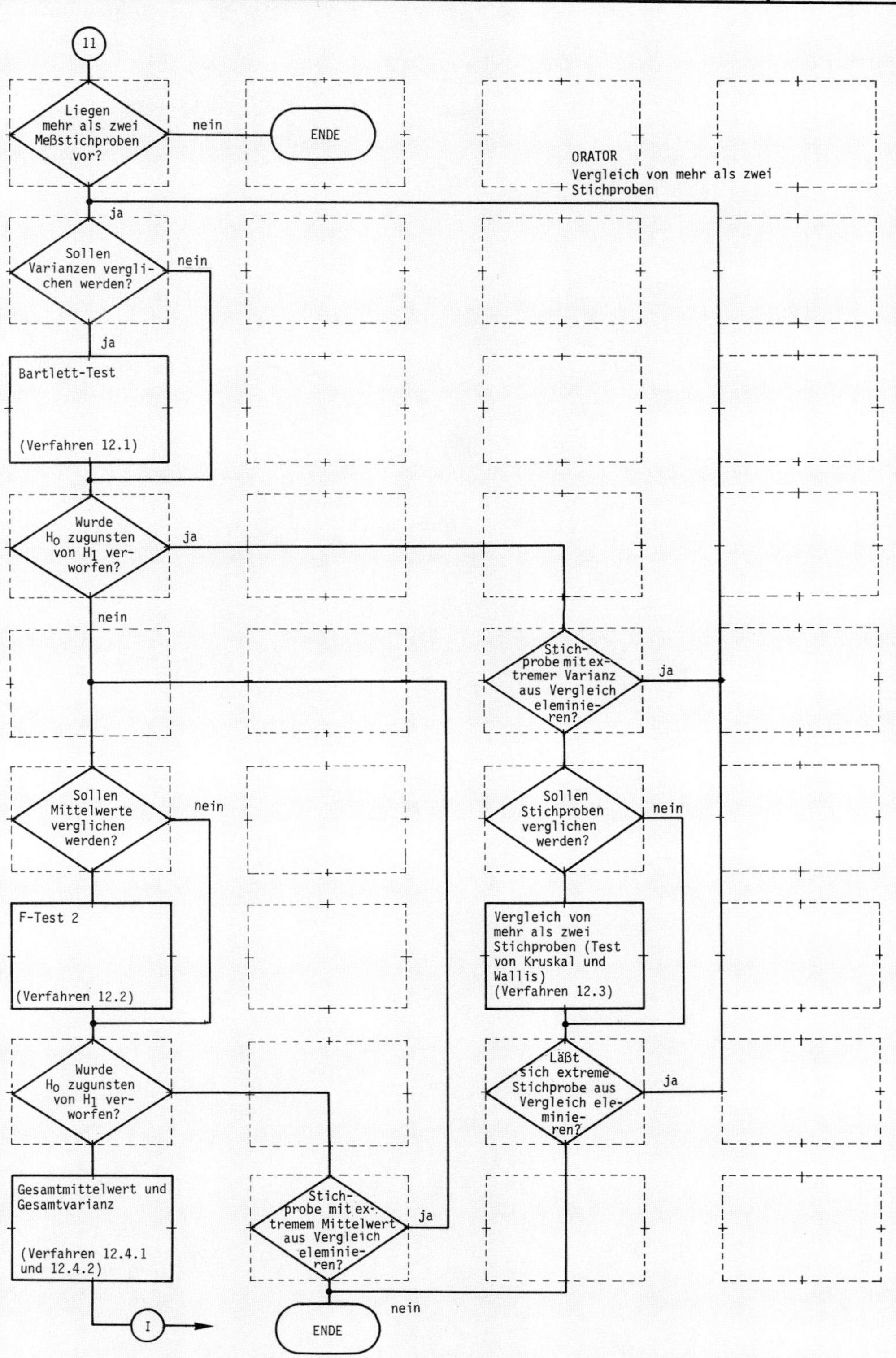

2. AUFBEREITUNG VON MESSSTICHPROBEN

2.1. Einführung

Die Aufbereitung einer Meßstichprobe stellt einen Prozeß der Informationsverdichtung dar. Stichprobenmäßig erfaßte Meßwerte müssen zunächst in bestimmte tabellarische Standardformen gebracht werden, ehe man das Datenmaterial zeichnerisch und rechnerisch weiter aufbereitet. Diese Auswertungsarbeit soll möglichst wirtschaftlich erfolgen. Deshalb ist es in der Auswertungspraxis üblich, zwischen kleinen Meßstichproben bis zu etwa 50 Meßwerten ($n \lesssim 50$)[1] und großen Meßstichproben ab etwa 50 Meßwerten ($n \gtrsim 50$) zu unterscheiden. Die nachfolgende Übersicht (Bild 2) gibt die verschiedenen Aufbereitungsarten für Meßstichproben wieder.

Aufbereitungsart		Größe der Meßstichprobe $n \lesssim 50$	Größe der Meßstichprobe $n \gtrsim 50$
tabellarisch		nichtklassifizierte Häufigkeitsverteilung	klassifizierte Häufigkeitsverteilung Verfahren: 1.1
zeichnerisch		Meßwertstrahl (Punktdiagramm)	Säulendiagramm Verfahren: 1.2
			Summenlinie Verfahren: 1.3
rechnerisch	Lagemaße	Arithmetischer Mittelwert Verfahren: 2.1.1 und 2.1.2	Arithmetischer Mittelwert Verfahren: 2.2.1 und 2.2.2
		Zentralwert Verfahren: 2.3.1	Zentralwert Verfahren: 2.3.2
	Streumaße	Einfache Spannweite Verfahren: 2.4.1	Varianz Standardabweichung Verfahren: 2.6.1 und 2.6.2
		Mittlere Spannweite Verfahren: 2.4.2	
		Varianz Standardabweichung Verfahren: 2.5.1 und 2.5.2	
	Verbundmaße	Streuzahl Verfahren: 2.7.1	
		Variationszahl Verfahren: 2.7.2	

Bild 2: Überblick über Aufarbeitungsarten für Meßstichproben

[1] Mit N wird die Größe der Grundgesamtheit abgekürzt und mit n die Größe der Stichprobe. Im allgemeinen ist n << N.

2.2. Tabellarische Aufbereitung

2.2.1. Kleine Meßstichprobe ($n \lessapprox 50$)

Die tabellarische Aufbereitung einer kleinen Meßstichprobe liefert eine sogenannte nichtklassifizierte Häufigkeitsverteilung, deren allgemeine Standardform wie folgt aussieht:

(1)	(2)	(3)
lfd.Nr.	Meßwerte	Rangfolge
i	x_i	$x_{(i)}$
1	x_1	$x_{(1)}$
2	x_2	$x_{(2)}$
.	.	.
.	.	.
.	.	.
n-1	x_{n-1}	$x_{(n-1)}$
n	x_n	$x_{(n)}$

Beispiel:

Auf den nachfolgenden Seiten wird eine Zeitaufnahme mit $n = 15$ Zyklen als Beispiel für eine kleine Meßstichprobe dargestellt. Bringt man deren Zykluszeiten in obige Standardform, so erhält man die auf der Seite 23 oben abgebildete nichtklassifizierte Häufigkeitsverteilung.

Z2 neu	**REFA-Zeitaufnahmebogen** für Abläufe mit Wiederholungen	Ablage-Nr. 436 Blatt 1 von Blättern

Arbeitsaufgabe Duplex Zahnradpumpe prüfen und reinigen			
Auftrag Nr. 46/14028	Menge m des Arbeitsauftrages 50	Abteilung Pumpenmontage	Kostenstelle 281
Datum der Zeitaufnahme 22. 1. 71	Beginn Uhrzeit 10[12] Menge 7.	Ende Uhrzeit 11[30] Menge 21. Stück	Dauer 78 min

Zusammenstellung der Zeit je Einheit	Zeit in min	Herkunft
	5,182	Rückseite
Grundzeit t_g	5,182	
Erholungszeit t_{er} bei z_{er} = 4 %	0,207	EZA 490
Verteilzeit t_v bei z_v = 8 %	0,415	VZA 1025
sonstige Zuschläge		
Zeit je Einheit t_{e1}	5,804	
t_{e1} / t_{e100} / t_{e1000} in min/h	5,8	
Rüstzeit t_r in min/h	6,0	ZA 435

Arbeitsverfahren und Arbeitsmethode: Pumpen befinden sich in Transportkästen. Es wird jeweils eine Pumpe entnommen, zerlegt, Einzelteile auf Verschleiß geprüft, Innenfläche der Pumpenkörper gereinigt, gegebenenfalls mit Preßluft ausgeblasen; Zahnradsätze und Wellen werden abgeputzt, Pumpe zusammengebaut und vor dem Abstellen in den Transportkasten kurz Funktion der Antriebswelle geprüft, abgelegt. Sitzende Arbeitsweise

Arbeitsgegenstand (Eingabe)	Benennung	Werkstoff	Zustand bei Eingabe	Zeichn.-Nr.	Werkstoff Nr.	Maße, Formen, Gewichte
	Duplex Zahnradpumpe kpl.			28/3417		1,0 kg

Mensch	Name	Personalnummer	m	w	Alter	Dauer der Ausübung ähnlicher Aufgaben	Dauer der Ausübung der untersuchten Aufgabe
	Wittmann	2873	x		28	1,5 Jahre	6 Stück

Betriebsmittel	Benennung, Type	Anzahl	Betriebsmittel-Nr.	Baujahr	technische Daten, Zustand
	Schraubendreher	1			
	Blechkanne mit Reinigungsöl				
	Putzlappen				

Umgebungseinflüsse Keine	Entlohnung Akkord
Bemerkungen	
Qualität des Arbeitsergebnisses	

Bearbeiter Wolf	geprüft Schneider	Datum 25.1.71	gültig ab 25.1.71	bis

Bild 3: Beispiel für eine zyklische Zeitaufnahme (Vorderseite des REFA-Zeitaufnahmebogens)

Nr.	Ablaufabschnitt und Meßpunkt	Bez.-menge	Einflußgröße	Meßwert, Klasse	Zy	1	2	3	4	5	6	7	8	9	10	11	12	13	14	15	$\Sigma L / n$ $\Sigma t_i / n$	$\frac{\bar{L}}{\bar{t}_i}$	$t = \frac{\bar{L}}{100} \bar{t}_i$	Zeit-art
					m_z	7														21				
1	Pumpe aufnehmen, 6 Schrauben lösen, u. mit Federringen auf Tisch legen (Ablegen der Schrauben simultan)	1			R			7					12					12			1625			
					L	105	110	110	105	105	105	110	100	110	110	110	110	110	110	115	15	109	98,5	t_{MH}
					t_i	95	89	88	93	92	94	90	99	88	87	90	92	89	90	80	1356			
	2 Schrauben loslassen				F	95	569	994	1503	2035	2506	2994	3495	4094	4786	5267	5767	351	933	1422	15	90,4		
2	Pumpe kompl. zerlegen und Einzelteile prüfen	1			R			5					5					3			1500			
					L	100	100	95	100	100	105	100	95	100	100	100	100	100	100	105	15	100	71,9	t_{MH}
					t_i	72	70	75	71	73	70	72	75	71	72	72	73	71	72	70	1079			
	Letztes Gehäuseteil loslassen				F	167	639	1069	1574	2108	2576	3066	3570	4165	4858	5339	5840	422	1005	1492	15	71,9		
3	4 Gehäuseteile, 4 Zahnräder 2 Wellen reinigen	1			R			106					55					60			1615			
					L	105	105	105	110	110	105	110	110	105	105	110	105	110	110	110	15	108	181,9	t_{MH}
					t_i	163	117	190	223	154	179	184	186	131	168	186	169	169	181	126	2526			
	Letztes Teil loslassen				F	330	756	1259	1797	2262	2755	3250	3856	4296	5026	5525	109	691	1186	1618	15	168,4		
4	Pumpe kompl. zusammensetzen	1			R			2					4					3			1625			
					L	110	105	105	110	110	105	105	110	110	110	110	110	110	105	110	15	109	44,6	t_{MH}
					t_i	40	42	41	41	40	43	42	40	39	41	40	41	40	43	41	614			
	Pumpendeckel loslassen				F	370	798	1300	1838	2302	2798	3292	3896	4335	5067	5565	150	731	1229	1659	15	40,9		
5	6 Schrauben mit Federringen einsetzen, eindrehen, kreuzweise festziehen, Pumpe abstellen	1			R			5					8					3			1655			
					L	110	110	110	115	110	115	115	110	110	110	110	110	110	105	105	15	111	121,3	t_{MH}
					t_i	110	108	110	105	110	106	104	110	112	110	110	112	112	113	112	1644			
	Pumpe loslassen				F	480	906	1410	1943	2412	2904	3396	4006	4447	5177	5675	262	843	1342	1771	15	109,6		
		Pumpe			L																7219			
					t_i																+ 100			
					F																+ 252			
					L																+ 100			
					t_i																+ 100			
					F																7771			
					L																			
					t_i																			
					F																			
					L																			
					t_i																			
					F																			
					L																			
					t_i																			
					F																			

n = 15	k = 3	Summe der Zeiten je Zyklus t_z	480	426	504	533	469	492	492	510	441	478	498	487	481	499	429
$\bar{t}_z = \Sigma t_z/n = 7219 / 15 = 481,3$		Spannweite R_z je 5 Zyklen	107					69					70				
$\bar{R}_z = \Sigma R_z/k = 246 / 3 = 82$		$z = (\bar{R}_z/\bar{t}_z)\ 100\,\% = (82 / 481,3)\ 100\,\% = 17,0\,\%$						ε = 4,2 %			ε' = 5 %		n' = —				

Σt 518,2

Nr/Zy	von	bis	Dauer	zusätzlicher Ablaufabschnitt		Nr/Zy	von	bis	Dauer	zusätzlicher Ablaufabschnitt	
3/8	3610	3710	100	Zahnrad vom Tisch gefallen	t_{MS}	3/12	5890	5990	100	Hände reinigen	t_{MS}
1/10	4447	4699	252	austreten	t_{MP}	3/13	470	570	100	Dienstgespräch mit Meister	t_{MS}

Bild 3: Fortsetzung (Rückseite des REFA-Zeitaufnahmebogens)

(1)	(2)	(3)
lfd.Nr.	Meßwerte in HM[1)]	Rangfolge in HM
i	x_i	$x_{(i)}$
1	480	426
2	426	429
3	504	441
4	533	469
5	469	478
6	492	480
7	492	481
8	510	487
9	441	492
10	478	492
11	498	498
12	487	499
13	481	504
14	499	510
15	429	533

Vergleicht man die Standardform des Beispiels mit obiger allgemeiner Standardform einer nichtklassifizierten Häufigkeitsverteilung, so läßt sich daraus folgende Symbolliste entwickeln:

Verwendetes Symbol	Bedeutung
N	Größe der Grundgesamtheit
n	Größe der Stichprobe
i	laufende Nummer der Messung ($i = 1, 2, \ldots, n$)
x	interessierendes meßbares Merkmal
x_i	erfaßter Meßwert Nr. i
x_1	erster erfaßter Meßwert
x_n	letzter erfaßter Meßwert
(i)	laufende Rangplatz-Nummer
$x_{(i)}$	sortierter Meßwert auf Rangplatz-Nr. i
$x_{(1)} \equiv x_{min}$	Kleinstwert
$x_{(2)}$	zweitkleinster Meßwert
$x_{(n)} \equiv x_{max}$	Größtwert
$x_{(n-1)}$	zweitgrößter Meßwert

1) 1 HM = 0,01 min
Die bisher in den REFA-Methodenlehren verwendete Abkürzung cmin für 0,01 min entspricht nicht DIN 1301.

Aufgabe 2.2.-1

Gegeben sind die folgenden n = 10 Zykluszeiten in HM

339 342 338 353 351 330 340 340 328 343

Ordnen Sie diese in der tabellarischen Standardform einer nichtklassifizierten Häufigkeitsverteilung an.

2.2.2. Große Meßstichprobe ($n \gtrapprox 50$)

Die tabellarische Aufbereitung einer großen Meßstichprobe wird Klassifizierung genannt. Dadurch entsteht eine sogenannte klassifizierte Häufigkeitsverteilung, deren allgemeine Standardform wie folgt aussieht:

(1)	(2a)	(2b)	(3)
lfd.Nr. der Klasse	Klassen-obergrenze	Klassenmitte	absolute Häufigkeit
j	x'_j	x_j	n_j
1	x'_1	x_1	n_1
2	x'_2	x_2	n_2
.	.	.	.
.	.	.	.
.	.	.	.
k	x'_k	x_k	n_k
x'_0 = Untergrenze der Klasse Nr. 1			Stichprobengröße : n

Beispiel:

Gegeben sind n = 200 Meßwerte (in ursprünglicher Aufschreibung Urliste genannt (siehe Seite 25)).

	Urliste von n = 200 Meßwerten	Abschnitt 2.2.

Eine Untersuchung von n = 200 Nietkopfdurchmessern*) ergab folgende Meßwerte in mm:

	(a)	(b)	(c)	(d)	(e)	(f)	(g)	(h)
(1)	13,39	13,43	13,54	13,64	13,40	13,55	13,40	13,26
(2)	13,42	13,50	13,32	13,31	13,28	13,52	13,46	13,63
(3)	13,38	13,44	13,52	13,53	13,37	13,33	13,24	13,13
(4)	13,53	13,53	13,39	13,57	13,51	13,34	13,39	13,47
(5)	13,51	13,48	13,62	13,58	13,57	13,33	13,51	13,40
(6)	13,30	13,48	13,40	13,57	13,51	13,40	13,52	13,56
(7)	13,40	13,34	13,23	13,37	13,48	13,48	13,62	13,35
(8)	13,40	13,36	13,45	13,48	13,29	13,58	13,44	13,56
(9)	13,28	13,59	13,47	13,46	13,62	13,54	13,20	13,38
(10)	13,43	13,35	13,56	13,51	13,47	13,40	13,29	13,20
(11)	13,46	13,44	13,42	13,29	13,41	13,39	13,50	13,48
(12)	13,53	13,34	13,45	13,42	13,29	13,38	13,45	13,50
(13)	13,55	13,33	13,32	13,69	13,46	13,32	13,32	13,48
(14)	13,29	13,25	13,44	13,60	13,43	13,51	13,43	13,38
(15)	13,24	13,28	13,58	13,31	13,31	13,45	13,43	13,44
(16)	13,34	13,49	13,50	13,38	13,48	13,43	13,37	13,29
(17)	13,54	13,33	13,36	13,46	13,23	13,44	13,38	13,27
(18)	13,66	13,26	13 40	13,52	13,59	13,48	13,46	13,40
(19)	13,43	13,26	13,50	13,38	13,43	13,34	13,41	13,24
(20)	13,42	13,55	13,37	13,41	13,38	13,14	13,42	13,52
(21)	13,38	13,54	13,30	13,18	13,32	13,46	13,39	13,35
(22)	13,34	13,37	13,50	13,61	13,42	13,32	13,35	13,40
(23)	13,57	13,31	13,40	13,36	13,28	13,58	13,58	13,38
(24)	13,26	13,37	13,28	13,39	13,32	13,20	13,43	13,34
(25)	13,33	13,33	13,31	13,45	13,39	13,45	13,41	13,45

*) Nach A. Hald, Statistical Theory with Engineering Application, Wiley, New York 1962, Seite 45

Die tabellarische Aufbereitung dieser n = 200 Meßwerte liefert als klassifizierte Häufigkeitsverteilung die folgende Standardform:

(1)	(2a)	(2b)	(3)
lfd.Nr. der Klasse	Klassenobergrenze in mm	Klassenmitte in mm	Häufigkeit
j	x'_j	x_j	n_j
1	13,20	13,15	6
2	13,30	13,25	24
3	13,40	13,35	67
4	13,50	13,45	58
5	13,60	13,55	37
6	13,70	13,65	8
			200

Die Klassenuntergrenze der 1. Klasse lautet x'_0 = 13,10 mm

Vergleicht man die Standardform des Beispiels mit obiger allgemeiner Standardform einer klassifizierten Häufigkeitsverteilung, so läßt sich daraus folgende Liste weiterer Symbole entwickeln:

Verwendetes Symbol	Bedeutung
k	Anzahl der Klassen
j	laufende Nummer der Klasse ($j = 1, 2, \ldots, k$)
x'_j	Obere Grenze der Klasse Nr. j
x'_1	Obere Grenze der Klasse Nr. 1 und zugleich
	untere Grenze der nächstfolgenden Klasse Nr. 2
x'_2	Obere Grenze der Klasse Nr. 2 und zugleich
	untere Grenze der nächstfolgenden Klasse Nr. 3
x'_k	Obere Grenze der Klasse Nr. k
x'_0	untere Grenze der Klasse Nr. 1

Fortsetzung der Symbolliste siehe nächste Seite

x_j	Mitte der Klasse Nr. j
x_1	Mitte der Klasse Nr. 1
x_k	Mitte der Klasse Nr. k
n_j	Anzahl der in Klasse Nr. j einsortierten Meßwerte
	andere Bezeichnung: Häufigkeit der Klasse Nr. j
n_1	Häufigkeit der Klasse Nr. 1
n_k	Häufigkeit der Klasse Nr. k
w_j	Klassenbreite der Klasse Nr. j
w	konstante Klassenbreite (arithmetische Klassenteilung)

Bild 4 enthält zusammenfassend alle Grundbegriffe der Klassifizierung.

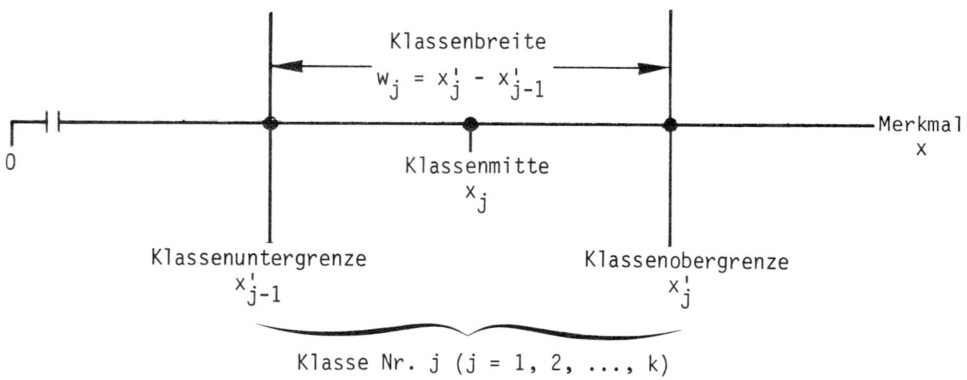

Bild 4: Grundbegriffe der Klassifizierung

Das Vorgehen der Klassifizierung ist im Verfahren 1.1 festgelegt worden. Die nachfolgenden Blätter enthalten die Verfahrensbeschreibung hierzu.

Verfahren 1.1 (siehe Seite 29 bis 32) Klassifizierung der Meßstichprobe (Arithmetische Klassenteilung)

Die Vorgehensweise bei nichtarithmetischer Klassenteilung wird analog Verfahren 1.1 ausgeführt. Hier wird lediglich die konstante Klassenbreite w durch die Klassenbreite w_j der jeweiligen Klasse ersetzt.

Bezeichnung des Verfahrens: Klassifizierung der Meßstichprobe (Arithmetische Klassenteilung)	Nr. 1.1
Siehe auch Verfahren Nr.	Blatt: 1

Problemstellung: Gegeben ist eine Meßstichprobe von $n \geq 50$ Meßwerten. Wegen der Wirtschaftlichkeit der tabellarischen, zeichnerischen und rechnerischen Aufbereitung werden die Meßwerte zunächst nach untenstehender Schrittfolge auf einige wenige gleichbreite Klassen aufgeteilt.

Verwendete Symbole	Bedeutung
n	Größe der Meßstichprobe (Anzahl der Meßwerte)
k	Zahl der Klassen
$x_{(1)}, x_{(n)}$	Kleinstwert bzw. Größtwert der Meßstichprobe
x'_0	Klassenuntergrenze der ersten Klasse
x'_1, x'_k	Klassenobergrenze der ersten bzw. letzten Klasse
j	Laufende Nr. der Klasse ($j = 1, 2, \ldots, k$)
x'_j	Klassenobergrenze der Klasse Nr. j
w	Konstante Klassenbreite

Schrittfolge

Allgemeine Formulierung	Beispiel
	Verwendet wird die Urliste zu Abschnitt 2.2 (Seite 25)
1. Kleinstwert $x_{(1)}$ der Urliste aufsuchen. Ist dies kein "glatter" Wert, so wird der nächstniedrige "glatte" Wert bestimmt. Der aufgesuchte oder bestimmte Wert wird Klassenuntergrenze x'_0 der ersten Klasse.	1. $x_{(1)}$ = 13,13 mm ist kein "glatter" Meßwert. Der nächstniedrigere "glatte" Wert ist 13,10 mm. Die Klassenuntergrenze der ersten Klasse lautet also x'_0 = 13,10 mm
2. Größtwert $x_{(n)}$ der Urliste aufsuchen. Ist dies kein "glatter" Wert, so wird der nächsthöhere "glatte" Wert bestimmt. Der aufgesuchte oder bestimmte Wert wird Klassenobergrenze x'_k der letzten Klasse.	2. $x_{(200)}$ = 13,69 mm ist kein "glatter" wert. Der nächsthöhere "glatte" Wert ist 13,70 mm. Die Klassenobergrenze der letzten Klasse lautet also x'_k = 13,70 mm
3. Klassenzahl k festlegen. Eine zu geringe Klassenzahl k gibt die Meßstichprobe zu grob gegliedert wieder. Eine zu große Klassenzahl k - insbesondere bei einer kleineren Meßstichprobe - läßt kein geschlossenes Bild von der Meßstichprobe erkennen. Praxisbewährte Regeln für die Wahl der Klassenzahl k sind: • $k = 5 \ldots 15$ Klassen • $k = \sqrt[3]{n} \ldots \sqrt[2]{n}$ Klassen	3. Als Klassenzahl wird k = 6 gewählt; dieser Wert erfüllt alle genannten Bedingungen.

Bezeichnung des Verfahrens: Klassifizierung der Meßstichprobe (Arithmetische Klassenteilung)	Nr. 1.1
Siehe auch Verfahren Nr.	Blatt: 2

Schrittfolge (Fortsetzung)

Allgemeine Formulierung	Beispiel
4. Differenz zwischen x'_0 und x'_k bilden und diese durch die festgelegte Klassenzahl k dividieren. Dabei ist darauf zu achten, daß ein "glatter" Quotient entsteht, der mit Klassenbreite w bezeichnet wird. Es ist $w = \frac{x'_k - x'_0}{k}$	4. Damit erhält man als Klassenbreite $w = \frac{13{,}70 - 13{,}10}{6} = 0{,}10$ mm
5. Klasseneinteilung vornehmen 1. Klassenobergrenze $x'_1 = x'_0 + 1w$ 2. Klassenobergrenze $x'_2 = x'_0 + 2w$ 3. Klassenobergrenze $x'_3 = x'_0 + 3w$ . . . letzte Klassenobergrenze $x'_k = x'_0 + kw$	5. Die Klasseneinteilung lautet $x'_1 = 13{,}10 + 1 \cdot 0{,}10 = 13{,}20$ mm $x'_2 = 13{,}10 + 2 \cdot 0{,}10 = 13{,}30$ mm $x'_3 = 13{,}10 + 3 \cdot 0{,}10 = 13{,}40$ mm . . . $x'_6 = 13{,}10 + 6 \cdot 0{,}10 = 13{,}70$ mm Diese Klasseneinteilung wird auf dem Sortierbogen (Blatt 4), unten, übertragen.
6. Meßwerte der Stichprobe fortlaufend in die Klassen einordnen. Dabei wird folgende Regel verwendet: • Meßwerte über x'_0 bis einschließlich x'_1 werden in die 1. Klasse eingeordnet; • Meßwerte über x'_1 bis einschließlich x'_2 werden in die 2. Klasse eingeordnet; • Meßwerte über x'_2 bis einschließlich x'_3 werden in die 3. Klasse eingeordnet; usw.	6. Dieser Schritt ist auf den beiliegenden Blättern 3 und 4 für das Beispiel dargestellt worden. Meßwerte • über 13,10 mm bis einschließlich 13,20 mm werden in die 1. Klasse eingeordnet; • über 13,20 mm bis einschließlich 13,30 mm werden in die 2. Klasse eingeordnet; • über 13,30 mm bis einschließlich 13,40 mm werden in die 3. Klasse eingeordnet; usw.

Bezeichnung des Verfahrens: Klassifizierung der Meßstichprobe (Arithmetische Klassenteilung)	Nr. 1.1
Siehe auch Verfahren Nr.	Blatt: 3

Schrittfolge (Fortsetzung)

Fortsetzung von Schritt 6, Blatt 2

Der erste Meßwert der Urliste von Seite 25 lautet 13,39 mm. Er wird in der Klasse Nr. 3 des Sortierbogens eingeordnet, indem die laufende Nummer 1 der dieser Klasse zugeordneten Zahlenkolonne durchgestrichen wird. Der nächste Meßwert ist 13,42 mm, über Klasse Nr. 4 wird die 1 durchgestrichen.

Die weiteren Meßwerte der Urliste werden wie folgt einsortiert:

Meßwert	... wird eingeordnet in Klasse Nr....	... und die Zahl... der darüber befindlichen Zahlenkolonne ausgestrichen
13,38	3	2
13,53	5	1
13,51	5	2
13,30[1)]	2	1
13,40	3	3
13,40	3	4
13,28	2	2
.	.	.
.	.	.
.	.	.
13,38	3	(50 +) 16[2)]
13,34	3	(50 +) 17
13,45	4	(50 +) 8

1) Fällt ein Meßwert mit einer Klassengrenze zusammen, dann wird er in der Klasse eingeordnet in der der Meßwert Klassenobergrenze ist.

2) Da in einigen Klassen mehr als 50 Meßwerte einsortiert wurden, ist hier ab dem 51. Meßwert die Registrierung in der benachbarten Zahlenkolonne fortgesetzt worden.

Die auf dem Sortierbogen zuletzt in jeder Zahlenkolonne durchgestrichene Zahl ist die Häufigkeit der jeweiligen Klasse.

	Sortierbogen für große Meßstichproben (n ≥ 50)	Ablage-Nr.: *1.1* *Blatt 4*

Bezeichnung der Untersuchung: *Nietfertigung*

Bezeichnung des meßbaren Merkmals: *Kopfdurchmesser* — Techn. Einheit der Meßwerte: *mm*

Größe der Meßstichprobe n = *200*	Kleinstwert $x_{(1)}$ = *13,13*	Größtwert $x_{(n)}$ = *13,69*
Spannweite R = *0,56*	Klassenzahl k = *6*	Klassenbreite w = *0,10*

	50	50	50	50	50	50	50	50	50	50	50	50	50	50	50	50	50	50	50	50
	49	49	49	49	49	49	49	49	49	49	49	49	49	49	49	49	49	49	49	49
	48	48	48	48	48	48	48	48	48	48	48	48	48	48	48	48	48	48	48	48
	47	47	47	47	47	47	47	47	47	47	47	47	47	47	47	47	47	47	47	47
	46	46	46	46	46	46	46	46	46	46	46	46	46	46	46	46	46	46	46	46
	45	45	45	45	45	45	45	45	45	45	45	45	45	45	45	45	45	45	45	45
	44	44	44	44	44	44	44	44	44	44	44	44	44	44	44	44	44	44	44	44
	43	43	43	43	43	43	43	43	43	43	43	43	43	43	43	43	43	43	43	43
	42	42	42	42	42	42	42	42	42	42	42	42	42	42	42	42	42	42	42	42
	41	41	41	41	41	41	41	41	41	41	41	41	41	41	41	41	41	41	41	41
	40	40	40	40	40	40	40	40	40	40	40	40	40	40	40	40	40	40	40	40
	39	39	39	39	39	39	39	39	39	39	39	39	39	39	39	39	39	39	39	39
	38	38	38	38	38	38	38	38	38	38	38	38	38	38	38	38	38	38	38	38
	37	37	37	37	37	37	37	37	37	37	37	37	37	37	37	37	37	37	37	37
	36	36	36	36	36	36	36	36	36	36	36	36	36	36	36	36	36	36	36	36
	35	35	35	35	35	35	35	35	35	35	35	35	35	35	35	35	35	35	35	35
	34	34	34	34	34	34	34	34	34	34	34	34	34	34	34	34	34	34	34	34
	33	33	33	33	33	33	33	33	33	33	33	33	33	33	33	33	33	33	33	33
	32	32	32	32	32	32	32	32	32	32	32	32	32	32	32	32	32	32	32	32
	31	31	31	31	31	31	31	31	31	31	31	31	31	31	31	31	31	31	31	31
	30	30	30	30	30	30	30	30	30	30	30	30	30	30	30	30	30	30	30	30
	29	29	29	29	29	29	29	29	29	29	29	29	29	29	29	29	29	29	29	29
	28	28	28	28	28	28	28	28	28	28	28	28	28	28	28	28	28	28	28	28
	27	27	27	27	27	27	27	27	27	27	27	27	27	27	27	27	27	27	27	27
	26	26	26	26	26	26	26	26	26	26	26	26	26	26	26	26	26	26	26	26
	25	25	25	25	25	25	25	25	25	25	25	25	25	25	25	25	25	25	25	25
	24	24	24	24	24	24	24	24	24	24	24	24	24	24	24	24	24	24	24	24
	23	23	23	23	23	23	23	23	23	23	23	23	23	23	23	23	23	23	23	23
	22	22	22	22	22	22	22	22	22	22	22	22	22	22	22	22	22	22	22	22
	21	21	21	21	21	21	21	21	21	21	21	21	21	21	21	21	21	21	21	21
	20	20	20	20	20	20	20	20	20	20	20	20	20	20	20	20	20	20	20	20
	19	19	19	19	19	19	19	19	19	19	19	19	19	19	19	19	19	19	19	19
	18	18	18	18	18	18	18	18	18	18	18	18	18	18	18	18	18	18	18	18
	17	17	17	17	17	17	17	17	17	17	17	17	17	17	17	17	17	17	17	17
	16	16	16	16	16	16	16	16	16	16	16	16	16	16	16	16	16	16	16	16
	15	15	15	15	15	15	15	15	15	15	15	15	15	15	15	15	15	15	15	15
	14	14	14	14	14	14	14	14	14	14	14	14	14	14	14	14	14	14	14	14
	13	13	13	13	13	13	13	13	13	13	13	13	13	13	13	13	13	13	13	13
	12	12	12	12	12	12	12	12	12	12	12	12	12	12	12	12	12	12	12	12
	11	11	11	11	11	11	11	11	11	11	11	11	11	11	11	11	11	11	11	11
Die Vorkommastellen 13, sind fortgelassen worden.	10	10	10	10	10	10	10	10	10	10	10	10	10	10	10	10	10	10	10	10
	9	9	9	9	9	9	9	9	9	9	9	9	9	9	9	9	9	9	9	9
	8	8	8	8	8	8	8	8	8	8	8	8	8	8	8	8	8	8	8	8
	7	7	7	7	7	7	7	7	7	7	7	7	7	7	7	7	7	7	7	7
	6	6	6	6	6	6	6	6	6	6	6	6	6	6	6	6	6	6	6	6
	5	5	5	5	5	5	5	5	5	5	5	5	5	5	5	5	5	5	5	5
	4	4	4	4	4	4	4	4	4	4	4	4	4	4	4	4	4	4	4	4
	3	3	3	3	3	3	3	3	3	3	3	3	3	3	3	3	3	3	3	3
	2	2	2	2	2	2	2	2	2	2	2	2	2	2	2	2	2	2	2	2
	1	1	1	1	1	1	1	1	1	1	1	1	1	1	1	1	1	1	1	1
Klassenuntergrenze x'_{j-1}	*,10*		*,20*		*,30*		*,40*		*,50*		*,60*									
Klassenobergrenze x'_j	*,20*		*,30*		*,40*		*,50*		*,60*		*,70*									
Klassenmitte x_j	*,15*		*,25*		*,35*		*,45*		*,55*		*,65*									
abs. Häufigkeit n_j	*6*		*24*		*67*		*58*		*37*		*8*									

Aufgabe 2.2-2

Unter Verwendung des beiliegenden Sortierbogens fertige man eine sinnvoll klassifizierte Häufigkeitsverteilung der n = 150 Meßwerte nachfolgender Urliste nach Verfahren 1.1 an.

	Urliste von n = 150 Meßwerten	Aufgabe 2.2-2

Bei der Messung der Dicke $[10^{-2} \cdot mm]$*) von n = 150 gepreßten Hartgummidichtungen entstand das folgende Meßwertprotokoll:

	(a)	(b)	(c)	(d)	(e)	(f)	(g)	(h)	(i)	(j)
(1)	171	177	175	177	174	174	173	183	183	178
(2)	179	178	176	167	171	174	175	177	173	172
(3)	169	176	178	182	175	172	177	177	179	167
(4)	168	173	167	178	175	167	160	177	182	179
(5)	168	176	177	176	168	168	171	183	168	175
(6)	175	159	162	173	181	179	166	170	178	177
(7)	167	167	171	184	173	176	175	167	167	174
(8)	181	181	172	173	178	182	173	166	174	188
(9)	168	177	170	165	164	176	181	189	168	175
(10)	179	187	168	171	173	190	169	177	170	161
(11)	165	181	179	185	170	178	178	183	169	173
(12)	173	186	172	177	172	164	168	182	184	185
(13)	173	179	181	185	173	173	173	187	179	175
(14)	173	170	177	178	184	185	174	177	180	183
(15)	167	168	171	189	178	177	172	170	176	181

*) 10^{-2} mm bedeutet, daß die Tabellenwerte in 1/100 mm angegeben worden sind. So bedeutet z.B. 171 soviel wie 1,71 mm.

2.2.3. Leitbeispiele

Im weiteren Verlauf dieses Kapitels werden immer wieder folgende vier, tabellarisch aufbereitete Leitbeispiele verwendet:

Leitbeispiel 1: Beispiel einer kleinen Meßstichprobe (n = 10)

(1)	(2)	(3)
lfd. Nr.	Meßwerte in HM	Rangfolge in HM
i	x_i	$x_{(i)}$
1	339	328
2	342	330
3	338	338
4	353	339
5	351	340
6	330	340
7	340	342
8	340	343
9	328	351
10	343	353

Leitbeispiel 2: Beispiel einer großen Meßstichprobe (n = 200)
(siehe auch Beispiel von Kapitel 2.2.2)

(1)	(2a)	(2b)	(3)
lfd.Nr. der Klasse	Klassen-obergrenze in mm	Klassenmitte in mm	Häufigkeit
j	x'_j	x_j	n_j
1	13,20	13,15	6
2	13,30	13,25	24
3	13,40	13,35	67
4	13,50	13,45	58
5	13,60	13,55	37
6	13,70	13,65	8
			200

Leitbeispiel 3: Beispiel einer kleinen Meßstichprobe (n = 15)
(siehe auch Beispiel von Kapitel 2.2.1)

(1)	(2)	(3)
lfd.Nr.	Meßwerte in HM	Rangfolge in HM
i	x_i	$x_{(i)}$
1	480	426
2	426	429
3	504	441
4	533	469
5	469	478
6	492	480
7	492	481
8	510	487
9	441	492
10	478	492
11	498	498
12	487	499
13	481	504
14	499	510
15	429	533

Leitbeispiel 4: Beispiel einer großen Meßstichprobe (n = 150)

(1)	(2a)	(2b)	(3)
lfd.Nr. der Klasse	Klassen-obergrenze in 10^{-2} mm	Klassenmitte in 10^{-2} mm	Häufigkeit
j	x'_j	x_j	n_j
1	160	157,5	2
2	165	162,5	6
3	170	167,5	30
4	175	172,5	42
5	180	177,5	40
6	185	182,5	23
7	190	187,5	7
			150

2.3. Zeichnerische Aufbereitung

2.3.1. Kleine Meßstichprobe (n $\lesssim$ 50)

Stellt man die Meßwerte einer kleinen Stichprobe auf einer gleichförmig geteilten Leiter durch Markierungen dar, so entsteht der Meßwertstrahl, oder auch Punktdiagramm genannt.

Beispiel:

Die n = 10 Zykluszeiten des Leitbeispiels 1 liefern das folgende Bild 5.

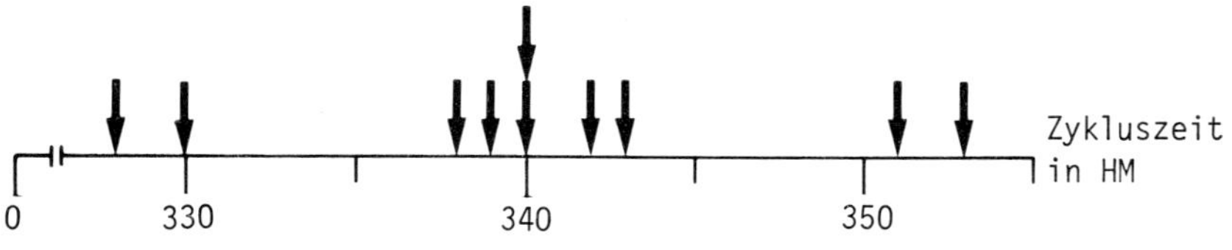

Bild 5: Beispiel für einen Meßwertstrahl

Aufgabe 2.3.-1

Zeichnen Sie für Leitbeispiel 3 den Meßwertstrahl.

2.3.2. Große Meßstichprobe (n $\gtrsim$ 50)

2.3.2.1 Säulendiagramm bei arithmetischer Klassenteilung

Stellt man die Häufigkeiten über den Klassen in Form von Rechtecken dar, so entsteht das Säulendiagramm.

Verfahren 1.2, Blatt 1 und 2, (siehe Seite 37 und 38) Darstellung der Meßstichprobe als Säulendiagramm

Bezeichnung des Verfahrens: Darstellung der Meßstichprobe als Säulendiagramm (Arithmetische Klassenteilung)	Nr. 1.2
Siehe auch Verfahren Nr.	Blatt: 1

Problemstellung: Gegeben ist eine Meßstichprobe von $n \gtrsim 50$ Meßwerten. Diese liegt bereits in klassifizierter Form vor. Aus Gründen der Anschaulichkeit soll die klassifizierte Meßstichprobe als Säulendiagramm dargestellt werden, indem die Klassenhäufigkeiten als Rechtecke (Gleichverteilungen) über den gleichbreiten Klassen wiedergegeben werden.

Verwendete Symbole	Bedeutung
n	Größe der Meßstichprobe (Anzahl der Meßwerte)
k	Zahl der Klassen
j	Laufende Nr. der Klasse ($j = 1, 2, \ldots, k$)
w	Klassenbreite
x'_j	Klassenobergrenze der Klasse Nr. j
n_j	Absolute Häufigkeit der Klasse Nr. j
h_j	Relative Häufigkeit der Klasse Nr. j

Schrittfolge

Allgemeine Formulierung

1. Zeichenformat wählen. Bei wenigen Klassen wird Hochformat, bei vielen Klassen dagegen Querformat gewählt.

2. Rechtwinkliges Koordinatenkreuz (1. Quadrant) zeichnen.

3. Abszisse mit der arithmetischen Klassenteilung oder einer ähnlichen dezimalen Teilung versehen und beschriften, und die davon abweichende arithmetische Klassenteilung dann auf der Skala markieren.

4. Skalenteilung der Ordinate so wählen und beschriften, daß die größte absolute oder relative Klassenhäufigkeit noch dargestellt werden kann.

5. Über jeder Klasse Nr. j ein Rechteck mit der Höhe der absoluten oder relativen Klassenhäufigkeit n_j bzw. h_j und der Klassenbreite w als Basis zeichnen.

Bezeichnung des Verfahrens: Darstellung der Meßstichprobe als Säulendiagramm

Nr. 1.2

Siehe auch Verfahren Nr.

Blatt: 2

Schrittfolge (Fortsetzung)

Verwendet wird die Meßstichprobe von Leitbeispiel 2, Seite 34

<u>Leitbeispiel 2:</u> Beispiel einer großen Meßstichprobe (n = 200)
(siehe auch Beispiel von Kapitel 2.2.2)

(1)	(2a)	(2b)	(3)
lfd.Nr. der Klasse	Klassen-obergrenze in mm	Klassenmitte in mm	Häufigkeit
j	x'_j	x_j	n_j
1	13,20	13,15	6
2	13,30	13,25	24
3	13,40	13,55	67
4	13,50	13,45	58
5	13,60	13,55	37
6	13,70	13,65	8
			200

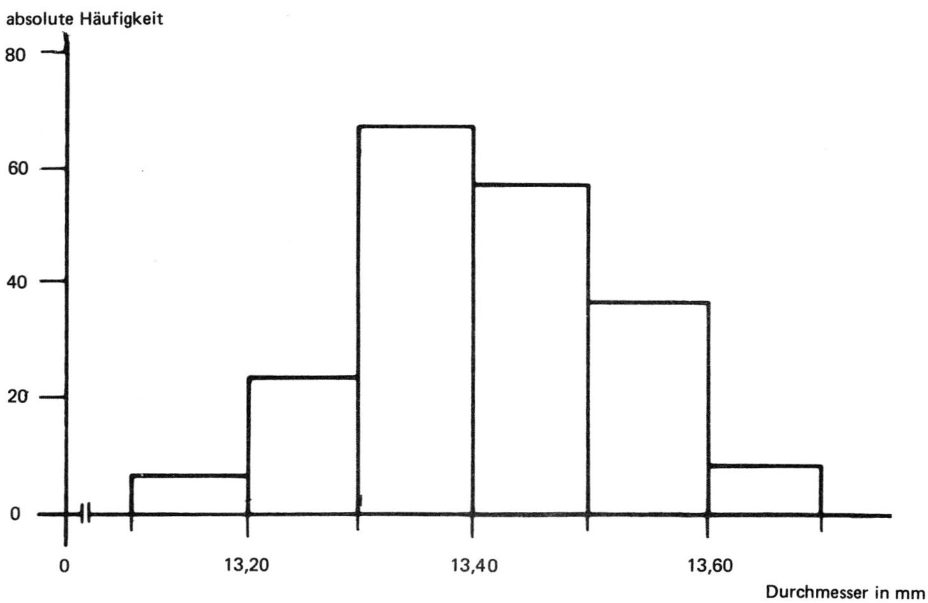

2.3.2.2. S ä u l e n d i a g r a m m b e i n i c h t a r i t h m e - t i s c h e r K l a s s e n t e i l u n g

Folgt man den Anweisungen des Verfahrens 1.2, Blatt 1 und 2, auch bei einer klassifizierten Häufigkeitsverteilung mit n i c h t a r i t h m e t i - s c h e r Klassenteilung und trägt auch hier die Häufigkeiten über den Klassen ab, so entsteht eine falsche Darstellung, wie das folgende Beispiel zeigt.

Beispiel:

Gegeben sind folgende n = 100 Meßwerte in allgemeiner Standardform:

(1)	(2)	(3)
lfd.Nr. der Klasse	Klassen-obergrenze in 0,1 min	Häufigkeit
j	x'_j	n_j
1	10	7
2	12	34
3	16	32
4	20	12
k=5	30	15
		n=100

Klassenuntergrenze der Klasse Nr. 1: $x'_0 = 9 \cdot 0{,}1$ min

Fertigt man auch hier das Säulendiagramm nach Verfahren 1.2 an, so entsteht Bild 6.

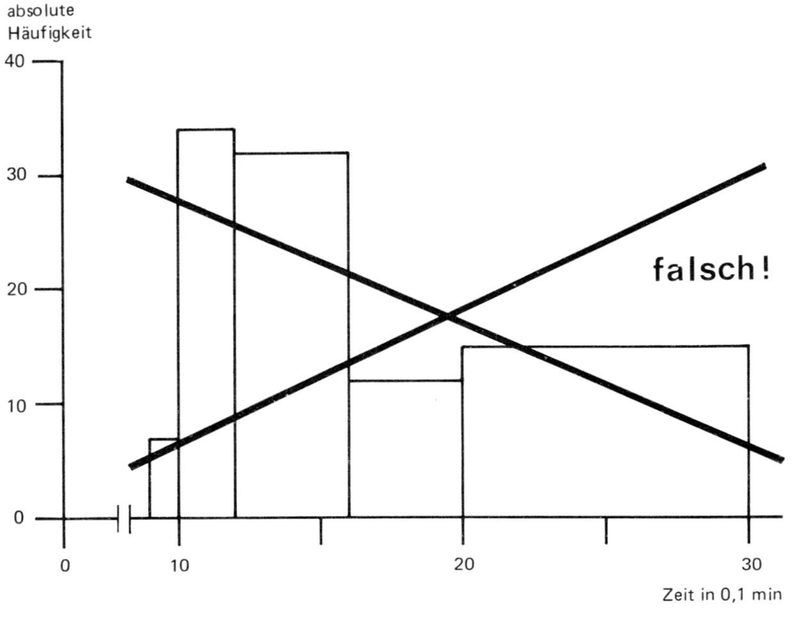

Bild 6: Falsche Darstellung einer klassifizierten Häufigkeitsverteilung mit nichtarithmetischer Klassenteilung

Diese Darstellung eines Säulendiagrammes ist deshalb falsch, weil man aufgrund der flächigen Wiedergabe der Häufigkeiten den Eindruck vermittelt bekommt,

- daß z.B. in der 2. Klasse etwa halb soviele Meßwerte registriert wurden wie in der 3. Klasse,
- daß in der 5. Klasse wesentlich mehr Werte registriert wurden wie in der 4. Klasse usw.

Vergleicht man diesen Eindruck mit den tatsächlich vorliegenden Häufigkeiten in obiger Standardform, so stellt man fest, daß dieser falsch ist. Man muß vielmehr, wenn nichtarithmetische Klassenteilung vorliegt, die Höhen der Rechtecke über den einzelnen Klassen abtragen, also folgende Zuordnung treffen:

Grundlinie der Rechtecke	:	nichtkonstante Klassenbreiten w_j
Inhalte der Rechtecke	:	Häufigkeiten n_j in den Klassen
Höhen der Rechtecke	:	an der Ordinate abzutragender Quotient berechnet aus

$$\frac{\text{Häufigkeit}}{\text{Klassenbreite}} = \frac{n_j}{w_j}$$

Dieser Quotient wird absolute Häufigkeitsdichte g_j genannt.

Verfahren 1.2, Blatt 3 und 4 (siehe Seite 43 und 44)
Darstellung der Meßstichprobe als Säulendiagramm
(Nichtarithmetische Klassenteilung)

Bezeichnung des Verfahrens: Darstellung der Meßstichprobe als Säulendiagramm (Nichtarithmetische Klassenteilung)	Nr. 1.2
Siehe auch Verfahren Nr. 1.2, Blatt 1 und 2	Blatt: 3

Problemstellung: Gegeben ist eine Meßstichprobe von $n \gtrsim 50$ Meßwerten. Diese liegt bereits in klassifizierter Form vor. Aus Gründen der Anschaulichkeit soll die klassifizierte Meßstichprobe als Säulendiagramm dargestellt werden, indem die Klassenhäufigkeiten als Rechtecke (Gleichverteilungen) über den verschieden breiten Klassen wiedergegeben werden.

Verwendete Symbole	Bedeutung
n	Größe der Meßstichprobe (Anzahl der Meßwerte)
k	Zahl der Klassen
j	Laufende Nr. der Klasse ($j = 1, 2, \ldots, k$)
w_j	Klassenbreite der Klasse Nr. j
x'_j	Klassenobergrenze der Klasse Nr. j
n_j	Absolute Häufigkeit der Klasse Nr. j
h_j	Relative Häufigkeit der Klasse Nr. j

Schrittfolge

Allgemeine Formulierung

1. Zeichenformat wählen. Bei wenigen Klassen wird Hochformat, bei vielen Klassen dagegen Querformat gewählt.
2. Rechtwinkliges Koordinatenkreuz (1. Quadrant) zeichnen
3. Abzisse mit der nichtarithmetischen Klassenteilung oder einer ähnlichen dezimalen Teilung versehen, und die davon abweichenden nichtarithmetischen Klassenteilungen dann auf der Skala markieren.
4. Aus der in Standardform vorliegenden klassifizierten Häufigkeitsverteilung sämtliche Klassenbreiten w_j nach der Formel

$$w_j = x'_j - x'_{j-1}$$

   berechnen.
5. Für sämtliche Klassen die absolute Häufigkeitsdichte g_j nach der Formel

$$g_j = \frac{n_j}{w_j}$$

   oder die relativen Häufigkeitsdichten f_j nach der Formel

$$f_j = \frac{h_j}{w_j} \text{ mit } h_j = \frac{n_j}{n} \cdot 100\ \%$$

   berechnen.
6. Skalenteilung der Ordinate so wählen und beschriften, daß die größte absolute oder relative Häufigkeitsdichte noch dargestellt werden kann.
7. Über jeder Klasse Nr. j ein Rechteckt mit der Höhe der absoluten oder relativen Häufigkeitsdichte g_j bzw. f_j und der Klassenbreite w_j als Basis zeichnen.

Bezeichnung des Verfahrens: Darstellung der Meßstichprobe als Säulendiagramm (Nichtarithmetische Klassenteilung)

Nr. 1.2

Siehe auch Verfahren Nr. 1.2, Blatt 1 und 2

Blatt: 4

Schrittfolge

Beispiel

Verwendet wird die folgende Meßstichprobe:

(1)	(2)	(3)	(4)	(5)
Lfd.Nr. der Klasse	Klassen-obergrenze in 0,1 min	Absolute Häufigkeit	Klassenbreite in 0,1 min	Absolute Häufigkeits-dichte in 1/0,1 min
j	x'_j	n_j	w_j	g_j
1	10	7	1	7
2	12	34	2	17
3	16	32	4	8
4	20	12	4	3
k=5	30	15	10	1,5
		n=100		

Klassenuntergrenze der Klasse Nr. 1 : $x'_0 = 9 \cdot 0{,}1$ min

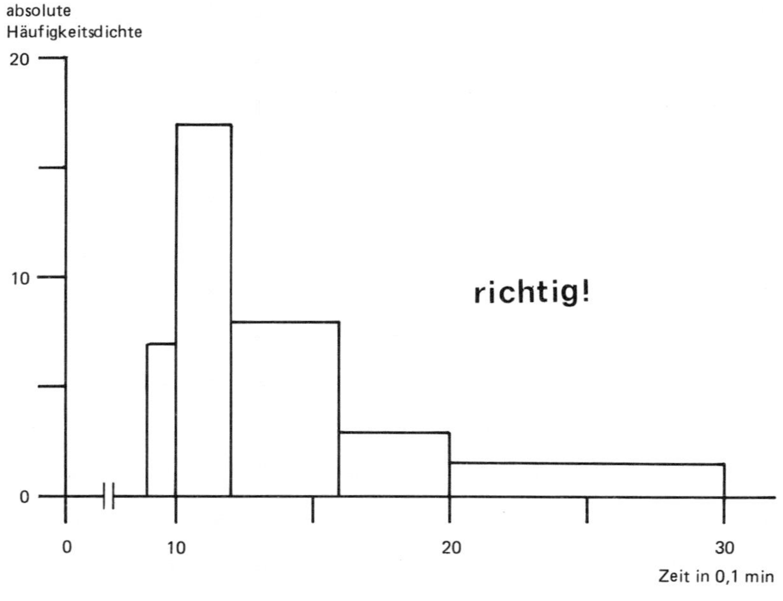

Aufgabe 2.3-2

Zeichnen Sie für Leitbeispiel 4 das Säulendiagramm.

2.3.2.3 Summenlinie

Zeichnet man beispielsweise in das Säulendiagramm auf Seite 38 eine obere Toleranzgrenze T_0 = 13,52 mm als Senkrechte ein und fragt danach, wieviele der n = 200 Meßwerte diesen Grenzwert nicht überschreiten, so läßt sich diese Frage nur sehr mühsam beantworten. Besser als über das Säulendiagramm läßt sich die Antwort mittels Summenlinie geben.

Verfahren 1.3 (Seite 47 und 48) Darstellung der Meßstichprobe als Summenlinie

Aufgabe 2.3-3

1. Zeichnen Sie für Leitbeispiel 4 (siehe Seite 35) die Summenlinie.
2. Oberhalb welchen Meßwertes liegen 50% aller erfaßten Meßwerte?
3. Wieviele erfaßte Meßwerte sind kleiner gleich $172 \cdot 10^{-2}$ mm?
4. Wie lautet der Meßwert, der von 95% der erfaßten Meßwerte nicht unterschritten wird?
5. Wieviele erfaßte Meßwerte liegen zwischen $159 \cdot 10^{-2}$ mm und $181 \cdot 10^{-2}$ mm?

Bezeichnung des Verfahren: Darstellung der Meßstichprobe als Summenlinie	Nr. 1.3
Siehe auch Verfahren Nr. 1.2	Blatt: 1

Problemstellung: Gegeben ist eine Meßstichprobe von $n \gtrsim 50$ Meßwerten in klassifizierter Form. Für diese ist häufig die Frage zu beantworten, wieviele beobachtete Meßwerte höchstens gleich einem vorgegebenen Wert sind, oder wieviele beobachtete Meßwerte oberhalb eines vorgegebenen anderen Wertes liegen. Hierauf gibt die Summenlinie Auskunft, die in gleicher Weise bei arithmetischer wie nichtarithmetischer Klassenteilung dargestellt wird.

Verwendete Symbole	Bedeutung
n	Größe der Meßstichprobe (Anzahl der Meßwerte)
k	Zahl der Klassen
j	Laufende Nr. der Klasse ($j = 1, 2, \ldots, k$)
x'_j	Klassenobergrenze der Klasse Nr. j
n_j	Häufigkeit der Klasse Nr. j
B_j	Absolute Häufigkeitssumme der Klasse Nr. j
F_j	Relative Häufigkeitssumme der Klasse Nr. j

Schrittfolge

Allgemeine Formulierung

1. Zeichenformat wählen. Bei wenigen Klassen wird Hochformat, bei vielen Klassen dagegen Querformat gewählt.
2. Rechtwinkliges Koordinatenkreuz (1. Quadrant) zeichnen.
3. Abszisse mit der berechneten Klassenteilung oder einer ähnlichen dezimalen Teilung versehen und beschriften, und die berechnete Klassenteilung dann auf der Skala markieren
4. Für jede Klasse Nr. j ($j = 1, 2, \ldots, k$) die absolute Häufigkeitssumme B_j nach der Formel

$$B_j = \sum_{\nu=1}^{j} n_\nu$$

für ν lies "nü"; kleiner griechischer Buchstabe, wird wie i und j zur Zählung verwendet.

oder die relative Häufigkeitssumme F_j nach der Formel

$$F_j = \sum_{\nu=1}^{j} h_\nu \quad \text{mit} \quad h_\nu = \frac{n_\nu}{n} \cdot 100\ \%$$

oder

$$F_j = \frac{B_j}{n} \cdot 100\ \%$$

berechnen

5. Skalenteilung der Ordinate so wählen und beschriften, daß $B_k = n$ und/oder $F_k = 100\ \%$ noch dargestellt werden kann.
6. Über den Klassenobergrenzen x'_j die zugeordneten Häufigkeitssummen B_j oder F_j abtragen. Über x'_0 sind B_0 und F_0 Null!
7. Verbindet man die dargestellten Punkte durch Strecken, entsteht die Summenlinie.

Bezeichnung des Verfahrens: Darstellung der Meßstichprobe als Summenlinie	Nr. 1.3
Siehe auch Verfahren Nr. 1.2	Blatt: 2

Schrittfolge (Fortsetzung)

Verwendet wird Leitbeispiel 2, Seite 34

(1)	(2a)	(2b)	(3)	(4a)	(4b)
Lfd.Nr. der Klasse	obere Klassengrenze in mm	Klassenmitte in mm	absolute Häufigkeit	absolute Häufigkeitssumme	relative Häufigkeitssumme in Prozent
j	x'_j	x_j	n_j	B_j	F_j
1	13,20	13,15	6	6	3
2	13,30	13,25	24	30	15
3	13,40	13,35	67	97	48,5
4	13,50	13,45	58	155	77,5
5	13,60	13,55	37	192	96
k=6	13,70	13,65	8	200	100
			n=200		

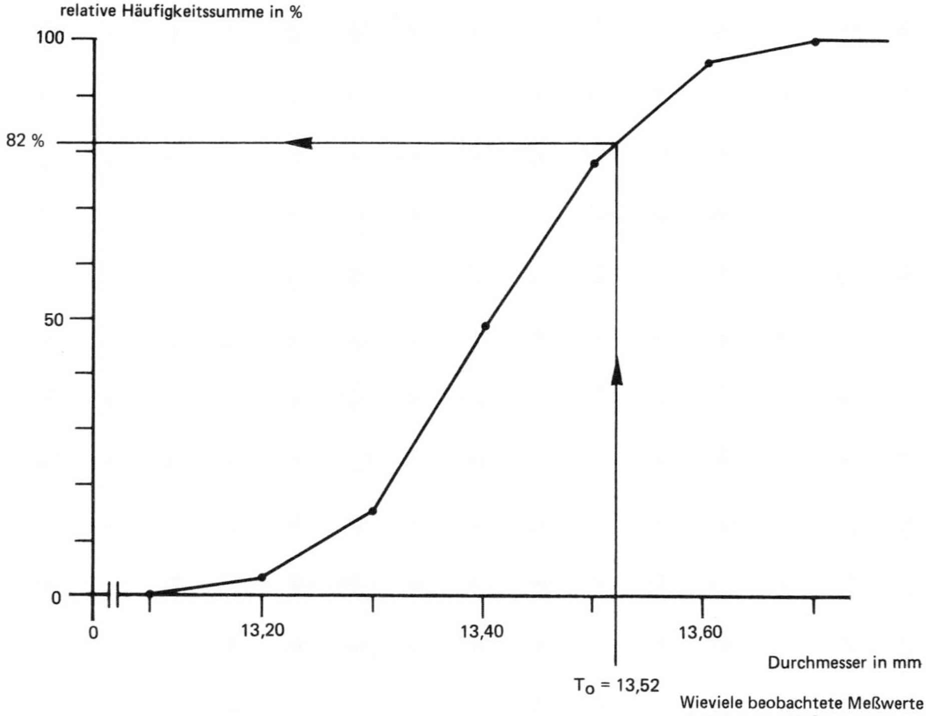

Wieviele beobachtete Meßwerte sind kleiner = T_o?
Antwort: 82 %

2.4. Rechnerische Aufbereitung

2.4.1. Vorbemerkungen

Nahezu alle Methoden der technischen Statistik erfordern als Eingabe rechnerisch aufbereitete Meßstichproben. Die rechnerische Aufbereitung der Meßstichprobe führt zu Ergebnissen, die als Stichprobenkenngrößen bezeichnet werden. Es ist üblich die Berechnungsvorschriften für Stichprobenkenngrößen wie folgt zu gliedern

1. Stichprobenkenngrößen zur Beschreibung der vorgefundenen Meßwertlage, auch Lagemaße genannt;
   Frage: Wo liegen die Meßwerte? Welche Größenordnung haben die Meßwerte?
2. Stichprobenkenngrößen zur Beschreibung der vorgefundenen Meßwertstreuung, auch Streumaße genannt;
   Frage: Wie liegen die Meßwerte? Welche Streuung haben die Meßwerte?
3. Stichprobenkenngrößen zur Beschreibung von Meßwertlage und -streuung, auch relative Streumaße oder Verbundmaße genannt.

In den nachfolgenden Abschnitten werden die einzelnen Verfahren zur Berechnung der verschiedenen Stichprobenkenngrößen behandelt. Dabei spielen folgende weitere Gliederungsgesichtspunkte eine wesentliche Rolle:

1. Kleine Meßstichprobe ($n \lesssim 50$) - Große Meßstichprobe ($n \gtrsim 50$)
2. Manuelle rechnerische Aufbereitung - Maschinelle rechnerische Aufbereitung

2.4.2. Lagemaße

Hier ist zwischen arithmetischem Mittelwert und Zentralwert zu unterscheiden. Der Unterschied soll an den Zahlen des Leitbeispiels 1 verdeutlicht werden.

Der arithmetische Mittelwert ist der "Schwerpunkt" der Meßstichprobe. Stellt man sich den Meßwertstrahl von Bild 5 (Seite 36) als Waage dar, deren Drehpunkt sich an der Stelle $\overline{x}$ = 340,4 HM befindet, so sind linker Teil und rechter Teil des Wertestrahls "gleich schwer", die Waage befindet sich im Gleichgewicht. Anders ist dies beim Zentralwert $\tilde{x}$. Bei Angabe von $\tilde{x}$ = 340 HM weiß man lediglich, daß sich gleich viele Meßwerte unterhalb wie oberhalb dieses Wertes (im Beispiel je 4) befinden.

2.4.2.1 Arithmetischer Mittelwert

Verfahren 2.1.1 (Seite 51)
Arithmetischer Mittelwert $\bar{x}$
Kleine Meßstichprobe ($n \lesssim 50$) - Vorwiegend maschinelle Auswertung

Verfahren 2.1.2 (Seite 52 und 53)
Arithmetischer Mittelwert $\bar{x}$
Kleine Meßstichprobe ($n \lesssim 50$) - Manuelle Auswertung

Verfahren 2.2.1 (Seite 54)
Arithmetischer Mittelwert $\bar{x}$
Große Meßstichprobe ($n \gtrsim 50$) - Vorwiegend maschinelle Auswertung

Verfahren 2.2.2 (Seite 55 und 56)
Arithmetischer Mittelwert $\bar{x}$
Große Meßstichprobe ($n \gtrsim 50$) - Manuelle Auswertung

Bezeichnung des Verfahrens: Arithmetischer Mittelwert $\bar{x}$ Kleine Meßstichprobe ($n \lessapprox 50$) - Vorwiegend maschinelle Auswertung	Nr. 2.1.1
Siehe auch Verfahren Nr. 2.5.1	Blatt: 1

Problemstellung: Gegeben ist eine Meßstichprobe, aus der die beste Information über die Meßwertlage (Größenordnung der Meßwerte) berechnet werden soll. Es handelt sich um Meßwerte geringer Stellenzahl oder es kann eine Rechenmaschine eingesetzt werden.

Verwendete Symbole	Bedeutung
n	Größe der Meßstichprobe (Anzahl der Meßwerte)
i	Laufende Nummer der Messung ($i = 1, 2, \ldots, n$)
x_i	Meßwert Nr. i des interessierenden Merkmals

Schrittfolge

Allgemeine Formulierung

1. Summe sämtlicher erfaßter Meßwerte bilden

$$\sum_{i=1}^{n} x_i = \text{(Summe 2)}$$

2. Summe der Meßwerte durch deren Anzahl dividieren

$$\bar{x} = \frac{1}{n}\sum_{i=1}^{n} x_i$$

$$\bar{x} = \text{(Summe 2)}:n$$

Beispiel

(1)	(2)
Lfd.-Nr. der Messung	Meßwerte in HM
i	x_i
1	339
2	342
3	338
4	353
5	351
6	330
7	340
8	340
9	328
n=10	343
	3 404

1. Bilde Summe der Meßwerte aus Spalte (2)

(Summe 2) = 3 404 HM

2. Berechne den Mittelwert

$$\bar{x} = \text{(Summe 2)}:n = 3\,404:10 = 340{,}4 \text{ HM}$$

Bezeichnung des Verfahrens: Arithmetischer Mittelwert $\bar{x}$	Nr.
Kleine Meßstichprobe ($n \lesssim 50$) - Manuelle Auswertung	2.1.2
Siehe auch Verfahren Nr. 2.5.2	Blatt: 1

Problemstellung: Gegeben ist eine Meßstichprobe, aus der die beste Information über die Meßwertlage (Größenordnung der Meßwerte) berechnet werden soll. Es handelt sich um Meßwerte mit mindestens zwei Stellen, die manuell ausgewertet werden sollen.

Verwendete Symbole	Bedeutung
a	Hilfswert
n	Größe der Meßstichprobe (Anzahl der Meßwerte)
i	Laufende Nummer der Messung (i = 1, 2, ..., n)
x_i	Meßwert Nr. i des interessierenden Merkmals

Schrittfolge

Allgemeine Formulierung

1. "Glatten" Hilfswert möglichst in der Nähe des zu berechnenden Mittelwertes wählen

$$a \approx \bar{x}$$

2. Differenzen

$$x_i - a \text{ für alle } i$$

zwischen sämtlichen Meßwerten und dem Hilfswert berechnen

3. Summe der Differenzen unter Berücksichtigung der Vorzeichen bilden

$$\sum_{i=1}^{n} (x_i - a) = (\text{Summe } 3)$$

4. Summe der Differenzen durch die Anzahl der Meßwerte dividieren und den Hilfswert addieren

$$\bar{x} = a + \frac{1}{n} \cdot \sum_{i=1}^{n} (x_i - a)$$

$$\bar{x} = (\text{Summe } 3) : n + a$$

Beispiel

(1)	(2)	(3)	
Lfd. Nr. der Messung	Meßwerte in HM	$x_i - a$	
i	x_i	– (2) - 340	+
1	339	1	
2	342		2
3	338	2	
4	353		13
5	351		11
6	330	10	
7	340		
8	340		
9	328	12	
n=10	343		3
		-25	+29
		+4	

1. Wähle "glatten" Hilfswert

$$a = 340 \text{ HM}$$

2. Bilde die Differenz der Meßwerte zum Hilfswert

(Spalte 2) - 340

und trage die Differenzen vorzeichengerecht in Spalte (3) ein

Bezeichnung des Verfahrens: Arithmetischer Mittelwert $\bar{x}$ Kleine Meßstichprobe ($n \lesssim 50$) - Manuelle Auswertung	Nr. 2.1.2
Siehe auch Verfahren Nr.	Blatt: 2

Schrittfolge (Fortsetzung)

Allgemeine Formulierung	Beispiel
	3. Bilde die Summe der negativen und der positiven Werte in Spalte (3) und fasse beide Teilsummen zur (Summe 3) zusammen $(\text{Summe } 3)_- = -25$ $(\text{Summe } 3)_+ = +29$ $(\text{Summe } 3) = +4$ HM 4. Berechne den Mittelwert $\bar{x} = (\text{Summe } 3):n + a$ $= (+4):10 + 340$ $= 0{,}4 + 340$ $= 340{,}4$ HM

Bezeichnung des Verfahrens: Arithmetischer Mittelwert $\bar{x}$ Große Meßstichprobe ($n \gtrsim 50$) - Vorwiegend maschinelle Auswertung	Nr. 2.2.1
Siehe auch Verfahren Nr. 2.6.1	Blatt:

Problemstellung: Gegeben ist eine Meßstichprobe von $n \geq 50$ in klassifizierter Form, aus der die beste Information über die Meßwertlage (Größenordnung der Meßwerte) berechnet werden soll. Es handelt sich um Klassenmitten geringer Stellenzahl oder es kann eine Rechenmaschine eingesetzt werden.

Verwendete Symbole	Bedeutung
n	Größe der Meßstichprobe (Anzahl der Meßwerte)
k	Zahl der Klassen
j	Laufende Nr. der Klasse ($j = 1, 2, \ldots, k$)
x_j	Klassenmitte der Klasse Nr. j
n_j	Häufigkeit der Klasse Nr. j

Schrittfolge

Allgemeine Formulierung

1. Produkte $x_j \cdot n_j$ für jede Klasse bilden
2. Summe sämtlicher Produkte $x_j n_j$ bilden

$$\sum_{j=1}^{k} x_j n_j = (\text{Summe } 4)$$

3. Summe der Produkte $x_j n_j$ durch Anzahl der Meßwerte dividieren

$$\bar{x} = \frac{1}{n} \sum_{j=1}^{k} x_j n_j \quad *)$$

$$\bar{x} = (\text{Summe } 4):n$$

*) Sind bei der Standardform der klassifizierten Häufigkeitsverteilung nicht die absoluten Häufigkeiten n_j, sondern die relativen Häufigkeiten h_j nach

$$h_j = \frac{n_j}{n} \cdot 100\ \%$$

gegeben, so wird der arithmetische Mittelwert $\bar{x}$ berechnet nach

$$\bar{x} = \sum_{j=1}^{k} x_j h_j$$

Beispiel

(1)	(2)	(3)	(4)
Lfd.-Nr. der Klasse	Klassenmitte in mm	Häufigkeit	$x_j n_j$
j	x_j	n_j	(2)·(3)
1	13,15	6	78,90
2	13,25	24	318,00
3	13,35	67	894,45
4	13,45	58	780,10
5	13,55	37	501,35
k=6	13,65	8	109,20
		n=200	2682,00

1. Bilde Produkte $x_j n_j$ (s. Spalte (4))
2. Bilde Summe der Produkte aus Spalte (4)

   (Summe 4) = 2 682,00 mm

3. Berechne den Mittelwert

$$\bar{x} = (\text{Summe } 4):n = 2\,682{,}00:200 = 13{,}410 \text{ mm}$$

Bezeichnung des Verfahrens: Arithmetischer Mittelwert $\bar{x}$ Große Meßstichprobe ($n \gtrsim 50$) - Manuelle Auswertung	Nr. 2.2.2
Siehe auch Verfahren Nr. 2.6.2	Blatt: 1

Problemstellung: Gegeben ist eine Meßstichprobe von $n \gtrsim 50$ Meßwerten in klassifizierter Form, aus der die beste Information über die Meßwertlage (Größenordnung der Meßwerte) berechnet werden soll. Es handelt sich um vielstellige Klassenmitten. Die Auswertung erfolgt manuell.

Verwendete Symbole	Bedeutung
a	Hilfswert
n	Größe der Meßstichprobe (Anzahl der Meßwerte)
k	Zahl der Klassen
j	Laufende Nr. der Klasse ($j = 1, 2, \ldots, k$)
x_j	Klassenmitte der Klasse Nr. j
n_j	Häufigkeit der Klasse Nr. j
w	Konstante Klassenbreite
z_j	Verschlüsselte Klassenmitte

Schrittfolge

Allgemeine Formulierung

1. Klassenmitte mit größter zugeordneter Häufigkeit wird Hilfswert a gesetzt
2. Klassenmitte mit größter Häufigkeit wird mit 0 verschlüsselt. Darauffolgende Klassenmitten erhalten den Schlüssel 1, 2, 3, ... Vorangegangene Klassenmitten erhalten den Schlüssel -1, -2, -3, ... Die verschlüsselten Klassenmitten erhalten das Symbol z_j.
3. Produkt $z_j \cdot n_j$ unter Berücksichtigung des Vorzeichens für jede Klasse bilden
4. Summe sämtlicher Produkte unter Berücksichtigung der Vorzeichen bilden

$$\sum_{j=1}^{k} z_j n_j = \text{(Summe 5)}$$

5. Summe der Produkte wird mit der Klassenbreite multipliziert, durch die Anzahl der Meßwerte dividiert und zu dem Ergebnis der Hilfswert a addiert

$$\bar{x} = a + \frac{w}{n} \sum_{j=1}^{k} z_j n_j \quad *)$$

$$\bar{x} = \text{(Summe 5)} \cdot \frac{w}{n} + a$$

---

*) $\bar{x}$ kann nach dieser Formel auch für eine nichtarithmetische Klassenteilung berechnet werden. In diesem Falle werden die einzelnen Klassen wie folgt verschlüsselt:

$$z_j = \frac{x_j - a}{w}$$

Dabei ist w ein konstanter Zahlenwert, der so gewählt wird, daß möglichst viele niedrige "glatte" Werte für z_j ($j = 1, 2, \ldots, k$) entstehen.

Bezeichnung des Verfahrens: Arithmetischer Mittelwert $\bar{x}$ Große Meßstichprobe ($n \gtrsim 50$) - Manuelle Auswertung	Nr. 2.2.2
Siehe auch Verfahren Nr. 2.6.2	Blatt: 2

Schrittfolge (Fortsetzung)

Beispiel

(1)	(2)	(3)	(4)	(5)		
Lfd. Nr. der Klasse	Klassenmitte in mm	Häufigkeit	z_j	$z_j n_j$		
j	x_j	n_j		—	(3)·(4)	+
1	13,15	6	-2	12		
2	13,25	24	-1	24		
3	13,35	67	0		0	
4	13,45	58	1			58
5	13,55	37	2			74
k=6	13,65	8	3			24
		n=200		-36		+156
					+120	

1. Wähle "glatten" Hilswert

   $x_3 = a = 13{,}35$ mm zu $n_3 = 67$ (maximale Klassenhäufigkeit!)

2. x_j in Spalte (4) zu z_j verschlüsseln, so daß

   x_3 zu $z_3 = 0$
   x_4 zu $z_4 = 1$
   x_5 zu $z_5 = 2$
   x_6 zu $z_6 = 3$

   und

   x_2 zu $z_2 = -1$
   x_1 zu $z_1 = -2$

   verschlüsselt wird.

3. Bilde Produkt $z_j n_j$ (s. Spalte (5))
4. Bilde Summe der Produkte aus Spalte (5)

   (Summe 5) = 156 - 36 = 120

5. Berechne den Mittelwert

$$\bar{x} = (\text{Summe } 5)\cdot\frac{w}{n} + a$$
$$= 120\cdot\frac{0{,}10}{200} + 13{,}35$$
$$= 13{,}410 \text{ mm}$$

2.4.2.2 Z e n t r a l w e r t

Verfahren 2.3.1 (Seite 59 und 60)
Zentralwert (Median) $\tilde{x}$
Kleine Meßstichprobe (n $\lesssim$ 50)

Verfahren 2.3.2 (Seite 61)
Zentralwert (Median) $\tilde{x}$
Große Meßstichprobe (n $\gtrsim$ 50)

Anmerkung:

Es kommt in der Praxis nicht allzu häufig vor, daß der Zentralwert für eine große Meßstichprobe (n $\gtrsim$ 50) bestimmt werden muß. Anschaulich erhält man diesen Wert aus der Summenlinie der Meßstichprobe, wenn man in dieser beim Ordinatenwert bei n/2 oder 50% waagerecht auf die Summenlinie geht und den Schnittpunkt auf die Abszisse lotet (lineare Interpolation). Dort liegt dann der Zentralwert.

Bezeichnung des Verfahrens: Zentralwert (Median) $\tilde{x}$ Kleine Meßstichprobe ($n \lesssim 50$)	Nr. 2.3.1
Siehe auch Verfahren Nr. 2.3.2	Blatt: 1

Problemstellung: Gegeben ist eine Meßstichprobe, aus der eine Schnellinformation über die Meßwertlage (Größenordnung der Meßwerte) bestimmt werden soll.

Verwendete Symbole	Bedeutung
n	Größe der Meßstichprobe (Anzahl der Meßwerte)
i	Laufende Nummer der Messung ($i = 1, 2, \ldots, n$)
(i)	Nummer des Rangplatzes, den ein Meßwert in der geordneten Meßwertfolge einnimmt
x_i	Meßwert Nr. i des interessierenden Merkmals
$x_{(i)}$	Eingeordneter Meßwert auf Rangplatz Nr. (i)

Schrittfolge

Allgemeine Formulierung

1. Fall: n ungerade Meßwertzahl

1. Meßwerte in aufsteigender Rangreihe ordnen
2. Meßwert auf Rangplatz Nummer

$$m = \frac{n+1}{2}$$

ist Zentralwert $\tilde{x}$

Beispiel

1. Fall: n = 5

(1)	(2)	(3)
Nr. des Rangplatzes	Meßwerte in HM	Rangfolge in HM
(i)	x_i	$x_{(i)}$
1	339	338
2	342	339
m=3	338	342
4	353	351
n=5	351	353

1. Bilde die Rangreihe der Meßwerte in Spalte (3)
2. Berechne die zentrale Rangplatznummer

$$m = \frac{n+1}{2} = \frac{5+1}{2} = =3$$

und suche den Zentralwert in Spalte (3) auf

$$\tilde{x} = x_{(3)} = 342 \text{ HM}$$

Bezeichnung des Verfahrens: Zentralwert (Median) $\tilde{x}$ Kleine Meßstichprobe ($n \lesssim 50$)	Nr. 2.3.1
Siehe auch Verfahren Nr. 2.3.2	Blatt: 2

Schrittfolge (Fortsetzung)

Allgemeine Formulierung

2. Fall: n gerade Meßwertanzahl

1. Meßwerte in aufsteigender Rangreihe ordnen

2. Meßwerte auf den Rangplätzen Nummer

$$m = \frac{n}{2} \text{ und } m + 1$$

aufsuchen

3. Der arithmetische Mittelwert aus beiden aufgesuchten Meßwerten ist Zentralwert

$$\tilde{x} = \left[x_{(m)} + x_{(m+1)}\right] : 2$$

Beispiel

2. Fall: n = 6

(1)	(2)	(3)
Nr. des Rangplatzes	Meßwerte in HM	Rangfolge in HM
(i)	x_i	$x_{(i)}$
1	339	330
2	342	338
m=3	338	339
m+1=4	353	342
5	351	351
n=6	330	353

1. Bilde die Rangreihe der Meßwerte in Spalte (3)

2. Berechne die beiden zentralen Rangplatznummern

$$m = \frac{n}{2} = \frac{6}{2} = 3 \text{ und } m + 1 = 3 + 1 = 4$$

und suche die Meßwerte auf diesen beiden Rangplätzen auf

$$x_{(3)} = 339 \text{ HM und } x_{(4)} = 342 \text{ HM}$$

3. Berechne den Zentralwert

$$\tilde{x} = \left[x_{(3)} + x_{(4)}\right] : 2 = [339 + 342] : 2 = 340{,}5 \text{ HM}$$

Bezeichnung des Verfahrens:	Nr.
Zentralwert (Median) $\tilde{x}$ Große Meßstichprobe ($n \gtrsim 50$)	2.3.2
Siehe auch Verfahren Nr. 2.3.1	Blatt:

Problemstellung: Gegeben ist eine Meßstichprobe in klassifizierter Form, aus der eine Schnellinformation über die Meßwertlage (Größenordnung der Meßwerte) bestimmt werden soll.

Verwendete Symbole	Bedeutung
n	Größe der Meßstichprobe (Anzahl der Meßwerte)
$x_{\tilde{x}}$	Klassenmitte der Klasse mit $\tilde{x}$
$n_{\tilde{x}}$	absolute Häufigkeit der Klasse mit $\tilde{x}$
A	letzte relative Häufigkeitssumme < 50%
w	Klassenbreite

Schrittfolge

Allgemeine Formulierung

1. Relative Häufigkeitssummen $\sum h_\nu$ bilden
2. Größen $x_{\tilde{x}}$, $n_{\tilde{x}}$, w und A aufsuchen
3. Zentralwert nach der Formel

$$\tilde{x} = x_{\tilde{x}} - 0{,}5\, w + \frac{0{,}5 - A}{n_{\tilde{x}}/n} \cdot w$$

Beispiel

(1) Lfd.-Nr. der Klasse j	(2) Klassenmitte in mm x_j	(3) absolute Häufigkeit n_j	(4) relative Häufigkeitssumme $\sum h_\nu$ in %
1	13,15	6	3
2	13,25	24	15
3	13,35	67	48,5
4	13,45	58	77,5
5	13,55	37	96
k=6	13,65	8	100
		n=200	

1. Bilde relative Häufigkeitssummen $\sum h_\nu$ (s. Spalte (4))
2. Ermittle

$x_{\tilde{x}} = 13{,}45$ mm

$n_{\tilde{x}} = 58$

$w = 0{,}10$ mm

$A = 0{,}485 = 48{,}5\%$

3. Berechne den Zentralwert

$$\tilde{x} = 13{,}45 - 0{,}5 \cdot 0{,}10 + \frac{0{,}5 - 0{,}485}{58/200} \cdot 0{,}10$$

$$= 13{,}405 \text{ mm}$$

2.4.3. Streumaße

Bei den Streumaßen ist zwischen Spannweite und Varianz bzw. Standardabweichung zu unterscheiden. Die Bedeutung und Berechnung der Spannweite wird zunächst einmal dargestellt. Anschließend werden die im Rahmen der Statistik sehr wichtigen Stichprobenkenngrößen, Varianz und Standardabweichung erläutert.

2.4.3.1 Einfache und mittlere Spannweite

Verfahren 2.4.1 (Seite 65)
Einfache Spannweite R ($n \leq 14$)

Verfahren 2.4.2 (Seite 66 und 67)
Mittlere Spannweite $\bar{R}$ ($n > 14$)

Bezeichnung des Verfahrens:

Einfache Spannweite R ($n \leq 14$)

Nr. 2.4.1

Siehe auch Verfahren Nr.

Blatt: 1

Problemstellung: Gegeben ist eine Meßstichprobe von höchstens n = 14 Meßwerten, aus der eine Schnellinformation über die Meßwertstreuung berechnet werden soll.

Verwendete Symbole	Bedeutung
n	Größe der Meßstichprobe (Anzahl der Meßwerte)
i	Laufende Nummer der Messung ($i = 1, 2, \ldots, n$)
x_i	Meßwert Nr. i des interessierenden Merkmals
x_{max}	Größtwert der Meßstichprobe
x_{min}	Kleinstwert der Meßstichprobe

Schrittfolge

Allgemeine Formulierung

1. Suche unter den Meßwerten die beiden Extremwerte

   den Größtwert x_{max} und

   den Kleinstwert x_{min}

2. Die Differenz beider Meßwerte ist die einfache Spannweite

$$R = x_{max} - x_{min}$$

Beispiel

(1)	(2)
Lfd. Nr. der Messung	Meßwerte in HM
i	x_i
1	339
2	342
3	338
4	353
5	351
6	330
7	340
8	340
9	328
n=10	343

1. Suche Größt- und Kleinstwert in Spalte (2)

$$x_{max} = 353 \text{ HM}$$
$$x_{min} = 328 \text{ HM}$$

2. Berechne die einfache Spannweite

$$R = x_{max} - x_{min} = 353 - 328 = 25 \text{ HM}$$

Bezeichnung des Verfahrens:	Nr.
Mittlere Spannweite $\bar{R}$ (n > 14)	2.4.2
Siehe auch Verfahren Nr.	Blatt: 1

Problemstellung: Gegeben ist eine Meßstichprobe von mindestens n = 15 Meßwerten, aus der eine Schnellinformation über die Meßwertstreuung berechnet werden soll. Die mittlere Spannweite wird stets aus den unsortierten Meßwerten, also in der Reihenfolge der Erfassung der Meßwerte berechnet!

Verwendete Symbole	Bedeutung
n	Größe der Meßstichprobe (Anzahl der Meßwerte)
i	Laufende Nummer der Messung (i = 1, 2, ..., n)
x_i	Meßwert Nr. i des interessierenden Merkmals
k	Anzahl der vollbesetzten Gruppen von jeweils 5 aufeinanderfolgenden unsortierten Meßwerten
j	Laufende Nummer der 5er Gruppe (j = 1, 2, ..., k)
x_{jmax}	Größtwert in einer vollbesetzten 5er Gruppe
x_{jmin}	Kleinstwert in einer vollbesetzten 5er Gruppe

Schrittfolge

Allgemeine Formulierung

1. Unsortierte Meßwertreihe in Gruppen zu je 5 aufeinanderfolgenden Meßwerten aufteilen

2. Aus allen vollbesetzten 5er Gruppen

   den Größtwert x_{jmax} und

   den Kleinstwert x_{jmin}

   aufsuchen

3. Aus Größt- und Kleinstwert jeder 5er Gruppe die einfache Spannweite berechnen

   $$R_j = x_{jmax} - x_{jmin}$$

4. Aus allen berechneten einfachen Spannweiten die Summe bilden

   $$\sum_{j=1}^{k} R_j = \text{(Summe 3)}$$

5. Summe der Spannweiten durch die Anzahl der aufsummierten Spannweiten dividieren

$$\bar{R} = \frac{1}{k}\sum_{j=1}^{k} R_j$$

$$\bar{R} = \text{(Summe 3)} : k$$

Beispiel

(1)	(2)	(3)
Lfd. Nr. der Messung	Meßwerte in HM	Einfache Spannweite je 5er Gruppe
i	x_i	R_j
1	339	j=1 15
2	342	
3	338·	
4	353·	
5	351	
6	330	j=2 15
7	340	
8	340	
9	328·	
10	343·	
11	346	j=3 31
12	353	
13	355·	
14	329	
15	324·	
16	334·	j=k=4 32
17	354	
18	366·	
19	343	
20	342	
21	338	—
22	334	
23	357	
		93

1. Teile Meßwerte in 5er Gruppen auf - s.o.

Bezeichnung des Verfahrens: Mittlere Spannweite $\bar{R}$ (n > 14)	Nr. 2.4.2
Siehe auch Verfahren Nr.	Blatt: 2

Schrittfolge (Fortsetzung)

Allgemeine Formulierung	Beispiel
	2. Markiere Größt- und Kleinstwert in Spalte (2) durch Punkt 3. Berechne aus den in Spalte (2) markierten Werten die einfache Spannweite je 5er Gruppe und trage diese in Spalte (3) ein 4. Bilde die Summe der einfachen Spannweiten in Spalte 5 (Summe 3) = 93 HM 5. Berechne die mittlere Spannweite $\bar{R}$ = (Summe 3):k = 93:4 = 23,25 HM ≈ 23,3 HM

2.4.3.2 Varianz und Standardabweichung

Da die Spannweite nur eine unvollkommene Aussage über die Meßwertstreuung in einer Stichprobe bietet, sind in der Praxis noch andere Kenngrößen üblich. Man könnte daran denken, die Einzelabweichungen der Meßwerte von ihrem gemeinsamen Mittelwert zu bilden, diese aufzuaddieren und durch die Anzahl der Meßwerte zu dividieren, um so zu einem mittleren Abstand $\bar{A}$ zu kommen.

$$\bar{A} = \frac{1}{n}\sum_{i=1}^{n}(x_i - \bar{x})$$

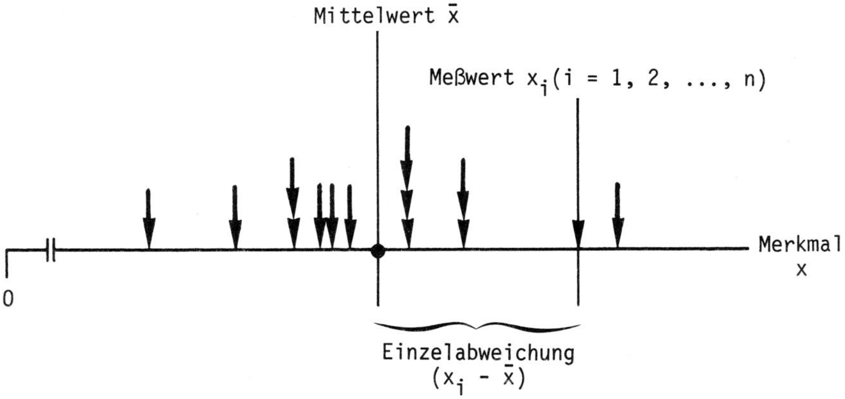

Bild 7: Zur Veranschaulichung des Begriffes Einzelabweichung

Diese Kenngröße ist jedoch - obwohl eigentlich recht anschaulich - stets 0, da positive und negative Abweichungen addiert werden und sich bei jeder beliebigen Meßwertreihe dadurch aufheben.

Um diese Null-Summe zu vermeiden, kann man eine Summe von Abständen bilden, bei denen das Vorzeichen unberücksichtigt geblieben ist. Dividiert man diese Summe durch die Zahl der Meßwerte, so entsteht die mittlere Einzelabweichung

$$\bar{E} = \frac{1}{n}\sum_{i=1}^{n} |x_i - \bar{x}| \quad ^{1)}$$

die zur Beschreibung von Zeiten bei Zeitstudien eine große Rolle gespielt hat.

Diese Kenngröße ist zwar ebenfalls recht anschaulich, doch ist sie für den eigentlichen Zweck jeder statistischen Untersuchung - nämlich dem Schluß von der Stichprobe auf die Grundgesamtheit (siehe Grundmodell der technischen Statistik) - völlig ungeeignet.

Statt dessen löst man sich vom unterschiedlichen Vorzeichen der Einzelabweichungen $(x_i - \bar{x})$ dadurch, daß man diese Differenzen quadriert. So entsteht als wesentlichstes Streumaß die Varianz s^2 einer Meßstichprobe, die als mittlere quadratische Abweichung der Meßwerte von ihrem gemeinsamen arithmetischen Mittelwert definiert wird.

Die Definitionsformel für die Varianz lautet:

$$s^2 = \frac{1}{n-1}\sum_{i=1}^{n} (x_i - \bar{x})^2$$

Die Quadratwurzel aus der Varianz wird Standardabweichung s genannt:

$$s = \sqrt{s^2}$$

Die Varianz s^2 ist stets positiv. Die Standardabweichung wird ebenfalls stets als positiver Wert weiterverwendet.

---

1) Die beiden senkrechten Striche deuten darauf hin, daß man die Differenz zwischen Meßwert und Mittelwert unabhängig vom Vorzeichen weiter verwendet.

Nach dieser Formel wird man s^2 bzw. s zweckmäßig nicht berechnen, da der Rechenaufwand zu groß ist. Vielmehr wird man s^2 nach einer der Formeln bestimmen, die aus obiger Formel durch einfache Zwischenrechnungen hergeleitet werden können und Gegenstand der nachfolgenden Verfahrensbeschreibungen sind.

Die Varianz s^2 bzw. die Standardabweichung s ist zwar beim Schluß von der Stichprobe auf die Grundgesamtheit eine sehr brauchbare Stichprobenkenngröße, es ist jedoch nicht möglich, dieser Kenngröße eine anschauliche Deutung zu geben.

Verfahren 2.5.1 (Seite 73 und 74)
Varianz s^2 und Standardabweichung s
Kleine Meßstichprobe ($n \lesssim 50$) - Vorwiegend maschinelle Auswertung

Verfahren 2.5.2 (Seite 75 und 76)
Varianz s^2 und Standardabweichung s
Kleine Meßstichprobe ($n \lesssim 50$) - Manuelle Auswertung

Verfahren 2.6.1 (Seite 77 und 78)
Varianz s^2 und Standardabweichung s
Große Meßstichprobe ($n \gtrsim 50$) - Vorwiegend maschinelle Auswertung

Verfahren 2.6.2 (Seite 79 und 80)
Varianz s^2 und Standardabweichung s
Große Meßstichprobe ($n \gtrsim 50$) - Manuelle Auswertung

Bezeichnung des Verfahrens: Varianz s^2 und Standardabweichung s Kleine Meßstichprobe ($n \lesssim 50$) - Vorwiegend maschinelle Auswertung	Nr. 2.5.1
Siehe auch Verfahren Nr. 2.1.1	Blatt: 1

Problemstellung: Gegeben ist eine Meßstichprobe von $n \lesssim 50$ Meßwerten, aus der die beste Information über die Meßwertstreuung berechnet werden soll. Es handelt sich um Meßwerte geringer Stellenzahl oder es kann eine Rechenmaschine eingesetzt werden.

Verwendete Symbole	Bedeutung
n	Größe der Meßstichprobe (Anzahl der Meßwerte)
i	Laufende Nummer der Messung ($i = 1, 2, ..., n$)
x_i	Meßwert Nr. i des interessierenden Merkmals

Schrittfolge

Allgemeine Formulierung

1. Quadrate sämtlicher Meßwerte bilden

   x_i^2 für alle i

2. Summe sämtlicher Meßwerte bilden

   $$\sum_{i=1}^{n} x_i = (\text{Summe } 2)$$

3. Summe sämtlicher quadrierter Meßwerte bilden

   $$\sum_{i=1}^{n} x_i^2 = (\text{Summe } 3)$$

4. Summe der Meßwerte quadrieren, durch die Anzahl der Meßwerte dividieren und von der Summe der quadrierten Meßwerte subtrahieren. Diese Differenz durch die um 1 verminderte Anzahl der Meßwerte dividieren.

   $$s^2 = \frac{1}{n-1}\left[\sum_{i=1}^{n} x_i^2 - \frac{1}{n}\left(\sum x_i\right)^2\right]$$

   $$s^2 = \left[(\text{Summe } 3) - (\text{Summe } 2)^2 : n\right] : (n-1)$$

5. Positive Wurzel der Varianz berechnen

   $$s = +\sqrt{s^2}$$

Beispiel

(1)	(2)	(3)
Lfd. Nr. der Messung	Meßwerte in HM	x_i^2
i	x_i	(2)·(2)
1	339	114 921
2	342	116 964
3	338	114 244
4	353	124 609
5	351	123 201
6	330	108 900
7	340	115 600
8	340	115 600
9	328	107 584
n=10	343	117 649
	3 404	1 159 272

1. Bilde die Quadrate der Meßwerte aus Spalte (2) und trage diese in Spalte (3) ein.
2. Bilde die Summe der Meßwerte aus Spalte (2)

   (Summe 2) = 3 404 HM

3. Bilde die Summe der quadrierten Meßwerte aus Spalte (3)

   (Summe 3) = 1 159 272 $(\text{HM})^2$

Bezeichnung des Verfahrens: Varianz s^2 Standardabweichung s	Nr. 2.5.1
Siehe auch Verfahren Nr. 2.1.1	Blatt: 2

Schrittfolge (Fortsetzung)

Allgemeine Formulierung	Beispiel
Anmerkung: Gelegentlich wird statt der obigen Formel auch die folgende Formel zur Varianzberechnung verwendet: $s^2 = \frac{1}{n-1}\left[\sum_{i=1}^{n} x_i^2 - n\bar{x}^2\right]$ $s^2 = \left[(\text{Summe } 3) - n \cdot \bar{x}^2\right]:(n-1)$ $\bar{x}$ ist dabei nach Verfahren 2.1.1 berechnet worden.	4. Berechne die Varianz $s^2 = [(\text{Summe } 3)-(\text{Summe } 2)^2:n]:(n-1)$ $= [1\,159\,272 - 3\,404^2:10]:(10-1)$ $= 61{,}1\bar{5}\ (\text{HM})^2$ 5. Berechne die Standardabweichung $s = +\sqrt{61{,}1\bar{5}}$ $= 7{,}82 \approx 7{,}8$ HM

Bezeichnung des Verfahrens:	Nr.
Varianz s^2 und Standardabweichung s Kleine Meßstichprobe ($n \lesssim 50$) - Manuelle Auswertung	2.5.2
Siehe auch Verfahren Nr. 2.1.	Blatt: 1

Problemstellung: Gegeben ist eine Meßstichprobe von $n \lesssim 50$ Meßwerten, aus der die beste Information über die Meßwertstreuung berechnet werden soll. Es handelt sich um Meßwerte mit mindestens zwei Stellen, die manuell ausgewertet werden sollen.

Verwendete Symbole	Bedeutung
a	Hilfswert
n	Größe der Meßstichprobe (Anzahl der Meßwerte)
i	Laufende Nummer der Messung (i = 1, 2, ..., n)
x_i	Meßwert Nr. i des interessierenden Merkmals

Schrittfolge

Allgemeine Formulierung

1. "Glatten" Hilfswert möglichst in der Nähe des Mittelwertes wählen

   $a \approx \bar{x}$

2. Differenzen

   $x_i - a$ für alle i

   zwischen sämtlichen Meßwerten und dem Hilfswert berechnen

3. Quadrate sämtlicher Differenzen bilden

   $(x_i-a)^2$ für alle i

4. Summe der Differenzen unter Berücksichtigung der Vorzeichen bilden

   $$\sum_{i=1}^{n} (x_i-a) = \text{(Summe 3)}$$

5. Summe der quadrierten Differenzen bilden

   $$\sum_{i=1}^{n} (x_i-a)^2 = \text{(Summe 4)}$$

Beispiel

(1)	(2)	(3)		(4)
Lfd. Nr. der Messung	Meßwerte in HM	$x_i - a$		$(x_i-a)^2$
i	x_i	− (2) − 340	+	(3)·(3)
1	339	1		1
2	342		2	4
3	338	2		4
4	353		13	169
5	351		11	121
6	330	10		100
7	340			
8	340			
9	328	12		144
n=10	343		3	9
		-25	29	552
		+4		

1. Wähle "glatten" Hilfswert

   a = 340 HM

2. Bilde die Differenz der Meßwerte zum Hilfswert

   (Spalte 2) - 340

   und trage diese in Spalte (3) vorzeichengerecht ein

Bezeichnung des Verfahrens: Varianz s^2 und Standardabweichung s Kleine Meßstichprobe ($n \lesssim 50$) - Manuelle Auswertung	Nr. 2.5.2
Siehe auch Verfahren Nr. 2.1.2	Blatt: 2

Schrittfolge (Fortsetzung)

Allgemeine Formulierung

6. Summe der Differenzen quadrieren, durch die Anzahl der Meßwerte dividieren und von der Summe der quadrierten Differenzen subtrahieren. Diese Differenz durch die um 1 verminderte Anzahl der Meßwerte dividieren

$$s^2 = \frac{1}{n-1}\left\{\sum_{i=1}^{n}(x_i-a)^2 - \frac{1}{n}\left[\sum_{i=1}^{n}(x_i-a)\right]^2\right\}$$

$$s^2 = \left[(\text{Summe } 4)-(\text{Summe } 3)^2:n\right]:(n-1)$$

7. Positive Wurzel der Varianz berechnen

$$s = +\sqrt{s^2}$$

Anmerkung:

Gelegentlich wird statt der obigen Formel auch die folgende Formel zur Varianzberechnung verwendet:

$$s^2 = \frac{1}{n-1}\left[\sum_{i=1}^{n}(x_i-a)^2 - n\cdot(\bar{x}-a)^2\right]$$

$$s^2 = \left[(\text{Summe } 4) - n\cdot(\bar{x}-a)^2\right]:(n-1)$$

$\bar{x}$ ist dabei nach Verfahren 2.1.2 berechnet worden.

Beispiel

3. Bilde die Quadrate der Differenzen aus Spalte (3) und trage diese in Spalte (4) ein

4. Bilde die Summe der negativen und der positiven Werte in Spalte (3) und fasse beide Teilsummen zur Summe (3) zusammen

$(\text{Summe } 3)^- = -25$

$(\text{Summe } 3)^+ = +29$

$(\text{Summe } 3) = +\ 4$ HM

5. Bilde die Summe der quadrierten Differenzen aus Spalte (4)

$(\text{Summe } 4) = 552\ (\text{HM})^2$

6. Berechne die Varianz

$$s^2 = \left[(\text{Summe } 4)-(\text{Summe } 3)^2:n\right]:(n-1)$$
$$= \left[552 - 4^2:10\right]:(10-1)$$
$$= 61{,}1\bar{5}\ (\text{HM})^2$$

7. Berechne die Standardabweichung

$$s = +\sqrt{61{,}1\bar{5}}$$
$$= 7{,}82 \approx 7{,}8 \text{ HM}$$

Bezeichnung des Verfahrens: Varianz s^2 und Standardabweichung s Große Meßstichprobe ($n \gtrsim 50$) - Vorwiegend maschinelle Auswertung	Nr. 2.6.1
Siehe auch Verfahren Nr. 2.2.1	Blatt: 1

Problemstellung: Gegeben ist eine Meßstichprobe von $n > 50$ Meßwerten in klassifizierter Form, aus der die beste Information über die Meßwertstreuung berechnet werden soll. Es handelt sich um Klassenmitten geringer Stellenzahl oder es kann eine Rechenmaschine eingesetzt werden.

Verwendete Symbole	Bedeutung
n	Größe der Meßstichprobe (Anzahl der Meßwerte)
k	Zahl der Klassen
j	Laufende Nr. der Klasse ($j = 1, 2, \ldots, k$)
x_j	Klassenmitte der Klasse Nr. j
n_j	Häufigkeit der Klasse Nr. j

Schrittfolge (Allgemeine Formulierung)

1. Produkte $x_j n_j$ für jede Klasse bilden
2. Summe sämtlicher Produkte $x_j n_j$ bilden

$$\sum_{j=1}^{k} x_j n_j = (\text{Summe } 4)$$

3. Produkte $x_j^2 n_j$ für jede Klasse bilden
4. Summe sämtlicher Produkte $x_j^2 n_j$ bilden

$$\sum_{j=1}^{k} x_j^2 n_j = (\text{Summe } 5)$$

5. Summe der Produkte $x_j n_j$ quadrieren, durch die Anzahl der Meßwerte dividieren und von der Summe der Produkte $x_j^2 n_j$ abziehen. Diese Differenz durch die um 1 verminderte Anzahl der Meßwerte dividieren.

$$s^2 = \frac{1}{n-1}\left[\sum_{j=1}^{k} x_j^2 n_j - \frac{1}{n}\left(\sum_{j=1}^{k} x_j n_j\right)^2\right]$$

$$s^2 = \left[(\text{Summe } 5) - (\text{Summe } 4)^2 : n\right] : (n-1)$$

6. Positive Wurzel der Varianz berechnen

$$s = +\sqrt{s^2}$$

Anmerkung:

Gelegentlich wird statt der obigen Formel auch die folgende Formel zur Varianzberechnung verwendet:

$$s^2 = \frac{1}{n-1} \cdot \left(\sum_{j=1}^{k} x_j^2 n_j - n\bar{x}^2\right)$$

$$s^2 = \left[(\text{Summe } 5) - n \cdot \bar{x}^2\right] : (n-1)$$

$\bar{x}$ ist dabei nach Verfahren 2.2.1 berechnet worden.

Bezeichnung des Verfahrens: Varianz s^2 und Standardabweichung s Große Meßstichprobe ($n \gtrsim 50$) - Vorwiegend maschinelle Auswertung	Nr. 2.6.1
Siehe auch Verfahren Nr. 2.2.1	Blatt: 2

Schrittfolge (Beispiel)

(1)	(2)	(3)	(4)	(5)
Lfd.Nr. der Klasse	Klassen-mitte in mm	Häufigkeit	$x_j n_j$	$x_j^2 n_j$
j	x_j	n_j	(2)·(3)	(2)·(4)
1	13,15	6	78,90	1 037,5350
2	13,25	24	318,00	4 213,5000
3	13,35	67	894,45	11 940,9075
4	13,45	58	780,10	10 492,3450
4	13,55	37	501,35	6 793,2925
k=6	13,65	8	109,20	1 490,5800
		n=200	2682,00	35 968,1600

1. Bilde Produkte $x_j n_j$ (s. Spalte (4))
2. Bilde Summe der Produkte aus Spalte (4)

$$(\text{Summe } 4) = 2\,682{,}00 \text{ mm}$$

3. Bilde Produkte $x_j^2 n_j$ (s. Spalte (5))
4. Bilde Summe der Produkte aus Spalte (5)

$$(\text{Summe } 5) = 35\,968{,}1600 \text{ (mm)}^2$$

5. Berechne die Varianz

$$s^2 = \left[(\text{Summe } 5) - (\text{Summe } 4)^2 : n\right] : (n-1)$$

$$= \left[35\,968{,}1600 - 2682^2 : 200\right] : 199$$

$$= \left[35\,968{,}1600 - 35\,965{,}6200\right] : 199$$

$$= 0{,}012\,8 \text{ (mm)}^2$$

6. Berechne die Standardabweichung

$$s = +\sqrt{0{,}0128}$$

$$= 0{,}113 \text{ mm}$$

Bezeichnung des Verfahrens: Varianz s^2 und Standardabweichung s Große Meßstichprobe ($n \gtrsim 50$) - Manuelle Auswertung	Nr. 2.6.2
Siehe auch Verfahren Nr. 2.2.2	Blatt: 1

Problemstellung: Gegeben ist eine Meßstichprobe von $n \geq 50$ Meßwerten in klassifizierter Form, aus der die beste Information über die Meßwertstreuung berechnet werden soll. Es handelt sich um vielstellige Klassenmitten. Die Auswertung erfolgt manuell.

Verwendete Symbole	Bedeutung
a	Hilfswert
n	Größe der Meßstichprobe (Anzahl der Meßwerte)
k	Zahl der Klassen
j	Laufende Nr. der Klasse (j = 1, 2, ..., k)
x_j	Klassenmitte der Klasse Nr. j
n_j	Häufigkeit der Klasse Nr. j
w	Konstante Klassenbreite
z_j	Verschlüsselte Klassenmitte

Schrittfolge (Allgemeine Formulierung)

1. Klassenmitte mit größter zugeordneten Häufigkeit wird Hilfswert a gesetzt
2. Klassenmitte mit größter Häufigkeit wird mit 0 verschlüsselt. Darauffolgende Klassenmitten erhalten die Schlüssel -1, -2, -3, ..Vorangegangene Klassenmitten erhalten den Schlüsselt -1, -2, -3, ...
3. Produkt $z_j n_j$ unter Berücksichtigung des Vorzeichens für jede Klasse bilden
4. Summe sämtlicher Produkte unter Berücksichtigung der Vorzeichen bilden

$$\sum_{j=1}^{k} z_j n_j = (\text{Summe } 5)$$

5. Produkte $z_j^2 n_j$ für jede Klasse bilden
6. Summe sämtlicher Produkte $z_j^2 n_j$ bilden

$$\sum_{j=1}^{k} z_j^2 n_j = (\text{Summe } 6)$$

7. Summe der Produkte $z_j n_j$ quadrieren, durch die Anzahl der Meßwerte dividieren und von der Summe der Produkte $z_j^2 n_j$ abziehen. Diese Differenz durch die um 1 verminderte Anzahl der Meßwerte dividieren und mit dem Quadrat der Klassenbreite multiplizieren.

$$s^2 = \frac{w^2}{n-1}\left[\sum_{j=1}^{k} z_j^2 n_j - \frac{1}{n}\left(\sum_{j=1}^{k} z_j n_j\right)^2\right] \quad *)$$

$$s^2 = \left[(\text{Summe } 6) - (\text{Summe } 5)^2 : n\right] \cdot \frac{w^2}{n-1}$$

8. Positive Wurzel der Varianz berechnen

$$s = +\sqrt{s^2}$$

---

*) s^2 kann nach dieser Formel auch für eine nichtarithmetische Klassenteilung berechnet werden. In diesem Falle werden die einzelnen Klassen wie folgt verschlüsselt:

$$z_j = \frac{x_j - a}{w}$$

Dabei ist w ein konstanter Zahlenwert, der so gewählt wird, daß möglichst viele niedrige "glatte" Werte für z_j (j = 1, 2, ..., k) entstehen.

Bezeichnung des Verfahrens: Varianz s^2 und Standardabweichung s Große Meßstichprobe ($n \gtrsim 50$) - Manuelle Auswertung	Nr. 2.6.2
Siehe auch Verfahren Nr. 2.2.2	Blatt: 2

Schrittfolge (Fortsetzung)

(1)	(2)	(3)	(4)	(5)		(6)
Lfd.Nr. der Klasse	Klassenmitte in mm	Häufigkeit	z_j	$z_j n_j$		$z_j^2 n_j$
j	x_j	n_j		− (3)·(4)	+	(4)·(5)
1	13,15	6	-2	12		24
2	13,25	24	-1	24		24
3	13,35	67	0	0		
4	13,45	58	1		58	58
5	13,55	37	2		74	148
k=6	13,65	8	3		24	72
		n=200		-36	+156	326
				+120		

1. Bestimme "glatten" Hilfswert

   $x_3 = a = 13{,}35$ mm zu $n_3 = 67$ (maximale Klassenhäufigkeit!)

2. x_j in Spalte (4) zu z_j verschlüsseln, so daß

   x_3 zu $z_3 = 0$

   x_4 zu $z_4 = 1$

   x_5 zu $z_5 = 2$

   x_6 zu $z_6 = 3$

   und

   x_2 zu $z_2 = -1$

   x_1 zu $z_1 = -2$

   verschlüsselt wird.

3. Bilde Produkt $z_j n_j$ (s. Spalte (5))
4. Bilde Summe der Produkte aus Spalte (5)

   (Summe 5) = 156 - 36 = 120

5. Bilde Produkte $z_j^2 n_j$ (s. Spalte (6))
6. Bilde Summe der Produkte aus Spalte (6)

   (Summe 6) = 326

7. Berechne die Varianz

$$s^2 = \left[(\text{Summe 6}) - (\text{Summe 5})^2 : n\right] \cdot \frac{w^2}{n-1}$$

$$= \left[326 - 120^2 : 200\right] \cdot \frac{0{,}1^2}{199}$$

$$= 254 \cdot \frac{0{,}01}{199}$$

$$= 0{,}0128 \text{ (mm)}^2$$

8. Berechne die Standardabweichung

$$s = +\sqrt{0{,}0128}$$

$$= 0{,}113 \text{ mm}$$

2.4.4. Verbundmaße

Wenn man bei einer Meßstichprobe von einer großen bzw. kleinen Streuung spricht, so beurteilt man im allgemeinen nicht eine der im vorangegangenen Abschnitt 2.4.3 berechneten Stichprobenkenngröße zur Beschreibung der Meßwertstreuung für sich, sondern vergleicht diese mit der Größenordnung der Meßwerte, ausgedrückt durch den arithmetischen Mittelwert $\bar{x}$.

Beispiel:

Die Aussage zum Leitbeispiel 1, wonach die Meßwerte mit einer Spannweite von R = 25 cmin streuen, läßt noch nicht den Schluß zu, ob diese Meßwertstreuung als klein oder groß bezeichnet werden kann. Erst der Vergleich dieses Streumaßes mit dem arithmetischen Mittelwert $\bar{x}$ = 340,4 HM ermöglicht eine Beurteilung evtl. in dem Sinne, wonach die Streuung der Zykluszeiten, ausgedrückt durch R = 25 HM, klein gegenüber der mittleren Dauer des Zyklus, ausgedrückt durch $\bar{x}$ = 340,4 HM ist.

Es ist üblich, den Quotienten aus

$$\frac{\text{Stichprobenkenngröße der Streuung}}{\text{arithmetischer Mittelwert } \bar{x}} \cdot 100\%$$

als Verbundmaß oder als relatives Streumaß zu bezeichnen. Einige Auswertungsverfahren für den arithmetischen Mittelwert bauen auf dieser Kenngröße auf. Setzt man in den Zähler des obigen Quotienten die einfache bzw. mittlere Spannweite R bzw. $\bar{R}$ ein, so wird dieses Verbundmaß Steuzahl z genannt.

Setzt man statt dessen die Standardabweichung s ein, so entsteht als Verbundmaß die Variationszahl v.

2.4.4.1 Streuzahl

Verfahren 2.7.1 (Seite 83) Streuzahl z

2.4.4.2 Variationszahl

Verfahren 2.7.2 (Seite 84) Variationszahl v

Bezeichnung des Verfahrens:	Nr.
Streuzahl z	2.7.1
Siehe auch Verfahren Nr. 2.1.1, 2.1.2, 2.4.1 und 2.4.2	Blatt:

Problemstellung: Aus arithmetischem Mittelwert $\bar{x}$ und einfacher bzw. mittlerer Spannweite R bzw. $\bar{R}$ wird als relatives Streumaß die Streuzahl z berechnet.

Verwendete Symbole	Bedeutung
$\bar{x}$	Arithmetischer Mittelwert
R	Einfache Spannweite
$\bar{R}$	Mittlere Spannweite

Schrittfolge

Allgemeine Formulierung	Beispiel
1. Fall: $n \leq 14$	1. Fall: n = 10
1. Einfache Spannweite berechnen s. Verfahren Nr. 2.4.1	1. Berechne die einfache Spannweite R = 25 HM
2. Arithmetischen Mittelwert berechnen s. Verfahren Nr. 2.1.1 und Verfahren Nr. 2.1.2	2. Berechne den arithmetischen Mittelwert $\bar{x}$ = 340,4 HM
3. Streuzahl berechnen nach $z = \frac{R}{\bar{x}} \cdot 100\ \%$	3. Berechne die Streuzahl $z = \frac{25}{340{,}4} \cdot 100\%$ $= 7{,}3\ \%$
2. Fall: $n > 14$	2. Fall: n = 23
1. Mittlere Spannweite berechnen s. Verfahren Nr. 2.4.2	1. Berechne die mittlere Spannweite $\bar{R}$ = 23,3 HM
2. Arithmetischen Mittelwert berechnen s. Verfahren Nr. 2.1.1 und Verfahren Nr. 2.1.2	2. Berechne den arithemtischen Mittelwert $\bar{x}$ = 342,6 HM
3. Streuzahl berechnen nach $z = \frac{\bar{R}}{\bar{x}} \cdot 100\ \%$	3. Berechne die Streuzahl $z = \frac{23{,}3}{342{,}6} \cdot 100\%$ $= 6{,}8\%$

Bezeichnung des Verfahrens:	Nr.
Variationszahl v	2.7.2
Siehe auch Verfahren Nr. 2.1.1, 2.1.2, 2.2.1, 2.2.2, 2.5.1, 2.5.2, 2.6.1 und 2.6.2	Blatt:

Problemstellung: Aus arithmetischem Mittelwert $\bar{x}$ und Standardabweichung s wird als bestes relatives Streumaß die Variationszahl v berechnet.

Verwendete Symbole	Bedeutung
$\bar{x}$	Arithmetischer Mittelwert
s	Standardabweichung

Schrittfolge

Allgemeine Formulierung	Beispiel
1. Standardabweichung berechnen s. Verfahren Nr. 2.5.1 und Verfahren Nr. 2.5.2 bzw. Verfahren Nr. 2.6.1 und Verfahren Nr. 2.6.2	1. Berechne die Standardabweichung s = 7,8 HM
2. Arithmetischen Mittelwert berechnen s. Verfahren Nr. 2.1.1 und Verfahren Nr. 2.1.2 bzw. Verfahren Nr. 2.2.1 und Verfahren Nr. 2.2.2	2. Berechne den arithmetischen Mittelwert $\bar{x}$ = 340,4 HM
3. Variationszahl berechnen nach $v = \frac{s}{\bar{x}} \cdot 100\ \%$	3. Berechne die Variationszahl $v = \frac{7,8}{340,4} \cdot 100\%$ $= 2,3\ \%$

2.4.5. Vordrucke für die Berechnung von Stichprobenkenngrößen

Das nachfolgende Bild 8 enthält eine Entscheidungshilfe zu den Berechnungsformeln für Mittelwert und Varianz als Ablaufplan dargestellt. Zugleich sind in diesem Bild vier verschiedene Vordrucktypen A bis D genannt, auf denen man die Berechnung der Stichprobenkenngrößen zweckmäßig vornehmen wird. Diese Vordrucke kommen im Zusammenhang mit den folgenden Aufgaben zur Anwendung.

Aufgabe 2.4-1

Gegeben ist die Meßstichprobe des Leitbeispiels 3. Berechnen Sie aus dieser Meßstichprobe die folgenden Stichprobenkenngrößen:

$\bar{x}$, $\tilde{x}$, R, $\bar{R}$, s^2, s, z und v

Verwenden Sie dafür entweder Vordruck A oder B.

Aufgabe 2.4-2

Gegeben ist die Meßstichprobe des Leitbeispiels 4. Berechnen Sie aus dieser Meßstichprobe die folgenden Stichprobenkenngrößen:

$\bar{x}$, s^2, s und v.

Verwenden Sie dafür entweder Vordruck C oder D.

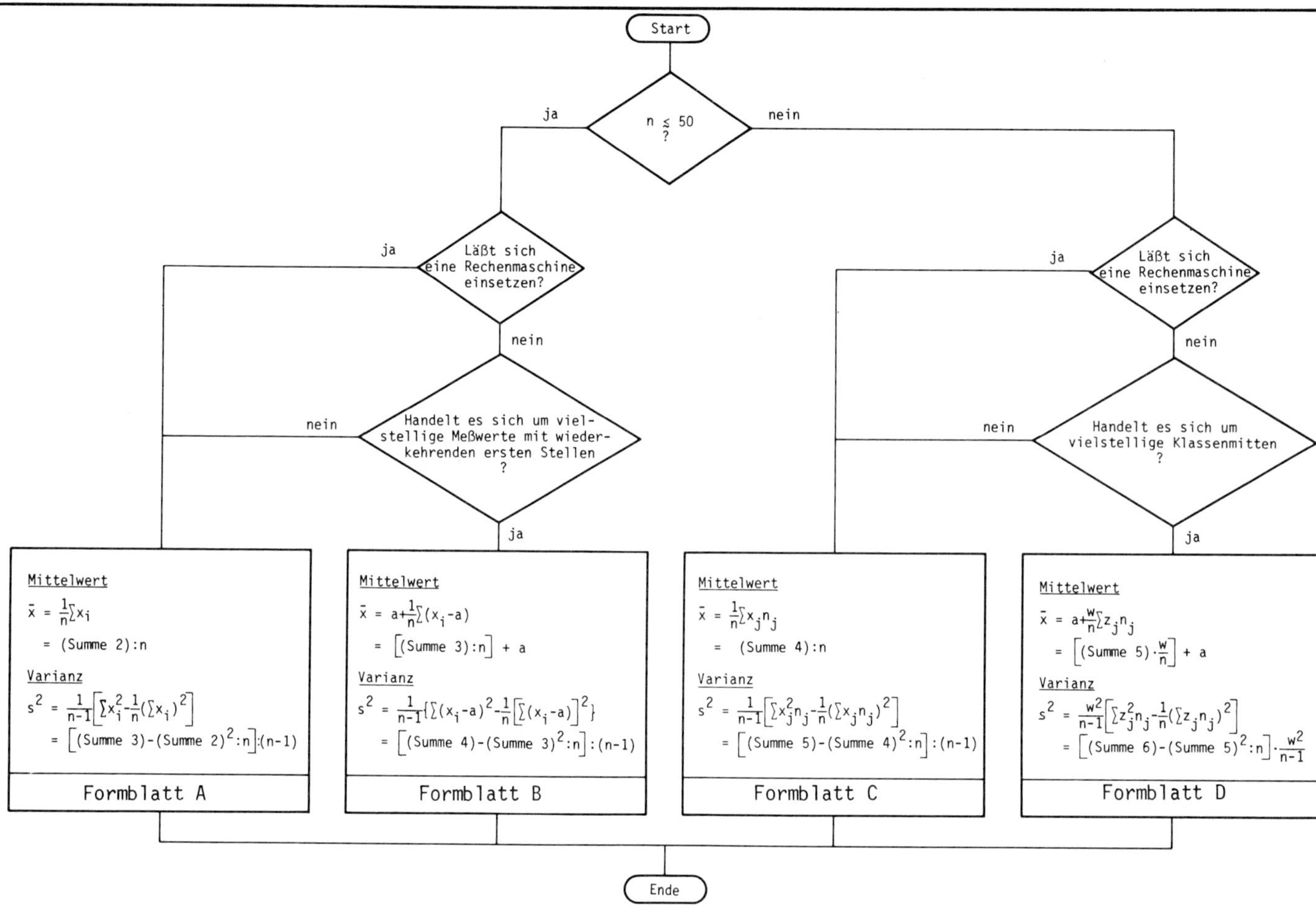

Bild 8: Berechnungsformeln für Mittelwert und Varianz

Verfahren Nr. 2

	A Maschinelle Kenngrößenberechnung bei kleinen Meßstichproben ($n \lesssim 50$) A	Ablage-Nr.: Bl. v. Blättern

Bezeichnung der Untersuchung:	
Bezeichnung des meßbaren Merkmals:	Techn. Einheit der Meßwerte:

(1)	(2)	(3)	(4)	(5)	(6)	Größe der Meßstichprobe
Lfd. Nr. des Meßwertes	Meßwert	x_i^2				
i	x_i	(2) · (2)				n =
1						
2						
3						
4						
5						
6						
7						
8						
9						
10						
11						
12						
13						
14						
15						Bei Meßstichproben mit $n > 20$ Meßwerten verwende man ab Meßwert Nr. 21 die Rückseite dieses Auswertungsbogens und berechne dort $\bar{x}$ und s^2.
16						
17						
18						
19						
20						
X						← Diese Zeile wird Übertragl

Arithmetischer Mittelwert $\bar{x}$ =	(Summe 2) : n = :
Varianz s^2 =	[(Summe 3) – (Summe 2)^2 : n] : (n – 1) = [– ^{2}:] : = [–] : = [ ] :

Standardabweichung	Größtwert	Kleinstwert	Spannweite
s =	$x_{(n)}$ =	$x_{(1)}$ =	R =
Variationszahl v = ———— · 100 % =			

Bei Meßstichproben mit n > 20 Meßwerten verwende man ab Meßwert Nr. 21 diese Seite des Auswertungsbogens und berechne hier $\overline{x}$ und s^2

(1)	(2)	(3)	(4)	(5)	(6)	
Lfd. Nr. des Meßwertes	Meßwert	x_i^2				Größe der Meßstichprobe
i	x_i	(2) · (2)				n =
Übertrag						
21						
22						
23						
24						
25						
26						
27						
28						
29						
30						
31						
32						
33						
34						
35						
36						
37						
38						
39						
40						
41						
42						
43						
44						
45						
46						
47						
48						
49						
50						
☒						

Arithmetischer Mittelwert $\overline{x}$ =	(Summe 2) : n = :
Varianz s^2 =	[(Summe 3) − (Summe 2)^2 : n] : (n − 1) = [− ^{2} :] : = [−] : = [ ] :

	B Manuelle Kenngrößenberechnung bei kleinen Meßstichproben ($n \lesssim 50$) **B**	Ablage-Nr.:
		Bl. v. Blättern

Bezeichnung der Untersuchung:

Bezeichnung des meßbaren Merkmals:	Techn. Einheit der Meßwerte:

(1)	(2)	(3)		(4)	(5)	(6)	(7)	
Lfd. Nr. des Meßwertes	Meßwert	$x_i - a$		$(x_i - a)^2$				Größe der Meßstichprobe
i	x_i	– (2) –	+	(3) · (3)				n =
1								Hilfswert
2								
3								
4								a =
5								
6								
7								
8								
9								
10								
11								
12								
13								
14								
15								Bei Meßstichproben mit $n > 20$ Meßwerten verwende man ab Nr. 21 die Rückseite dieses Auswertungsbogens und berechne damit $\overline{x}$ und s^2.
16								
17								
18								
19								
20								
╳	╳							← Diese Zeile wird Übertrag!

Arithmetischer Mittelwert $\overline{x}$ =	(Summe 3) : n + a = : + =
Varianz s^2 =	[(Summe 4) – (Summe 3)^2 : n] : (n – 1) = [– ^{2} :] : = [–] : = [ ] :

Standardabweichung s =	Größtwert $x_{(n)}$ =	Kleinstwert $x_{(1)}$ =	Spannweite R =
Variationszahl v = ——— · 100 % =			

Bei Meßstichproben mit n > 20 Meßwerten verwende man ab Meßwert Nr. 21 diese Seite des Auswertungsbogens und berechne hier $\bar{x}$ und s^2

(1)	(2)	(3)		(4)	(5)	(6)	(7)	
Lfd. Nr. des Meßwertes	Meßwert	$x_i - a$		$(x_i - a)^2$				Größe der Meßstichprobe
i	x_i	− (2) −	+					n =
Übertrag								Hilfswert a =
21								
22								
23								
24								
25								
26								
27								
28								
29								
30								
31								
32								
33								
34								
35								
36								
37								
38								
39								
40								
41								
42								
43								
44								
45								
46								
47								
48								
49								
50								

Arithmetischer Mittelwert $\bar{x}$ =	(Summe 3) : n + a = : + =
Varianz s^2 =	[(Summe 4) − (Summe 3)^2 : n] : (n − 1) = [− ^{2} :] : = [−] : = [ ] :

	C	Maschinelle Kenngrößenberechnung bei großen Meßstichproben ($n \gtrsim 50$)	C	Ablage-Nr.: Bl. v. Blättern

Bezeichnung der Untersuchung:	
Bezeichnung des meßbaren Merkmals:	Techn. Einheit der Meßwerte:

(1)	(2)	(3)	(4)	(5)	(6)	(7)	(8)
Lfd. Nr. der Klasse	Klassenmitte	absolute Häufigkeit	$x_j\ n_j$	$x_j^2\ n_j$			
j	x_j	n_j	(2) · (3)	(2) · (4)			
1							
2							
3							
4							
5							
6							
7							
8							
9							
10							
11							
12							
13							
14							
15							
X	X	X					

Größe der Meßstichprobe n =	Klassenbreite w =	

Arithmetischer Mittelwert $\bar{x}$ =	(Summe 4) : n = : = =
Varianz s^2 =	[(Summe 5) – (Summe 4)^2 : n] : (n – 1) = [– ^{2} :] : = [–] : = [ ] :

Standardabweichung s =	Größtwert $x_{(n)}$ =	Kleinstwert $x_{(1)}$ =	Spannweite R =
Variationszahl v v = ———— · 100 % =			

	Sortierbogen **für große Meßstichproben (n $\gtrsim$ 50)**	Ablage-Nr.: Bl. v. Blättern

Bezeichnung der Untersuchung:		
Bezeichnung des meßbaren Merkmals:		Techn. Einheit der Meßwerte:
Größe der Meßstichprobe n =	Kleinstwert $x_{(1)}$ =	Größtwert $x_{(n)}$ =
Spannweite R =	Klassenzahl k =	Klassenbreite w =

	50	50	50	50	50	50	50	50	50	50	50	50	50	50	50	50	50	50	50	50
	49	49	49	49	49	49	49	49	49	49	49	49	49	49	49	49	49	49	49	49
	48	48	48	48	48	48	48	48	48	48	48	48	48	48	48	48	48	48	48	48
	47	47	47	47	47	47	47	47	47	47	47	47	47	47	47	47	47	47	47	47
	46	46	46	46	46	46	46	46	46	46	46	46	46	46	46	46	46	46	46	46
	45	45	45	45	45	45	45	45	45	45	45	45	45	45	45	45	45	45	45	45
	44	44	44	44	44	44	44	44	44	44	44	44	44	44	44	44	44	44	44	44
	43	43	43	43	43	43	43	43	43	43	43	43	43	43	43	43	43	43	43	43
	42	42	42	42	42	42	42	42	42	42	42	42	42	42	42	42	42	42	42	42
	41	41	41	41	41	41	41	41	41	41	41	41	41	41	41	41	41	41	41	41
	40	40	40	40	40	40	40	40	40	40	40	40	40	40	40	40	40	40	40	40
	39	39	39	39	39	39	39	39	39	39	39	39	39	39	39	39	39	39	39	39
	38	38	38	38	38	38	38	38	38	38	38	38	38	38	38	38	38	38	38	38
	37	37	37	37	37	37	37	37	37	37	37	37	37	37	37	37	37	37	37	37
	36	36	36	36	36	36	36	36	36	36	36	36	36	36	36	36	36	36	36	36
	35	35	35	35	35	35	35	35	35	35	35	35	35	35	35	35	35	35	35	35
	34	34	34	34	34	34	34	34	34	34	34	34	34	34	34	34	34	34	34	34
	33	33	33	33	33	33	33	33	33	33	33	33	33	33	33	33	33	33	33	33
	32	32	32	32	32	32	32	32	32	32	32	32	32	32	32	32	32	32	32	32
	31	31	31	31	31	31	31	31	31	31	31	31	31	31	31	31	31	31	31	31
	30	30	30	30	30	30	30	30	30	30	30	30	30	30	30	30	30	30	30	30
	29	29	29	29	29	29	29	29	29	29	29	29	29	29	29	29	29	29	29	29
	28	28	28	28	28	28	28	28	28	28	28	28	28	28	28	28	28	28	28	28
	27	27	27	27	27	27	27	27	27	27	27	27	27	27	27	27	27	27	27	27
	26	26	26	26	26	26	26	26	26	26	26	26	26	26	26	26	26	26	26	26
	25	25	25	25	25	25	25	25	25	25	25	25	25	25	25	25	25	25	25	25
	24	24	24	24	24	24	24	24	24	24	24	24	24	24	24	24	24	24	24	24
	23	23	23	23	23	23	23	23	23	23	23	23	23	23	23	23	23	23	23	23
	22	22	22	22	22	22	22	22	22	22	22	22	22	22	22	22	22	22	22	22
	21	21	21	21	21	21	21	21	21	21	21	21	21	21	21	21	21	21	21	21
	20	20	20	20	20	20	20	20	20	20	20	20	20	20	20	20	20	20	20	20
	19	19	19	19	19	19	19	19	19	19	19	19	19	19	19	19	19	19	19	19
	18	18	18	18	18	18	18	18	18	18	18	18	18	18	18	18	18	18	18	18
	17	17	17	17	17	17	17	17	17	17	17	17	17	17	17	17	17	17	17	17
	16	16	16	16	16	16	16	16	16	16	16	16	16	16	16	16	16	16	16	16
	15	15	15	15	15	15	15	15	15	15	15	15	15	15	15	15	15	15	15	15
	14	14	14	14	14	14	14	14	14	14	14	14	14	14	14	14	14	14	14	14
	13	13	13	13	13	13	13	13	13	13	13	13	13	13	13	13	13	13	13	13
	12	12	12	12	12	12	12	12	12	12	12	12	12	12	12	12	12	12	12	12
	11	11	11	11	11	11	11	11	11	11	11	11	11	11	11	11	11	11	11	11
	10	10	10	10	10	10	10	10	10	10	10	10	10	10	10	10	10	10	10	10
	9	9	9	9	9	9	9	9	9	9	9	9	9	9	9	9	9	9	9	9
	8	8	8	8	8	8	8	8	8	8	8	8	8	8	8	8	8	8	8	8
	7	7	7	7	7	7	7	7	7	7	7	7	7	7	7	7	7	7	7	7
	6	6	6	6	6	6	6	6	6	6	6	6	6	6	6	6	6	6	6	6
	5	5	5	5	5	5	5	5	5	5	5	5	5	5	5	5	5	5	5	5
	4	4	4	4	4	4	4	4	4	4	4	4	4	4	4	4	4	4	4	4
	3	3	3	3	3	3	3	3	3	3	3	3	3	3	3	3	3	3	3	3
	2	2	2	2	2	2	2	2	2	2	2	2	2	2	2	2	2	2	2	2
	1	1	1	1	1	1	1	1	1	1	1	1	1	1	1	1	1	1	1	1
Klassenuntergrenze x'_{j-1}																				
Klassenobergrenze x'_j																				
Klassenmitte x_j																				
abs. Häufigkeit n_j																				

	D	**Manuelle Kenngrößenberechnung bei großen Meßstichproben ($n \gtrsim 50$)** **D**	Ablage-Nr.: Bl. v. Blättern

Bezeichnung der Untersuchung:	
Bezeichnung des meßbaren Merkmals:	Techn. Einheit der Meßwerte:

(1)	(2)	(3)	(4)	(5)			(6)	(7)	(8)	(9)
Lfd. Nr. der Klasse	Klassenmitte	absulote Häufigkeit	z_j	$z_j\ n_j$			$z_j^2\ n_j$			
j	x_j	n_j		—	(3) · (4)	+	(4) · (5)			
1										
2										
3										
4										
5										
6										
7										
8										
9										
10										
11										
12										
13										
14										
15										

Größe der Meßstichprobe $n =$	Klassenbreite $w =$	Hilfswert $a =$

Arithmetischer Mittelwert $\bar{x} =$	$(\text{Summe 5}) \cdot \frac{w}{n} + a = \quad \cdot \frac{\quad}{\quad} +$ $= \quad +$ $=$
Varianz $s^2 =$	$\left[(\text{Summe 6}) - (\text{Summe 5})^2 : n\right] \cdot \frac{w^2}{n-1} = [\quad - \quad^2 : \quad] \cdot \frac{\quad^2}{\quad}$ $= [\quad - \quad] \cdot$ $= [\quad] \cdot$

Standardabweichung $s =$	Größtwert $x_{(n)} =$	Kleinstwert $x_{(1)} =$	Spannweite $R =$
Variationszahl $v = \frac{\quad}{\quad} \cdot 100\ \%$ $=$			

	Sortierbogen **für große Meßstichproben (n ≥ 50)**	Ablage-Nr.: Bl. v. Blättern

Bezeichnung der Untersuchung:		
Bezeichnung des meßbaren Merkmals:		Techn. Einheit der Meßwerte:
Größe der Meßstichprobe n =	Kleinstwert $x_{(1)}$ =	Größtwert $x_{(n)}$ =
Spannweite R =	Klassenzahl k =	Klassenbreite w =

	50	50	50	50	50	50	50	50	50	50	50	50	50	50	50	50	50	50	50	50
	49	49	49	49	49	49	49	49	49	49	49	49	49	49	49	49	49	49	49	49
	48	48	48	48	48	48	48	48	48	48	48	48	48	48	48	48	48	48	48	48
	47	47	47	47	47	47	47	47	47	47	47	47	47	47	47	47	47	47	47	47
	46	46	46	46	46	46	46	46	46	46	46	46	46	46	46	46	46	46	46	46
	45	45	45	45	45	45	45	45	45	45	45	45	45	45	45	45	45	45	45	45
	44	44	44	44	44	44	44	44	44	44	44	44	44	44	44	44	44	44	44	44
	43	43	43	43	43	43	43	43	43	43	43	43	43	43	43	43	43	43	43	43
	42	42	42	42	42	42	42	42	42	42	42	42	42	42	42	42	42	42	42	42
	41	41	41	41	41	41	41	41	41	41	41	41	41	41	41	41	41	41	41	41
	40	40	40	40	40	40	40	40	40	40	40	40	40	40	40	40	40	40	40	40
	39	39	39	39	39	39	39	39	39	39	39	39	39	39	39	39	39	39	39	39
	38	38	38	38	38	38	38	38	38	38	38	38	38	38	38	38	38	38	38	38
	37	37	37	37	37	37	37	37	37	37	37	37	37	37	37	37	37	37	37	37
	36	36	36	36	36	36	36	36	36	36	36	36	36	36	36	36	36	36	36	36
	35	35	35	35	35	35	35	35	35	35	35	35	35	35	35	35	35	35	35	35
	34	34	34	34	34	34	34	34	34	34	34	34	34	34	34	34	34	34	34	34
	33	33	33	33	33	33	33	33	33	33	33	33	33	33	33	33	33	33	33	33
	32	32	32	32	32	32	32	32	32	32	32	32	32	32	32	32	32	32	32	32
	31	31	31	31	31	31	31	31	31	31	31	31	31	31	31	31	31	31	31	31
	30	30	30	30	30	30	30	30	30	30	30	30	30	30	30	30	30	30	30	30
	29	29	29	29	29	29	29	29	29	29	29	29	29	29	29	29	29	29	29	29
	28	28	28	28	28	28	28	28	28	28	28	28	28	28	28	28	28	28	28	28
	27	27	27	27	27	27	27	27	27	27	27	27	27	27	27	27	27	27	27	27
	26	26	26	26	26	26	26	26	26	26	26	26	26	26	26	26	26	26	26	26
	25	25	25	25	25	25	25	25	25	25	25	25	25	25	25	25	25	25	25	25
	24	24	24	24	24	24	24	24	24	24	24	24	24	24	24	24	24	24	24	24
	23	23	23	23	23	23	23	23	23	23	23	23	23	23	23	23	23	23	23	23
	22	22	22	22	22	22	22	22	22	22	22	22	22	22	22	22	22	22	22	22
	21	21	21	21	21	21	21	21	21	21	21	21	21	21	21	21	21	21	21	21
	20	20	20	20	20	20	20	20	20	20	20	20	20	20	20	20	20	20	20	20
	19	19	19	19	19	19	19	19	19	19	19	19	19	19	19	19	19	19	19	19
	18	18	18	18	18	18	18	18	18	18	18	18	18	18	18	18	18	18	18	18
	17	17	17	17	17	17	17	17	17	17	17	17	17	17	17	17	17	17	17	17
	16	16	16	16	16	16	16	16	16	16	16	16	16	16	16	16	16	16	16	16
	15	15	15	15	15	15	15	15	15	15	15	15	15	15	15	15	15	15	15	15
	14	14	14	14	14	14	14	14	14	14	14	14	14	14	14	14	14	14	14	14
	13	13	13	13	13	13	13	13	13	13	13	13	13	13	13	13	13	13	13	13
	12	12	12	12	12	12	12	12	12	12	12	12	12	12	12	12	12	12	12	12
	11	11	11	11	11	11	11	11	11	11	11	11	11	11	11	11	11	11	11	11
	10	10	10	10	10	10	10	10	10	10	10	10	10	10	10	10	10	10	10	10
	9	9	9	9	9	9	9	9	9	9	9	9	9	9	9	9	9	9	9	9
	8	8	8	8	8	8	8	8	8	8	8	8	8	8	8	8	8	8	8	8
	7	7	7	7	7	7	7	7	7	7	7	7	7	7	7	7	7	7	7	7
	6	6	6	6	6	6	6	6	6	6	6	6	6	6	6	6	6	6	6	6
	5	5	5	5	5	5	5	5	5	5	5	5	5	5	5	5	5	5	5	5
	4	4	4	4	4	4	4	4	4	4	4	4	4	4	4	4	4	4	4	4
	3	3	3	3	3	3	3	3	3	3	3	3	3	3	3	3	3	3	3	3
	2	2	2	2	2	2	2	2	2	2	2	2	2	2	2	2	2	2	2	2
	1	1	1	1	1	1	1	1	1	1	1	1	1	1	1	1	1	1	1	1
Klassenuntergrenze x'_{j-1}																				
Klassenobergrenze x'_j																				
Klassenmitte x_j																				
abs. Häufigkeit n_j																				

3. WAHRSCHEINLICHKEITSVERTEILUNGEN

3.1. Normalverteilung

Vielen statistischen Auswertungsverfahren liegt die Modellvorstellung zugrunde, daß die stichprobenmäßig angefallenen Meßwerte aus einer unendlich großen Grundgesamtheit von Meßwerten stammen, die

- sich um einen Schwerpunkt ballen,
- von diesem Schwerpunkt nach oben wie nach unten in gleicher Weise abweichen und
- mit zunehmender Entfernung von diesem Schwerpunkt immer seltener auftreten.

Diese Beschreibung wird durch Bild 9 veranschaulicht. Hier ist die bei diesen Merkmalen vorliegende sogenannte Normalverteilung dargestellt.

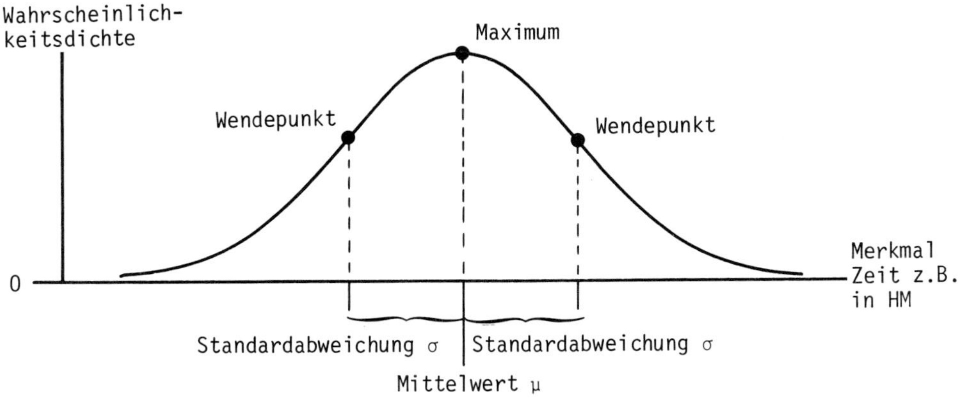

Bild 9: Darstellung der Normalverteilung

In Bild 10 ist die Verteilung von zehn Meßwerten eines Ablaufabschnittes aus der Emailliertechnik dargestellt. Es ist anzunehmen, daß eine zweite Stichprobe eine andere Häufigkeitsverteilung zeigen würde. Man sagt, die beiden Säulendiagramme weichen aufgrund von Zufälligkeiten voneinander ab.

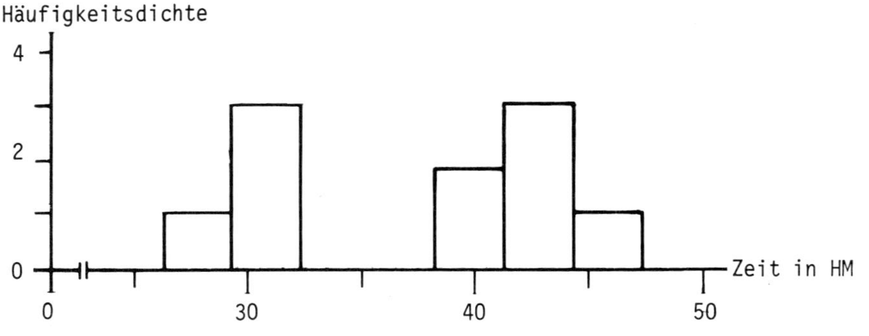

Bild 10: Häufigkeitsverteilung einer Meßstichprobe der Größe n = 10

Diese Zufälligkeiten gleichen sich zugunsten eines eindeutig häufigsten Wertes mehr und mehr aus, je größer die Stichproben werden. Aus Bild 11 im Vergleich zu Bild 10 kann man diesen Sachverhalt sehr gut erkennen. Im Bild 11 ist eine Stichprobe, bestehend aus 130 Meßwerten, dargestellt.

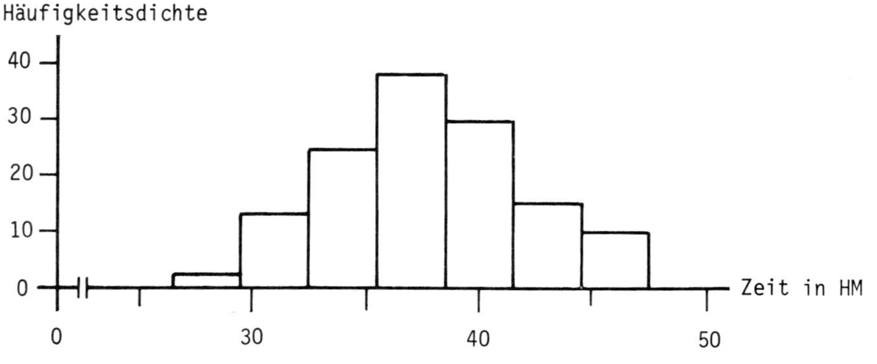

Bild 11: Häufigkeitsverteilung einer Meßstichprobe der Größe n = 130

Es ist anzunehmen, daß hier eine zweite Stichprobe sicherlich dasselbe Aussehen hätte: Um einen häufigsten Wert, der nahezu gleich dem Mittelwert ist, gruppieren sich alle anderen Werte weitgehend symmetrisch.

Unter der Annahme, daß unendlich viele Meßwerte vorliegen ($n = \infty$) entsteht aus dem Säulendiagramm einer endlichen Stichprobe ein stetiges Verteilungsdiagramm in Form einer Glockenkurve, die Normalverteilung genannt wird. Man sagt, die Normalverteilung ist eine Verteilungsform, mit der sich die Verteilung der Meßwerte einer unendlich großen Grundgesamtheit beschreiben läßt. Aus der an der Ordinate abzutragenden Häufigkeitsdichte bei einer endlichen Stichprobe ist die Wahrscheinlichkeitsdichte der Normalverteilung entstanden. Aus dem Säulendiagramm der Stichprobe entstand die Dichtefunktion der Normalverteilung.

Entsprechend ließe sich aus der als Streckenzug dargestellten Summenlinie einer Meßstichprobe die Summenlinie einer Normalverteilung ableiten. Diese hat s-förmig geschwungene Form. Aus der Häufigkeitssumme der Stichprobe entsteht jetzt die Wahrscheinlichkeitssumme der Normalverteilung. In Bild 12 sind Dichtefunktion und Summenlinie der Normalverteilung dargestellt worden.

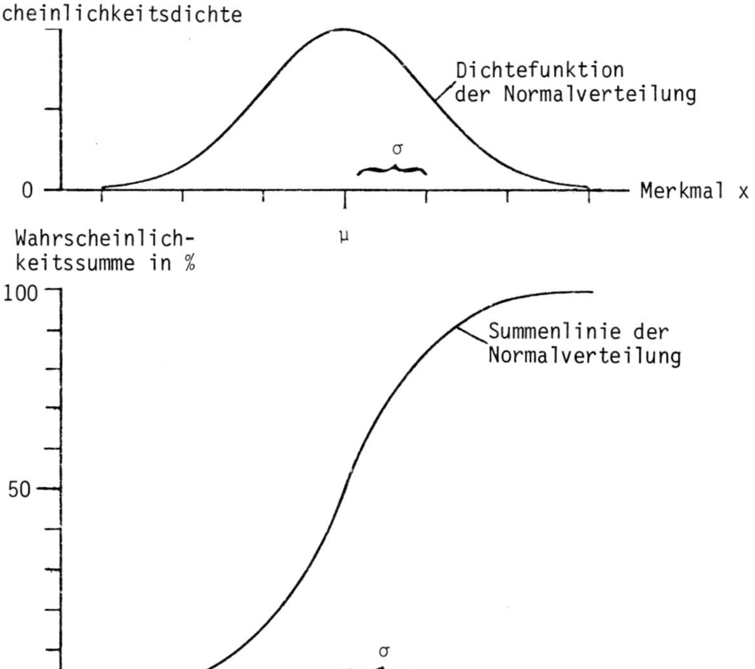

Bild 12: Dichtefunktion und Summenlinie der Normalverteilung

Im Gegensatz zum arithmetischen Mittelwert $\bar{x}$ einer Stichprobe bezeichnet man mit

μ = Mittelwert der Grundgesamtheit[1]. Diese Kenngröße ist in der Regel unbekannt. Die berechnete Stichprobenkenngröße $\bar{x}$ ist dafür ein Näherungswert; $\bar{x}$ schätzt also μ.

Die der Standardabweichung s einer Stichprobe entsprechende Kenngröße der Grundgesamtheit lautet

σ = Standardabweichung der Grundgesamtheit[2]. Diese Kenngröße ist in der Regel ebenfalls unbekannt. Die berechnete Stichprobenkenngröße s ist dafür ein Näherungswert; s schätzt also σ.

Die Normalverteilung ist eine zum Mittelwert μ symmetrische Verteilungsform. Setzt man die Gesamtzahl aller beobachteten (unendlich vielen) Meßwerte - dargestellt als Fläche unter der Glockenkurve - gleich 100%, so liegen 50% aller möglicherweise anfallenden Meßwerte bei vollständiger Untersuchung der Grundgesamtheit unterhalb dieses Mittelwertes μ, die übrigen 50% liegen oberhalb von μ (Bild 13).

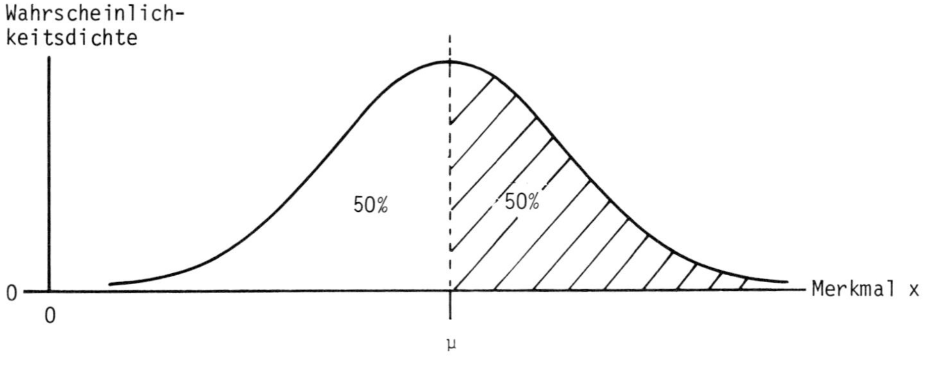

Bild 13: Der Mittelwert μ ist Symmetrieachse der Normalverteilung

1) Für μ lies "mü"; kleiner griechischer Buchstabe

2) Für σ lies "sigma"; kleiner griechischer Buchstabe

Sind die Kenngrößen μ und σ der Normalverteilung bekannt, dann überschreiten etwa 84% der Meßwerte in der Grundgesamtheit den oberen Schwellenwert $x_{OBEN} = \mu + 1 \cdot \sigma$ nicht.

Anders ausgedrückt:
Entnimmt man der Grundgesamtheit zufallsmäßig eine Einheit, so liegt deren Meßwert mit etwa 84% Wahrscheinlichkeit unterhalb der oberen Bereichsgrenze x_{OBEN} (Bild 14).

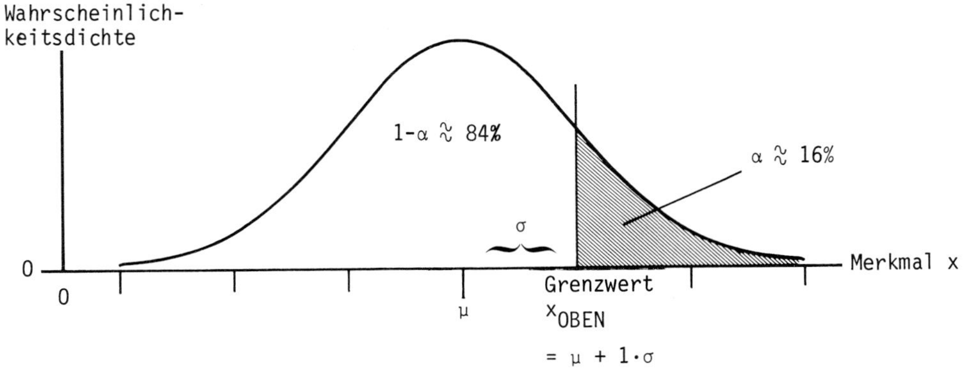

Bild 14: Unterhalb $\mu + 1\,\sigma$ liegen etwa 84 % der normalverteilten Meßwerte

Der Anteil unterhalb des oberen Grenzwertes wird allgemein statistische Sicherheit genannt und mit $1-\alpha$ bezeichnet. In Bild 14 ist also $1-\alpha \approx 84\%$. Der Anteil oberhalb wird allgemein durch α angegeben. Dieser Wert ist in Bild 14 $\alpha \approx 16\%$. α wird üblicherweise Irrtumswahrscheinlichkeit genannt.

Lautet der Grenzwert $x_{OBEN} = \mu + 2 \cdot \sigma$, dann liegen $1-\alpha \approx 97{,}7\%$ aller möglicherweise vorkommenden Meßwerte der Grundgesamtheit unterhalb dieser Grenze (Bild 15).

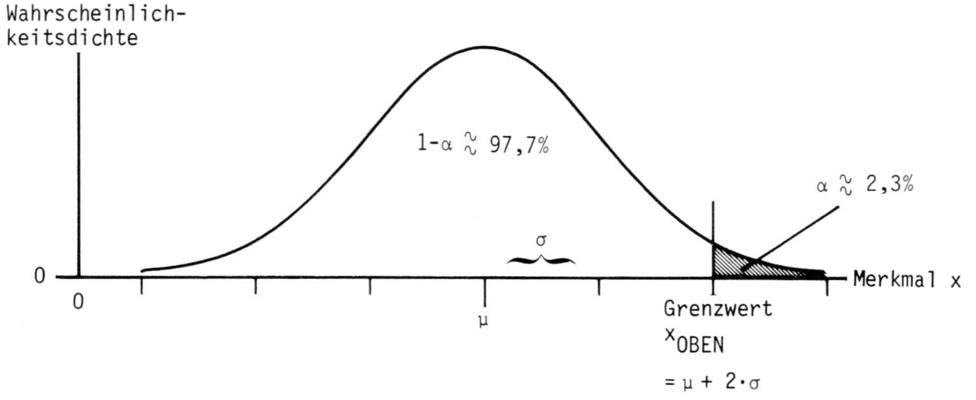

Bild 15: Unterhalb $\mu + 2 \cdot \sigma$ liegen etwa 97,5 % der normalverteilten Meßwerte

Ist der Grenzwert $x_{OBEN} = \mu + 3 \cdot \sigma$, dann sind $1-\alpha \approx 99{,}9\%$ aller möglicherweise vorkommenden Meßwerte der Grundgesamtheit - d.h. praktisch alle Meßwerte unterhalb dieser Grenze gelegen (Bild 16).

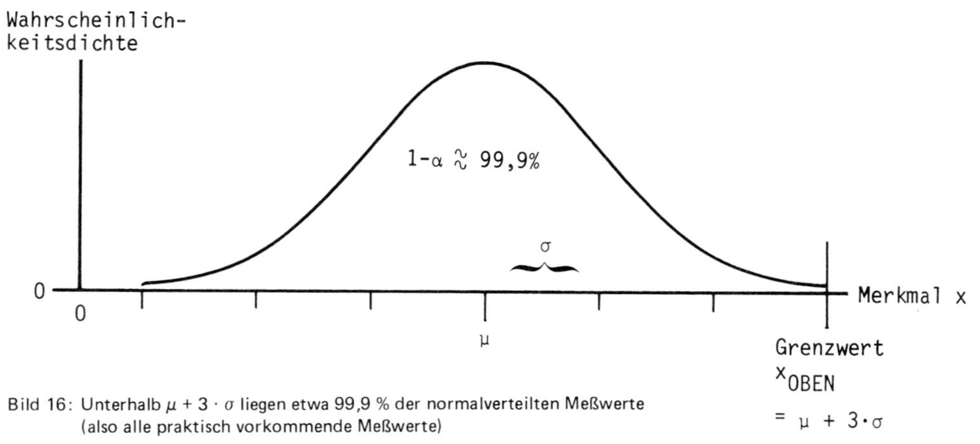

Bild 16: Unterhalb $\mu + 3 \cdot \sigma$ liegen etwa 99,9 % der normalverteilten Meßwerte (also alle praktisch vorkommende Meßwerte)

Die Berechnung des o b e r e n Grenzwertes in den Bildern 14 bis 16 erfolgt stets nach dem Schema

$$x_{OBEN} = \mu + u_{1-\alpha} \cdot \sigma$$

Dabei ist die Vorzahl vor der Standardabweichung σ der Grundgesamtheit mit $u_{1-\alpha}$ bezeichnet worden. Der Index 1-α beim u-Faktor soll ausdrücken, daß die Wahl von 1-α den u-Wert bestimmt. Die nachfolgende Zahlentafel (Bild 17) faßt den Sachverhalt der Bilder 14 bis 16 nochmals zusammen und erweitert diesen im rechten Teil. $u_{1-\alpha}$ wird einseitiger, oberer Schwellenwert der Normalverteilung genannt, weil er für die Berechnung einer oberen Grenze x_{OBEN} benötigt wird.

(1)	(2)
Einseitig oberer Schwellenwert	Anteil "unterhalb"
$u_{1-\alpha}$	1-α in %
0	50
1	84,13
2	97,725
3	99,8650
4	99,996833

(1)	(2)
Anteil "unterhalb"	Einseitig oberer Schwellenwert
1-α in %	$u_{1-\alpha}$
90	1,282
95	1,645
99	2,326
99,9	3,090

Bild 17: Einseitig obere Schwellenwerte der Normalverteilung

Beispiel:

Von einem Abfüllvorgang ist bekannt, daß das Füllgewicht der Packungen normalverteilt ist mit

Mittelwert μ = 49,4 g
Standardabweichung σ = 1,2 g

Welches Füllgewicht wird von 99% der Packungen nicht überschritten?

Die Antwort lautet:

$1-\alpha = 99\%$ liefert

$u_{1-\alpha} = 2{,}326$

$$x_{OBEN} = \mu + u_{1-\alpha} \cdot \sigma$$
$$= 49{,}4 + 2{,}326 \cdot 1{,}2$$
$$= 52{,}2 \text{ g}$$

d.h. 99% aller abgefüllten Packungen weisen ein Füllgewicht auf, das den Wert 52,2 g n i c h t überschreitet.

Bereits bei diesem Beispiel erkennt man, daß in der Praxis auf die interessierende Frage nach dem oberen Grenzwert gar keine Antwort gegeben werden kann. Da im allgemeinen nicht alle Packungsgewichte vorliegen, sondern nur einige wenige stichprobenmäßig erfaßte Gewichte beobachtet werden, fehlen die Anwendungsvoraussetzungen obiger Formel. Diese lauteten:

1. die Meßwerte der Grundgesamtheit müssen normalverteilt sein
2. Mittelwert und Standardabweichung der Meßwerte der Grundgesamtheit müssen bekannt sein.

Daß Mittelwert und Standardabweichung der Grundgesamtheit bekannt sind, ist im allgemeinen nicht der Fall. Wie trotzdem auf diese und ähnliche Fragestellungen eine Antwort gegeben werden kann, darauf wird in den Verfahrensbeschreibungen weiter unten (Abschnitt 8.4) näher eingegangen.

Häufig benötigt man statt der einseitig oberen Schwellenwerte der Normalverteilung (s. Bild 17) deren e i n s e i t i g u n t e r e Schwellenwerte. Wegen der Symmetrieeigenschaft der Normalverteilung sind diese Schwellenwerte gleich den negativen oberen Schwellenwerten aus Bild 17 und es gilt:

$$x_{UNTEN} = \mu + u_{\alpha} \cdot \sigma \text{ bzw. } x_{UNTEN} = \mu - u_{1-\alpha} \cdot \sigma$$

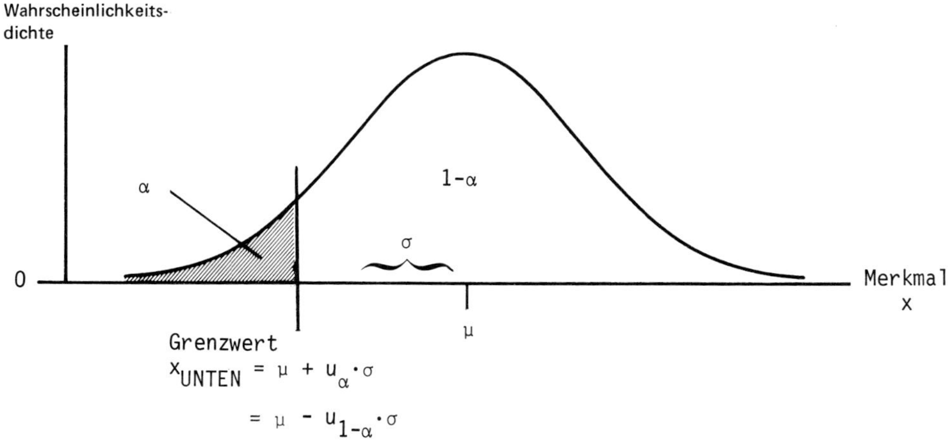

Bild 18: Oberhalb von $x_{UNTEN} = \mu - u_{1-\alpha} \cdot \sigma$ liegt der Anteil $1-\alpha$ der normalverteilten Meßwerte

(1)	(2)
Einseitig unterer Schwellenwert	Anteil "oberhalb"
$u_{\alpha} = -u_{1-\alpha}$	$1-\alpha$ in %
0	50
-1	84,13
-2	97,725
-3	99,8650
-4	99,996833

(1)	(2)
Anteil "oberhalb"	Einseitig unterer Schwellenwert
$1-\alpha$ in%	$u_{\alpha} = -u_{1-\alpha}$
90	-1,282
95	-1,645
99	-2,326
99,9	-3,090

Bild 19: Einseitig untere Schwellenwerte der Normalverteilung

Beispiel:

Von Niedervoltglühlampen eines bestimmten Typs ist bekannt, daß deren Brenndauer normalverteilt ist mit

Mittelwert $\mu = 860$ h
Standardabweichung $\sigma = 35$ h

Welche Mindestbrenndauer kann der Hersteller für diesen Lampentyp garantieren, wenn 99,9% der je von diesem Typ gefertigten Lampen über dem festzulegenden unteren Grenzwert liegen sollen?

Die Antwort lautet:

$$
\begin{aligned}
1-\alpha &= 99{,}9\% \\
u_\alpha &= -u_{1-\alpha} = -3{,}090 \\
x_{UNTEN} &= \mu - u_{1-\alpha} \cdot \sigma \\
&= 860 - 3{,}090 \cdot 35 \\
&= 751{,}9 \approx 750 \text{ h}
\end{aligned}
$$

d.h. wenn der Hersteller als Mindestbrenndauer 750 h festlegt, besteht die Garantie, daß 99,9% der gefertigten Niedervoltglühlampen des bestimmten Typs mindestens diesen Grenzwert erreichen.

Über einseitig obere bzw. untere Abgrenzung hinaus benötigt man bei mehreren statistischen Verfahren Schwellenwerte der Normalverteilung für z w e i s e i t i g e Abgrenzung (Bild 20).

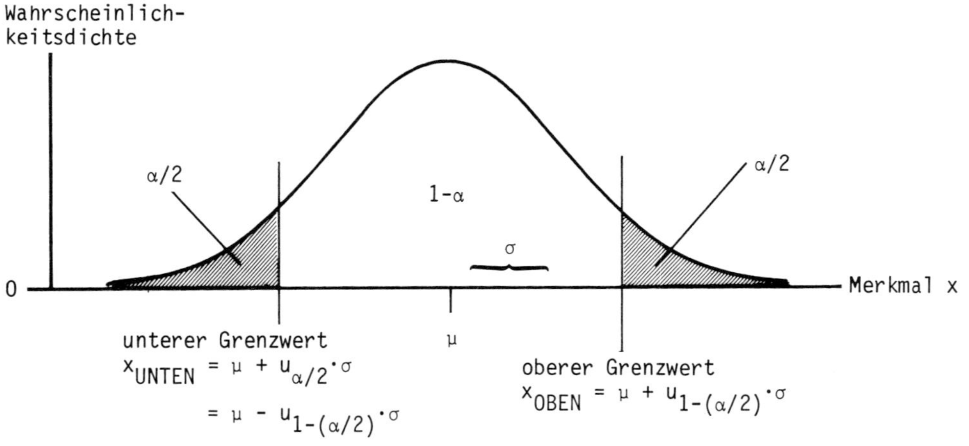

Bild 20: Zwischen $x_{UNTEN} = \mu - u_{1-(\alpha/2)}\sigma$ und $x_{OBEN} = \mu + u_{1-(\alpha/2)}\sigma$ liegt der Anteil $1-\alpha$ der normalverteilten Meßwerte

Es gilt also die folgende Formel für die Berechnung des Meßwertbereiches:

$$x_{UNTEN}^{OBEN} = \mu \pm u_{1-(\alpha/2)} \cdot \sigma$$

Bild 21 sind die am häufigsten gebrauchten Schwellenwerte $u_{1-(\alpha/2)}$ zu entnehmen.

(1)	(2)
Zweiseitig oberer Schwellenwert	Anteil "zwischen"
$u_{1-(\alpha/2)}$	1-α in %
0	0
1	68,27
2	95,45
3	99,73
4	99,993 7

(1)	(2)
Anteil "zwischen"	Zweiseitig oberer Schwellenwert
1-α in %	$u_{1-(\alpha/2)}$
90	1,645
95	1,960
99	2,576
99,9	3,291

Für den zweiseitig unteren Schwellenwert gilt

$$u_{\alpha/2} = -u_{1-(\alpha/2)}$$

Bild 21: Zweiseitige Schwellenwerte der Normalverteilung

Beispiel:

Von einem Ablaufabschnitt liegen sehr viele Zeitmessungen vor, diese sind normalverteilt mit

Mittelwert μ = 13,7 HM
Standardabweichung σ = 0,85 HM

Innerhalb welcher Grenzwerte werden 99% der Ablaufabschnittszeiten liegen?

Die Antwort lautet:

$$1-\alpha = 99\%$$

$$u_{1-(\alpha/2)} = 2{,}576$$

$$x_{\text{UNTEN}}^{\text{OBEN}} = 13{,}7 \pm 2{,}576 \cdot 0{,}85$$

$$= 13{,}7 \pm 2{,}2$$

$$x_{\text{UNTEN}} = 11{,}5 \text{ HM}$$

$$x_{\text{OBEN}} = 15{,}9 \text{ HM}$$

d.h. 99% der anfallenden Ablaufabschnittszeiten liegen zwischen 11,5 HM und 15,9 HM.

In Tabelle T3 sind die häufig verwendeten Schwellenwerte der Normalverteilung zusammengefaßt worden.

Die praktische Bedeutung der Schwellenwerte der Normalverteilung und erst recht die Schwellenwerte der t-, χ^2- und F-Verteilung, die in den folgenden Abschnitten 3.2 bis 3.5 kurz erläutert werden müssen, kann erst im Verlauf des Kapitels 4 deutlich gemacht werden. Deshalb sollten die folgenden Abschnitte vom Studierenden zunächst nur kurz überflogen werden, ohne sich dabei mit den Formeln im einzelnen zu befassen.

Einseitige Schwellenwerte

Sicherheitsfaktor $u_{1-\alpha}$	Anteil unterhalb von x_{OBEN} bzw. oberhalb von x_{UNTEN} $1-\alpha$ [%]	Anteil oberhalb von x_{OBEN} bzw. unterhalb von x_{UNTEN} α [%]
1	84,13	15,87
2	97,725	2,275
3	99,8650	0,1350
1,282	90	10,0
1,645	95	5,0
2,326	99	1,0
3,090	99,9	0,1

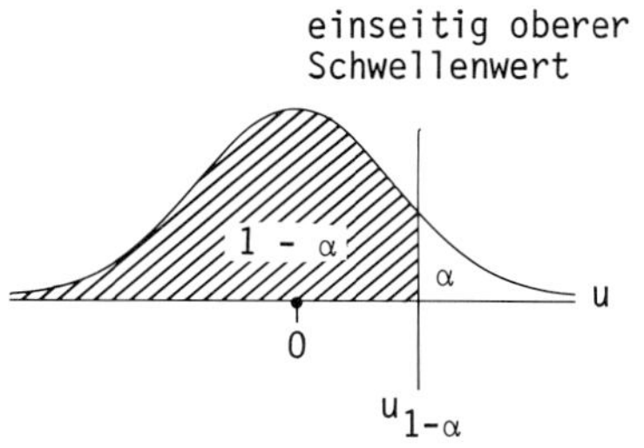

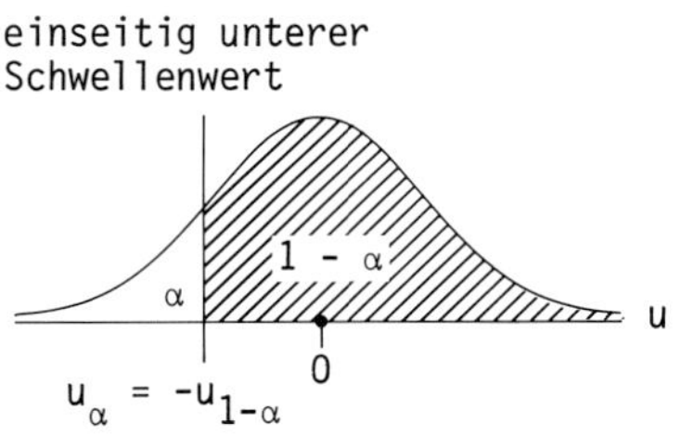

Zweiseitige Schwellenwerte

Sicherheitsfaktor $u_{1-(\alpha/2)}$	Anteil zwischen x_{OBEN} und x_{UNTEN} $1-\alpha$ [%]	Anteil oberhalb von x_{OBEN} und unterhalb von x_{UNTEN} α [%]
1	68,27	31,73
2	95,45	4,55
3	99,73	0,27
1,645	90	10,0
1,960	95	5,0
2,576	99	1,0
3.291	99,9	0,1

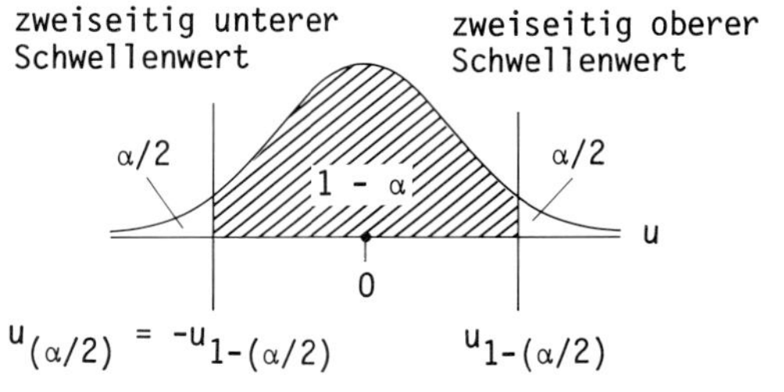

3.2. Zahlentafeln zur Normalverteilung

Neben dem Schwellenwert der Normalverteilung benötigt man bei einer ganz bestimmten Gruppe statistischer Verfahren, den sogenannten Anpassungstests (siehe Abschnitt 4.3), Tabellen für die Wahrscheinlichkeitsdichte $\varphi(u)$[1] und die Wahrscheinlichkeitssumme $\Phi(u)$[1], auf die an dieser Stelle nicht, sondern erst im Zusammenhang mit den Anpassungstests eingegangen wird. Es sind dies die Tabellen T1 und T2. In Bild 22 sind die begrifflichen Zusammenhänge mit den vorangegangenen Abbildungen lediglich optisch wiedergegeben.

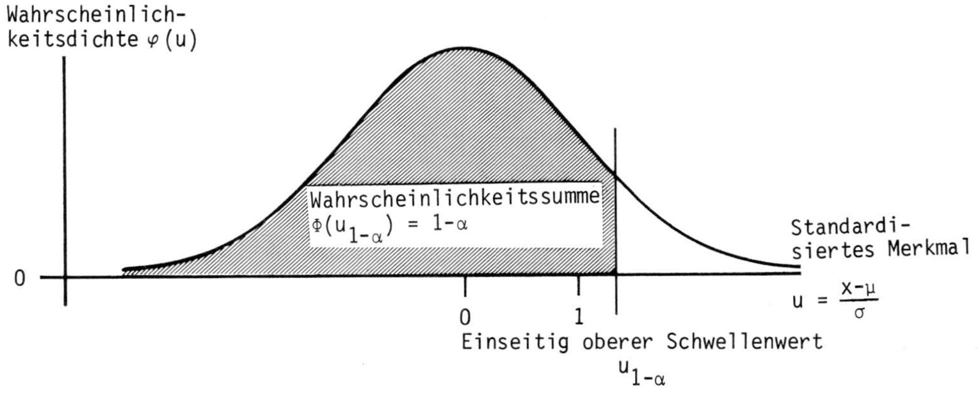

Bild 22: Normalverteilung des standardisierten Merkmals u

1) Für φ beziehungsweise Φ lies "phi"; kleiner beziehungsweise großer griechischer Buchstabe.
Für $\varphi(u)$ lies "phi von u", für $\Phi(u)$ lies "phi von u"

	Dichtefunktion der standardisierten Normalverteilung	T 1

u	,00	,01	,02	,03	,04	,05	,06	,07	,08	,09
0,0	0,3989	3989	3989	3988	3986	3984	3982	3980	3977	3973
0,1	3970	3965	3961	3956	3951	3945	3939	3932	3925	3918
0,2	3910	3902	3894	3885	3876	3867	3857	3847	3836	3825
0,3	3814	3802	3790	3778	3765	3752	3739	3725	3712	3697
0,4	3683	3668	3653	3637	3621	3605	3589	3572	3555	3538
0,5	3521	3503	3485	3467	3448	3429	3410	3391	3372	3352
0,6	3332	3312	3292	3271	3251	3230	3209	3187	3166	3144
0,7	3123	3101	3079	3056	3034	3011	2989	2966	2943	2920
0,8	2897	2874	2850	2827	2803	2780	2756	2732	2709	2685
0,9	2661	2637	2613	2589	2565	2541	2516	2492	2468	2444
1,0	2420	2396	2371	2347	2323	2299	2275	2251	2227	2203
1,1	2179	2155	2131	2107	2083	2059	2036	2012	1989	1965
1,2	1942	1919	1895	1872	1849	1826	1804	1781	1758	1736
1,3	1714	1691	1669	1647	1626	1604	1582	1561	1539	1518
1,4	1497	1476	1456	1435	1415	1394	1374	1354	1334	1315
1,5	1295	1276	1257	1238	1219	1200	1182	1163	1145	1127
1,6	1109	1092	1074	1057	1040	1023	1006	09893	09728	09566
1,7	09495	09246	09089	08933	08780	08628	08478	08329	08183	08038
1,8	07895	07754	07614	07477	07341	07206	07074	06943	06814	06687
1,9	06562	06438	06316	06195	06077	05959	05844	05730	05618	05508
2,0	05399	05292	05186	05082	04980	04879	04780	04682	04586	04491
2,1	04398	04307	04217	04128	04041	03955	03871	03788	03706	03626
2,2	03547	03470	03394	03319	03246	03174	03103	03034	02965	02898
2,3	02833	02768	02705	02643	02582	02522	02463	02406	02349	02294
2,4	02239	02186	02134	02083	02033	01984	01936	01888	01842	01797
2,5	01753	01709	01667	01625	01585	01545	01506	01468	01431	01394
2,6	01358	01323	01289	01256	01223	01191	01160	01130	01100	01071
2,7	01042	01014	$0^{2}9871$	$0^{2}9606$	$0^{2}9347$	$0^{2}9094$	$0^{2}8846$	$0^{2}8605$	$0^{2}8370$	$0^{2}8140$
2,8	$0^{2}7915$	$0^{2}7697$	$0^{2}7483$	$0^{2}7274$	$0^{2}7071$	$0^{2}6873$	$0^{2}6679$	$0^{2}6491$	$0^{2}6307$	$0^{2}6127$
2,9	$0^{2}5953$	$0^{2}5782$	$0^{2}5616$	$0^{2}5454$	$0^{2}5296$	$0^{2}5143$	$0^{2}4993$	$0^{2}4847$	$0^{2}4705$	$0^{2}4567$
3,0	$0^{2}4432$	$0^{2}4301$	$0^{2}4173$	$0^{2}4049$	$0^{2}3928$	$0^{2}3810$	$0^{2}3695$	$0^{2}3584$	$0^{2}3475$	$0^{2}3370$
3,1	$0^{2}3267$	$0^{2}3167$	$0^{2}3070$	$0^{2}2975$	$0^{2}2884$	$0^{2}2794$	$0^{2}2707$	$0^{2}2623$	$0^{2}2541$	$0^{2}2461$
3,2	$0^{2}2384$	$0^{2}2309$	$0^{2}2236$	$0^{2}2165$	$0^{2}2096$	$0^{2}2029$	$0^{2}1964$	$0^{2}1901$	$0^{2}1840$	$0^{2}1780$
3,3	$0^{2}1723$	$0^{2}1667$	$0^{2}1612$	$0^{2}1560$	$0^{2}1508$	$0^{2}1459$	$0^{2}1411$	$0^{2}1364$	$0^{2}1319$	$0^{2}1275$
3,4	$0^{2}1232$	$0^{2}1191$	$0^{2}1151$	$0^{2}1112$	$0^{2}1075$	$0^{2}1038$	$0^{2}1003$	$0^{3}9689$	$0^{3}9358$	$0^{3}9037$
3,5	$0^{3}8727$	$0^{3}8426$	$0^{3}8135$	$0^{3}7853$	$0^{3}7581$	$0^{3}7317$	$0^{3}7061$	$0^{3}6814$	$0^{3}6575$	$0^{3}6343$
3,6	$0^{3}6119$	$0^{3}5902$	$0^{3}5693$	$0^{3}5490$	$0^{3}5294$	$0^{3}5105$	$0^{3}4921$	$0^{3}4744$	$0^{3}4573$	$0^{3}4408$
3,7	$0^{3}4248$	$0^{3}4093$	$0^{3}3944$	$0^{3}3800$	$0^{3}3661$	$0^{3}3526$	$0^{3}3396$	$0^{3}3271$	$0^{3}3149$	$0^{3}3032$
3,8	$0^{3}2919$	$0^{3}2810$	$0^{3}2705$	$0^{3}2604$	$0^{3}2506$	$0^{3}2411$	$0^{3}2320$	$0^{3}2232$	$0^{3}2147$	$0^{3}2065$
3,9	$0^{3}1987$	$0^{3}1910$	$0^{3}1837$	$0^{3}1766$	$0^{3}1698$	$0^{3}1633$	$0^{3}1569$	$0^{3}1508$	$0^{3}1449$	$0^{3}1393$
4,0	$0^{3}1338$	$0^{3}1286$	$0^{3}1235$	$0^{3}1186$	$0^{3}1140$	$0^{3}1094$	$0^{3}1051$	$0^{3}1009$	$0^{4}9687$	$0^{4}9299$
4,1	$0^{4}8926$	$0^{4}8567$	$0^{4}8222$	$0^{4}7890$	$0^{4}7570$	$0^{4}7263$	$0^{4}6967$	$0^{4}6683$	$0^{4}6410$	$0^{4}6147$
4,2	$0^{4}5894$	$0^{4}5652$	$0^{4}5418$	$0^{4}5194$	$0^{4}4979$	$0^{4}4772$	$0^{4}4573$	$0^{4}4382$	$0^{4}4199$	$0^{4}4023$
4,3	$0^{4}3854$	$0^{4}3691$	$0^{4}3535$	$0^{4}3386$	$0^{4}3242$	$0^{4}3104$	$0^{4}2972$	$0^{4}2845$	$0^{4}2723$	$0^{4}2606$
4,4	$0^{4}2494$	$0^{4}2387$	$0^{4}2284$	$0^{4}2185$	$0^{4}2090$	$0^{4}1999$	$0^{4}1912$	$0^{4}1829$	$0^{4}1749$	$0^{4}1672$
4,5	$0^{4}1598$	$0^{4}1528$	$0^{4}1461$	$0^{4}1396$	$0^{4}1334$	$0^{4}1275$	$0^{4}1218$	$0^{4}1164$	$0^{4}1112$	$0^{4}1062$
4,6	$0^{4}1014$	$0^{5}9684$	$0^{5}9248$	$0^{5}8830$	$0^{5}8430$	$0^{5}8047$	$0^{5}7681$	$0^{5}7331$	$0^{5}6996$	$0^{5}6676$
4,7	$0^{5}6370$	$0^{5}6077$	$0^{5}5797$	$0^{5}5530$	$0^{5}5274$	$0^{5}5030$	$0^{5}4796$	$0^{5}4573$	$0^{5}4360$	$0^{5}4156$
4,8	$0^{5}3961$	$0^{5}3775$	$0^{5}3598$	$0^{5}3428$	$0^{5}3267$	$0^{5}3112$	$0^{5}2965$	$0^{5}2824$	$0^{5}2690$	$0^{5}2561$
4,9	$0^{5}2439$	$0^{5}2322$	$0^{5}2211$	$0^{5}2105$	$0^{5}2003$	$0^{5}1907$	$0^{5}1814$	$0^{5}1727$	$0^{5}1643$	$0^{5}1563$

Ablesebeispiele:

$u_i = 1{,}32$	$u_i = -1{,}32$	$u_i = 3{,}57$	$u_i = -3{,}57$
$\varphi(u_i) = 0{,}166\ 9$	$\varphi(-u_i) = 0{,}166\ 9$	$\varphi(u_i) = 0{,}0^{3}6814$	$\varphi(u_i) = 0{,}0^{3}6814$
		$= 0{,}000\ 681\ 4$	$= 0{,}000\ 681\ 4$

Dichtefunktion der Normalverteilung $\varphi(x)$; $\varphi(u)$

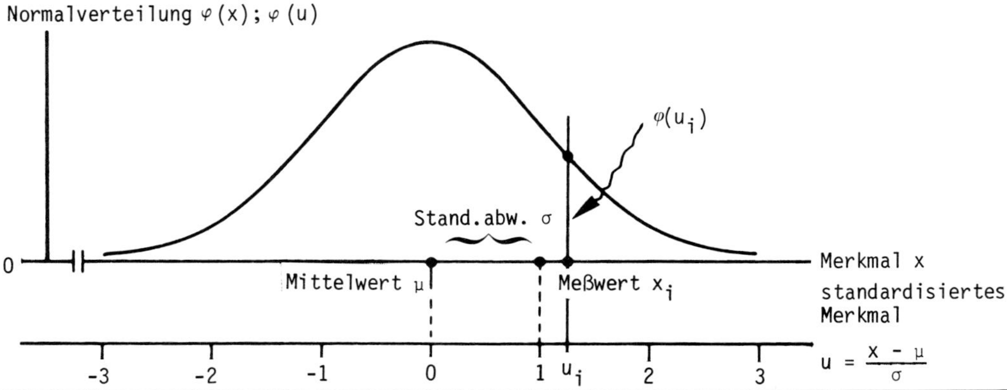

u	,00	,01	,02	,03	,04	,05	,06	,07	,08	,09
0,0	0,5000	5040	5080	5120	5160	5199	5239	5279	5319	5359
0,1	5398	5438	5478	5517	5557	5596	5636	5675	5714	5753
0,2	5793	5832	5871	5910	5948	5987	6026	6064	6103	6141
0,3	6179	6217	6255	6293	6331	6368	6406	6443	6480	6517
0,4	6554	6591	6628	6664	6700	6736	6772	6808	6844	6879
0,5	6915	6950	6985	7019	7054	7088	7123	7157	7190	7224
0,6	7257	7291	7324	7357	7389	7422	7454	7486	7517	7549
0,7	7580	7611	7642	7673	7703	7734	7764	7794	7823	7852
0,8	7881	7910	7939	7967	7995	8023	8051	8078	8106	8133
0,9	8159	8186	8212	8238	8264	8289	8315	8340	8365	8389
1,0	8413	8438	8461	8485	8508	8531	8554	8577	8599	8621
1,1	8643	8665	8686	8708	8729	8749	8770	8790	8810	8830
1,2	8849	8869	8888	8907	8925	8944	8962	8980	8997	90147
1,3	90320	90490	90658	90824	90988	91149	91309	91466	91621	91774
1,4	91924	92073	92220	92364	92507	92647	92785	92922	93056	93189
1,5	93319	93448	93575	93699	93822	93943	94062	94179	94295	94408
1,6	94520	94630	94738	94845	94950	95053	95154	95254	95352	95449
1,7	95543	95637	95728	95818	95907	95994	96080	96164	96246	96327
1,8	96497	96485	96562	96638	96712	96784	96856	96926	96995	97062
1,9	97128	97193	97257	97320	97381	97441	97500	97558	97615	97670
2,0	97725	97778	97831	97882	97932	97982	98030	98077	98124	98169
2,1	98214	98257	98300	98341	98382	98422	98461	98500	98537	98574
2,2	98610	98645	98679	98713	98745	98778	98809	98840	98870	98899
2,3	98928	98956	98983	$9^{2}0097$	$9^{2}0358$	$9^{2}0613$	$9^{2}0863$	$9^{2}1106$	$9^{2}1344$	$9^{2}1576$
2,4	$9^{2}1802$	$9^{2}2024$	$9^{2}2240$	$9^{2}2451$	$9^{2}2656$	$9^{2}2857$	$9^{2}3053$	$9^{2}3244$	$9^{2}3431$	$9^{2}3613$
2,5	$9^{2}3790$	$9^{2}3963$	$9^{2}4132$	$9^{2}4297$	$9^{2}4457$	$9^{2}4614$	$9^{2}4766$	$9^{2}4915$	$9^{2}5060$	$9^{2}5201$
2,6	$9^{2}5339$	$9^{2}5473$	$9^{2}5604$	$9^{2}5731$	$9^{2}5855$	$9^{2}5975$	$9^{2}6093$	$9^{2}6207$	$9^{2}6319$	$9^{2}6427$
2,7	$9^{2}6533$	$9^{2}6636$	$9^{2}6736$	$9^{2}6833$	$9^{2}6928$	$9^{2}7020$	$9^{2}7110$	$9^{2}7197$	$9^{2}7282$	$9^{2}7365$
2,8	$9^{2}7445$	$9^{2}7523$	$9^{2}7599$	$9^{2}7673$	$9^{2}7744$	$9^{2}7814$	$9^{2}7882$	$9^{2}7948$	$9^{2}8012$	$9^{2}8074$
2,9	$9^{2}8134$	$9^{2}8193$	$9^{2}8250$	$9^{2}8305$	$9^{2}8359$	$9^{2}8411$	$9^{2}8462$	$9^{2}8511$	$9^{2}8559$	$9^{2}8605$
3,0	$9^{2}8650$	$9^{2}8694$	$9^{2}8736$	$9^{2}8777$	$9^{2}8817$	$9^{2}8856$	$9^{2}8893$	$9^{2}8930$	$9^{2}8965$	$9^{2}8999$
3,1	$9^{3}0324$	$9^{3}0646$	$9^{3}0957$	$9^{3}1260$	$9^{3}1553$	$9^{3}1836$	$9^{3}2112$	$9^{3}2378$	$9^{3}2636$	$9^{3}2886$
3,2	$9^{3}3129$	$9^{3}3363$	$9^{3}3590$	$9^{3}3810$	$9^{3}4024$	$9^{3}4230$	$9^{3}4429$	$9^{3}4623$	$9^{3}4810$	$9^{3}4991$
3,3	$9^{3}5166$	$9^{3}5335$	$9^{3}5499$	$9^{3}5658$	$9^{3}5811$	$9^{3}5959$	$9^{3}6103$	$9^{3}6242$	$9^{3}6376$	$9^{3}6505$
3,4	$9^{3}6631$	$9^{3}6752$	$9^{3}6869$	$9^{3}6982$	$9^{3}7091$	$9^{3}7197$	$9^{3}7299$	$9^{3}7398$	$9^{3}7493$	$9^{3}7585$
3,5	$9^{3}7674$	$9^{3}7759$	$9^{3}7842$	$9^{3}7922$	$9^{3}7999$	$9^{3}8074$	$9^{3}8146$	$9^{3}8215$	$9^{3}8282$	$9^{3}8347$
3,6	$9^{3}8409$	$9^{3}8469$	$9^{3}8527$	$9^{3}8583$	$9^{3}8637$	$9^{3}8689$	$9^{3}8739$	$9^{3}8787$	$9^{3}8834$	$9^{3}8879$
3,7	$9^{3}8922$	$9^{3}8964$	$9^{4}0039$	$9^{4}0426$	$9^{4}0799$	$9^{4}1158$	$9^{4}1504$	$9^{4}1838$	$9^{4}2159$	$9^{4}2468$
3,8	$9^{4}2765$	$9^{4}3052$	$9^{4}3327$	$9^{4}3593$	$9^{4}3848$	$9^{4}4094$	$9^{4}4331$	$9^{4}4558$	$9^{4}4777$	$9^{4}4988$
3,9	$9^{4}5190$	$9^{4}5385$	$9^{4}5573$	$9^{4}5753$	$9^{4}5926$	$9^{4}6092$	$9^{4}6253$	$9^{4}6406$	$9^{4}6554$	$9^{4}6696$
4,0	$9^{4}6833$	$9^{4}6964$	$9^{4}7090$	$9^{4}7211$	$9^{4}7327$	$9^{4}7439$	$9^{4}7546$	$9^{4}7649$	$9^{4}7748$	$9^{4}7843$
4,1	$9^{4}7934$	$9^{4}8022$	$9^{4}8106$	$9^{4}8186$	$9^{4}8263$	$9^{4}8338$	$9^{4}8409$	$9^{4}8477$	$9^{4}8542$	$9^{4}8605$
4,2	$9^{4}8665$	$9^{4}8723$	$9^{4}8778$	$9^{4}8832$	$9^{4}8882$	$9^{4}8931$	$9^{4}8978$	$9^{5}0226$	$9^{5}0655$	$9^{5}1066$
4,3	$9^{5}1460$	$9^{5}1837$	$9^{5}2199$	$9^{5}2545$	$9^{5}2876$	$9^{5}3193$	$9^{5}3497$	$9^{5}3788$	$9^{5}4066$	$9^{5}4332$
4,4	$9^{5}4587$	$9^{5}4831$	$9^{5}5065$	$9^{5}5288$	$9^{5}5502$	$9^{5}5706$	$9^{5}5902$	$9^{5}6089$	$9^{5}6268$	$9^{5}6439$
4,5	$9^{5}6602$	$9^{5}6759$	$9^{5}6908$	$9^{5}7051$	$9^{5}7187$	$9^{5}7318$	$9^{5}7442$	$9^{5}7561$	$9^{5}7675$	$9^{5}7784$
4,6	$9^{5}7888$	$9^{5}7987$	$9^{5}8081$	$9^{5}8172$	$9^{5}8258$	$9^{5}8340$	$9^{5}8419$	$9^{5}8494$	$9^{5}8566$	$9^{5}8634$
4,7	$9^{5}8699$	$9^{5}8761$	$9^{5}8821$	$9^{5}8877$	$9^{5}8931$	$9^{5}8983$	$9^{6}0320$	$9^{6}0789$	$9^{6}1235$	$9^{6}1661$
4,8	$9^{6}2067$	$9^{6}2453$	$9^{6}2822$	$9^{6}3173$	$9^{6}3508$	$9^{6}3827$	$9^{6}4131$	$9^{6}4420$	$9^{6}4696$	$9^{6}4958$
4,9	$9^{6}5208$	$9^{6}5446$	$9^{6}5673$	$9^{6}5889$	$9^{6}6094$	$9^{6}6289$	$9^{6}6475$	$9^{6}6652$	$9^{6}6821$	$9^{6}6981$

Ablesebeispiele:

$u_i = 1{,}32$
$\Phi(u_i) = 0{,}906\ 58$

$u_i = -1{,}32$
$\Phi(u_i) = 1-0{,}906\ 58$
$= 0{,}093\ 42$

$u_i = 3{,}57$
$\Phi(u_i) = 0{,}9^{3}8215$
$= 0{,}999\ 821\ 5$

$u_i = -3{,}57$
$\Phi(u_i) = 1-0{,}999\ 821\ 5$
$= 0{,}000\ 178\ 5$

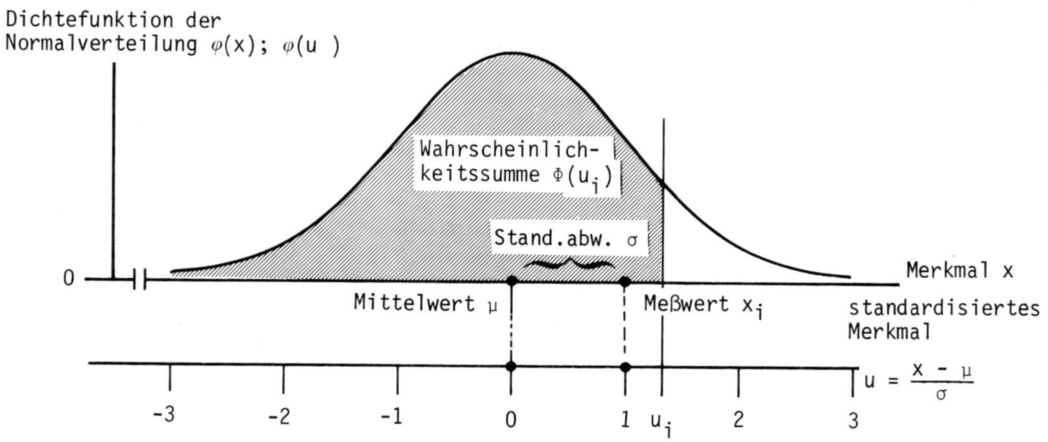

3.3. t-Verteilung

Neben den Schwellenwerten der Normalverteilung werden bei statistischen Verfahren sehr häufig Schwellenwerte der t-Verteilung verwendet. In Tabelle T4 sind häufig benötigte t-Werte wiedergegeben worden. Diese Tabelle hat zwei Eingänge, $1-\alpha$ bzw. $1-(\alpha/2)$, und die mit "Zahl der Freiheitsgrade" bezeichnete Größe für f, die im Zusammenhang mit jedem statistischen Verfahren definiert wird. So ist beispielsweise bei einigen statistischen Verfahren $f = n-1$. Da die t-Verteilung ebenfalls symmetrisch ist, genügt es, die oberen Schwellenwerte zu tabellieren. Die unteren Schwellenwerte sind auch hier wie bei der Normalverteilung gleich den negativen oberen Schwellenwerten. Die Kennzeichnung der Schwellenwerte wird wie folgt vorgenommen:

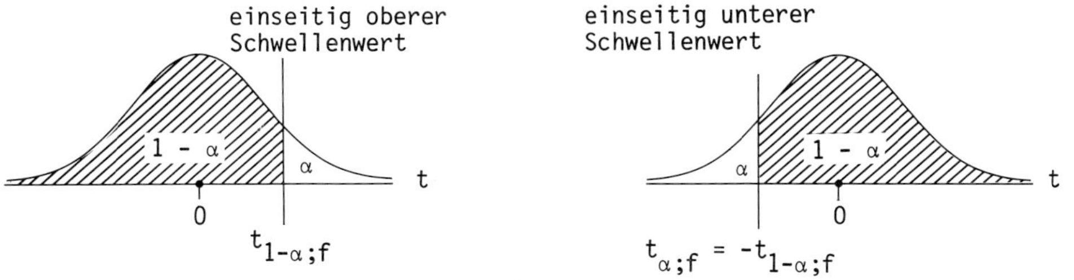

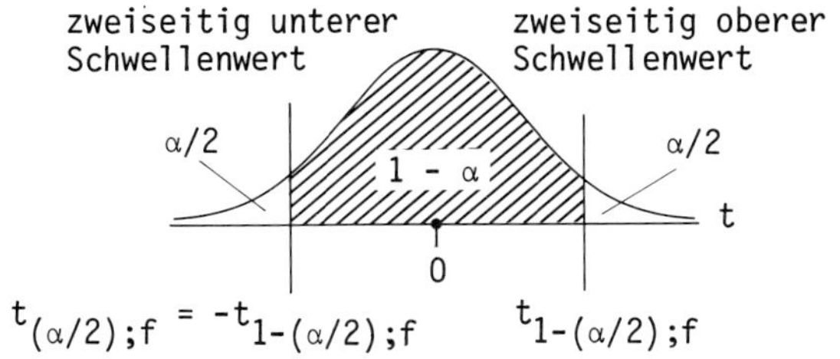

f	(1 − α) bzw. (1 − α/2) in Prozent						
	90	95	97,5	99	99,5	99,9	99,95
1	3,078	6,314	12,71	31,82	63,66	318,3	636,6
2	1,886	2,920	4,303	6,965	9,925	22,33	31,60
3	1,638	2,353	3,182	4,541	5,841	10,22	12,94
4	1,533	2,132	2,776	3,747	4,604	7,173	8,610
5	1,476	2,015	2,571	3,365	4,032	5,893	6,859
6	1,440	1,943	2,447	3,143	3,707	5,208	5,959
7	1,415	1,895	2,365	2,998	3,499	4,785	5,405
8	1,397	1,860	2,306	2,896	3,355	4,501	5,041
9	1,383	1,833	2,262	2,821	3,250	4,297	4,781
10	1,372	1,812	2,228	2,764	3,169	4,144	4,587
11	1,363	1,796	2,201	2,718	3,106	4,025	4,437
12	1,356	1,782	2,179	2,681	3,055	3,930	4,318
13	1,350	1,771	2,160	2,650	3,012	3,852	4,221
14	1,345	1,761	2,145	2,624	2,977	3,787	4,140
15	1,341	1,753	2,131	2,602	2,947	3,733	4,073
16	1,337	1,746	2,120	2,583	2,921	3,686	4,015
17	1,333	1,740	2,110	2,567	2,898	3,646	3,965
18	1,330	1,734	2,101	2,552	2,878	3,611	3,922
19	1,328	1,729	2,093	2,539	2,861	3,579	3,883
20	1,325	1,725	2,086	2,528	2,845	3,552	3,850
21	1,323	1,721	2,080	2,518	2,831	3,527	3,819
22	1,321	1,717	2,074	2,508	2,810	3,505	3,792
23	1,319	1,714	2,069	2,500	2,807	3,485	3,767
24	1,318	1,711	2,064	2,492	2,797	3,467	3,745
25	1,316	1,708	2,060	2,485	2,787	3,450	3,725
26	1,315	1,706	2,056	2,479	2,779	3,435	3,707
27	1,314	1,703	2,052	2,473	2,771	3,421	3,690
28	1,313	1,701	2,048	2,467	2,763	3,408	3,674
29	1,311	1,699	2,045	2,462	2,756	3,396	3,659
30	1,310	1,697	2,042	2,457	2,750	3,385	3,646
40	1,303	1,684	2,021	2,423	2,704	3,307	3,551
50	1,298	1,676	2,009	2,403	2,678	3,262	3,495
60	1,296	1,671	2,000	2,390	2,660	3,232	3,460
80	1,292	1,664	1,990	2,374	2,639	3,195	3,415
100	1,290	1,660	1,984	2,365	2,626	3,174	3,389
200	1,286	1,653	1,972	2,345	2,601	3,131	3,339
500	1,283	1,648	1,965	2,334	2,586	3,106	3,310
∞	1,282	1,645	1,960	2,326	2,576	3,090	3,291

Ablesebeispiele:

Für $1 - \alpha = 95\%$ und $f = 9$ ist:

Einseitig oberer Schwellenwert: $t_{1-\alpha;f} = 1{,}833$

Einseitig unterer Schwellenwert: $t_{\alpha;f} = -t_{1-\alpha;f} = -1{,}833$

Zweiseitig unterer Schwellenwert: $t_{(\alpha/2);f} = -t_{1-(\alpha/2);f} = -2{,}262$

Zweiseitig oberer Schwellenwert: $t_{1-(\alpha/2);f} = 2{,}262$

Näherungsformel für $1-(\alpha/2) = 97{,}5\%$: $t_{97,5\%;f} \approx \frac{2{,}576}{f} + 1{,}96$

3.4. χ^2-Verteilung [1]

Eine weitere, gegenüber Normalverteilung und t-Verteilung seltener gebrauchte Wahrscheinlichkeitsverteilung ist die χ^2-Verteilung. In Tabelle T5 sind häufig benötigte Schwellenwerte dieser Verteilung wiedergegeben. Im Vergleich zu Normalverteilung und t-Verteilung ist die χ^2-Verteilung eine asymmetrische Wahrscheinlichkeitsverteilung. Deshalb erhält man die unteren Schwellenwerte nicht durch Vorzeichenumkehr der zugeordneten oberen Schwellenwerte. Diese müssen bei der χ^2-Verteilung getrennt von den oberen Schwellenwerten vertafelt sein, weswegen man in T5 die beiden Tabelleneingänge α bzw. $(\alpha/2)$ für untere Schwellenwerte, $1-\alpha$ bzw. $1-(\alpha/2)$ für obere Schwellenwerte und wiederum die mit "Zahl der Freiheitsgrade" bezeichnete Größe f vorfindet.

Die Kennzeichnung der Schwellenwerte wird wie folgt vorgenommen:

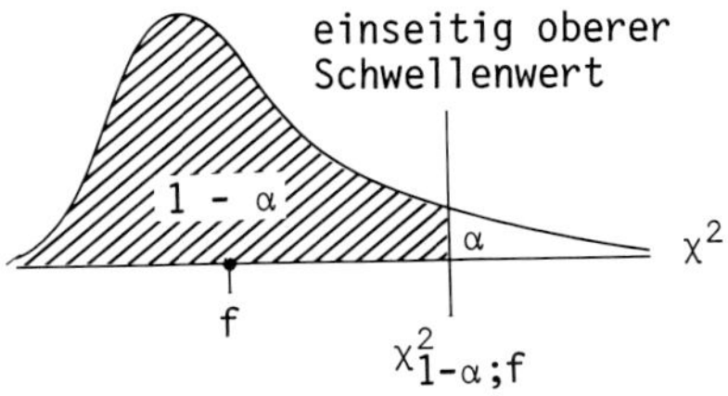

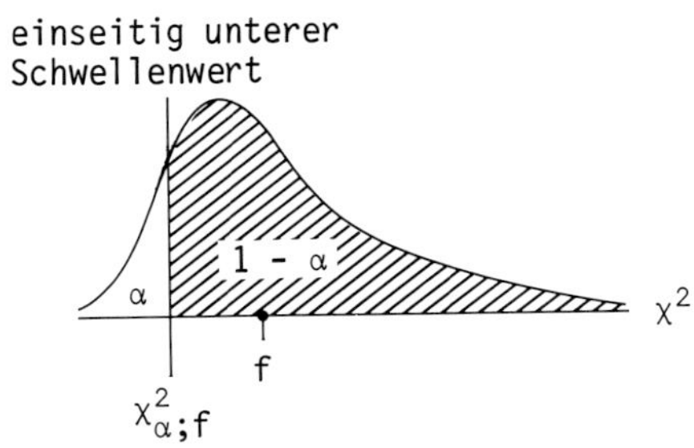

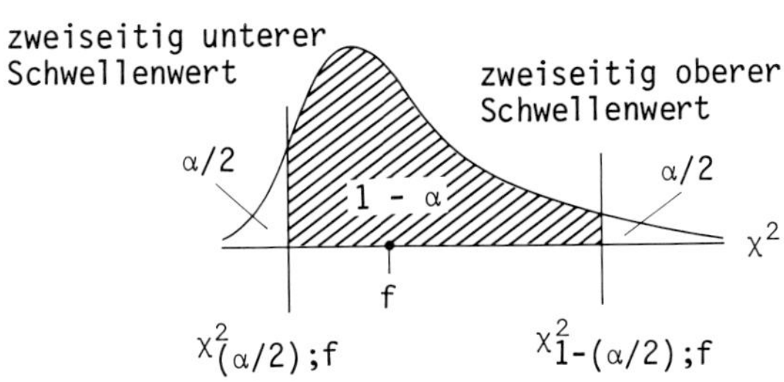

1) Für χ^2 lies "chi quadrat"; χ kleiner griechischer Buchstabe

f	α bzw. α/2 in Prozent						(1 - α) bzw. (1 - α/2) in Prozent					
	0,05	0,1	0,5	1,0	2,5	5,0	95,0	97,5	99,0	99,5	99,9	99,95
1	$,0^6 393$	$,0^5 157$	$,0^4 393$	$,0^3 157$	$,0^3 982$	$,0^2 393$	3,84	5,02	6,63	7,88	10,8	12,1
2	$,0^2 100$	$,0^2 200$	,0100	,0201	,0506	,103	5,99	7,38	9,21	10,6	13,8	15,2
3	,0153	,0243	,0717	,115	,216	,352	7,81	9,35	11,3	12,8	16,3	17,7
4	,0639	,0908	,207	,297	,484	,711	9,49	11,1	13,3	14,9	18,5	20,0
5	,158	,210	,412	,554	,831	1,15	11,1	12,8	15,1	16,7	20,5	22,1
6	,299	,381	,676	,872	1,24	1,64	12,6	14,4	16,8	18,5	22,5	24,1
7	,485	,598	,989	1,24	1,69	2,17	14,1	16,0	18,5	20,3	24,3	26,0
8	,710	,857	1,34	1,65	2,18	2,73	15,5	17,5	20,1	22,0	26,1	27,9
9	,972	1,15	1,73	2,09	2,70	3,33	16,9	19,0	21,7	23,6	27,9	29,7
10	1,26	1,48	2,16	2,56	3,25	3,94	18,3	20,5	23,2	25,2	29,6	31,4
11	1,59	1,83	2,60	3,05	3,82	4,57	19,7	21,9	24,7	26,8	31,3	33,1
12	1,93	2,21	3,07	3,57	4,40	5,23	21,0	23,3	26,2	28,3	32,9	34,8
13	2,31	2,62	3,57	4,11	5,01	5,89	22,4	24,7	27,7	29,8	34,5	36,5
14	2,70	3,04	4,07	4,66	5,63	6,57	23,7	26,1	29,1	31,3	36,1	38,1
15	3,11	3,48	4,60	5,23	6,26	7,26	25,0	27,5	30,6	32,8	37,7	39,7
16	3,54	3,94	5,14	5,81	6,91	7,96	26,3	28,8	32,0	34,3	39,3	41,3
17	3,98	4,42	5,70	6,41	7,56	8,67	27,6	30,2	33,4	35,7	40,8	42,9
18	4,44	4,90	6,26	7,01	8,23	9,39	28,9	31,5	34,8	37,2	42,3	44,4
19	4,91	5,41	6,84	7,63	8,91	10,1	30,1	32,9	36,2	38,6	43,8	46,0
20	5,40	5,92	7,43	8,26	9,59	10,9	31,4	34,2	37,6	40,0	45,3	47,5
21	5,90	6,45	8,03	8,90	10,3	11,6	32,7	35,5	38,9	41,4	46,8	49,0
22	6,40	6,98	8,64	9,54	11,0	12,3	33,9	36,8	40,3	42,8	48,3	50,5
23	6,92	7,53	9,26	10,2	11,7	13,1	35,2	38,1	41,6	44,2	49,7	52,0
24	7,45	8,08	9,89	10,9	12,4	13,8	36,4	39,4	43,0	45,6	51,2	53,5
25	7,99	8,65	10,5	11,5	13,1	14,6	37,7	40,6	44,3	46,9	52,6	54,9
26	8,54	9,22	11,2	12,2	13,8	15,4	38,9	41,9	45,6	48,3	54,1	56,4
27	9,09	9,80	11,8	12,9	14,6	16,2	40,1	43,2	47,0	49,6	55,5	57,9
28	9,60	10,4	12,5	13,6	15,3	16,9	41,3	44,5	48,3	51,0	56,9	59,3
29	10,2	11,0	13,1	14,3	16,0	17,7	42,6	45,7	49,6	52,3	58,3	60,7
30	10,8	11,6	13,8	15,0	16,8	18,5	43,8	47,0	50,9	53,7	59,7	62,2
31	11,4	12,2	14,5	15,7	17,5	19,3	45,0	48,2	52,2	55,0	61,1	63,6
32	12,0	12,8	15,1	16,4	18,3	20,1	46,2	49,5	53,5	56,3	62,5	65,0
33	12,6	13,4	15,8	17,1	19,0	20,9	47,4	50,7	54,8	57,6	63,9	66,4
34	13,2	14,1	16,5	17,8	19,8	21,7	48,6	52,0	56,1	59,0	65,2	67,8
35	13,8	14,7	17,2	18,5	20,6	22,5	49,8	53,2	57,3	60,3	66,6	69,2
36	14,4	15,3	17,9	19,2	21,3	23,3	51,0	54,4	58,6	61,6	68,0	70,6
37	15,0	16,0	18,6	20,0	22,1	24,1	52,2	55,7	59,9	62,9	69,3	72,0
38	15,6	16,6	19,3	20,7	22,9	24,9	53,4	56,9	61,2	64,2	70,7	73,4
39	16,3	17,3	20,0	21,4	23,7	25,7	54,6	58,1	62,4	65,5	72,1	74,7
40	16,9	17,9	20,7	22,2	24,4	26,5	55,8	59,3	63,7	66,8	73,4	76,1
41	17,5	18,6	21,4	22,9	25,2	27,3	56,9	60,6	65,0	68,1	74,7	77,5
42	18,2	19,2	22,1	23,7	26,0	28,1	58,1	61,8	66,2	69,3	76,1	78,8
43	18,8	19,9	22,9	24,4	26,8	29,0	59,3	63,0	67,5	70,6	77,4	80,2
44	19,5	20,6	23,6	25,1	27,6	29,8	60,5	64,2	68,7	71,9	78,7	81,5
45	20,1	21,3	24,3	25,9	28,4	30,6	61,7	65,4	70,0	73,2	80,1	82,9
46	20,8	21,9	25,0	26,7	29,2	31,4	62,8	66,6	71,2	74,4	81,4	84,2
47	21,5	22,6	25,8	27,4	30,0	32,3	64,0	67,8	72,4	75,7	82,7	85,6
48	22,1	23,3	26,5	28,2	30,8	33,1	65,2	69,0	73,7	77,0	84,0	86,9
49	22,8	24,0	27,2	28,9	31,6	33,9	66,3	70,2	74,9	78,2	85,4	88,2
50	23,5	24,7	28,0	29,7	32,4	34,8	67,5	71,4	76,2	79,5	86,7	89,6

<u>Ablesebeispiele:</u>

Für $1 - \alpha = 95\%$ und $f = 9$ ist:

Einseitig oberer Schwellenwert $\chi^2_{1-\alpha;f} = 16{,}9$

Einseitig unterer Schwellenwert $\chi^2_{\alpha;f} = 3{,}33$

Zweiseitig oberer Schwellenwert $\chi^2_{1-(\alpha/2);f} = 19{,}0$

Zweiseitig unterer Schwellenwert $\chi^2_{(\alpha/2);f} = 2{,}70$

f	α bzw. α/2 in Prozent						(1 - α) bzw. (1 - α/2) in Prozent					
	0,05	0,1	0,5	1,0	2,5	5,0	95,0	97,5	99,0	99,5	99,9	99,95
51	24,1	25,4	28,7	30,5	33,2	35,6	68,7	72,6	77,4	80,7	88,0	90,9
52	24,8	26,1	29,5	31,2	34,0	36,4	69,8	73,8	78,6	82,0	89,3	92,2
53	25,5	26,8	30,2	32,0	34,8	37,3	71,0	75,0	79,8	83,3	90,6	93,5
54	26,2	27,5	31,0	32,8	35,6	38,1	72,2	76,2	81,1	84,5	91,9	94,8
55	26,9	28,2	31,7	33,6	36,4	39,0	73,3	77,4	82,3	85,7	93,2	96,2
56	27,6	28,9	32,5	34,3	37,2	39,8	74,5	78,6	83,5	87,0	94,5	97,5
57	28,2	29,6	33,2	35,1	38,0	40,6	75,6	79,8	84,7	88,2	95,8	98,8
58	28,9	30,3	34,0	35,9	38,8	41,5	76,8	80,9	86,0	89,5	97,0	100,1
59	29,6	31,0	34,8	36,7	39,7	42,3	77,9	82,1	87,2	90,7	98,3	101,4
60	30,3	31,7	35,5	37,5	40,5	43,2	79,1	83,3	88,4	92,0	99,6	102,7
61	31,0	32,5	36,3	38,3	41,3	44,0	80,2	84,5	89,6	93,2	100,9	104,0
62	31,7	33,2	37,1	39,1	42,1	44,9	81,4	85,7	90,8	94,4	102,2	105,3
63	32,5	33,9	37,8	39,9	43,0	45,7	82,5	86,8	92,0	95,6	103,4	106,6
64	33,2	34,6	38,6	40,6	43,8	46,6	83,7	88,0	93,2	96,9	104,7	107,9
65	33,9	35,4	39,4	41,4	44,6	47,4	84,8	89,2	94,4	98,1	106,0	109,2
66	34,6	36,1	40,2	42,2	45,4	48,3	86,0	90,3	95,6	99,3	107,3	110,5
67	35,3	36,8	40,9	43,0	46,3	49,2	87,1	91,5	96,8	100,6	108,5	111,7
68	36,0	37,6	41,7	43,8	47,1	50,0	88,3	92,7	98,0	101,8	109,8	113,0
69	36,7	38,3	42,5	44,6	47,9	50,9	89,4	93,9	99,2	103,0	111,1	114,3
70	37,5	39,0	43,3	45,4	48,8	51,7	90,5	95,0	100,4	104,2	112,3	115,6
71	38,2	39,8	44,1	46,2	49,6	52,6	91,7	96,2	101,6	105,4	113,6	116,9
72	38,9	40,5	44,8	47,1	50,4	53,5	92,8	97,4	102,8	106,6	114,8	118,1
73	39,6	41,3	45,6	47,9	51,3	54,3	93,9	98,5	104,0	107,9	116,1	119,4
74	40,4	42,0	46,4	48,7	52,1	55,2	95,1	99,7	105,2	109,1	117,3	120,7
75	41,1	42,8	47,2	49,5	52,9	56,1	96,2	100,8	106,4	110,3	118,6	121,9
76	41,8	43,5	48,0	50,3	53,8	56,9	97,4	102,0	107,6	111,5	119,9	123,2
77	42,6	44,3	48,8	51,1	54,6	57,8	98,5	103,2	108,8	112,7	121,1	124,5
78	43,3	45,0	49,6	51,9	55,5	58,7	99,6	104,3	110,0	113,9	122,3	125,7
79	44,1	45,8	50,4	52,7	56,3	59,5	100,7	105,5	111,1	115,1	123,6	127,0
80	44,8	46,5	51,2	53,5	57,2	60,4	101,9	106,6	112,3	116,3	124,8	128,3
81	45,5	47,3	52,0	54,4	58,0	61,3	103,0	107,8	113,5	117,5	126,1	129,5
82	46,3	48,0	52,8	55,2	58,8	62,1	104,1	108,9	114,7	118,7	127,3	130,8
83	47,0	48,8	53,6	56,0	59,7	63,0	105,3	110,1	115,9	119,9	128,6	132,0
84	47,8	49,6	54,4	56,8	60,5	63,9	106,4	111,2	117,1	121,1	129,8	133,3
85	48,5	50,3	55,2	57,6	61,4	64,7	107,5	112,4	118,2	122,3	131,0	134,5
86	49,3	51,1	56,0	58,5	62,2	65,6	108,6	113,5	119,4	123,5	132,3	135,8
87	50,0	51,9	56,8	59,3	63,1	66,5	109,8	114,7	120,6	124,7	133,5	137,0
88	50,8	52,6	57,6	60,1	63,9	67,4	110,9	115,8	121,8	125,9	134,7	138,3
89	51,5	53,4	58,4	60,9	64,8	68,2	112,0	117,0	122,9	127,1	136,0	139,5
90	52,3	54,2	59,2	61,8	65,6	69,1	113,1	118,1	124,1	128,3	137,2	140,8
91	53,0	54,9	60,0	62,6	66,5	70,0	114,3	119,3	125,3	129,5	138,4	142,0
92	53,8	55,7	60,8	63,4	67,4	70,9	115,4	120,4	126,5	130,7	139,7	143,3
93	54,5	56,5	61,6	64,2	68,2	71,8	116,5	121,6	127,6	131,9	140,9	144,5
94	55,3	57,2	62,4	65,1	69,1	72,6	117,6	122,7	128,8	133,1	142,1	145,8
95	56,1	58,0	63,2	65,9	69,9	73,5	118,8	123,9	130,0	134,2	143,3	147,0
96	56,8	58,8	64,1	66,7	70,8	74,4	119,9	125,0	131,1	135,4	144,6	148,2
97	57,6	59,6	64,9	67,6	71,6	75,3	121,0	126,1	132,3	136,6	145,8	149,5
98	58,4	60,4	65,7	68,4	72,5	76,2	122,1	127,3	133,5	137,8	147,0	150,7
99	59,1	61,1	66,5	69,2	73,4	77,0	123,2	128,4	134,6	139,0	148,2	151,9
100	59,9	61,9	67,3	70,1	74,2	77,9	124,3	129,6	135,8	140,2	149,4	153,2

Näherungsformeln: Für $f \gtrsim 30$ ist

$\chi^2_{\alpha;f} \approx \frac{1}{2}(\sqrt{2f-1} - u_{1-\alpha})^2$	$\chi^2_{(\alpha/2);f} \approx \frac{1}{2}(\sqrt{2f-1} - u_{1-(\alpha/2)})^2$
$\chi^2_{1-\alpha;f} \approx \frac{1}{2}(\sqrt{2f-1} + u_{1-\alpha})^2$	$\chi^2_{1-(\alpha/2);f} \approx \frac{1}{2}(\sqrt{2f-1} + u_{1-(\alpha/2)})^2$

Beispiel: Für $f = 65$ und $1-\alpha = 95\%$ (zweiseitig) ist

$$\chi^2_{97,5\%;65} \approx \frac{1}{2}(\sqrt{2 \cdot 65 - 1} + 1,960)^2 = 88,7$$

Die Abweichung zum zugeordneten Tabellenwert liegt unter 1%.

3.5. F-Verteilung

Als letzte bedeutende Wahrscheinlichkeitsverteilung sei die F-Verteilung genannt. In den Tabellen T6.1 bis T6.4 sind häufig benötigte Schwellenwerte dieser Verteilung wiedergegeben. Auch die F-Verteilung ist eine asymmetrische Verteilung. Im Gegensatz zur χ^2-Verteilung erhält man die unteren Schwellenwerte durch Umrechnung aus den oberen Schwellenwerten.

Zum Auffinden der oberen Schwellenwerte sind drei Tabelleneingänge vorzugeben: $1-\alpha$ bzw. $1-(\alpha/2)$, f_1 und f_2.

Die zugeordneten unteren Schwellenwerte erhält man durch Kehrwertbildung der oberen Schwellenwerte, wobei zuvor die beiden Tabelleneingänge f_1 und f_2 vertauscht werden. Die Schwellenwerte der F-Verteilung werden wie folgt gekennzeichnet:

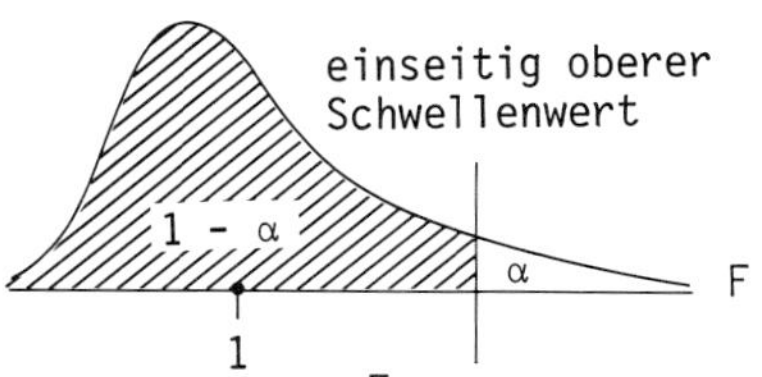

$$F_{1-\alpha;f_1;f_2}$$

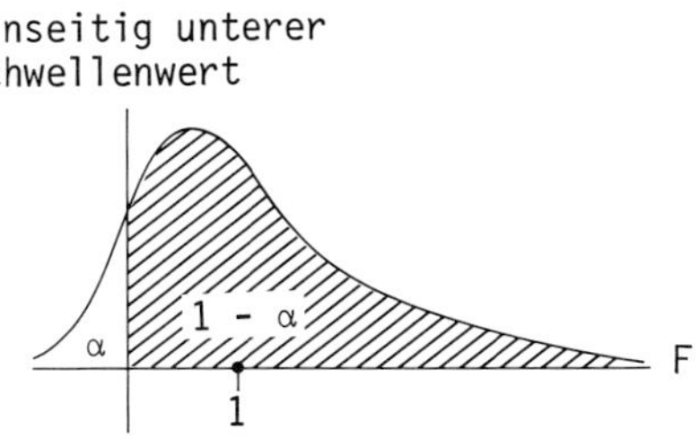

$$F_{\alpha;f_1;f_2} = \frac{1}{F_{1-\alpha;f_2;f_1}}$$

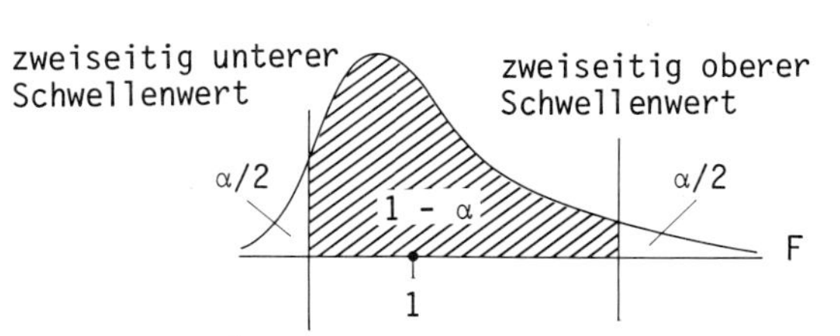

$$F_{(\alpha/2);f_1;f_2} = \frac{1}{F_{1-(\alpha/2);f_2;f_1}} \qquad F_{1-(\alpha/2);f_1;f_2}$$

Obere Schwellenwerte der F-Verteilung für $1-\alpha$ bzw. $1-(\alpha/2)$ = 95 %

T 6.1

f_2 \ f_1	1	2	3	4	5	6	7	8	9	10	12	15	20	24	30	40	60	120	∞
1	161,4	199,5	215,7	224,6	230,2	234,0	236,8	238,9	240,5	241,9	243,9	245,9	248,0	249,1	250,1	251,1	252,2	253,3	254,3
2	18,51	19,00	19,16	19,25	19,30	19,33	19,35	19,37	19,38	19,40	19,41	19,43	19,45	19,45	19,46	19,47	19,48	19,49	19,50
3	10,13	9,55	9,28	9,12	9,01	8,94	8,89	8,85	8,81	8,79	8,74	8,70	8,66	8,64	8,62	8,59	8,57	8,55	8,53
4	7,71	6,94	6,59	6,39	6,26	6,16	6,09	6,04	6,00	5,96	5,91	5,86	5,80	5,77	5,75	5,72	5,69	5,66	5,63
5	6,61	5,79	5,41	5,19	5,05	4,95	4,88	4,82	4,77	4,74	4,68	4,62	4,56	4,53	4,50	4,46	4,43	4,40	4,36
6	5,99	5,14	4,76	4,53	4,39	4,28	4,21	4,15	4,10	4,06	4,00	3,94	3,87	3,84	3,81	3,77	3,74	3,70	3,67
7	5,59	4,74	4,35	4,12	3,97	3,87	3,79	3,73	3,68	3,64	3,57	3,51	3,44	3,41	3,38	3,34	3,30	3,27	3,23
8	5,32	4,46	4,07	3,84	3,69	3,58	3,50	3,44	3,39	3,35	3,28	3,22	3,15	3,12	3,08	3,04	3,01	2,97	2,93
9	5,12	4,26	3,86	3,63	3,48	3,37	3,29	3,23	3,18	3,14	3,07	3,01	2,94	2,90	2,86	2,83	2,79	2,75	2,71
10	4,96	4,10	3,71	3,48	3,33	3,22	3,14	3,07	3,02	2,98	2,91	2,85	2,77	2,74	2,70	2,66	2,62	2,58	2,54
11	4,84	3,98	3,59	3,36	3,20	3,09	3,01	2,95	2,90	2,85	2,79	2,72	2,65	2,61	2,57	2,53	2,49	2,45	2,40
12	4,75	3,89	3,49	3,26	3,11	3,00	2,91	2,85	2,80	2,75	2,69	2,62	2,54	2,51	2,47	2,43	2,38	2,34	2,30
13	4,67	3,81	3,41	3,18	3,03	2,92	2,83	2,77	2,71	2,67	2,60	2,53	2,46	2,42	2,38	2,34	2,30	2,25	2,21
14	4,60	3,74	3,34	3,11	2,96	2,85	2,76	2,70	2,65	2,60	2,53	2,46	2,39	2,35	2,31	2,27	2,22	2,18	2,13
15	4,54	3,68	3,29	3,06	2,90	2,79	2,71	2,64	2,59	2,54	2,48	2,40	2,33	2,29	2,25	2,20	2,16	2,11	2,07
16	4,49	3,63	3,24	3,01	2,85	2,74	2,66	2,59	2,54	2,49	2,42	2,35	2,28	2,24	2,19	2,15	2,11	2,06	2,01
17	4,45	3,59	3,20	2,96	2,81	2,70	2,61	2,55	2,49	2,45	2,38	2,31	2,23	2,19	2,15	2,10	2,06	2,01	1,96
18	4,41	3,55	3,16	2,93	2,77	2,66	2,58	2,51	2,46	2,41	2,34	2,27	2,19	2,15	2,11	2,06	2,02	1,97	1,92
19	4,38	3,52	3,13	2,90	2,74	2,63	2,54	2,48	2,42	2,38	2,31	2,23	2,16	2,11	2,07	2,03	1,98	1,93	1,88
20	4,35	3,49	3,10	2,87	2,71	2,60	2,51	2,45	2,39	2,35	2,28	2,20	2,12	2,08	2,04	1,99	1,95	1,90	1,84
21	4,32	3,47	3,07	2,84	2,68	2,57	2,49	2,42	2,37	2,32	2,25	2,18	2,10	2,05	2,01	1,96	1,92	1,87	1,81
22	4,30	3,44	3,05	2,82	2,66	2,55	2,46	2,40	2,34	2,30	2,23	2,15	2,07	2,03	1,98	1,94	1,89	1,84	1,78
23	4,28	3,42	3,03	2,80	2,64	2,53	2,44	2,37	2,32	2,27	2,20	2,13	2,05	2,01	1,96	1,91	1,86	1,81	1,76
24	4,26	3,40	3,01	2,78	2,62	2,51	2,42	2,36	2,30	2,25	2,18	2,11	2,03	1,98	1,94	1,89	1,84	1,79	1,73
25	4,24	3,39	2,99	2,76	2,60	2,49	2,40	2,34	2,28	2,24	2,16	2,09	2,01	1,96	1,92	1,87	1,82	1,77	1,71
26	4,23	3,37	2,98	2,74	2,59	2,47	2,39	2,32	2,27	2,22	2,15	2,07	1,99	1,95	1,90	1,85	1,80	1,75	1,69
27	4,21	3,35	2,96	2,73	2,57	2,46	2,37	2,31	2,25	2,20	2,13	2,06	1,97	1,93	1,88	1,84	1,79	1,73	1,67
28	4,20	3,34	2,95	2,71	2,56	2,45	2,36	2,29	2,24	2,19	2,12	2,04	1,96	1,91	1,87	1,82	1,77	1,71	1,65
29	4,18	3,33	2,93	2,70	2,55	2,43	2,35	2,28	2,22	2,18	2,10	2,03	1,94	1,90	1,85	1,81	1,75	1,70	1,64
30	4,17	3,32	2,92	2,69	2,53	2,42	2,33	2,27	2,21	2,16	2,09	2,01	1,93	1,89	1,84	1,79	1,74	1,68	1,62
40	4,08	3,23	2,84	2,61	2,45	2,34	2,25	2,18	2,12	2,08	2,00	1,92	1,84	1,79	1,74	1,69	1,64	1,58	1,51
60	4,00	3,15	2,76	2,53	2,37	2,25	2,17	2,10	2,04	1,99	1,92	1,84	1,75	1,70	1,65	1,59	1,53	1,47	1,39
120	3,92	3,07	2,68	2,45	2,29	2,17	2,09	2,02	1,96	1,91	1,83	1,75	1,66	1,61	1,55	1,50	1,43	1,35	1,25
∞	3,84	3,00	2,60	2,37	2,21	2,10	2,01	1,94	1,88	1,83	1,75	1,67	1,57	1,52	1,46	1,39	1,32	1,22	1,00

Untere Schwellenwerte: $F_{5,0\%;f_1;f_2} = 1/F_{95\%;f_2;f_1}$

Ablesebeispiele:

Für $1 - \alpha = 95\%$, $f_1 = 9$ und $f_2 = 24$ ist:

Einseitig oberer Schwellenwert $F_{1-\alpha;f_1;f_2} = 2{,}30$

Einseitig unterer Schwellenwert $F_{\alpha;f_1;f_2} = \dfrac{1}{F_{1-\alpha;f_2;f_1}} = \dfrac{1}{2{,}90} = 0{,}345$

Obere Schwellenwerte der F-Verteilung für 1-α bzw. 1-(α/2) = 97,5 %

T 6.2

f_2 \ f_1	1	2	3	4	5	6	7	8	9	10	12	15	20	24	30	40	60	120	∞
1	647,8	799,5	864,2	899,6	921,8	937,1	948,2	956,7	963,3	968,6	976,7	984,9	993,1	997,2	1001	1006	1010	1014	1018
2	38,51	39,00	39,17	39,25	39,30	39,33	39,36	39,37	39,39	39,40	39,41	39,43	39,45	39,46	39,46	39,47	39,48	39,49	39,50
3	17,44	16,04	15,44	15,10	14,88	14,73	14,62	14,54	14,47	14,42	14,34	14,25	14,17	14,12	14,08	14,04	13,99	13,95	13,90
4	12,22	10,65	9,98	9,60	9,36	9,20	9,07	8,98	8,90	8,84	8,75	8,66	8,56	8,51	8,46	8,41	8,36	8,31	8,26
5	10,01	8,43	7,76	7,39	7,15	6,98	6,85	6,76	6,68	6,62	6,52	6,43	6,33	6,28	6,23	6,18	6,12	6,07	6,02
6	8,81	7,26	6,60	6,23	5,99	5,82	5,70	5,60	5,52	5,46	5,37	5,27	5,17	5,12	5,07	5,01	4,96	4,90	4,85
7	8,07	6,54	5,89	5,52	5,29	5,12	4,99	4,90	4,82	4,76	4,67	4,57	4,47	4,42	4,36	4,31	4,25	4,20	4,14
8	7,57	6,06	5,42	5,05	4,82	4,65	4,53	4,43	4,36	4,30	4,20	4,10	4,00	3,95	3,89	3,84	3,78	3,73	3,67
9	7,21	5,71	5,08	4,72	4,48	4,32	4,20	4,10	4,03	3,96	3,87	3,77	3,67	3,61	3,56	3,51	3,45	3,39	3,33
10	6,94	5,46	4,83	4,47	4,24	4,07	3,95	3,85	3,78	3,72	3,62	3,52	3,42	3,37	3,31	3,26	3,20	3,14	3,08
11	6,72	5,26	4,63	4,28	4,04	3,88	3,76	3,66	3,59	3,53	3,43	3,33	3,23	3,17	3,12	3,06	3,00	2,94	2,88
12	6,55	5,10	4,47	4,12	3,89	3,73	3,61	3,51	3,44	3,37	3,28	3,18	3,07	3,02	2,96	2,91	2,85	2,79	2,72
13	6,41	4,97	4,35	4,00	3,77	3,60	3,48	3,39	3,31	3,25	3,15	3,05	2,95	2,89	2,84	2,78	2,72	2,66	2,60
14	6,30	4,86	4,24	3,89	3,66	3,50	3,38	3,29	3,21	3,15	3,05	2,95	2,84	2,79	2,73	2,67	2,61	2,55	2,49
15	6,20	4,77	4,15	3,80	3,58	3,41	3,29	3,20	3,12	3,06	2,96	2,86	2,76	2,70	2,64	2,59	2,52	2,46	2,40
16	6,12	4,69	4,08	3,73	3,50	3,34	3,22	3,12	3,05	2,99	2,89	2,79	2,68	2,63	2,57	2,51	2,45	2,38	2,32
17	6,04	4,62	4,01	3,66	3,44	3,28	3,16	3,06	2,98	2,92	2,82	2,72	2,62	2,56	2,50	2,44	2,38	2,32	2,25
18	5,98	4,56	3,95	3,61	3,38	3,22	3,10	3,01	2,93	2,87	2,77	2,67	2,56	2,50	2,44	2,38	2,32	2,26	2,19
19	5,92	4,51	3,90	3,56	3,33	3,17	3,05	2,96	2,88	2,82	2,72	2,62	2,51	2,45	2,39	2,33	2,27	2,20	2,13
20	5,87	4,46	3,86	3,51	3,29	3,13	3,01	2,91	2,84	2,77	2,68	2,57	2,46	2,41	2,35	2,29	2,22	2,16	2,09
21	5,83	4,42	3,82	3,48	3,25	3,09	2,97	2,87	2,80	2,73	2,64	2,53	2,42	2,37	2,31	2,25	2,18	2,11	2,04
22	5,79	4,38	3,78	3,44	3,22	3,05	2,93	2,84	2,76	2,70	2,60	2,50	2,39	2,33	2,27	2,21	2,14	2,08	2,00
23	5,75	4,35	3,75	3,41	3,18	3,02	2,90	2,81	2,73	2,67	2,57	2,47	2,36	2,30	2,24	2,18	2,11	2,04	1,97
24	5,72	4,32	3,72	3,38	3,15	2,99	2,87	2,78	2,70	2,64	2,54	2,44	2,33	2,27	2,21	2,15	2,08	2,01	1,94
25	5,69	4,29	3,69	3,35	3,13	2,97	2,85	2,75	2,68	2,61	2,51	2,41	2,30	2,24	2,18	2,12	2,05	1,98	1,91
26	5,66	4,27	3,67	3,33	3,10	2,94	2,82	2,73	2,65	2,59	2,49	2,39	2,28	2,22	2,16	2,09	2,03	1,95	1,88
27	5,63	4,24	3,65	3,31	3,08	2,92	2,80	2,71	2,63	2,57	2,47	2,36	2,25	2,19	2,13	2,07	2,00	1,93	1,85
28	5,61	4,22	3,63	3,29	3,06	2,90	2,78	2,69	2,61	2,55	2,45	2,34	2,23	2,17	2,11	2,05	1,98	1,91	1,83
29	5,59	4,20	3,61	3,27	3,04	2,88	2,76	2,67	2,59	2,53	2,43	2,32	2,21	2,15	2,09	2,03	1,96	1,89	1,81
30	5,57	4,18	3,59	3,25	3,03	2,87	2,75	2,65	2,57	2,51	2,41	2,31	2,20	2,14	2,07	2,01	1,94	1,87	1,79
40	5,42	4,05	3,46	3,13	2,90	2,74	2,62	2,53	2,45	2,39	2,29	2,18	2,07	2,01	1,94	1,88	1,80	1,72	1,64
60	5,29	3,93	3,34	3,01	2,79	2,63	2,51	2,41	2,33	2,27	2,17	2,06	1,94	1,88	1,82	1,74	1,67	1,58	1,48
120	5,15	3,80	3,23	2,89	2,67	2,52	2,39	2,30	2,22	2,16	2,05	1,94	1,82	1,76	1,69	1,61	1,53	1,43	1,31
∞	5,02	3,69	3,12	2,79	2,57	2,41	2,29	2,19	2,11	2,05	1,94	1,83	1,71	1,64	1,57	1,48	1,39	1,27	1,00

Untere Schwellenwerte: $F_{2,5\%;f_1;f_2} = 1/F_{97,5\%;f_2;f_1}$

Ablesebeispiele:

Für $1 - \alpha = 95\%$, $f_1 = 9$ und $f_2 = 24$ ist:

Zweiseitig oberer Schwellenwert $F_{1-(\alpha/2);f_1;f_2} = 2,70$

Zweiseitig unterer Schwellenwert $F_{(\alpha/2);f_1;f_2} = \frac{1}{F_{1-(\alpha/2);f_2;f_1}} = \frac{1}{3,61} = 0,277$

Obere Schwellenwerte der F-Verteilung für 1-α bzw. 1-(α/2) = 99 %

T 6.3

f_2 \ f_1	1	2	3	4	5	6	7	8	9	10	12	15	20	24	30	40	60	120	∞
1	4052	4999,5	5403	5625	5764	5859	5928	5982	6022	6056	6106	6157	6209	6235	6261	6287	6313	6339	6366
2	98,50	99,00	99,17	99,25	99,30	99,33	99,36	99,37	99,39	99,40	99,42	99,43	99,45	99,46	99,47	99,47	99,48	99,49	99,50
3	34,12	30,82	29,46	28,71	28,24	27,91	27,67	27,49	27,35	27,23	27,05	26,87	26,69	26,60	26,50	26,41	26,32	26,22	26,13
4	21,20	18,00	16,69	15,98	15,52	15,21	14,98	14,80	14,66	14,55	14,37	14,20	14,02	13,93	13,84	13,75	13,65	13,56	13,46
5	16,26	13,27	12,06	11,39	10,97	10,67	10,46	10,29	10,16	10,05	9,89	9,72	9,55	9,47	9,38	9,29	9,20	9,11	9,02
6	13,75	10,92	9,78	9,15	8,75	8,47	8,26	8,10	7,98	7,87	7,72	7,56	7,40	7,31	7,23	7,14	7,06	6,97	6,88
7	12,25	9,55	8,45	7,85	7,46	7,19	6,99	6,84	6,72	6,62	6,47	6,31	6,16	6,07	5,99	5,91	5,82	5,74	5,65
8	11,26	8,65	7,59	7,01	6,63	6,37	6,18	6,03	5,91	5,81	5,67	5,52	5,36	5,28	5,20	5,12	5,03	4,95	4,86
9	10,56	8,02	6,99	6,42	6,06	5,80	5,61	5,47	5,35	5,26	5,11	4,96	4,81	4,73	4,65	4,57	4,48	4,40	4,31
10	10,04	7,56	6,55	5,99	5,64	5,39	5,20	5,06	4,94	4,85	4,71	4,56	4,41	4,33	4,25	4,17	4,08	4,00	3,91
11	9,65	7,21	6,22	5,67	5,32	5,07	4,89	4,74	4,63	4,54	4,40	4,25	4,10	4,02	3,94	3,86	3,78	3,69	3,60
12	9,33	6,93	5,95	5,41	5,06	4,82	4,64	4,50	4,39	4,30	4,16	4,01	3,86	3,78	3,70	3,62	3,54	3,45	3,36
13	9,07	6,70	5,74	5,21	4,86	4,62	4,44	4,30	4,19	4,10	3,96	3,82	3,66	3,59	3,51	3,43	3,34	3,25	3,17
14	8,86	6,51	5,56	5,04	4,69	4,46	4,28	4,14	4,03	3,94	3,80	3,66	3,51	3,43	3,35	3,27	3,18	3,09	3,00
15	8,68	6,36	5,42	4,89	4,56	4,32	4,14	4,00	3,89	3,80	3,67	3,52	3,37	3,29	3,21	3,13	3,05	2,96	2,87
16	8,53	6,23	5,29	4,77	4,44	4,20	4,03	3,89	3,78	3,69	3,55	3,41	3,26	3,18	3,10	3,02	2,93	2,84	2,75
17	8,40	6,11	5,18	4,67	4,34	4,10	3,93	3,79	3,68	3,59	3,46	3,31	3,16	3,08	3,00	2,92	2,83	2,75	2,65
18	8,29	6,01	5,09	4,58	4,25	4,01	3,84	3,71	3,60	3,51	3,37	3,23	3,08	3,00	2,92	2,84	2,75	2,66	2,57
19	8,18	5,93	5,01	4,50	4,17	3,94	3,77	3,63	3,52	3,43	3,30	3,15	3,00	2,92	2,84	2,76	2,67	2,58	2,49
20	8,10	5,85	4,94	4,43	4,10	3,87	3,70	3,56	3,46	3,37	3,23	3,09	2,94	2,86	2,78	2,69	2,61	2,52	2,42
21	8,02	5,78	4,87	4,37	4,04	3,81	3,64	3,51	3,40	3,31	3,17	3,03	2,88	2,80	2,72	2,64	2,55	2,46	2,36
22	7,95	5,72	4,82	4,31	3,99	3,76	3,59	3,45	3,35	3,26	3,12	2,98	2,83	2,75	2,67	2,58	2,50	2,40	2,31
23	7,88	5,66	4,76	4,26	3,94	3,71	3,54	3,41	3,30	3,21	3,07	2,93	2,78	2,70	2,62	2,54	2,45	2,35	2,26
24	7,82	5,61	4,72	4,22	3,90	3,67	3,50	3,36	3,26	3,17	3,03	2,89	2,74	2,66	2,58	2,49	2,40	2,31	2,21
25	7,77	5,57	4,68	4,18	3,85	3,63	3,46	3,32	3,22	3,13	2,99	2,85	2,70	2,62	2,54	2,45	2,36	2,27	2,17
26	7,72	5,53	4,64	4,14	3,82	3,59	3,42	3,29	3,18	3,09	2,96	2,81	2,66	2,58	2,50	2,42	2,33	2,23	2,13
27	7,68	5,49	4,60	4,11	3,78	3,56	3,39	3,26	3,15	3,06	2,93	2,78	2,63	2,55	2,47	2,38	2,29	2,20	2,10
28	7,64	5,45	4,57	4,07	3,75	3,53	3,36	3,23	3,12	3,03	2,90	2,75	2,60	2,52	2,44	2,35	2,26	2,17	2,06
29	7,60	5,42	4,54	4,04	3,73	3,50	3,33	3,20	3,09	3,00	2,87	2,73	2,57	2,49	2,41	2,33	2,23	2,14	2,03
30	7,56	5,39	4,51	4,02	3,70	3,47	3,30	3,17	3,07	2,98	2,84	2,70	2,55	2,47	2,39	2,30	2,21	2,11	2,01
40	7,31	5,18	4,31	3,83	3,51	3,29	3,12	2,99	2,89	2,80	2,66	2,52	2,37	2,29	2,20	2,11	2,02	1,92	1,80
60	7,08	4,98	4,13	3,65	3,34	3,12	2,95	2,82	2,72	2,63	2,50	2,35	2,20	2,12	2,03	1,94	1,84	1,73	1,60
120	6,85	4,79	3,95	3,48	3,17	2,96	2,79	2,66	2,56	2,47	2,34	2,19	2,03	1,95	1,86	1,76	1,66	1,53	1,38
∞	6,63	4,61	3,78	3,32	3,02	2,80	2,64	2,51	2,41	2,32	2,18	2,04	1,88	1,79	1,70	1,59	1,47	1,32	1,00

Untere Schwellenwerte: $F_{1,0\%;f_1;f_2} = 1/F_{99\%;f_2;f_1}$

Obere Schwellenwerte der F-Verteilung für 1-α bzw. 1-(α/2) = 99,5 %

T 6.4

f_2 \ f_1	1	2	3	4	5	6	7	8	9	10	12	15	20	24	30	40	60	120	∞
1	16211	20000	21615	22500	23056	23437	23715	23925	24091	24224	24426	24630	24836	24940	25044	25148	25253	25359	25465
2	198,5	199,0	199,2	199,2	199,3	199,3	199,4	199,4	199,4	199,4	199,4	199,4	199,4	199,5	199,5	199,5	199,5	199,5	199,5
3	55,55	49,80	47,47	46,19	45,39	44,84	44,43	44,13	43,88	43,69	43,39	43,08	42,78	42,62	42,47	42,31	42,15	41,99	41,83
4	31,33	26,28	24,26	23,15	22,46	21,97	21,62	21,35	21,14	20,97	20,70	20,44	20,17	20,03	19,89	19,75	19,61	19,47	19,32
5	22,78	18,31	16,53	15,56	14,94	14,51	14,20	13,96	13,77	13,62	13,38	13,15	12,90	12,78	12,66	12,53	12,40	12,27	12,14
6	18,63	14,54	12,92	12,03	11,46	11,07	10,79	10,57	10,39	10,25	10,03	9,81	9,59	9,47	9,36	9,24	9,12	9,00	8,88
7	16,24	12,40	10,88	10,05	9,52	9,16	8,89	8,68	8,51	8,38	8,18	7,97	7,75	7,65	7,53	7,42	7,31	7,19	7,08
8	14,69	11,04	9,60	8,81	8,30	7,95	7,69	7,50	7,34	7,21	7,01	6,81	6,61	6,50	6,40	6,29	6,18	6,06	5,95
9	13,61	10,11	8,72	7,96	7,47	7,13	6,88	6,69	6,54	6,42	6,23	6,03	5,83	5,73	5,62	5,52	5,41	5,30	5,19
10	12,83	9,43	8,08	7,34	6,87	6,54	6,30	6,12	5,97	5,85	5,66	5,47	5,27	5,17	5,07	4,97	4,86	4,75	4,64
11	12,23	8,91	7,60	6,88	6,42	6,10	5,86	5,68	5,54	5,42	5,24	5,05	4,86	4,76	4,65	4,55	4,44	4,34	4,23
12	11,75	8,51	7,23	6,52	6,07	5,76	5,52	5,35	5,20	5,09	4,91	4,72	4,53	4,43	4,33	4,23	4,12	4,01	3,90
13	11,37	8,19	6,93	6,23	5,79	5,48	5,25	5,08	4,94	4,82	4,64	4,46	4,27	4,17	4,07	3,97	3,87	3,76	3,65
14	11,06	7,92	6,68	6,00	5,56	5,26	5,03	4,86	4,72	4,60	4,43	4,25	4,06	3,96	3,86	3,76	3,66	3,55	3,44
15	10,80	7,70	6,48	5,80	5,37	5,07	4,85	4,67	4,54	4,42	4,25	4,07	3,88	3,79	3,69	3,58	3,48	3,37	3,26
16	10,58	7,51	6,30	5,64	5,21	4,91	4,69	4,52	4,38	4,27	4,10	3,92	3,73	3,64	3,54	3,44	3,33	3,22	3,11
17	10,38	7,35	6,16	5,50	5,07	4,78	4,56	4,39	4,25	4,14	3,97	3,79	3,61	3,51	3,41	3,31	3,21	3,10	2,98
18	10,22	7,21	6,03	5,37	4,96	4,66	4,44	4,28	4,14	4,03	3,86	3,68	3,50	3,40	3,30	3,20	3,10	2,99	2,87
19	10,07	7,09	5,92	5,27	4,85	4,56	4,34	4,18	4,04	3,93	3,76	3,59	3,40	3,31	3,21	3,11	3,00	2,89	2,78
20	9,94	6,99	5,82	5,17	4,76	4,47	4,26	4,09	3,96	3,85	3,68	3,50	3,32	3,22	3,12	3,02	2,92	2,81	2,69
21	9,83	6,89	5,73	5,09	4,68	4,39	4,18	4,01	3,88	3,77	3,60	3,43	3,24	3,15	3,05	2,95	2,84	2,73	2,61
22	9,73	6,81	5,65	5,02	4,61	4,32	4,11	3,94	3,81	3,70	3,54	3,36	3,18	3,08	2,98	2,88	2,77	2,66	2,55
23	9,63	6,73	5,58	4,95	4,54	4,26	4,05	3,88	3,75	3,64	3,47	3,30	3,12	3,02	2,92	2,82	2,71	2,60	2,48
24	9,55	6,66	5,52	4,89	4,49	4,20	3,99	3,83	3,69	3,59	3,42	3,25	3,06	2,97	2,87	2,77	2,66	2,55	2,43
25	9,48	6,60	5,46	4,84	4,43	4,15	3,94	3,78	3,64	3,54	3,37	3,20	3,01	2,92	2,82	2,72	2,61	2,50	2,38
26	9,41	6,54	5,41	4,79	4,38	4,10	3,89	3,73	3,60	3,49	3,33	3,15	2,97	2,87	2,77	2,67	2,56	2,45	2,33
27	9,34	6,49	5,36	4,74	4,34	4,06	3,85	3,69	3,56	3,45	3,28	3,11	2,93	2,83	2,73	2,63	2,52	2,41	2,29
28	9,28	6,44	5,32	4,70	4,30	4,02	3,81	3,65	3,52	3,41	3,25	3,07	2,89	2,79	2,69	2,59	2,48	2,37	2,25
29	9,23	6,40	5,28	4,66	4,26	3,98	3,77	3,61	3,48	3,38	3,21	3,04	2,86	2,76	2,66	2,56	2,45	2,33	2,21
30	9,18	6,35	5,24	4,62	4,23	3,95	3,74	3,58	3,45	3,34	3,18	3,01	2,82	2,73	2,63	2,52	2,42	2,30	2,18
40	8,83	6,07	4,98	4,37	3,99	3,71	3,51	3,35	3,22	3,12	2,95	2,78	2,60	2,50	2,40	2,30	2,18	2,06	1,93
60	8,49	5,79	4,73	4,14	3,76	3,49	3,29	3,13	3,01	2,90	2,74	2,57	2,39	2,29	2,19	2,08	1,96	1,83	1,69
120	8,18	5,54	4,50	3,92	3,55	3,28	3,09	2,93	2,81	2,71	2,54	2,37	2,19	2,09	1,98	1,87	1,75	1,61	1,43
∞	7,88	5,30	4,28	3,72	3,35	3,09	2,90	2,74	2,62	2,52	2,36	2,19	2,00	1,90	1,79	1,67	1,53	1,36	1,00

Untere Schwellenwerte: $F_{0,5\%;f_1;f_2} = 1/F_{99,5\%;f_1;f_2}$

Aufgabe 3-1

1. Gesucht sind einseitiger oberer und zweiseitig oberer Schwellenwert der Normalverteilung für $1-\alpha = 99\%$.
2. Wie lauten die beiden zugeordneten unteren Schwellenwerte zu 1.?
3. Gesucht sind einseitig oberer und zweiseitig oberer Schwellenwert der t-Verteilung für $1-\alpha = 99\%$ und $f = 15$.
4. Wie lauten die beiden zugeordneten unteren Schwellenwerte zu 3.?
5. Gesucht sind einseitig oberer und zweiseitig oberer Schwellenwert der χ^2-Verteilung für $1-\alpha = 99\%$ und $f = 15$.
6. Wie lauten die beiden zugeordneten unteren Schwellenwerte zu 5.?
7. Gesucht sind einseitig oberer und zweiseitig oberer Schwellenwert der F-Verteilung für $1-\alpha = 99\%$, $f_1 = 15$ und $f_2 = 30$.
8. Wie lauten die beiden zugeordneten unteren Schwellenwerte zu 7.?

Lösungen

1.	$u_{1-\alpha} = 2{,}326$	$u_{1-(\alpha/2)} = 2{,}576$	s. T 3
2.	$u_{\alpha} = -u_{1-\alpha} = -2{,}326$	$u_{(\alpha/2)} = -u_{1-(\alpha/2)} = -2{,}576$	
3.	$t_{1-\alpha;f} = 2{,}602$	$t_{1-(\alpha/2);f} = 2{,}947$	s. T 4
4.	$t_{\alpha;f} = -t_{1-\alpha;f} = -2{,}602$	$t_{(\alpha/2);f} = -t_{1-(\alpha/2);f} = -2{,}947$	
5.	$\chi^2_{1-\alpha;f} = 30{,}6$	$\chi^2_{1-(\alpha/2);f} = 32{,}8$	s. T 5
6.	$\chi^2_{\alpha;f} = 5{,}23$	$\chi^2_{(\alpha/2);f} = 4{,}60$	
7.	$F_{1-\alpha;f_1;f_2} = 2{,}70$	$F_{1-(\alpha/2);f_1;f_2} = 3{,}01$	s. T 6.3 und 6.4
8.	$F_{\alpha;f_1;f_2} = \frac{1}{F_{1-\alpha;f_2;f_1}} = \frac{1}{3{,}21} = 0{,}312$	$F_{(\alpha/2);f_1;f_2} = \frac{1}{F_{1-(\alpha/2);f_2;f_1}} = \frac{1}{3{,}69} = 0{,}271$	

3.6. EDV-gerechte Näherungsformeln für die Dichtefunktion, Summenfunktion und Schwellenwerte der Normal-, t-, χ^2 - und F-Verteilung

3.6.1. Vorbemerkungen

Bei der Übernahme statistischer Verfahren für die Auswertung technischer Versuchsreihen auf EDV-mäßige Bearbeitung ist es häufig erforderlich, die Dichtefunktion, Summenfunktion und/oder Schwellenwerte der Normal-, t-, χ^2- und/oder F-Verteilung zu verwenden. Dies kann auf zweierlei Weise erfolgen:

1. Abspeicherung der entsprechenden Tabellen einschließlich eines Interpolationsverfahrens oder

2. Programmierung der exakten oder Näherungsformeln.

Die erste Möglichkeit ist sehr speicheraufwendig und bei erstmaliger Eingabe wegen der großen Datenmenge sehr fehleranfällig. Demgegenüber bietet die Programmierung der exakten Funktion oder zugeordneter Näherungsformeln den Vorteil des geringeren Speicherbedarfs und der einfacheren Handhabung.

In den folgenden Abschnitten werden die jeweiligen exakten Funktionen genannt und dazu veröffentlichte Näherungsformeln zum Teil m i t Fehlerabschätzungen wiedergegeben. Zur Illustration der Güte der hier angegebenen Näherungsformeln wird zu jeder Näherungsformel und als Testbeispiel für EDV-Programmierung ein Zahlenbeispiel angegeben.

Der Autor bittet alle Leser, denen über die hier aufgeführten Näherungsformeln hinaus weitere Formeln bekannt sind, ihm diese mit Angabe der Literaturquelle zu benennen, so daß diese Abschnitte zu einem späteren Zeitpunkt ergänzt werden können.

Zu den nachfolgenden Ausführungen wurde als Literatur verwendet:

(1) Graf, O., H.-J. Henning und K. Stange: Formeln und Tabellen der mathematischen Statistik, Springer Verlag, Berlin-Heidelberg-New York, 1966

(2) Abramowitz, M. und J.A. Stegun: Handbook of Mathematical Funktions, Dover Publications, New York, 1970, Seite 925 ff

(3) Fisher, R.A. und E.A. Cornish: The perantile points of Distibutions having known cumulants; Technometrics 2 (1960), Seite 209-225

3.6.2. Normalverteilung

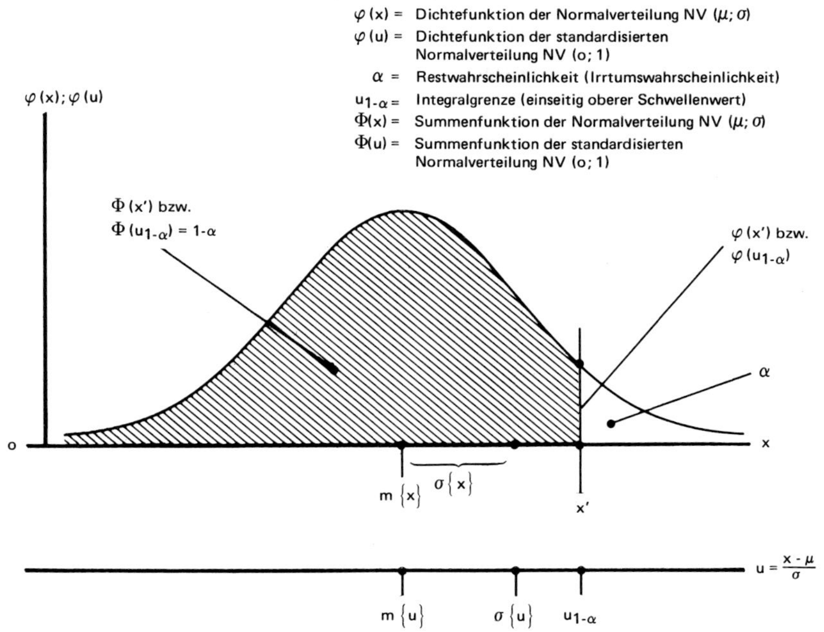

Bild 23: Verwendete Bezeichnungen für die Normalverteilung

1. Dichtefunktion

1.1. $\varphi(x) = \frac{1}{\sigma\sqrt{2\pi}}\, e^{-\frac{1}{2}\left(\frac{x-\mu}{\sigma}\right)^2} \qquad -\infty < x < +\infty$

mit Mittelwert $m\{x\} = \mu$,

Varianz $v\{x\} = \sigma^2$ und

Standardabweichung $\sigma\{x\} = \sigma$

1.2. $\varphi(u) = \frac{1}{\sqrt{2\pi}}\, e^{-\frac{1}{2}u^2} \qquad -\infty < u < +\infty$

mit Mittelwert $m\{u\} = 0$,

Varianz $v\{u\} = 1$ und

Standardabweichung $\sigma\{u\} = 1$

1.3. $\varphi(u) = (a_0 + a_2u^2 + a_4u^4 + a_6u^6)^{-1} + \varepsilon(u)$ mit $|\varepsilon(u)| < 2{,}7\cdot10^{-3}$

$a_0 = 2{,}490\,895$ $a_4 = -0{,}024\,393$

$a_2 = 1{,}466\,003$ $a_6 = 0{,}178\,257$

Beispiel zu: 1.3

Gegeben: $u = 1{,}32$

Gesucht: $\varphi(u)$

(1)	(2)	(3)	(4)
Glieder-anzahl i	Beitrag des i. Gliedes	Näherungswert	Relativer Fehler gegenüber dem Exaktwert in %
1	0,401 462 125 1	0,401 462 125 1	140
2	-0,203 256 230 4	0,198 205 894 7	18,7
3	0,002 952 677 8	0,201 158 572 4	20,5
4	-0,032 072 732 6	0,169 085 839 8	1,3

Tabellierter Exaktwert: $\varphi(u) = 0{,}166\,937$

(Entnommen aus: Owen, D.B.: Handbook of Statistical Tables, Pergamon Press, London-Paris, 1962, Seite 5)

1.4. $\varphi(u) = (b_0 + b_2u^2 + b_4u^4 + b_6u^6 + b_8u^8 + b_{10}u^{10})^{-1} + \varepsilon(u)$

mit $|\varepsilon(u)| < 2{,}3\cdot10^{-4}$

$b_0 = 2{,}505\,236\,7$ $\quad b_6 = 0{,}130\,646\,9$

$b_2 = 1{,}283\,120\,4$ $\quad b_8 = -0{,}020\,249\,0$

$b_4 = 0{,}226\,471\,8$ $\quad b_{10} = 0{,}003\,913\,2$

Beispiel zu: 1.4

Gegeben: $u = 1{,}32$

Gesucht: $\varphi(u)$

(1)	(2)	(3)	(4)
Glieder-anzahl i	Beitrag des i. Gliedes	Näherungswert	Relativer Fehler gegenüber dem Exaktwert in %
1	0,399 163 879 4	0,399 163 879 4	139
2	-0,188 235 497 9	0,210 928 381 5	26,4
3	-0,026 715 584 1	0,184 212 797 3	10,4
4	-0,020 803 621 1	0,163 409 176 3	- 2,1
5	0,005 140 427 1	0,168 549 603 4	1,0
6	-0,001 766 650 9	0,166 782 952 4	- 0,1

Tabellierter Exaktwert: $\varphi(u) = 0{,}166\,937$

(Entnommen aus: a.a.o., Seite 5)

2. Summenfunktion

2.1. $\Phi(u) = \int_{-\infty}^{u} \varphi(t)du$ mit $t \equiv u$ in 2.1.2

2.2. $\Phi(u) = 1 - \varphi(u)(a_1 t + a_2 t^2 + a_3 t^3) + \varepsilon(u)$,

mit $t = \frac{1}{1 + pu}$ und $|\varepsilon(u)| < 1 \cdot 10^{-5}$

$p = 0{,}332\ 67$ $\qquad a_1 = 0{,}436\ 183\ 6$

$a_2 = -0{,}120\ 167\ 6$

$a_3 = 0{,}937\ 298\ 0$

Beispiel zu: 2.2

Gegeben: $u = 1{,}32$
$\varphi(u) = 0{,}166\ 937$

Gesucht: $\Phi(u)$

(1)	(2)	(3)	(4)
Glieder-anzahl i	Beitrag des i. Gliedes	Näherungswert	Relativer Fehler gegenüber dem Exaktwert in %
1	-0,050 596 864 1	0,949 403 135 9	4,7
2	0,009 685 974 5	0,959 089 110 4	5,8
3	-0,053 299 090 2	0,906 592 013 8	0,0

Tabellierter Exaktwert: $\Phi(u) = 0{,}906\ 582$

(Entnommen aus: a.a.O., Seite 5)

2.3. $\Phi(u) = 1 - \varphi(u)(b_1 t + b_2 t^2 + b_3 t^3 + b_4 t^4 + b_5 t^5) + \varepsilon(u)$

mit $t = \frac{1}{1 + pu}$ und $|\varepsilon(u)| < 7{,}5 \cdot 10^{-8}$

$p = 0{,}231\ 641\ 9$

$b_1 = 0{,}319\ 381\ 530$ $\quad b_4 = -1{,}821\ 255\ 978$

$b_2 = -0{,}356\ 563\ 782$ $\quad b_5 = 1{,}330\ 274\ 429$

$b_3 = 1{,}781\ 477\ 937$

Beispiel zu: 2.3

Gegeben: $u = 1{,}32$
$\varphi(u) = 0{,}166\ 937$

Gesucht: $\Phi(u)$

(1)	(2)	(3)	(4)
Glieder-anzahl i	Beitrag des i. Gliedes	Näherungswert	Relativer Fehler gegenüber dem Exaktwert in %
1	-0,040 831 62	0,959 168 38	5,8
2	0,034 910 675 4	0,994 079 055 4	9,7
3	-0,133 578 727 1	0,860 500 826 9	5,1
4	0,099 256 766 7	0,965 083 366 7	6,5
5	-0,059 254 216 1	0,906 582 450 9	0

Tabellierter Exaktwert: $\Phi(u) = 0{,}906\ 582$
(Entnommen aus: a.a.O., Seite 5)

2.4. $\Phi(u) = 1 - \frac{1}{2}(1 + c_1 u + c_2 u^2 + c_3 u^3 + c_4 u^4)^{-4} + \varepsilon(u)$ mit $|\varepsilon(u)| < 2{,}5 \cdot 10^{-4}$

c_1 = 0,196 854 c_3 = 0,000 344

c_2 = 0,115 194 c_4 = 0,019 527

Beispiel zu: 2.4

Gegeben: $u = 1{,}32$

Gesucht: $\Phi(u)$

(1)	(2)	(3)	(4)
Glieder-anzahl i	Beitrag des i. Gliedes	Näherungswert	Relativer Fehler gegenüber dem Exaktwert in %
1	-0,5	0,5	44,8
2	0,301 528 389 6	0,801 528 389 6	11,6
3	0,088 598 646 2	0,890 127 035 8	1,8
4	0,000 237 751 6	0,890 364 787 4	1,8
5	0,016 122 782 8	0,906 487 570 1	0,0

Tabellierter Exaktwert: $\Phi(u)$ = 0,906 582
(Entnommen aus: a.a.O., Seite 5)

2.5. $\Phi(u) = 1 - \frac{1}{2}(1 + d_1u + d_2u^2 + d_3u^3 + d_4u^4 + d_5u^5 + d_6u^6)^{-16} + \varepsilon(u)$

mit $|\varepsilon(u)| < 1{,}5 \cdot 10^{-7}$

d_1 = 0,049 867 347 0 d_4 = 0,000 038 003 6

d_2 = 0,021 141 006 1 d_5 = 0,000 048 890 6

d_3 = 0,003 277 626 3 d_6 = 0,000 005 383 0

Beispiel zu: 2.5

Gegeben: $u = 1{,}32$

Gesucht: $\Phi(u)$

(1)	(2)	(3)	(4)
Glieder-anzahl i	Beitrag des i. Gliedes	Näherungswert	Relativer Fehler gegenüber dem Exaktwert in %
1	-0,5	0,5	44,8
2	0,319 699 793 7	0,819 699 793 7	9,6
3	0,075 611 976 3	0,895 311 77	1,2
4	0,010 812 343 8	0,906 124 113 8	0,05
5	0,000 155 958 8	0,906 280 072 6	0,03
6	0,000 264 210 2	0,906 544 282 8	0,00
7	0,000 038 333 3	0,906 582 616 1	0

Tabellierter Exaktwert: $\Phi(u) = 0{,}906\ 582$

(Entnommen aus: a.a.O., Seite 5)

3. Inverse der Summenfunktion (einseitig oberer Schwellenwert)

3.1. Lösung der Integralgleichung

$$\Phi(u_{1-\alpha}) = 1 - \alpha \quad \text{mit } 0 < \alpha \leqq 0{,}5$$

3.2. $$u_{1-\alpha} = t - \frac{a_0 + a_1 t}{1 + b_1 t + b_2 t^2} + \varepsilon(p),$$

$$\text{mit } t = \sqrt{\ln \frac{1}{\alpha^2}} \text{ und } |\varepsilon(p)| < 3 \cdot 10^{-3}$$

$a_0 = 2{,}307\ 53$ $\qquad b_1 = 0{,}992\ 29$

$a_1 = 0{,}270\ 61$ $\qquad b_2 = 0{,}044\ 81$

Beispiel zu: 3.2

Gegeben: $1-\alpha = 0{,}975 = 97{,}5\%$
$\alpha = 0{,}025 = 2{,}5\%$

Gesucht: $u_{1-\alpha}$

(1)	(2)	(3)	(4)
Glieder-anzahl i	Beitrag des i. Gliedes	Näherungswert	Relativer Fehler gegenüber dem Exaktwert in %
1	2,716 203 031	2,716 203 031	38,6
2	-0,755 754 757 7	1,960 448 274	0,03

Tabellierter Exaktwert: $u_{1-\alpha} = 1{,}959\ 96$
(Entnommen aus: a.a.O., Seite 12)

3.3. $$u_{1-\alpha} = t - \frac{c_0 + c_1 t + c_2 t^2}{1 + d_1 t + d_2 t^2 + d_3 t^3} + \varepsilon(p)$$

mit $t = \sqrt{\ln\frac{1}{\alpha^2}}$ und $|\varepsilon(p)| < 4{,}5\cdot 10^{-4}$

$c_0 = 2{,}515\,517$ $\quad d_1 = 1{,}432\,788$

$c_1 = 0{,}802\,853$ $\quad d_2 = 0{,}189\,269$

$c_2 = 0{,}010\,328$ $\quad d_3 = 0{,}001\,308$

Beispiel zu: 3.3

Gegeben: $1-\alpha = 0{,}975 = 97{,}5\%$
$\alpha = 0{,}025 = 2{,}5\%$

Gesucht: $u_{1-\alpha}$

(1)	(2)	(3)	(4)
Glieder-anzahl i	Beitrag des i. Gliedes	Näherungswert	Relativer Fehler gegenüber dem Exaktwert in %
1	2,716 203 031	2,716 203 031	38,6
2	-0,755 808 114 6	1,960 394 917	0,02

Tabellierter Exaktwert: $u_{1-\alpha} = 1{,}959\,96$
(Entnommen aus: a.a.O., Seite 12)

3.6.3. t-Verteilung

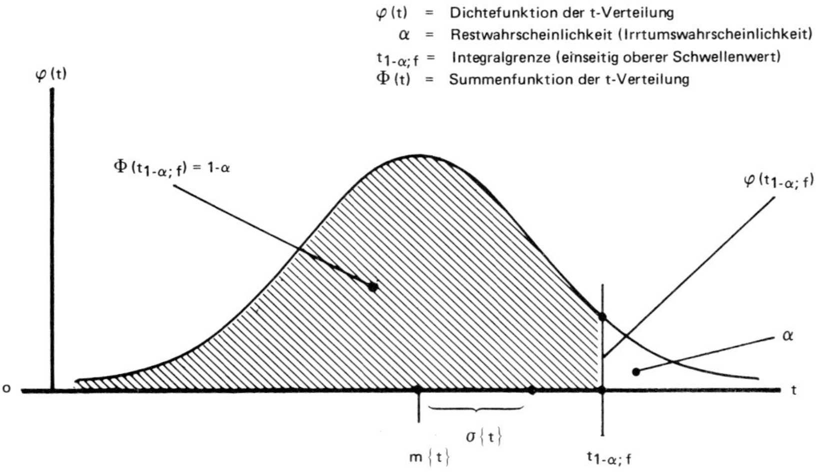

Bild 24: Verwendete Bezeichnungen für die t-Verteilung

1. Dichtefunktion

1.1. $\varphi(t) = \frac{1}{\sqrt{\pi f}} \cdot \frac{\Gamma(\frac{f+1}{2})}{\Gamma(f/2)} \cdot \frac{1}{\sqrt{(1 + (t^2/f))^{f+1}}}$ $\quad -\infty < t < \infty$

mit Mittelwert $m\{t\} = 0$,

Varianz $v\{t\} = \frac{f}{f-2}$ und

Standardabweichung $\sigma\{t\} = \sqrt{f/(f-2)}$

2. Summenfunktion

2.1. $\Phi(t) = \int_{-\infty}^{t} \varphi(u)du$ mit $u \equiv t$ in 3.1.1

3. Inverse der Summenfunktion (einseitig oberer Schwellenwert)

3.1. Lösung der Integralgleichung

$$\Phi(t_{1-\alpha;f}) = 1 - \alpha \quad \text{mit} \quad 0 < \alpha \leqq 0{,}5$$

3.2. $t_{0,975;f} \approx 1{,}960 + (2{,}576/f)$ Voraussetzung: $f \gtrapprox 10$

Beispiel zu: 3.2

Gegeben:
$1-\alpha = 0{,}975 = 97{,}5\%$
$\alpha = 0{,}025 = 2{,}5\%$
$f = 14$

Gesucht: $t_{1-\alpha;f}$

(1)	(2)	(3)	(4)
Glieder-anzahl i	Beitrag des i. Gliedes	Näherungswert	Relativer Fehler gegenüber dem Exaktwert in %
1	1,960	1,960	8,6
2	0,184	2,144	0,04

Tabellierter Exaktwert: $t_{1-\alpha;f} = 2{,}144\,8$
(Entnommen aus: a.a.O., Seite 28)

3.3. $t_{0,975;f} \approx 1,960 + \frac{2,4}{f}(1 + \frac{1,942}{f^{1,22}})$

$t_{0,995;f} \approx 2,576 + \frac{5}{f}(1 + \frac{3,625}{f^{1,29}})$

Voraussetzung: $f \gtrapprox 4$

Beispiel zu: 3.3

Gegeben: $1-\alpha = 0,975 = 97,5\%$
$\alpha = 0,025 = 2,5\%$
$f = 14$

Gesucht: $t_{1-\alpha;f}$

(1)	(2)	(3)	(4)
Glieder-anzahl i	Beitrag des i. Gliedes	Näherungswert	Relativer Fehler gegenüber dem Exaktwert in %
1	1,960	1,960	8,6
2	0,186 826 810 5	2,146 826 81	0,09

Tabellierter Exaktwert: $t_{1-\alpha;f} = 2,144\ 8$
(Entnommen aus: a.a.O, Seite 28)

3.4. $t_{1-\alpha;f} \approx u_{1-\alpha} + \frac{g_1(u_{1-\alpha})}{f} + \frac{g_2(u_{1-\alpha})}{f^2} + \frac{g_3(u_{1-\alpha})}{f^3} + \frac{g_4(u_{1-\alpha})}{f^4}$

mit $g_1(u_{1-\alpha}) = \frac{1}{4}(u_{1-\alpha}^3 + u_{1-\alpha})$

$g_2(u_{1-\alpha}) = \frac{1}{96}(5u_{1-\alpha}^5 + 16u_{1-\alpha}^3 + 3u_{1-\alpha})$

$g_3(u_{1-\alpha}) = \frac{1}{384}(3u_{1-\alpha}^7 + 19u_{1-\alpha}^5 + 17u_{1-\alpha}^3 - 15u_{1-\alpha})$

$g_4(u_{1-\alpha}) = \frac{1}{92\ 160}(79u_{1-\alpha}^9 + 776u_{1-\alpha}^7 + 1\ 482u_{1-\alpha}^5 - 1\ 920u_{1-\alpha}^3 - 945u_{1-\alpha})$

3.5. $t_{1-\alpha;f} \approx u_{1-\alpha}$

$$+ \frac{1}{f} \frac{u_{1-\alpha}^3 + u_{1-\alpha}}{4}$$

$$+ \frac{1}{f^2} \frac{5u_{1-\alpha}^5 + 16u_{1-\alpha}^3 + 3u_{1-\alpha}}{96}$$

$$+ \frac{1}{f^3} \frac{3u_{1-\alpha}^7 + 19u_{1-\alpha}^5 + 17u_{1-\alpha}^3 - 15u_{1-\alpha}}{384}$$

$$+ \frac{1}{f^4} \frac{79u_{1-\alpha}^9 + 776u_{1-\alpha}^7 + 1\ 1482u_{1-\alpha}^5 - 1\ 920u_{1-\alpha}^3 - 945u_{1-\alpha}}{92\ 160}$$

$$+ \frac{1}{f^5} \frac{27u_{1-\alpha}^{11} + 339u_{1-\alpha}^9 + 930u_{1-\alpha}^7 - 1\ 782u_{1-\alpha}^5 - 765u_{1-\alpha}^3 + 17\ 955u_{1-\alpha}}{368\ 640}$$

Beispiel zu: 3.5.

Gegeben: $1-\alpha = 0{,}975 = 97{,}5\%$
$\alpha = 0{,}025 = 2{,}5\%$
$u_{1-\alpha} = 1{,}959\ 96$
$f = 14$

Gesucht: $t_{1-\alpha;f}$

(1)	(2)	(3)	(4)
Glieder-anzahl i	Beitrag des i. Gliedes	Näherungswert	Relativer Fehler gegenüber dem Exaktwert in %
1	1,959 96	1,959 96	8,6
2	0,169 447 053 9	2,129 407 054	0,7
3	0,014 400 385 3	2,143 807 439	0,05
4	0,006 084 251 3	2,149 891 691	0,2
5	0,000 166 165 7	2,150 057 856	0,2
*)6	0,000 000 393 1	2,150 058 249	0,2

*) Diese Zeile fehlt bei Näherungsformel 3.4

Tabellierter Exaktwert: $t_{1-\alpha;f} = 2{,}144\ 8$
(Entnommen aus: a.a.O., Seite 28)

3.6.4. χ^2-Verteilung

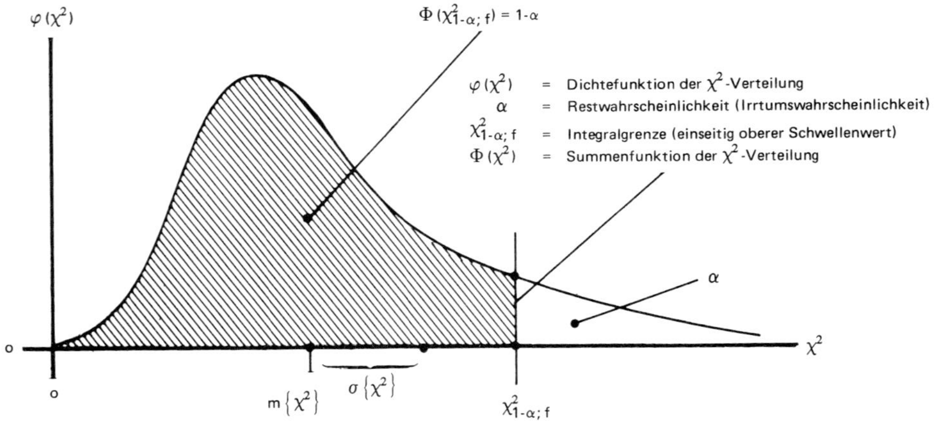

Bild 25: Verwendete Bezeichnungen für die χ^2-Verteilung

1. Dichtefunktion

1.1. $$\varphi(\chi^2) = \frac{1}{2^{f/2}\,\Gamma(f/2)} \cdot (\chi^2)^{(f-2)/2} \cdot e^{-\chi^2/2} \qquad 0 \leqq \chi^2 < \infty \;;\; f > 0$$

mit Mittelwert $m\{\chi^2\} = f$,

Varianz $v\{\chi^2\} = 2f$ und

Standardabweichung $\sigma\{\chi^2\} = \sqrt{2f}$

2. Summenfunktion

2.1. $$\Phi(\chi^2) = \int_0^{\chi^2} \varphi(t)dt \quad \text{mit} \quad t \equiv \chi^2 \text{ in } 1.1$$

2.2. $\Phi(\chi^2) \approx \Phi_{NV}(\sqrt{2\chi^2} - \sqrt{2f-1})$ Voraussetzung: $f \gtrapprox 100$

2.3. $\Phi(\chi^2) \approx \Phi_{NV}\left(\frac{\sqrt[3]{\chi^2/f} - (1-(2/9f))}{\sqrt{2/9f}}\right)$ Voraussetzung: $f \gtrapprox 30$

Beispiel zu: 4.2.2 und 4.2.3

Gegeben: $\chi^2 = 241{,}058$ für $f = 200$

Gesucht: $\Phi(\chi^2)$

2.2 $\Phi(241{,}058) \approx \Phi_{NV}(1{,}988\ 155\ 713) = 0{,}976\ 152\ 542\ 7$
Relativer Fehler gegenüber dem Exaktwert: 0,12%

2.3 $\Phi(241{,}058) \approx \Phi_{NV}(1{,}959\ 867\ 272) = 0{,}974\ 417\ 821\ 7$
Relativer Fehler gegenüber dem Exaktwert: 0,06%

Tabellierter Exaktwert: $\Phi(\chi^2) = 0{,}975 = 97{,}5\%$
(Entnommen aus: a.a.O., Seite 51)

3. Inverse der Summenfunktion (einseitig oberer Schwellenwert)

3.1. Lösung der Integralgleichung

$$\Phi(\chi^2_{1-\alpha;f}) = 1 - \alpha \quad \text{mit} \quad 0 < \alpha \leqq 0{,}5$$

3.2. $\chi^2_{1-\alpha;f} \approx \frac{1}{2}(u_{1-\alpha} + \sqrt{2f - 1})^2$ Voraussetzung: $f \gtrapprox 100$

3.3. $\chi^2_{1-\alpha;f} \approx f(1-(2/9f) + u_{1-\alpha}\sqrt{2/9f})^2$ Voraussetzung: $f \gtrapprox 30$

Beispiel zu: 3.2 und 3.3

Gegeben: $1-\alpha = 0,975 = 97,5\%$
$u_{1-\alpha} = 1,959\ 96$
$f = 200$

Gesucht: $\chi^2_{1-\alpha;f}$

3.2 $\chi^2_{1-\alpha;f} \approx 240,570\ 891\ 9$
Relativer Fehler gegenüber dem Exaktwert: 0,20%

3.3 $\chi^2_{1-\alpha;f} \approx 241,060\ 100\ 4$
Relativer Fehler gegenüber dem Exaktwert: 0,00%

Tabellierter Exaktwert: $\chi^2_{1-\alpha;f} = 241,058$
(Entnommen aus: a.a.O., Seite 51)

3.4. $\chi^2_{1-\alpha;f} \approx f$

$$+ \sqrt{f}(u_{1-\alpha} \cdot \sqrt{2})$$

$$+ \frac{2}{3}(u^2_{1-\alpha} - 1)$$

$$+ \frac{1}{\sqrt{f}} \frac{u^3_{1-\alpha} - 7u_{1-\alpha}}{9\sqrt{2}}$$

$$- \frac{1}{f} \frac{6u^4_{1-\alpha} + 14u^2_{1-\alpha} - 32}{405}$$

$$+ \frac{1}{f\sqrt{f}} \frac{9u^5_{1-\alpha} + 256u^3_{1-\alpha} - 433u_{1-\alpha}}{4\,860\sqrt{2}}$$

$$+ \frac{1}{f^2} \frac{12u^6_{1-\alpha} - 243u^4_{1-\alpha} - 923u^2_{1-\alpha} + 1\,472}{25\,515}$$

$$- \frac{1}{f^2\sqrt{f}} \frac{3\,753u^7_{1-\alpha} + 4\,353u^5_{1-\alpha} - 289\,517u^3_{1-\alpha} - 289\,717u_{1-\alpha}}{9\,185\,400\sqrt{2}}$$

Beispiel zu: 3.4

Gegeben: $1-\alpha = 0{,}975 = 97{,}5\%$
$u_{1-\alpha} = 1{,}959\ 96$
$f = 200$

Gesucht: $\chi^2_{1-\alpha;f}$

(1)	(2)	(3)	(4)
Glieder-anzahl i	Beitrag des i. Gliedes	Näherungswert	Relativer Fehler gegenüber dem Exaktwert in %
1	200	200	17,0
2	39,199 2	239,199 2	0,77
3	1,894 295 468	241,093 495 5	0,01
4	-0,034 392 472 1	241,059 103	0
5	-0,001 361 979 3	241,057 741	0
6	0,000 068 882 9	241,057 809 9	0
7	-0,000 004 878 8	241,057 805	0
8	-0,000 000 3	241,057 805 3	0

Tabellierter Exaktwert: $\chi^2_{1-\alpha;f} = 241{,}058$ (Entnommen aus: a.a.O., Seite 51)

3.6.5. F-Verteilung

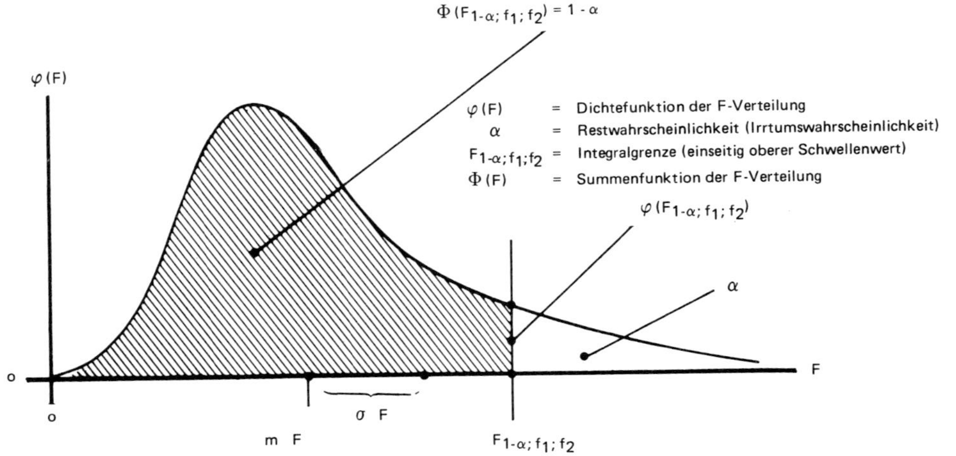

Bild 26: Verwendete Bezeichnungen für die F-Verteilung

1. Dichtefunktion

1.1. $$\varphi(F) = \frac{\Gamma(\frac{f_1 + f_2}{2})}{\Gamma(\frac{f_1}{2})\Gamma(\frac{f_2}{2})} \cdot f_1^{f_1/2} \cdot f_2^{f_2/2} \cdot \frac{F^{(f_1 - 2)/2}}{(f_2 + f_1 F)^{(f_1 + f_2)/2}} \qquad 0 \leqq F < \infty$$

mit Mittelwert $m\{F\} = \frac{f_2}{f_2 - 2}$ mit $f_2 > 2$,

Varianz $v\{F\} = \frac{2f_2^2(f_1 + f_2 - 2)}{f_1(f_2 - 2)^2(f_2 - 4)}$ mit $f_2 > 4$ und

Standardabweichung $\sigma\{F\} = \sqrt{v\{F\}}$

2. Summenfunktion

2.1. $\Phi(F) = \int_0^F \varphi(t)dt$ mit $t \equiv F$ in 5.1.1

2.2. $\Phi(F) \approx \Phi_{NV}\left(\dfrac{F - \dfrac{f_2}{f_2 - 2}}{\dfrac{f_2}{f_2 - 2}\sqrt{\dfrac{2(f_1 + f_2 - 2)}{f_1(f_2 - 4)}}}\right)$ Voraussetzung: f_1 und f_2 sind groß

2.3. $\Phi(F) \approx \Phi_{NV}\left(\dfrac{\sqrt{(2f_2 - 1)\frac{f_1}{f_2}F} - \sqrt{2f_1 - 1}}{\sqrt{1 + \frac{f_1}{f_2}F}}\right)$

2.4. $\Phi(F) \approx \Phi_{NV}\left(\dfrac{F^{1/3}(1 - (2/9f_2)) - (1 - (2/9f_1))}{\sqrt{(2/9f_1) + F^{2/3}(2/9f_2)}}\right)$

Beispiel zu: 2.2 bis 2.4

Gegeben: $F = 1{,}739\,6$; $f_1 = 60$; $f_2 = 30$

Gesucht: $\Phi(F)$

2.2 $\Phi(F) \approx \Phi_{NV}(1{,}856\,652\,569) = 0{,}968\,317\,993\,4$
Relativer Fehler gegenüber dem Exaktwert: 1,9%

2.3 $\Phi(F) \approx \sim\Phi_{NV}(1{,}615\,296\,207) = 0{,}945\,783\,582\,8$
Relativer Fehler gegenüber dem Exaktwert: 0,44%

2.4 $\Phi(F) \approx \Phi_{NV}(1{,}644\,587\,452) = 0{,}949\,970\,425\,1$
Relativer Fehler gegenüber dem Exaktwert: 0%

Tabellierter Exaktwert: $\Phi(F) = 0{,}950 = 95{,}0\%$
(Entnommen aus: a.a.O., Seite 83)

3. Inverse der Summenfunktion (einseitig oberer Schwellenwert)

3.1. Lösung der Integralgleichung

$$\Phi(F_{1-\alpha;f_1;f_2}) = 1 - \alpha \quad \text{mit} \quad 0 < \alpha \leqq 0{,}5$$

3.2.

$$\begin{aligned}
z \approx\; & u_{1-\alpha}\sqrt{\frac{\sigma}{2}} \\
& - \delta\,\frac{u_{1-\alpha}^2 + 2}{6} \\
& + \sqrt{\frac{\sigma}{2}}\left\{\sigma\,\frac{u_{1-\alpha}^3 + 3u_{1-\alpha}}{24} + \frac{\delta^2}{\sigma}\,\frac{u_{1-\alpha}^3 + 11u_{1-\alpha}}{72}\right\} \\
& - \left\{\delta\sigma\,\frac{u_{1-\alpha}^4 + 9u_{1-\alpha}^2 + 8}{120} - \frac{\delta^2}{\sigma}\,\frac{3u_{1-\alpha}^4 + 7u_{1-\alpha}^2 - 16}{3\,240}\right\} \\
& + \sqrt{\frac{\sigma}{2}}\left\{\sigma^2\,\frac{u_{1-\alpha}^5 + 20u_{1-\alpha}^3 + 15u_{1-\alpha}}{1\,920} + \delta^2\,\frac{u_{1-\alpha}^5 + 44u_{1-\alpha}^3 + 183u_{1-\alpha}}{2\,880}\right. \\
& \left. + \frac{\delta^4}{\sigma^2}\,\frac{9u_{1-\alpha}^5 - 284u_{1-\alpha}^3 - 1513u_{1-\alpha}}{155\,520}\right\} + \left\{\delta\sigma^2\,\frac{4u_{1-\alpha}^6 - 25u_{1-\alpha}^4 - 177u_{1-\alpha}^2 + 192}{20\,160}\right. \\
& + \delta^3\,\frac{4u_{1-\alpha}^6 + 101u_{1-\alpha}^4 + 117u_{1-\alpha}^2 - 480}{90\,720} \\
& \left. - \frac{\delta^5}{\sigma^2}\,\frac{12u_{1-\alpha}^6 + 513u_{1-\alpha}^4 + 841u_{1-\alpha}^2 - 2\,560}{1\,632\,960}\right\} \\
& - \sqrt{\frac{\sigma}{2}}\left\{\sigma^3\,\frac{u_{1-\alpha}^7 + 7u_{1-\alpha}^5 + 7u_{1-\alpha}^3 + 105u_{1-\alpha}}{21\,504}\right. \\
& + \delta\sigma^2\,\frac{801u_{1-\alpha}^7 + 10\,511u_{1-\alpha}^5 + 30\,151u_{1-\alpha}^3 + 62\,241u_{1-\alpha}}{4\,838\,400} \\
& - \frac{\delta^4}{\sigma}\,\frac{477u_{1-\alpha}^7 + 4\,507u_{1-\alpha}^5 - 82\,933u_{1-\alpha}^3 - 264\,363u_{1-\alpha}}{43\,545\,600} \\
& \left. + \frac{\delta^6}{\sigma^3}\,\frac{3\,753u_{1-\alpha}^7 + 55\,383u_{1-\alpha}^5 - 368\,897u_{1-\alpha}^3 - 1\,213\,927u_{1-\alpha}}{1\,175\,731\,200}\right\}
\end{aligned}$$

mit $\sigma = \frac{1}{f_1} + \frac{1}{f_2}$ und $\delta = \frac{1}{f_1} - \frac{1}{f_2}$

Den Schwellenwert erhält man aus:

$$F_{1-\alpha;f_1;f_2} = e^{2z}$$

Beispiel zu: 3.3 (entnommen aus (3))

Gegeben: $1 - \alpha = 95\%$; $f_1 = 24$; $f_2 = 60$

Gesucht: $F_{1-\alpha;f_1;f_2}$

(1)	(2)	(3)	(4)
Gliederanzahl i	Beitrag des i. Gliedes	Näherungswert	Relativer Fehler gegenüber dem Exaktwert in %
1	0,280 912 24	0,280 912 24	5,9
2	-0,019 606 43	0,261 305 81	0,26
3	0,004 468 51	0,265 774 32	0,16
4	-0,000 480 04	0,265 294 28	0,02
5	0,000 056 45	0,265 350 73	0,00
6	-0,000 001 54	0,265 349 19	0,00
7	-0,000 001 02	0,265 348 17	0,00

Mit z = 0,265 348 17 entsteht

$F_{1-\alpha;f_1;f_2} = 1,700\ 115\ 755$

Tabellierter Exaktwert: $F_{1-\alpha;f_1;f_2} = 1,700\ 1$

(Entnommen aus: a.a.O., Seite 86)

4. PROBLEMNEUTRALE TESTVERFAHREN

4.1. Vorbemerkungen

Der Schluß von der Stichprobe auf die Grundgesamtheit, also die Formulierung einer allgemeingültigen Aussage über einen interessierenden Sachverhalt aufgrund einer stichprobenmäßig durchgeführten Untersuchung, ist nur dann sinnvoll, wenn die Meßwerte der Stichprobe folgende Voraussetzungen erfüllen (vergleiche dazu wieder den allgemeinen Programmablaufplan auf Seite 8):

1. Die Meßwerte müssen in zufälliger Anordnung erfaßt worden sein, d.h. sie dürfen kein vom Umfang der Stichprobe abhängiges Verhalten zeigen. Nur wenn diese Forderung erfüllt wird, ist das Datenmaterial der Stichprobe repräsentativ und liefert eine unverzerrte Aussage über die Grundgesamtheit (nur dann steht das Teil für das Ganze). Zufällige Meßwertanordnung wird durch Verwendung entsprechender Auswahltechniken gewährleistet. Ob diese Techniken tatsächliche auf zufällig angeordnete und damit repräsentatione Daten geführt haben, kann jedoch nur im Anschluß an die Datenerfassung mittels eines statistischen Tests auf Zufälligkeit erprüft werden. Dieser Test wird im Abschnitt 4.2 beschrieben.

2. Neben der zufälligen Anordnung von Meßwerten in der Stichprobe setzen zahlreiche statistische Verfahren voraus, daß die Meßwerte der Stichprobe einer Grundgesamtheit entnommen werden, deren Meßwerte normalverteilt sind. Ob diese Voraussetzung erfüllt ist, kann mittels Anpassungstests erprüft werden. In Abschnitt 4.3 werden derartige Tests auf Normalverteilung beschrieben.

3. Statistische Verfahren setzen ferner voraus, daß das auszuwertende Datenmaterial homogen ist, d.h. keine "Ausreißer" enthält, die die Aussage über die Grundgesamtheit möglicherweise verzerren. Ob eine Meßstichprobe frei von Ausreißern ist, kann mittels Tests auf Ausreißer festgestellt werden. Diese werden in Abschnitt 4.4. beschieben.

Die hier dargestellten Voraussetzungen an Meßstichproben sind unabhängig vom eigentlichen Zweck der Untersuchung abzuprüfen, weshalb sie als problemneutrale Testverfahren bezeichnet werden.

4.2. Test auf Zufälligkeit

Das hier darzustellende Verfahren beruht auf einem Vergleich der angefallenen Meßwerte mit dem Zentralwert (siehe Verfahren 2.3). Aufeinanderfolgende gleichgerichtete Abweichungen der Meßwerte vom gemeinsamen Zentralwert werden als Run[1)] bezeichnet. Bild 27 gibt einige Meßstichproben und die dabei registrierten Runzahlen wieder.

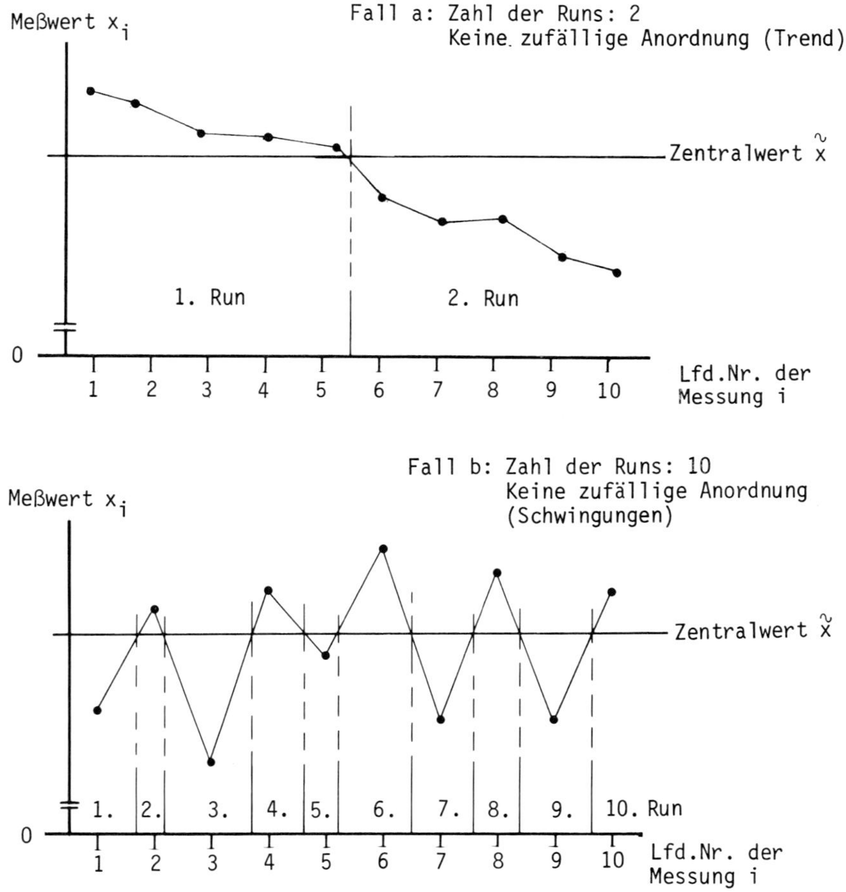

Bild 27: Zur Ermittlung der Runzahl

1) run (englisch) = Lauf, Folge, Serie oder ähnliches.

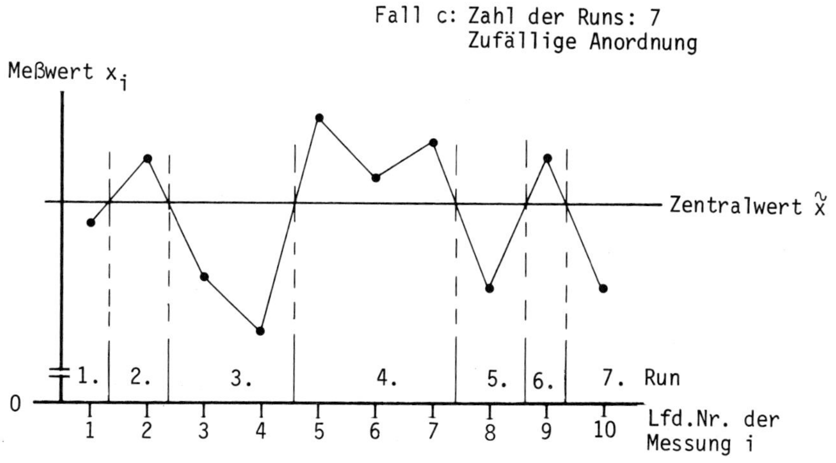

Bild 27: Fortsetzung

Die Gesamtzahl der Runs einer Meßstichprobe bestimmter Größe ist ein Kriterium dafür, ob die Anordnung der Meßwerte in der Stichprobe zufällig ist oder nicht. Treten nur sehr wenige Runs im Vergleich zur Anzahl Meßwerte auf, so weist die Meßstichprobe einen T r e n d a u f und ist deshalb unmittelbar nicht für die Formulierung einer allgemeingültigen Aussage geeignet.

Beispiel

In Bild 27, Fall a, ist eine Meßstichprobe dargestellt, die die extrem niedrige Zahl Runs von nur 2 aufweist und deshalb die Meßwertanordnung als nicht zufällig, sondern systematisch bezeichnet werden muß. Es ist denkbar, daß es sich hier um Zykluszeiten einer noch nicht eingearbeiteten Arbeitsperson handelt, die mit größerer Zahl bearbeiteter Arbeitsgegenstände fallende Zykluszeiten liefert.

Bei extrem hoher Runzahl weist das Datenmaterial systematische Schwankungen auf und ist ebenfalls nicht zufällig angeordnet (s. Bild 27, Fall b). Vor weiterer Bearbeitung dieser Meßstichprobe sind die Ursachen der systematischen Schwankungen festzustellen und bei der Weiterverarbeitung der Meßstichproben entweder auszuschalten oder gesondert zu berücksichtigen.

Nur wenn die Runzahl als "durchschnittlich" bezeichnet werden kann, läßt diese Tatsache auf zufällige Meßwertanordnung schließen (s. Bild 27, Fall c).

Die Bild 27 entnommenen Aussagen sind subjektive Feststellungen, gewonnen nach der "Methode des scharfen Hinsehens" (Was ist eine "durchschnittliche" Runzahl?). Es ist das Verdienst zweier amerikanischer Statistiker Swed und Eisenhart 1943 für die Prüfung einer Meßstichprobe auf Zufälligkeit ein objektives Prüfverfahren entwickelt zu haben, das auf der Runzahl aufbaut.

Verfahren 3 (Seite 159 bis 162) Test auf Zufälligkeit nach Swed und Eisenhart dern (Bild 27):

Der Test wird auf einem Vordruck beschrieben, dessen grundsätzlicher Aufbau bei allen weiteren Testverfahren ebenfalls verwendet wird. Im wesentlichen geht es bei jedem Testverfahren darum, zwei gegensätzlich formulierte Behauptungen - Nullhypothese H_0 und Gegenhypothese H_1 genannt - durch Bildung einer Prüfgröße aus der Meßstichprobe und Vergleich der Prüfgröße mit einem oder zwei Schwellenwerten so gegeneinander abzuwägen, daß der einen Behauptung gegenüber der anderen der Vorrang gegeben wird. Jeder Test endet nämlich mit einer der beiden Entscheidungen:

die Nullhypothese H_0 konnte nicht widerlegt werden
oder
die Nullhypothese H_0 wird zugunsten der Gegenhypothese H_1 verworfen.

Diese Vorgehensweise ist typisch für die Prüfung zweier entgegengesetzter Behauptungen, wie man sie ständig in unserer Umgebung vorfindet.

Beispiel:

Ein im Wareneingang eintreffender Warenposten soll unverzüglich in der Fertigung eingesetzt werden. Der Einsatz wird davon abhängig gemacht, ob seine Qualität in Ordnung ist. Ehe diese erprüft wird, lassen sich zwei entgegengesetzte Behauptungen formulieren:

1. Behauptung (Nullhypothese)
   Der Warenposten wird hinsichtlich seiner qualitativen Beschaffenheit n i c h t beanstandet.
2. Behauptung (Gegenhypothese)
   Der Warenposten wird hinsichtlich seiner qualitativen Beschaffenheit beanstandet.

Gegenstand einer 100%-Prüfung oder einer Prüfung durch Entnahme einer Stichprobe aus dem angelieferten Warenposten ist es, einer der beiden Behauptungen den Vorrang gegenüber der anderen zu geben. Im Fall der Stichprobenprüfung wird beispielsweise die in der Stichprobe enthaltene Zahl i an Fehlstücken als Prüfgröße festgestellt und mit einer sogenannten Annahmezahl c, das ist eine höchstzulässige, vorgegebene Fehlstückzahl als Schwellenwert verglichen. Ist $i > c$, so wird die erste zugunsten der zweiten Behauptung verworfen und der Warenposten abgelehnt bzw. vor Weiterverwendung aussortiert.

Bei allen Tests ist es im Zusammenhang mit technischen Fragestellungen üblich, mit Schwellenwerten zu arbeiten, bei denen $1-\alpha = 95\%$ als sogenannte statistische Sicherheit vorgegeben wird.

Der auf den nachfolgenden Blättern beschriebene Test von Swed und Eisenhart existiert in zwei Versionen.

1. Version

Solange die beiden Anzahlwerte n_1 und n_2 den Wert 20 nicht überschreiten, wird die Runzahl r unmittelbar als Prüfgröße verwendet und mit den auf Blatt 2 stehenden Schwellenwerten verglichen, um zu einer Aussage über die Meßwertanordnung zu gelangen.

2. Version

Sowie mindestens einer der beiden Anzahlwerte n_1 und/oder n_2 den Wert 20 überschreitet, werden zunächst μ_r und σ_r berechnet, und aus diesen die Prüfgröße $z = |r - \mu_r|/\sigma_r$ gebildet und mit dem zweiseitig oberen Schwellenwert $u_{1-(\alpha/2)}$ der Normalverteilung verglichen, um zu einer Aussage über die Meßwertanordnung zu gelangen.

Ausgabe 4.2.-1

1. Gegeben ist die Meßstichprobe des Leitbeispiels 3. Prüfen Sie diese Meßstichprobe auf Zufälligkeit in der Meßwertanordnung.
2. Gehen Sie von der Urliste der n = 150 Meßwerte für das Leitbeispiel 4 aus und prüfen Sie diese Meßstichprobe anhand der Urliste auf Zufälligkeit.

Bezeichnung des Verfahrens: Test auf Zufälligkeit nach Swed und Eisenhart	Nr. 3
Siehe auch Verfahren Nr.	Blatt: 1

Problemstellung: Gegeben ist eine Meßstichprobe der Größe n, von der festgestellt werden soll, ob sich die Meßwerte in einer zufälligen Anordnung befinden. Als Kriterium dafür wird die Zahl der Runs verwendet. Ein Run ist eine Folge von Meßwerten, die größer als der Zentralwert beziehungsweise kleiner gleich diesem ist.

Verwendete Symbole	Bedeutung
n_1	Zahl der Meßwerte mit $x_i > \tilde{x}$ $(i = 1, 2, \ldots, n)$
n_2	Zahl der Meßwerte mit $x_i \leq \tilde{x}$
r	Zahl der Runs (Folgen)
μ_r	durchschnittlich zuerwartende Runzahl bei zufälliger Anordnung der Meßwerte
σ_r	Standardabweichung der Runzahl bei zufälliger Anordnung der Meßwerte

Schrittfolge (Allgemeine Formulierung)

1. Formulierung der Hypothesen H_0 und H_1

Nullhypothese H_0: Die Anordnung der Meßwerte in der Stichprobe ist zufällig

Gegenhypothese H_1: Die Anordnung der Meßwerte in der Stichprobe ist nicht zufällig

2. Prüfung der Meßstichprobe auf

☒ Zufälligkeit ☐ Normalverteilung ☐ Ausreißer

3. Berechnung der Prüfgröße z
4. Aufsuchen des Schwellenwertes Z
5. Vergleich von Prüfgröße z und Schwellenwert Z

Test-Version	Die Nullhypothese H_0 wird zugunsten der Gegenhypothese H_1 verworfen, falls		
	Prüfgröße z		Schwellenwert Z
1 $n_1, n_2 \leq 20$	r	$\leq$ $\geq$	$r_{\alpha/2;\, n_1;\, n_2}$ $r_{1-(\alpha/2);n_1;n_2}$ Faktoren siehe Tabelle auf folgendem Blatt 2
2 $n_1, n_2 > 20$	$\lvert r - \mu_r\rvert/\sigma_r$ mit $\mu_r = \frac{2n_1n_2}{n_1+n_2} + 1$ und $\sigma_r = \sqrt{\frac{2n_1n_2(2n_1n_2-n_1-n_2)}{(n_1+n_2)^2\,(n_1+n_2-1)}}$	$>$	$u_{1-(\alpha/2)}$ Faktoren $u_{1-(\alpha/2)}$ siehe Tabelle T 3,

6. Bemerkungen

Interessiert als Gegenhypothese H_1 die Behauptung, daß zu wenig beziehungsweise zu viele Runs in der Meßstichprobe enthalten sind, dann hat der Test damit eine einseitige Gegenhypothese H_1 erhalten.

Die hier beschriebene Prüfung auf Zufälligkeit ist auch als R u n t e s t oder I t e r a t i o n s t e s t bekannt.

Bezeichnung des Verfahrens: Test auf Zufälligkeit nach Swed und Eisenhart	Nr. 3
Siehe auch Verfahren Nr.	Blatt: 2

Untere und obere Schwellenwerte für den Test auf Zufälligkeit ($1 - \alpha = 95\%$ und $n_1, n_2 \leq 20$)

Unterer Schwellenwert $Z_{UNTEN} = r_{\alpha/2;\, n_1;\, n_2}$

n_1 \ n_2	2	3	4	5	6	7	8	9	10	11	12	13	14	15	16	17	18	19	20
2											2	2	2	2	2	2	2	2	2
3					2	2	2	2	2	2	2	2	2	3	3	3	3	3	3
4				2	2	2	3	3	3	3	3	3	3	3	4	4	4	4	4
5			2	2	3	3	3	3	3	4	4	4	4	4	4	4	5	5	5
6		2	2	3	3	3	3	4	4	4	4	5	5	5	5	5	5	6	6
7		2	2	3	3	3	4	4	5	5	5	5	5	6	6	6	6	6	6
8		2	3	3	3	4	4	5	5	5	6	6	6	6	6	7	7	7	7
9		2	3	3	4	4	5	5	5	6	6	6	7	7	7	7	8	8	8
10		2	3	3	4	5	5	5	6	6	7	7	7	7	8	8	8	8	9
11		2	3	4	4	5	5	6	6	7	7	7	8	8	8	9	9	9	9
12	2	2	3	4	4	5	6	6	7	7	7	8	8	8	9	9	9	10	10
13	2	2	3	4	5	5	6	6	7	7	8	8	9	9	9	10	10	10	10
14	2	2	3	4	5	5	6	7	7	8	8	9	9	9	10	10	10	11	11
15	2	3	3	4	5	6	6	7	7	8	8	9	9	10	10	11	11	11	12
16	2	3	4	4	5	6	6	7	8	8	9	9	10	10	11	11	11	12	12
17	2	3	4	4	5	6	7	7	8	9	9	10	10	11	11	11	12	12	13
18	2	3	4	5	5	6	7	8	8	9	9	10	10	11	11	12	12	13	13
19	2	3	4	5	6	6	7	8	8	9	10	10	11	11	12	12	13	13	13
20	2	3	4	5	6	6	7	8	9	9	10	10	11	12	12	13	13	13	14

Oberer Schwellenwert $Z_{OBEN} = r_{1-(\alpha/2);\, n_1;\, n_2}$

n_1 \ n_2	2	3	4	5	6	7	8	9	10	11	12	13	14	15	16	17	18	19	20
2																			
3																			
4				9	9														
5			9	10	10	11	11												
6			9	10	11	12	12	13	13	13	13								
7				11	12	13	13	14	14	14	14	15	15	15					
8				11	12	13	14	14	15	15	16	16	16	16	17	17	17	17	17
9					13	14	14	15	16	16	16	17	17	18	18	18	18	18	18
10					13	14	15	16	16	17	17	18	18	18	19	19	19	20	20
11					13	14	15	16	17	17	18	19	19	19	20	20	20	21	21
12					13	14	16	16	17	18	19	19	20	20	21	21	21	22	22
13						15	16	17	18	19	19	20	20	21	21	22	22	23	23
14						15	16	17	18	19	20	20	21	22	22	23	23	23	24
15						15	16	18	18	19	20	21	22	22	23	23	24	24	25
16							17	18	19	20	21	21	22	23	23	24	25	25	25
17							17	18	19	20	21	22	23	23	24	25	25	26	26
18							17	18	19	20	21	22	23	24	25	25	26	26	27
19							17	18	20	21	22	23	23	24	25	26	26	27	27
20							17	18	20	21	22	23	24	25	25	26	27	27	28

Diese Tabellen sind entnommen aus: Swed, Frieda S., and C. Eisenhart, Tables for testing randomness of grouping in a sequence of alternatives. Ann. Math. Statist., 14 (1943), 83-86

Bezeichnung des Verfahrens: Test auf Zufälligkeit nach Swed und Eisenhart	Nr. 3
Siehe auch Verfahren Nr.	Blatt: 3

Beispiele

Beispiel 1

1. n = 10 Meßwerte liefern
   $\tilde{x}$ = 340 HM als Zentralwert
2. Bestimme die Zahl der Runs

(1)	(2)	(3)		(4)
Laufende Nummer der Messung	Meßwerte in HM	Ermittlung der Runs		Laufende Nummer des Run
i	x_i	$x_i>\tilde{x}$	$x_i \leqq \tilde{x}$	
1	339		*	1
2	342	*		2
3	338		*	3
4	353	*		4
5	351	*		
6	330		*	5
7	340		*	
8	340		*	
9	328		*	
n=10	343	*		r=6

Es wurden ermittelt:

n_1 = 4 Meßwerte mit $x_i>\tilde{x}$
n_2 = 6 Meßwerte mit $x_i \leqq \tilde{x}$
z = r = 6 Runs

3. Die Zahlentafel von Blatt 2 liefert als Schwellenwerte bei 1-α = 95 %

   $Z_{UNTEN} = r_{\alpha/2;\, n_1;\, n_2} = 2$

   $Z_{OBEN} = r_{1-(\alpha/2);\, n_1;\, n_2} = 9$

4. Da $Z_{UNTEN} < z < Z_{OBEN}$, das heißt 6 oberhalb von 2, aber unterhalb von 9 ausfiel, wird die Nullhypothese, wonach die Stichprobe eine zufällige Meßwertanordnung aufweist, nicht widerlegt.

   Damit kann eine wesentliche Anwendungsvoraussetzung weiterer statistischer Auswertungsverfahren als erfüllt angesehen werden.

Beispiel 2

1. n = 30 Meßwerte liefern
   $\tilde{x}$ = 78 HM als Zentralwert
2. Bestimme die Zahl der Runs

(1)	(2)	(3)		(4)
Laufende Nummer der Messung	Meßwerte in HM	Ermittlung der Runs		Laufende Nummer des Run
i	x_i	$x_i>\tilde{x}$	$x_i \leqq \tilde{x}$	
1	70		*	1
2	70		*	
3	70		*	
4	70		*	
5	70		*	
6	75		*	
7	69		*	
8	74		*	
9	78		*	
10	74		*	
11	76		*	
12	78		*	
13	82	*		2
14	81	*		
15	78		*	3
16	88	*		4
17	83	*		
18	80	*		
19	92	*		
20	88	*		
21	82	*		
22	70		*	5
23	75		*	
24	78		*	
25	86	*		r=6
26	90	*		
27	91	*		
28	87	*		
29	90	*		
n=30	90	*		

Es wurden ermittelt:

n_1 = 14 Meßwerte mit $x_i>\tilde{x}$
n_2 = 16 Meßwerte mit $x_i \leqq \tilde{x}$
z = r = 6 Runs

3. Die Zahlentafel von Blatt 2 liefert als Schwellenwerte bei 1-α = 95 %

   $Z_{UNTEN} = r_{\alpha/2;\, n_1;\, n_2} = 10$

   $Z_{OBEN} = r_{1-(\alpha/2);\, n_1;\, n_2} = 22$

Bezeichnung des Verfahrens: Test auf Zufälligkeit nach Swed und Eisenhart	Nr. 3
Siehe auch Verfahren Nr.	Blatt: 4

Beispiele

Beispiel 2 (Fortsetzung)

4. Da $z < Z_{UNTEN}$, das heißt 6 unterhalb von 10, ausfiel, wird die Nullhypothese zugunsten der Gegenhypothese verworfen. Die Zeitmeßwerte dieser Stichprobe befinden sich nicht in zufälliger Anordnung. Damit entfällt eine wesentliche Anwendungsvoraussetzung weiterer statistischer Verfahren für diese Stichprobe eindimensionaler Zeitdaten.

Beispiel 3

1. und 2.

$n = 73$ Meßwerte liefern
$n_1 = 33$ Meßwerte mit $x_i > \tilde{x}$
$n_2 = 40$ Meßwerte mit $x_i \leqq \tilde{x}$
$r = 42$ Runs

Als Prüfgröße erhält man aus

$$\mu_r = \frac{2 \cdot 33 \cdot 40}{33 + 40} + 1 = 37{,}2$$

und

$$\sigma_r = \sqrt{\frac{2 \cdot 33 \cdot 40\ (2 \cdot 33 \cdot 40 - 33 - 40)}{(33+40)^2 \cdot (33+40-1)}} = \sqrt{\frac{6\ 776\ 880}{383\ 688}} = 4{,}2$$

$$z = \frac{|42 - 37{,}2|}{4{,}2} = 1{,}14$$

3. Der Schwellenwert lautet nach Tabelle T 3

$Z = u_{1-(\alpha/2)} = 1{,}960$ zu $1-\alpha = 95\ \%$

4. Da $z < Z$, also $1{,}14 < 1{,}960$ ausfiel, wird die Nullhypothese, wonach die Stichprobe eine zufällige Meßwertanordnung aufweist, nicht widerlegt.

Damit kann eine wesentliche Anwendungsvoraussetzung weiterer statistischer Auswertungsverfahren als erfüllt angesehen werden.

4.3. Test auf Normalverteilung

4.3.1. Vorbemerkungen

Vor Anwendung zahlreicher statistischer Verfahren, wozu unter anderem auch die Prüfung einer Meßstichprobe auf Ausreißer zählt, muß die Voraussetzung normalverteilter Meßwerte in der Grundgesamtheit auf Stichprobenbasis geprüft sein. Ob diese Voraussetzung gegeben ist, läßt sich mittels Anpassungstests prüfen. Es ist üblich, die Anpassungstests wie folgt zu gliedern (Bild 28).

Art der Ausführung des Anpassungstests	Größe der Meßstichprobe	
	$n \lessapprox 50$	$n \gtrapprox 50$
zeichnerisch	Wahrscheinlichkeitsnetz Typ 1 Verfahren: 4.1.1	Wahrscheinlichkeitsnetz Typ 1 Verfahren: 4.1.3
	Wahrscheinlichkeitsnetz Typ 2 falls n = 10 15 20 25 30 40 Verfahren: 4.1.2	
rechnerisch	Anpassungstest nach Kolmogoroff und Smirnow Verfahren: 4.2.1	χ^2-Anpassungstest Verfahren: 4.2.2

Bild 28: Überblick über Anpassungstests

Eng mit der Prüfung auf Normalverteilung verbunden ist das Problem, wie eine Meßstichprobe weiter ausgewertet werden soll, von der feststeht, daß diese nicht einer normalverteilten Grundgesamtheit entnommen worden ist. In solchen Fällen kann die Auswertung unter Umständen wie folgt fortgesetzt werden:

1. Aufgrund eines der anzuwendenden Testverfahren auf Normalverteilung oder bereits aus der zeichnerischen Aufbereitung der Meßstichprobe erkennt man, daß diese aus zwei miteinander vermischten Meßstichproben besteht (z.B. sind die erfaßten Zeiten der Zeitaufnahme von zwei Zeitstudienleuten erfaßt worden; die Arbeitsaufgabe wurde während der Zeitaufnahme nach zwei verschiedenen Arbeitsweisen ausgeführt; das interessierende Durchmessermaß wurde auf zwei Maschinen unterschiedlicher Einstellung gefertigt). Hier steht die Aufgabe an, die Meßstichprobe zu entmischen, statt die erfaßten Meßwerte zu verwerfen und bei einer Wiederholung der Untersuchung auf eine bessere Abgrenzung der ähnlichen Grundgesamtheiten zu achten (siehe auch Abschnitt 1.2). Das Verfahren der Entmischung zweier Meßstichproben wird in Abschnitt 4.3.4 beschrieben. Nach der Entmischung wird die statistische Auswertung entweder nur an einer der beiden oder sogar an beiden entmischten Meßstichproben unabhängig voneinander vorgenommen.

2. Aufgrund eines der anzuwendenden Testverfahren auf Normalverteilung oder bereits aus der zeichnerischen Aufbereitung der Meßstichprobe erkennt man, daß diese eine asymmetrische Häufigkeitsverteilung aufweist (z.B. wurde ein Ablaufabschnitt mit extrem kurzen Zeiten untersucht). Hier kann die statistische Auswertung nach Transformation der Meßwerte wieder aufgenommen werden (z.B. Übergang zu logarithmischen Meßwerten), wenn feststeht, daß die umgeformten Meßwerte eine Normalverteilung vermuten lassen. Erst nach Vorliegen allgemeingültiger Aussagen wird man die Transformation wieder rückgängig machen. Hierauf wird im Abschnitt 4.3.5 näher eingegangen.

3. Gelegentlich werden aussortierte Grundgesamtheiten zur Prüfung vorgelegt. Beispielsweise hat ein Hersteller vor Übersendung des Warenpostens alle Teile, bei denen das Qualitätsmerkmal außerhalb der Toleranz lag, ausgelesen. Auf Meßstichproben aus derartigen Grundgesamtheiten lassen sich statistische Auswertungsverfahren, die Normalverteilung voraussetzen, nicht unmittelbar anwenden. Im Abschnitt 4.3.6 wird ein Verfahren beschrieben, nach dem es möglich ist, die Höhe des ausgelesenen Anteils zu bestimmen und die ursprünglich berechneten Stichprobenkenngrößen so zu entzerren, daß auf diese dann Normalverteilung voraussetzende Verfahren angewendet werden können.

4. In jedem Falle ist es möglich, zu solchen statistischen Auswertungsverfahren überzugehen, die keine bestimmte Verteilungsform des Merkmals voraussetzen. Man nennt diese Verfahren verteilungsunabhängige oder parameterfreie Verfahren, auf die in dieser Lehrunterlage nicht eingegangen wird, weil sie zum einen in ihrer Aussagegüte schlechter und zum anderen wegen der obigen Möglichkeiten 1. und 2. bei technischen Fragestellungen kaum zu Anwendung kommen müssen.

4.3.2. Zeichnerische Anpassungstests

Zeichnerische Anpassungstests beruhen auf einem optischen und damit subjektiven Vergleich der Summenlinie der zu prüfenden Meßstichprobe mit der Summenlinie der Normalverteilung. Dieser optische Vergleich ist sehr einfach ausführbar im sogenannten Wahrscheinlichkeitsnetz, dessen Ordinatenteilung so gestaltet ist, daß die s-förmig geschwungene Summenlinie der Normalverteilung (siehe Bild 12) in diesem Netz als Gerade ausgleichend durch die Häufigkeitssummen der Meßstichprobe gezeichnet wird. Weichen die über den Meßwerten der Stichprobe abgetragenen Häufigkeitssummen nur "unwesentlich" von der eingezeichneten Ausgleichsgeraden ab, so wird auf das Vorliegen normalverteilter Meßwerte in der Grundgesamtheit geschlossen.

Verfahren 4.1.1 (Seite 167 bis 169)
Anpassungstest auf Normalverteilung ($n \lesssim 50$)
Wahrscheinlichkeitsnetz Typ 1

Verfahren 4.1.2 (Seite 171 bis 172)
Anpassungstest auf Normalverteilung (n = 10; 15; 20; 25; 30; 40)
Wahrscheinlichkeitsnetz Typ 2

Verfahren 4.1.3 (Seite 173 und 174)
Anpassungstest auf Normalverteilung ($n \gtrsim 50$)
Wahrscheinlichkeitsnetz Typ 1

Bezeichnung des Verfahrens: Anpassungstest auf Normalverteilung ($n \lesssim 50$) Wahrscheinlichkeitsnetz Typ 1	Nr. 4.1.1.
Siehe auch Verfahren Nr. 4.1.2	Blatt: 1

Problemstellung: Viele Verfahren der Technischen Statistik setzen normalverteilte Meßwerte der Grundgesamtheit voraus. Liefert die Darstellung der Meßstichprobe im Wahrscheinlichkeitsnetz eine nahezu lineare Punktefolge, so wird Normalverteilung bei weiteren Auswertungen angenommen.

Verwendete Symbole	Bedeutung
n	Größe der Meßstichprobe (Anzahl der Meßwerte)
(i)	Rangplatz in der geordneten Meßwertfolge
$x_{(i)}$	Meßwert auf Rangplatz Nr. (i)
$F_{(i)}$	Relative Häufigkeitssumme

Schrittfolge

Allgemeine Formulierung

1. Waagerechte Achse des Wahrscheinlichkeitsnetzes von Typ 1 für den Bereich zwischen

   Kleinstwert x_{min} und

   Größtwert x_{max}

   mit einer Gleichschritteilung versehen.

2. Die n Meßwerte x_i auf der Waagerechten sortieren.

3. Jedem Meßwert $x_{(i)}$ die relative Häufigkeitssumme $F_{(i)}$ zuordnen und das Wertepaar $[x_{(i)}; F_{(i)}]$ im Wahrscheinlichkeitsnetz darstellen.

   Die Berechnungsvorschrift $F_{(i)}$ lautet näherungsweise:

$$F_{(i)} = \frac{3(i)-1}{3n+1} \cdot 100\ \%$$

   Exakte Werte für $F_{(i)}$ s. Tabelle 4.1.1, Blatt 2 für

4. $n = 6, \ldots, 30.$

4. Sofern sich die dargestellte Punktfolge durch eine Gerade ausgleichen läßt, kann die Meßstichprobe 'als aus einer Normalverteilung entnommen' angesehen werden.

Beispiel

(1)	(2)	(3)
Rangplatz Nr.	Sortierte Meßwerte	Häufigkeitssumme
(i)	$x_{(i)}$ in HM	$F_{(i)}$ in %
1	328	6,2
2	330	15,9
3	338	25,5
4	339	35,2
5	340	45,2
6	340	54,8
7	342	64,8
8	343	74,5
9	351	84,1
n=10	353	93,8

1. Zeichne Gleichschritteilung zwischen

   x_{min} = 328 HM und

   x_{max} = 353 HM

   siehe nachfolgendes Bild

2. Sortiere die Meßwerte zwischen

   x_{min} = 328 HM und

   x_{max} = 353 HM

   (s. obige Tabelle und nachfolgendes Bild)

3. Berechne für jeden Meßwert $x_{(i)}$ die relative Häufigkeitssumme $F_{(i)}$ und trage diese über $x_{(i)}$ im Wahrscheinlichkeitsnetz ab. (s. obige Tabelle und nachfolgendes Bild auf Blatt Nr.3)

Bezeichnung des Verfahrens: Anpassungstest auf Normalverteilung ($n \lesssim 50$)
Wahrscheinlichkeitsnetz Typ 1

Nr. 4.1.1

Siehe auch Verfahren Nr. 4.1.2, 4.1.3 und 4.1.4

Blatt: 2

Häufigkeitssummen $F_{(i)}$ in Prozent zur Eintragung von Meßwerten in das Wahrscheinlichkeitsnetz bei Stichprobengrössen n = 6 bis n = 30

Rangplatz Nr. (i)	Probengröße n																								
	6	7	8	9	10	11	12	13	14	15	16	17	18	19	20	21	22	23	24	25	26	27	28	29	30
1	10,2	8,9	7,8	6,8	6,2	5,6	5,2	4,8	4,5	4,1	3,9	3,7	3,4	3,3	3,1	2,9	2,8	2,7	2,6	2,4	2,4	2,3	2,2	2,1	2,1
2	26,1	22,4	19,8	17,6	15,9	14,5	13,1	12,3	11,3	10,6	10,0	9,3	8,9	8,4	7,9	7,6	7,2	6,9	6,7	6,4	6,2	5,9	5,7	5,5	5,3
3	42,1	36,3	31,9	28,4	25,5	23,3	21,5	19,8	18,4	17,1	16,1	15,2	14,2	13,6	12,9	12,3	11,7	11,3	10,7	10,4	9,9	9,5	9,2	8,9	8,7
4	57,9	50,0	44,0	39,4	35,2	32,3	29,5	27,4	25,5	23,9	22,4	20,9	19,8	18,7	17,9	17,1	16,4	15,6	14,9	14,2	13,8	13,4	12,7	12,3	11,9
5	73,9	63,7	56,0	50,0	45,2	41,3	37,8	34,8	32,3	30,2	28,4	26,8	25,1	23,9	22,7	21,8	20,6	19,8	18,9	18,1	17,6	16,9	16,4	15,9	15,2
6	89,8	77,6	68,1	60,6	54,8	50,0	46,0	42,5	39,4	36,7	34,8	32,6	30,9	29,1	27,8	26,4	25,1	24,2	23,3	22,4	21,5	20,6	19,8	19,2	18,7
7		91,2	80,2	71,6	64,8	58,7	54,0	50,0	46,4	43,3	40,9	38,2	36,3	34,5	32,6	31,2	29,8	28,4	27,4	26,1	25,1	24,2	23,3	22,7	21,8
8			92,2	82,4	74,5	67,7	62,2	57,5	53,6	50,0	46,8	44,0	41,7	39,7	37,8	35,9	34,1	32,6	31,6	30,2	29,1	28,1	27,1	26,1	25,1
9				93,2	84,1	76,7	70,5	65,2	60,6	56,7	53,2	50,0	47,2	44,8	42,5	40,5	38,6	37,1	35,6	34,1	33,0	31,6	30,5	29,5	28,4
10					93,8	85,5	78,5	72,6	67,7	63,3	59,1	56,0	52,8	50,0	47,6	45,2	43,3	41,3	39,7	38,2	36,7	35,2	34,1	33,0	31,9
11						94,4	86,9	80,2	74,5	69,8	65,2	61,8	58,3	55,2	52,4	50,0	47,6	45,6	43,6	42,1	40,5	39,0	37,4	36,3	35,2
12							94,9	87,7	81,6	76,1	71,6	67,4	63,7	60,3	57,5	54,8	52,4	50,0	48,0	46,0	44,4	42,5	41,3	39,7	38,6
13								95,3	88,7	82,9	77,6	73,2	69,1	65,5	62,2	59,5	56,7	54,4	52,0	50,0	48,0	46,4	44,8	43,3	41,7
14									95,5	89,4	83,9	79,1	74,9	70,9	67,4	64,1	61,4	58,7	56,4	54,0	52,0	50,0	48,4	46,4	45,2
15										95,9	90,0	84,8	80,2	76,1	72,2	68,8	65,9	62,9	60,3	57,9	55,6	53,6	51,6	50,0	48,4
16											96,1	90,7	85,8	81,3	77,3	73,6	70,2	67,4	64,4	61,8	59,5	57,5	55,2	53,6	51,6
17												96,3	91,2	86,4	82,1	78,2	74,9	71,6	68,4	65,9	63,3	61,0	58,7	56,7	54,8
18													96,6	91,6	87,1	82,9	79,4	75,8	72,6	69,8	67,0	64,8	62,6	60,3	58,3
19														96,7	92,1	87,7	83,6	80,2	76,7	73,9	70,9	68,4	65,9	63,7	61,4
20															96,9	92,4	88,3	84,4	81,1	77,6	74,9	71,9	69,5	67,0	64,8
21																97,1	92,8	88,7	85,1	81,9	78,5	75,8	72,9	70,5	68,1
22																	97,2	93,1	89,3	85,8	82,4	79,4	76,7	73,9	71,6
23																		97,3	93,3	89,6	86,2	83,1	80,2	77,3	74,9
24																			97,4	93,6	90,2	86,6	83,6	80,8	78,2
25																				97,6	93,8	90,5	87,3	84,1	81,3
26																					97,6	94,1	90,8	87,7	84,8
27																						97,7	94,3	91,2	88,1
28																							97,8	94,5	91,3
29																								97,9	94,7
30																									97,9

$n \gtrsim 30$

$$F_{(i)} = \frac{3(i) - 1}{3n + 1} \cdot 100\%$$

Bezeichnung des Verfahrens: Anpassungstest auf Normalverteilung ($n \lesssim 50$) Wahrscheinlichkeitsnetz Typ 1	Nr. 4.1.1
Siehe auch Verfahren Nr. 4.1.2, 4.1.3 und 4.1.4	Blatt: 3

Beispiel

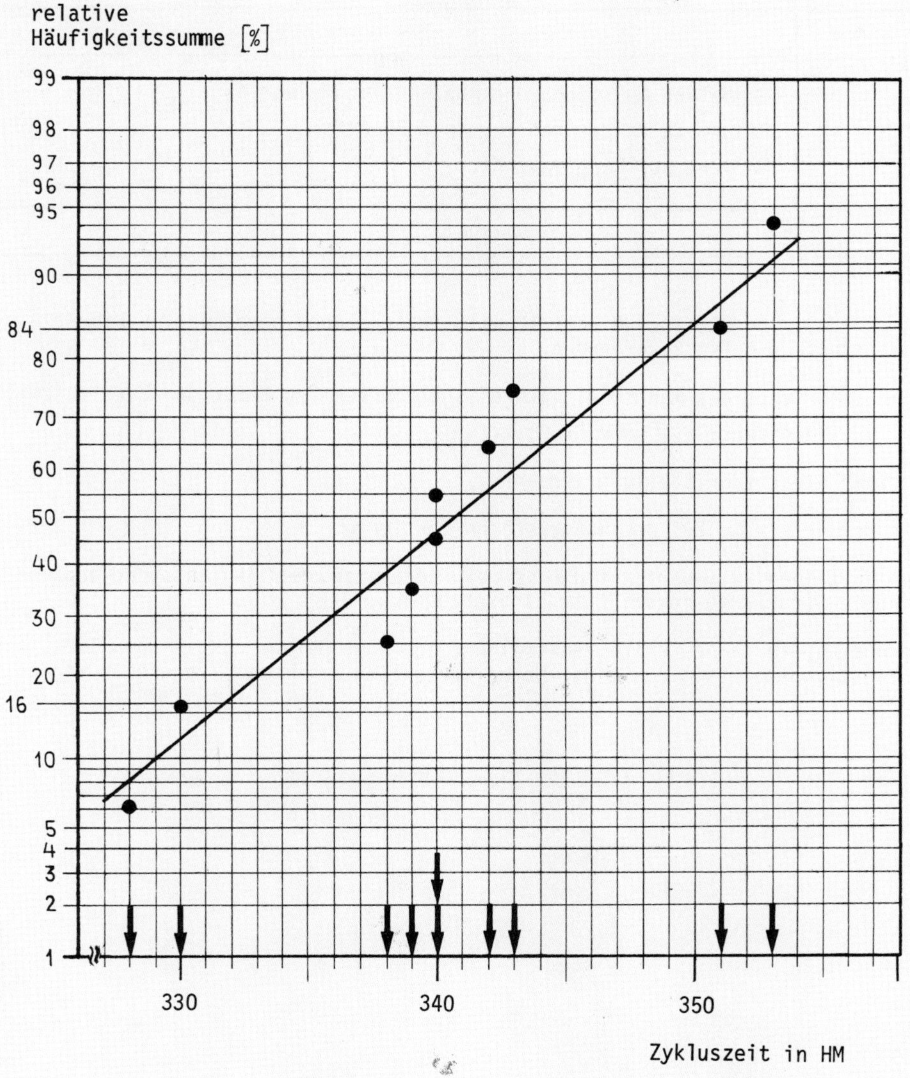

Da die festgestellten Abweichungen der eingezeichneten Punkte $[x_{(i)}; F_{(i)}]$ von der Ausgleichsgeraden "gering" sind, kann die Meßstichprobe "als aus einer Normalverteilung entnommen" angesehen werden.

Bezeichnung des Verfahrens:	Anpassungstest auf Normalverteilung (n = 10; 15; 20; 25; 30; 40) Wahrscheinlichkeitsnetz Typ 2	Nr. 4.1.2
Siehe auch Verfahren Nr.	4.1.1, 4.1.3 und 4.1.4	Blatt: 1

Problemstellung: Für kleinere Stichprobengrößen mit einer "glatten" Anzahl von Meßwerten wurde ein Wahrscheinlichkeitsnetz entwickelt, in das die relativen Häufigkeitssummen zu Verfahren 4.1.1, Blatt 2, bereits eingezeichnet sind.

Verwendete Symbole	Bedeutung
n	Größe der Meßstichprobe (Anzahl der Meßwerte)
(i)	Rangplatz in der geordneten Meßwertfolge
$x_{(i)}$	Meßwert auf Rangplatz Nr. (i)

Schrittfolge

1. Falls n = 10; 15; 20; 25; 30 oder 40 ist, entsprechend bezeichnetes Wahrscheinlichkeitsnetz von Typ 2 verwenden.
2. Waagerechte Achse des Wahrscheinlichkeitsnetzes von Typ 2 für den Bereich zwischen

   Kleinstwert x_{min} und Größtwert x_{max}

   mit einer Gleichschritteilung versehen.
3. Die n Meßwerte $x_{(i)}$ auf der Waagerechten sortieren.
4. Jeden einzelnen $x_{(i)}$-Wert auf die seiner Rangplatznummer (i) entsprechend bezeichnete Senkrechte in das Netz hineinheben.
5. Sofern sich die dargestellte Punktfolge durch eine Gerade ausgleichen läßt, kann die Meßstichprobe "als aus einer Normalverteilung entnommen" angesehen werden.

	Gleichförmig geteiltes Wahrscheinlichkeitsnetz (Typ 2; n = 10)	Ablage-Nr.: 4.1.2 Bl. 2 v. 2 Blättern

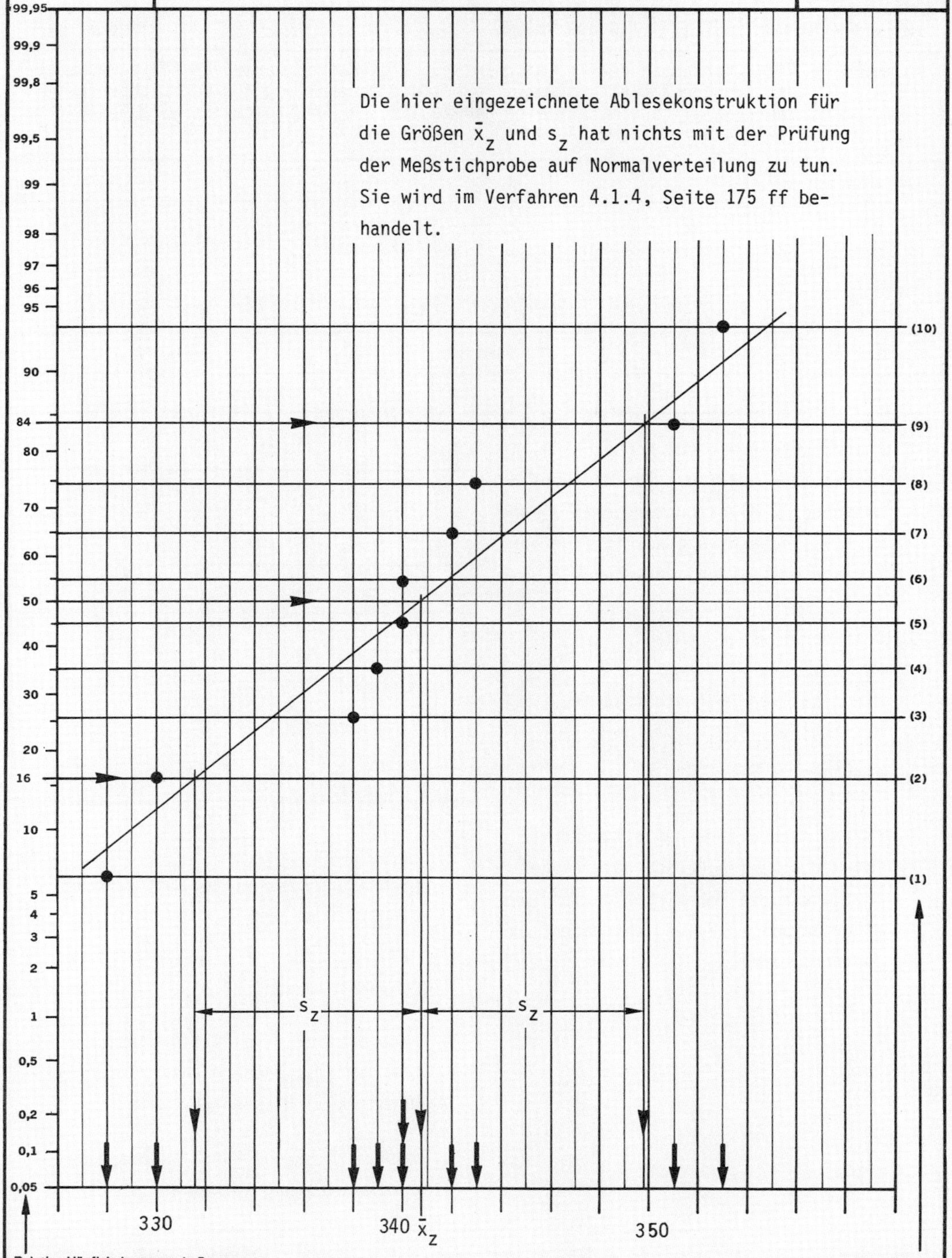

Bezeichnung des maßbaren Merkmals: Zyklus-Istzeit (Leitbeispiel 1)	Techn. Einheit der Meßwerte: HM

Bezeichnung des Verfahrens: Anpassungstest auf Normalverteilung ($n \gtrsim 50$) Wahrscheinlichkeitsnetz Typ 1	Nr. 4.1.3
Siehe auch Verfahren Nr. 4.1.1, 4.1.3 und 4.1.4	Blatt: 1

Problemstellung: Viele Verfahren der Technischen Statistik setzen normalverteilte Meßwerte der Grundgesamtheit voraus. Liefert die Darstellung der Meßstichprobe im Wahrscheinlichkeitsnetz eine nahezu lineare Punktfolge, so wird Normalverteilung bei weiteren Auswertungen angenommen.

Verwendete Symbole	Bedeutung
x'_j	Klassenobergrenze der Klasse Nr. j
F_j	Relative Häufigkeitssumme der Klasse Nr. j (s. Verfahren 1.3)

Schrittfolge

Allgemeine Formulierung

1. Waagerechte Achse des Wahrscheinlichkeitsnetzes von Typ 1 für den Bereich zwischen 1. Klassenuntergrenze x'_o und k. Klassenobergrenze x'_k mit einer Gleichschritteilung versehen.

2. Über den Klassengrenzen $x'_1, x'_2, \ldots, x'_{k-1}$ die relativen Häufigkeitssummen $F_1, F_2, \ldots, F_{k-1}$ abtragen.

3. Sofern sich die dargestellte Punktfolge durch eine Gerade ausgleichen läßt, kann die Meßstichprobe 'als aus einer Normalverteilung entnommen' angesehen werden.

Beispiel

(1)	(2)	(3)	(4)
lfd. Nr. der Klasse	Klassenobergrenze in mm	absolute Häufigkeit	relative Häufigkeitssumme
j	x'_j	n_j	F_j in %
1	13,20	6	3
2	13,30	24	15
3	13,40	67	48,5
4	13,50	58	77,5
5	13,60	37	96
(k = 6)[1]	(13,70)	(8)	(100)
		n = 200	

1. Zeichne Gleichschritteilung zwischen $x'_1 = 13{,}20$ mm und $x'_5 = 13{,}60$ mm (s. nachfolgendes Bild)

2. Trage die relative Häufigkeitssumme F_j über der Klassenobergrenze x'_j für die ersten (k-1) Klassen ab.

3. Die Meßstichprobe kann'als aus einer Normalverteilung entnommen' angesehen werden.

[1] Da im Wahrscheinlichkeitsnetz die Ordinatenwerte für 0% und 100% im Unendlichen liegen, entfällt bei dieser Konstruktion die Darstellung der relativen Häufigkeitssumme $F_k = 100\%$ über der Klassenobergrenze x'_k.

Gleichförmig geteiltes Wahrscheinlichkeitsnetz (Typ 1)

Ablage-Nr.: 4.1.3

Bl. 2 v. 2 Blättern

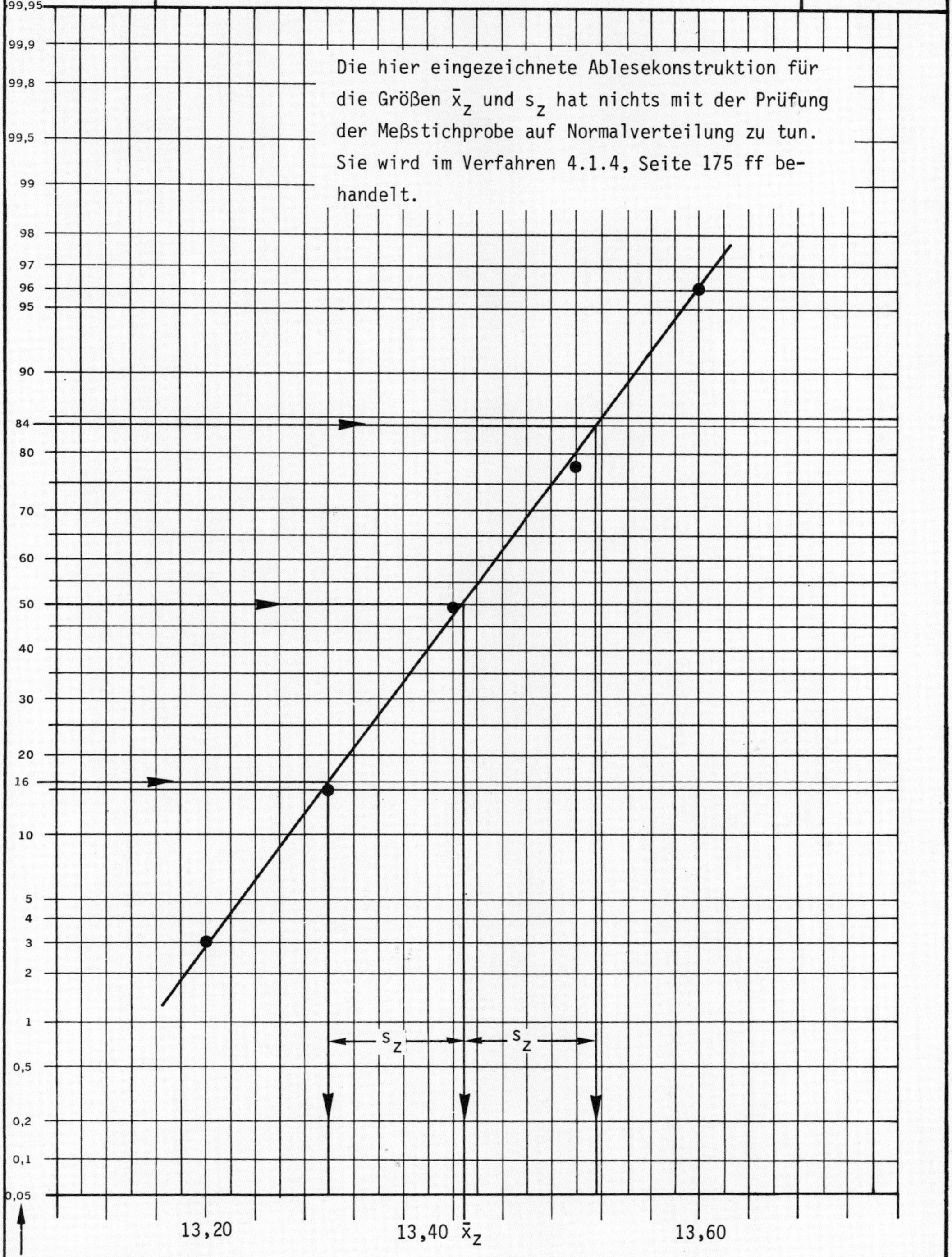

Bezeichnung des meßbaren Merkmals: Kopfdurchmesser (Leitbeispiel 2)	Techn. Einheit der Meßwerte: mm

4.3.3. Zeichnerische Bestimmung von Stichprobenkenngrößen

Bei Schnellauswertung von Meßstichproben, bei denen es nicht auf höchste Rechengenauigkeiten ankommt, lassen sich arithmetischer Mittelwert und Standardabweichung der Meßstichprobe aus dem Wahrscheinlichkeitsnetz mittels einer einfachen Ablesekonstruktion entnehmen.

Verfahren 4.1.4 (Seite 177) Zeichnerische Bestimmung der Stichprobenkenngrößen arithmetischer Mittelwert und Standardabweichung im Wahrscheinlichkeitsnetz

Aufgabe 4.3-1

Gegeben ist die Meßstichprobe des Leitbeispiels 3.

1. Prüfen Sie diese Meßstichprobe im Wahrscheinlichkeitsnetz Typ 1 auf Normalverteilung.
2. Wiederholen Sie die Prüfung auf Normalverteilung im Wahrscheinlichkeitsnetz Typ 2 und vergleichen Sie den Auswertungsaufwand bei beiden Typen.
3. Wie lauten Mittelwert und Standardabweichung zeichnerisch im Wahrscheinlichkeitsnetz ermittelt für diese Stichprobe? Vergleichen Sie Ihre zeichnerischen Ergebnisse mit den rechnerischen Ergebnissen von Aufgabe 2.3-1.

Aufgabe 4.3-2

Gegeben ist die Meßstichprobe des Leitbeispiels 4.

1. Prüfen Sie diese Meßstichprobe im Wahrscheinlichkeitsnetz Typ 1 auf Normalverteilung.
2. Wie lauten Mittelwert und Standardabweichung zeichnerisch im Wahrscheinlichkeitsnetz ermittelt für diese Stichprobe? Vergleichen Sie Ihre zeichnerischen Ergebnisse mit den rechnerischen Ergebnissen von Aufgabe 2.3-2.

Bezeichnung des Verfahrens:	Nr.
Zeichnerische Bestimmung der Stichprobenkenngrößen arithmetischer Mittelwert und Standardabweichung im Wahrscheinlichkeitsnetz	4.1.4
Siehe auch Verfahren Nr. 4.1.1, 4.1.2 und 4.1.3	Blatt: 1

Problemstellung:

Sofern sich die im Wahrscheinlichkeitsnetz dargestellte Meßstichprobe gut durch eine Gerade ausgleichen läßt, können arithmetischer Mittelwert und Standardabweichung mittels einer einfachen Ablesekonstruktion der Darstellung entnommen werden.

Verwendete Symbole	Bedeutung
x_{16}, x_{50}, x_{84}	Der relativen Häufigkeitssumme von 16%, 50% bzw. 84% zugeordneter Abzissenwert der Ausgleichsgeraden
$\bar{x}_z$	zeichnerisch bestimmter arithmetischer Mittelwert
s_z	zeichnerisch bestimmte Standardabweichung

Schrittfolge

Allgemeine Formulierung	Beispiel
1. Schnittpunkte der 16%-, 50%- und 84%-Waagerechten mit der Ausgleichsgeraden aufsuchen	Siehe auch Verfahren 4.1.2, Blatt 2, und Verfahren 4.1.3, Blatt 2
2. Die ermittelten Schnittpunkte auf die waagerechte Merkmalachse (Abzisse) loten und die abgelesenen Zahlenwerte mit x_{16}, x_{50}, und x_{84} bezeichnen.	
3. Es ist der arithmetische Mittelwert $\bar{x}_z = x_{50}$	
4. Es ist die Standardabweichung $s_z = x_{84} - x_{50}$ bzw. $s_z = x_{50} - x_{16}$	

4.3.4. Rechnerische Anpassungstests

(1) K o l m o g o r o f f - S m i r n o w - T e s t $(n \lesssim 50)$

Diesem Test liegt folgende Vorstellung zugrunde (vergleiche Bild 29):

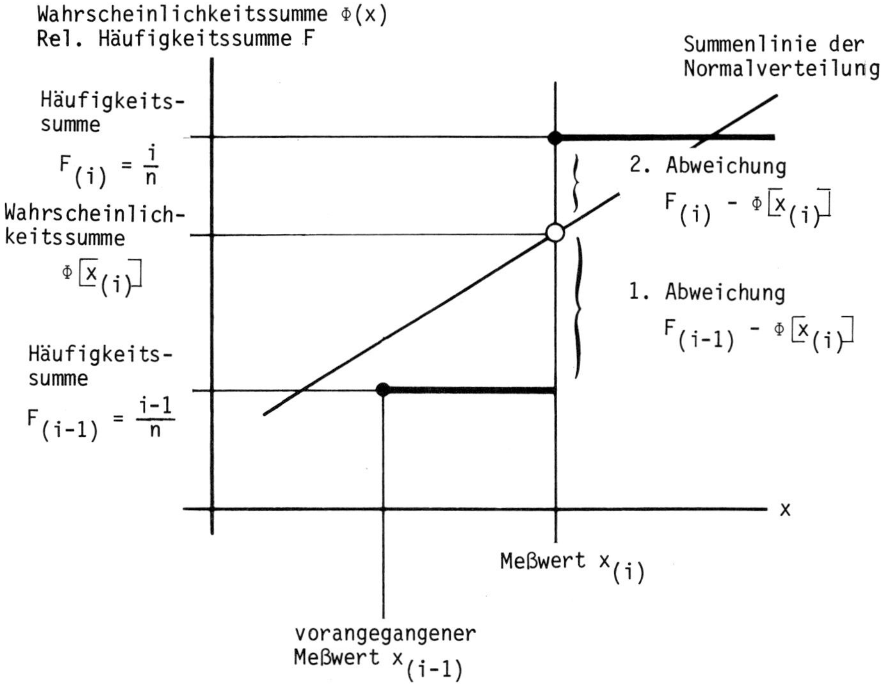

Bild 29: Zur Erläuterung der Prüfgröße beim Kolmogoroff-Smirnow-Test

Wenn die Meßwerte der Stichprobe aus einer normalverteilten Grundgesamtheit stammen, dann läßt sich j e d e m Meßwert $x_{(i)}$ der geordneten Meßstichprobe ein Wert für die Wahrscheinlichkeitssumme $\Phi[x_{(i)}]$ der Normalverteilung zuordnen (siehe Bild 29, hohler Punkt).

Ferner gelten für jeden Meßwert $x_{(i)}$ zwei Häufigkeitssummen, $F_{(i-1)}$ bis kurz vor $x_{(i)}$ und $F_{(i)}$ ab $x_{(i)}$. Für jeden Meßwert gibt es also zwei Abweichungen zwischen den beobachteten Häufigkeitssummen $F_{(i)}$ bzw. $F_{(i-1)}$ und der Wahrscheinlichkeitssumme $\Phi\left[x_{(i)}\right]$.

1. Abweichung: $F_{(i-1)} - \Phi\left[x_{(i)}\right]$

2. Abweichung: $F_{(i)} - \Phi\left[x_{(i)}\right]$

Insgesamt gibt es also bei n Meßwerten der Stichprobe $2 \cdot n$ derartige Abweichungen. Die Beurteilung der kleinen Meßstichprobe ($n \lesssim 50$) im Wahrscheinlichkeitsnetz bestand eigentlich darin, diese Abweichungen daraufhin optisch zu prüfen, ob sie als "wesentlich" oder "unwesentlich" zu bezeichnen sind.

Das Verdienst der beiden sowjetischen Statistiker Kolmogoroff und Smirnow bestand nun darin, daß sie die subjektiven Entscheidung bei zeichnerischem Vorgehen durch eine objektive Methode ersetzt haben. Danach wird solange auf das Vorliegen einer normalverteilten Grundgesamtheit geschlossen, wie die größte absolute Abweichung der $2 \cdot n$ vorhandenen einen vorgegebenen Schwellenwert nicht überschreitet.

Diese Schwellenwerte wurden erstmals von Kolmogoroff und Smirnow veröffentlicht, allerdings für den sehr praxisfernen Fall, daß Mittelwert μ und Standardabweichung σ der Grundgesamtheit, aus der die auf Normalverteilung zu prüfende Stichprobe stammt, bekannt sind. 1967 hat dann der Amerikaner Lilliefors das Testverfahren auf der Basis von Mittelwert $\bar{x}$ und Standardabweichung s der Stichprobe weiterentwickelt.

Verfahren 4.2.1 (Seite 181 bis 183) Anpassungstest auf Normalverteilung ($n \lesssim 50$) nach Kolmogoroff und Smirnow

Aufgabe 4.3.-3

Führen Sie die Prüfungen der Meßstichproben der Leitbeispiele 3 und 4 auf Normalverteilung rechnerisch aus.

Bezeichnung des Testverfahrens: Anpassungstest auf Normalverteilung ($n \lesssim 50$) nach Kolmogoroff und Smirnow	Nr. 4.2.1
Siehe auch Testverfahren Nr. 4.2.2	Blatt: 1

Problemstellung: Viele Verfahren der Technischen Statistik setzen normalverteile Meßwerte der Grundgesamtheit voraus. Überschreitet die festgestellte größte Abweichung zwischen der Häufigkeitssumme der Meßstichprobe und der Wahrscheinlichkeitssumme der Normalverteilung einen vorgegebenen Tabellenwert nicht, so wird Normalverteilung bei weiteren Auswertungen angenommen.

Verwendete Symbole	Bedeutung
n	Größe der Meßstichprobe (Anzahl der Meßwerte)
(i)	Rangplatz in der geordneten Meßwertfolge; $i = 1, 2, \ldots, n$
$x_{(i)}$	Meßwert auf Rangplatz Nummer (i)
$F_{(i)}$	Relative Häufigkeitssumme
$u_{(i)}$	Standardisierte, sortierte Meßwerte
$\Phi[u_{(i)}]$	Wahrscheinlichkeitssumme

Schrittfolge (Allgemeine Formulierung)

1. Formulierung der Hypothesen H_0 und H_1

Nullhypothese H_0: Das untersuchte Merkmal liefert normalverteilte Meßwerte.

Gegenhypothese H_1: Das untersuchte Merkmal liefert keine normalverteilten Meßwerte.

2. Prüfung der Meßstichprobe auf

☒ Zufälligkeit ☒ Normalverteilung ☐ Ausreißer

3. Berechnung der Prüfgröße z
4. Aufsuchen des Schwellenwertes Z
5. Vergleich von Prüfgröße z und Schwellenwert Z

Gegenhypothese H_1	Die Nullhypothese H_0 wird zugunsten der Gegenhypothese H_1 verworfen, falls		
	Prüfgröße z		Schwellenwert Z
s.o. (zweiseitig)	$\max\{\lvert F_{(i)}-\Phi[u_{(i)}]\rvert ; \lvert F_{(i-1)}-\Phi[u_{(i)}]\rvert\}$	$>$	$\kappa_{1-(\alpha/2);\, n}$ Faktoren siehe Blatt 2

mit $F_{(i)} = \frac{(i)}{n}$

und $\Phi[u_{(i)}] = \Phi[x_{(i)}]$ nach Tabelle T 2 mit $u_{(i)} \approx \frac{x_{(i)} - \bar{x}}{s}$

Bemerkungen

Bezeichnung des Verfahrens: Anpassungstest auf Normalverteilung (n $\lesssim$ 50) nach Kolmogoroff und Smirnow	Nr. 4.2.1
Siehe auch Verfahren Nr. 4.2.2	Blatt: 2

Zweiseitig obere Schwellenwerte $\kappa_{1-(\alpha/2);n}$ für den Kolmogoroff-Smirnow-Text

Probengröße n	(1 - α/2) in Prozent		
	95 %	97,5 %	99,5 %
4	0,352	0,381	0,417
5	315	337	405
6	294	319	364
7	276	300	348
8	261	285	331
9	249	271	311
10	239	258	294
11	230	249	284
12	223	242	275
13	214	234	268
14	207	227	261
15	201	220	257
16	195	213	250
17	189	206	245
18	184	200	239
19	179	195	235
20	174	190	231
25	165	180	203
30	144	161	187
Näherungsformel für n > 30	$\frac{0,805}{\sqrt{n}}$	$\frac{0,886}{\sqrt{n}}$	$\frac{1,031}{\sqrt{n}}$

Diese Tabelle ist entnommen aus: H.W. Lilliefors, On the Kolmogorov-Smirnow Test for Normality with Mean and Variance Unknown, Journal of the American Statistical Association 62 (1967), S. 399 - 402

Bezeichnung des Verfahrens: Anpassungstest auf Normalverteilung ($n \lesssim 50$) nach Kolmogoroff und Smirnow	Nr. 4.2.1
Siehe auch Verfahren Nr. 4.2.2	Blatt: 3

Schrittfolge

Beispiel

(1)	(2)	(3)		(4)	(5)	(6)	
Rangplatz Nummer	Sortierte Meßwerte in HM	Häufigkeitssumme		Standard. Meßwerte	Wahrsch.-Summe	absolute Abweichungen	
(i)	$x_{(i)}$	$F_{(i-1)}$	$F_{(i)}$	$u_{(i)}$	$\Phi[u_{(i)}]$	$\|F_{(i-1)}-\Phi[u_{(i)}]\|$	$\|F_{(i)}-\Phi[u_{(i)}]\|$
1	328	0	0,1	-1,59	0,056	0,056	0,044
2	330	0,1	0,2	-1,33	0,092	0,008	0,108
3	338	0,2	0,3	-0,31	0,378	z = 0,178	0,078
4	339	0,3	0,4	-0,18	0,429	0,129	0,029
5	340	0,4	0,5	-0,05	0,480	0,080	0,020
6	340	0,5	0,6	-0,05	0,480	0,020	0,120
7	342	0,6	0,7	0,21	0,583	0,017	0,117
8	343	0,7	0,8	0,33	0,629	0,071	0,171
9	351	0,8	0,9	1,36	0,913	0,113	0,013
n=10	353	0,9	1,0	1,62	0,947	0,047	0,053

$\bar{x} = 340{,}4$ HM; $s = 7{,}8$ HM

1. Sortiere die Meßwerte x_i und trage diese als $x_{(i)}$-Werte in Spalte 2 ein.
2. Berechne die Häufigkeitssumme $F_{(i-1)}$ und $F_{(i)}$; (Spalte 3)

$$F_{(i-1)} = \frac{(i-1)}{n} \text{ und } F_{(i)} = \frac{(i)}{n} \text{ mit } n = 10$$

3. Berechne die standardisierten Meßwerte; (Spalte 4)

$$u_{(i)} \approx \frac{x_{(i)} - 340{,}4}{7{,}8}$$

und entnimm aus der Tabelle T 2 die entsprechenden $\Phi\left[u_{(i)}\right]$-Werte; (Spalte 5)

Beachte bei negativen $u_{(i)}$-Werten gilt: $\Phi\left[-u_{(i)}\right] = 1 - \Phi\left[+u_{(i)}\right]$

4. Bilde die absolute Differenz der Werte aus den Spalten (3) und (5) und trage diese in Spalte (6) ein
5. Suche aus Spalte (6) den größten Wert auf. Dieser lautet

$$z = 0{,}178$$

6. Suche aus der Tabelle des vorangegangenen Blattes 2 zu $1 - \alpha = 95$ % und $n = 10$ den Schwellenwert $Z = \kappa_{1-(\alpha/2);\, n} = 0{,}258$ auf
7. Vergleiche Prüfgrößen- und Schwellenwert

Da $z < Z$ ausfiel, wird die Nullhypothese H_0 - das untersuchte Merkmal liefere normalverteilte Meßwerte - nicht widerlegt.

(2) χ^2 - A n p a s s u n g s t e s t ($n \gtrsim 50$)

Der χ^2-Anpassungstest setzt eine klassifizierte Meßstichprobe voraus. Während beim Kolmogoroff-Smirnow-Test nur die größte Abweichung zwischen der Häufigkeitssumme der Stichprobe und der Wahrscheinlichkeitssumme der Normalverteilung als Prüfgröße beim Test auf Normalverteilung verwendet wird, werden beim χ^2-Anpassungstest alle Abweichungen zwischen den beobachteten Häufigkeiten und den theoretisch zu erwartenden bei Vorliegen einer Normalverteilung verwendet (vergleiche Bild 30).

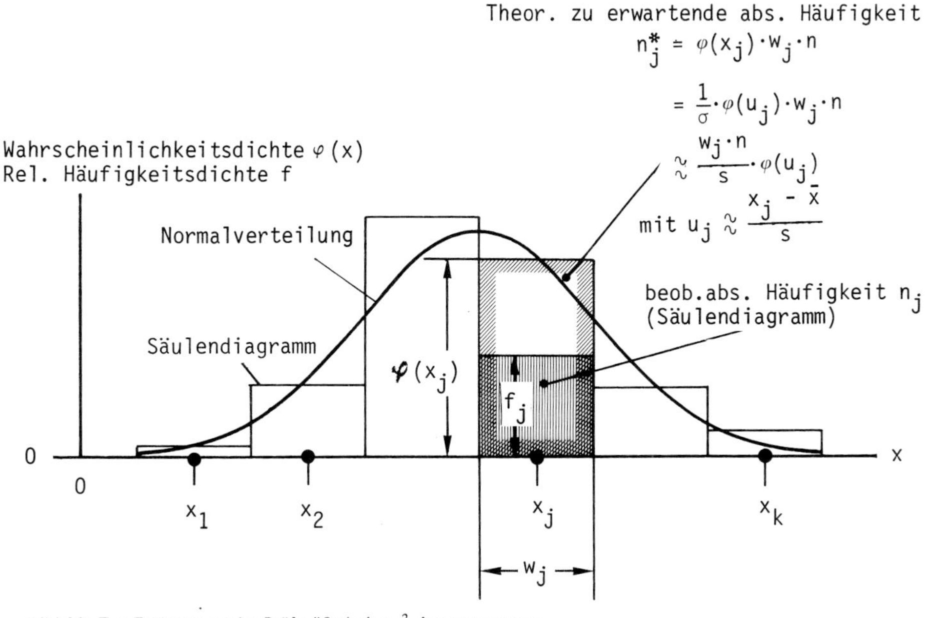

Bild 30: Zur Erläuterung der Prüfgröße beim χ^2-Anpassungstest

In der Klasse Nr. j mit der Klassenmitte x_j wurde eine absolute Häufigkeit n_j der Meßstichprobe beobachtet, die als vollgerasterte Fläche dargestellt wird. Über das Säulendiagramm läßt sich die Dichtefunktion der Normalverteilung blenden. Wandelt man den Flächenteil, der von der Normalverteilung in die Klasse j fällt, in ein gleichgroßes Rechteck um, so ist dies die bei Vorliegen normalverteilter Meßwerte in der Grundgesamtheit theoretisch zu erwartende Häufigkeit n_j^* der Klasse Nr. j.

Wie diese näherungsweise berechnet wird, geht aus Bild 30 hervor. Faßt man die Unterschiede zwischen n_j und n_j^* in sämtlichen k Klassen zu einer Prüfgröße zusammen, dann kommt es darauf an, diese wiederum mit einem Schwellenwert zu vergleichen, um zu entscheiden, ob hinter der geprüften Meßstichprobe Normalverteilung vermutet werden kann oder nicht.

Verfahren 4.2.2 (Seite 187 bis 193)
Anpassungstest auf Normalverteilung ($n \gtrsim 50$) (χ^2-Anpassungstest)

Der Test neigt dazu, evtl. vorhandene geringfügige Unterschiede zwischen Meßstichprobe und Normalverteilungen an den Rändern der Verteilung überzubetonen. Deshalb wurden Anwendungsvoraussetzungen für den χ^2-Anpassungstest festgelegt, wie sie aus Blatt 1, Punkt 6 (Bemerkungen), entnommen werden können.

Bezeichnung des Testverfahrens: Anpassungstest auf Normalverteilung ($n \gtrsim 50$) (χ^2-Anpassungstest)	Nr. 4.2.2
Siehe auch Testverfahren Nr. 4.2.1	Blatt: 1

Problemstellung: Viele Verfahren der Technischen Statistik setzen normalverteilte Meßwerte der Grundgesamtheit voraus. Überschreitet die festgestellte Abweichung der tatsächlichen Beobachtungshäufigkeiten von den bei Vorliegen einer Normalverteilung zu erwartenden Häufigkeiten einen vorgegebenen Schwellenwert der χ^2-Verteilung nicht, so wird Normalverteilung bei weiteren Auswertungen angenommen. Die Meßwerte liegen in klassifizierter Form vor.

Verwendete Symbole			Bedeutung
n n_j x_j w_j $\bar{x}$ s	k	u_j	Standardisierte Klassenmitte
		$\varphi(u_j)$	Wahrscheinlichkeitsdichte der Normalverteilung über der Klassenmitte u_j
		n_j^*	Bei Vorliegen einer Normalverteilung zu erwartende absolute Häufigkeit in der Klasse Nr. j

Schrittfolge (Allgemeine Formulierung)

1. Formulierung der Hypothesen H_o und H_1

Nullhypothese H_o: Das untersuchte Merkmal liefert normalverteilte Meßwerte.

Gegenhypothese H_1: Das untersuchte Merkmal liefert keine normalverteilten Meßwerte.

2. Prüfung der Meßstichprobe auf

[X] Zufälligkeit [X] Normalverteilung [ ] Ausreißer

3. Berechnung der Prüfgröße z
4. Aufsuchen des Schwellenwertes Z
5. Vergleich von Prüfgröße z und Schwellenwert Z

Gegenhypothese H_1	Die Nullhypothese H_o wird zugunsten der Gegenhypothese H_1 verworfen, falls: Prüfgröße z		Schwellenwert Z
s.o. (einseitig)	$\sum_{j=1}^{k} \frac{(n_j-n_j^*)^2}{n_j^*}$	>	$\chi^2_{1-\alpha;\, f}$ mit $f=k-3$; Faktoren siehe Tabelle T 5

mit $n_j^* \approx \frac{n \cdot w_j}{s} \cdot \varphi(u_j)$

und $\varphi(u_j)$ aus Tabelle T 1 mit $u_j \approx \frac{x_j - \bar{x}}{s}$

6. Bemerkungen

Voraussetzungen für die Anwendung des χ^2-Anpassungstests

1. $n_j^* \geqq 1$ für alle $j = 1,2,\ldots,k$
2. Nur 20% aller $n_j^* < 5$

Liegen diese Voraussetzungen nicht vor, was insbesondere bei den absoluten Häufigkeiten an den Rändern der Häufigkeitsverteilung der Fall ist, so müssen diese Klassen zusammengefaßt werden.

Bezeichnung des Verfahrens: Anpassungstest auf Normalverteilung ($n \gtrsim 50$) (χ^2-Anpassungstest)	Nr. 4.2.2
Siehe auch Verfahren Nr. 4.2.1	Blatt: 2

Beispiel 1

(1)	(2)	(3)	(4)	(5)	(6)	(7)
Lfd.Nr. der Klasse	Klassen-mitte in mm	beob. Häufigkeit	Standard Meßwerte	Wahrsch. dichte	erwart. Häufigkeit	$\frac{(n_j - n_j^*)^2}{n_j^*}$
j	x_j	n_j	u_j	$\varphi(u_j)$	n_j^*	$[(3)-(6)]^2:(6)$
1	13,15	6	-2,301	0,02827	5,0	0,200
2	13,25	24	-1,416	0,1464	25,9	0,139
3	13,35	67	-0,531	0,3465	61,3	0,523
4	13,45	58	0,354	0,3747	66,3	1,047
5	13,55	37	1,239	0,1851	32,8	0,546
k = 6	13,65	8	2,124	0,04181	7,4	0,049
		n = 200				z=2,504

Klassenbreite $w_j = w = 0{,}10$ mm

1. Berechne Mittelwert $\bar{x}$ und Standardabweichung s

$$\bar{x} = 13{,}410 \text{ mm}$$
$$s = 0{,}113 \text{ mm}$$

2. Berechne die standardisierten Klassenmitten u_j; (Spalte 4)

$$u_j \approx \frac{x_j - 13{,}410}{0{,}113}$$

und entnimm aus Tabelle T 1 die entsprechenden $\varphi(u_j)$-Werte; (Spalte 5)

3. Berechne die theoretischen absoluten Häufigkeiten n_j^*; (Spalte 6)

$$n_j^* \approx \frac{n \cdot w_j}{s} \cdot \varphi(u_j) = \frac{200 \cdot 0{,}10}{0{,}113} \cdot \varphi(u_j) = 177{,}0 \cdot \varphi(u_j)$$

4. Prüfe die Anwendungsvoraussetzungen für den χ^2-Anpassungstest
   1. Alle n_j^*-Werte sind mindestens gleich 1.
   2. Kein n_j^*-Wert ist kleiner als 5.

5. Berechne den Quotienten $\frac{(n_j - n_j^*)^2}{n_j^*}$; (Spalte 7)

und bilde die Summe der Spalte (7). Diese Summe ist Prüfgröße z.

$$z = 2{,}504$$

Bezeichnung des Verfahrens: Anpassungstest auf Normalverteilung ($n \gtrsim 50$) (χ^2-Anpassungstest)	Nr. 4.2.2
Siehe auch Verfahren Nr. 4.2.1	Blatt: 3

Beispiel 1 (Fortsetzung)

6. Suche aus Tabelle T 5 zu $f = k-3 = 3$ und $1-\alpha = 95\%$ den einseitigen Schwellenwert

$$Z = \chi^2_{1-\alpha;\ f} = 7{,}81$$

auf.

7. Da $z < Z$, d.h. $2{,}504 < 7{,}81$ ausfiel, wird die Nullhypothese H_0 nicht verworfen. Bei weiteren Auswertungen wird die untersuchte Meßstichprobe 'als aus einer normalverteilten Grundgesamtheit entnommen' angesehen. Damit ist eine wesentliche weitere Anwendungsvoraussetzung darauffolgender Auswertungsverfahren bei dieser Meßstichprobe gegeben.

Bezeichnung des Verfahrens: Anpassungstest auf Normalverteilung ($n \gtrsim 50$) (χ^2-Anpassungstest)	Nr. 4.2.2
Siehe auch Verfahren Nr. 4.2.1	Blatt: 4

Beispiel 2

(1)	(2)	(3)	(4)	(5)	(6)	(7)
Lfd.Nr. der Klasse	Klassenmitte in HM	beob. Häufigkeit	Standard. Meßwerte	Wahrsch.-dichte	erwart. Häufigkeit	$\frac{(n_j - n_j^*)^2}{n_j^*}$
j	x_j	n_j	u_j	$\varphi(u_j)$	n_j^*	$[(3)-(6)]^2:(6)$
1	17	1	-2,818	0,007526	0,74	0,091
2	18	1	-2,591	0,01362	1,3	0,069
3	19	2	-2,364	0,02440	2,4	0,067
4	20	5	-2,136	0,04076	4,0	0,250
5	21	12	-1,909	0,06450	6,3	5,157
6	22	18	-1,682			
7	23	20	-1,455			
8	24	19	-1,227			
9	25	16	-1,000			
10	26	14	-0,773			
11	27	20	-0,545			
12	28	25	-0,318			
13	29	35	-0,091			
14	30	43	0,136			
15	31	48	0,364	0,3733	36,5	3,623
16	32	45	0,591			
17	33	35	0,818			
18	34	26	1,045			
19	35	17	1,273			
20	36	13	1,500	0,1295	12,7	0,007
21	37	9	1,727	0,08980	8,8	0,004
22	38	4	1,955	0,05902	5,8	0,559
k = 23	39	2	2,182	0,03690	3,6	0,711
		n = 430				z =

Klassenbreite $w_j = w = 1$ HM

Bezeichnung des Verfahrens: Anpassungstest auf Normalverteilung ($n \gtrsim 50$) (χ^2-Anpassungstest)	Nr. 4.2.2
Siehe auch Verfahren Nr. 4.2.1	Blatt: 5

Beispiel 2 (Fortsetzung)

1. Berechne Mittelwert $\bar{x}$ und Standardabweichung s

$$\bar{x} = 29{,}4 \text{ HM}$$
$$s = 4{,}4 \text{ HM}$$

2. Berechne die standardisierten Klassenmitten u_j; (Spalte 4)

$$u_j \approx \frac{x_j - 29{,}4}{4{,}4}$$

und entnimm aus Tabelle T 1 die entsprechenden $\varphi(u_j)$-Werte; (Spalte 5).

3. Berechne die theoretischen absoluten Häufigkeiten n_j^*; (Spalte 6)

$$n_j^* = \frac{n \cdot w_j}{s} \cdot \varphi(u_j) = \frac{430 \cdot 1}{4{,}4} \cdot \varphi(u_j) = 97{,}7 \cdot \varphi(u_j)$$

4. Prüfe die Anwendungsvoraussetzungen für den χ^2-Anpassungstest.

   1. Es ist $n_1^* = 0{,}74 < 1$
   2. Insgesamt haben 5 Klassen n_j^*-Werte, die kleiner als 5 ausgefallen sind. Das sind mehr als 20% von k = 23 Klassen.

Da die Anwendungsvoraussetzungen nicht erfüllt sind für den χ^2-Anpassungstest, werden die ersten vier Klassen zu einer Klasse und die letzten beiden Klassen zu einer Klasse zusammengefaßt und auf diese abgewandelte klassifizierte Häufigkeitsverteilung des χ^2-Anpassungstest angewandt.

Bezeichnung des Verfahrens: Anpassungstest auf Normalverteilung ($n \gtrsim 50$) (χ^2-Anpassungstest)	Nr. 4.2.2
Siehe auch Verfahren Nr. 4.2.1	Blatt: 6

Beispiel 2 (abgewandelte Form)

(1)	(2)	(3)	(4)	(5)	(6)	(7)
lfd. Nr. der Klasse	Klassenmitte in HM	beob. Häufigkeit	Standard. Meßwerte	Wahrsch.-dichte	erwart. Häufigkeit	$\frac{(n_j - n_j^*)^2}{n_j^*}$
j	x_j	n_j	u_j	$\varphi(u_j)$	n_j^*	$[(3)-(6)]^2:(6)$
1	18,5	9	-2,477	0,01856	7,3	0,396
2	21	12	-1,909	0,06450	6,3	5,157
3	22	18	-1,682	0,09696	9,5	7,605
4	23	20	-1,455	0,1384	13,5	3,130
5	24	19	-1,227	0,1879	18,4	0,020
6	25	16	-1,000	0,2420	23,6	2,447
7	26	14	-0,773	0,2959	28,9	7,682
8	27	20	-0,545	0,3439	33,6	5,505
9	28	25	-0,318	0,3792	37,1	3,946
10	29	35	-0,091	0,3973	38,8	0,372
11	30	43	0,136	0,3953	38,6	0,502
12	31	48	0,364	0,3731	36,4	3,697
13	32	45	0,591	0,3350	32,9	4,450
14	33	35	0,818	0,2855	27,9	1,807
15	34	26	1,045	0,2311	22,6	0,512
16	35	17	1,273	0,1774	17,3	0,005
17	36	13	1,500	0,1295	12,7	0,007
18	37	9	1,727	0,08980	8,8	0,005
k = 19	38,5	6	2,068	0,04702	9,2	1,113
		n = 430				z = 48,358

Klassenbreite $w_1 = 4$ HM

$w_2 \ldots w_{18} = w = 1$ HM

$w_{19} = 2$ HM

1. Berechne Mittelwert $\bar{x}$ und Standardabweichung s

$\bar{x} = 29,4$ HM

$s = 4,4$ HM [1)]

1) Trotz veränderter Klassenteilung entstehen wiederum die gleichen Zahlenwerte für $\bar{x}$ und s wie auf Blatt 5

Bezeichnung des Verfahrens: Anpassungstest auf Normalverteilung ($n \gtrsim 50$) (χ^2-Anpassungstest)	Nr. 4.2.2
Siehe auch Verfahren Nr. 4.2.1	Blatt: 7

Beispiel 2 (abgewandelte Form), Fortsetzung

2. Berechne die standardisierten Klassenmitten u_j; (Spalte 4)

$$u_j \approx \frac{x_j - 29{,}4}{4{,}4} \quad \text{HM}$$

und entnimm aus Tabelle T 1 die entsprechenden $\varphi(u_j)$-Werte; (Spalte 5).

3. Berechne die theoretischen absoluten Häufigkeiten n_j^*; (Spalte 6).

$$n_1^* = \frac{n \cdot w_1}{s} \cdot \varphi(u_1) = \frac{430 \cdot 4}{4{,}4} \cdot \varphi(u_1) = 390{,}9 \cdot \varphi(u_1)$$

$$n_j^* = \frac{n \cdot w_j}{s} \cdot \varphi(u_j) = \frac{430 \cdot 1}{4{,}4} \cdot \varphi(u_j) = 97{,}7 \cdot \varphi(u_j) \quad \text{für } j = 2,3,..,18$$

$$n_{19}^* = \frac{n \cdot w_{19}}{s} \cdot \varphi(u_{19}) = \frac{430 \cdot 2}{4{,}4} \cdot \varphi(u_{19}) = 195{,}5 \cdot \varphi(u_{19})$$

4. Prüfe die Anwendungsvoraussetzungen für den χ^2-Anpassungstest.
   1. Alle n_j^*-Werte sind mindestens gleich 1.
   2. Kein n_j^*-Wert ist kleiner als 5.

5. Berechne den Quotienten $\frac{(n_j - n_j^*)^2}{n_j^*}$; (Spalte 7),

   und bilde die Summe der Spalte (7).
   Diese Summe ist Prüfgröße z.

   $z = 48{,}357$

6. Suche aus Tabelle T 5 zu $f = k-3 = 16$ und $1-\alpha = 95\%$ den einseitigen Schwellenwert

   $$Z = \chi^2_{1-\alpha;\, f} = 26{,}3$$

   auf.

7. Da $z > Z$, d.h. $48{,}358 > 26{,}3$ ausfiel, wird die Nullhypothese H_0 zugunsten der Gegenhypothese H_1 verworfen. Weitere Auswertungen, die Normalverteilung voraussetzen, sind auf diese Meßstichprobe nicht anwendbar.

Fortsetzung der Fallstudie s. Verfahren 4.3.1, Blatt 1 bis 5, Seite 197 bis 201

4.3.5. Entmischung von Meßstichproben

Die Entmischung zweier unabsichtlich miteinander vermischter Meßstichproben ist nur zeichnerisch möglich. In dieser Lehrunterlage wird das trennschärfste Verfahren dargestellt.

Verfahren 4.3.1 (Seite 197 bis 201) Entmischung von Meßstichproben (Zeichnerisches Verfahren)

Bezeichnung des Verfahrens: Entmischung von Meßstichproben (zeichnerisches Verfahren)	Nr. 4.3.1
Siehe auch Verfahren Nr.	Blatt: 1

Problemstellung: Das Verfahren setzt klassifizierte Meßwerte voraus und geht von der Eigenschaft der Normalverteilung aus, wonach deren Dichtefunktion in einem halblogarithmischen Netz (mit logarithmisch-geteilter Ordinate) nahezu Parabelform besitzt.

Verwendete Symbole	Bedeutung
n	Größe der Meßstichprobe (Anzahl der Meßwerte)
k	Anzahl der Klassen
j	Laufende Nummer der Klasse ($j = 1, 2, ..., k$)
x_j	Klassenmitte der Klasse Nummer j
n_j	Häufigkeit der Klasse Nummer j

Schrittfolge (Allgemeine Formulierung)

1. Wahl des Zeichenformats und Festlegung der Beschriftung des halblogarithmischen Netzes

   Abszisse: Teilung für die Klassenmitten x_j ($j = 1, 2, ..., k$)

   Ordinate: Teilung für die Häufigkeiten n_j ($j = 1, 2, ..., k$)

2. Darstellung von n_j über x_j im halblogarithmischen Netz

3. Sofern der linke Teil der dargestellten Punktefolge parabelförmig ausgebildet ist, Teil einer Ausgleichsparabel hindurchlegen und um erkennbare Symmetrieachse spiegeln.

   Das Verfahren an dem rechten Teil der dargestellten Punktefolge wiederholen.

4. Häufigkeiten der linken und der rechten Parabel getrennt aus der Darstellung entnehmen.

Weitere statistische Auswertungsverfahren werden nach erfolgter Entmischung auf jede entmischte Meßstichprobe einzeln angewendet.

Beispiel

Zeitaufnahme: Gelenkwellenrohr auf Rundlauf prüfen			
(1)	(2)	(3)	(4)
Laufende Nummer der Klasse	Klassenmitte in HM	Häufigkeit	relative Häufigkeitssumme in %
j	x_j	n_j	F_j
1	17	1	0,23
2	18	1	0,47
3	19	2	0,93
4	20	5	2,09
5	21	12	4,9
6	22	18	9,1
7	23	20	13,7
8	24	19	18,1
9	25	16	21,9
10	26	14	25,1
11	27	20	29,8
12	28	25	35,6
13	29	35	43,7
14	30	43	53,7
15	31	48	64,9
16	32	45	75,3
17	33	35	83,5
18	34	26	89,5
19	35	17	93,5
20	36	13	96,5
21	37	9	98,6
22	38	4	99,53
k = 23	39	2	100
		n=430	

Darstellung der vermischten Meßstichprobe als Säulendiagramm

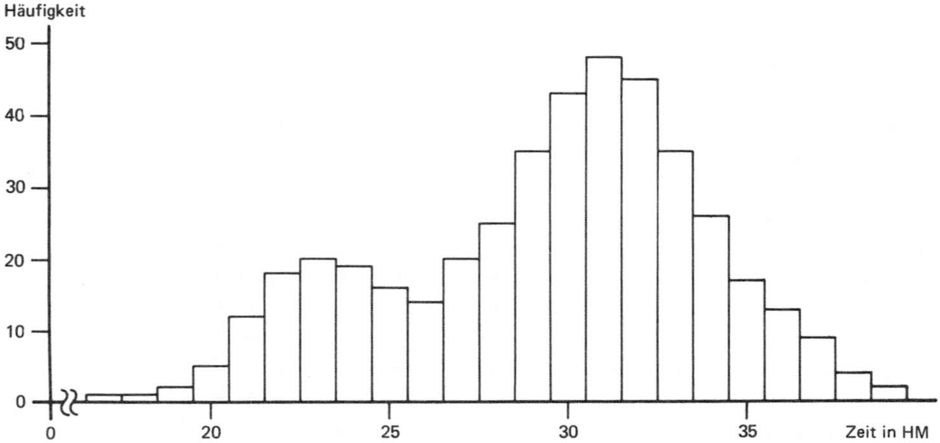

Bezeichnung des Verfahrens: Entmischung von Meßstichproben (zeichnerisches Verfahren)	Nr. 4.3.1
Siehe auch Verfahren Nr.	Blatt: 3

Beispiel (Fortsetzung)

1. Abszisse gleichförmig zwischen x_1 = 17 HM und x_{23} = 39 HM teilen, siehe untenstehendes Bild.
   Für die Ordinate zwei Dekaden, also den Bereich von 1 bis 100 vorsehen, da n_{jmax} = 48, n_{jmin} = 1 ist.
   Siehe untenstehendes Bild.
2. Sämtliche Häufigkeiten über den Klassenmitten abtragen, siehe vollgezeichnete Punkte in untenstehendem Bild.
3. Beide erkennbare Äste der Ausgleichsparabel zeichnen, siehe vollausgezogene Kurven in untenstehendem Bild.
   Fehlende Parabeläste durch Spiegelung aus den Außenzonen in die Mittelzone projizieren.
   Siehe strichliert gezeichnete Kurven in untenstehendem Bild.

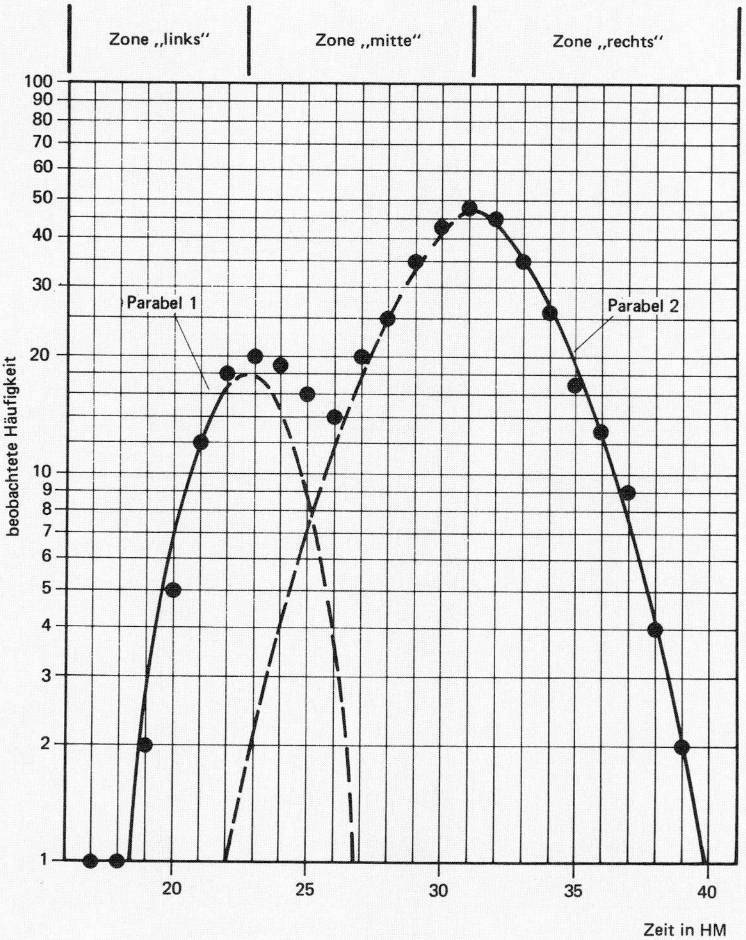

Bezeichnung des Verfahrens: Entmischung von Meßstichproben (zeichnerisches Verfahren)	Nr. 4.3.1
Siehe auch Verfahren Nr.	Blatt: 4

Beispiel (Fortsetzung)

4. Getrennte Häufigkeiten aus der halblogarithmischen Darstellung entnehmen; siehe nachfolgende Meßwertprotokolle

Zeitaufnahme: Gelenkwellenrohr auf Rundlauf prüfen			
Zeitaufnahme 1			
(1)	(2)	(3)	(4)
Laufende Nummer der Klasse	Klassenmitte in HM	Häufigkeit	relative Häufigkeitssumme in %
j	x_j	n_j	F_j
1	17	1	1,18
2	18	1	2,35
3	19	2	4,7
4	20	5	10,6
5	21	12	24,7
6	22	17	44,7
7	23	18	65,9
8	24	15	83,5
9	25	9	94,1
10	26	4	98,82
k = 11	27	1	100
		n = 85	

Zeitaufnahme 2			
(1)	(2)	(3)	(4)
Laufende Nummer der Klasse	Klassenmitte in HM	Häufigkeit	relative Häufigkeitssumme in %
j	x_j	n_j	F_j
1	22	1	0,29
2	23	2	0,87
3	24	4	2,03
4	25	7	4,1
5	26	10	7,0
6	27	19	12,5
7	28	25	19,7
8	29	35	29,9
9	30	43	42,3
10	31	48	56,2
11	32	45	69,3
12	33	35	79,4
13	34	26	87,0
14	35	17	91,9
15	36	13	95,7
16	37	9	98,26
17	38	4	99,42
k = 18	39	2	100
		n=345	

Bezeichnung des Verfahrens: Entmischung von Meßstichproben (zeichnerisches Verfahren)	Nr. 4.3.1
Siehe auch Verfahren Nr.	Blatt: 5

Beispiel (Fortsetzung)

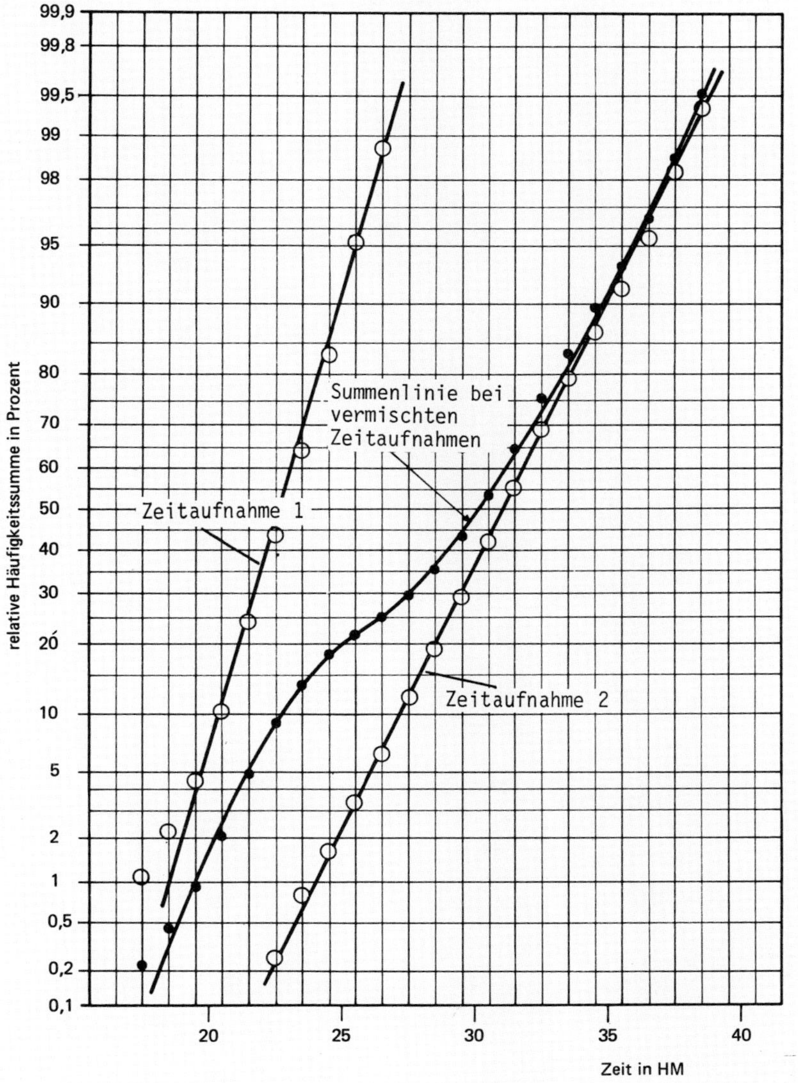

Darstellung der vermischten Meßstichprobe vor und nach der Entmischung im Wahrscheinlichkeitsnetz. In diesem Netzpapier muß die relative Häufigkeitssumme der Meßstichprobe über der Merkmalachse abgetragen nahezu linear ansteigenden Verlauf haben, um daraus auf Normalverteilung schließen zu können. Diese Eigenschaft trifft nicht auf die Häufigkeitssumme der vermischten Meßstichprobe, wohl aber auf die beiden entmischten Meßstichproben zu.

4.3.6. Transformation der Meßstichprobe

Eine feste Regel, nach der nichtnormalverteilte Meßwerte in normalverteilte Werte umgeformt werden können, gibt es nicht. Nur aufgrund praktischer Auswertungserfahrungen ist es möglich, für nicht normalverteilte Meßstichproben die geeignete Transformationsvorschrift anzugeben. Bei Meßstichproben in Form von Zeitaufnahmen ist dies häufig die logarithmische Transformation

$$y = \lg x$$

Andere Transformationen sind

$$y = \sqrt{x}$$

$$y = \frac{1}{x}$$

$$y = x^2$$

usw.

Stellt sich heraus, daß die aus dem Merkmal x abgeleiteten Merkmalwerte y normalverteilt sind, dann wird die Auswertung der Meßstichprobe mit den transformierten y-Werten fortgesetzt. Liegen Ergebnisse in y vor, so sind diese vor ihrer Deutung wiederum in x umzuwandeln, indem an den Ergebnissen in y die zuvor erfolgte Transformation rückgängig gemacht wird.

Beispiel:

Die Zykluszeiten für die Aufgabe "Fadenbruch beseitigen" sind nicht normalverteilt. Es wird vorgeschlagen, die Prüfung auf Normalverteilung mit den Logarithmen der Zykluszeiten zu wiederholen. Es stellt sich heraus, daß diese normalverteilt sind. Daraufhin wird die Prüfung der logarithmierten Zykluszeiten auf Ausreißer vorgenommen, da diese Prüfung normalverteilte Werte voraussetzt. Es stellt sich am Ende der Ausreißerprüfung heraus, daß der kleinste (logarithmische) Wert Ausreißer ist. Um diese Aussage interpretieren zu können, muß daran erinnert werden, daß der kleinste logarithmische Wert der Stichprobe ursprünglich der kleinste Meßwert war. Also ist nachgewiesen, daß dieser Kleinstwert Ausreißer ist.

Verfahren 4.3.2. (Seite 205 bis 207) Transformation der Meßstichprobe

Bezeichnung des Verfahrens: Transformation der Meßstichprobe	Nr. 4.3.2
Siehe auch Verfahren Nr.	Blatt: 1

Beispiel

Gegeben:

Zeitaufnahme: Fadenbruch beseitigen				
(1)	(2)	(3)	(4)	(5)
Lfd.Nr. der Klasse	Klassenobergrenze in HM	Häufigkeit	Häufigkeitssumme absolut	relativ in %
j	x'_j	n_j	B_j	F_j
1	12	9	9	3,3
2	16	42	51	18,9
3	20	73	124	45,9
4	24	82	206	76,3
5	28	31	237	87,7
6	32	22	259	95.9
7	36	5	264	97,8
8	40	3	267	98,9
9	44	2	269	99,6
k=10	48	1	270	100
		n=270		

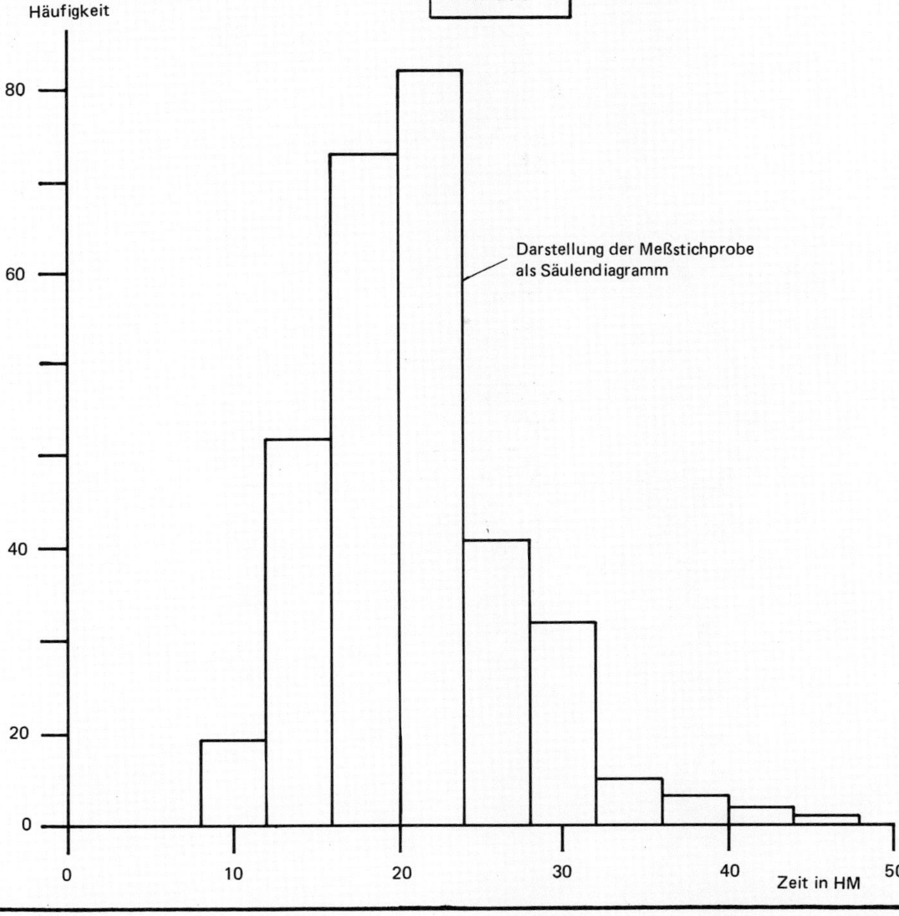

Bezeichnung des Verfahrens: Transformation der Meßstichprobe	Nr. 4.3.2
Siehe auch Verfahren Nr.	Blatt: 2

Beispiel

Prüft man diese Meßstichprobe auf Normalverteilung z.B. im Wahrscheinlichkeitsnetz, so stellt man fest, daß das untersuchte Merkmal keine normalverteilten Meßwerte liefert, so daß auf diese Meßstichprobe unmittelbar keine weiteren statistischen Auswertungsverfahren anwendbar sind, die Normalverteilung voraussetzen.

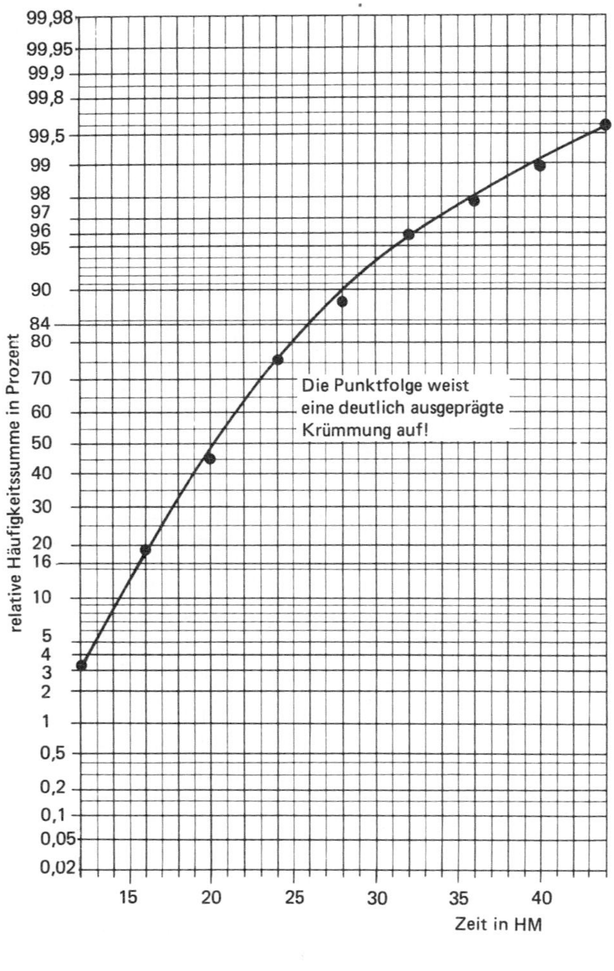

Bezeichnung des Verfahrens: Transformation der Meßstichprobe	Nr. 4.3.2
Siehe auch Verfahren Nr.	Blatt: 3

Beispiel (Fortsetzung)

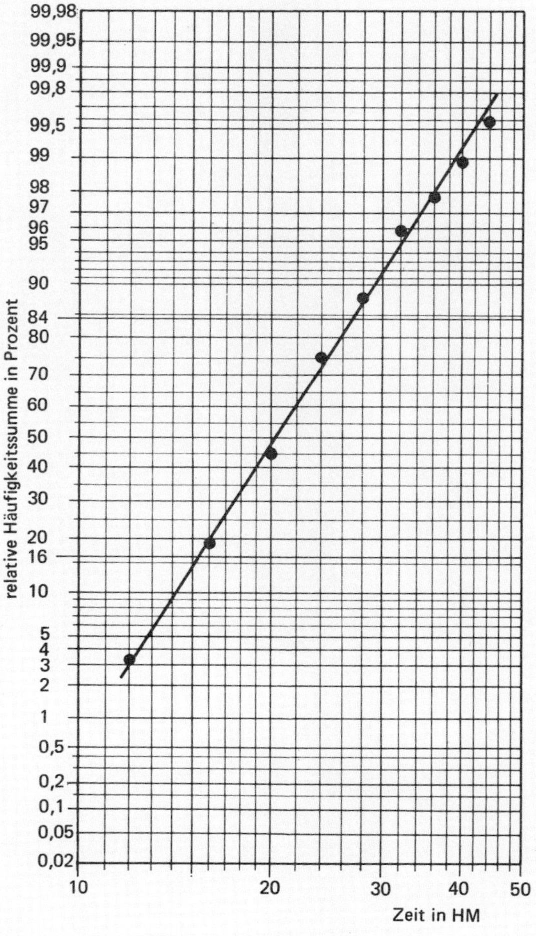

Statistische Auswertungsverfahren, die Normalverteilung voraussetzen, müssen im Falle dieses Beispiels also auf logarithmierte Meßwerte angewendet werden. Damit erzielte Ergebnisse sind unter Umständen erst nach erfolgter Entlogarithmierung wieder interpretierbar.

Dieselbe Meßstichprobe logarithmisch transformiert führt auf normalverteilte Werte, was aus der Darstellung der Meßstichprobe im Wahrscheinlichkeitsnetz mit logarithmisch geteilter Abzisse erkennbar wird.

4.3.7. Behandlung ausgelesener Meßstichproben

Gelegentlich sind ausgelesene Grundgesamtheiten Gegenstand stichprobenmäßiger Untersuchungen. Vor Weiterverwendung müssen bei derartigen Stichproben Mittelwert und Standardabweichung korrigiert werden. Hierzu und zur Ermittlung eines Schätzwertes für den ausgelesenen Anteil wird ein statistisches Verfahren dargestellt.

Verfahren 4.3.3 (Seite 211 bis 217)
Behandlung ausgelesener Meßstichproben

Bezeichnung des Verfahrens: Ausgelesene Meßstichproben	Nr. 4.3.3
Siehe auch Verfahren Nr.	Blatt: 1

Problemstellung: Zur stichprobenmäßigen Prüfung wird eine normalverteilte Grundgesamtheit vorgelegt, die zuvor ausgelesen wurde, so daß der Anteil Meßwerte unterhalb der unteren und/oder oberhalb der oberen Toleranzgruppe fehlt. Gesucht sind die unverzerrten Schätzwerte für Mittelwert und Varianz der nicht ausgelesenen Grundgesamtheit sowie ein unverzerrter Schätzwert für den ausgelesenen Anteil.

Verwendete Symbole	Bedeutung
n	Stichprobengröße
X_i	erfaßter Meßwert Nr. i (i = 1, 2, ..., n)
T	vorgegebene untere oder obere Toleranzgrenze

Schrittfolge

Einseitiger Auslesevorgang (rechnerisches Verfahren)

1. Abweichung x_i der Meßwerte X_i ($i=1, 2, \ldots, n$) von der bekannten Toleranzgrenze T berechnen.

$$x_i = X_i - T$$

2. Hilfsgröße y berechnen.

$$y = \frac{n \sum_{i=1}^{n} x_i^2}{2\left(\sum_{i=1}^{n} x_i\right)^2}$$

3. Aus der Tabelle (Blatt 2) standardisierten Schätzwert der Toleranzgrenze $z = f(y)$ entnehmen.

4. Unter Verwendung der Tabelle (Blatt 2) den unverzerrten Schätzwert s für die Standardabweichung σ der nicht ausgelesenen normalverteilten Grundgesamtheit berechnen.

$$s = \frac{\sum_{i=1}^{n} x_i}{n} g(z)$$

5. Unverzerrten Schätzwert $\bar{x}$ für den Mittelwert μ der nicht ausgelesenen normalverteilten Grundgesamtheit bestimmen aus

$$\bar{x} = T - zs$$

6. Schätzwert für den ausgelesenen Anteil p unterhalb der unteren oder oberhalb der oberen Toleranzgrenze aus Tabelle T2 bestimmen nach

$$p = \Phi(z).$$

Bezeichnung des Verfahrens: Ausgelesene Meßstichproben	Nr. 4.3.3
Siehe auch Verfahren Nr.	Blatt: 2

Schrittfolge (Fortsetzung)

Zahlentafel für die Funktionen z = f(y) und g(z)[1]

y	z=f(y)	y	z=f(y)	y	z=f(y)	y	z=f(y)	y	z=f(y)	y	z=f(y)	y	z=f(y)	y	z=f(y)
0.550	−3.145	0.600	−2.073	0.650	−1.429	0.700	−0.896	0.750	−0.383	0.800	0.168	0.850	0.829	0.900	1.749
0.551	−3.113	0.601	−2.058	0.651	−1.418	0.701	−0.886	0.751	−0.372	0.801	0.180	0.851	0.844	0.901	1.772
0.552	−3.081	0.602	−2.043	0.652	−1.407	0.702	−0.875	0.752	−0.362	0.802	0.192	0.852	0.859	0.902	1.795
0.553	−3.050	0.603	−2.028	0.653	−1.395	0.703	−0.865	0.753	−0.351	0.803	0.204	0.853	0.874	0.903	1.819
0.554	−3.019	6.604	−2.014	0.654	−1.384	0.704	−0.855	0.754	−0.341	0.804	0.216	0.854	0.889	0.904	1.843
0.555	−2.990	0.605	−1.999	0.655	−1.373	0.705	−0.845	0.755	−0.330	0.805	0.228	0.855	0.905	0.905	1.868
0.556	−2.961	0.606	−1.984	0.656	−1.362	0.706	−0.835	0.756	−0.320	0.806	0.240	0.856	0.921	0.906	1.892
0.557	−2.933	0.607	−1.970	0.657	−1.351	0.707	−0.824	0.757	−0.309	0.807	0.252	0.857	0.936	0.907	1.917
0.558	−2.905	0.608	−1.956	0.658	−1.340	0.708	−0.814	0.758	−0.299	0.808	0.264	0.858	0.952	0.908	1.943
0.559	−2.878	0.609	−1.942	0.659	−1.329	0.709	−0.804	0.759	−0.288	0.809	0.276	0.859	0.968	0.909	1.968
0.560	−2.851	0.610	−1.928	0.660	−1.318	0.710	−0.794	0.760	−0.277	0.810	0.289	0.860	0.984	0.910	1.994
0.561	−2.826	0.611	−1.914	0.661	−1.307	0.711	−0.783	0.761	−0.267	0.811	0.301	0.861	1.000		
0.562	−2.800	0.612	−1.900	0.662	−1.296	0.712	−0.773	0.762	−0.256	0.812	0.313	0.862	1.016		
0.563	−2.775	0.613	−1.886	0.663	−1.285	0.713	−0.763	0.763	−0.245	0.813	0.326	0.863	1.033		
0.564	−2.751	0.614	−1.872	0.664	−1.274	0.714	−0.753	0.764	−0.235	0.814	0.338	0.864	1.049		
0.565	−2.727	0.615	−1.859	0.665	−1.263	0.715	−0.743	0.765	−0.224	0.815	0.351	0.865	1.066		
0.566	−2.703	0.616	−1.845	0.666	−1.252	0.716	−0.732	0.766	−0.213	0.816	0.363	0.866	1.083		
0.567	−2.680	0.617	−1.832	0.667	−1.241	0.717	−0.722	0.767	−0.203	0.817	0.376	0.867	1.100		
0.568	−2.657	0.618	−1.819	0.668	−1.231	0.718	−0.712	0.768	−0.192	0.818	0.388	0.868	1.117		
0.569	−2.635	0.619	−1.806	0.669	−1.220	0.719	−0.702	0.769	−0.181	0.819	0.401	0.869	1.134		
0.570	−2.613	0.620	−1.792	0.670	−1.209	0.720	−0.692	0.770	−0.170	0.820	0.414	0.870	1.151		
0.571	−2.591	0.621	−1.779	0.671	−1.199	0.721	−0.681	0.771	−0.159	0.821	0.427	0.871	1.168		
0.572	−2.570	0.622	−1.766	0.672	−1.188	0.722	−0.671	0.772	−0.148	0.822	0.439	0.872	1.186		
0.573	−2.549	0.623	−1.754	0.673	−1.177	0.723	−0.661	0.773	−0.137	0.823	0.452	0.873	1.204		
0.574	−2.528	0.624	−1.741	0.674	−1.167	0.724	−0.651	0.774	−0.127	0.824	0.466	0.874	1.221		
0.575	−2.508	0.625	−1.728	0.675	−1.156	0.725	−0.641	0.775	−0.116	0.825	0.479	0.875	1.240		
0.576	−2.488	0.626	−1.715	0.676	−1.145	0.726	−0.630	0.776	−0.105	0.826	0.492	0.876	1.258		
0.577	−2.468	0.627	−1.703	0.677	−1.135	0.727	−0.620	0.777	−0.094	0.827	0.505	0.877	1.276		
0.578	−2.448	0.628	−1.690	0.678	−1.124	0.728	−0.610	0.778	−0.083	0.828	0.518	0.878	1.295		
0.579	−2.429	0.629	−1.678	0.679	−1.114	0.729	−0.600	0.779	−0.071	0.829	0.531	0.879	1.313		
0.580	−2.410	0.630	−1.665	0.680	−1.103	0.730	−0.589	0.780	−0.060	0.830	0.545	0.880	1.332		
0.581	−2.391	0.631	−1.653	0.681	−1.093	0.731	−0.579	0.781	−0.049	0.831	0.558	0.881	1.351		
0.582	−2.373	0.632	−1.641	0.682	−1.082	0.732	−0.569	0.782	−0.038	0.832	0.572	0.882	1.370		
0.583	−2.355	0.633	−1.629	0.683	−1.072	0.733	−0.559	0.783	−0.027	0.833	0.585	0.883	1.389		
0.584	−2.336	0.634	−1.616	0.684	−1.061	0.734	−0.548	0.784	−0.016	0.834	0.599	0.884	1.409		
0.585	−2.319	0.635	−1.604	0.685	−1.051	0.735	−0.538	0.785	−0.004	0.835	0.613	0.885	1.428		
0.586	−2.301	0.636	−1.592	0.686	−1.040	0.736	−0.528	0.786	+0.007	0.836	0.627	0.886	1.448		
0.587	−2.284	0.637	−1.580	0.687	−1.030	0.737	−0.517	0.787	0.018	0.837	0.641	0.887	1.468		
0.588	−2.266	0.638	−1.568	0.688	−1.020	0.738	−0.507	0.788	0.029	0.838	0.655	0.888	1.489		
0.589	−2.249	0.639	−1.557	0.689	−1.009	0.739	−0.497	0.789	0.041	0.839	0.669	0.889	1.509		
0.590	−2.232	0.640	−1.545	0.690	−0.999	0.740	−0.487	0.790	0.052	0.840	0.683	0.890	1.530		
0.591	−2.216	0.641	−1.533	0.691	−0.989	0.741	−0.476	0.791	0.064	0.841	0.697	0.891	1.551		
0.592	−2.199	0.642	−1.521	0.692	−0.978	0.742	−0.466	0.792	0.075	0.842	0.711	0.892	1.572		
0.593	−2.183	0.643	−1.510	0.693	−0.968	0.743	−0.455	0.793	0.087	0.843	0.726	0.893	1.593		
0.594	−2.167	0.644	−1.498	0.694	−0.958	0.744	−0.445	0.794	0.098	0.844	0.740	0.894	1.615		
0.595	−2.151	0.645	−1.486	0.695	−0.947	0.745	−0.435	0.795	0.110	0.845	0.754	0.895	1.636		
0.596	−2.135	0.646	−1.475	0.696	−0.937	0.746	−0.424	0.796	0.121	0.846	0.769	0.896	1.658		
0.597	−2.119	0.647	−1.463	0.697	−0.927	0.747	−0.414	0.797	0.133	0.847	0.784	0.897	1.680		
0.598	−2.104	0.648	−1.452	0.698	−0.917	0.748	−0.404	0.798	0.145	0.848	0.799	0.898	1.703		
0.599	−2.089	0.649	−1.441	0.699	−0.906	0.749	−0.393	0.799	0.157	0.849	0.814	0.899	1.726		

z	g(z)
−3.0	0.3328
−2.9	0.3441
−2.8	0.3561
−2.7	0.3689
−2.6	0.3826
−2.5	0.3972
−2.4	0.4128
−2.3	0.4294
−2.2	0.4472
−2.1	0.4662
−2.0	0.4866
−1.9	0.5082
−1.8	0.5314
−1.7	0.5560
−1.6	0.5823
−1.5	0.6102
−1.4	0.6398
−1.3	0.6713
−1.2	0.7045
−1.1	0.7396
−1.0	0.7766
−0.9	0.8156
−0.8	0.8565
−0.7	0.8993
−0.6	0.9442
−0.5	0.9909
−0.4	1.0396
−0.3	1.0902
−0.2	1.1428
−0.1	1.1971
−0.0	1.2533
0.1	1.3113
0.2	1.3710
0.3	1.4323
0.4	1.4953
0.5	1.5599
0.6	1.6259
0.7	1.6935
0.8	1.7624
0.9	1.8327
1.0	1.9043
1.1	1.9771
1.2	2.0511
1.3	2.1262
1.4	2.2024
1.5	2.2796
1.6	2.3578
1.7	2.4369
1.8	2.5169
1.9	2.5978
2.0	2.6794

1) R.A. Fisher: The Truncated Normal Distribution, British Association for the Advancement of Science, Mathematical Tables, I, 1931, pp. XXXIII-XXXIV.

Bezeichnung des Verfahrens: Ausgelesene Meßstichproben	Nr. 4.3.3
Siehe auch Verfahren Nr.	Blatt: 3

Schrittfolge (Fortsetzung)

Zweiseitiger Auslesevorgang (zeichnerisches Verfahren)

Wegen nicht existierender Tabellen zur rechnerischen Auswertung muß man sich in diesem Falle auf die zeichnerische Auswertung im Wahrscheinlichkeitsnetz beschränken, wobei der linear verlaufende Teil der Wertepaare $[x_{(i)}; F_{(i)}]$ (siehe Verfahren 4.1.1, 4.1.2 oder 4.1.3) zur Ermittlung grafischer Schätzwerte $\bar{x}_Z$ und s_Z für μ und σ nach Verfahren 4.1.4 verwendet wird.

Bezeichnung des Verfahrens: Ausgelesene Meßstichproben	Nr. 4.3.3
Siehe auch Verfahren Nr.	Blatt: 4

Beispiel

Beispiel

Gegeben ist die Toleranzuntergrenze TUNTEN = 13,40 mm. Oberhalb dieser Grenze werden die folgenden n = 310 Meßwerte festgestellt:

(1)	(2a)	(2b)	(3)	(4)
Lfd. Nr. der Klasse	Klassenmitte in mm	Abweichungen zur Toleranzgrenze in mm	Häufigkeit	relative Häufigkeitssumme in %
j	X_j	$x_j = X_j - T$	n_j	F_j
1	13,425	0,025	96	31,0
2	13,475	0,075	72	54,2
3	13,525	0,125	68	76,1
4	13,575	0,175	41	89,4
5	13,625	0,225	18	95,2
6	13,675	0,275	12	99,0
7	13,725	0,325	2	99,7
k = 8	13,775	0,375	1	100,0
			310	

Diese Meßstichprobe ist auf dem nachfolgenden Blatt 5 im Wahrscheinlichkeitsnetz dargestellt worden.

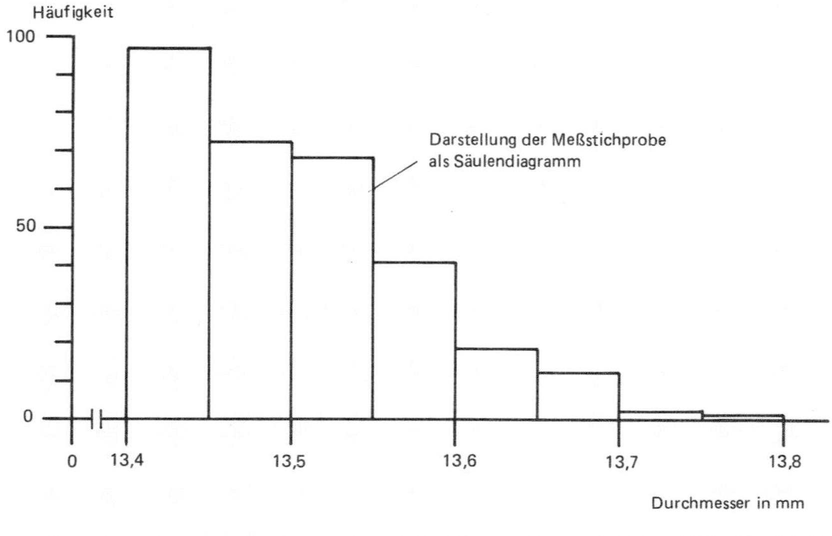

	Gleichförmig geteiltes Wahrscheinlichkeitsnetz (Typ 1)	Ablage-Nr.:
		Bl. 5 v. Blättern

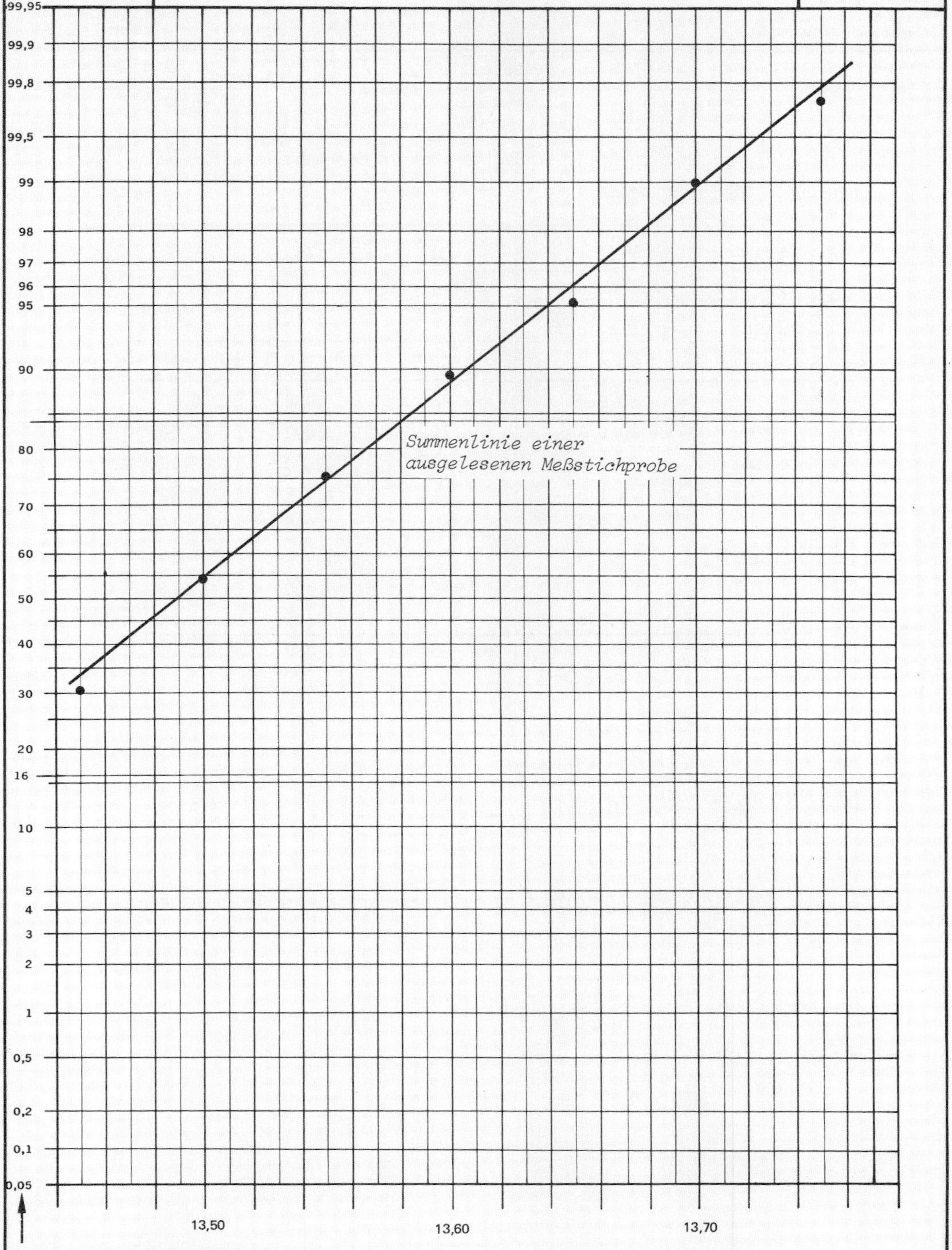

Bezeichnung des meßbaren Merkmals: Kopfdurchmesser	Techn. Einheit der Meßwerte: mm

Bezeichnung des Verfahrens: Ausgelesene Meßstichproben	Nr. 4.3.3
Siehe auch Verfahren Nr.	Blatt: 6

Beispiel

1. Berechnung der Abweichungen: s. Spalte (2b) in der Tabelle auf Blatt 4
2. Berechnung der Hilfsgröße y

(1)	(2)	(3)	(4)	(5)
Lfd. Nr. der Klasse	Abweichungen zur Toleranzgrenze in mm	Häufigkeit	$x_j n_j$	$x_j^2 \cdot n_j$
j	x_j	n_j	(2) · (3)	(2) · (4)
1	0,025	96	2,400	0,060 000
2	0,075	72	5,400	0,405 000
3	0,125	68	8,500	1,062 500
4	0,175	41	7,175	1,255 625
5	0,225	18	4,050	0,911 250
6	0,275	12	3,300	0,907 500
7	0,325	2	0,650	0,211 250
k=8	0,375	1	0,375	0,140 625
		n= 310	31,850	4,953 750

$$y = \frac{310 \cdot 4{,}953\,750}{2 \cdot 31{,}850^2} = 0{,}7569$$

3. Aus der Tabelle Blatt 2 entnimmt man als standardisierte Toleranzgrenze

$$z = f(0{,}7569) = -\,0{,}310$$

4. Die berichtigte Standardabweichung s ist dann mit

$$g(z) = g(-0{,}310) = 1{,}085$$

$$s = \frac{31{,}850}{310} \cdot 1{,}085 = 0{,}111 \text{ mm}$$

Bezeichnung des Verfahrens: Ausgelesene Meßstichproben	Nr. 4.3.3
Siehe auch Verfahren Nr.	Blatt: 7

Beispiel

5. Der berichtigte Mittelwert $\bar{x}$ ist

$\bar{x}$ = 13,40 - (-0,310) · 0,111 = 13,434 mm

6. Der Schätzwert für den ausgelesenen Anteil beträgt nach Tabelle T2

p = Φ(-0,310) = 37,8 %

4.4. Test auf Ausreißer

Ähnlich der Prüfung einer Meßstichprobe auf Normalverteilung gibt es bei der Prüfung auf Ausreißer mehrere miteinander konkurrierende Verfahren. In dieser Lehrunterlage werden zwei äußerst trennscharfe und ein einfach zu handhabendes Verfahren (Schnellverfahren) beschrieben.

Verfahren 5.1 (Seite 221 bis 223) Test auf Ausreißer nach David, Hartley und Pearson

Verfahren 5.2 (Seite 225 bis 229) Test auf Ausreißer nach Grubbs

Verfahren 5.3 (Seite 231 bis 233) Test auf Ausreißer nach Dixon

Die Verfahren unterscheiden sich dadurch, daß 5.1 und 5.2 die auswertungsintensiven und damit die Verfahren sind, die eher auf das Vorhandensein von Ausreißern reagieren als Verfahren 5.3. Bei ein und derselben Meßstichprobe kann es deshalb vorkommen, daß Verfahren 5.3 auf das Vorhandensein eines Ausreißers noch nicht anspricht, wogegen Verfahren 5.1 und 5.2 bereits darauf reagieren.

Verfahren 5.1 und 5.2 unterscheiden sich dadurch, daß nach Verfahren 5.1 Kleinst- und Größtwert zugleich auf Ausreißer, dagegen nach Verfahren 5.2 gezielt entweder der Kleinst- oder der Größtwert auf Ausreißer geprüft werden, wie dies auch bei Verfahren 5.3 der Fall ist.

<u>Aufgabe 4.4-1</u>

1. Gegeben ist die Meßstichprobe des Leitbeispiels 3. Prüfen Sie diese Meßstichprobe nach den Testverfahren 5.1 und 5.3 auf Ausreißer.

2. Gegeben ist die Meßstichprobe des Leitbeispiels 4. Prüfen Sie diese Meßstichprobe nach Verfahren 5.1 auf Ausreißer.

Bezeichnung des Testverfahrens: Test auf Ausreißer nach David, Hartley und Pearson	Nr. 5.1
Siehe auch Testverfahren Nr. 5.2 und 5.3	Blatt: 1

Problemstellung: Die beiden extremen Meßwerte der Meßstichprobe (Kleinst- und Größtwert) aus einer normalverteilten Grundgesamtheit sollen daraufhin überprüft werden, ob sie bei weitergehenden Auswertungen "als zur Meßstichprobe gehörig" angesehen werden können oder aus dieser eleminiert werden müssen.

Verwendete Symbole	Bedeutung
n	Größe der Meßstichprobe (Anzahl der Meßwerte)
x_{min}	Kleinstwert
x_{max}	Größtwert
R	Einfache (!) Spannweite
s	Standardabweichung

Schrittfolge (Allgemeine Formulierung)

1. Formulierung der Hypothesen H_o und H_1

Nullhypothese H_o: Weder der Größtwert x_{max} noch der Kleinstwert x_{min} ist Ausreißer

Gegenhypothese H_1: Entweder der Größtwert x_{max} oder der Kleinstwert x_{min} ist Ausreißer

2. Prüfung der Meßstichprobe auf

☒ Zufälligkeit ☒ Normalverteilung ☒ Ausreißer

3. Berechnung der Prüfgröße z
4. Aufsuchen des Schwellenwertes Z
5. Vergleich von Prüfgröße z und Schwellenwert Z

Gegenhypothese H_1	Die Nullhypothese H_o wird zugunsten der Gegenhypothese H_1 verworfen, falls		
	Prüfgröße z		Schwellenwert Z
s.o. (einseitig)	$\frac{R}{s}$	$>$	$A_{1-\alpha;n}$ Faktoren siehe Tabelle auf folgendem Blatt 2

Bemerkungen

Falls H_o zugunsten von H_1 verworfen wird, ist der Extremwert mit dem größeren Abstand zum arithmetischen Mittelwert Ausreißer. Nur bei gleichem Abstand beider Extremwerte zum Mittelwert, werden aufgrund einmaliger Prüfung beide Extremwerte zugleich als Ausreißer gekennzeichnet. Wird ein Meßwert als Ausreißer festgestellt, so ist das Verfahren an den verbleibenden (n-1) Meßwerten zu wiederholen.

Bezeichnung des Verfahrens: Test auf Ausreißer nach David, Hartley und Pearson	Nr. 5.1
Siehe auch Verfahren Nr. 5.2 und 5.3	Blatt: 2

Einseitig obere Schwellenwerte $A_{1-\alpha;n}$ für den Ausreißertest nach David-Hartley-Pearson

Probengröße	(1 - α) in Prozent			
n	90 %	95 %	99 %	99,5 %
3	1,997	1,999	2,000	2,000
4	2,409	2,429	2,445	2,447
5	2,712	2,753	2,803	2,813
6	2,949	3,012	3,095	3,115
7	3,143	3,222	3,338	3,369
8	3,308	3,399	3,543	3,585
9	3,449	3,552	3,720	3,772
10	3,57	3,685	3,875	3,935
11	3,68	3,80	4,012	4,079
12	3,78	3,91	4,134	4,208
13	3,87	4,00	4,244	4,325
14	3,95	4,09	4,34	4,431
15	4,02	4,17	4,44	4,53
16	4,09	4,24	4,52	4,62
17	4,15	4,31	4,60	4,70
18	4,21	4,37	4,67	4,78
19	4,27	4,43	4,74	4,85
20	4,32	4,49	4,80	4,91
25	4,53	4,71	5,06	5,19
30	4,70	4,89	5,26	5,40
35	4,84	5,04	5,42	5,57
40	4,96	5,16	5,56	5,71
45	5,06	5,26	5,67	5,83
50	5,14	5,35	5,77	5,93
55	5,22	5,43	5,86	6,02
60	5,29	5,51	5,94	6,10
65	5,35	5,57	6,01	6,17
70	5,41	5,63	6,07	6,24
75	5,46	5,68	6,13	6,30
80	5,51	5,73	6,18	6,35
85	5,56	5,78	6,23	6,40
90	5,60	5,82	6,27	6,45
95	5,64	5,86	6,32	6,49
100	5,68	5,90	6,36	6,53
150	5,96	6,18	6,64	6,82
200	6,15	6,39	6,84	7,01
500	6,72	6,94	7,42	7,60
1 000	7,11	7,33	7,80	7,99

Diese Tabelle ist entnommen aus: H.A. David, H.O. Hartley und E.S. Pearson, The distribution of the ratio, in a single normal sample of range, to standard deviation. Biometrika 41, 1954, S. 482

Bezeichnung des Verfahrens: Test auf Ausreißer nach David, Hartley und Pearson	Nr. 5.1
Siehe auch Verfahren Nr. 5.2 und 5.3	Blatt: 3

Beispiel

Gegeben ist die Meßstichprobe von Leitbeispiel 1

1. Die Prüfung der Meßstichprobe auf Zufälligkeit und Normalverteilung ist bereits erfolgt (s. Verfahren 3 und 4). Es liegt keine Beanstandung vor.

2. Berechne die Prüfgröße z aus Spannweite R = 25 HM und Standardabweichung s = 7,8 HM

$$z = \frac{25}{7,8} = 3,205$$

3. Suche aus der Tabelle des vorangegangenen Blattes 2 zu $1 - \alpha = 95\%$ und n = 10 den Schwellenwert $Z = A_{1-\alpha;n} = 3,685$ auf

4. Vergleiche Prüfgrößen- und Schwellenwert

   Da $z < Z$ ausfiel, wird die Nullhypothese - weder x_{max} noch x_{min} seien Ausreißer - nicht widerlegt. Bei weiteren Auswertungen kann die Meßwertreihe als homogen, das heißt als frei von Ausreißern, angesehen werden.

Bezeichnung des Testverfahrens: Test auf Ausreißer nach Grubbs	Nr. 5.2
Siehe auch Testverfahren Nr. 5.1 und 5.3	Blatt: 1

Problemstellung: Die beiden extremen Meßwerte der Meßstichprobe (Kleinst- und Größtwert) aus einer normalverteilten Grundgesamtheit sollen daraufhin überprüft werden, ob sie bei weitergehenden Auswertungen "als zur Meßstichprobe gehörig" angesehen werden können oder aus dieser eliminiert werden müssen.

Verwendete Symbole	Bedeutung
n	Größe der Meßstichprobe (Anzahl Meßwerte)
x_{min}	Kleinstwert
x_{max}	Größtwert
$\bar{x}$	Arithmetischer Mittelwert
s	Standardabweichung

Schrittfolge (Allgemeine Formulierung)

1. Formulierung der Hypothesen H_0 und H_1

Nullhypothese H_0: Der Kleinstwert x_{min} bzw. der Größtwert x_{max} ist kein Ausreißer.

Gegenhypothese H_1: Der Kleinstwert x_{min} bzw. der Größtwert x_{max} ist Ausreißer.

2. Prüfung der Meßstichprobe auf

☒ Zufälligkeit ☒ Normalverteilung ☒ Ausreißer

3. Berechnung der Prüfgröße z
4. Aufsuchen des Schwellenwertes Z
5. Vergleich von Prüfgröße z und Schwellenwert Z

Gegenhypothese H_1	Die Nullhypothese H_0 wird zugunsten der Gegenhypothese H_1 verworfen, falls		
	Prüfgröße z		Schwellenwert Z
s.o. (einseitig)	Prüfung von x_{max}: $\frac{x_{max} - \bar{x}}{s}$	>	$B_{1-\alpha;n}$ Faktoren siehe Tabelle auf folgendem Blatt 2 und Blatt 3
(einseitig)	Prüfung von x_{min}: $\frac{\bar{x} - x_{min}}{s}$	>	

6. Bemerkungen

Falls Kleinst- und Größtwert auf Ausreißer geprüft werden sollen, ist das Verfahren mindestens zweimal anzuwenden. Wird ein Meßwert als Ausreißer festgestellt, so ist das Verfahren an den verbleibenden (n-1) Meßwerten zu wiederholen.

Bezeichnung des Verfahrens: Test auf Ausreißer nach Grubbs	Nr. 5.2
Siehe auch Verfahren Nr. 5.1 und 5.3	Blatt: 2

Schrittfolge (Fortsetzung)

Einseitig obere Schwellenwerte $B_{1-\alpha;n}$ für den Ausreißertest nach Grubbs

Probengröße n	(1–α) in Prozent					
	90 %	95 %	97,5 %	99 %	99,5 %	99,9 %
3	1.148	1.153	1.155	1.155	1.155	1.155
4	1.425	1.463	1.481	1.492	1.496	1.499
5	1.602	1.672	1.715	1.749	1.764	1.780
6	1.729	1.822	1.887	1.944	1.973	2.011
7	1.828	1.938	2.020	2.097	2.139	2.201
8	1.909	2.032	2.126	2.221	2.274	2.358
9	1.977	2.110	2.215	2.323	2.387	2.492
10	2.036	2.176	2.290	2.410	2.482	2.606
11	2.088	2.234	2.355	2.485	2.564	2.705
12	2.134	2.285	2.412	2.550	2.636	2.791
13	2.175	2.331	2.462	2.607	2.699	2.867
14	2.213	2.371	2.507	2.659	2.755	2.935
15	2.247	2.409	2.549	2.705	2.806	2.997
16	2.279	2.443	2.585	2.747	2.852	3.052
17	2.309	2.475	2.620	2.785	2.894	3.103
18	2.335	2.504	2.651	2.821	2.932	3.149
19	2.361	2.532	2.681	2.854	2.968	3.191
20	2.385	2.557	2.709	2.884	3.001	3.230
21	2.408	2.580	2.733	2.912	3.031	3.266
22	2.429	2.603	2.758	2.939	3.060	3.300
23	2.448	2.624	2.781	2.963	3.087	3.332
24	2.467	2.644	2.802	2.987	3.112	3.362
25	2.486	2.663	2.822	3.009	3.135	3.389
26	2.502	2.681	2.841	3.029	3.157	3.415
27	2.519	2.698	2.859	3.049	3.178	3.440
28	2.534	2.714	2.876	3.068	3.199	3.464
29	2.549	2.730	2.893	3.085	3.218	3.486
30	2.563	2.745	2.908	3.103	3.236	3.507
31	2.577	2.759	2.924	3.119	3.253	3.528
32	2.591	2.773	2.938	3.135	3.270	3.546
33	2.604	2.786	2.952	3.150	3.286	3.565
34	2.616	2.799	2.965	3.164	3.301	3.582
35	2.628	2.811	2.979	3.178	3.316	3.599
36	2.639	2.823	2.991	3.191	3.330	3.616
37	2.650	2.835	3.003	3.204	3.343	3.631
38	2.661	2.846	3.014	3.216	3.356	3.646
39	2.671	2.857	3.025	3.228	3.369	3.660
40	2.682	2.866	3.036	3.240	3.381	3.673
41	2.692	2.877	3.046	3.251	3.393	3.687
42	2.700	2.887	3.057	3.261	3.404	3.700
43	2.710	2.896	3.067	3.271	3.415	3.712
44	2.719	2.905	3.075	3.282	3.425	3.724
45	2.727	2.914	3.085	3.292	3.435	3.736

Diese Tabelle ist entnommen aus: F.E. Grubbs und G. Beck, Extension on Sample Sizes and Percentage Points for Significance Tests of Outlying Observations. Technometrics Vol 14, No. 4, 1972, Seite 848-850

Bezeichnung des Verfahrens: Test auf Ausreißer nach Grubbs	Nr. 5.2
Siehe auch Verfahren Nr. 5.1 und 5.3	Blatt: 3

Schrittfolge (Fortsetzung)

Einseitig obere Schwellenwerte $B_{1-\alpha;n}$ für den Ausreißertest nach Grubbs (Fortsetzung)

Probengröße n	(1−α) in Prozent					
	90 %	95 %	97,5 %	99 %	99,5 %	99,9 %
46	2.736	2.923	3.094	3.302	3.445	3.747
47	2.744	2.931	3.103	3.310	3.455	3.757
48	2.753	2.940	3.111	3.319	3.464	3.768
49	2.760	2.948	3.120	3.329	3.474	3.779
50	2.768	2.956	3.128	3.336	3.483	3.789
51	2.775	2.964	3.136	3.345	3.491	3.798
52	2.783	2.971	3.143	3.353	3.500	3.808
53	2.790	3.978	3.151	3.361	3.507	3.816
54	2.798	2.986	3.158	3.368	3.516	3.825
55	2.804	2.992	3.166	3.376	3.524	3.834
56	2.811	3.000	3.172	3.383	3.531	3.842
57	2.818	3.006	3.180	3.391	3.539	3.851
58	2.824	3.013	3.186	3.397	3.546	3.858
59	2.831	3.019	3.193	3.405	3.553	3.867
60	2.837	3.025	3.199	3.411	3.560	3.874
61	2.842	3.032	3.205	3.418	3.566	3.882
62	2.849	3.037	3.212	3.424	3.573	3.889
63	2.854	3.044	3.218	3.430	3.579	3.896
64	2.860	3.049	3.224	3.437	3.586	3.903
65	2.866	3.055	3.230	3.442	3.592	3.910
66	2.871	3.061	3.235	3.449	3.598	3.917
67	2.877	3.066	3.241	3.454	3.605	3.923
68	2.883	3.071	3.246	3.460	3.610	3.930
69	2.888	3.076	3.252	3.466	3.617	3.936
70	2.893	3.082	3.257	3.471	3.622	3.942
71	2.897	3.087	3.626	3.476	3.627	3.948
72	2.903	3.092	3.267	3.482	3.633	3.954
73	2.908	3.098	3.272	3.487	3.638	3.960
74	2.912	3.102	3.278	3.492	3.643	3.965
75	2.917	3.107	3.282	3.496	3.648	3.971
76	2.992	3.111	3.287	3.502	3.654	3.977
77	2.927	3.117	3.291	3.507	3.658	3.982
78	2.931	3.121	3.297	3.511	3.663	3.987
79	2.935	3.125	3.301	3.516	3.669	3.992
80	2.940	3.130	3.305	3.521	3.673	3.998
81	2.945	3.134	3.309	3.525	3.677	4.002
82	2.949	3.139	3.315	3.529	3.682	4.007
83	2.953	3.143	3.319	3.534	3.687	4.012
84	2.957	3.147	3.323	3.539	3.691	4.017
85	2.961	3.151	3.327	3.543	3.695	4.021
86	2.966	3.155	3.331	3.547	3.699	4.026
87	2.970	3.160	3.335	3.551	3.704	4.031
88	2.973	3.163	3.339	3.555	3.708	4.035
89	2.977	3.167	3.343	3.559	3.712	4.039
90	2.981	3.171	3.347	3.563	3.716	4.044
91	2.984	3.174	3.350	3.567	3.720	4.049
92	2.989	3.179	3.355	3.570	3.725	4.053
93	2.993	3.182	3.358	3.575	3.728	4.057
94	2.996	3.186	3.362	3.579	3.732	4.060
95	3.000	3.189	3.365	3.582	3.736	4.064
96	3.003	3.193	3.369	3.586	3.739	4.069
97	3.006	3.196	3.372	3.589	3.744	4.073
98	3.011	3.201	3.377	3.593	3.747	4.076
99	3.014	3.204	3.380	3.597	3.750	4.080
100	3.017	3.207	3.383	3.600	3.754	4.084
101	3.021	3.210	3.386	3.603	3.757	4.088
102	3.024	3.214	3.390	3.607	3.760	4.092
103	3.027	3.217	3.393	3.610	3.765	4.095
104	3.030	3.220	3.397	3.614	3.768	4.098
105	3.033	3.224	3.400	3.617	3.771	4.102

Bezeichnung des Verfahrens: Test auf Ausreißer nach Grubbs	Nr. 5.2
Siehe auch Verfahren Nr. 5.1 und 5.3	Blatt: 4

Schrittfolge (Fortsetzung)

Einseitig obere Schwellenwerte $B_{1-\alpha;n}$ für den Ausreißertest nach Grubbs (Fortsetzung)

Probengröße n	(1−α) in Prozent					
	90 %	95 %	97,5 %	99 %	99,5 %	99,9 %
106	3.037	3.227	3.403	3.620	3.774	4.105
107	3.040	3.230	3.406	3.623	3.777	4.109
108	3.043	3.233	3.409	3.626	3.780	4.112
109	3.046	3.236	3.412	3.629	3.784	4.116
110	3.049	3.239	3.415	3.632	3.787	4.119
111	3.052	3.242	3.418	3.636	3.790	4.122
112	3.055	3.245	3.422	3.639	3.793	4.125
113	3.058	3.248	3.424	3.642	3.796	4.129
114	3.061	3.251	3.427	3.645	3.799	4.132
115	3.064	3.254	3.430	3.647	3.802	4.135
116	3.067	3.257	3.433	3.650	3.805	4.138
117	3.070	3.259	3.435	3.653	3.808	4.141
118	3.073	3.262	3.438	3.656	3.811	4.144
119	3.075	3.265	3.441	3.659	3.814	4.146
120	3.078	3.267	3.444	3.662	3.817	4.150
121	3.081	3.270	3.447	3.665	3.819	4.153
122	3.083	3.274	3.450	3.667	3.822	4.156
123	3.086	3.276	3.452	3.670	3.824	4.159
124	3.089	3.279	3.455	3.672	3.827	4.161
125	3.092	3.281	3.457	3.675	3.831	4.164
126	3.095	3.284	3.460	3.677	3.833	4.166
127	3.097	3.286	3.462	3.680	3.836	4.169
128	3.100	3.289	3.465	3.683	3.838	4.173
129	3.102	3.291	3.467	3.686	3.840	4.176
130	3.104	3.294	3.470	3.688	3.843	4.178
131	3.107	3.296	3.473	3.690	3.845	4.180
132	3.109	3.298	3.475	3.693	3.848	4.183
133	3.122	3.302	3.478	3.695	3.850	4.185
134	3.114	3.304	3.480	3.697	3.853	4.188
135	3.116	3.306	3.482	3.700	3.856	4.190
136	3.119	3.309	3.484	3.702	3.858	4.193
137	3.122	3.311	3.487	3.704	3.860	4.196
138	3.124	3.313	3.489	3.707	3.863	4.198
139	3.126	3.315	3.491	3.710	3.865	4.200
140	3.129	3.318	3.493	3.712	3.867	4.203
141	3.131	3.320	3.497	3.714	3.869	4.205
142	3.133	3.322	3.499	3.716	3.871	4.207
143	3.135	3.324	3.501	3.719	3.874	4.209
144	3.138	3.326	3.503	3.721	3.876	4.212
145	3.140	3.328	3.505	3.723	3.879	4.214
146	3.144	3.334	3.509	3.727	3.883	4.219

Bezeichnung des Verfahrens: Test auf Ausreißer nach Grubbs	Nr. 5.2
Siehe auch Verfahren Nr. 5.1 und 5.3	Blatt: 5

Beispiel

Gegeben ist die Meßstichprobe von Leitbeispiel 1.

Der Kleinstwert x_{min} soll auf Ausreißer geprüft werden.

1. Die Prüfung der Meßstichprobe auf Zufälligkeit und Normalverteilung ist bereits erfolgt (s. Verfahren 3 und 4). Es liegt keine Beanstandung vor.

2. Berechne die Prüfgröße z für n = 10 aus:

$$x_{min} = 328 \text{ HM}$$
$$\bar{x} = 340{,}4 \text{ HM}$$
$$s = 7{,}8 \text{ HM}$$
$$z = \frac{340{,}4 - 328}{7{,}8} = 1{,}590$$

3. Suche aus der Tabelle der vorangegangenen Blätter 2 bis 4 zu $1-\alpha = 95\ \%$ und n = 10 den Schwellenwert

$$Z = B_{1-\alpha;n} = 2{,}176$$

auf.

4. Vergleich von Prüfgrößen- und Schwellenwert

Da z < Z ausfiel, wird die Nullhypothese - x_{min} sei kein Ausreißer - nicht widerlegt. Bei weiteren Auswertungen kann der Kleinstwert x_{min} als zur Meßstichprobe gehörig angesehen werden.

Gegeben ist die Meßstichprobe von Leitbeispiel 1.

Der Größtwert x_{max} soll auf Ausreißer geprüft werden.

1. Die Prüfung der Meßstichprobe au, Zufälligkeit und Normalverteilung ist bereits erfolgt (s. Verfahren 3 und 4). Es liegt keine Beanstandung vor.

2. Berechne die Prüfgröße z für n = 10 aus:

$$x_{max} = 353 \text{ HM}$$
$$\bar{x} = 340{,}4 \text{ HM}$$
$$s = 7{,}8 \text{ HM}$$
$$z = \frac{353 - 340{,}4}{7{,}8} = 1{,}615$$

3. Suche aus der Tabelle der vorangegangenen Blätter 2 bis 4 zu $1-\alpha = 95\ \%$ und n = 10 den Schwellenwert

$$Z = B_{1-\alpha;n} = 2{,}176$$

auf.

4. Vergleich von Prüfgrößen- und Schwellenwert

Da z < Z ausfiel, wird die Nullhypothese - x_{max} sei kein Ausreißer - nicht widerlegt. Bei weiteren Auswertungen kann der Größtwert x_{max} als zur Meßstichprobe gehörig angesehen werden.

Bezeichnung des Testverfahrens: Test auf Ausreißer nach Dixon	Nr. 5.3
Siehe auch Testverfahren Nr. 5.1 und 5.2	Blatt: 1

Problemstellung: Die beiden extremen Meßwerte der Meßstichprobe (Kleinst- und Größtwert) aus einer normalverteilten Grundgesamtheit sollen daraufhin überprüft werden, ob sie bei weitergehenden Auswertungen 'als zur Meßstichprobe gehörig' angesehen werden können oder aus dieser eliminiert werden müssen. Dieser Test hat den Charakter eines Schnellverfahrens.

Verwendete Symbole	Bedeutung
n	Größe der Meßstichprobe (Anzahl der Meßwerte)
$x_{(i)}$	geordneter Meßwert auf Rangplatz (i)
$z_{(1)}$	Prüfgröße bei Prüfung des Kleinstwertes auf Ausreißer
$z_{(n)}$	Prüfgröße bei Prüfung des Größtwertes auf Ausreißer

Schrittfolge (Allgemeine Formulierung)

1. Formulierung der Hypothesen H_0 und H_1

Nullhypothese H_0: Der Kleinstwert $x_{(1)}$ bzw. der Größtwert $x_{(n)}$ ist kein Ausreißer.
Gegenhypothese H_1: Der Kleinstwert $x_{(1)}$ bzw. der Größtwert $x_{(n)}$ ist Ausreißer.

2. Prüfung der Meßstichprobe auf

☒ Zufälligkeit ☒ Normalverteilung ☒ Ausreißer

3. Berechnung der Prüfgröße z
4. Aufsuchen des Schwellenwertes Z
5. Vergleich von Prüfgröße z und Schwellenwert Z

Gegenhypothese H_1	Die Nullhypothese H_0 wird zugunsten der Gegenhypothese H_1 verworfen, falls		
	Prüfgröße z		Schwellenwert Z
s.o. (einseitig)	Prüfgröße $z_{(1)}$ bzw. $z_{(n)}$	$>$	$c_{1-\alpha;n}$ Faktoren siehe Blatt 2

Prüfgröße und Schwellenwerte siehe nachfolgendes Blatt 2

6. Bemerkungen

Falls Kleinst- <u>und</u> Größtwert auf Ausreißer geprüft werden sollen, ist das Verfahren mindestens zweimal anzuwenden. Wird ein Meßwert als Ausreißer festgestellt, so ist das Verfahren an den verbleibenden (n-1) Meßwerten zu wiederholen.

Bezeichnung des Verfahrens: Test auf Ausreißer nach Dixon	Nr. 5.3
Siehe auch Verfahren Nr. 5.1 und 5.2	Blatt: 2

Prüfgrößen $z_{(1)}$ und $z_{(n)}$ und einseitig obere Schwellenwerte $C_{1-\alpha;n}$ für den Ausreißertest nach Dixon

(1)	(2)	(3)	(4)		
Probengröße	Prüfgröße		Schwellenwerte Z		
n	$z_{(n)}$	$z_{(1)}$	(1-α) in Prozent 90%	95%	99%
3 4 5 6 7	$\frac{x_{(n)} - x_{(n-1)}}{x_{(n)} - x_{(1)}}$	$\frac{x_{(2)} - x_{(1)}}{x_{(n)} - x_{(1)}}$	0,886 0,679 0,557 0,482 0,434	0,941 0,765 0,642 0,560 0,507	0,988 0,889 0,780 0,698 0,637
8 9 10	$\frac{x_{(n)} - x_{(n-1)}}{x_{(n)} - x_{(2)}}$	$\frac{x_{(2)} - x_{(1)}}{x_{(n-1)} - x_{(1)}}$	0,479 0,441 0,409	0,554 0,512 0,477	0,683 0,635 0,597
11 12 13	$\frac{x_{(n)} - x_{(n-2)}}{x_{(n)} - x_{(2)}}$	$\frac{x_{(3)} - x_{(1)}}{x_{(n-1)} - x_{(1)}}$	0,517 0,490 0,467	0,576 0,546 0,521	0,679 0,642 0,615
14 15 16 17 18 19 20 21 22 23 24 25	$\frac{x_{(n)} - x_{(n-2)}}{x_{(n)} - x_{(3)}}$	$\frac{x_{(3)} - x_{(1)}}{x_{(n-2)} - x_{(1)}}$	0,492 0,472 0,454 0,438 0,424 0,412 0,401 0,391 0,382 0,374 0,367 0,360	0,546 0,525 0,507 0,490 0,475 0,462 0,450 0,440 0,430 0,421 0,413 0,406	0,641 0,616 0,595 0,577 0,561 0,547 0,535 0,524 0,514 0,505 0,497 0,489

Diese Tabelle ist entnommen aus: W.J. Dixon; Ratios involving extreme values. Annals of Mathematical Statistics, 22, 1951, S. 68

Bezeichnung des Verfahrens: Test auf Ausreißer nach Dixon	Nr. 5.3
Siehe auch Verfahren Nr. 5.1 und 5.2	Blatt: 3

Beispiel 1

Gegeben ist die Meßstichprobe von Leitbeispiel 1.
Der Kleinstwert $x_{(1)}$ soll auf Ausreißer geprüft werden.

1. Die Prüfung der Meßstichprobe auf Zufälligkeit und Normalverteilung ist bereits erfolgt (s. Verfahren 3 und 4). Es liegt keine Beanstandung vor.

2. Berechne die Prüfgröße $z_{(1)}$ für n = 10 aus:

$$x_{(1)} = 328 \text{ HM}$$
$$x_{(2)} = 330 \text{ HM}$$
$$x_{(n-1)} = 351 \text{ HM}$$

$$z_{(1)} = \frac{x_{(2)} - x_{(1)}}{x_{(n-1)} - x_{(1)}}$$

$$= \frac{330 - 328}{351 - 328} = \frac{2}{23} = 0{,}087$$

3. Suche aus der Tabelle des vorangegangenen Blattes 2 zu 1-α = 95% und n = 10 den Schwellenwert

$$Z = C_{1-\alpha;\, n} = 0{,}477$$

auf.

4. Vergleich von Prüfgrößen- und Schwellenwert
Da $z_{(1)} < Z$ ausfiel, wird die Nullhypothese - $x_{(1)}$ sei kein Ausreißer - nicht widerlegt. Bei weiteren Auswertungen kann der Kleinstwert $x_{(1)}$ als zur Meßstichprobe gehörig angesehen werden.

Beispiel 2

Gegeben ist wiederum die Meßstichprobe von Leitbeispiel 1.
Auch der Größtwert $x_{(n)}$ soll auf Ausreißer geprüft werden.

1. Die Prüfung der Meßstichprobe auf Zufälligkeit und Normalverteilung ist bereits erfolgt (s. Verfahren 3 und 4). Es liegt keine Beanstandung vor.

2. Berechne die Prüfgröße $z_{(n)}$ für n = 10 aus:

$$x_{(n)} = 353 \text{ HM}$$
$$x_{(n-1)} = 351 \text{ HM}$$
$$x_{(2)} = 330 \text{ HM}$$

$$z_{(n)} = \frac{x_{(n)} - x_{(n-1)}}{x_{(n)} - x_{(2)}}$$

$$= \frac{353 - 351}{353 - 330} = \frac{2}{23} = 0{,}087$$

3. Suche aus der Tabelle des vorangegangenen Blattes 2 zu 1-α = 95% und n = 10 den Schwellenwert

$$Z = C_{1-\alpha;\, n} = 0{,}477$$

auf.

4. Vergleich von Prüfgrößen- und Schwellenwert
Da $z_{(n)} < Z$ ausfiel, wird die Nullhypothese - $x_{(n)}$ sei kein Ausreißer - nicht widerlegt.*) Bei weiteren Auswertungen kann der Größtwert $x_{(n)}$ als zur Meßstichprobe gehörig angesehen werden.

*) Daß $z_{(1)} = z_{(n)}$ bei einer Meßstichprobe ausfällt, ist rein zufällig.

5. PROBLEMORIENTIERTE AUSWERTUNGS- UND TESTVERFAHREN FÜR DEN MITTELWERT

5.1. Vorbemerkungen

Die im Abschnitt 4 angesprochenen Testverfahren prüfen unabhängig vom Zweck der Probenahme grundlegende Anforderungen an Meßstichproben ab. Diese Anforderungen betrafen

Zufälligkeit der Meßwertanordnung,
Normalverteilung der Meßwerte und
Homogenität der Meßstichprobe.

Selbstverständlich ist es möglich, aufgrund von Erfahrungen, umfangreichen Vorkenntnissen u.ä. diese Anforderungen an eine Meßstichprobe zu beurteilen, ohne eines der im vorangegangenen Abschnitt 4 beschriebenen Testverfahren anzuwenden. Diese Testverfahren stellten hierfür lediglich eine Entscheidungshilfe dar. Nur wenn diese Anforderungen an die Meßstichprobe erfüllt sind, kann mit dem Datenmaterial die eigentlich interessierende Fragestellung beantwortet werden, deretwegen die Meßstichprobe erfaßt wurde.

Deshalb setzen alle (!) nachfolgenden Verfahren voraus:

1. die Anordnung der Meßwerte in der Stichprobe muß zufällig sein;
2. die Meßwerte der Stichprobe müssen aus einer normalverteilten Grundgesamtheit entnommen worden sein;[1)]
3. die Meßstichprobe muß frei von Ausreißern sein.

Der ersten sehr wesentlichen Gruppe problemorientierter statistischer Verfahren liegt folgende Modellvorstellung zugrunde:

Es interessiert der arithmetische Mittelwert μ der Grundgesamtheit. Um hierüber eine Aussage machen zu können, wird dieser Grundgesamtheit eine Zufallsstichprobe der Größe n entnommen und das interessierende Merkmal x messend erfaßt. Die rechnerische Aufbereitung liefert u.a. den arithmetischen Mittelwert $\bar{x}$ als Stichprobenkenngröße. Es interessiert die Frage: Wo liegt μ?

---

1) Für die Verwendung des arithmetischen Mittelwertes einer Meßstichprobe ist deren Prüfung auf Normalverteilung dann von untergeordneter Rolle, wenn von vornherein feststeht, daß die Meßstichprobe ausreißerfrei ist.

Daß zwischen arithmetischem Mittelwert μ der Grundgesamtheit und arithmetischen Mittelwert $\bar{x}$ der Stichprobe die Beziehung

$$\mu = \bar{x}$$

gilt, ist eine weitverbreitete, jedoch falsche Annahme, wie anhand des folgenden Grundversuches G 1 der technischen Statistik leicht nachgewiesen werden kann.

Aus einer mit dem Mittelwert μ = 50 [ ][1)] und der Standardabweichung σ = 10 [ ] normalverteilten und ausreißerfreien Grundgesamtheit wurden insgesamt 40 Zufallsstichproben der Größe n = 5 entnommen und aus den dabei anfallenden Meßwerten (Spalte 2) die Stichprobenkenngrößen

- arithmetischer Mittelwert $\bar{x}$ (Spalte 3)
- Varianz s^2 (Spalte 4)
- Standardabweichung s (Spalte 5)
- Kleinstwert x_{min} (Spalte 6)
- Größtwert x_{max} (Spalte 7)
- Spannweite R (Spalte 8)

berechnet. Wie man erkennt, sind Stichprobenkenngrößen k e i n e Festwerte, sondern weisen wiederum Verteilungen auf. Beispielsweise sieht man, daß die Stichprobenkenngröße $\bar{x}$ (Spalte 3) zwischen den Werten 41,8[ ] der Stichprobe Nr. 33 und 58,0[ ] der Stichprobe Nr. 12 schwankt und daß nicht jede Stichprobe wiederum als arithmetischen Mittelwert μ = 50[ ] aufweist. Es gilt also nur

$$\mu \approx \bar{x}.$$

Selbst der Mittelwert sämtlicher 40 in Spalte (3) stehender $\bar{x}$-Werte, der mit 49,83[ ] angegeben wird, stimmt noch nicht mit dem Mittelwert μ = 50[ ] der Grundgesamtheit überein. Ähnliche Aussagen treffen auf die unter den Spalten (4) bis (8) stehenden Mittelwerte im Vergleich zur Grundgesamtheit zu.

---

1) Die Klammern [ ] stehen für eine technische Einheit. Man kann sich also dafür z.B. HM, kg, mm u.ä. denken, um die Formulierung des Textes besser verstehen zu können.

(1)	(2)	(3)	(4)	(5)	(6)	(7)	(8)
Probe Nr.	Einzelbeobachtungen x_i	$\bar{x}$	s^2	s	x_{min}	x_{max}	R
1	32 70 40 39 51	46,4	220	14,8	32	70	38
2	41 44 43 51 47	45,2	15	3,9	41	51	10
3	55 57 44 22 45	44,6	193	13,9	22	57	35
4	54 40 55 42 54	49,0	54	7,4	40	55	15
5	41 63 48 53 64	53,8	97	9,8	41	64	23
6	57 48 54 55 67	56,2	48	6,9	48	67	19
7	59 43 43 53 52	50,0	48	6,9	43	59	16
8	48 56 43 69 50	53,2	100	1o,0	43	69	26
9	56 36 51 55 67	53,0	126	11,2	36	67	31
10	47 54 46 34 51	46,4	58	7,6	34	54	20
11	53 42 36 45 42	43,6	38	6,2	36	53	17
12	37 80 59 69 45	58,0	304	17,4	37	80	43
13	48 53 56 45 59	52,2	33	5,7	45	59	14
14	61 63 41 30 42	47,4	200	14,2	30	63	33
15	56 39 68 55 47	53,0	118	10,8	39	68	29
16	55 43 44 50 40	46,4	36	6,0	40	55	15
17	71 45 57 34 43	50,0	205	14,3	34	71	37
18	48 41 54 58 47	49,6	43	6,6	41	58	17
19	38 43 57 48 41	45,4	55	7,4	38	57	19
20	43 55 33 52 51	46,8	79	8,9	33	55	22
21	67 56 37 57 45	52,4	135	11,6	37	67	30
22	34 56 57 51 47	49,0	87	9,3	34	57	23
23	52 51 64 43 65	55,0	88	9,4	43	65	22
24	54 59 52 45 46	51,2	34	5,8	45	59	14
25	60 43 41 46 53	48,6	61	7,8	41	60	19
26	47 46 51 46 59	49,8	31	5,5	46	59	13
27	47 45 60 55 41	49,6	60	7,7	41	60	19
28	33 44 53 41 61	46,4	118	10,9	33	61	28
29	47 41 52 57 47	48,8	36	6,0	41	57	16
30	52 60 39 39 63	50,6	128	11,3	39	63	24
31	53 42 62 41 41	47,8	89	9,4	41	62	21
32	37 57 40 53 60	49,4	106	10,3	37	60	23
33	40 52 35 47 35	41,8	57	7,5	35	52	17
34	56 73 55 43 51	55,6	121	11,0	43	73	30
35	50 77 42 36 49	50,8	247	15,7	36	77	41
36	42 52 59 51 48	50,4	38	6,2	42	59	17
37	44 64 41 54 42	49,0	97	9,9	41	64	23
38	54 73 64 31 59	56,2	248	15,7	31	73	42
39	50 48 61 33 49	48,2	100	10,0	33	61	28
40	44 45 69 60 44	52,4	132	11,5	44	69	25
$\sum_{1}^{40}$	9 966	1993,2	4083	382,4	1536	2490	954
Mittelwerte		49,83	102,1	9,56	38,4	62,3	23,9

Normalverteilte Grundgesamtheit

Mittelwert μ = 50 [ ]

Standardabweichung σ = 10 [ ]

Stichprobengröße n = 5

In der Praxis liegen im allgemeinen nicht viele Stichproben entnommen aus einer bekannten Grundgesamtheit vor, sondern es liegt eine Stichprobe entnommen aus einer unbekannten Grundgesamtheit vor.

Deckt man beispielsweise im Grundversuch G 1 alle Zeilen außer der Zeile 15 ab, so kann man sich vorstellen, daß dies das stichprobenmäßig erfaßte Wissen über eine unbekannte Grundgesamtheit ist, und man kann z.B. folgende Fragestellungen formulieren:

Die Stichprobe Nr. 15 lieferte als Kenngröße	Wo liegt die zugeordnete Kenngröße der Grundgesamtheit?
$\bar{x} = 53{,}0$ [ ] $s^2 = 118$ [ ] $s = 10{,}8$ [ ]	$\mu = ?$ $\sigma^2 = ?$ $\sigma = ?$

Mittels statistischer Verfahren ist es möglich, auf Stichprobenbasis Aussagen über die wahren, jedoch unbekannten Kenngrößen der Grundgesamtheit zu machen.

Wie diese Aussagen über den arithmetischen Mittelwert μ der Grundgesamtheit bestimmt werden, darauf wird in den nachfolgenden Abschnitten näher eingegangen.

5.2. Vertrauensbereich für den arithmetischen Mittelwert der Grundgesamtheit

Bereits weiter oben wurde erkannt, daß die Kennngröße μ der Grundgesamtheit nicht gleich, sondern nur ungefähr gleich der Stichprobenkenngröße $\bar{x}$ ist ($\mu \approx \bar{x}$). Man sagt: $\bar{x}$ schätzt μ; oder: μ liegt in der Nähe von $\bar{x}$. Diese Formulierung läßt sich wie folgt in Form einer Bereichsaussage präzisieren:

$$\mu_{\substack{OBEN\\UNTEN}} = \bar{x} \pm t_{1-(\alpha/2);f} \cdot \frac{s}{\sqrt{n}} \quad \text{mit } f = n-1$$

Mit dieser Formel wird der sogenannte Vertrauensbereich für den arithmetischen Mittelwert μ der Grundgesamtheit berechnet.

Die Formel für den Vertrauensbereich für μ kommt noch einmal im Verfahren 7.3, Seite 267 und 268, vor. Sie wurde aus didaktischen Gründen vorgezogen. Da in der Anwendung häufig das Verfahren 7.3 zunächst angewendet wird und erst anschließend alle auf dem Vertrauensbereich für μ aufbauenden weiteren Verfahren (z.B. Streuzahl- und Variationszahlverfahren), stimmt die Anwendungsfolge der Verfahren, wie sie im Programmablaufplan niedergelegt ist, nicht mit der Reihenfolge überein, in der diese Verfahren in dieser Veröffentlichung behandelt werden.

Darin sind:

μ_{UNTEN}^{OBEN} = Untere und obere Vertrauensgrenze für den wahren, jedoch unbekannten arithmetischen Mittelwertes μ der Grundgesamtheit

$n;\ \bar{x};\ s$ = Stichprobengröße, -mittelwert und -standardabweichung

$t_{1-(\alpha/2);f}$ = Der statistischen Sicherheit $1-\alpha$ und der Größe $f = n-1$ zugeordneter zweiseitig oberer Schwellenwert der t-Verteilung nach T4.

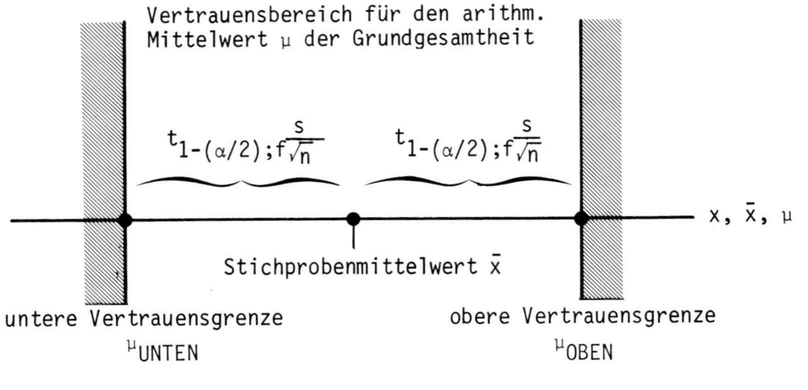

Bild 31: Zur Veranschaulichung der Formel für den Vertrauensbereich für den arithmetischen Mittelwert μ der Grundgesamtheit

Beispiele:

1. Stichprobe Nr. 15 des Grundversuchs G 1 lieferte:

$n = 5$
$\bar{x} = 53{,}0$ [ ]
$s = 10{,}8$ [ ]

Was kann über die Lage des als unbekannt unterstellten arithmetischen Mittelwertes μ der Grundgesamtheit ausgesagt werden?

Aus T4 erhält man zu $1-\alpha = 95\%$ (vorgegebener Wert) und $f = n-1 = 4$ den zweiseitig oberen Schwellenwert

$$t_{1-(\alpha/2);f} = 2{,}776$$

und mit

$$\mu_{UNTEN}^{OBEN} = 53{,}0 \pm 2{,}776 \cdot \frac{10{,}8}{\sqrt{5}}$$

$$= (53{,}0 \pm 13{,}4)\,[\ ]$$

$$\mu_{UNTEN} = 39{,}6\ [\ ]$$

$$\mu_{OBEN} = 66{,}4\ [\ ]$$

d.h. der wahre, jedoch unbekannte Mittelwert μ der Grundgesamtheit liegt in dem Bereich zwischen 39,6 [ ] und 66,4 [ ]. Sicherheit dieser Aussage: 95%.

2. $n = 10$ Meßwerte des Leitbeispiels 1 lieferten die Stichprobenkenngrößen

$\bar{x} = 340{,}4$ HM

$s = 7{,}8$ HM

In welchem Vertrauensbereich liegt der Mittelwert μ der Grundgesamtheit ($1-\alpha = 95\%$)?

$$t_{1-(\alpha/2);f} = 2{,}262 \text{ für } 1-\alpha = 95\%;\ f = 9$$

$$\mu_{\text{UNTEN}}^{\text{OBEN}} = 340{,}4 \pm 2{,}262 \cdot \frac{7{,}8}{\sqrt{10}}$$

$$= (340{,}4 \pm 5{,}6) \text{ HM}$$

$$\mu_{\text{UNTEN}} = 334{,}8 \text{ HM}$$

$$\mu_{\text{OBEN}} = 346{,}0 \text{ HM}$$

d.h. der wahre, jedoch unbekannte Mittelwert μ der Grundgesamtheit liegt in dem Bereich zwischen 334,8 HM und 346,0 HM. Sicherheit der Aussage: 95%.

Beiden Beispielen entnimmt man folgende wesentliche Eigenschaften aller statistischer Verfahren, die dem Rückschluß von der bekannten Stichprobe auf die unbekannte Grundgesamtheit dienen:

1. Aussagen über Kenngrößen der Grundgesamtheit haben Bereichsform und
2. Aussagen über Kenngrößen der Grundgesamtheit haben Wahrscheinlichkeitscharakter.

   D.h. beispielsweise, daß der wahre, jedoch unbekannte Mittelwert μ der Grundgesamtheit nicht 100%ig sicher zwischen μ_{UNTEN} und μ_{OBEN} liegt, sondern daß dies nur mit der vorgegebenen Sicherheit $1-\alpha$ der Fall ist. Mit der Wahrscheinlichkeit α - auch Irrtumswahrscheinlichkeit genannt - liegt μ eben nicht innerhalb, sondern außerhalb des berechneten Vertrauensbereiches. Will man, daß dies selten der Fall ist, muß α also sehr klein (z.B. α = 1%) gewählt werden, $1-\alpha$ ist dann sehr groß, was allerdings zur Folge hat, daß der Vertrauensbereich μ breiter und damit die Lage von μ unschärfer angegeben wird.

Im Bereich technischer Fragestellungen ist es üblich, Aussagen mit einer Wahrscheinlichkeit von $1-\alpha$ = 95% zu formulieren.

Die Breite des Vertrauensbereiches bei konstanter statistischer Sicherheit $1-\alpha$ (z.B. 95%) ist ein Maß dafür, wie gut die Schätzung von μ durch $\bar{x}$ ausfällt:

Ist der Bereich breit, wird μ durch $\bar{x}$ schlecht geschätzt.

Ist der Bereich eng, wird μ durch $\bar{x}$ gut geschätzt.

Wie man der Formel entnehmen kann, gelingt es durch zwei grundsätzliche Maßnahmen, den Vertrauensbereich für μ einzuengen.

1. Verringerung der Meßwertstreuung

   Dadurch wird bei Wiederholung der Meßstichprobe und deren rechnerischer Aufbereitung der Stichprobenmittelwert $\bar{x}$ in derselben Größenordnung wie zuvor anfallen, die Stichprobenstandardabweichung dagegen wird reduziert.

2. Vergrößerung der Meßstichprobe

   Die Maßnahme wirkt sich nicht in einer wesentlichen Veränderung der Stichprobenkenngrößen $\bar{x}$ und s aus. Da die Stichprobengröße im Nenner der Formel für μ_{UNTEN}^{OBEN} steht, führt diese Maßnahme unmittelbar zur Einengung des Vertrauensbereiches für μ. Darüber hinaus wird der Bereich zusätzlich dadurch eingeengt, daß bei konstanter statistischer Sicherheit $1-\alpha$ mit zunehmender Stichprobengröße n auch f = n-1 zunimmt und nach T4 der zweiseitig obere Schwellenwert $t_{1-(\alpha/2);f}$ damit abnimmt.

Aufgabe 5.2-1

Berechnen Sie die Vertrauensbereiche für die Meßstichproben der Leitbeispiele 3 und 4 bei $1-\alpha$ = 95%.

5.3. Erzielte Genauigkeit und erforderliche Stichprobengröße nach dem Variationszahlverfahren

Bezieht man aus der Formel für den Vertrauensbereich für μ den Ausdruck

$$t_{1-(\alpha/2);f} \cdot \frac{s}{\sqrt{n}}$$

auf den arithmetischen Mittelwert $\bar{x}$ der Stichprobe und drückt den Quotienten in Prozent aus, so ist dadurch ein Maß für die erzielte (relative) Genauigkeit entstanden für die Schätzung von μ durch $\bar{x}$. Diese erzielte Genauigkeit wird mit ε[1)] abgekürzt. Gelegentlich wird ε auch als relativer Vertrauensbereich bezeichnet.

Es ist

$$\boxed{\varepsilon = \frac{t_{1-(\alpha/2);f}}{\sqrt{n}} \cdot \frac{s}{\bar{x}} \cdot 100\%}$$

bzw. mit $v = \frac{s}{\bar{x}} \cdot 100\%$ (s. Verfahren 2.7.2)

$$\boxed{\varepsilon = \frac{t_{1-(\alpha/2);f}}{\sqrt{n}} \cdot v}$$

Da in der Berechnung von ε die Variationszahl v auftritt, wird dieses Verfahren *Variationszahlverfahren* genannt.

Legt man in der zweiten Formel ε mit einem bestimmten Wert ε' als sogenannte erforderliche Genauigkeit fest, so läßt sich die sogenannte erforderliche Stichprobengröße n' bestimmen, die diese Genauigkeitsforderung erfüllt.

Die Hantierung der Formel für ε kann zeichnerisch oder rechnerisch erfolgen.

Es hat sich als zweckmäßig erwiesen, das Variationszahlverfahren vorwiegend bei maschineller Auswertung der Meßstichprobe einzusetzen. Deshalb heißt es im Zusammenhang mit der statistischen Auswertung von Zeitaufnah-

---

1) Für ε lies "epsilon"; kleiner griechischer Buchstabe

men in einer Schrift der Industriegewerkschaft Metall[1] sinngemäß, daß wegen der Bestimmung von Standardabweichung und Variationszahl das Variationszahlverfahren zweckmäßig "in den Fällen eingesetzt werden sollte, in denen programmierbare Rechenmaschinen eingesetzt werden können".

Verfahren 6.1.1 (Seite 247 und 248) Bestimmung der erzielten Genauigkeit ε (Zeichnerisches Variationszahlverfahren)

Verfahren 6.1.2 (Seite 249) Bestimmung der erzielten Genauigkeit ε (Rechnerisches Variationszahlverfahren)

Verfahren 7.1.1 (Seite 251) Bestimmung der erforderlichen Stichprobengröße n' (Zeichnerisches Variationszahlverfahren)

Verfahren 7.1.2 (Seite 252) Bestimmung der erforderlichen Stichprobengröße n' (Rechnerisches Variationszahlverfahren)

<u>Aufgabe 5.3-1</u>

1. Ermitteln Sie für die Meßstichprobe des Leitbeispiels 3 erzielte Genauigkeit und erforderliche Aufnahmegröße nach dem Variationszahlverfahren bei $1-\alpha = 95\%$ und $\varepsilon' = 2\%$.

2. Ermitteln Sie für die Meßstichprobe des Leitbeispiels 4 erzielte Genauigkeit und erforderliche Aufnahmegröße nach dem Variationszahlverfahren bei $1-\alpha = 95\%$ und $\varepsilon' = 1\%$.

---

1) R. Birkwald, H. Lübben, H. Harbisch und F. Neudel: Vorschläge zur Gestaltung einer Betriebsvereinbarung über Entlohnungsgrundsatz und Entlohnungsmethode, Frankfurt 1972, Seite 22

Bezeichnung des Verfahrens:	Bestimmung der erzielten Genauigkeit ε Zeichnerisches Variationszahlverfahren	Nr. 6.1.1
Siehe auch Verfahren Nr. 8 .1.1		Blatt: 1

Problemstellung: Tatsächlich beobachteter Mittelwert $\bar{x}$ der Meßstichprobe und idealer Mittelwert μ der Grundgesamtheit weichen höchstwahrscheinlich weniger als der Anteil ε voneinander ab. Das Variationszahlverfahren liefert die beste Aussage über die erzielte Genauigkeit ε.

Verwendete Symbole	Bedeutung
n	Größe der Meßstichprobe (Anzahl der Meßwerte)
v	Variationszahl

Schrittfolge

Allgemeine Formulierung	Beispiel
1. Variationszahl v bestimmen	1. n = 10 Meßwerte liefern v = 2,3 %
2. Variationszahl v auf der rechten Außenleiter und Anzahl der Meßwerte n auf der linken Außenleiter des Nomogrammes auf dem folgenden Blatt 2 markieren	2. und 3. siehe Ablesebeispiel 1 im nachfolgenden Blatt 2
3. Beide Marken durch eine Ablesegerade miteinander verbinden	
4. Schnittpunkt der Ablesegerade mit der Mittelleiter liefert die mit n Meßwerten erzielte Genauigkeit ε, mit der der Stichprobenmittelwert $\bar{x}$ den wahren, jedoch unbekannten Mittelwert μ der Grundgesamtheit schätzt (Aussagewahrscheinlichkeit $1-\alpha$)	4. ε = 1,7 % siehe Ablesebeispiel 1 im nachfolgenden Blatt 2 <u>Interpretation</u> Höchstwahrscheinlich ($1-\alpha$ = 95 %) weichen Stichprobenmittelwert $\bar{x}$ und wahrer, jedoch unbekannter Mittelwert μ der Grundgesamtheit weniger als ε = 1,7 % voneinander ab.

Bezeichnung des Verfahrens: Bestimmung der erzielten Genauigkeit ε Zeichnerisches Variationszahlverfahren	Nr. 6.1.1
Siehe auch Verfahren Nr.	Blatt: 2

Leitertafel zur Ermittlung der Genauigkeit ε nach dem Variationszahlverfahren (1-α = 95 %)

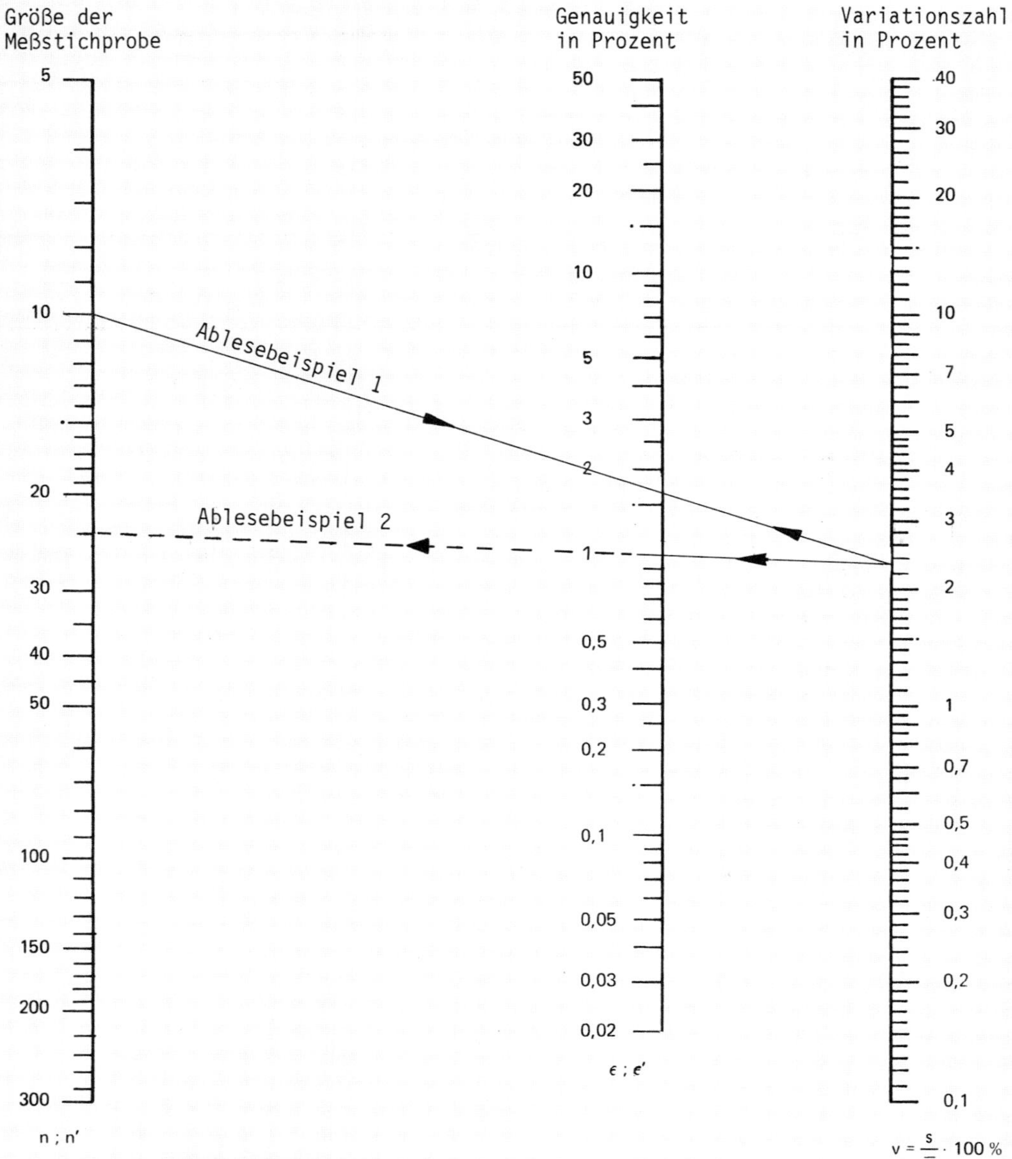

Ablesebeispiel 1:

n = 10

v = 2,3 %

ε = 1,7 %

Ablesebeispiel 2:

n = 10

v = 2,3 %

ε' = 1 %

n' = 25

Bezeichnung des Verfahrens: Bestimmung der erzielten Genauigkeit ε Rechnerisches Variationszahlverfahren	Nr. 6.1.2
Siehe auch Verfahren Nr.	Blatt:

Problemstellung: Tatsächlich beobachteter Mittelwert $\bar{x}$ der Meßstichprobe und idealer Mittelwert μ der Grundgesamtheit weichen höchstwahrscheinlich weniger als der Anteil ε voneinander ab. Das Variationszahlverfahren liefert die beste Aussage über die erzielte Genauigkeit ε (Rechnerische Lösung).

Verwendete Symbole	Bedeutung
n	Größe der Meßstichprobe (Anzahl der Meßwerte)
v	Variationszahl
$t_{1-(\alpha/2);f}$	Schwellenwert der t-Verteilung

Schrittfolge

Allgemeine Formulierung	Beispiel
1. Variationszahl v bestimmen	1. n = 10 Meßwerte liefern v = 2,3%
2. Erzielte Genauigkeit ε bestimmen nach der Formel $\varepsilon = \frac{t_{1-(\alpha/2);f}}{\sqrt{n}} \cdot v$ Faktoren $t_{1-(\alpha/2);f}$ siehe Tabelle T 4 für f = n-1	2. Zu $t_{1-(\alpha/2);f} = 2{,}262$ aus T 4 für $1-\alpha = 95\%$ $f = 9$ erhält man $\varepsilon = \frac{2{,}262}{\sqrt{10}} \cdot 2{,}3\%$ $= 1{,}64\% \approx 1{,}6\%$
3. Statt obiger Formel läßt sich auch die folgende Näherungsformel für $n \gtrsim 10$ verwenden: $\varepsilon \approx \frac{\frac{2{,}576}{n-1} + 1{,}960}{\sqrt{n}} \cdot v$ für $1 - \alpha = 95\%$	Interpretation Höchstwahrscheinlich ($1-\alpha = 95\%$) weichen Stichprobenmittelwert $\bar{x}$ und wahrer, jedoch unbekannter Mittelwert μ der Grundgesamtheit weniger als $\varepsilon = 1{,}6\%$ voneinander ab.

Bezeichnung des Verfahrens: Bestimmung der erforderlichen Stichprobengröße n' Zeichnerisches Variationszahlverfahren	Nr. 7.1.1
Siehe auch Verfahren Nr.	Blatt:

Problemstellung: Eine erste Zwischenauswertung aufgrund von n Meßwerten lieferte nach Verfahren 6.1.1 eine erzielte Genauigkeit ε. Da diese noch über einer erforderlichen Genauigkeit ε' liegt ($\varepsilon > \varepsilon'$), muß die Stichprobe von bisher n auf n' Meßwerte erhöht werden (Zeichnerische Lösung).

Verwendete Symbole	Bedeutung
v	Variationszahl aufgrund einer Zwischenauswertung von n Meßwerten

Schrittfolge

Allgemeine Formulierung	Beispiel
1. Aufgrund von n erfaßten Meßwerten Variationszahl v bestimmen	1. n = 10 Meßwerte liefern v = 2,3 % Erforderliche Genauigkeit ε' = 1 %
2. Variationszahl v auf der rechten Außenleiter und geforderte Genauigkeit ε' auf der Mittelleiter des Nomogrammes zu Verfahren 6.1.1 (Blatt 2) markieren	2. und 3. siehe Ablesebeispiel 2 in Verfahren 6.1.1 (Blatt 2)
3. Beide Marken durch eine Ablesegerade miteinander verbinden und diese bis zur linken Außenleiter verlängern	4. n' = 25 Meßwerte siehe Ablesebeispiel in Verfahren 6.1.1 (Blatt 2)
4. Schnittpunkt auf der linken Außenleiter liefert die Stichprobengröße n', welche voraussichtlich erforderlich ist, um den wahren, jedoch unbekannten Mittelwert μ der Grundgesamtheit mit der Genauigkeit ε' aufgrund des Stichprobenmittelwertes $\bar{x}$ zu erfassen (Aussagewahrscheinlichkeit $1-\alpha$)	Interpretation n'-n = 15 zusätzliche Beobachtungen sind voraussichtlich erforderlich, damit Stichprobenmittelwert $\bar{x}$ und Mittelwert μ der Grundgesamtheit nicht mehr als ε' = 1 % voneinander abweichen (Aussagewahrscheinlichkeit $1-\alpha$ = 95 %)

Bezeichnung des Verfahrens: Bestimmung der erforderlichen Stichprobengröße n' Rechnerisches Variationszahlverfahren	Nr. 7.1.2
Siehe auch Verfahren Nr.	Blatt: 1

Problemstellung: Eine erste Zwischenauswertung aufgrund von n Meßwerten lieferte nach Verfahren 6.1.2 eine erzielte Genauigkeit ε. Da diese noch über einer erforderlichen Genauigkeit ε' liegt ($\varepsilon > \varepsilon'$), muß die Stichprobe von bisher n auf voraussichtlich n' Meßwerte erhöht werden (Rechnerische Lösung bei $1-\alpha = 95\%$)

Verwendete Symbole	Bedeutung
v	Variationszahl aufgrund einer Zwischenauswertung von n Meßwerten

Schrittfolge

Allgemeine Formulierung	Beispiel
1. Aufgrund von n erfaßten Meßwerten Variationszahl v bestimmen	1. $v = 2{,}3\%$
2. Nach der folgenden Näherungsformel die voraussichtliche Größe n' der Meßstichprobe bestimmen $\sqrt{n'^3} - 1{,}96 \cdot \frac{v}{\varepsilon'} \cdot n' - \sqrt{n'} - 0{,}616 \cdot \frac{v}{\varepsilon'} \approx 0$ Dies ist eine kubische Bestimmungsgleichung für n', deren Lösung nur mittels eines EDV-Rechenprogrammes mit wirtschaftlich vertretbarem Aufwand möglich ist.	2. $\varepsilon' = 1\%$ In grober Näherung erhält man $n' \approx \left(\frac{2 \cdot 2{,}3}{1}\right)^2$ ≈ 21
3. In grober Näherung läßt sich n' wie folgt bestimmen: $n' \approx \left(\frac{2 \cdot v}{\varepsilon'}\right)^2$	Interpretation: Damit der wahre, jedoch unbekannte Mittelwert μ der Grundgesamtheit mit einer Genauigkeit von $\varepsilon' = 1\%$ aufgrund des Stichprobenmittelwertes geschätzt werden kann, sind voraussichtlich 21 statt bisher durchgeführt 10 Zyklen erforderlich. Die Zeitaufnahme muß also um 11 Zyklen vergrößert werden.
4. Statt der Lösung der unter 2. genannten kubischen Gleichung bietet sich das folgende iterative Lösungsverfahren mit dem Start $n'_{alt} = n$ an: $n'_{neu} = \left(\frac{\frac{2{,}576}{n'_{alt} - 1} + 1{,}96}{\varepsilon'} \cdot v \right)^2$	

5.4. Erzielte Genauigkeit und erforderliche Stichprobengröße nach dem Streuzahlverfahren

In der Methodenlehre des Arbeitsstudiums, Teil 2, ist zur statistischen (vorwiegend manuellen) Auswertung von Zeitaufnahmen das Streuzahlverfahren beschrieben. Dieses läßt sich natürlich auch auf andere Daten als Zeitmeßwerte anwenden.

Verfahren 6.2.1 (Seite 255 und 256) Bestimmung der erzielten Genauigkeit ε (Zeichnerisches Streuzahlverfahren)

Verfahren 6.2.2 (Seite 257 und 258) Bestimmung der erzielten Genauigkeit ε (Rechnerisches Streuzahlverfahren)

Verfahren 7.2.1 (Seite 259) Bestimmung der erforderlichen Stichprobengröße n' (Zeichnerisches Streuzahlverfahren)

Verfahren 7.2.2 (Seite 260) Bestimmung der erforderlichen Stichprobengröße n' (Rechnerisches Streuzahlverfahren)

Streuzahl- und Variationszahlverfahren sind so konzipiert worden, daß bei Vorliegen sämtlicher in Abschnitt 4 behandelter Voraussetzungen gleiche Ergebnisse entstehen. Geringfügige Unterschiede sind aus den unterschiedlichen Berechnungsvorschriften für Streuzahl und Variationszahl erklärbar. Das Variationszahlverfahren ist das beste, insbesondere für maschinelle Auswertungen geeignete Verfahren, wohingegen das Streuzahlverfahren ein gutes Näherungsverfahren, insbesondere für manuelle Auswertungen, ist. Der Näherungscharakter dieses Verfahrens hängt mit dem geringeren Informationsgehalt von einfacher bzw. mittlerer Spannweite im Vergleich zur Standardabweichung bei Aussagen über die Meßwertstreuung zusammen.

Bezeichnung des Verfahrens:	Nr.
Bestimmung der erzielten Genauigkeit ε Zeichnerisches Streuzahlverfahren	6.2.1
Siehe auch Verfahren Nr.	Blatt: 1

Problemstellung: Tatsächlich beobachteter Mittelwert $\bar{x}$ der Meßstichprobe und idealer Mittelwert μ der Grundgesamtheit weichen höchstwahrscheinlich weniger als der Anteil ε voneinander ab. Das Streuzahlverfahren liefert eine schnelle Aussage über die erzielte Genauigkeit ε (Nomographische Lösung).

Verwendete Symbole	Bedeutung
n	Größe der Meßstichprobe (Anzahl der Meßwerte)
z	Streuzahl z

Schrittfolge

Allgemeine Formulierung	Beispiel
1. Streuzahl z bestimmen 2. Streuzahl z auf der rechten Außenleiter und Anzahl der Meßwerte n auf der linken Innenleiter für $n \leq 14$, auf der linken Außenleiter für $n \geqq 14$ des folgenden Nomogrammes (Blatt 2) markieren 3. Beide Marken durch eine Ablesegerade miteinander verbinden 4. Schnittpunkt der Ablesegerade mit der Mittelleiter liefert die mit n Meßwerten erzielte Genauigkeit ε, mit der der Stichprobenmittelwert $\bar{x}$ den wahren, jedoch unbekannten Mittelwert μ der Grundgesamtheit schätzt (Aussagewahrscheinlichkeit $1-\alpha$).	1. n = 10 Meßwerte liefern z = 7,3 % 2. und 3. siehe Ablesebeispiel 1 im nachfolgenden Blatt 2 4. ε = 1,7 % siehe Ablesebeispiel 1 im nachfolgenden Blatt 2 1. n = 23 Meßwerte liefern z = 6,8 % 2. und 3. siehe Ablesebeispiel 2 im nachfolgenden Blatt 2 4. ε = 1,3 % siehe Ablesebeispiel 2 im nachfolgenden Blatt 2 Interpretation Höchstwahrscheinlich ($1-\alpha$=95 %) weichen Stichprobenmittelwert $\bar{x}$ und wahrer, jedoch unbekannter Mittelwert μ der Grundgesamtheit weniger als ε = 1,7 % (Ablesebeispiel 1) bzw. ε = 1,3 % (Ablesebeispiel 2) voneinander ab.

Bezeichnung des Verfahrens: Bestimmung der erzielten Genauigkeit ε Zeichnerisches Streuzahlverfahren	Nr. 6.2.1
Siehe auch Verfahren Nr.	Blatt: 2

Leitertafel zur Ermittlung der Genauigkeit nach dem Streuzahlverfahren (1 - α = 95 %)

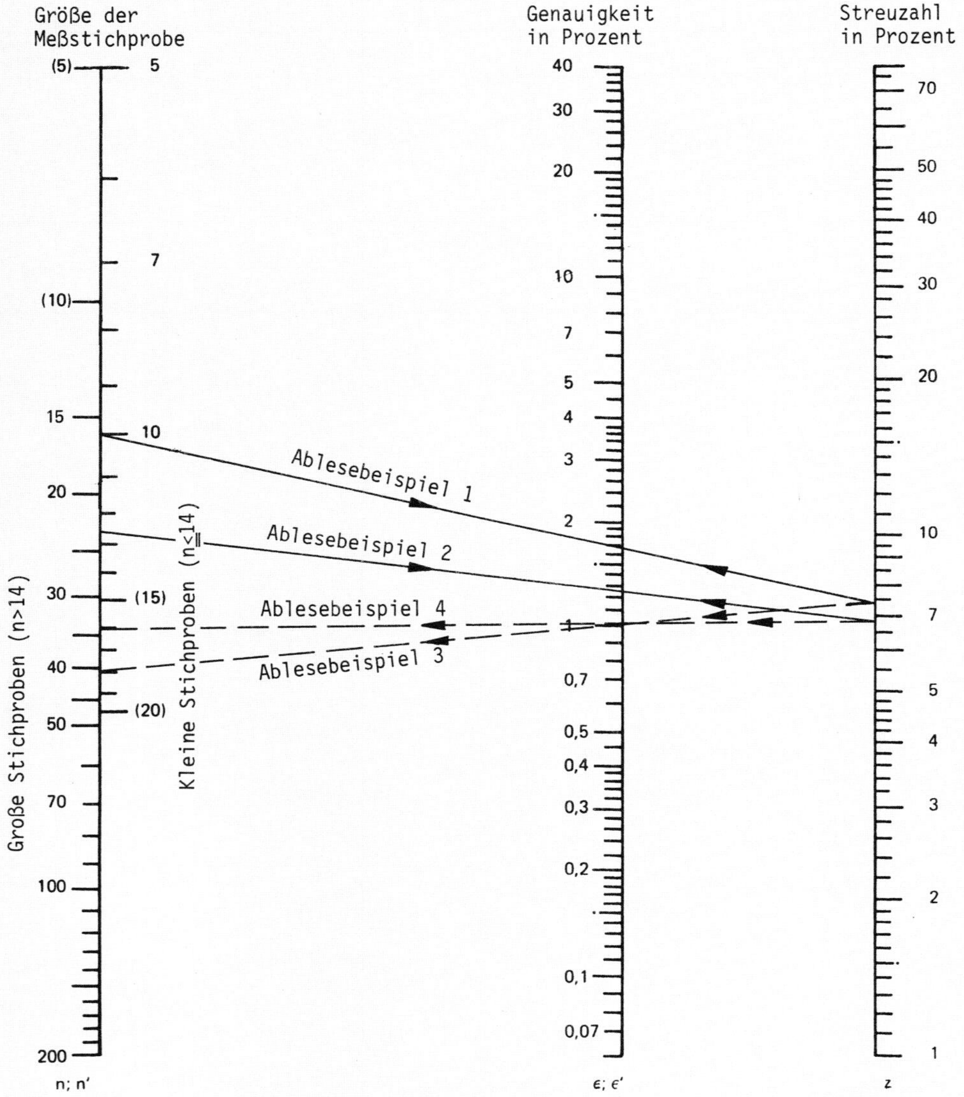

Ablesebeispiel 1:	Ablesebeispiel 2:	Ablesebeispiel 3:	Ablesebeispiel 4:
n = 10	n = 23	n = 10	n = 23
z = 7,3 %	z = 6,8 %	z = 7,3 %	z = 6,8 %
ε = 1,7 %	ε = 1,3 %	ε' = 1 %	ε' = 1 %
		n' = 18	n' = 34 ≈ 35

Bezeichnung des Verfahrens:	Nr.
Bestimmung der erzielten Genauigkeit ε Rechnerisches Streuzahlverfahren	6.2.2
Siehe auch Verfahren Nr.	Blatt: 1

Problemstellung: Tatsächlich beobachteter Mittelwert $\bar{x}$ und idealer Mittelwert μ der Grundgesamtheit weichen höchstwahrscheinlich weniger als der Anteil ε voneinander ab. Das Streuzahlverfahren liefert eine schnelle Aussage über die erzielte Genauigkeit ε (Rechnerische Lösung).

Verwendete Symbole	Bedeutung
n	Größe der Meßstichprobe (Anzahl der Meßwerte)
z	Streuzahl z
k_n bzw. $\bar{k}_n$	Multiplikatoren zur Bestimmung von ε

Schrittfolge

Allgemeine Formulierung

1. Streuzahl z bestimmen

2. Erzielte Genauigkeit ε bestimmen nach der Formel

$\varepsilon = k_n \cdot z$	für $n \leq 14$
$\varepsilon = \bar{k}_n \cdot z$	für $n > 14$

Faktoren k_n und $\bar{k}_n$ für $1-\alpha = 95\ \%$

siehe Tabelle auf folgendem Blatt 2 bzw. Nährungsformel

Beispiel

Beispiel 1

1. $n = 10$ Meßwerte liefern
   $z = 7{,}3\ \%$

2. Zu $k_n = 0{,}230$ aus Blatt 2 erhält man
   $\varepsilon = 0{,}230 \cdot 7{,}3\ \%$
   $= 1{,}68 \approx 1{,}7\ \%$

Beispiel 2

1. $n = 23$ Meßwerte liefern
   $z = 6{,}8\ \%$

2. Zu $\bar{k}_n = 0{,}187$ aus Blatt 2(interpoliert) erhält man
   $\varepsilon = 0{,}187 \cdot 6{,}8\ \%$
   $= 1{,}27 \approx 1{,}3\ \%$

Interpretation

Höchstwahrscheinlich ($1-\alpha=95\ \%$) weichen Stichprobenmittelwert $\bar{x}$ und wahrer, jedoch unbekannter Mittelwert μ der Grundgesamtheit weniger als

$\varepsilon = 1{,}7\ \%$ (Beispiel 1) bzw.

$\varepsilon = 1{,}3\ \%$ (Beispiel 2)

voneinander ab.

Bezeichnung des Verfahrens: Bestimmung der erzielten Genauigkeit ε Rechnerisches Streuzahlverfahren	Nr. 6.2.2
Siehe auch Verfahren Nr.	Blatt: 2

Multiplikatoren zur Berechnung der erzielten Genauigkeit nach dem Streuzahlverfahren (1-α = 95%)

Kleine Stichproben		Große Stichproben	
(1)	(2)	(1)	(2)
Probengröße	Multiplikator	Probengröße	Multiplikator
n	k_n	n	$\bar{k}_n$
5	0,507	15	0,238
6	0,400	20	0,201
7	0,333	25	0,177
8	0,290	30	0,161
9	0,255	35	0,148
10	0,230	40	0,138
11	0,210	50	0,122
12	0,194	70	0,1025
13	0,181	100	0,0853
14	0,170	150	0,0694
		200	0,0599
Näherungsformel: $k_n \approx \frac{2,602}{n} - 0,026$		Berechnungsformel: $\frac{t_{1-(\alpha/2);f}}{2,326 \cdot \sqrt{n}}$	
		Näherungsformel: $\bar{k}_n \approx \frac{2,872}{n} + 0,058$	

Bezeichnung des Verfahrens: Bestimmung der erforderlichen Stichprobengröße n' Zeichnerisches Streuzahlverfahren	Nr. 7.2.1
Siehe auch Verfahren Nr.	Blatt: 1

Problemstellung: Die erste Zwischenauswertung aufgrund von n Meßwerten lieferte nach Verfahren 6.2.1 eine erzielte Genauigkeit ε. Da diese noch über einer erforderlichen Genauigkeit ε' liegt (ε>ε'), muß die Stichprobe von bisher n auf voraussichtlich n' Meßwerte erhöht werden (Zeichnerische Lösung).

Verwendete Symbole	Bedeutung
z	Streuzahl aufgrund einer Zwischenauswertung von n Meßwerten

Schrittfolge

Allgemeine Formulierung	Beispiel
1. Aufgrund von n erfaßten Meßwerten Streuzahl z bestimmen 2. Streuzahl z auf der rechten Außenleiter und geforderte Genauigkeit ε' auf der Mittelleiter des Nomogrammes zu Verfahren 6.2.1 (Blatt 2) markieren 3. Beide Marken durch eine Ablesegerade miteinander verbinden und diese bis zur linken Außenleiter verlängern 4. Schnittpunkt ● auf der linken Innenleiter liefert die Stichprobengröße n' falls n ≤ 14*) ● auf der linken Außenleiter liefert die Stichprobengröße n' falls n > 14 gewesen ist. n' Meßwerte sind voraussichtlich erforderlich, um den wahren, jedoch unbekannten Mittelwert μ der Grundgesamtheit mit der Genauigkeit ε' aufgrund des Stichprobenmittelwertes x̄ zu erfassen (Aussagewahrscheinlichkeit 1-α). ——— *) Sollte die Ablesekonstruktion eine Marke unterhalb von 20 im nicht geteilten Bereich der Innenleiter liefern, so sind in jedem Fall n'>20 Zeitmeßwerte zu erfassen. Liegen diese vor, ist nach n>14 bei nachfolgenden Auswertungen zu verfahren.	1. n = 10 Meßwerte liefern z = 7,3 % Erforderliche Genauigkeit ε' = 1 % 2. und 3. siehe Ablesebeispiel 3 in Verfahren 6.2.1 (Blatt 2) 4. n' = 18 Meßwerte siehe Ablesebeispiel 3 in Verfahren 8.1.1 (Blatt 2) ——— 1. n = 23 Meßwerte liefern z = 6,8 % Erforderliche Genauigkeit ε' = 1 % 2. und 3. siehe Ablesebeispiel 4 in Verfahren 6.2.1 (Blatt 2) 4. n' = 35 Meßwerte siehe Ablesebeispiel 4 in Verfahren 8.1.1 (Blatt 2) ——— Interpretation n'-n = 8 (Ablesebeispiel 3) bzw. n'-n = 12 (Ablesebeispiel 4) Meßwerte sind voraussichtlich zusätzlich erforderlich, damit Stichprobenmittelwert x̄ und Mittelwert der Grundgesamtheit nicht mehr als ε' = 1 % voneinander abweichen (Aussagewahrscheinlichkeit 1-α = 95 %).

Bezeichnung des Verfahrens:	Nr.
Bestimmung der erforderlichen Stichprobengröße n' Rechnerisches Streuzahlverfahren	7.2.2
Siehe auch Verfahren Nr.	Blatt: 1

Problemstellung: Die erste Zwischenauswertung aufgrund von n Meßwerten lieferte nach Verfahren 6.2.2 eine erzielte Genauigkeit ε. Da diese noch über einer erforderlichen Genauigkeit ε' liegt ($\varepsilon > \varepsilon'$), muß die Stichprobe von bisher n auf voraussichtlich n' Meßwerte erhöht werden (Rechnerische Lösung bei $1-\alpha = 95\%$).

Verwendete Symbole	Bedeutung
z	Streuzahl aufgrund einer Zwischenauswertung von n Meßwerten

Schrittfolge

Allgemeine Formulierung	Beispiel
1. Aufgrund von n erfaßten Meßwerten Streuzahl z bestimmen siehe Verfahren Nr. 2.6 2. Nach der folgenden Näherungsformel die voraussichtliche Größe n' der Meßstichprobe bestimmen: $n' \approx \dfrac{2{,}626}{\frac{\varepsilon'}{z} + 0{,}026}$ *) falls z aus $n \leq 14$ Meßwerten berechnet wurde bzw. $n' \approx \dfrac{2{,}872}{\frac{\varepsilon'}{z} - 0{,}058}$ *) Falls $n' \gtrapprox 30$ zu erwarten ist, kann die Berechnung nach $n' \approx \left(\frac{0{,}86}{\varepsilon'} \cdot z\right)^2$ erfolgen.	Beispiel 1 1. n = 10 Meßwerte liefern z = 7,3 % Erforderliche Genauigkeit $\varepsilon' = 1\ \%$ 2. Die Näherungsformel (1) ergibt $n' \approx \dfrac{2{,}626}{\frac{1}{7{,}3} + 0{,}026} \approx 16$ Beispiel 2 1. n = 23 Meßwerte liefern z = 6,8 % Erforderliche Genauigkeit $\varepsilon' = 1\ \%$ 2. Die Näherungsformel (2) ergibt $n' \approx \dfrac{2{,}872}{\frac{1}{6{,}8} - 0{,}058} \approx 36$
*) Beide Formeln stellen Näherungsformeln dar und sind aus den Näherungsformeln für k_n bzw. $\bar{k}_n$ nach Verfahren 7.1.2 (Blatt 2) entwickelt worden. Eine exakte Berechnung von n' ist im Gegensatz zur nomographischen Bestimmung nicht möglich.	Interpretation $n'-n \approx 6$ Beobachtungen (Beispiel 1) bzw. $n'-n \approx 13$ Beobachtungen (Beispiel 2) sind voraussichtlich zusätzlich erforderlich, damit Stichprobenmittelwert $\bar{x}$ und Mittelwert μ der Grundgesamtheit nicht mehr als $\varepsilon' = 1\ \%$ voneinander abweichen (Aussagewahrscheinlichkeit $1-\alpha = 95\ \%$).

Aufgabe 5.4-1

1. Ermitteln Sie für die Meßstichprobe des Leitbeispiels 3 erzielte Genauigkeit und erforderliche Aufnahmegröße nach dem Streuzahlverfahren bei

$$1-\alpha = 95\%$$

$$\varepsilon' = 2\%.$$

2. Vergleichen Sie die unter 1. ermittelten Ergebnisse mit den Ergebnissen von Aufgabe 5.3-1, Punkt 1 und begründen Sie etwa aufgetretene Unterschiede.

3. Für die kleine Meßstichprobe der Leitbeispiele 1 und 2 sind die bisher vorliegenden Ergebnisse der statistischen Auswertung auf den Seiten 263 und 264 vordruckmäßig zusammengestellt worden.

   Stellen Sie nun die Ergebnisse der von Ihnen bearbeiteten Meßstichproben (Leitbeispiel 3 und 4) auf beiliegenden Vordrucken zusammen. Diese Vordrucke sind so gestaltet worden, daß sie als Ausgabevordrucke für die EDV-mäßige Auswertung von Meßstichproben verwendet werden können.

	STATISTISCHE AUSWERTUNG **Zusammenstellungsbogen**	Ablage-Nr.: Blatt von Blättern

Bezeichnung der Untersuchung: Bestücken von Leiterplatten (Leitbeispiel 1)

Bezeichnung des meßbaren Merkmals: Zyklus - Istzeit

Techn. Einheit der Meßwerte: HM | Stat. Sicherheit: $1-\alpha$ = 95 % | Stichprobengröße: n = 10

zu beurteilende Meßwerte

1	2	3	4	5	6	7	8	9	0
339	342	338	353	351	330	340	340	328	343

Stichprobenkenngrößen

Arithm. Mittelwert	Zentralwert	Kleinstwert	Größtwert	Einfache Spannweite
$\bar{x}$ = 340,4	$\tilde{x}$ = 340	x_{min} = 328	x_{max} = 353	R = 25
Mittlere Spannweite	**Varianz**	**Standardabweichung**	**Streuzahl**	**Variationszahl**
$\bar{R}$ = entfällt	s^2 = 61,15	s = 7,82	z = 7,34 %	v = 2,29 %

Prüfung auf Zufälligkeit

H_0: Die Meßwerte sind zufällig angeordnet | H_1: Die Meßwerte sind nicht zufällig angeordnet

Prüfgröße	Schwellenwert(e)		
z = 6	z = 2 ; 9	X	H_0 wird nicht widerlegt
			H_0 wird zugunsten von H_1 verworfen*)

Prüfung auf Normalverteilung

H_0: Die Meßwerte sind aus einer Normalverteilung | H_1: Die Meßwerte sind nicht aus einer Normalverteilung

Prüfgröße	Schwellenwert		
z = 0,178	z = 0,258	X	H_0 wird nicht widerlegt
			H_0 wird zugunsten von H_1 verworfen*)

Prüfung auf Ausreißer

H_0: Die Meßwerte enthalten keine Ausreißer | H_1: Die Meßwerte enthalten Ausreißer

Prüfgröße	Schwellenwert		
z = 3,205	z = 3,685	X	H_0 wird nicht widerlegt
			H_0 wird zugunsten von H_1 verworfen*)

Genauigkeitsbeurteilung

X Variationszahlverfahren | ☐ Streuzahlverfahren

Erzielte Genauigkeit	Erforderliche Genauigkeit		
ϵ = 1,7 %	ϵ' = 1 %		Die erzielte Genauigkeit ist ausreichend
		X	Die erzielte Genauigkeit ist nicht ausreichend*)

***) Bemerkungen**

	Eine weitere unmittelbare Auswertung dieser Meßwerte sollte nicht erfolgen.
	Die Meßwerte sollten entmischt werden.
	Die Meßwerte sollten transformiert werden; vorgeschlagene Transformationen:
	Der Kleinstwert und/oder Größtwert ist Ausreißer.
	Die erzielte Genauigkeit sollte durch Verringerung der Streuung verbessert werden.
X	Die erzielte Genauigkeit sollte durch voraussichtlich n' = 25 erforderliche Meßwerte gewährleistet werden.

Bearbeitet:	Datum:	Geprüft:	Datum:

	STATISTISCHE AUSWERTUNG Zusammenstellungsbogen	Ablage-Nr.: Blatt von Blättern

Bezeichnung der Untersuchung:	Nietfertigung (Leitbeispiel 2)
Bezeichnung des meßbaren Merkmals:	Kopfdurchmesser

Techn. Einheit der Meßwerte: mm	Stat. Sicherheit: $1-\alpha$ = 95 %	Stichprobengröße: n = 200

zu beurteilende Meßwerte

1	2	3	4	5	6	7	8	9	0
Meßwerte	liegen	klassifiziert vor!							

Stichprobenkenngrößen

Arithm. Mittelwert	Zentralwert	Kleinstwert	Größtwert	Einfache Spannweite
$\bar{x}$ = 13,410	$\tilde{x}$ = entfällt	x_{min} = 13,13	x_{max} = 13,69	R = 0,56
Mittlere Spannweite	**Varianz**	**Standardabweichung**	**Streuzahl**	**Variationszahl**
$\bar{R}$ = entfällt	s^2 = 0,0128	s = 0,113	z = entfällt %	v = 0,84 %

Prüfung auf Zufälligkeit

H_0: Die Meßwerte sind zufällig angeordnet		H_1: Die Meßwerte sind nicht zufällig angeordnet
Prüfgröße	Schwellenwert(e)	☐ H_0 wird nicht widerlegt
z = entfällt	Z =	☐ H_0 wird zugunsten von H_1 verworfen*)

Prüfung auf Normalverteilung

H_0: Die Meßwerte sind aus einer Normalverteilung		H_1: Die Meßwerte sind nicht aus einer Normalverteilung
Prüfgröße	Schwellenwert	X H_0 wird nicht widerlegt
z = 2,505	z = 7,81	☐ H_0 wird zugunsten von H_1 verworfen*)

Prüfung auf Ausreißer

H_0: Die Meßwerte enthalten keine Ausreißer		H_1: Die Meßwerte enthalten Ausreißer
Prüfgröße	Schwellenwert	X H_0 wird nicht widerlegt
z = 4,96	z = 6,39	☐ H_0 wird zugunsten von H_1 verworfen*)

Genauigkeitsbeurteilung

X Variationszahlverfahren		☐ Streuzahlverfahren
Erzielte Genauigkeit	Erforderliche Genauigkeit	X Die erzielte Genauigkeit ist ausreichend
ϵ = 0,12 %	ϵ' = 0,5 %	☐ Die erzielte Genauigkeit ist nicht ausreichend*)

***) Bemerkungen**

☐	Eine weitere unmittelbare Auswertung dieser Meßwerte sollte nicht erfolgen.
☐	Die Meßwerte sollten entmischt werden.
☐	Die Meßwerte sollten transformiert werden; vorgeschlagene Transformationen:
☐	Der Kleinstwert und/oder Größtwert ist Ausreißer.
☐	Die erzielte Genauigkeit sollte durch Verringerung der Streuung verbessert werden.
☐	Die erzielte Genauigkeit sollte durch voraussichtlich n' = ./. erforderliche Meßwerte gewährleistet werden.
☐	

Bearbeitet:	Datum:	Geprüft:	Datum:

5.5. Vergleich eines Mittelwertes mit einem Sollwert

Gelegentlich wird einer Grundgesamtheit eine Stichprobe zu dem Zweck entnommen um festzustellen, ob der Mittelwert μ der Grundgesamtheit gleich einem vorgegebenen Sollwert μ_0 ist oder sich von diesem unterscheidet.

Beispiel:

Bisher wurde für das Auf- und Abspannen eines bestimmten Werkstücktyps auf einer Zerspanungsmaschine eine Nebennutzungszeit von

$$t_n = \mu_0 = 79 \text{ HM}$$

verwendet. Eine gerade abgeschlossene Zeitaufnahme liefert für die diesbezüglichen Ablaufabschnitte aufgrund von n = 25 erfaßten Normaleinzelzeiten

$$\bar{x} = 74{,}3 \text{ HM}$$
$$s = 1{,}8 \text{ HM}$$

Ist der Unterschied zwischen μ_0 und $\bar{x}$ von der Art, wie er im Grundversuch G 1 zwischen dem dort genannten Mittelwert $\mu = 50$ [ ] und den 40 Stichprobenmittelwerten $\bar{x}$ besteht, nämlich unwesentlich, oder besteht zwischen $\mu_0 = 79$ HM und $\bar{x} = 74{,}3$ HM ein Unterschied, der als wesentlich (signifikant) bezeichnet werden muß? Sollte letztere der Fall sein, dann ist die bisherige Verwendung von $\mu_0 = 79$ HM nicht mehr aktuell.

Es ist also zu fragen, ob der wahre, jedoch unbekannte Mittelwert μ für die Ablaufabschnitte Auf- und Abspannen gleich dem Sollwert μ_0 ist, daß also

$$\mu = \mu_0$$

ist, oder ob aufgrund des Stichprobenergebnisses $\bar{x}$ der wahre Mittelwert μ unterhalb von μ_0 liegt, also

$$\mu < \mu_0$$

gilt.

Diese Situation läßt sich also wieder in zwei Hypothesen formulieren:

Nullhypothese H_0: $\mu = \mu_0$
Gegenhypothese H_1: $\mu < \mu_0$

In anderen Testsituationen könnte als Gegenhypothese H_1:

$$\mu > \mu_0 \quad \text{bzw.}$$
$$\mu \neq \mu_0$$

formuliert und obiger Nullhypothese gegenübergestellt werden. Das Abwägen der beiden Hypothesen erfolgt im t-Test 1.

Verfahren 7.3.1 (Seite 267 und 268) Vergleich des Mittelwertes mit einem Sollwert (t-Test 1)

Aufgabe 5.5-1

1. Bislang wurde das Reinigen und Prüfen von Duplexpumpen mit einer mittleren Istzykluszeit von 5 min veranschlagt. Läßt sich dieser Wert weiterhin aufgrund der Zeitaufnahme des Leitbeispiels 3 noch aufrecht erhalten ($1-\alpha = 95\%$)?
2. Der Hersteller der Hartgummidichtungen garantiert eine mittlere Dicke von $175 \cdot 10^{-2}$ mm. Wird diese Garantie aufgrund der Meßstichprobe des Leitbeispiels 4 eingehalten ($1-\alpha = 95\%$)?

Bezeichnung des Testverfahrens: Vergleich des Mittelwertes mit einem Sollwert (t-Test 1)	Nr. 7.3.1
Siehe auch Testverfahren Nr. 7.4.1	Blatt: 1

Problemstellung: Auf Stichprobenbasis soll festgestellt werden, ob der Mittelwert μ der Grundgesamtheit mit einem vorgegebenen Sollwert μ_o übereinstimmt. Die Varianz σ^2 der Grundgesamtheit wird dabei durch die Stichprobenvarianz s^2 geschätzt.

Verwendete Symbole	Bedeutung
n	Stichprobengröße
$\bar{x}$, s	Mittelwert und Standardabweichung der Stichprobe
μ	Mittelwert der zur Stichprobe gehörenden Grundgesamtheit
μ_o	Sollwert

Schrittfolge (Allgemeine Formulierung)

1. Formulierung der Hypothesen H_o und H_1

Nullhypothese H_o: $\mu = \mu_o$

Gegenhypothese H_1: $\mu > \mu_o$
bzw. $\mu < \mu_o$
bzw. $\mu \neq \mu_o$

2. Prüfung der Meßstichprobe auf

☒ Zufälligkeit ☒ Normalverteilung ☒ Ausreißer

3. Berechnung der Prüfgröße z
4. Aufsuchen des Schwellenwertes Z
5. Vergleich von Prüfgröße z und Schwellenwert Z

Gegenhypothese H_1	Die Nullhypothese H_o wird zugunsten der Gegenhypothese H_1 verworfen, falls: Prüfgröße z		Schwellenwert Z	
$\mu > \mu_o$ (einseitig)	$\frac{\bar{x}-\mu_o}{s} \cdot \sqrt{n}$	$>$	$t_{1-\alpha;\, f}$ mit $f=n-1$	Faktoren siehe Tabelle T 4
$\mu < \mu_o$ (einseitig)	$\frac{\bar{x}-\mu_o}{s} \cdot \sqrt{n}$	$<$	$-t_{1-\alpha;\, f}$ mit $f=n-1$	
$\mu \neq \mu_o$ (zweiseitig)	$\frac{\lvert\bar{x}-\mu_o\rvert}{s} \cdot \sqrt{n}$	$>$	$t_{1-(\alpha/2);\, f}$ mit $f=n-1$	

6. Berechnung des Vertrauensbereiches falls die Nullhypothese H_o zugunsten der Gegenhypothese H_1 verworfen wurde

$$\mu_{UNTEN}^{OBEN} = \bar{x} \pm t_{1-(\alpha/2);\, f} \cdot \frac{s}{\sqrt{n}}$$

mit $1-\alpha$ (zweiseitig) und $f = n-1$

Bezeichnung des Verfahrens: Vergleich des Mittelwertes mit einem Sollwert inem (t-Test 1)	Nr. 7.3.1
Siehe auch Verfahren Nr. 7.4.1	Blatt: 2

Beispiel

Problem:

Eine Zeitaufnahme von n = 10 Meßwerten (z.B. Zykluszeiten) lieferte:

$$\bar{x} = 340{,}4 \text{ HM}$$
$$s = 7{,}8 \text{ HM}$$

Bisher wurde bei dem beobachteten Ablauf mit einer Planzeit von

$$\mu_0 = 350 \text{ HM}$$

gerechnet. Kann aus der festgestellten Differenz $\bar{x}$ zu μ_0 darauf geschlossen werden, daß die bisherige Planzeit nicht mehr aktuell ist?

Lösung:

1. Formulierung der Hypothesen

   $H_0: \mu = \mu_0$ $\qquad$ $H_1: \mu < \mu_0$

2. Die Prüfung der Meßstichprobe auf Zufälligkeit, Normalverteilung und Ausreißer ist bereits erfolgt (s. Verfahren 3, 4 und 5). Es liegt keine Beanstandung vor.

3. Berechnung der Prüfgröße z

$$z = \frac{340{,}4 - 350}{7{,}8} \cdot \sqrt{10} = -3{,}89$$

4. Aufsuchen des Schwellenwertes Z
   Zu $1-\alpha = 95\%$ (einseitig) und $f = n-1 = 9$ erhält man aus der Tabelle T 4.

$$Z = -t_{1-\alpha;\, f} = -1{,}833$$

5. Da $z < Z$ ausfiel, wird H_0 zugunsten von H_1 verworfen, d.h. der wahre, jedoch unbekannte Mittelwert μ liegt nachgewiesenermaßen unterhalb von μ_0.

6. Berechnung des Vertrauensbereiches

$$\mu_{UNTEN}^{OBEN} = 340{,}4 \pm 2{,}262 \cdot \frac{7{,}8}{\sqrt{10}} = (340{,}4 \pm 5{,}6) \text{ HM}$$

mit $t_{1-(\alpha/2);\, f} = 2{,}262$
zu $1 - \alpha = 95\%$ (zweiseitig)
$f = n-1 = 9$

$\mu_{UNTEN} = 334{,}8$ HM $\qquad$ $\mu_{OBEN} = 346{,}0$ HM

d.h. der wahre, jedoch unbekannte Mittelwert μ liegt höchstwahrscheinlich ($1-\alpha = 95\%$) zwischen 334,8 HM und 346,0 HM.

Statt des zuvor dargestellten t-Tests 1 ist auch der sogenannte u-Test möglich, wenn die Varianz σ^2 der Grundgesamtheit (z.B. aus umfassenden, vorangegangenen Untersuchungen) als bekannt vorausgesetzt werden kann.

Verfahren 7.4.1 (Seite 271 und 272)
Vergleich des Mittelwertes mit einem Sollwert (u-Test)

Bezeichnung des Testverfahrens: Vergleich des Mittelwertes mit einem Sollwert (u-Test)	Nr. 7.4.1
Siehe auch Testverfahren Nr. 7.3.1	Blatt: 1

Problemstellung: Auf Stichprobenbasis soll festgestellt werden, ob der Mittelwert μ der Grundgesamtheit mit einem vorgegebenen Sollwert μ_o übereinstimmt. Die Standardabweichung σ der Grundgesamtheit wird als bekannt vorausgesetzt.

Verwendete Symbole	Bedeutung
$\underline{n}$	Stichprobengröße
$\bar{x}$	Mittelwert der Stichprobe
μ, σ	Mittelwert und Varianz der zur Stichprobe gehörenden Grundgesamtheit
μ_o	Sollwert

Schrittfolge (Allgemeine Formulierung)

1. Formulierung der Hypothesen H_o und H_1

Nullhypothese H_o: $\mu = \mu_o$

Gegenhypothese H_1: $\mu > \mu_o$

bzw. $\mu < \mu_o$

bzw. $\mu \neq \mu_o$

2. Prüfung der Meßstichprobe auf

☒ Zufälligkeit ☒ Normalverteilung ☒ Ausreißer

3. Berechnung der Prüfgröße z
4. Aufsuchen des Schwellenwertes Z
5. Vergleich von Prüfgröße z und Schwellenwert Z

Gegenhypothese H_1	Die Nullhypothese H_o wird zugunsten der Gegenhypothese H_1 verworfen, falls			
	Prüfgröße z		Schwellenwert Z	
$\mu > \mu_o$ (einseitig)	$\frac{\bar{x}-\mu_o}{\sigma} \cdot \sqrt{n}$	$>$	$u_{1-\alpha}$	Faktoren siehe Tabelle T 3
$\mu < \mu_o$ (einseitig)	$\frac{\bar{x}-\mu_o}{\sigma} \cdot \sqrt{n}$	$<$	$-u_{1-\alpha}$	
$\mu \neq \mu_o$ (zweiseitig)	$\frac{\lvert\bar{x}-\mu_o\rvert}{\sigma} \cdot \sqrt{n}$	$>$	$u_{1-(\alpha/2)}$	

6. Berechnung des Vertrauensbereiches falls die Nullhypothese H_o zugunsten der Gegenhypothese H_1 verworfen wurde

$$\mu_{UNTEN}^{OBEN} = \bar{x} \pm u_{1-(\alpha/2)} \cdot \frac{\sigma}{\sqrt{n}}$$ mit $1-\alpha$(zweiseitig)

Bezeichnung des Verfahrens: Vergleich des Mittelwertes mit einem Sollwert (u-Test)	Nr. 7.4.1
Siehe auch Verfahren Nr. 7.3.1	Blatt: 2

Beispiel

Problem:

Eine Zeitaufnahme von n = 10 Meßwerten (z.B. Zykluszeiten) lieferte:

$$\bar{x} = 340{,}4 \text{ HM}$$

Bisher wurde bei dem beobachteten Ablauf mit einer Planzeit von

$$\mu_o = 350 \text{ HM}$$

gerechnet. Kann aus der festgestellten Differenz $\bar{x}$ zu μ_o darauf geschlossen werden, daß die bisherige Planzeit nicht mehr aktuell ist? Es steht außer Zweifel, daß die Meßwertstreuung nach wie vor in der Größenordnung von $\sigma^2 = 25\ (\text{HM})^2$ liegt, die Standardabweichung also $\sigma = 5$ HM beträgt.

Lösung:

1. Formulierung der Hypothesen

$$H_o : \mu = \mu_o \qquad H_1 : \mu < \mu_o$$

2. Die Prüfung der Meßstichprobe auf Zufälligkeit, Normalverteilung und Ausreißer ist bereits erfolgt (s. Verfahren 3, 4 und 5). Es liegt keine Beanstandung vor.
3. Berechnung der Prüfgröße z

$$z = \frac{340{,}4 - 350}{5}\sqrt{10} = -6{,}072$$

4. Aufsuchen des Schwellenwertes Z
Zu $1-\alpha = 95\%$ (einseitig) erhält man aus der Tabelle T 3

$$Z = -u_{1-\alpha} = -1{,}645$$

5. Da $z < Z$ ausfiel, wird H_o zugunsten von H_1 verworfen, d.h. der wahre, jedoch unbekannte Mittelwert μ liegt nachgewiesenermaßen unterhalb von μ_o.
6. Berechnung des Vertrauensbereiches

$$\mu_{\substack{OBEN\\UNTEN}} = 340{,}4 \pm 1{,}960 \cdot \frac{5}{\sqrt{10}} \qquad \text{mit } u_{1-(\alpha/2)} = 1{,}960$$

$$= (340{,}4 \pm 3{,}1) \text{ HM} \qquad \text{zu } 1-\alpha = 95\% \text{ (zweiseitig)}$$

$$\mu_{UNTEN} = 337{,}3 \text{ HM} \qquad \mu_{OBEN} = 343{,}5 \text{ HM}$$

d.h. der wahre, jedoch unbekannte Mittelwert μ liegt höchstwahrscheinlich ($1-\alpha = 95\%$) zwischen 337,3 HM und 343,5 HM.

5.6. Das Arbeiten mit Prüfkennlinien

5.6.1. Vorbemerkungen

Zu zahlreichen statistischen Testverfahren lassen sich sogenannte Prüfkennlinien angeben, die die Leistungsfähigkeit des Testverfahrens charakterisieren. Prüfkennlinien können wie folgt angewendet werden:

1. Auf eine oder mehrere Stichproben wird ein bestimmter Test angewendet. Aus den zugeordneten Prüfkennlinien kann man die Wahrscheinlichkeit entnehmen, mit der der Test den interessierenden wahren, jedoch unbekannten Sachverhalt in der Grundgesamtheit zu erkennen vermag. Aus den Prüfkennlinien kann man die Prüfschärfe eines bestimmten Tests entnehmen, d.h. man erkennt, wie gut der Test zwischen den durch Null- und Gegenhypothese beschriebenen Sachverhalten aufgrund der ausgewerteten Stichprobe(n) unterscheiden kann.

2. Für einen bestimmten Test kann man eine erforderliche Prüfschärfe vorgeben und in Abhängigkeit dieser Forderung den notwendigen Prüfaufwand (Stichprobengröße) festlegen.

Stichprobenmäßige Prüfungen von Hypothesen führen stets zu einer von vier möglichen Aussagen.

1. Die Nullhypothese H_0 trifft auf die Grundgesamtheit zu.

Aussage 1: H_0 wird nicht widerlegt.

In diesem Falle wird bei Fortsetzung der Untersuchung für den interessierenden Sachverhalt unterstellt, daß die Nullhypothese H_0 richtig ist.

Die Wahrscheinlichkeit für das Eintreffen der Aussage 1 bei Vorliegen der Nullhypothese H_0 wird durch geeignete Wahl von $1-\alpha$ (im allgemeinen $1-\alpha = 95\%$) vorgegeben.

Aussage 2: H_0 wird zugunsten von H_1 verworfen. Obwohl H_0 bezüglich des interessierenden Sachverhaltes zutrifft, wird dies aufgrund des durchgeführten Testverfahrens nicht erkannt und bei Fortsetzung der Untersuchung unterstellt, daß die Gegenhypothese H_1 richtig ist. Es wird also durch Aussage 2 eine Fehlentscheidung getroffen. Man nennt diese Fehlentscheidung den Fehler 1. Art. Das Risiko hierfür wird durch geeignete Wahl von α (im allgemeinen α = 5%) vorgegeben. α wird Irrtumswahrscheinlichkeit für den Fehler 1. Art genannt.

2. Die Gegenhypothese H_1 trifft auf die Grundgesamtheit zu.

Aussage 3: H_0 wird nicht widerlegt.

Obwohl H_1 bezüglich des interessierenden Sachverhaltes zutrifft, wird dies aufgrund des durchgeführten Testverfahrens nicht erkannt und bei Fortsetzung der Untersuchung unterstellt, daß die Nullhypothese H_0 richtig ist. Es wird also durch Aussage 3 eine Fehlentscheidung getroffen. Man nennt diese Fehlentscheidung den Fehler 2. Art. Das Risiko hierfür beträgt die Wahrscheinlichkeit β. β wird Irrtumswahrscheinlichkeit für den Fehler 2. Art genannt.

Die Höhe des Wertes β hängt davon ab, wie groß der Unterschied zwischen H_0 und H_1 ist. Unterscheiden sich H_0 und H_1 überhaupt nicht voneinander, ist $\beta = 1-\alpha$, andernfalls gilt $\beta < 1-\alpha$. β nimmt mit größer werdendem Abstand zwischen Null- und Gegenhypothese ab.

Aussage 4: H_0 wird zugunsten von H_1 verworfen.

In diesem Fall wird bei Fortsetzung der Untersuchung für den interessierenden Sachverhalt unterstellt, daß die Gegenhypothese H_1 richtig ist.

Die Wahrscheinlichkeit für das Eintreffen der Aussage 4 bei Vorliegen der Gegenhypothese H_1 ist $1-\beta$. Auf die Wahrscheinlichkeit $1-\beta$ treffen sinngemäß die Ausführungen zu Aussage 3 zu.

Die genannten vier Aussagen lassen sich in folgender Übersicht zusammenfassen:

Das stichprobenmäßig durchgeführte Testverfahren liefert:	Eine vollständige Untersuchung der Grundgesamtheit würde geliefert haben:	
	H_0 trifft zu	H_1 trifft zu
H_0 wird nicht widerlegt	Aussage 1 richtig	Aussage 3 falsch (Fehler 2. Art)
	Wahrscheinlichkeit $1-\alpha$	Wahrscheinlichkeit β
H_0 wird zugunsten von H_1 verworfen	Aussage 2 falsch (Fehler 1. Art)	Aussage 4 richtig
	Wahrscheinlichkeit α	Wahrscheinlichkeit $1-\beta$

Beispiel 1

Bei den im Abschnitt 4.3 dargestellten rechnerischen Testverfahren auf Normalverteilung (Kolmogoroff-Smirnow-Test und χ^2-Anpassungstest) werden folgende Hypothesen zugrunde gelegt:

Nullhypothese H_0: Das untersuchte Merkmal liefert normalverteilte Meßwerte.
Gegenhypothese H_1: Das untersuchte Merkmal liefert keine normalverteilten Meßwerte.

Unterstellt man, daß die Meßwerte tatsächlich aus einer normalverteilten Grundgesamtheit stammen, so liefert das auf die Meßstichprobe angewendete Testverfahren eine der beiden möglichen Aussagen:

Aussage 1: H_0 wird nicht widerlegt, da Prüfgröße $z \leq$ Schwellenwert Z ausfiel.

In diesem Fall wird bei weiterführenden Auswertungs- und Testverfahren sowie allen daraus abgeleiteten Entscheidungen und Maßnahmen unterstellt, daß das untersuchte Merkmal normalverteilte Meßwerte liefert. Tatsächlicher Sachverhalt und stichprobenmäßig erzielte Aussage sind deckungsgleich. Die Wahrscheinlichkeit dafür, daß diese Ergebnissituation vorliegt, beträgt $1-\alpha$ (z.B. $1-\alpha$ = 95%).

Aussage 2: H_0 wird zugunsten von H_1 verworfen, da Prüfgröße $z >$ Schwellenwert Z ausfiel.

In diesem Fall wird unterstellt, daß das untersuchte Merkmal keine normalverteilten Meßwerte liefert. Tatsächlicher Sachverhalt und stichprobenmäßig erzielte Aussage unterscheiden sich voneinander. Die Stichprobe täuscht einen anderen Sachverhalt (keine Normalverteilung gegeben) als den in Wirklichkeit vorhandenen (Normalverteilung gegeben) vor. Auf Aussage 2 basierende Entscheidungen sind falsch (Fehlentscheidungen 1. Art). Die Wahrscheinlichkeit dafür, daß diese Ergebnissituation vorliegt, beträgt den "geringen" Wert α (z.B. α = 5%).

Unterstellt man, daß die Meßwerte tatsächlich aus einer Grundgesamtheit mit einer Verteilungscharakteristik stammen, die sich nicht durch das Modell der Normalverteilung beschreiben läßt, so liefert das auf die Meßstichprobe angewendete Testverfahren eine der beiden möglichen Aussagen:

Aussage 3: H_0 wird nicht widerlegt, da Prüfgröße $z \leq$ Schwellenwert Z ausfiel.

In diesem Fall wird bei weiterführenden Auswertungs- und Testverfahren sowie allen daraus abgeleiteten Entscheidungen und Maßnahmen unterstellt, daß das untersuchte Merkmal normalverteilte Meßwerte liefert. Tatsächlicher Sachverhalt und stichprobenmäßig erzielte Aussage unterscheiden sich voneinander. Die Stichprobe täuscht einen anderen Sachverhalt (Normalverteilung gegeben) als den in Wirklichkeit vorhandenen (keine Normalverteilung gegeben) vor. Auf Aussage 3 basierende Entscheidungen sind falsch (Fehlentscheidungen 2. Art). Die Wahrscheinlichkeit, daß diese Ergebnissituation vorliegt, beträgt β. Die Größe von β hängt davon ab, wie groß die Abweichung der gegebenen Verteilungsform vom Modell der Normalverteilung ist. Ist die Abweichung groß, ist β klein, d.h. der angewendete Test liefert nur selten diese Fehlentscheidung 2. Art und umgekehrt.

Aussage 4: H_0 wird zugunsten von H_1 verworfen, da Prüfgröße $z >$ Schwellenwert Z ausfiel.

In diesem Fall wird unterstellt, daß das untersuchte Merkmal keine normalverteilten Meßwerte liefert. Tatsächlicher Sachverhalt und stichprobenmäßig erzielte Aussage sind deckungsgleich. Die Wahrscheinlichkeit dafür, daß diese Ergebnissituation vorliegt, beträgt $1-\beta$.

Beispiel 2

Im Wareneingang wenden zahlreiche Unternehmen eine Eingangsprüfung der Warenposten auf Stichprobenbasis an. Dabei bedienen sie sich sogenannter Stichproben-Prüfpläne. Die möglichen Ergebnissituationen derartiger Prüfungen lassen sich in folgender Übersicht zusammenfassen:

Der Abnehmer wendet einen Stichproben-Prüfplan an. Dieser liefert als Entscheidung	Der Hersteller liefert einen Warenposten	
	guter Qualität	schlechter Qualität
Annahme	Aussage 1 Entscheidung ist richtig	Aussage 3 Entscheidung ist falsch (Fehler 2. Art)
Ablehnung	Aussage 2 Entscheidung ist falsch (Fehler 1. Art)	Aussage 4 Entscheidung ist richtig

Zu den im Abschnitt 4 dargestellten problemneutralen Testverfahren läßt sich keine qualifizierte Gegenhypothese H_1 aufstellen, aus der der quantitative Abstand zur Nullhypothese hervorgeht.

Anders ist dies bei den problemorientierten Testverfahren.

Beispiel 1

Die Nullhypothese H_0 lautet:
Das untersuchte Merkmal liefert normalverteilte Meßwerte. Anschaulich geht diese Hypothese aus der folgenden Skizze hervor (Bild 32, Fall a). Die Formulierung der Nullhypothese ist eindeutig.

Die Gegenhypothese H_1 lautet:
Das untersuchte Merkmal liefert keine normalverteilten Meßwerte. Wie man Bild 32, Fall b ff., entnimmt, ist die Formulierung der Gegenhypothese nicht eindeutig, da hierunter die verschiedensten anderen Verteilungsformen verstanden werden und es nicht möglich ist, deren Abweichung von der Normalverteilung durch einen Parameter quantitativ zu kennzeichnen.

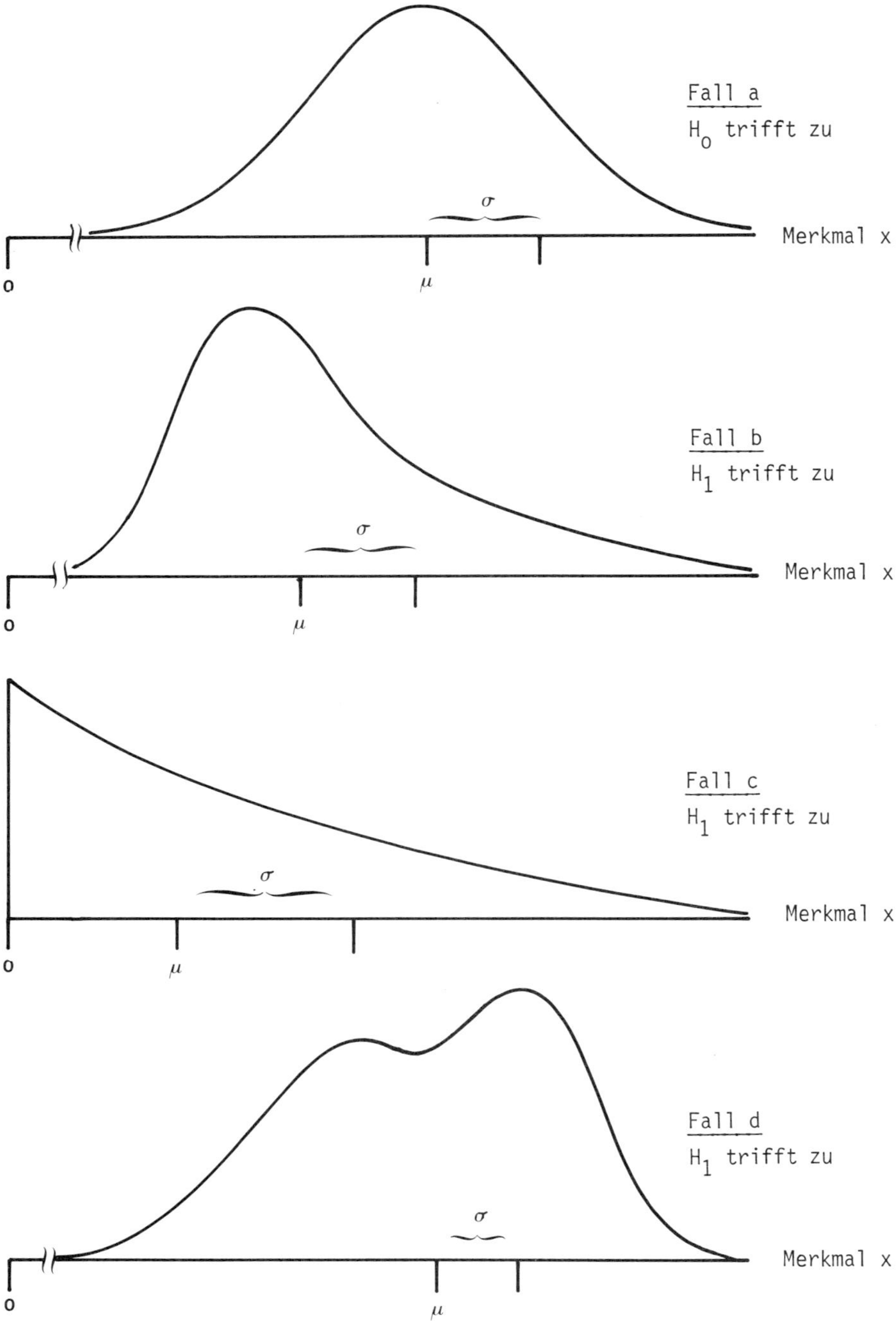

Bild 32: Beispiele für Verteilungsformen, die Gegenstand des Tests auf Normalverteilung sein können

Beispiel 2

Anders ist dies bei den hier darzustellenden problemorientierten Testverfahren. Hier läßt sich der Abstand zwischen Null- und Gegenhypothese durch den sogenannten Störparameter λ[1] quantifizieren (Bild 33).

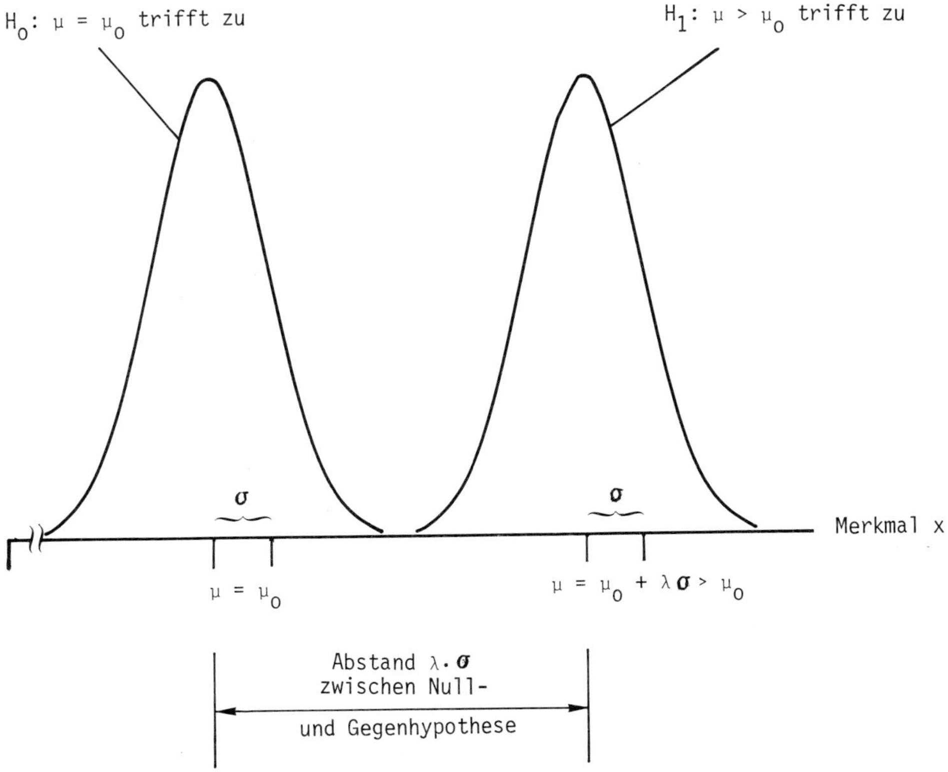

Bild 33: Quantifizierung des Abstandes zwischen Null- und Gegenhypothese, dargestellt am Beispiel des t-Tests 1 und des u-Tests

Für sämtliche Testverfahren, bei denen der Störparameter λ definiert und quantifiziert werden kann, lassen sich Prüfkennlinien - auch Operationscharakteristiken genannt - angeben, die die Leistungsfähigkeit des betreffenden Testverfahrens kennzeichnen.

1) Für λ lies "lambda"; kleiner griechischer Buchstabe

Eine Prüfkennlinie stellt die Abhängigkeit der Irrtumswahrscheinlichkeit β für den Fehler 2. Art vom Störparameter λ dar. Trifft die Gegenhypothese H_1 zu, so kann man der Prüfkennlinie entnehmen, wie groß die Wahrscheinlichkeit ist, aufgrund des ausgeführten Tests den Fehler 2. Art zu begehen (Aussage 3). In Bild 34 ist die prinzipielle Form einer Prüfkennlinie dargestellt.

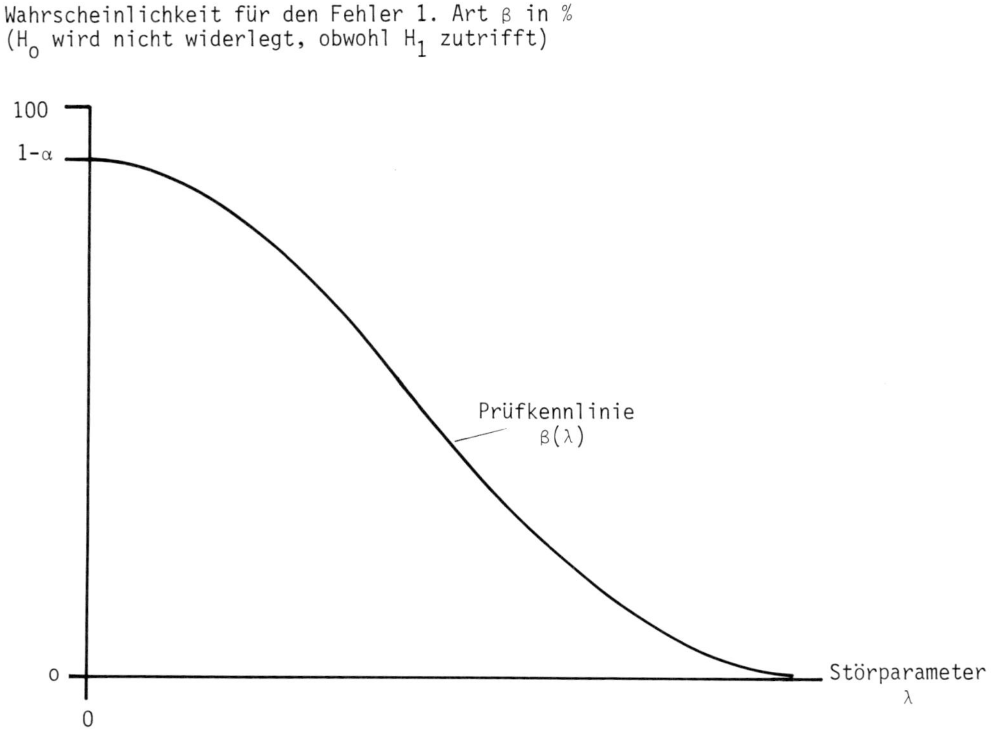

Bild 34: Prinzipielle Form einer Prüfkennlinie

Sowohl für den t-Test 1 als auch für den u-Test sind die Prüfkennlinien in dem nachfolgenden Abschnitt 5.6.2 dargestellt.

Für einige weitere Tests werden die Kennlinien unmittelbar im Anschluß an die Beschreibung des Testablaufs wiedergegeben.

Alle Kennlinien sind mit geringfügigen Abwandlungen entnommen aus:
H. Schlüsener, Prüfaufwand und Annahmekennlinien bei Parameter-Testverfahren unter der Voraussetzung normalverteilter Zufallsgrößen. Dissertation an der Rheinisch-Westfälischen Technischen Hochschule Aachen, 1967.

Verfahren 7.5 (Seite 283)
Das grundsätzliche Arbeiten mit den Prüfkennlinien

Bezeichnung des Verfahrens: Das grundsätzliche Arbeiten mit den Prüfkennlinien	Nr. 7.5
Siehe auch Verfahren Nr.	Blatt:

Problemstellung: Bei jedem statistischen Testverfahren interessiert die Frage, wie sich die Wahrscheinlichkeit, die Nullhypothese nicht zu verwerfen, bei Vorliegen des Sachverhaltes der Gegenhypothese ändert. Für einige wesentliche problemorientierte Testverfahren kann diese Frage an Hand der entwickelten Prüfkennlinien beantwortet werden.

Verwendete Symbole	Bedeutung
λ	Störparameter; Abstand zwischen Null- und Gegenhypothese
$n;n_1;n_2$	Stichprobengröße
$1-\alpha$	Wahrscheinlichkeit dafür, die Nullhypothese nicht zu verwerfen, wenn diese vorliegt
α	Wahrscheinlichkeit dafür, die Nullhypothese zu verwerfen, obwohl diese vorliegt; Wahrscheinlichkeit für den Fehler 1. Art
$\beta=\beta(\lambda)$	Wahrscheinlichkeit dafür, die Nullhypothese nicht zu verwerfen, obwohl die Gegenhypothese vorliegt; Wahrscheinlichkeit für den Fehler 2. Art

Schrittfolge

1. Unter den dargestellten Prüfkennlinien die in Frage kommende Abbildung nach folgenden Gesichtspunkten aufsuchen:
   - Art des problemorientierten Tests

     Vergleich eines Mittelwertes mit einem Sollwert
     Vergleich der Varianz mit einem Sollwert
     Vergleich zweier Varianzen
     Vergleich zweier Mittelwerte

   - Testversion

     einseitiger Test
     zweiseitiger Test

   - Höhe der Wahrscheinlichkeit α für den Fehler 1. Art

     $1-\alpha = 95\%$; $\alpha = 5\%$
     $1-\alpha = 99\%$; $\alpha = 1\%$

2. Der so festgelegten Abbildung können Sie für die Stichprobengröße n die Kennlinie des anstehenden Tests entnehmen. Diese gibt in Abhängigkeit vom Störparameter λ - als Maß für den Abstand zwischen Null- und Gegenhypothese - das Verhalten der Wahrscheinlichkeit β für den Fehler 2. Art wieder.

3. Aufgrund einer Beurteilung der Kennlinie $\beta(\lambda;n)$ kann auf die erforderliche Stichprobengröße n' geschlossen werden, die eine gewünschte Kennlinie $\beta(\lambda;n')$ aufweist.

5.6.2. Prüfkennlinien für t-Test 1 und u-Test

Verfahren 7.3.2 (Seite 287 bis 291)
Prüfkennlinien für den t-Test 1

Verfahren 7.4.2 (Seite 293 bis 297)
Prüfkennlinien für den u-Test

Bezeichnung des Verfahrens: Prüfkennlinien für den t-Test 1	Nr. 7.3.2
Siehe auch Verfahren Nr. 7.3.1	Blatt: 1

Beispiel

1. Aufgabenstellung

Bisher wurde bei einer bestimmten Arbeitsaufgabe mit einer Planzeit von μ_o = 350 HM gearbeitet. Die Standardabweichung der Einzelzeiten ist unbekannt. Es soll geprüft werden, ob die bisher verwendete Planzeit μ_o noch aktuell ist. Zur Überprüfung dieser Fragestellung wird eine neue Zeitaufnahme angeordnet, deren Kenngrößen (Mittelwert $\bar{x}$ und Standardabweichung s) anschließend dem t-Test 1 zugeführt werden sollen. Es wird vermutet, daß die Planzeit tatsächlich unter dem bisher verwendeten Wert μ_o liegt. Wie umfangreich soll die Zeitaufnahme zweckmäßigerweise sein?

2. Formulierung der Hypothesen

Nullhypothese H_0: $\mu = \mu_o$
Gegenhypothese H_1: $\mu < \mu_o$
} einseitiger Mittelwerttest

3. Festlegung des Störparameters λ und der Wahrscheinlichkeiten für die Fehler 1. und 2. Art

Es werden folgende Eigenschaften des t-Tests 1 verlangt:

(1) Der Test soll das Vorliegen der Nullhypothese mit der Wahrscheinlichkeit $1-\alpha$ = 95 % erkennen, d.h. mit der "geringen" Wahrscheinlichkeit α = 5% zum Verwerfen der Nullhypothese führen (Fehler 1. Art).

(2) Der Test soll einen möglichen Unterschied zwischen dem wahren Mittelwert μ und dem behaupteten Sollwert μ_o von einer Standardabweichung σ, d.h. $\lambda = 1$, mit der Wahrscheinlichkeit von $1-\beta$ = 90% erkennen, d.h. mit der "geringen" Wahrscheinlichkeit β = 10% nicht zum Verwerfen der Nullhypothese führen (Fehler 2. Art).

Bei Vorliegen der Nullhypothese ist der Störparameter $\lambda = o$.

4. Ermittlung der erforderlichen Stichprobengröße n'

Aus 2. und 3. lassen sich folgende Prüfpunkte P_1 und P_2 formulieren:

P_1 ($\lambda = o$; $1-\alpha$ = 95%)
P_2 ($\lambda = 1$; β = 10%)

In Blatt 2 trägt man sich die beiden Prüfpunkte P_1 und P_2 ein. P_1 ist Ausgangspunkt sämtlicher dort dargestellter Prüfkennlinien. Durch P_1 und P_2 geht die Prüfkennlinie für f = 9, d.h. n' = 10.

5. Interpretation

Wenn die Zeitaufnahme mit n' = 10 Einzelzeiten ausgeführt wird, ist sichergestellt, daß ein Absinken des mittleren Zeitbedarfs von $\mu = \mu_o$ = 350 HM auf $\mu = \mu_o - 1\sigma$ oder darunter mit der Wahrscheinlichkeit von mindestens 90% durch den t-Test erkannt wird.

Bezeichnung des Verfahrens: Prüfkennlinien für den t-Test 1	Nr. 7.3.2
Siehe auch Verfahren Nr. 7.3.1	Blatt: 2
Gegenhypothese H1: $\mu > \mu_0$ bzw. $\mu < \mu_0$	$1-\alpha$ = 95%

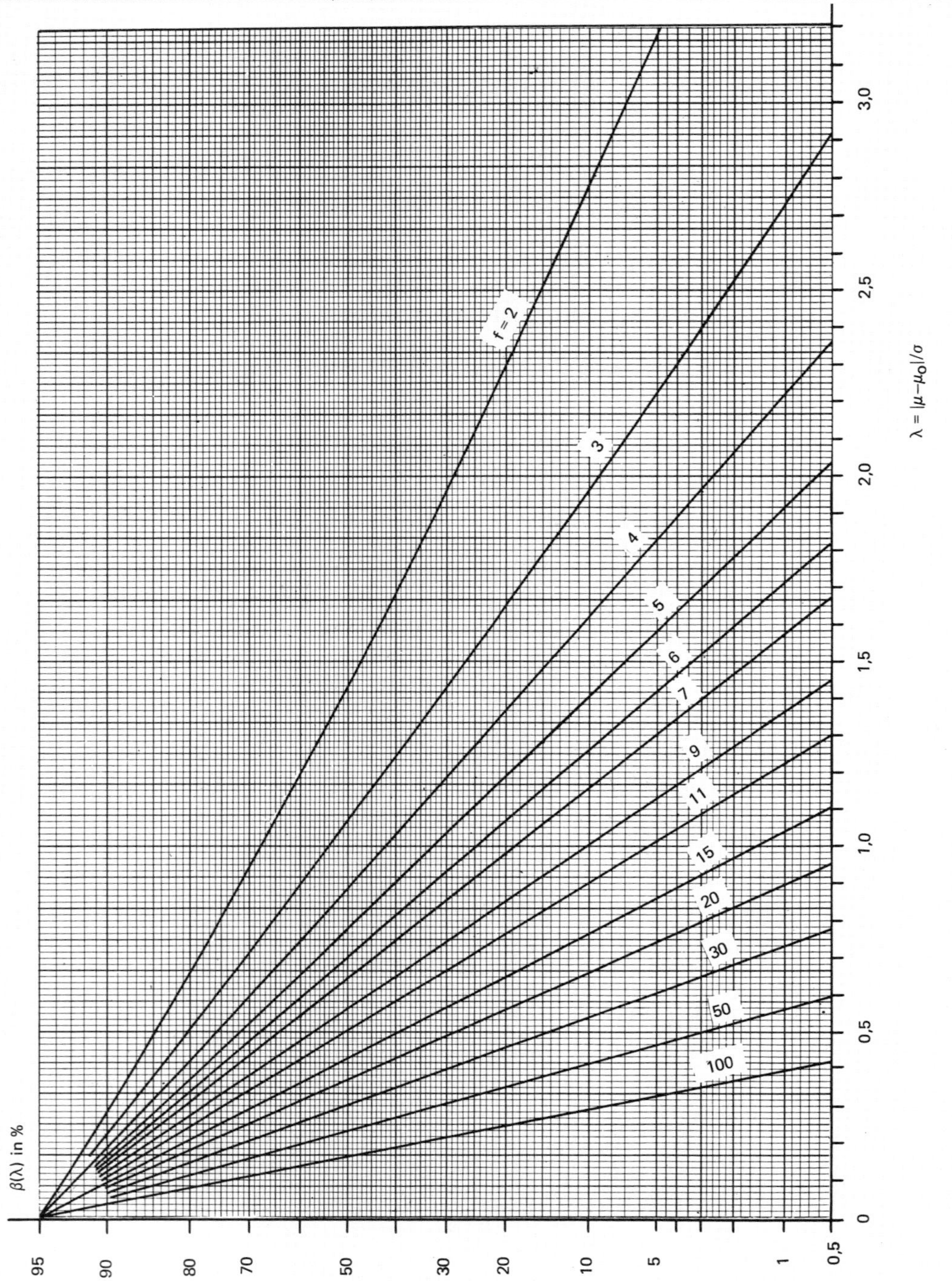

Bezeichnung des Verfahrens: Prüfkennlinien für den t-Test 1	Nr. 7.3.2
Siehe auch Verfahren Nr. 7.3.1	Blatt: 3
Gegenhypothese H_1: $\mu>\mu_0$ bzw. $\mu<\mu_0$	$1-\alpha$ = 99 %

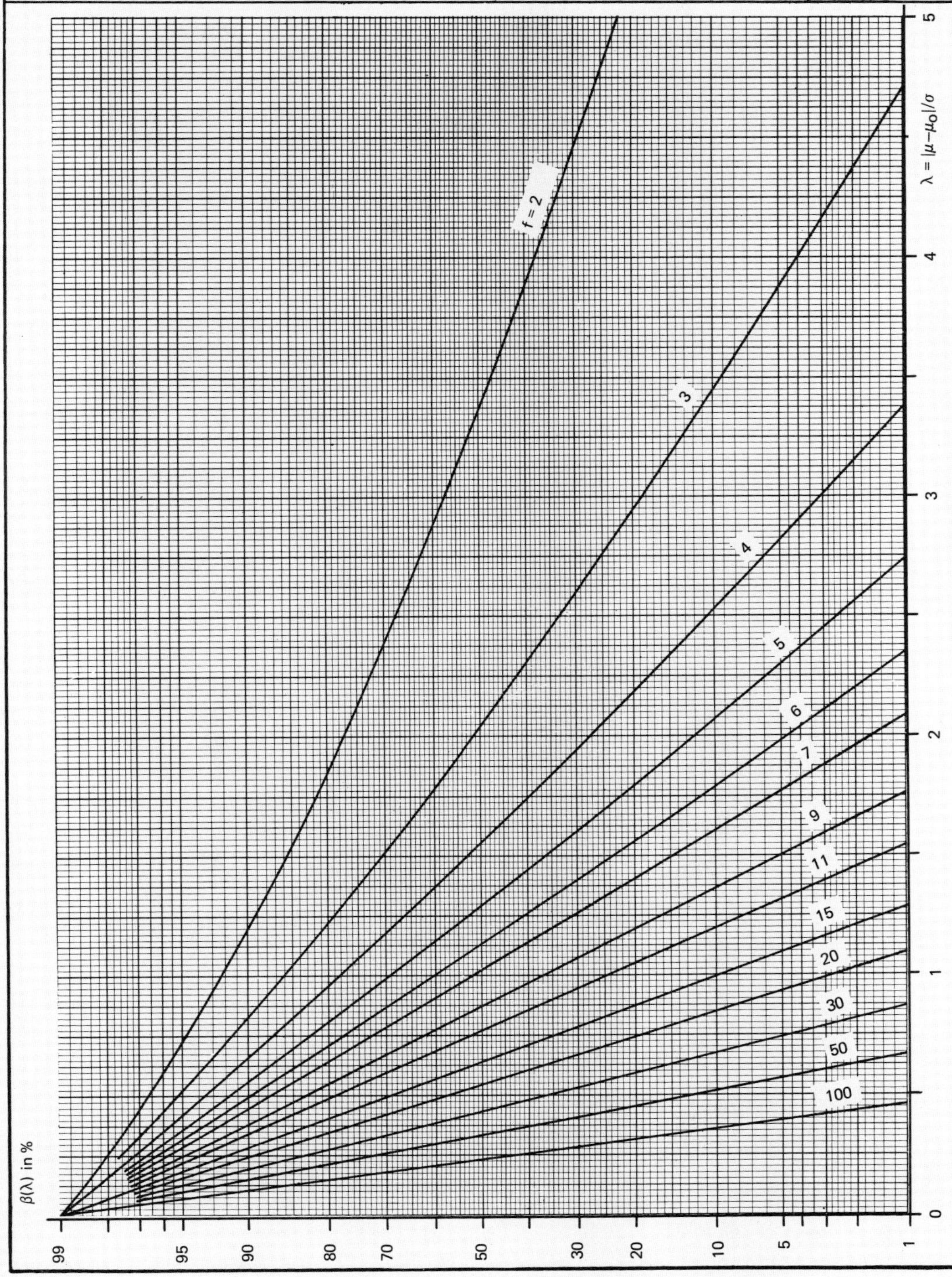

Bezeichnung des Verfahrens:

Prüfkennlinien für den t-Test 1

Nr. 7.3.2

Siehe auch Verfahren Nr. 7.3.1

Blatt: 4

Gegenhypothese H_1: $\mu \neq \mu_0$

$1-\alpha = 95\ \%$

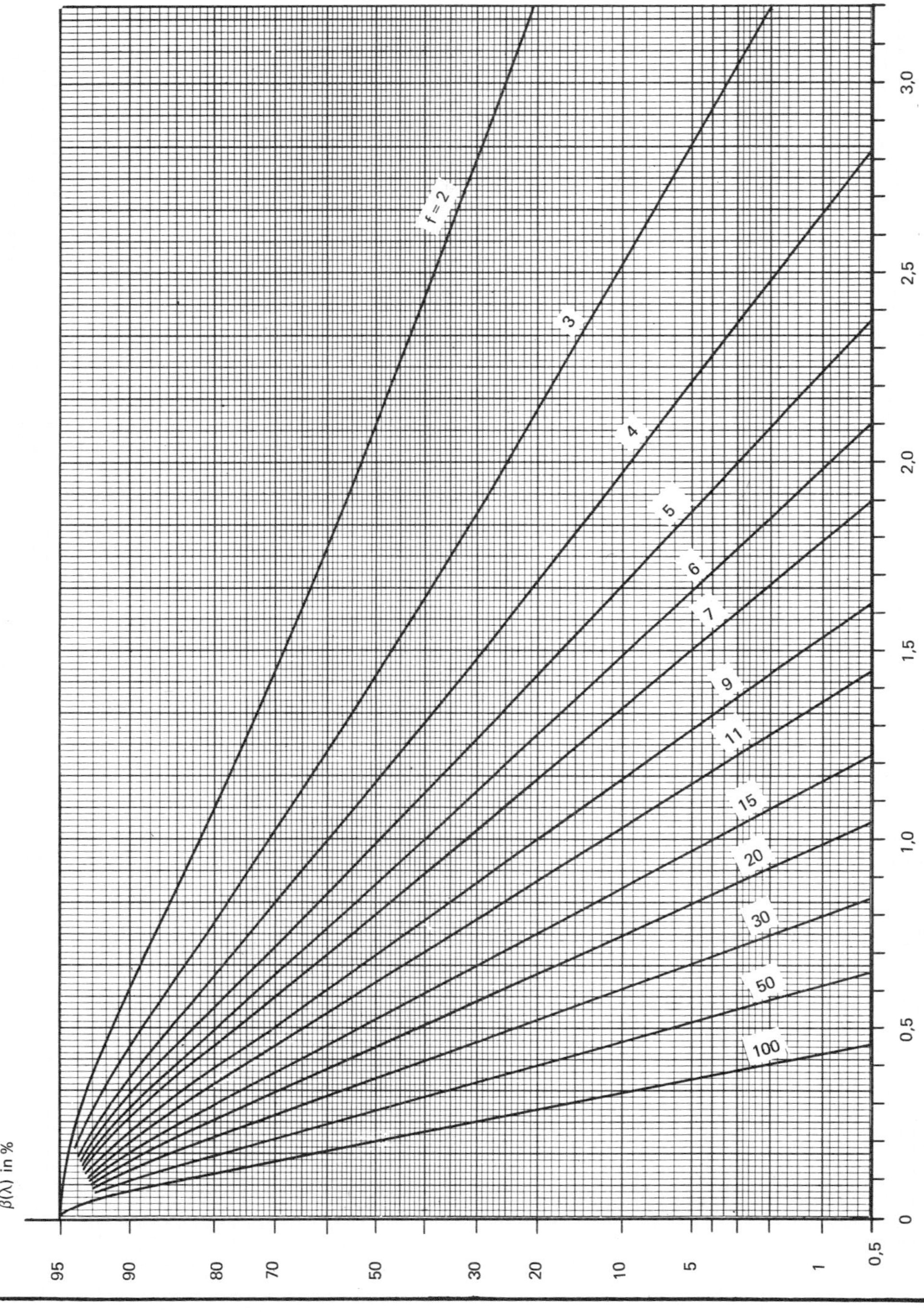

Bezeichnung des Verfahrens: Prüfkennlinien für den t-Test 1	Nr. 7.3.2
Siehe auch Verfahren Nr. 7.3.1	Blatt: 5
Gegenhypothese $\mu \neq \mu_0$	$1-\alpha = 99\ \%$

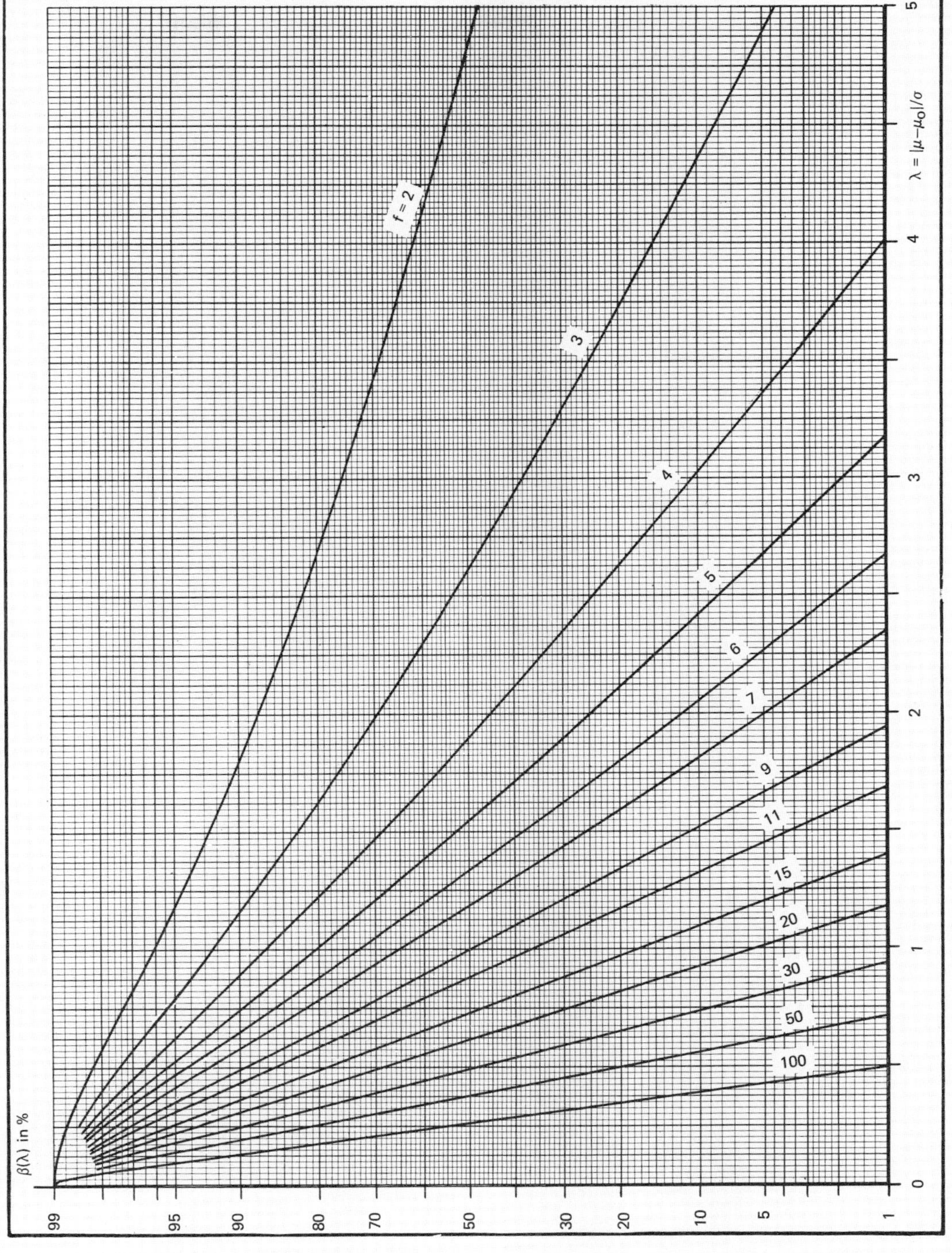

Bezeichnung des Verfahrens: Prüfkennlinien für den u-Test	Nr. 7.4.2
Siehe auch Verfahren Nr. 7.4.1	Blatt: 1

Beispiel

1. Aufgabenstellung

Bisher wurde bei einer bestimmten Arbeitsaufgabe mit einer Planzeit von μ_0 = 350 HM gearbeitet. Die Standardabweichung der Einzelzeiten betrug σ = 5 HM. Es soll geprüft werden, ob die bisher verwendete Planzeit μ_0 noch aktuell ist. Zur Überprüfung dieser Fragestellung wird eine neue Zeitaufnahme vorgesehen, deren Mittelwert $\bar{x}$ anschließend dem Mittelwerttest in seiner einfachsten Version zugeführt werden soll. Es wird vermutet, daß die Planzeit tatsächlich unter dem bisher verwendeten Wert μ_0 liegt. Wie umfangreich sollte die Zeitaufnahme zweckmäßigerweise sein?

2. Formulierung der Hypothesen

Nullhypothese H_0: $\mu = \mu_0$
Gegenhypothese H_1: $\mu < \mu_0$
} einseitiger Mittelwerttest

3. Festlegung des Störparameters λ und der Wahrscheinlichkeiten für die Fehler 1. und 2. Art

Es werden folgende Eigenschaften des u-Tests verlangt:

(1) Der Test soll das Vorliegen der Nullhypothese mit der Wahrscheinlichkeit $1-\alpha$ = 95% erkennen, d.h. nur mit der "geringen" Wahrscheinlichkeit α = 5% zum Verwerfen der Nullhypothese führen (Fehler 1. Art).

(2) Der Test soll einen möglichen Unterschied zwischen dem wahren Mittelwert μ und dem behaupteten Sollwert μ_0 von einer Standardabweichung σ, d.h. $\mu = \mu_0 + 1\cdot\sigma$ oder Störparameter $\lambda = 1$, mit einer Wahrscheinlichkeit von $1 - \beta$ = 90% erkennen, d.h. mit der "geringen" Wahrscheinlichkeit β = 10% nicht zum Verwerfen der Nullhypothese führen (Fehler 2. Art).

Bei Vorliegen der Nullhypothese ist der Störparameter $\lambda = 0$.

4. Ermittlung der erforderlichen Stichprobengröße n'

Aus 2. und 3. lassen sich folgende Prüfpunkte P_1 und P_2 formulieren:

P_1 ($\lambda = 0$; $1-\alpha$ = 95%)
P_2 ($\lambda = 1$; β = 10%)

In Abbildung 2 trägt man sich die beiden Prüfpunkte P_1 und P_2 ein. P_1 ist Ausgangspunkt sämtlicher dort dargestellter Prüfkennlinien. Durch P_1 und P_2 geht die (nicht eingezeichnete) Prüfkennlinie für n' = 9.

5. Interpretation

Wenn die Zeitaufnahme mit n' = 9 Zyklen ausgeführt wird, ist sichergestellt, daß ein Absinken des mittleren Zeitbedarfs von $\mu = \mu_0$ = 350 HM auf $\mu = \mu_0 - 1\sigma$ = 350 - 5 = 345 HM oder darunter mit der Wahrscheinlichkeit von mindestens 90% durch den u-Test erkannt wird.

Bezeichnung des Verfahrens: Prüfkennlinien für den u-Test	Nr. 7.4.2
Siehe auch Verfahren Nr. 7.4.1	Blatt: 2
Gegenhypothese H_1: $\mu > \mu_0$ bzw. $\mu < \mu_0$	$1-\alpha = 95$ %

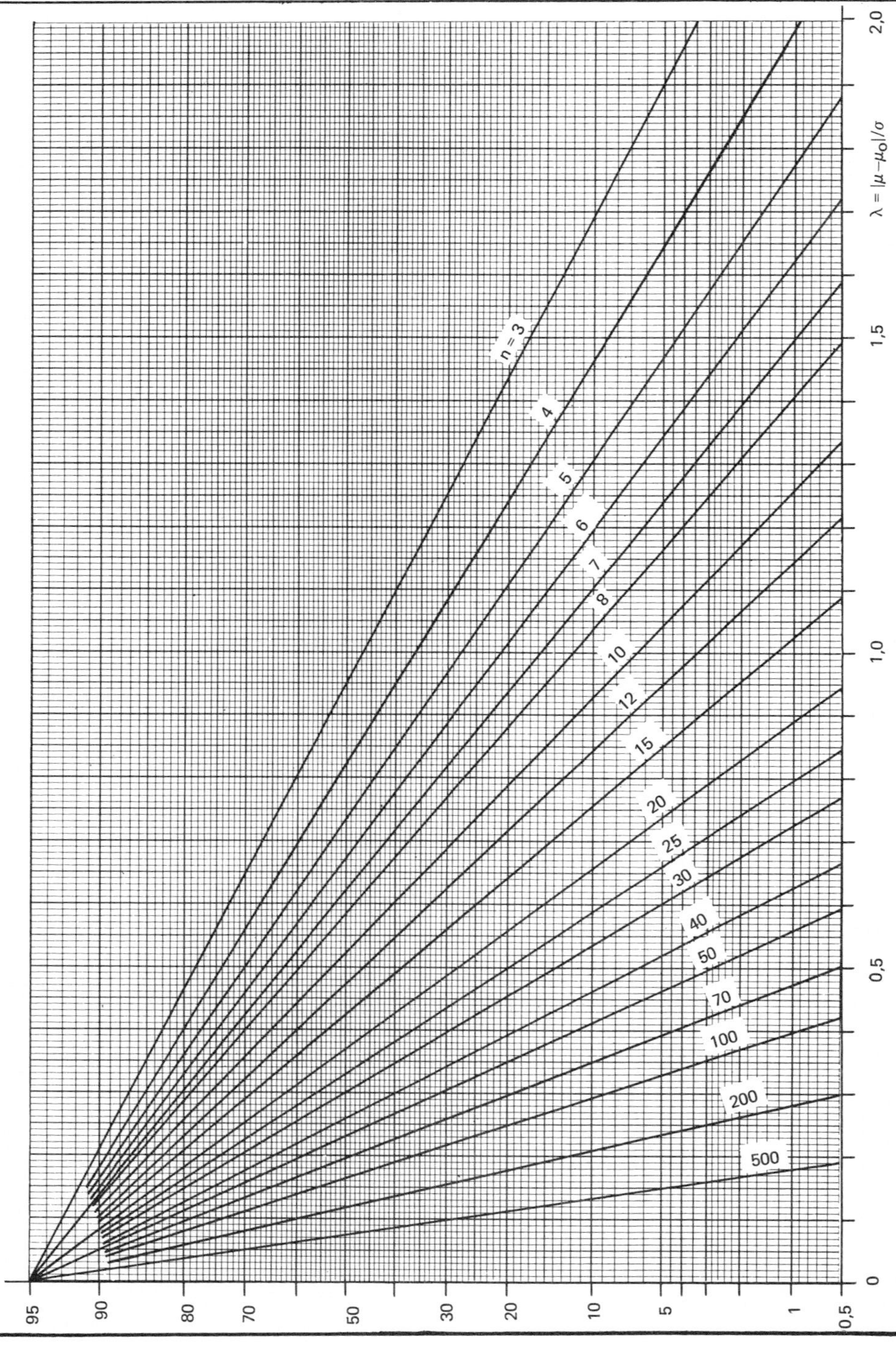

Bezeichnung des Verfahrens: Prüfkennlinien für den u-Test	Nr. 7.4.2
Siehe auch Verfahren Nr. 7.4.1	Blatt: 3
Gegenhypothese H_1: $\mu > \mu_0$ bzw. $\mu < \mu_0$	$1-\alpha$ = 99%

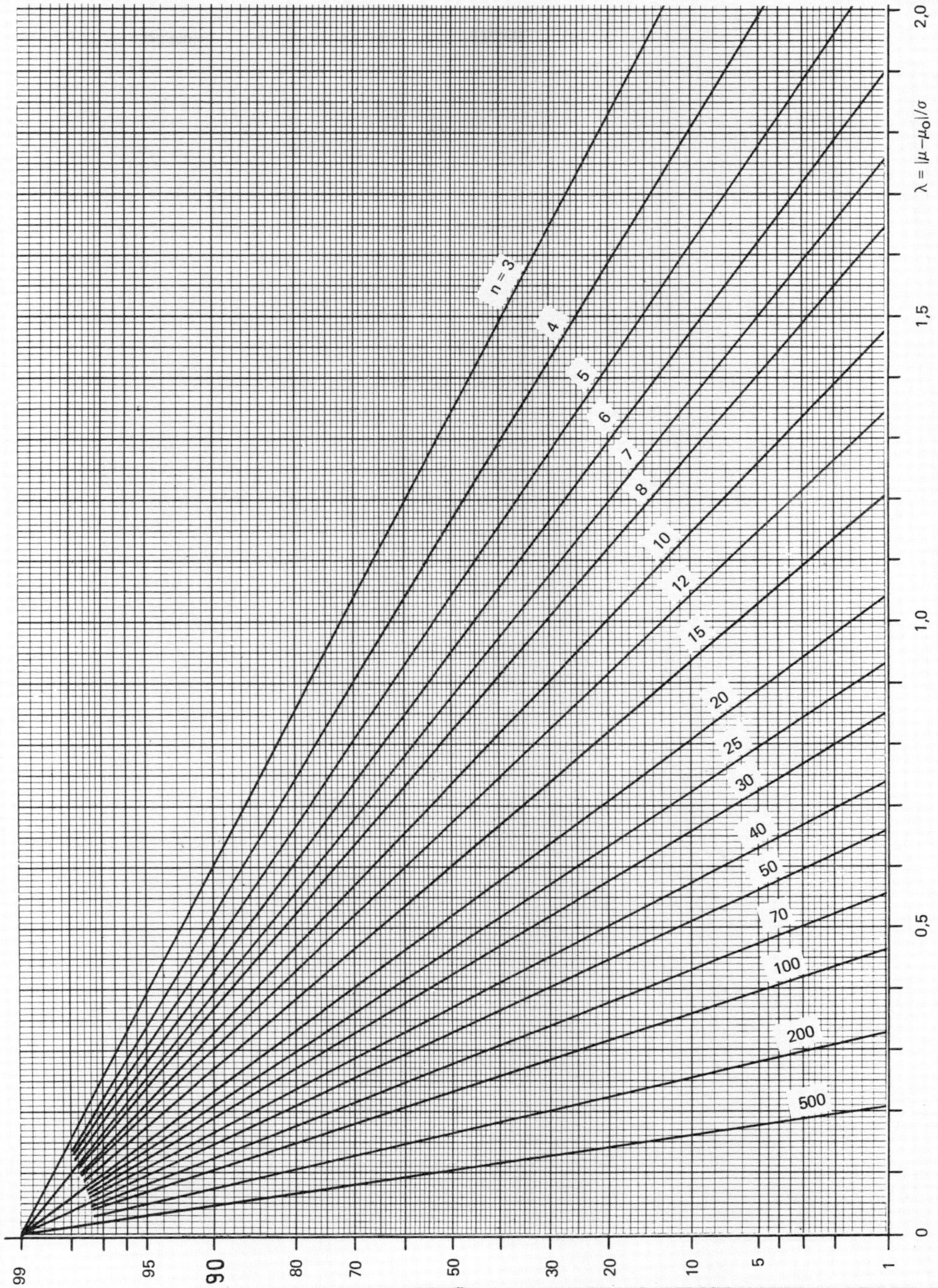

Bezeichnung des Verfahrens: Prüfkennlinien für den u-Test	Nr. 7.4.2
Siehe auch Verfahren Nr. 7.4.1	Blatt: 4
Gegenhypothese H_1: $\mu \neq \mu_0$	$1-\alpha = 95\%$

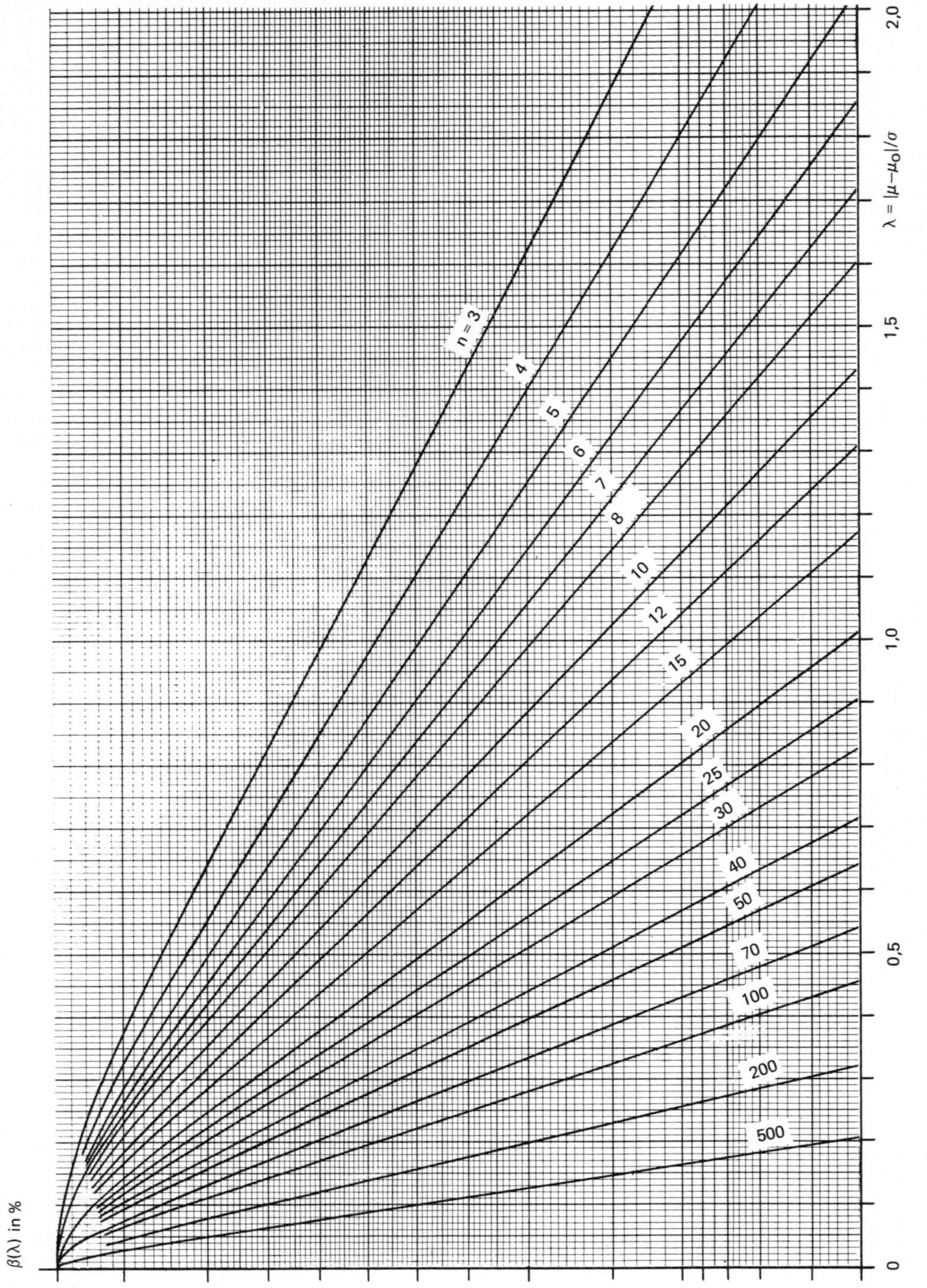

Bezeichnung des Verfahrens: Prüfkennlinien für den u-Test	Nr. 7.4.2
Siehe auch Verfahren Nr. 7.4.1	Blatt: 5
Gegenhypothese H_1: $\mu \neq \mu_0$	$1-\alpha = 99\%$

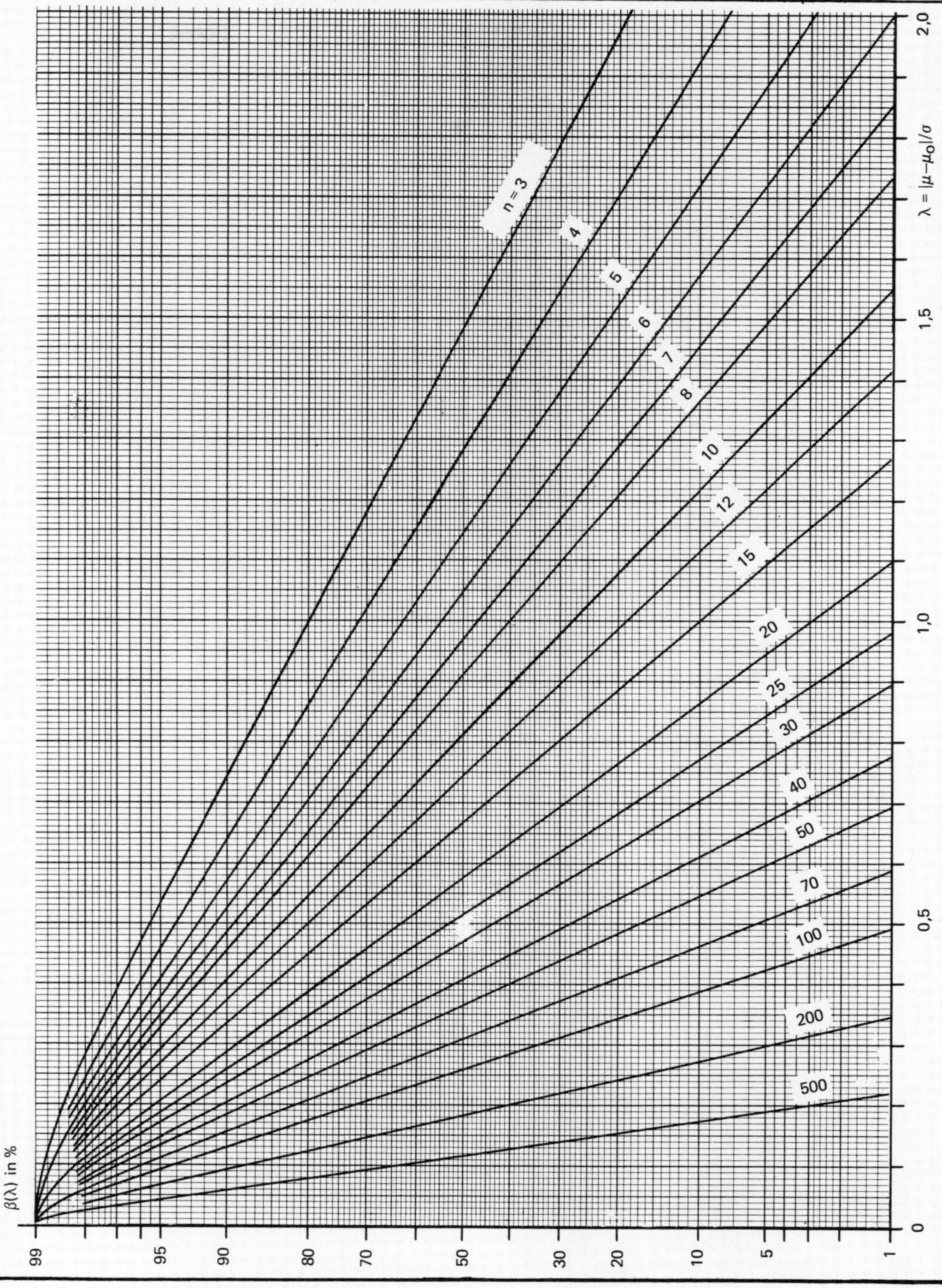

6. GRUNDLAGEN DES FEHLERAUSGLEICHS (FEHLERFORTPFLANZUNG)

6.1. Das Fehlerausgleichsgesetz

In der Praxis werden häufig Meßwerte verschiedener Größen zu einer Maßkette verknüpft.

Beispiele

1. Mehrere Wellenstücke werden stumpf zu einer Antriebswelle verschweißt.

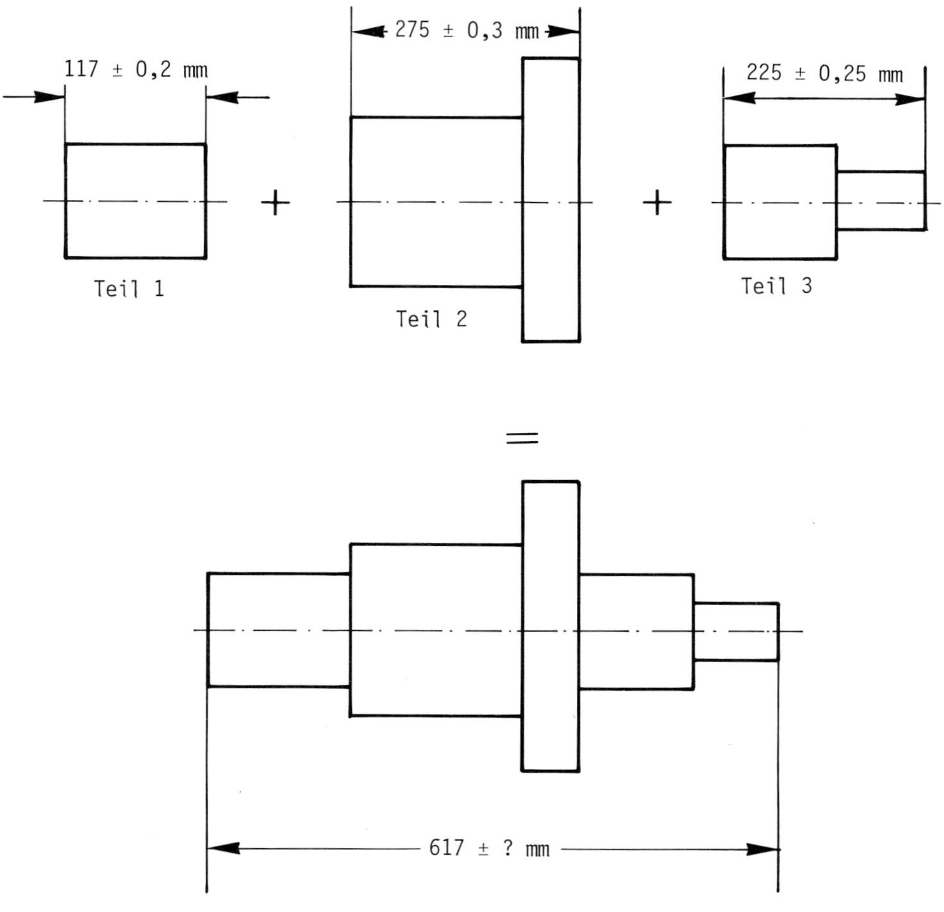

Bild 35: Toleranzen bei Maßketten

Die Teilemaße haben die folgenden Werte:

(1)	(2)	(3)	(4)
Teil	Sollwert in mm	Toleranz in mm	$\frac{\text{Toleranz}}{\text{Sollwert}} \cdot 100\%$
1	117	± 0,2	0,2%
2	275	± 0,3	0,1%
3	225	± 0,25	0,1%
Gesamtmaß	617	?	?

Die Teilemaße addieren sich zum Gesamtmaß 617 mm. Welche Toleranz kann für dieses Maß gewährleistet werden, wenn die Toleranzen der Teilmaße in Spalte (3) garantiert und diese zufällig (d.h. nicht durch vorangegangene Sortierung!) zum Gesamtmaß zusammengefaßt werden? Lautet die Antwort auf diese Frage: 0,75 mm? Hat das Gesamtmaß 617 mm eine relative Toleranz von 0,4%?

2. Auf den Seiten 19 und 20 wurde die zyklische Zeitaufnahme "Duplex-Zahnradpumpe prüfen und reinigen" wiedergegeben. Hier ergeben jeweils fünf aufeinanderfolgende Ablaufabschnittszeiten als Summe eine zugeordnete Zykluszeit. Die einzelnen Ablaufabschnittszeiten streuen nun den jeweiligen Mittelwert (Spalte 2) mit folgenden Standardabweichungen (Spalte 3):

Ablaufabschnitt-Nummer	Mittelwert in HM	Standardabweichung in HM	Variationszahl in %
1	90,4	4,3	4,8
2	71,9	1,6	2,2
3	168,4	27,6	16,4
4	40,9	1,2	2,9
5	109,6	2,7	2,5
Zyklus	481,3	29,8	6,2%

Der Mittelwert der Zykluszeiten lautete ja bekanntlich (s. Ergebnisse zu Aufgabe 2.4-1)

$$\bar{x} = 481{,}3 \text{ HM (gerundet!)}$$

Dieses Ergebnis erhält man auch, wenn die Mittelwerte in obiger Spalte (2) addiert werden[1]).

Die Standardabweichung der Zykluszeiten ergibt sich jedoch nicht aus der Summe der Standardabweichungen der Ablaufabschnittszeiten. Wie man obiger Zusammenstellung entnehmen kann, ist

$$\Sigma s_{\text{Ablaufabschnitt}} > s_{\text{Zyklus}}$$

Eine ähnliche Ergebnissituation trifft auch auf das erste Beispiel zu. Die Toleranz des Gesamtmaßes ist geringer als die Summe der Toleranzen der einzelnen Teilmaße.

Wie ist dieser Effekt, der in der Praxis als Fehlerausgleich oder Fehlerfortpflanzung bezeichnet wird, zu erklären?

Bildet man eine Summe von verschiedenen Teilmaßen bzw. eine Summe von Einzelzeiten verschiedener Ablaufabschnittszeiten, so gleicht sich durch den Additionsvorgang ein Teil der diesen Meßwerten anhaftenden zufälligen Streuungskomponenten aus. Auf einen hohen Meßwert der einen Größe folgen unter anderem ein oder mehrere niedrige Meßwerte anderer Größen rein zufällig und umgekehrt, so daß die Summe weniger streut als dies jeder einzelne Summand für sich betrachtet tut.

---

1) Hier entsteht wegen vorhandener Rundungsfehler 481,2 HM statt 481,3 HM. Die Differenz ist unbedeutend!

Allgemein läßt sich das Fehlerfortpflanzungsgesetz wie folgt formulieren:

Gegeben sind p voneinander unabhängigen Grundgesamtheiten mit den folgenden Kenngrößen:

Kenngröße	Grundgesamtheit			
	1	2	...	p
Mittelwert	μ_1	μ_2	...	μ_p
Varianz	σ_1^2	σ_2^2	...	σ_p^2
Standardabweichung	σ_1	σ_2	...	σ_p

$x_1, x_2, \ldots, x_p$ seien zufällige Meßwerte der Grundgesamtheiten Nr. 1, 2, ..., p

$a_1, a_2, \ldots, a_p$ seien Konstanten, mit denen die Meßwerte $x_1, x_2, \ldots, x_p$ nach der folgenden Vorschrift gewichtet zusammengefaßt (addiert) werden:

$$y = a_1x_1 \pm a_2x_2 \pm \ldots \pm a_px_p$$

Die Grundgesamtheit der y hat dann die folgenden Kenngrößen:

Mittelwert: $\mu_y = a_1\mu_1 \pm a_2\mu_2 \pm \ldots \pm a_p\mu_p$
Varianz: $\sigma_y^2 = a_1^2\sigma_1^2 + a_2^2\sigma_2^2 + \ldots + a_p^2\sigma_p^2$
Standardabweichung: $\sigma_y = \sqrt{a_1^2\sigma_1^2 + a_2^2\sigma_2^2 + \ldots + a_p^2\sigma_p^2}$

Beispiele

1. Zwei Teile mit den Längen x_1 und x_2 werden wie folgt zusammengesetzt:

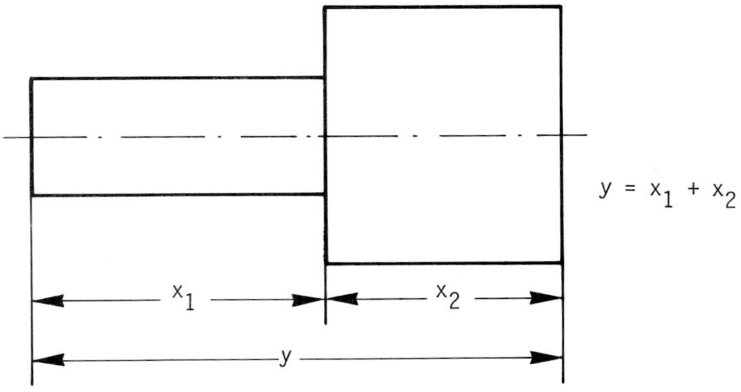

Aus umfangreichen Untersuchungen ist die Fertigung sowohl des ersten Teils mit der Länge x_1 als auch die des zweiten Teils mit der Länge x_2 bekannt.

Die Kenngrößen der Verteilungen lauten:

$$\mu_1 = 14{,}005 \text{ mm} \qquad \mu_2 = 9{,}645 \text{ mm}$$
$$\sigma_1^2 = 0{,}000\,034 \text{ (mm)}^2 \qquad \sigma_2^2 = 0{,}000\,147 \text{ (mm)}^2$$
$$\sigma_1 = 0{,}0058 \text{ mm} \qquad \sigma_2 = 0{,}0121 \text{ mm}$$

Die Kenngrößen der Verteilung der Gesamtlänge y lauten:

$$m\{y\} = \mu_y = \mu_1 + \mu_2$$
$$= 14{,}005 + 9{,}645$$
$$= 23{,}650 \text{ mm}$$

$$v\{y\} = \sigma_y^2 = \sigma_1^2 + \sigma_2^2$$
$$= 0{,}000\,034 + 0{,}000\,147$$
$$= 0{,}000\,181 \text{ (mm)}^2$$
$$\sigma_y = \sqrt{0{,}000\,181} = 0{,}0135 \text{ mm}$$

Wie man sofort erkennt, ist die Streuung - ausgedrückt durch die Standardabweichung σ_y - des Gesamtmaßes y kleiner als die Summe der Streuungen (Standardabweichungen) der beiden Teilmaße x_1 und x_2.

2. Nach demselben "Gesetz" pflanzen sich aber auch die Streuungen fort, wenn die Teilmaße voneinander subtrahiert werden.

Zwei Teile mit den Längen x_1 und x_2 werden wie folgt zusammengesetzt:

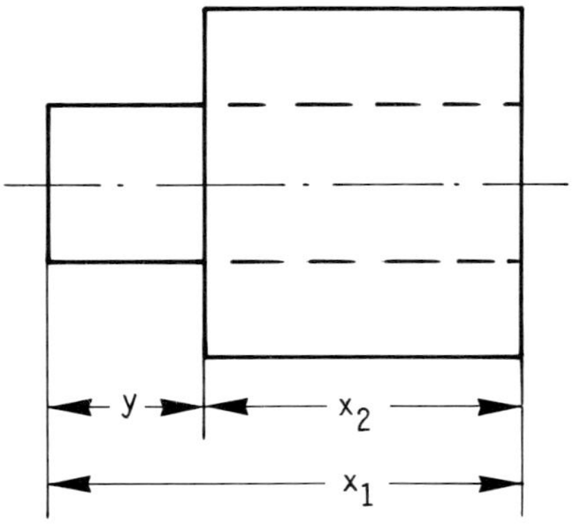

Aus umfangreichen Untersuchungen ist die Fertigung sowohl des ersten Teils mit der Länge x_1 als auch des zweiten Teils mit der Länge x_2 bekannt. Die Kenngrößen der Verteilung lauten:

$$m\{y\} = \mu_y = \mu_1 - \mu_2$$
$$= 14{,}005 - 9{,}645$$
$$= 4{,}360 \text{ mm}$$

$$v\{y\} = \sigma_y^2 = \sigma_1^2 + \sigma_2^2$$
$$= 0{,}000\,034 + 0{,}000\,147$$
$$= 0{,}000\,181 (\text{mm})^2$$

$$\sigma_y = \sqrt{0{,}000\,181} = 0{,}0135 \text{ mm}$$

Auch in diesem Falle werden die Varianzen σ_1^2 und σ_2^2 addiert!

Zu diesem Sachverhalt vergleiche man auch DIN 1319, Blatt 3, Januar 1972: Grundbegriffe der Meßtechnik, Begriffe für die Fehler beim Messen.

Sind die Kenngrößen der Grundgesamtheiten unbekannt und werden diese durch entsprechende Kenngrößen der Stichproben geschätzt, so gilt das Fehlerfortpflanzungsgesetz zumindest angenähert.

Kenngröße	Stichprobe			
	1	2	...	p
Mittelwert	$\bar{x}_1$	$\bar{x}_2$	...	$\bar{x}_p$
Varianz	s_1^2	s_2^2	...	s_p^2
Standard-abweichung	s_1	s_2	...	s_p

Wird die Größe y wie folgt gebildet:

$$y = a_1x_1 \pm a_2x_2 \pm \ldots \pm a_px_p$$

so ist

Mittelwert:	$\bar{y} = a_1\bar{x}_1 \pm a_2\bar{x}_2 \pm \ldots \pm a_p\bar{x}_p$
Varianz:	$s_y^2 \approx a_1^2s_1^2 + a_2^2s_2^2 + \ldots + a_p^2s_p^2$
Standardabweichung:	$s_y \approx \sqrt{a_1^2s_1^2 + a_2^2s_2^2 + \ldots + a_p^2s_p^2}$

Beispiel

In der weiter oben bereits exemplarisch genannten Zeitaufnahme "Duplex-Zahnradpumpe prüfen und reinigen" können folgende Kenngrößen ermittelt werden:

1. Mittlere Zykluszeit

$$\bar{y} = 90{,}4 + 71{,}9 + \ldots + 109{,}6 = 481{,}3 \text{ HM}$$

2. Varianz der Zykluszeiten:

$$s_y^2 \approx 4{,}3^2 + 1{,}6^2 + \ldots + 2{,}7^2$$

$$\approx 791{,}54 \text{ HM}^2$$

3. Standardabweichung der Zykluszeiten:

$$s_y \approx \sqrt{791,54} = 28,1 \text{ HM}$$

Dieser Wert stimmt annähernd mit dem exakt aus den n = 15 Zykluszeiten berechneten Ergebnis

$$s_y = 29,8 \text{ HM}$$

überein.

Bei bloßer Addition der Standardabweichungen hätte sich statt dessen ein viel zu großer, falscher Wert für die Standardabweichung von 37,4 HM ergeben.

Diese Gedankengänge können bezogen auf die Genauigkeitsbeurteilung von Zeitaufnahmen weiter vertieft werden, was in dem nachfolgenden Abschnitt erfolgt.

6.2. Berechnung von Kennzahlen zur Beurteilung des arithmetischen Mittelwertes

Anders als in nahezu allen übrigen technischen Bereichen werden statistische Kenngrößen von Zeitdaten nicht losgelöst voneinander verwendet. Vielmehr werden diese Kenngrößen im Verbund mit anderen zuvor bzw. zugleich ermittelten Kenngrößen benötigt, sei es, um mit diesen Zeitdaten einen Planungszeitraum aufzufüllen oder ein Arbeitspensum zwecks Leistungsentlohnung festzulegen. Hier werden Zeitdaten verschiedenster Art - aus Zeitaufnahmen, Multimomentaufnahmen, Schätzungen, Setzungen, SvZ - miteinander verkettet. Eine analoge Verkettung tritt beispielsweise beim Zusammenbau von Einzelteilen, die bestimmte Einzeltoleranzen aufweisen, zu einem Gesamtmaß auf, welches eine bestimmte Gesamttoleranz aufweisen muß. Diese Aufgabenstellung wird in der bereits zuvor zitierten DIN 1319 angesprochen. In Anlehnung an diese Normung soll auf die Verkettung von Zeitdaten und das Verhalten der relativen Genauigkeit der einzelnen miteinander verketteten Zeitdaten eingegangen werden (Fehlerfortpflanzung bei Zeitaufnahmen).

Nehmen wir an, eine Zeitaufnahme hatte aufgrund von n Einzelzeiten den Mittelwert $\bar{x}$, die Varianz s^2, die Standardabweichung s ergeben. Die erzielte relative Genauigkeit betrage ε, die erzielte absolute Genauigkeit (z.B. ausgedrückt in HM) ist dann $f = \varepsilon \cdot \bar{x}$. Diese Größe f ist also die mögliche Abweichung (Fehler) des tatsächlichen Mittelwertes $\bar{x}$, die beiden Grenzwerte $\bar{x} \pm f$ werden auch als Vertrauensbereich für den idealen Mittelwert bezeichnet. In diesem Bereich liegt höchstwahrscheinlich der ideale Mittelwert. Hat der zu kalkulierende Auftrag die Größe m, so wird der berechnete Mittelwert $\bar{x}$ also m mal verwendet, die Abweichung f tritt dann m mal auf.

Im allgemeinen wird eine Abrechnungsperiode, deren Dauer mit T_{per} bezeichnet wird, nicht durch einen einzigen Mittelwert aufgefüllt, sondern durch viele mit unterschiedlichen Verwendungshäufigkeiten, die mit m_{per} abgekürzt werden. T_{per} wird dann aus einer Summe von Produkten $m_{per}\bar{x}$ zusammengesetzt.

$$T_{per} = \Sigma m_{per}\bar{x}$$

Da die $\bar{x}$-Werte Abweichungen enthalten, gilt dies auch für den Wert T_{per} für die Dauer der Abrechnungsperiode. Diese Abweichung wird mit f_{per}, die erzielte relative Genauigkeit, mit der die Abrechnungsperiode aufgefüllt wird, wird mit ε_{per} - Periodengenauigkeit - bezeichnet.

$$\varepsilon_{per} = f_{per}/T_{per}$$

$$\text{Periodengenauigkeit (in \%)} = \frac{\text{Periodenabweichung (in min)}}{\text{Abrechnungsperiode (in min)}}$$

Die Abweichung f_{per} der Abrechnungsperiode ist nun keineswegs etwa die Summe der Abweichungen f der einzelnen Mittelwerte $\bar{x}$; das leuchtet ja auch ohne weiteres ein, weil die Abweichungen sich sowohl als Plus als auch als Minus auswirken können und sich so beim Verketten zumindest teilweise ausgleichen, der Rest pflanzt sich in der Abrechnungsperiode fort. In Anlehnung an DIN 1319, Abschnitt 2, besteht zwischen der Abweichung f der einzelnen Mittelwerte $\bar{x}$ und der Abweichung f_{per} für die Abrechnungsperiode T_{per} folgende Beziehung (Fehlerfortpflanzungsgesetz):

$$f_{per} = \sqrt{\Sigma(m_{per} \cdot f)^2}$$

Es findet ein teilweiser Ausgleich der Abweichungen der einzelnen Mittelwerte statt. Mit $f = \varepsilon \cdot \bar{x}$ und $f_{per} = \varepsilon_{per} \cdot T_{per}$ (s.o.) entsteht daraus

$$\varepsilon_{per} = \sqrt{\frac{\Sigma(\varepsilon \cdot \bar{x} \cdot m_{per})^2}{T^2_{per}}}$$

oder ausführlicher geschrieben

$$\varepsilon_{per} = \sqrt{\left(\frac{\varepsilon_1 \cdot \bar{x}_1 \cdot m_{per\ 1}}{T_{per}}\right)^2 + \left(\frac{\varepsilon_2 \cdot \bar{x}_2 \cdot m_{per\ 2}}{T_{per}}\right)^2 + \ldots}$$

Um für die Abrechnungsperiode T_{per} eine ganz bestimmte relative Genauigkeit ε'_{per} gewährleisten zu können, gibt es danach eine Vielfalt von Möglichkeiten. Ist der Beitrag des einen Summanden an der Entstehung von ε_{per} groß, so müssen die Beiträge eines oder mehrerer anderer Summanden gering ausfallen, um denselben ε_{per}-Wert zu erhalten, und umgekehrt. Wegen der Vielfalt der Möglichkeiten, eine bestimmte Periodengenauigkeit zu gewährleisten, ist es erforderlich, sich auf eine einzige mit Regelcharakter zu beschränken. Betrachtet man irgendeinen Summanden $(\varepsilon \cdot x \cdot m_{per}/T_{per})^2$, so haben alle übrigen Summanden unter der Wurzel zusammen noch den Wert

$$\left(\frac{T_{per}}{m_{per} \cdot \bar{x}} - 1\right) \cdot (\varepsilon \cdot \bar{x} \cdot m_{per}/T_{per})^2,$$

was eingesetzt in obige Formel den Ausdruck

$$\varepsilon_{per} = \varepsilon \sqrt{\frac{m_{per}\,\bar{x}}{T_{per}}}$$

oder in erforderlichen Genauigkeiten und umgeschrieben auf die Einzelgenauigkeit

$$\boxed{\varepsilon' = \varepsilon'_{per} \sqrt{\frac{T_{per}}{m_{per} \cdot \bar{x}}}}$$

ergibt.

Diese Formel kann wie folgt interpretiert werden: Es ist nicht sinnvoll, die Genauigkeit eines einzelnen Mittelwertes $\bar{x}$ für einen Ablaufabschnitt bzw. einen Zyklus losgelöst von der Bedeutung dieser Kenngröße im Rahmen eines größeren Ganzen zu betrachten. Als größeres Ganzes wurde hier der Begriff der Abrechnungsperiode T_{per} (z.B. 1 Monat $\approx$ 10 000 min) vorgeschlagen. Im Rahmen dieses Ganzen wird ein solcher Wert leistungslohnwirksam.

Welche Bedeutung dieser Wert und damit der Beitrag der zugeordneten Abweichung an der Abweichung der Abrechnungsperiode hat, hängt sowohl von der Größenordnung des zu beurteilenden Mittelwertes $\bar{x}$ als auch seiner Verwendungshäufigkeit m_{per} innerhalb der Abrechnungsperiode T_{per} ab. Dies kommt in obiger Formel zum Ausdruck. Ist die Verwendungshäufigkeit m_{per} und/oder der Mittelwert $\bar{x}$ klein, so kann ε' größer festgelegt werden, als dies bei hoher Verwendungshäufigkeit und/oder langdauernden mittleren Zeiten der Fall ist. Die Anwendung obiger Formel kann der Praxis auf verschiedene Art und Weise empfohlen werden, was nachfolgend an einigen Beispielen erläutert werden soll, wobei die hier notwendigerweise gesetzten Zahlenwerte keinerlei normativen Charakter haben und auch keine Hinweise darauf sein sollen. Es kann dem Verfasser nicht zustehen, eine dem Recht der Sozialpartner zustehende Setzung über ε'_{per} zu treffen.

Beispiel

1. In einem Unternehmen wurde eine Abrechnungsperiode von

$$T_{per} = 1 \text{ Monat} \approx 10\,000 \text{ min}$$

verabredet.

Hierfür sollte eine Periodengenauigkeit $\varepsilon'_{per} = 1\ \%$ (hier Monatsgenauigkeit) gewährleistet werden. Gewerkschaftlicherseits besteht hierzu die Forderung, daß der Arbeitsperson in dieser Höhe ein Datenermittlungszuschlag im leistungsabhängigen Lohnanteil gewährt wird, sofern dieser auf der Basis von Zeitaufnahmen ermittelt wird. Es interessiert, ob die bereits im Abschnitt 6.1 behandelte Zeitaufnahme hinsichtlich der mittleren Zykluszeit $\bar{x} = 481{,}3$ HM $\approx 4{,}8$ min eine ausreichende Genauigkeit aufweist. Diese wurde mit $\varepsilon = 4\ \%$ nach dem Streuzahlverfahren bzw. $\varepsilon = 3{,}4\ \%$ nach dem Variationszahlverfahren ermittelt. Laut Zeitaufnahme beträgt die Menge m des Auftrages 50 Stück. Da innerhalb einer Abrechnungsperiode höchstens Aufträge dieser Größe einmalig auftreten, ist $m_{per} = m = 50$.

Nach obiger Formel läßt sich nun die erforderliche Genauigkeit ε' bestimmen zu

$$\varepsilon' = 1\ \% \sqrt{\frac{10\,000}{50 \cdot 4{,}8}} = 6{,}5\ \%$$

Dieses Ergebnis erhält man auch aufgrund des in Bild 36 wiedergegebenen Nomogrammes.

Die Interpretation muß lauten: Solange die erzielte Genauigkeit $\varepsilon \leq \varepsilon'$ für den zu beurteilenden Mittelwert $\bar{x}$ ausfällt, was bei dieser Zeitaufnahme der Fall ist, kann eine Monatsgenauigkeit von 1 % gewährleistet werden, vorausgesetzt alle übrigen zu verwendenden Mittelwerte werden ebenfalls nach diesem Verfahren in gleicher Weise behandelt bzw. zeigen gegenüber den beurteilten Mittelwerten ein gleiches Verhalten, oder es sind Daten mit Sollcharakter.

Löst man obige Formel nach der Verwendungshäufigkeit m_{per} auf und ersetzt die erforderliche relative Genauigkeit ε' durch die erzielte ε, so erhält man eine Formel für die maximal zulässige Verwendungshäufigkeit $m_{per\ zul}$, die angibt, wie oft innerhalb der Abrechnungsperiode der

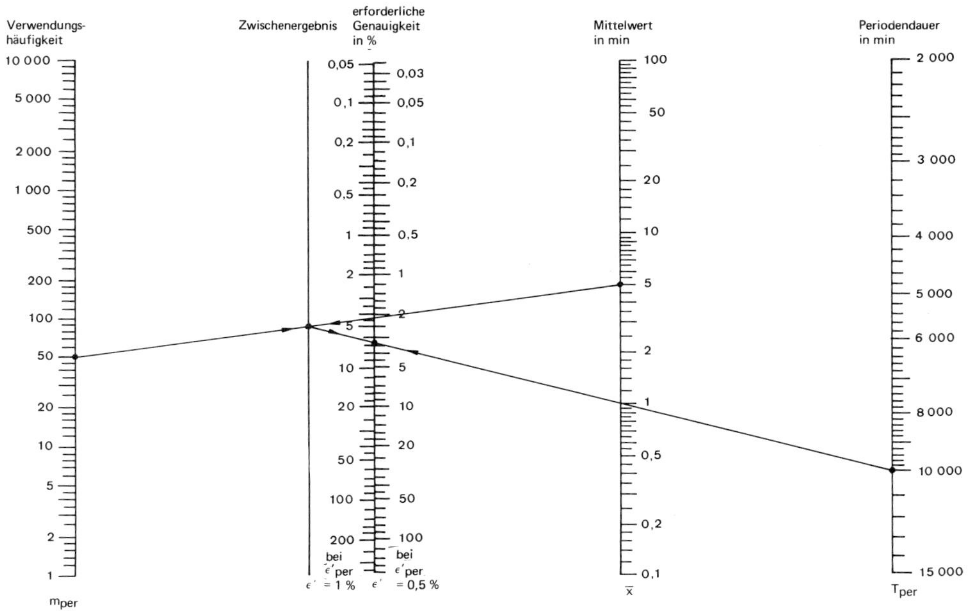

Bild 36: Nomogramm zur Bestimmung von ε' in Abhängigkeit ε'_{per}, T_{per}, m_{per} und $\bar{x}$

zu beurteilende Mittelwert $\bar{x}$ maximal verwendet werden darf, ohne die Periodengenauigkeit ε'_{per} zu gefährden. Es ist

$$m_{per\ zul} = \left(\frac{\varepsilon'_{per}}{\varepsilon}\right)^2 \cdot \frac{T_{per}}{\bar{x}}$$

Beispiel

Im Beispiel der Duplex-Zahnradpumpe war $\varepsilon'_{per} = 1\ \%$ für $T_{per} \approx 10\,000$ min bei $\bar{x} \approx 4{,}8$ min mit ε(Variationszahl) = 3,4 %. Damit ist

$$m_{per\ zul} = \left(\frac{1\ \%}{3{,}4\ \%}\right)^2 \cdot \frac{10\,000}{4{,}8} = 180$$

d.h. solange in der Abrechnungsperiode nicht mehr als 180 Pumpen von der Arbeitsperson bearbeitet werden, können die Ergebnisse der Zeitaufnahme zur Zeitvorgabe und damit Leistungsentlohnung verwendet werden. Da die tatsächliche Stückzahl weit darunter liegt (m_{per} = 50), ist die Genauigkeit der Zeitaufnahme ausreichend. Auch hierfür läßt sich das obige Nomogramm (Bild 36) einsetzen.

In der ersten Formel stellt das Produkt $m_{per} \cdot \bar{x}$ die Zeit dar, die innerhalb der Abrechnungsperiode T_{per} auf der Grundlage des zu beurteilenden Mittelwertes $\bar{x}$ kalkuliert wird. Löst man diese Formel nach dem Produkt $m_{per} \cdot \bar{x}$ auf und setzt statt ε' wiederum ε ein, so erhält man die maximale Zeitdauer, die innerhalb der Abrechnungsperiode mittels $\bar{x}$ kalkulierbar ist, ohne den vereinbarten Wert für ε'_{per} zu gefährden. Diese maximale Zeitdauer wird mit T_{max} bezeichnet und wird berechnet nach

$$T_{max} = T_{per} \cdot \left(\frac{\varepsilon'_{per}}{\varepsilon}\right)^2$$

Die nachfolgende Zahlentafel (Bild 37) gibt diese Formel für einige vereinbarte Periodengenauigkeiten ε'_{per} auf der Basis einer Periodendauer T_{per} = 10 500 min ≈ 1 Monat wieder.

Beispiel

Bezogen auf das Beispiel der Duplex-Pumpe würde dies bei T_{per} ≈ 10 000 min ε'_{per} = 1 % und ε (Variationszahl) ≈ 3,4 % bedeuten, daß mit dem arithmetischen Mittelwert $\bar{x}$ ca. 860 min maximal kalkulierbar wären. Tatsächlich werden jedoch nur $m_{per} \cdot \bar{x}$ ≈ 50 · 4,8 = 240 min kalkuliert, woraus folgt, daß diese Zeitaufnahme ausreichende Genauigkeit aufweist.

Wie man aus den hier beschriebenen Anwendungen entnehmen kann, lassen sich eine Reihe aufgetretener lohnpolitischer Spannungen mit diesem Vorschlag entschärfen. Wesentlich ist die Tendenz dieses Verfahrens, wonach kleine Zeitblöcke stärker streuen können und damit ein größeres ε' erlauben als große Zeitblöcke, für die wegen ihrer höheren Bedeutung bezüglich der Abrechnungsperiode geringere ε' gestattet sind.

Die Frage, ob eine Zeitaufnahme ablaufabschnittsweise oder zyklusweise statistisch ausgewertet und bearbeitet werden sollte, verliert an Brisanz und kann nun ausschließlich nach Gesichtspunkten der Datenverwendung entschieden werden (z.B. Verwendung der Zeitaufnahme unmittelbar zur Entlohnung, dann nach Möglichkeit zyklusweise Auswertung; Verwendung der Zeitaufnahme mittelbar über den "Umweg" der Bildung von Planzeiten zur Entlohnung, dann nach Möglichkeit ablaufabschnittsweise Auswertung). Bei Verabredung einer Periodengenauigkeit bringt die ablaufabschnittsweise Auswertung gegenüber der zyklusweisen weder lohnpolitische Vorteile noch Nachteile.

ϵ'_{per} = 1 %		ϵ'_{per} = 2 %		ϵ'_{per} = 3 %		ϵ'_{per} = 4 %		ϵ'_{per} = 5 %	
ϵ in %	T_{max} in min	ϵ in %	T_{max} in min	ϵ in %	T_{max} in min	ϵ in %	T_{max} in min	ϵ in %	T_{max} in min
1.0	10 500	2.0	10 500	3.0	10 500	4.0	10 500	5.0	10 500
1.5	4 666	2.5	6 720	3.5	7 714	4.5	8 296	5.5	8 677
2.0	2 625	3.0	4 666	4.0	5 906	5.0	6 720	6.0	7 291
2.5	1 680	3.5	3 428	4.5	4 666	5.5	5 553	6.5	6 213
3.0	1 166	4.0	2 625	5.0	3 780	6.0	4 666	7.0	5 357
3.5	857	4.5	2 074	5.5	3 123	6.5	3 976	7.5	4 666
4.0	656	5.0	1 680	6.0	2 625	7.0	3 428	8.0	4 101
4.5	518	5.5	1 388	6.5	2 236	7.5	2 986	8.5	3 633
5.0	420	6.0	1 166	7.0	1 928	8.0	2 625	9.0	3 240
5.5	347	6.5	994	7.5	1 680	8.5	2 325	9.5	2 908
6.0	291	7.0	857	8.0	1 476	9.0	2 074	10.0	2 625
6.5	248	7.5	746	8.5	1 307	9.5	1 861	10.5	2 380
7.0	214	8.0	656	9.0	1 166	10.0	1 680	11.0	2 169
7.5	186	8.5	581	9.5	1 047	10.5	1 523	11.5	1 984
8.0	164	9.0	518	10.0	945	11.0	1 388	12.0	1 822
8.5	145	9.5	465	10.5	857	11.5	1 270	12.5	1 680
9.0	129	10.0	420	11.0	780	12.0	1 166	13.0	1 553
9.5	116	10.5	380	11.5	714	12.5	1 075	13.5	1 440
10.0	105	11.0	347	12.0	656	13.0	994	14.0	1 339
10.5	95	11.5	317	12.5	604	13.5	921	14.5	1 248
11.0	86	12.0	291	13.0	559	14.0	857	15.0	1 166
11.5	79	12.5	268	13.5	518	14.5	799	16.0	1 025
12.0	72	13.0	248	14.0	482	15.0	746	17.0	908
12.5	67	13.5	230	14.5	449	16.0	656	18.0	810
13.0	62	14.0	214	15.0	420	17.0	581	19.0	727
13.5	57	14.5	199	16.0	369	18.0	518	20.0	656
14.0	53	15.0	186	17.0	326	19.0	465	30.0	291
14.5	49	16.0	164	18.0	291	20.0	420	40.0	164
15.0	46	17.0	145	19.0	261	30.0	186	50.0	105
16.0	41	18.0	129	20.0	236	40.0	105	60.0	72
17.0	36	19.0	116	30.0	105	50.0	67	70.0	53
18.0	32	20.0	105	40.0	59	60.0	46	80.0	41
19.0	29	30.0	46	50.0	37	70.0	34		
20.0	26	40.0	26	60.0	26	80.0	26		
30.0	11	50.0	16	70.0	19				
40.0	6	60.0	11	80.0	14				
50.0	4	70.0	8						
60.0	2	80.0	6						
70.0	2								
80.0	1								

Bild 37: Maximal kalkulierbare Zeitdauer T_{max} auf der Basis des Mittelwertes $\bar{x}$ für einen Ablaufabschnitt bzw. den Zyklus in Abhängigkeit von dessen erzielter relativer Genauigkeit ϵ und der vereinbarten Periodengenauigkeit ϵ'_{per}

7. ANWENDUNGSREGELN FÜR DIE STATISTISCHE AUSWERTUNG VON ZEITAUFNAHMEN

Für die Behandlung von Sonderfällen bei der Auswertung von Zeitaufnahmen nach dem Streuzahl- bzw. Variationszahlverfahren können eine Reihe von zusätzlichen Hinweisen gegeben werden.

7.1. Vereinbarungen zur statistischen Auswertung von Zeitaufnahmen

Im Lohnrahmentarifvertrag Nordwürttemberg-Nordbaden vom November 1973 ist die statistische Auswertung von Zeitaufnahmen nach dem Streuzahlverfahren vereinbart worden.

Um zu einheitlichen, überbetrieblich vergleichbaren Ergebnissen zu kommen, wurden Regeln zur Behandlung von Sonderfällen aufgestellt und allgemeine Vereinbarungen mit einigen Firmen dieses Tarifgebietes getroffen:

- Bei Zeitaufnahmen werden die Zykluszeiten - bei Verwendung der Zeitaufnahme als Ganzes - oder Einzelzeiten für jeden Ablaufabschnitt - bei Verwendung der Ablaufabschnitte für die Bildung von Planzeiten - statistisch ausgewertet.

- Ablaufabschnitte oder Zyklen mit weniger als 5 Meßwerten werden nicht statistisch ausgewertet.

- Ablaufabschnitte oder Zyklen zwischen 5 und 14 Meßwerten werden nach MLA 2/169[1]) ausgewertet.

- Ablaufabschnitte oder Zyklen mit mehr als 14 Meßwerten werden nach MLA 2/170 ausgewertet.

- Auswertungen mit einem Rechengerät, das eine einfache Berechnung von Mittelwert $\bar{x}$ und Standardabweichung s ermöglicht, werden nach dem Variationszahlverfahren durchgeführt.

---

1) MLA 2/169 bedeutet ausführlich geschrieben: REFA-Methodenlehre des Arbeitsstudiums, Teil 2: Datenermittlung, Carl Hanser Verlag, München, 1971/1976, Seite 169

7.1.1. Ausreißer

In MLA 2/158 heißt es: "Ausreißer sind Einzelzeiten, die erheblich von den übrigen Zeiten beim gleichen Abschnitt abweichen".

Man spricht von einem Ausreißer, wenn der Abstand eines Extremwertes zu den übrigen Meßwerten der Stichprobe bereits so groß ist, daß bei dem Extremwert auf das Vorliegen untersuchungsfremder Umstände geschlossen werden kann (siehe auch Verfahren 5).

Wird ein extremer Wert als Ausreißer erkannt, ist dieser Wert einschließlich des Leistungsgrades einzuklammern. Er wird weder bei der Mittelwertbildung noch bei der statistischen Auswertung berücksichtigt, sondern "als zusätzliche Zeit in die unteren Zeilen des Zeitaufnahmebogens übertragen" und wie andere zusätzliche Zeiten bei der weiteren Auswertung behandelt.

Ein festgestellter Ausreißer wird nicht durch den zugeordneten Mittelwert der übrigen Meßwerte ersetzt.

7.1.2. Lücken (vergessene Aufschreibung)

Lücken (z.B. vergessene Aufschreibung) bei der Einzelzeitmessung sollen n i c h t durch den Mittelwert aus den übrigen Einzelzeiten ersetzt werden. Sie bleiben offen.

Lücken (z.B. vergessene Aufschreibung) bei Zeitaufnahmen nach dem Fortschrittszeitverfahren können ausgefüllt werden (MLA 2/157). Zu empfehlen ist folgendes Vorgehen:

(1) Die Zeit errechnen, die für beide Ablaufabschnitte zusammen ermittelt wurde.
(2) Die für beide Abschnitte ermittelte Zeit so in zwei Anteile aufteilen, daß die Anteile möglichst nahe an dem jeweils geschätzten Mittelwert der Ablaufabschnitte liegen.

7.1.3. Ablesefehler

Ein Ablesefehler ist bei Einzelzeitmessung nicht von einem Ausreißer zu unterscheiden. Deshalb wird ein Ablesefehler bei Einzelzeitmessung einschließlich des Leistungsgrades gestrichen.

Einen Ablesefehler bei Fortschrittszeitmessung erkennt man daran, daß bei zwei aufeinander folgenden Einzelzeiten die erste wesentlich länger und die zweite wesentlich kürzer (oder umgekehrt) als die vergleichbaren Einzelzeiten desselben Ablaufabschnittes ist (MLA 2/157). Ein Ablesefehler bei Fortschrittszeitverfahren wird wie eine Lücke bei Fortschrittszeitmessung korrigiert.

7.1.4. Ein Zeitwert für mehrere Zyklen

Zeitwerte für mehrere Zyklen dürfen bei der statistischen Auswertung nicht auf die Zyklen aufgeteilt werden.

Bei zyklusweiser statistischer Auswertung dürfen "Zeitwerte für mehrere Zyklen" nicht berücksichtigt werden.

Eine statistische Auswertung des Ablaufabschnittes, d.h. der "Zeitwerte für mehrere Zyklen" ist nur zulässig, wenn die Einflußgrößen auf die Zeitwerte immer gleich sind.

Diese Regeln gelten nur für die statistische Auswertung, nicht für die Vorgabezeitermittlung!

7.1.5. Einteilung in Meßwertgruppen $n > 14$ beim Streuzahlverfahren

Liegen mindestens 15 Einzelzeiten je Ablaufabschnitt bzw. 15 Zykluszeiten vor, so faßt man jeweils 5 aufeinander folgende Einzelzeiten bzw. Zykluszeiten zu einer Gruppe zusammen (MLA 2/170).

Das Zusammenfassen in Gruppen erfolgt nach einem evtl. Streichen von Werten, Auffüllen von Lücken und/oder Korrigieren von Ablesefehlern.

Sowohl gestrichene Werte als auch Lücken werden bei der Gruppeneinteilung übergangen.

Die Zahl n für die Ermittlung der erzielten Genauigkeit ε ist die Zahl, mit der der Mittelwert der Zeiten berechnet wurde. Die Zahl n braucht n i c h t identisch mit (5 x Anzahl der Gruppen k) zu sein.

7.2. Beispiel

Es wurde eine Zeitaufnahme mit 10 Ablaufabschnitten und 25 Zyklen durchgeführt. In der Aufnahme sind 3 Lücken, die nicht aufgefüllt werden dürfen, und 4 Werte, die wegen untersuchungsfremder Zeitanteile gestrichen werden mußten (siehe Bild 38).

Im Ablaufabschnitt 4 wurde in unregelmäßigen Abständen jeweils ein Teil gemessen. Eine statistische Auswertung der Meßwerte ablaufabschnittsweise ist möglich, da die Einflußgrößen konstant sind. Es erfolgt keine Gruppenbildung, da $n \leq 14$. In Ablaufabschnitt 6 wurden Späne in unregelmäßigen Abständen entfernt. Hier ist keine statistische Auswertung möglich, da die Einflußgröße "Spanmenge" variiert. Ablaufabschnitt 4 und 6 sind deshalb bei der statistischen Auswertung der Zykluszeiten nicht zu berücksichtigen.

Beim 1. und 10. Ablaufabschnitt ergeben sich 5 Gruppen, n = 25. Die Gruppeneinteilung entspricht dem Vordruck auf dem REFA-Zeitaufnahmebogen.

Im 3., 5., 7., 8. und 9. Ablaufabschnitt sind Werte gestrichen worden bzw. Lücken vorhanden, die nicht aufgefüllt werden können. Es wird eine neue Gruppeneinteilung von links nach rechts vorgenommen. Sinnvoll ist eine Markierung der neuen Gruppen durch kleine senkrechte Striche, wie in Bild 38 gezeigt. Es entstehen so 4 Gruppen, n = 24.

Im 2. Ablaufabschnitt ist sowohl eine Lücke vorhanden als auch ein Wert gestrichen worden. Es ergeben sich 4 Gruppen, n = 23.

Ablaufabschnitt 4 wird mit der einfachen Spannweite R ($n < 14$, keine Gruppeneinteilung) statistisch ausgewertet.

Da jede Lücke bzw. jeder gestrichene Wert einen unvollständigen Zyklus verursacht, ergeben sich aus den Ablaufabschnitten 1 bis 3, 5 und 7 bis 10 nur 19 vollständige Zyklen. Die Ablaufabschnitte 4 und 6 werden bei der Auswertung der Zykluszeiten nicht berücksichtigt. Die verbliebenen n = 19 Zyklen werden von links nach rechts in 3 Gruppen zu k = 5 Zyklen eingeteilt.

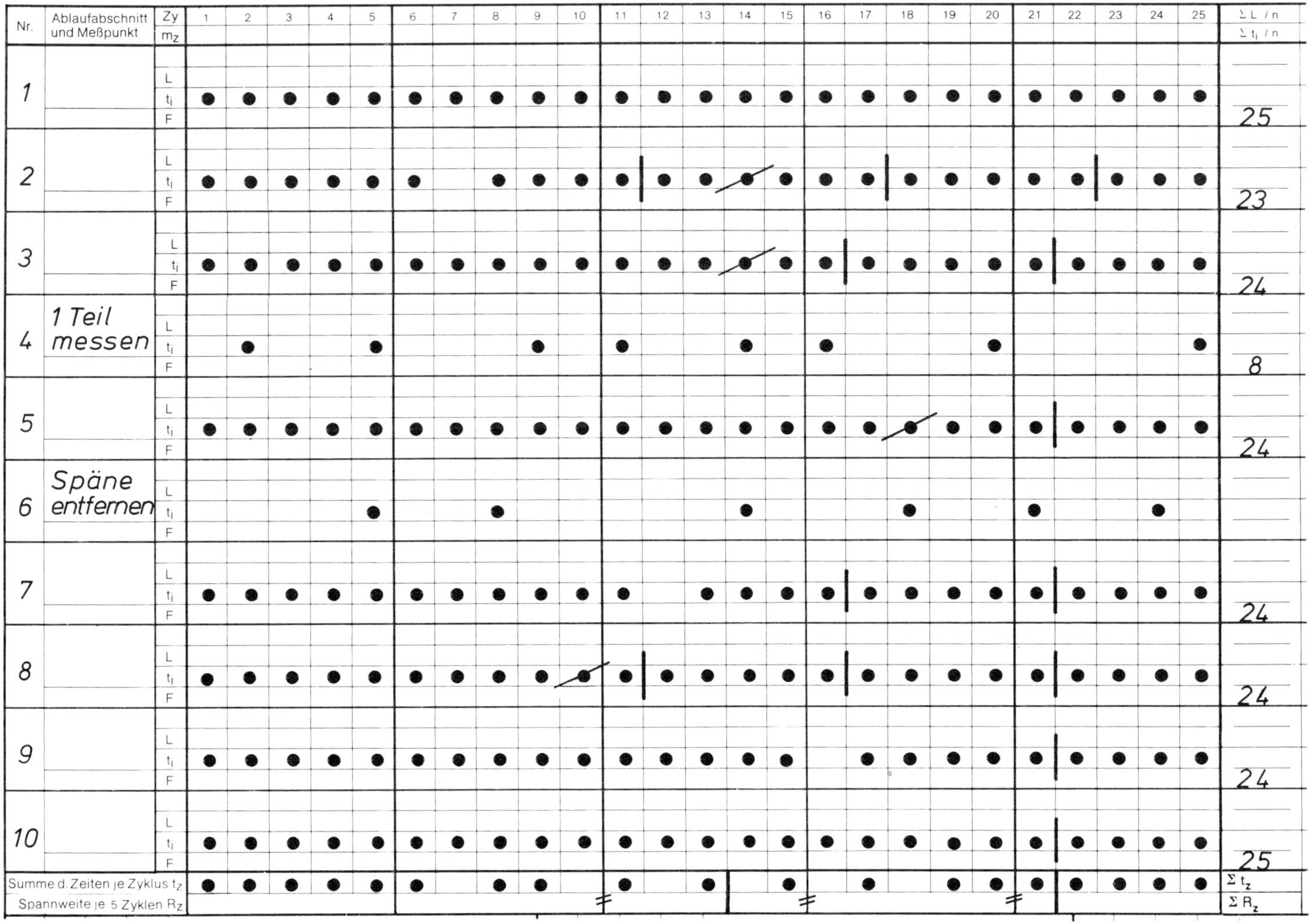

Bild 38: Schema einer zyklischen Zeitaufnahme mit Eintragungen

8. PROBLEMORIENTIERTE AUSWERTUNGS- UND TESTVERFAHREN FÜR VARIANZ UND STANDARDABWEICHUNG

8.1. Vorbemerkungen

Bereits in den Vorbemerkungen des Abschnitts 5.1 wurden die zwei folgenden Fragen im Zusammenhang mit dem Grundversuch G 1 aufgeworfen:

1. Die Stichprobe liefert s^2, wo liegt σ^2 der Grundgesamtheit?
2. Die Stichprobe liefert s, wo liegt σ der Grundgesamtheit?

In den folgenden Abschnitten soll auf diese Fragestellungen eine Antwort gegeben werden.

8.2. Vertrauensbereich für Varianz und Standardabweichung der Grundgesamtheit

Die Antwort

$$\sigma^2 = s^2$$

zu obiger Frage 1 ist falsch, wie anhand des Grundversuches (Seite 237) gezeigt wurde. Es gilt vielmehr

$$\sigma^2 \approx s^2$$

Natürlich interessiert, w i e gut σ^2 und s^2 übereinstimmen. Eine Aussage hierüber wird mittels des Vertrauensbereiches für σ^2 präzisiert. Es ist

$$\sigma^2_{UNTEN} = \frac{f}{\chi^2_{1-(\alpha/2);f}} \cdot s^2$$

$$\sigma^2_{OBEN} = \frac{f}{\chi^2_{(\alpha/2);f}} \cdot s^2$$

mit f = n-1

Darin sind:

$\sigma^2_{\substack{OBEN\\UNTEN}}$ = Untere und obere Vertrauensgrenze für die wahre, jedoch unbekannte Varianz σ^2 der Grundgesamtheit

$n;\ s^2$ = Stichprobengröße und -varianz

$\chi^2_{1-(\alpha/2);f};\ \chi^2_{(\alpha/2);f}$ = Der statistischen Sicherheit $1-\alpha$ und der Größe $f = n-1$ zugeordnete zweiseitig oberer und unterer Schwellenwert der χ^2-Verteilung nach T5 (siehe Anhang).

Im Gegensatz zum Vertrauensbereich für den arithmetischen Mittelwert μ der Grundgesamtheit (Abschnitt 5.2, Seite 239 ff.) ist der Vertrauensbereich für die Varianz σ^2 der Grundgesamtheit nicht symmetrisch zur Stichprobenvarianz s^2 gelegen. Beide Vertrauensgrenzen müssen gesondert berechnet werden.

Beispiele:

1. Stichprobe Nr. 15 des Grundversuchs G 1 lieferte:

$$n = 5$$
$$s^2 = 118\ [\ ]^2$$

Was kann über die Höhe der als unbekannt unterstellten Varianz σ^2 der Grundgesamtheit ausgesagt werden?

Aus T5 erhält man zu $1-\alpha = 95\%$ (vorgegebener Wert) und $f = n-1 = 4$ die beiden Schwellenwerte

$$\chi^2_{1-(\alpha/2);f} = 11{,}1$$

$$\chi^2_{(\alpha/2);f} = 0{,}484$$

und damit

$$\sigma^2_{UNTEN} = \frac{4}{11{,}1}\cdot 118 = 42{,}5\ [\ ]^2$$

$$\sigma^2_{OBEN} = \frac{4}{0{,}484}\cdot 118 = 975{,}2\ [\ ]^2$$

d.h. die wahre, jedoch unbekannte Varianz σ^2 der Grundgesamtheit liegt in dem Bereich zwischen 42,5 $[\,]^2$ und 975,2 $[\,]^2$. Sicherheit der Aussage: 95%.

2. Die Stichprobe der n = 10 Zykluszeiten (Leitbeispiel 1) lieferte

$$s^2 = 61{,}1\bar{5}\ (\mathrm{HM})^2$$

In welchem Vertrauensbereich ist die Varianz der zugeordneten Grundgesamtheit zu erwarten?

Aus T5 erhält man zu $1-\alpha$ = 95% (vorgegebener Wert) und $f = n-1 = 9$ die beiden Schwellenwerte

$$\chi^2_{1-(\alpha/2);f} = 19{,}0$$

$$\chi^2_{(\alpha/2);f} = 2{,}70$$

und mit obiger Formel

$$\sigma^2_{\mathrm{UNTEN}} = \frac{9}{19{,}0}\cdot 61{,}1\bar{5}$$

$$= 29{,}0\ (\mathrm{HM})^2$$

$$\sigma^2_{\mathrm{OBEN}} = \frac{9}{2{,}70}\cdot 61{,}1\bar{5}$$

$$= 203{,}9\ (\mathrm{HM})^2$$

d.h. die wahre, jedoch unbekannte Varianz σ^2 der Grundgesamtheit liegt in dem Bereich zwischen 29,0 $(\mathrm{HM})^2$ und 203,9 $(\mathrm{HM})^2$. Sicherheit der Aussage: 95%.

3. Die Stichprobe der n = 200 Nietkopfdurchmesser (Leitbeispiel 2) lieferte

$$s^2 = 0{,}012\,8\ (\mathrm{mm})^2$$

Wie lautet der Vertrauensbereich für die Varianz σ^2 der Gesamtfertigung?

Aus der Näherungsformel (s. T5, Blatt 2 unten) erhält man zu $1-\alpha = 95\%$ und $f = 199$ zunächst die beiden Schwellenwerte

mit $u_{1-(\alpha/2)} = 1{,}960$

$$\chi^2_{(\alpha/2);f} \approx \frac{1}{2}(\sqrt{2\cdot 199 - 1} - 1{,}960)^2$$

$$\approx 161{,}4$$

$$\chi^2_{1-(\alpha/2);f} \approx \frac{1}{2}(\sqrt{2\cdot 199 - 1} + 1{,}960)^2$$

$$\approx 239{,}5$$

und mit obiger Formel ist dann

$$\sigma^2_{UNTEN} = \frac{199}{239{,}5}\cdot 0{,}012\,8$$

$$= 0{,}010\,6\ (mm)^2$$

$$\sigma^2_{OBEN} = \frac{199}{161{,}4}\cdot 0{,}012\,8$$

$$= 0{,}015\,8\ (mm)^2$$

d.h. die wahre, jedoch unbekannte Varianz σ^2 der Grundgesamtheit liegt in dem Bereich zwischen $0{,}010\,6\ (mm)^2$ und $0{,}015\,8\ (mm)^2$. Sicherheit der Aussage: 95%.

Aufgabe 8.2-1

Wie lauten die Vertrauensbereiche für die Varianzen der Grundgesamtheiten bei den Leitbeispielen 3 und 4 ($1-\alpha = 95\%$)?

Üblicher als den Vertrauensbereich für die Varianz σ^2 der Grundgesamtheit zu berechnen, ist die Berechnung des Vertrauensbereiches für die Standardabweichung σ, da diese hinsichtlich der technischen Einheit anschaulicher ist (beispielsweise hat die Varianz die unanschauliche technische Einheit $(HM)^2$, wohingegen die Standardabweichung die Einheit HM hat). Man kann den Vertrauensbereich für die Standardabweichung als Quadratwurzel aus dem Vertrauensbereich für die Varianz der Grundgesamheit erhalten.

(1)	(2)		(3)	
Beispiel Nr.	Vertrauensbereich für die Varianz der Grundgesamtheit		Vertrauensbereich für die Standardabweichung der Grundgesamtheit	
	σ^2_{UNTEN}	σ^2_{OBEN}	σ_{UNTEN}	σ_{OBEN}
1	42,5[ ]^2	975,2[ ]^2	6,5[ ]	31,2[ ]
2	29,0 (HM)^2	203,9 (HM)^2	5,4 HM	14,3 HM
3	0,0106 (mm)^2	0,0158 (mm)^2	0,103 mm	0,126 mm

Eine andere Möglichkeit besteht darin, daß man sich bei der Berechnung des Vertrauensbereiches für die Standardabweichung σ der Grundgesamtheit folgender Formeln bedient:

$$\sigma_{UNTEN} = \kappa_u \cdot s$$
$$\sigma_{OBEN} = \kappa_o \cdot s$$

Die Faktoren κ_u und κ_o[1] wie auch ein Rechenbeispiel kann man der Verfahrensbeschreibung des nachfolgenden χ^2-Tests entnehmen.

[1] Für κ lies "kappa"; kleiner griechischer Buchstabe

8.3. Vergleich einer Varianz mit einem Sollwert

8.3.1. χ^2-Test

Gelegentlich wird einer Grundgesamtheit eine Stichprobe entnommen um festzustellen, ob die Varianz σ^2 der Grundgesamtheit gleich einem vorgegebenen Sollwert σ_0^2 ist oder sich von diesem unterscheidet.

Beispiel:

Auf dem Eichzertifikat eines Zeitmeßgerätes wird dessen Ganzgenauigkeit aufgrund vieler Probeläufe zu je 5 min in Form einer Varianzangabe mit 0,035 cmin^2 angegeben. Diese Angabe kann als Sollwert σ_0^2 aufgefaßt und geprüft werden, ob dieser Wert eingehalten wird oder nicht.

Es ist also zu fragen, ob die wahre, jedoch unbekannte Varianz σ^2 sämtlicher durchführbarer Eichmessungen (Grundgesamtheit) gleich dem Sollwert σ_0^2 ist, daß also

$$\sigma^2 = \sigma_0^2$$

ist, oder ob sich aufgrund des Ergebnisses s^2 der stichprobenmäßigen Überprüfung die wahre Varianz σ^2 von dem Sollwert σ_0^2 unterscheidet.

Als Hypothesen formuliert wird diese Fragestellung wie folgt:

Nullhypothese H_0: $\sigma^2 = \sigma_0^2$

Gegenhypothese H_1: $\sigma^2 > \sigma_0^2$

bzw. je nach Sachverhalt

$$\sigma^2 < \sigma_0^2$$

oder

$$\sigma^2 \neq \sigma_0^2$$

Das Abwägen der beiden Hypothesen H_0 und H_1 erfolgt im χ^2-Test.

Verfahren 8.1 (Seite 327 bis 329) Vergleich einer Varianz mit einem Sollwert (χ^2-Test)

Bezeichnung des Testverfahrens: Vergleich der Varianz mit einem Sollwert (χ^2-Test)	Nr. 8.1
Siehe auch Testverfahren Nr.	Blatt: 1

Problemstellung: Auf Stichprobenbasis soll festgestellt werden, ob die Varianz σ^2 der Grundgesamtheit mit einem vorgegebenen Sollwert $\sigma_0{}^2$ übereinstimmt. Die Varianz σ^2 der Grundgesamtheit wird dabei durch die Stichprobenvarianz s^2 geschätzt.

Verwendete Symbole	Bedeutung
n	Stichprobengröße
s^2	Varianz der Stichprobe
σ^2	Varianz der zur Stichprobe gehörenden Grundgesamtheit
$\sigma_0{}^2$	Sollwert

Schrittfolge (Allgemeine Formulierung)

1. Formulierung der Hypothesen H_0 und H_1

Nullhypothese H_0: $\sigma^2 = \sigma_0{}^2$

Gegenhypothese H_1: $\sigma^2 > \sigma_0{}^2$

bzw. $\sigma^2 < \sigma_0{}^2$

bzw. $\sigma^2 \neq \sigma_0{}^2$

2. Prüfung der Meßstichprobe auf

☐ Zufälligkeit ☐ Normalverteilung ☐ Ausreißer

3. Berechnung der Prüfgröße z
4. Aufsuchen des Schwellenwertes Z
5. Vergleich von Prüfgröße z und Schwellenwert Z

Gegenhypothese H_1	Die Nullhypothese H_0 wird zugunsten der Gegenhypothese H_1 verworfen, falls			
	Prüfgröße z		Schwellenwert Z	
$\sigma^2 > \sigma_0{}^2$ (einseitig)	$\frac{s^2 \cdot f}{\sigma_0{}^2}$	>	$\chi^2_{1-\alpha;f}$ mit $f = n-1$	Faktoren siehe Tabelle T 5,
$\sigma^2 < \sigma_0{}^2$ (einseitig)	$\frac{s^2 \cdot f}{\sigma_0{}^2}$	<	$\chi^2_{\alpha;f}$ mit $f = n-1$	
$\sigma^2 \neq \sigma_0{}^2$ (zweiseitig)	$\frac{s^2 \cdot f}{\sigma_0{}^2}$	< >	$\chi^2_{(\alpha/2);f}$ $\chi^2_{1-(\alpha/2);f}$ } mit $f = n-1$	

6. Berechnung des Vertrauensbereiches falls die Nullhypothese H_0 zugunsten der Gegenhypothese H_1 verworfen wurde

Hier erfolgt im allgemeinen nicht die Berechnung des Vertrauensbereiches für die Varianz σ^2, sondern die Standardabweichung σ nach der Formel

$\sigma_{UNTEN} = \kappa_u \cdot s$ Faktoren für κ_u und κ_o siehe nachfolgendes

$\sigma_{OBEN} = \kappa_o \cdot s$ Blatt 2 mit $f = n-1$

Bezeichnung des Verfahrens: Vergleich der Varianz mit einem Sollwert (χ^2-Test)	Nr. 8.1
Siehe auch Verfahren Nr.	Blatt: 2

Faktoren κ_u und κ_o zur Berechnung der Vertrauensgrenzen für die Standardabweichung der Grundgesamtheit

f	κ_u		κ_o	
	α bzw. $\alpha/2$ in Prozent		$(1-\alpha)$ bzw. $(1-\alpha/2)$ in Prozent	
	0,5	2,5	97,5	99,5
1	0,356	0,446	31,91	159,58
2	434	521	6,28	14,12
3	483	566	3,73	6,47
4	519	599	2,87	4,40
5	546	624	2,45	3,48
6	569	644	2,20	2,98
7	588	661	2,04	2,66
8	604	675	1,92	2,44
9	618	688	1,83	2,28
10	630	699	1,75	2,15
11	641	708	1,70	2,06
12	651	717	1,65	1,98
13	660	725	1,61	1,91
14	669	732	1,58	1,85
15	676	739	1,55	1,81
16	683	745	1,52	1,76
17	690	750	1,50	1,73
18	696	756	1,48	1,70
19	702	760	1,46	1,67
20	707	765	1,44	1,64
25	730	784	1,38	1,54
30	748	799	1,34	1,48
35	762	811	1,30	1,43
40	774	821	1,28	1,39
45	784	829	1,26	1,36
50	793	837	1,24	1,34
60	808	849	1,22	1,30
70	820	858	1,20	1,27
80	829	866	1,18	1,25
90	838	873	1,17	1,23
100	845	879	1,16	1,22

Bezeichnung des Verfahrens: Vergleich der Varianz mit einem Sollwert (χ^2-Test)	Nr. 8.1
Siehe auch Verfahren Nr.	Blatt: 3

Beispiel

P r o b l e m

Eine Zeitaufnahme liefert folgende Ergebnisse

$$n = 10 \qquad (f = n-1 = 9)$$
$$s^2 = 61{,}1\bar{5}\ (HM)^2$$
$$s = 7{,}82\ HM$$

Es wird behauptet, daß die Varianz der Meßwerte in der Grundgesamtheit bei $\sigma_0^2 = 25\ (HM)^2$, die Standardabweichung also bei $\sigma_0 = 5$ HM liege, die Streuung der Meßwerte eigentlich geringer als beobachtet ist.

L ö s u n g

1. Formulierung der Hypothesen

   H_0: $\sigma^2 = \sigma_0^2$ $\qquad$ H_1: $\sigma^2 > \sigma_0^2$

2. Die Prüfung der Meßstichprobe auf Zufälligkeit, Normalverteilung und Ausreißer ist bereits erfolgt (siehe Verfahren 3, 4 und 5). Es liegt keine Beanstandung vor.

3. Berechnung der Prüfgröße z

   $$z = \frac{61{,}15 \cdot 9}{25} = 22{,}0$$

4. Aufsuchen des Schwellenwertes Z

   Zu $1-\alpha = 95\%$ (einseitig) und $f = n-1 = 9$ erhält man aus Tabelle T 5

   $$Z = \chi^2_{1-\alpha;f} = 16{,}9$$

5. Da $z > Z$ ausfiel, wird H_0 zugunsten von H_1 verworfen, d.h. die tatsächlich vorgefundene Meßwertstreuung ist größer als behauptet.

6. Berechnung des Vertrauensbereichs

   $\sigma_{UNTEN} = 0{,}688 \cdot 7{,}82 = 5{,}4$ HM $\qquad$ mit $\kappa_u = 0{,}688$, $\kappa_ö = 1{,}83$

   $\sigma_{OBEN} = 1{,}83 \cdot 7{,}82 = 14{,}3$ HM $\qquad$ zu $1-\alpha = 95\%$, $f = n-1 = 9$

   d.h. die wahre, jedoch unbekannte Standardabweichung σ liegt höchstwahrscheinlich ($1-\alpha = 95\%$) zwischen 5,4 HM und 14,3 HM und nicht - wie behauptet - bei 5,0 HM

8.3.2. Prüfkennlinien für den χ^2-Test

Auch für den χ^2-Test lassen sich Prüfkennlinien berechnen und darstellen. Als Störparameter wird hier die Größe $\lambda^2 = \sigma^2/\sigma_0{}^2$ definiert. λ^2 gibt an, um wieviel sich die Varianzen σ^2 und $\sigma_0{}^2$ voneinander unterscheiden.

Es ist	$\lambda^2 = 1$	wenn	H_0 zutrifft
	$\lambda^2 > 1$	wenn	H_1: $\sigma^2 > \sigma_0{}^2$
	$\lambda^2 < 1$	wenn	H_1: $\sigma^2 < \sigma_0{}^2$
	$\lambda^2 \neq 1$	wenn	H_1: $\sigma^2 \quad \sigma_0{}^2$

zutrifft.

> Verfahren 8.2 (Seite 333 bis 339)
> Prüfkennlinien für den χ^2-Test

Bezeichnung des Verfahrens: Prüfkennlinien für den χ^2-Test	Nr. 8.2
Siehe auch Verfahren Nr.	Blatt: 1

Beispiel

1. Aufgabenstellung

Verwendet wird das Beispiel zu Verfahren 8.1.

Es interessieren folgende Fragestellungen:

(1) Welchen Abstand zwischen $\sigma_0^2 = 25\ (HM)^2$ und σ^2 kann der χ^2-Test mit n = 10 "gesichert" erkennen?

(2) Wie groß muß die Stichprobengröße n' gewählt werden, damit eine Verdoppelung der Varianz auf $\sigma^2 = 50\ (HM)^2$ mit der Wahrscheinlichkeit von $1-\beta = 90\%$ sicher erkannt wird?

Die Nullhypothese H_0 soll mit einer Wahrscheinlichkeit von $1-\alpha = 95\%$ bei Vorliegen derselben erkannt werden.

2. Formulierung der Hypothesen

Nullhypothese H_0: $\sigma^2 = \sigma_0^2$
Gegenhypothese H_1: $\sigma^2 > \sigma_0^2$ } einseitiger Varianztest

3. Festlegung des Störparameters λ^2 und der Wahrscheinlichkeiten für den Fehler 1. und 2. Art

Es werden folgende Eigenschaften des χ^2-Tests verlangt:

(1) Der Test soll das Vorliegen der Nullhypothese mit der Wahrscheinlichkeit $1-\alpha = 95\%$ erkennen, d.h. nur mit der "geringen" Wahrscheinlichkeit $\alpha=5\%$ zum Verwerfen der Nullhypothese führen (Fehler 1. Art).

(2) Der Test soll eine mögliche Verdoppelung der Meßwertstreuung in der Grundgesamtheit von $\sigma^2 = \sigma_0^2 = 25\ (HM)^2$ auf $\sigma^2 = 2\sigma_0^2 = 50\ (HM)^2$, d.h. $\lambda^2 = 2$, mit der Wahrscheinlichkeit von $1-\beta = 90\%$ erkennen, d.h. mit der "geringen" Wahrscheinlichkeit $\beta = 10\ \%$ nicht zum Verwerfen der Nullhypothesen führen (Fehler 2. Art).

Bei Vorliegen der Nullhypothese ist der Störparameter $\lambda^2 = 1$.

4. Beurteilung der verwendeten Stichprobengröße n und Ermittlung der erforderlichen Stichprobengröße n'

Aus Blatt 2 entnimmt man die zu f = n-1 = 9 gehörende (nicht eingezeichnete) Prüfkennlinie. $\beta = 10\ \%$ ist hier bei $\lambda^2 \approx 4$ erreicht. Das heißt der mit einer Stichprobengröße von n = 10 durchgeführte χ^2-Test ist in der Lage, eine Vervierfachung der Varianz von $\sigma^2 = \sigma_0^2$ auf $\sigma^2 = 4\ \sigma_0^2$ bzw. Verdoppelung der Standardabweichung von $\sigma = \sigma_0$ auf $\sigma = 2\ \sigma_0$ "gesichert" aufzudecken. Die Forderung nach einer "sicheren" Erkennung einer Verdoppelung der Varianz läßt sich dagegen nur mit $f' \approx n' \approx 35$ Meßwerten gewährleisten. Diese Aussage gewinnt man, indem man die (nicht eingezeichnete) Prüfkennlinie aufsucht, die durch die folgenden Prüfpunkte geht:

$P_1\ (\lambda^2 = 1;\ 1-\alpha = 95\%)$
$P_2\ (\lambda^2 = 2;\ \ \beta = 10\%)$

Bezeichnung des Verfahrens: Prüfkennlinien für den χ^2-Test	Nr. 8.2
Siehe auch Verfahren Nr.	Blatt: 2
Gegenhypothese H_1: $\sigma^2 > \sigma_0^2$	$1-\alpha = 95\ \%$

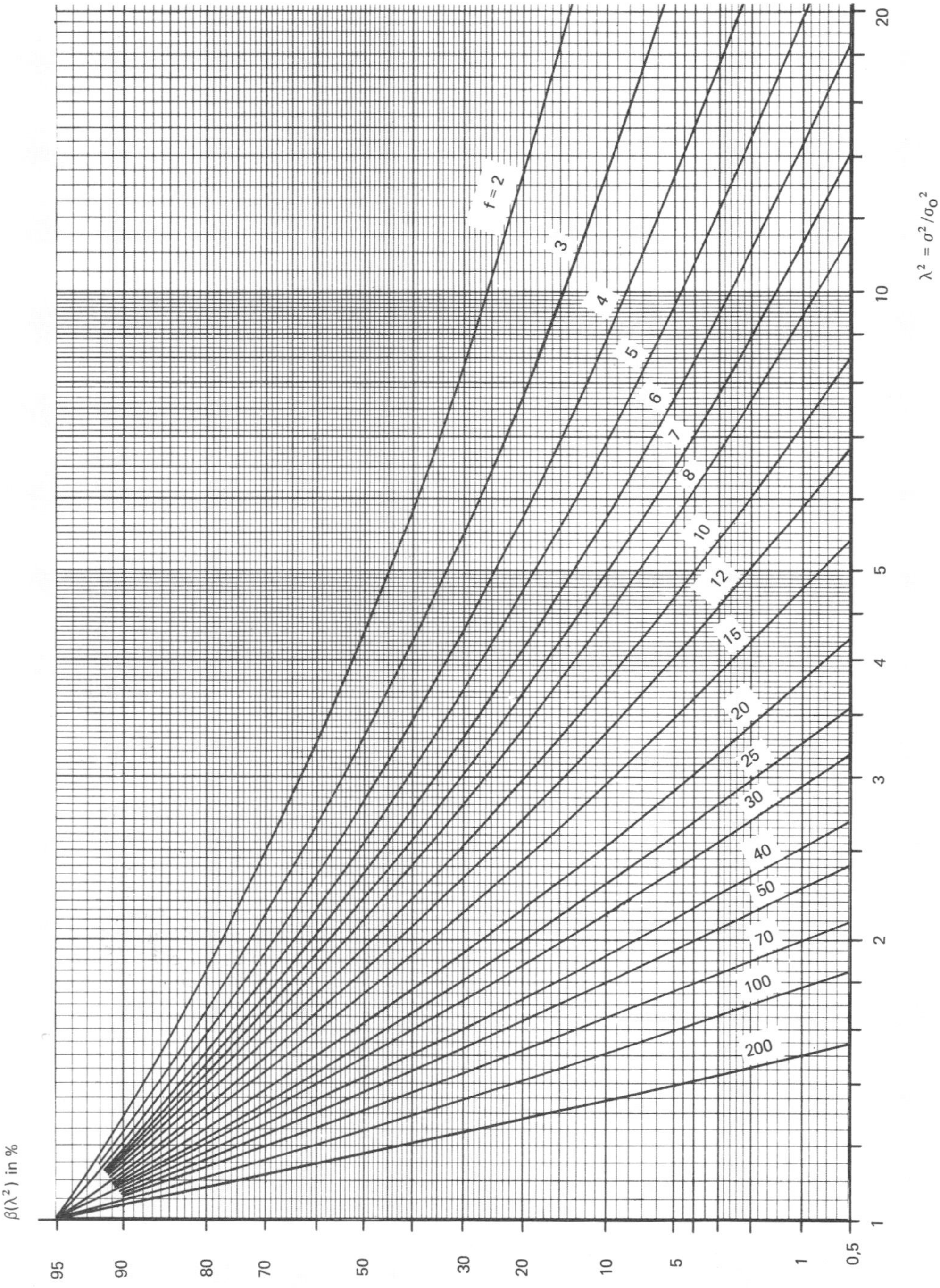

Bezeichnung des Verfahrens: Prüfkennlinien für den χ^2-Test	Nr. 8.2
Siehe auch Verfahren Nr.	Blatt: 3
Gegenhypothese H_1: $\sigma^2 > \sigma_0^2$	$1-\alpha = 99\%$

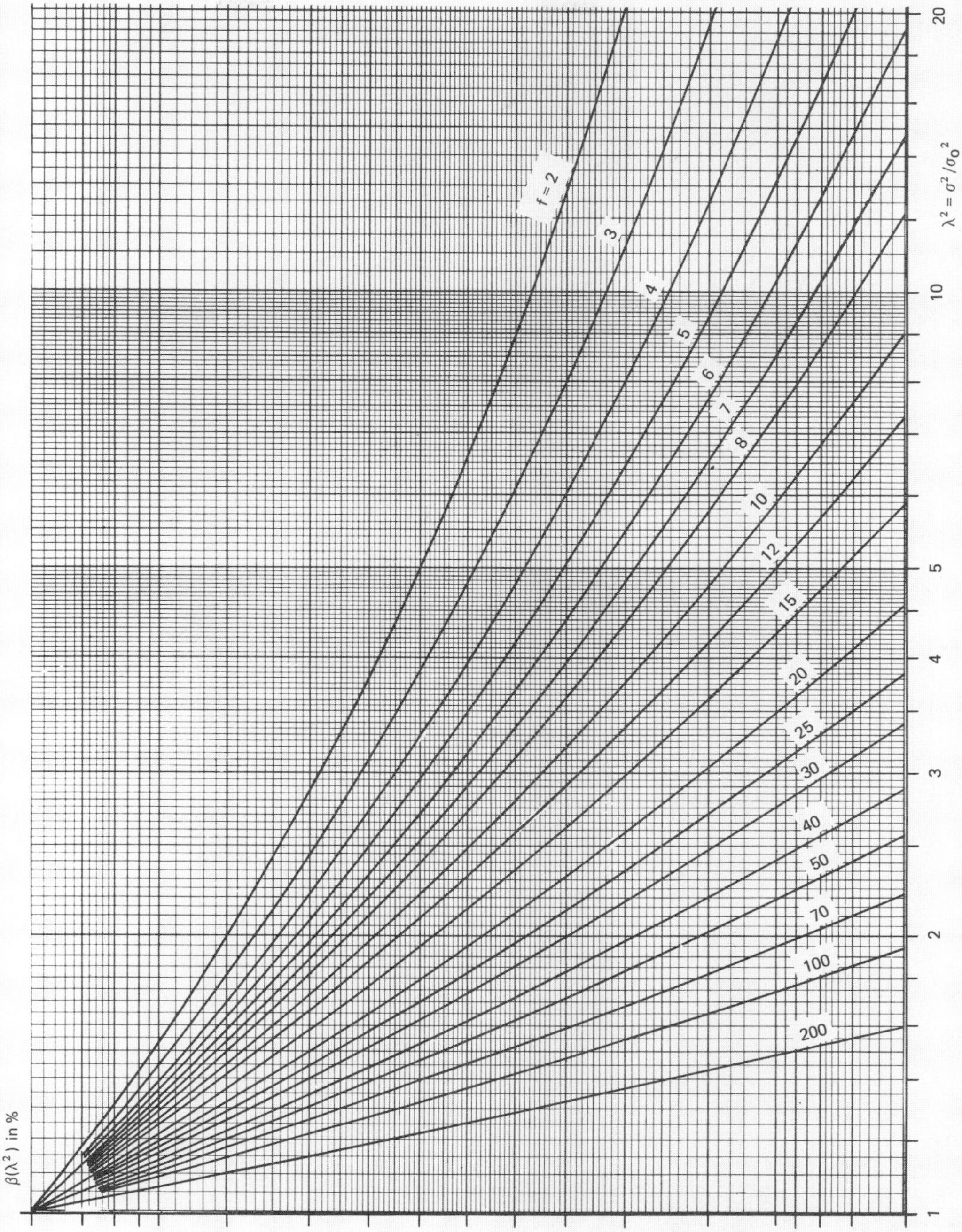

Bezeichnung des Verfahrens: Prüfkennlinien für den χ^2-Test	Nr. 8.2
Siehe auch Verfahren Nr.	Blatt: 4
Gegenhypothesen H_1: $\sigma^2 < \sigma_0^2$	$1-\alpha$ = 95%

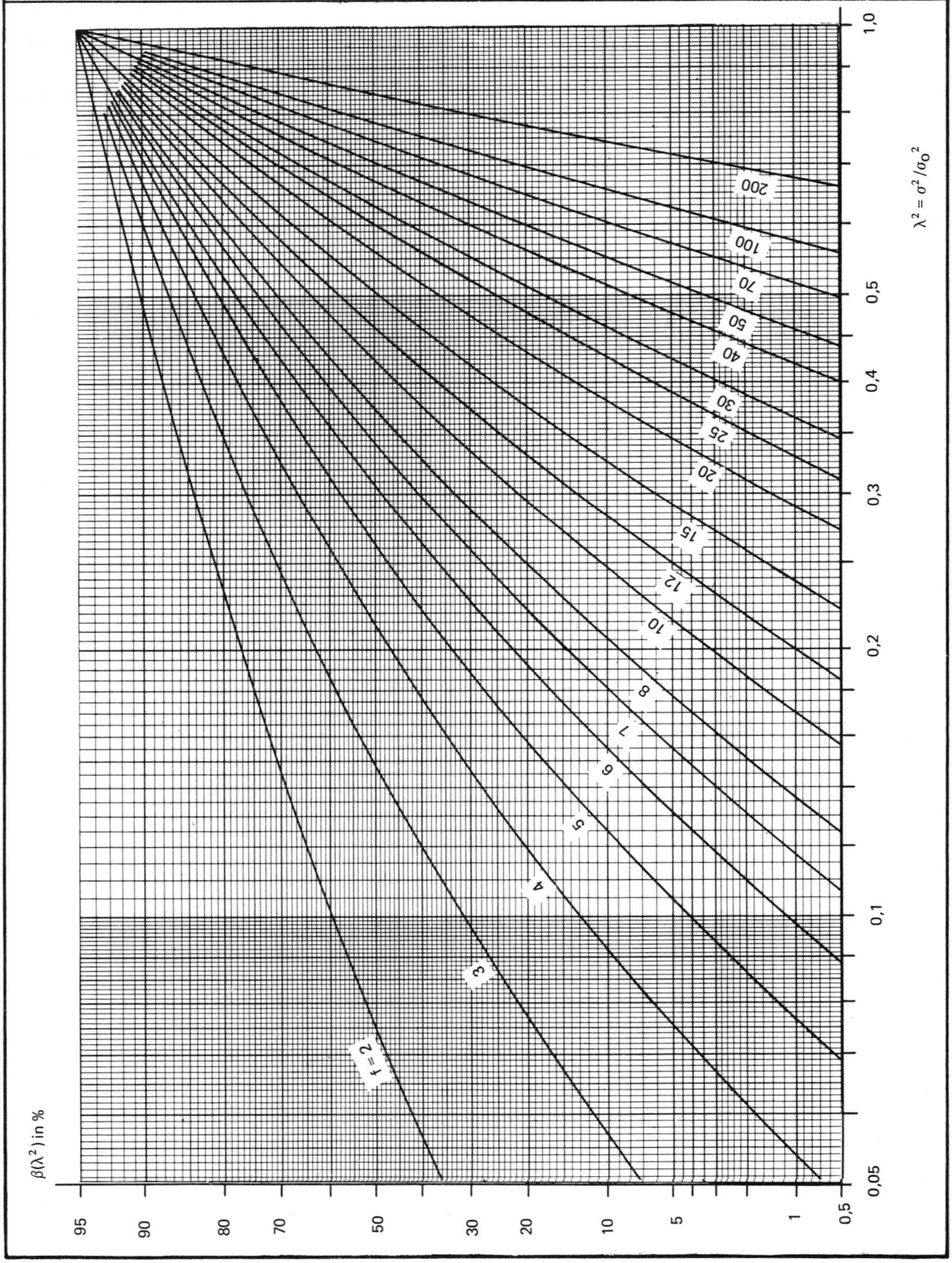

Bezeichnung des Verfahrens: Prüfkennlinien für den χ^2-Test	Nr. 8.2
Siehe auch Verfahren Nr.	Blatt: 5
Gegenhypothese H_1: $\sigma^2 < \sigma_0^2$	$1-\alpha$ = 99%

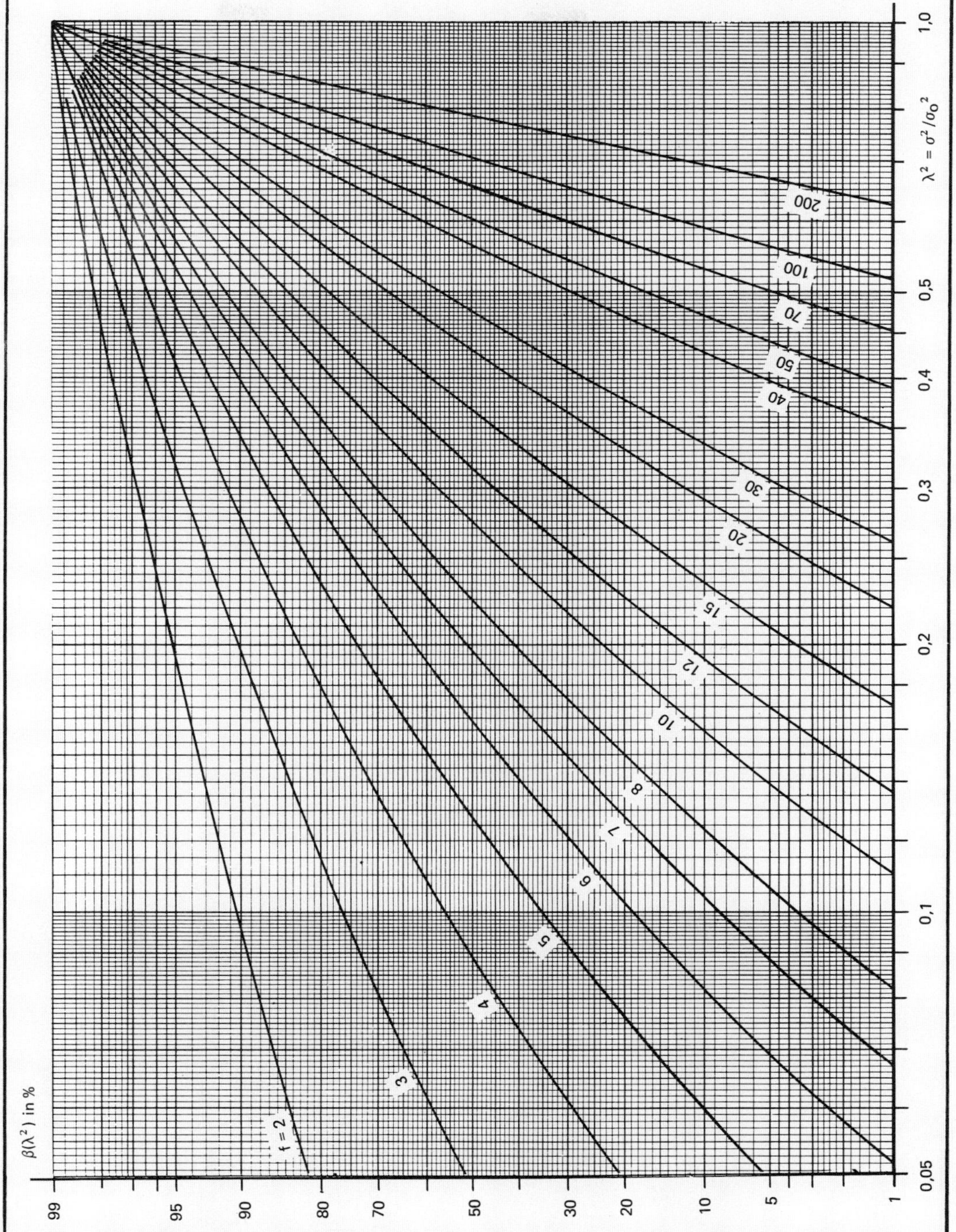

Bezeichnung des Verfahrens: Prüfkennlinien für den χ^2-Test	Nr. 8.2
Siehe auch Verfahren Nr.	Blatt: 6
Gegenhypothese H_1: $\sigma^2 \neq \sigma_0^2$	$1-\alpha$ = 95%

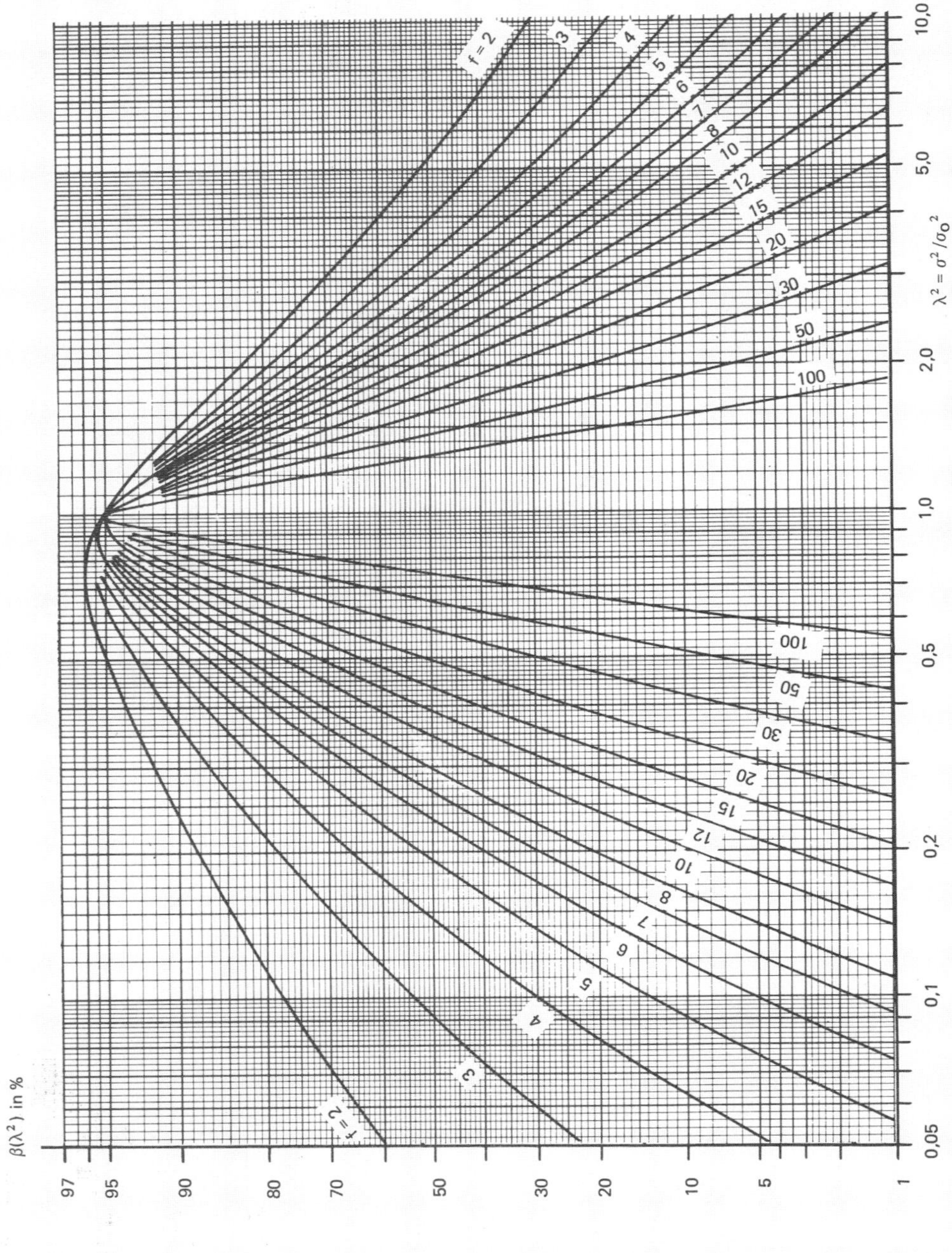

Bezeichnung des Verfahrens: Prüfkennlinien für den χ^2-Test	Nr. 8.2
Siehe auch Verfahren Nr.	Blatt: 7
Gegenhypothese H_1: $\sigma^2 \neq \sigma_0^2$	$1-\alpha$ = 99%

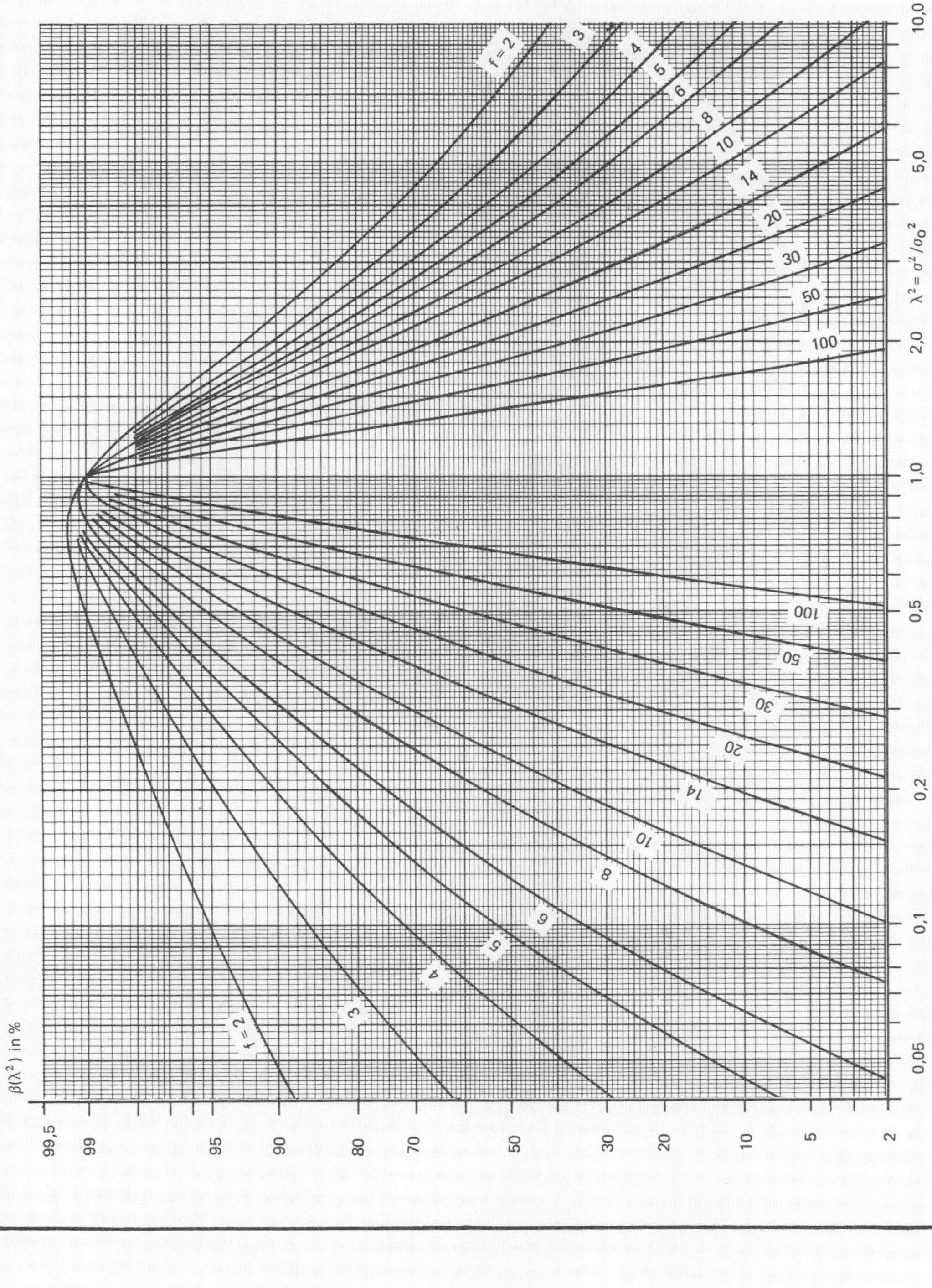

8.4. Statistische Toleranzgrenzen

Wesentlicher als die Frage nach der Meßwertstreuung, ausgedrückt durch Varianz oder Standardabweichung, ist die im Abschnitt 3.1 aufgeworfene Frage nach der Bestimmung unterer und/oder oberer Grenzwerte, also der Bestimmung von Toleranzgrenzen. In Abschnitt 3.1 über die Normalverteilung wurden Bestimmungsvorschriften für solche Grenzwerte angegeben, zugleich aber auch darauf hingewiesen, daß die dort getroffenen Annahmen - Mittelwert μ und Standardabweichung σ der normalverteilten Grundgesamtheit seien bekannt - sehr unrealistisch sind. Jetzt soll diese Fragestellung erneut aufgenommen und erläutert werden, wie solche Toleranzgrenzen auf Stichprobenbasis unter Berücksichtigung der beobachteten Meßwertlage und -streuung, ausgedrückt durch $\bar{x}$ und s, ermittelt werden können.

Verfahren 9.1.1 (Seite 345 und 346) Einseitige statistische Toleranzgrenzen (Zeichnerisches Verfahren)

Verfahren 9.1.2 (Seite 347 und 348) Einseitige statistische Toleranzgrenzen (Rechnerisches Verfahren)

Verfahren 9.2.1 (Seite 349 und 350) Zweiseitige statistische Toleranzgrenzen (Zeichnerisches Verfahren)

Verfahren 9.2.2 (Seite 351 bis 353) Zweiseitige statistische Toleranzgrenzen (Rechnerisches Verfahren)

Für diese Verfahren bieten sich in der Praxis zahlreiche Anwendungsmöglichkeiten an:

1. Festlegung von Toleranzen in technischen Entwicklungsabteilungen.

   Die hier beschriebenen Verfahren liefern Grenzwerte, die bei Festlegung technischer Toleranzen mindestens eingehalten werden müssen. Würde der Konstrukteur beispielsweise bei vorangegangener Berechnung der

Grenzwerte nach Verfahren 9.2 die untere technische Toleranzgrenze $T_u \leqq x_{UNTEN}$ und die obere technische Toleranzgrenze $T_o \geqq x_{OBEN}$ festlegen, dann werden nur selten Beanstandungen auftreten (Bild 26, Fall a).

Würde dagegen $T_u > x_{UNTEN}$ und/oder $T_o < x_{OBEN}$ festgelegt, kommt es zu laufenden Beanstandungen, da die Fertigungsgegebenheiten einen derartigen festgelegten Toleranzbereich nicht gewährleisten kann. (Bild 39, Fall b-d).

Fall a: Selten bis keine Beanstandungen

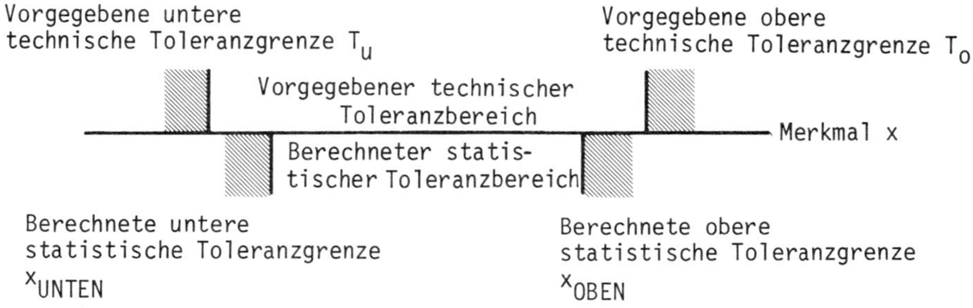

Fall b: Beanstandungen wegen Toleranzunterschreitungen

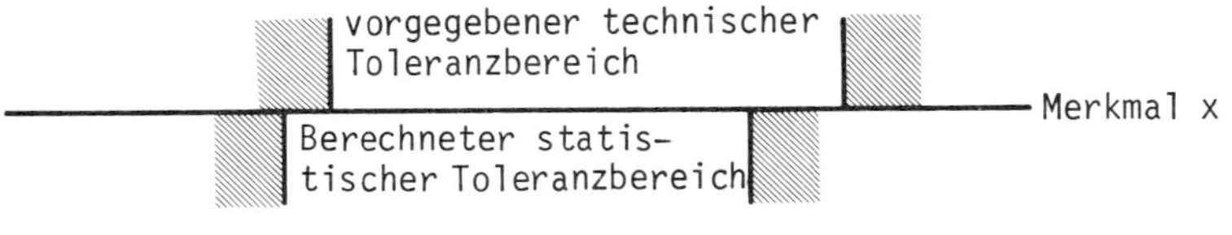

Bild 39: Verschiedene Lagen von technischen und statistischen Toleranzgrenzen zueinander

Fall c: Beanstandungen wegen Toleranzüberschreitungen

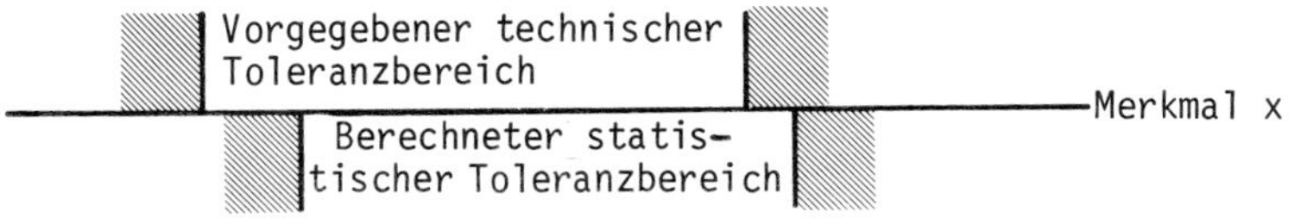

Fall d: Beanstandungen wegen Toleranzunter- und -überschreitungen

Bild 39: Fortsetzung

2. Beurteilung abzutaktender Arbeitsplätze

   Hier interessiert der Istzeitbedarf, der je Arbeitsplatz maximal für eine Arbeitsaufgabe benötigt wird. Hiervon wird die Auslegung des Arbeitsplatzes beeinflußt. Grundlage für die Berechnung dieser Zeitenobergrenze müssen Mittelwert und Standardabweichung der mittels Zeitaufnahme erfaßten Daten sein.

3. In der Methodenlehre der Planung und Steuerung, Teil 3, wird die Ermittlung des Sicherheitsbestandes von Lägern dargestellt. Hier kommt es darauf an, diejenige Abgangsmenge aus einem Lagerbestand zu ermitteln, die bei einem vorgegebenen Servicegrad nicht überschritten wird.

   Wie man den Nomogrammen zu Verfahren 9.1.1 und 9.2.1 entnimmt, stimmen die zur Berechnung erforderlichen k'_T- bzw. k_T-Faktoren erst bei sehr großen Stichproben mit den $u_{1-\alpha}$- bzw. $u_{1-(\alpha/2)}$-Faktoren der Schwellenwerte zur Normalverteilung (siehe Tabelle T 3) überein.

Aufgabe 8.4-1

1. Wie lautet die Zykluszeit zu Leitbeispiel 3, die von mindestens 99% aller Wiederholungen des Ablaufs "Duplexzahnradpumpe prüfen und reinigen" mit 95% Sicherheit nicht überschritten wird?

2. Aufgrund der Meßstichprobe des Leitbeispiels 4 sollen technische Toleranzgrenzen vorgeschlagen werden. Wie lautet Ihr Vorschlag, wenn damit bei 95% Sicherheit gewährleistet werden soll, daß maximal 10% Ausschuß auftritt?

   Beide Aufgabenteile sind nach dem zeichnerischen Verfahren zu lösen.

Bezeichnung des Verfahrens: Einseitige statistische Toleranzgrenzen (Zeichnerisches Verfahren)	Nr. 9.1.1
Siehe auch Verfahren Nr. 9.1.2	Blatt: 1

Problemstellung: Aufgrund einer Stichprobe, die einer normalverteilten Grundgesamtheit entnommen wurde, ist eine untere (bzw. obere) Grenze anzugeben, oberhalb (bzw. unterhalb) derer ein bestimmter Mindestanteil von Meßwerten der Grundgesamtheit mit vorgegebener Aussagewahrscheinlichkeit liegt.

Verwendete Symbole	Bedeutung
n	Größe der Stichprobe (Anzahl der Meßwerte)
$\bar{x}$, s	Stichprobenmittelwert, Stichprobenstandardabweichung
$1-\gamma$	interessierender Mindestanteil von Meßwerten in der Grundgesamtheit
$1-\alpha$	vorgegebene Aussagewahrscheinlichkeit

Schrittfolge

Allgemeine Formulierung	Beispiel
1. Stichprobenkenngrößen $\bar{x}$ und s berechnen	1. Gegeben ist die Meßstichprobe von Leitbeispiel 1 mit $\bar{x}$ = 340,4 HM s = 7,8 HM Gesucht ist die Toleranzobergrenze.
2. Stichprobe auf Zufälligkeit, Normalverteilung und Ausreißer prüfen (s. Verfahren 4)	2. Diese Meßstichprobe wurde bereits auf Zufälligkeit, Normalverteilung und Ausreißer geprüft.
3. Zum interessierenden Mindestanteil $1-\gamma$, der vorgegebenen Aussagewahrscheinlichkeit $1-\alpha$ und der Größe n der Meßstichprobe aus nachfolgendem Nomogramm, Blatt 2, $k_T^{\prime}$-Faktor entnehmen.	3. Zu $1-\gamma$ = 99% Mindestanteil und $1-\alpha$ = 95% Aussagewahrscheinlichkeit erhält man aus nachfolgendem Blatt 2 für $n = 10$ $k_T^{\prime} = 3{,}9$
4. Gesuchte Toleranzgrenze bestimmen nach $x_{UNTEN} = \bar{x} - k_T^{\prime} \cdot s$ als einseitig untere Toleranzgrenze bzw. $x_{OBEN} = \bar{x} + k_T^{\prime} \cdot s$ als einseitig obere Toleranzgrenze	4. Damit ist $x_{OBEN} = 340{,}4 + 3{,}9 \cdot 7{,}8$ $= 370{,}8 \approx 371$ HM d.h. mit 95% Wahrscheinlichkeit liegt mindestens ein Anteil von 99% aller Meßwerte der normalverteilten Grundgesamtheit unterhalb von 371 HM.

Bezeichnung des Verfahrens: Einseitige statistische Toleranzgrenzen (Zeichnerisches Verfahren)	Nr. 9.1.1
Siehe auch Verfahren Nr. 9.1.2	Blatt: 2

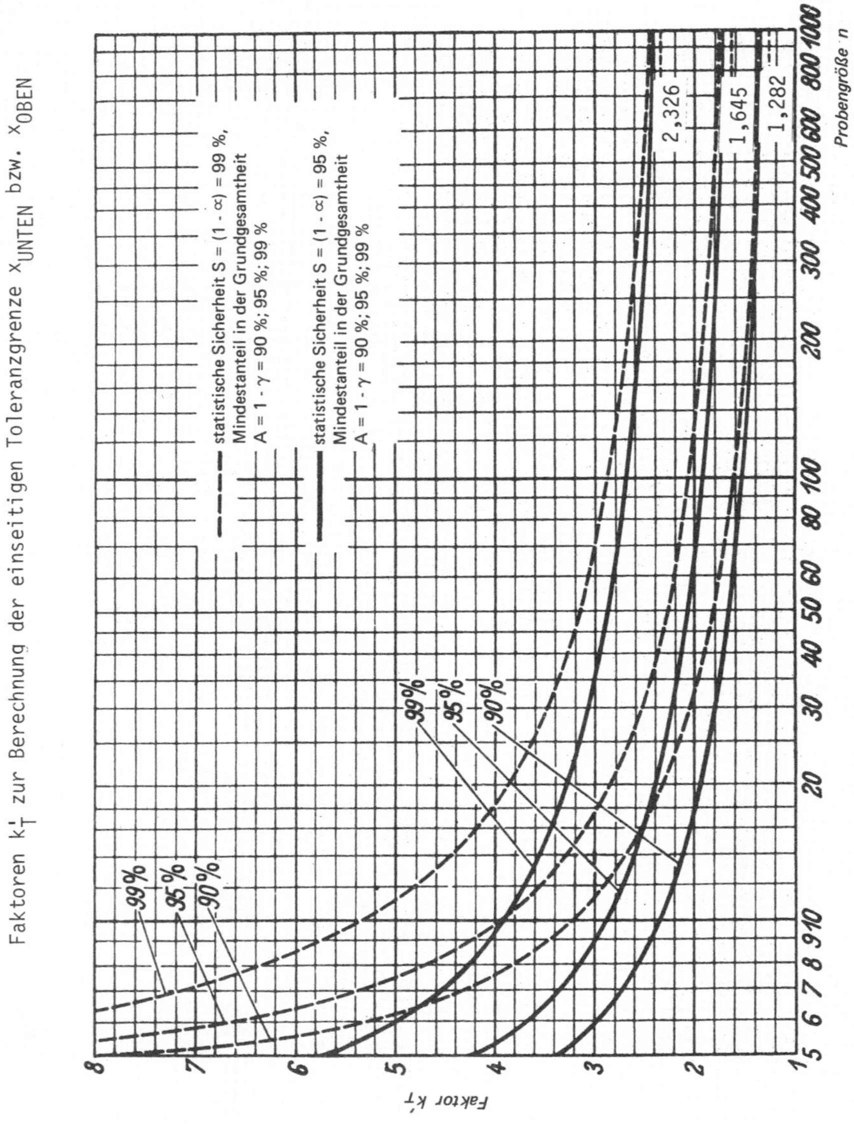

Bezeichnung des Verfahrens: Einseitige statistische Toleranzgrenzen (Rechnerisches Verfahren)	Nr. 9.1.2
Siehe auch Verfahren Nr. 9.1.1	Blatt: 1

Problemstellung: Aufgrund einer Stichprobe, die einer normalverteilten Grundgesamtheit entnommen wurde, ist eine untere (bzw. obere) Grenze anzugeben, oberhalb (bzw. unterhalb) derer ein bestimmter Mindestanteil von Meßwerten der Grundgesamtheit mit vorgegebener Aussagewahrscheinlichkeit liegt.

Verwendete Symbole	Bedeutung
n	Größe der Stichprobe (Anzahl der Meßwerte)
$\bar{x}$, s	Stichprobenmittelwert, Stichprobenstandardabweichung
$1-\gamma$	interessierender Mindestanteil von Meßwerten in der Grundgesamtheit
$1-\alpha$	vorgegebene Aussagewahrscheinlichkeit

Schrittfolge (Allgemeine Formulierung)

1. Stichprobenkenngrößen $\bar{x}$ und s berechnen

2. Stichprobe auf Zufälligkeit, Normalverteilung und Ausreißer prüfen (s. Verfahren 4)

3. Zum interessierenden Mindestanteil $1-\gamma$, der vorgegebenen Aussagewahrscheinlichkeit $1-\alpha$ und der Größe n der Meßstichprobe ($n \gtrapprox 5$) aus folgender Formel den k'_T-Faktor berechnen:

$$k'_T = \frac{2(n-1)}{2(n-1) - u^2_{1-\alpha}} \left[u_{1-\gamma} + u_{1-\alpha} \sqrt{\frac{2(n-1) + n\,u^2_{1-\gamma} - u^2_{1-\alpha}}{2n(n-1)}} \right]$$

4. Gesuchte Toleranzgrenze bestimmen nach

$$x_{UNTEN} = \bar{x} - k'_T \cdot s$$

als einseitige untere Toleranzgrenze bzw.

$$x_{OBEN} = \bar{x} + k'_T \cdot s$$

als einseitig obere Toleranzgrenze.

Bezeichnung des Verfahrens: Einseitige statistische Toleranzgrenzen (Rechnerisches Verfahren)	Nr. 9.1.2
Siehe auch Verfahren Nr. 9.1.1	Blatt: 2

(Beispiel)

1. Gegeben ist die Meßstichprobe am Leitbeispiel 1 mit

$\bar{x} = 340{,}4$ HM

$s = 7{,}8$ HM

Gesucht ist die Toleranzobergrenze.

2. Diese Meßstichprobe wurde bereits zuvor auf Zufälligkeit, Normalverteilung und Ausreißer geprüft.

3. Zu

$1 - \gamma = 99\%$ Mindestanteil

$u_{1-\gamma} = 2{,}326$ (siehe Tabelle T 3)

$1 - \alpha = 95\%$ Aussagewahrscheinlichkeit

$u_{1-\alpha} = 1{,}645$ (siehe Tabelle T 3)

$n = 10$

erhält man

$$k_T' = \frac{2 \cdot (10-1)}{2 \cdot (10-1) - 1{,}645^2} \left[2{,}326 + 1{,}645 \sqrt{\frac{2 \cdot (10-1) + 10 \cdot 2{,}326^2 - 1{,}645^2}{2 \cdot 10 \cdot (10-1)}} \right]$$

$$= 3{,}94$$

4. Damit ist

$$x_{OBEN} = 340{,}4 + 3{,}94 \cdot 7{,}8$$
$$= 371{,}1 \approx 371 \text{ HM}$$

d.h. mit 95% Wahrscheinlichkeit liegt mindestens ein Anteil von 99% aller Meßwerte der normalverteilten Grundgesamtheit unterhalb von 371 HM.

Bezeichnung des Verfahrens: Zweiseitige statistische Toleranzgrenzen (Zeichnerisches Verfahren)	Nr. 9.2.1
Siehe auch Verfahren Nr. 9.1.2	Blatt: 1

Problemstellung: Aufgrund einer Stichprobe, die einer normalverteilten Grundgesamtheit entnommen wurde, ist ein zweiseitig abgegrenzter Toleranzbereich mit unterer und oberer Toleranzgrenze anzugeben, in dem ein bestimmter Mindestanteil von Meßwerten der Grundgesamtheit mit vorgegebener Aussagewahrscheinlichkeit liegt.

Verwendete Symbole	Bedeutung
n	Größe der Stichprobe (Anzahl der Meßwerte)
$\bar{x}$, s	Stichprobenmittelwert, Stichprobenstandardabweichung
$1-\gamma$	interessierender Mindestanteil von Meßwerten in der Grundgesamtheit
$1-\alpha$	vorgegebene Aussagewahrscheinlichkeit

Schrittfolge

Allgemeine Formulierung	Beispiel
1. Stichprobenkenngrößen $\bar{x}$ und s berechnen, s. Verfahren 2.1 und 2.5	1. Gegeben ist die Meßstichprobe von Leitbeispiel 1 mit $\bar{x}$ = 340,4 HM, s = 7,8 HM. Gesucht ist der Toleranzbereich.
2. Stichprobe auf Zufälligkeit, Normalverteilung und Ausreißer prüfen	2. Diese Meßstichprobe wurde bereits auf Zufälligkeit, Normalverteilung und Ausreißer geprüft.
3. Zum interessierenden Mindestanteil $1-\gamma$, der vorgegebenen Aussagewahrscheinlichkeit $1-\alpha$ und der Größe n der Meßstichprobe aus nachfolgendem Nomogramm, Blatt 2, k_T-Faktor entnehmen.	3. Zu $1-\gamma$ = 99% Mindestanteil und $1-\alpha$ = 95% Aussagewahrscheinlichkeit erhält man aus nachfolgendem Blatt 2 für $n = 10$ $k_T = 4{,}45$
4. Gesuchte Toleranzgrenzen bestimmen nach $x_{\substack{OBEN \\ UNTEN}} = \bar{x} \pm k_T \cdot s$	4. Damit ist $x_{\substack{OBEN \\ UNTEN}} = 340{,}4 \pm 4{,}45 \cdot 7{,}8$ $x_{UNTEN} = 305{,}7 \approx 306$ HM $x_{OBEN} = 375{,}1 \approx 375$ HM d.h. in dem Toleranzbereich zwischen 306 HM und 375 HM liegen mindestens 99% der Meßwerte der normalverteilten Grundgesamtheit. Sicherheit dieser Aussage: 95%

Bezeichnung des Verfahrens:

Zweiseitige statistische Toleranzgrenzen (Zeichnerisches Verfahren)

Nr. 9.2.1

Siehe auch Verfahren Nr. 9.2.2

Blatt: 2

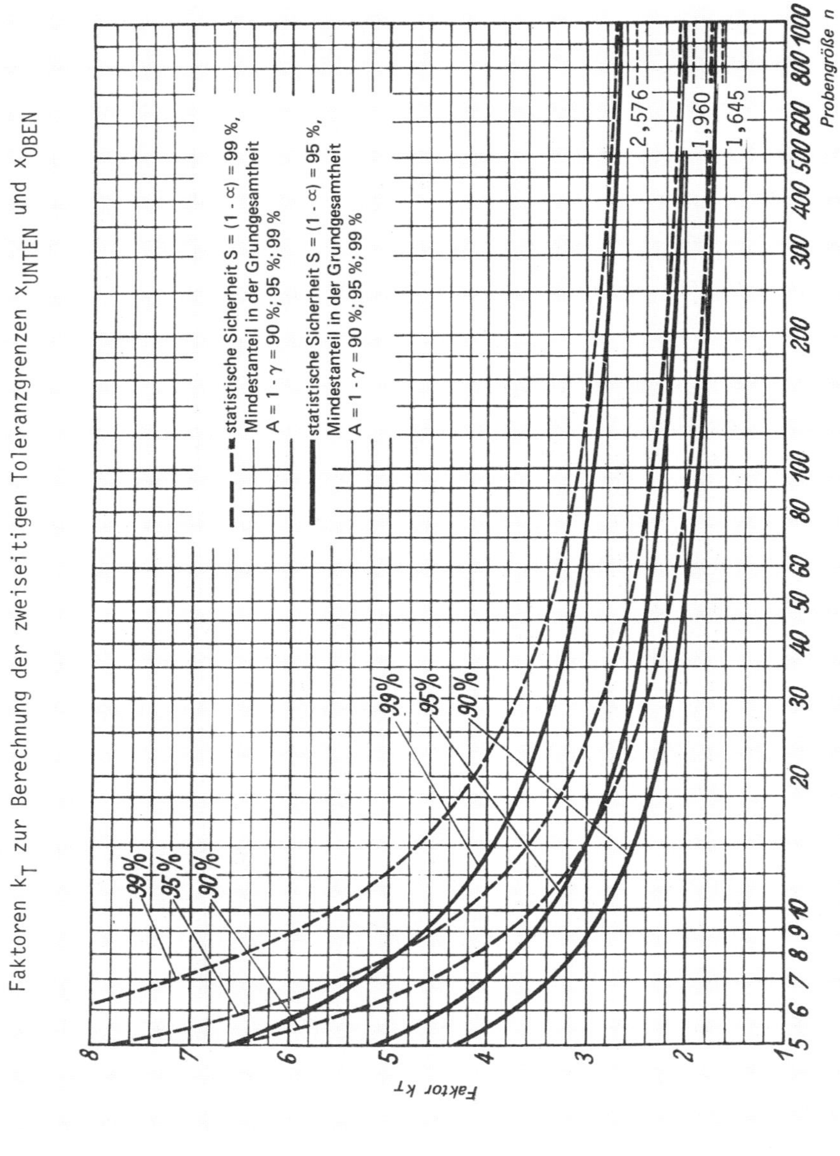

Bezeichnung des Verfahrens: Zweiseitige statistische Toleranzgrenzen (Rechnerisches Verfahren)	Nr. 9.2.2
Siehe auch Verfahren Nr. 9.2.1	Blatt: 1

Problemstellung: Aufgrund einer Stichprobe, die einer normalverteilten Grundgesamtheit entnommen wurde, ist ein zweiseitig abgegrenzter Toleranzbereich mit unterer und oberer Toleranzgrenze anzugeben, in dem ein bestimmter Mindestanteil von Meßwerten der Grundgesamtheit mit vorgegebener Aussagewahrscheinlichkeit liegt.

Verwendete Symbole	Bedeutung
n	Größe der Stichprobe (Anzahl der Meßwerte)
$\bar{x}$, s	Stichprobenmittelwert, Stichprobenstandardabweichung
$1-\gamma$	interessierender Mindestanteil von Meßwerten in der Grundgesamtheit
$1-\alpha$	vorgegebene Aussagewahrscheinlichkeit

Schrittfolge

Allgemeine Formulierung	Beispiel
1. Stichprobenkenngrößen $\bar{x}$ und s berechnen	1. Gegeben ist die Meßstichprobe von Leitbeispiel 1 $\bar{x}$ = 340,4 HM s = 7,8 HM Gesucht ist der Toleranzbereich.
2. Stichprobe auf Zufälligkeit, Normalverteilung und Ausreißer prüfen	2. Diese Meßstichprobe wurde bereits auf Zufälligkeit, Normalverteilung und Ausreißer geprüft.
3. Zum interessierenden Mindestanteil $1-\gamma$, der vorgegebenen Aussagewahrscheinlichkeit $1-\alpha$ und der Größe n der Meßstichprobe mit Hilfe der Tabellen von Blatt 2 und 3 den k_T-Faktor berechnen: $k_T = r(n;1-\gamma) \cdot v(f;1-\alpha)$ mit $f = n-1$	3. Zu $1-\gamma$ = 99% Mindestanteil und $1-\alpha$ = 95% Aussagewahrscheinlichkeit erhält man für $n = 10$ bzw. $f = n-1 = 9$ aus Blatt 2 die folgenden Faktoren: $r(n;1-\gamma) = 2{,}6945$ $v(f;1-\alpha) = 1{,}6452$ Diese ergeben $k_T = 2{,}6945 \cdot 1{,}6452 = 4{,}43$
4. Gesuchte Toleranzgrenzen bestimmen nach $x_{UNTEN}^{OBEN} = \bar{x} \pm k_T \cdot s$	4. Damit ist $x_{UNTEN}^{OBEN} = 340{,}4 \pm 4{,}43 \cdot 7{,}8$ $x_{UNTEN} = 305{,}8 \approx 306$ HM $x_{OBEN} = 375{,}0$ HM d.h. in dem Toleranzbereich zwischen 306 HM und 375 HM liegen mindestens 99% der Meßwerte der normalverteilten Grundgesamtheit. Sicherheit dieser Aussage: 95%

Bezeichnung des Verfahrens: Zweiseitige statistische Toleranzgrenzen (Rechnerisches Verfahren)	Nr. 9.2.2
Siehe auch Verfahren Nr. 9.2.1	Blatt: 2

Faktoren r(n; 1-γ) und v(f; 1-α) zur Berechnung zweiseitiger Toleranzgrenzen

n	r(n; 1 − γ)			v(f; 1 − α)		f
	1 − γ			S = 1 − α		
	90 %	95 %	99 %	95 %	99 %	
1	2,2844	2,6463	3,3266	15,9472	79,7863	1
2	2,0078	2,3624	3,0368	4,4154	9,9749	2
3	1,8979	2,2457	2,9128	2,9200	5,1113	3
4	1,8388	2,1815	2,8422	2,3724	3,6692	4
5	1,8019	2,1408	2,7963	2,0893	3,0034	5
6	1,7768	2,1127	2,7640	1,9154	2,6230	6
7	1,7587	2,0922	2,7399	1,7972	2,3769	7
8	1,7448	2,0765	2,7211	1,7110	2,2043	8
9	1,7340	2.0641	2,7066	1,6452	2,0762	9
10	1,7253	2,0541	2,6945	1,5931	1,9771	10
11	1,7182	2,0459	2,6845	1,5506	1,8980	11
12	1,7122	2,0390	2,6760	1,5153	1,8332	12
13	1,7071	2,0331	2,6688	1,4854	1,7792	13
14	1,7027	2,0280	2,6625	1,4597	1,7332	14
15	1,6990	2,0236	2,6571	1,4373	1,6936	15
16	1,6956	2,0197	2,6523	1,4176	1,6592	16
17	1,6926	2,0163	2,6480	1,4001	1,6288	17
18	1,6901	2,0132	2,6441	1,3845	1,6019	18
19	1,6877	2,0105	2,6407	1,3704	1,5778	19
20	1,6855	2,0080	2,6376	1,3576	1,5560	20
21	1.6837	2,0058	2,6348	1,3460	1,5363	21
22	1,6819	2,0037	2,6322	1,3353	1,5184	22
23	1,6803	2,0018	2,6298	1,3255	1,5020	23
24	1,6788	2,0001	2,6276	1,3165	1,4868	24
25	1,6775	1,9985	2,6256	1,3081	1,4729	25
26	1,6762	1,9971	2,6238	1,3002	1,4600	26
27	1,6750	1,9957	2,6221	1,2929	1,4479	27
28	1,6740	1,9945	2,6205	1,2861	1,4367	28
29	1,6730	1,9933	2,6190	1,2797	1,4263	29
30	1,6721	1,9922	2,6176	1,2737	1,4164	30
31	1,6712	1,9912	2,6163	1,2680	1,4072	31
32	1,6704	1,9902	2,6150	1,2627	1,3985	32
33	1,6696	1,9893	2,6138	1,2575	1,3903	33
34	1,6689	1,9885	2,6128	1,2528	1,3825	34
35	1,6682	1,9877	2,6118	1,2482	1,3751	35
36	1,6676	1,9869	2,6108	1,2438	1,3681	36
37	1,6670	1,9862	2,6098	1,2397	1,3615	37
38	1,6664	1,9855	2,6090	1,2358	1,3552	38
39	1,6658	1,9848	2m6082	1,2320	1,3491	39
40	1,6653	1,9842	2,6074	1,2284	1,3434	40
42	1,6643	1,9831	2,6059	1,2216	1,3326	42
44	1,6635	1,9820	2,6045	1,2154	1,3227	44
46	1,6627	1,9811	2,6033	1,2096	1,3136	46
48	1,6619	1,9802	2,6022	1,2042	1,3052	48
50	1,6612	1,9794	2,6012	1,1993	1,2973	50
52	1,6606	1,9787	2,6002	1,1946	1,2900	52
54	1,6600	1,9780	2,5993	1,1903	1,2832	54
56	1,6595	1,9773	2,5985	1,1862	1,2768	56
58	1,6590	1,9767	2,5977	1,1823	1,2708	58
60	1,6585	1,9762	2,5970	1,1787	1,2651	60

Bezeichnung des Verfahrens: Zweiseitige statistische Toleranzgrenzen (Rechnerisches Verfahren)	Nr. 9.2.2
Siehe auch Verfahren Nr. 9.2.1	Blatt: 3

Faktoren r(n; 1-γ) und v(f; 1-α) zur Berechnung zweiseitiger Toleranzgrenzen (Fortsetzg.)

n	r(n; 1 − γ)			v(f; 1 − α)		f
	1 − γ			S = 1 − α		
	90 %	95 %	99 %	95 %	99 %	
62	1,6581	1,9757	2,5963	1,1752	1,2598	62
64	1,6577	1,9752	2,5957	1,1720	1,2548	64
66	1,6573	1,9747	2,5951	1,1689	1,2500	66
68	1,6569	1,9743	2,5945	1,1660	1,2455	68
70	1,6566	1,9739	2,5940	1,1631	1,2411	70
72	1,6562	1,9735	2,5935	1,1605	1,2371	72
74	1,6559	1,9731	2,5930	1,1579	1,2331	74
76	1,6557	1,9728	2,9728	1,1555	1,2294	76
78	1,6554	1,9725	2,5921	1,1532	1,2258	78
80	1,6551	1,9722	2,5917	1,1510	1,2224	80
82	1,6548	1,9719	2,5914	1,1488	1,2191	82
84	1,6546	1,9716	2,5910	1,1467	1,2159	84
86	1,6544	1,9713	2,5906	1,1448	1,2129	86
88	1,6542	1,9711	2,5903	1,1429	1,2100	88
90	1,6540	1,9708	2,5900	1,1410	1,2072	90
92	1,6538	1,9706	2,5897	1,1393	1,2045	92
94	1,6536	1,9703	2,5894	1,1376	1,2019	94
96	1,6534	1,9701	2,5891	1,1359	1,1994	96
98	1,6532	1,9699	2,5889	1,1343	1,1970	98
100	1,6531	1,9697	2,5886	1,1328	1,1947	100
110	1,6523	1,9689	2,5874	1,1258	1,1841	110
120	1,6517	1,9681	2,5865	1,1198	1,1750	120
130	1,6512	1,9675	2,5857	1,1145	1,1670	130
140	1,6507	1,9670	2,5850	1,1098	1,1601	140
150	1,6503	1,9665	2,5844	1,1057	1,1539	150
160	1,6500	1,9661	2,5838	1,1020	1,1483	160
170	1,6497	1,9657	2,5834	1,0986	1,1433	170
180	1,6494	1,9654	2,5829	1,0956	1,1387	180
190	1,6492	1,9651	2,5826	1,0928	1,1345	190
200	1,6490	1,9649	2,5822	1,0902	1,1307	200
220	1,6486	1,9644	2,5817	1,0856	1,1239	220
240	1,6483	1,9640	2,5812	1,0816	1,1181	240
260	1,6480	1,9637	2,5808	1,0782	1,1129	260
280	1,6478	1,9635	2,5804	1,0751	1,1084	280
300	1,6476	1,9632	2,5801	1,0724	1,1044	300
350	1,6472	1,9628	2,5795	1,0666	1,0959	350
400	1,6469	1,9624	2,5790	1,0620	1,0892	400
450	1,6467	1,9621	2,5787	1,0583	1,0837	450
500	1,6465	1,9619	2,5784	1,0551	1,0791	500
600	1,6462	1,9616	2,5780	1,0500	1,0717	600
700	1,6460	1,9614	2,5777	1,0461	1,0661	700
800	1,6459	1,9612	2,5774	1,0430	1,0616	800
900	1,6458	1,9611	2,5773	1,0405	1,0579	900
1 000	1,6457	1,9609	2,5771	1,0383	1,0547	1 000
2 000	1,6453	1,9605	2,5765	1,0268	1,0381	2 000
3 000	1,6451	1,9603	2,5763	1,0217	1,0309	3 000
4 000	1,6450	1,9602	2,5761	1,0188	1,0267	4 000
5 000	1,6450	1,9602	2,5761	1,0168	1,0238	5 000
10 000	1,6449	1,9601	2,5760	1,0119	1,0167	10 000
∞	1,6449	1,9600	2,5758	1,000	1,000	∞

9. PROBLEMORIENTIERTE AUSWERTUNGS- UND TESTVERFAHREN FÜR DEN VERGLEICH ZWEIER MESSSTICHPROBEN

9.1 Einführung

In der Praxis trifft man häufig auf folgendes zunächst allgemeinformulierte Problem:

Zwei normalverteilten, ausreißerfreien Grundgesamtheiten 1 und 2 mit den wahren, jedoch unbekannten Kenngrößen μ_1 und σ_1 bzw. μ_2 und σ_2 werden unabhängig voneinander zwei Zufallsstichproben der Größe n_1 bzw. n_2 entnommen. Die daraus berechneten Stichprobenkenngrößen lauten $\bar{x}_1$ und s_1 bzw. $\bar{x}_2$ und s_2. In der nachfolgenden Übersicht ist dieser Sachverhalt nochmals zusammengestellt worden (Bild 40).

Kenngrößen	Grundgesamtheit Nr.	
	1	2
wahrer, jedoch unbekannter Mittelwert der Grundgesamtheit	μ_1	μ_2
wahre, jedoch unbekannte Varianz der Grundgesamtheit	σ_1^2	σ_2^2
wahre, jedoch unbekannte Standardabweichung der Grundgesamtheit	σ_1	σ_2
Größe der Zufallsstichprobe	n_1	n_2
berechneter Stichprobenmittelwert	$\bar{x}_1$	$\bar{x}_2$
berechnete Stichprobenvarianz	s_1^2	s_2^2
berechnete Stichprobenstandardabweichung	s_1	s_2

Bild 40: Gegenüberstellung der Kenngrößen zweier Untersuchungen

Die daraus entstehenden Fragen lauten:

1. Kann man aus den beiden Stichprobenmittelwerten $\bar{x}_1$ und $\bar{x}_2$ darauf schließen, daß zwischen den wahren, jedoch unbekannten Mittelwerten μ_1 und μ_2 der beiden Grundgesamtheiten die Beziehung gilt:

   $$\mu_1 = \mu_2?$$

   Diese Frage, in Hypothesenform gebracht, sieht so aus:

   Nullhypothese H_0: $\mu_1 = \mu_2$

   Gegenhypothese H_1: $\mu_1 > \mu_2$ bzw.

   $\mu_1 < \mu_2$ bzw.

   $\mu_1 \neq \mu_2$

2. Kann man aus den beiden Stichprobenvarianzen s_1^2 und s_2^2 darauf schließen, daß zwischen den wahren, jedoch unbekannten Varianzen σ_1^2 und σ_2^2 der beiden Grundgesamtheiten und damit zwischen deren beider Standardabweichungen σ_1 und σ_2 die Beziehung gilt

   $$\sigma_1^2 = \sigma_2^2?$$

   Diese Frage, in Hypothesenform gebracht, sieht so aus:

   Nullhypothese H_0: $\sigma_1^2 = \sigma_2^2$

   Gegenhypothese H_1: $\sigma_1^2 > \sigma_2^2$ bzw.

   $\sigma_1^2 < \sigma_2^2$ bzw.

   $\sigma_1^2 \neq \sigma_2^2$

Beispiele:

1. Wiederholt wurde in den vorangegangenen Abschnitten der Grundversuch der technischen Statistik zur Erläuterung statistischer Verfahren herangezogen.

Stellt man sich vor, man hätte nur die beiden Stichproben Nr. 15 und Nr. 20 vorgelegt bekommen und es interessiert, ob hinter beiden Stichproben zwei Grundgesamtheiten mit gleichen Kenngrößen stehen bzw. ob die zweite (spätere) Stichprobe aus einer Grundgesamtheit stammt, die sich gegenüber der ersten (früheren) in den Kenngrößen nicht verändert hat, dann liegen die oben skizzierten Fragestellungen vor. Es ist:

Kenngröße	Grundgesamtheit Nr.	
	1	2
Größe der Zufallsstichprobe	$n_1 = 5$	$n_2 = 5$
Stichprobenmittelwert	$\bar{x}_1 = 53{,}0[\,]$	$\bar{x}_2 = 46{,}8[\,]$
Stichprobenvarianz	$s_1^2 = 118\ [\,]^2$	$s_2^2 = 79\ [\,]^2$
Stichprobenstandardabweichung	$s_1 = 10{,}8[\,]$	$s_2 = 8{,}9[\,]$

Läßt man die Vorgeschichte des Grundversuches außer acht, sie möge hier als unbekannt gelten, dann wird man aus obigen Prüfergebnissen die Hypothesen wie folgt formulieren.

(1) Formulierung der Hypothesen bezüglich der zugeordneten wahren, jedoch unbekannten Mittelwerte μ_1 und μ_2 der Grundgesamtheiten:

Nullhypothese H_0: $\mu_1 = \mu_2$

Gegenhypothese H_1: $\mu_1 > \mu_2$

Diese Gegenhypothese zu formulieren liegt nahe, weil man aus dem Vergleich von $\bar{x}_1$ und $\bar{x}_2$ sicherlich dazu neigt anzunehmen, wenn $\bar{x}_1$ "beträchtlich" über $\bar{x}_2$ liegt, daß diese Beziehung evtl. auch für μ_1 und μ_2 gilt.

(2) Formulierung der Hypothesen bezüglich der zugeordneten wahren, jedoch unbekannten Varianzen σ_1^2 und σ_2^2 der Grundgesamtheiten:

Nullhypothese H_0: $\sigma_1^2 = \sigma_2^2$

Gegenhypothese H_1: $\sigma_1^2 > \sigma_2^2$

Auch hier wird diese Gegenhypothese aus den drei möglichen ausgewählt, weil dieser Schluß aufgrund der Stichprobenergebnisse naheliegt. Dort war $s_1^2 > s_2^2$.

Anmerkung:

Obwohl zwischen $\bar{x}_1$ und $\bar{x}_2$ einerseits und s_1^2 und s_2^2 andererseits erhebliche zahlenmäßige Unterschiede bestehen, wird ein Testen obiger Hypothesen sicherlich in beiden Fällen dazu führen, daß H_0 nicht widerlegt werden konnte. Erinnert man sich nämlich an die Entstehungsgeschichte des Grundversuchs von Seite[ ], so lag a l l e n 40 Stichproben, also sowohl Stichprobe Nr. 15 als auch Stichprobe Nr. 20, einunddieselbe Grundgesamtheit mit dem Mittelwert $\mu = 50[\ ]$ und der Varianz $\sigma^2 = 100[\ ]^2$ zugrunde. Die obigen Stichprobenergebnisse $\bar{x}_1$ und $\bar{x}_2$ einerseits und s_1^2 und s_2^2 andererseits weichen hiervon nur unwesentlich (nicht signifikant) ab.

2. Leitbeispiel 5

Eine erste Zeitaufnahme (Leitbeispiel 1) lieferte aufgrund von 10 erfaßten Zyklen als Mittelwert 340,4 HM und als Varianz $61{,}1\bar{5}$ $(HM)^2$, Es wird eine Kontrollaufnahme des Ablaufs angeordnet. Diese liefert aufgrund von 15 Zyklen als Mittelwert 334,5 HM und als Varianz 73,00 $(HM)^2$. Kann man hieraus schließen, daß die erste Zeitaufnahme zugunsten der zweiten (umfangreicheren) Zeitaufnahme zu verwerfen ist, weil beide Mittelwerte nicht "nahezu" gleich, sondern mit ca. 6 HM Unterschied ausgefallen sind? Ferner ist zu fragen, ob sich die beiden beobachteten Streuungen, ausgedrückt durch Varianzen, wesentlich oder nur unwesentlich - bedingt durch die Zufallsschwankungen der Zeiten - voneinander unterschieden, da der Unterschied der Varianzen $11{,}8\bar{4}$ $(HM)^2$ beträgt.

Kenngröße	Grundgesamtheit	
	1	2
Größe der Zufallsstichprobe	n_1 = 10	n_2 = 15
Stichprobenmittelwert	$\bar{x}_1$ = 340,4 HM	$\bar{x}_2$ = 334,5 HM
Stichprobenvarianz	s_1^2 = 61,1$\bar{5}$(HM)^2	s_2^2 = 73,00(HM)^2
Stichprobenstandardabweichung	s_1 = 7,8 HM	s_2 = 8,5 HM

Was die Lage der Meßwerte beider Grundgesamtheiten anbelangt, wäre folgendes Hypothesenpaar aufzustellen:

Nullhypothese H_0: $\mu_1 = \mu_2$

Gegenhypothese H_1: $\mu_1 > \mu_2$

Für die Streuung der Meßwerte beider Grundgesamtheiten wäre zu formulieren:

Nullhypothese H_0: $\sigma_1^2 = \sigma_2^2$

Gegenhypothese H_1: $\sigma_1^2 < \sigma_2^2$

Würde die Nullhypothese H_0: $\mu_1 = \mu_2$ zugunsten der Gegenhypothese H_1: $\mu_1 > \mu_2$ verworfen, wäre nachgewiesen, daß sich die Zykluszeiten von der ersten zur zweiten Zeitaufnahme wesentlich erniedrigt haben. Als mögliche Ursachen hierfür können z.B. genannt werden:

(1) Änderung der Arbeitsmethode,
(2) Änderung der Beschaffenheit des Arbeitsgegenstandes,
(3) Veränderungen am Betriebsmittel,
(4) Änderung aufgrund der Tagesrhythmik (nur bei Istzeiten),
(5) Kontrollaufnahme wurde mit einer anderen Arbeitsperson gemacht (nur bei Istzeiten) und/oder
(6) Änderung der Umgebungseinflüsse.

3. Leitbeispiel 6

Eine erste Zeitaufnahme "Duplexzahnradpumpe prüfen und reinigen" (Leitbeispiel 3) lieferte

$$n_1 = 15$$
$$\bar{x}_1 = 481{,}3 \text{ HM}$$
$$s_1^2 = 889{,}0 \text{ (HM)}^2$$
$$s_1 = 29{,}8 \text{ HM.}$$

Die Ermittlung der erzielten Genauigkeit lieferte nach dem Variationszahlverfahren

$$\varepsilon = 3{,}4 \text{ \%}$$

Gefordert wird eine Genauigkeit von $\varepsilon' = 2\%$. Nach dem Variationszahlverfahren ergibt sich daraufhin eine Vergrößerung der Zahl der Zyklen auf

$$n' = 40$$

d.h. daß eine zweite Zeitaufnahme mit

$$n_2 = n' - n = 25$$

Zyklen durchgeführt werden muß. Diese zweite Zeitaufnahme liefert

$$n_2 = 25$$
$$\bar{x}_2 = 485{,}8 \text{ HM}$$
$$s_2^2 = 986{,}0 \text{ (HM)}^2$$
$$s_2 = 31{,}4 \text{ HM}$$

Es ist nicht richtig, die ersten 15 Meßwerte und die zweiten 25 sofort zu e i n e r einzigen Stichprobe von 40 Meßwerten unbesehen zusammenzufügen, deren Mittelwert, Varianz und Standardabweichung zu berechnen und daraufhin die erzielte Genauigkeit dieser Stichprobe zu bestimmen. Möglicherweise unterscheidet sich durch geänderte Ausprägungen wirksamer Einflußgrößen die zweite Meßstichprobe von der ersten wesentlich hinsichtlich Lage und/oder Streuung der Meßwerte.

Hierzu muß vor dem Zusammenfügen zunächst Stellung genommen werden. Dies kann ohne statistische Verfahren, lediglich auf der Erfahrung des Auswertenden subjektiv geschehen, dies kann aber auch in objektiver Form mittels statistischer Verfahren erfolgen. Entscheidet man sich für das zweite Vorgehen, dann empfiehlt sich folgender Auswertungsablauf (vergleiche auch den Ablaufplan von Abschnitt 1.4):

(1) Zunächst werden aus der zweiten Stichprobe die erforderlichen Stichprobenkenngrößen berechnet.

(2) Dann wird die zweite Stichprobe auf Zufälligkeit, Normalverteilung und Ausreißer geprüft. (Die Prüfung der ersten Stichprobe ist bereits zuvor erfolgt.)

(3) Anschließend wird die zweite Stichprobe mit der ersten hinsichtlich Lage und Streuung verglichen.

(4) Nur dann, wenn sich Lage u n d Streuung nicht wesentlich voneinander unterscheiden, werden beide Stichproben zusammengefügt. Mit den dann entstehenden Stichprobenkenngrößen wird die Bestimmung der erzielten Genauigkeit erneut vorgenommen.

In diesem Beispiel lag die Zielsetzung vor, beide Meßstichproben bei Vorliegen der Voraussetzungen - Lage und Streuung der Meßwerte in der Stichprobe unterscheiden sich nicht wesentlich voneinander - zu einer Stichprobe zu vereinigen.

In anderen Fällen dient der Vergleich zweier Meßstichproben dem Nachweis variabler, Lage und/oder Streuung der Meßwerte beeinflussender Einflußgrößen. Dieser Sachverhalt tritt z.B. bei technischen Versuchsreihen auf, bei denen von Versuchsreihe zu Versuchsreihe bewußt Versuchsbedingungen abgeändert werden und die Auswirkungen dieser Änderungen auf die Versuchsergebnisse nachzuweisen sind. Hier würde eine Aussage, wonach sich Lage und Streuung der Meßwerte beider Stichproben nur unwesentlich voneinander unterscheiden, darauf hinweisen, daß die vermeintlichen Einflugrößen keine sind.

Beim Vergleich zweier Meßstichproben können folgende Prüfergebnisse grundsätzlich anfallen:

Meßwert-streuung	Meßwertlage	
	gleich	verschieden
gleich	a	c
verschieden	b	d

In den nachfolgenden Abbildungen werden die vier Ergebnissituationen nochmals anschaulich wiedergegeben.

Fall a: Meßwertlage und -streuung sind gleich

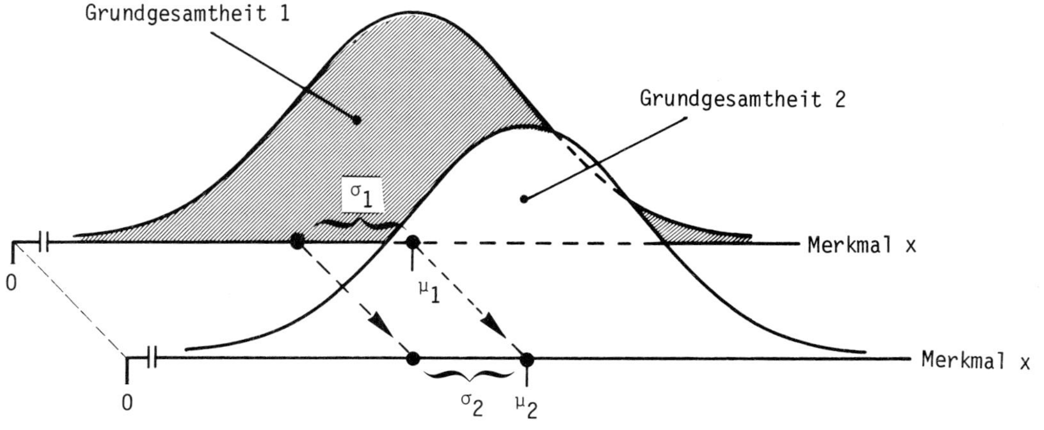

Fall b: Meßwertlage ist gleich, Meßwertstreuung verschieden

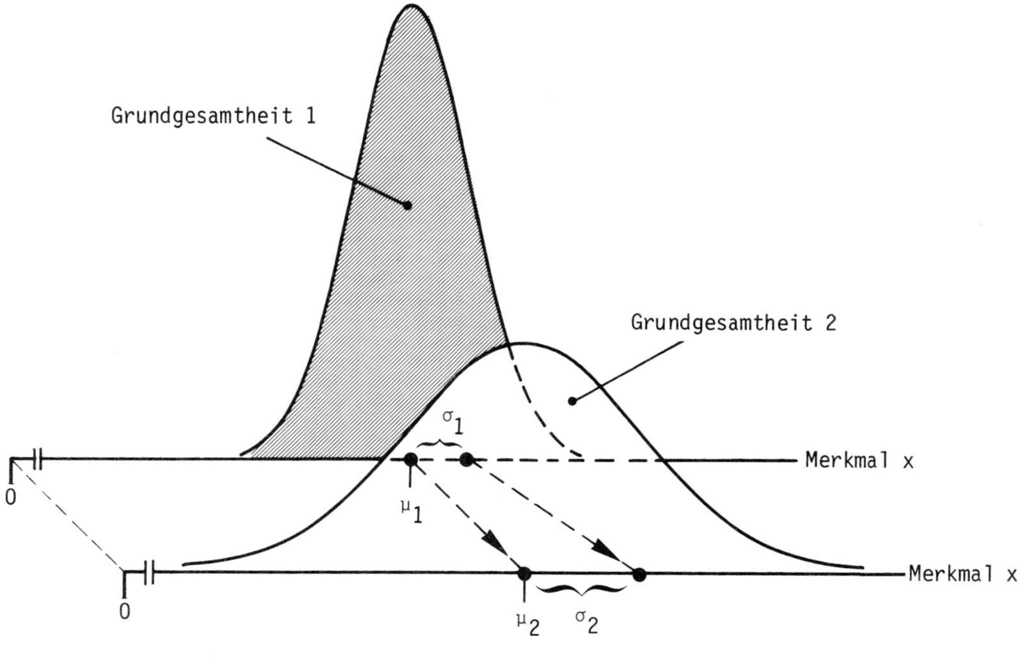

Bild 41: Mögliche Verteilungssituationen zwischen zwei Grundgesamtheiten

Fall c: Meßwertlage ist verschieden, Meßwertstreuung gleich

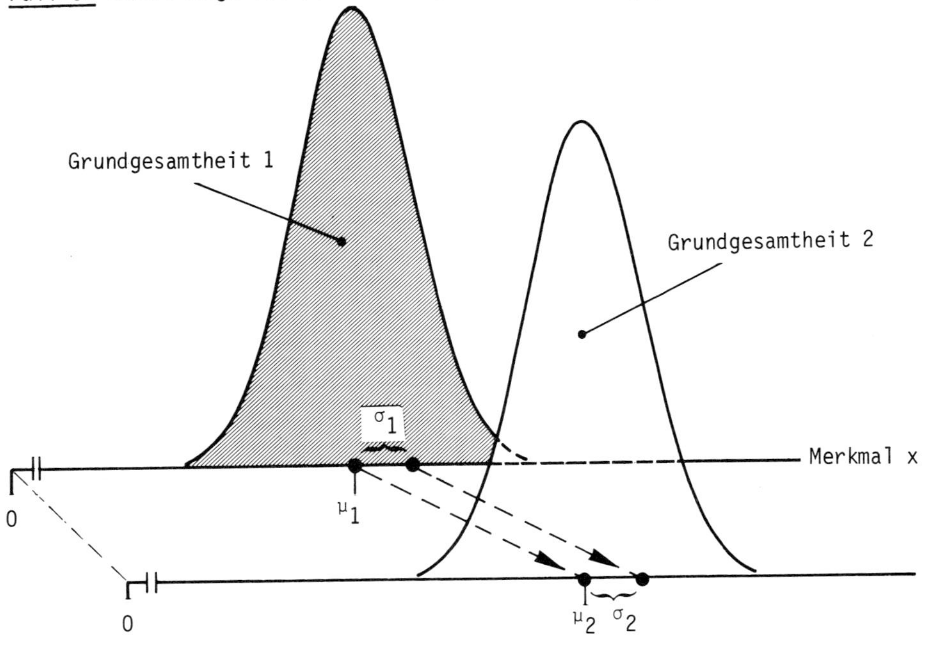

Fall d: Meßwertlage und Streuung sind verschieden

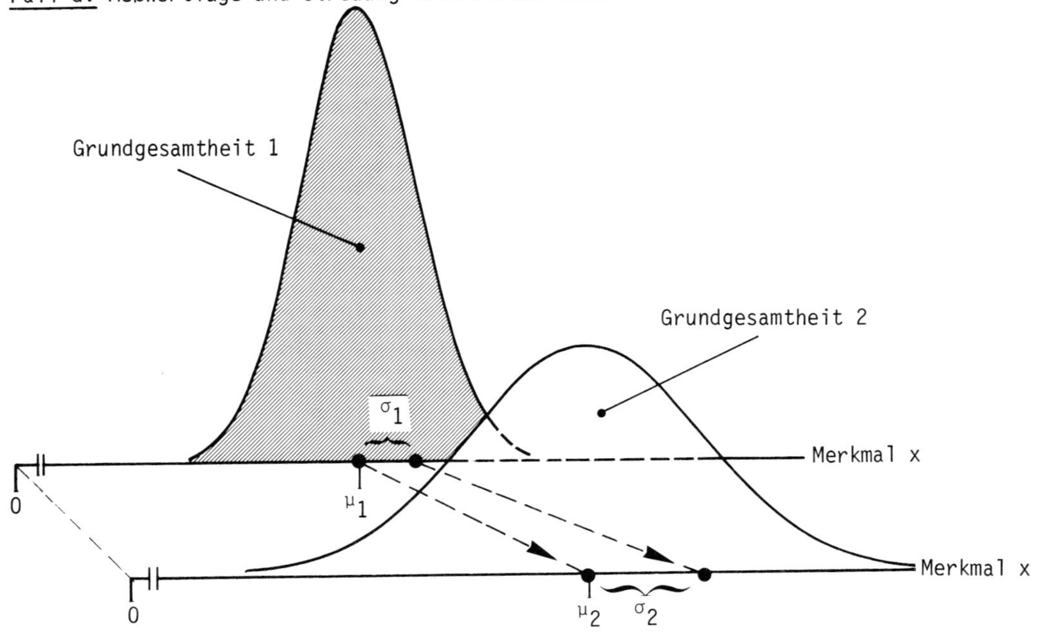

Bild 41: Mögliche Verteilungssituationen zwischen zwei Grundgesamtheiten (Fortsetzung)

Wie diese vier Situationen aufgrund von zwei Stichproben erkannt werden können, darüber geben die nachfolgenden statistischen Testverfahren Auskunft.

Bei dem Vergleich zweier Zeitaufnahmen können die aus der jeweils festgestellten Ergebnissituation abgeleiteten Maßnahmen zu Fehlentscheidungen führen, wenn ein unterschiedlicher Leistungsgrad als Einflußgröße unberücksichtigt bleibt. Daher ist das evtl. vorhandene unterschiedliche Leistungsniveau vor Formulierung eines abschließenden Untersuchungsergebnisses mit zu berücksichtigen.

9.2. Vergleich zweier Varianzen

9.2.1. F-Test 1

Verfahren 10.1 (Seite 367 und 368) Vergleich der Varianzen zweier Grundgesamtheiten (F-Test 1)

Das Verfahren wird in der Beschreibung am Leitbeispiel 5 demonstriert (s.a. vorangegangenen Abschnitt 9.1).

Aufgabe 9.2-1

Wenden Sie den F-Test auf das Leitbeispiel 6 an ($1-\alpha = 95\%$).

Bezeichnung des Testverfahrens: Vergleich der Varianzen zweier Grundgesamtheiten (F-Test 1)	Nr. 10.1
Siehe auch Testverfahren Nr.	Blatt: 1

Problemstellung: Aufgrund zweier Stichprobenvarianzen s_1^2 und s_2^2 soll festgestellt werden, ob sich die beiden zugeordneten Grundgesamtheiten hinsichtlich der Meßwertstreuung wesentlich voneinander unterscheiden.

Verwendete Symbole	Bedeutung
σ_1^2, σ_2^2	Varianzen der zu den Stichproben 1 und 2 gehörenden Grundgesamtheiten
s_1^2, s_2^2	Stichprobenvarianzen
n_1, n_2	Stichprobengrößen

Schrittfolge (Allgemeine Formulierung)

1. Formulierung der Hypothesen H_0 und H_1

Nullhypothese H_0: $\sigma_1^2 = \sigma_2^2$

Gegenhypothese H_1: $\sigma_1^2 > \sigma_2^2$

bzw. $\sigma_1^2 < \sigma_2^2$

bzw. $\sigma_1^2 \neq \sigma_2^2$

2. Prüfung der Meßstichproben auf

☒ Zufälligkeit ☒ Normalverteilung ☒ Ausreißer

3. Berechnung der Prüfgröße z
4. Aufsuchen des Schwellenwertes Z
5. Vergleich von Prüfgröße z und Schwellenwert Z

Gegenhypothese H_1	Die Nullhypothese H_0 wird zugunsten der Gegenhypothese H_1 verworfen, falls: Prüfgröße z		Schwellenwert Z	
$\sigma_1^2 > \sigma_2^2$ (einseitig)	$\frac{s_1^2}{s_2^2}$	$>$	$F_{1-\alpha;\, f_1;\, f_2}$ mit $f_1 = n_1 - 1$, $f_2 = n_2 - 1$	Faktoren siehe Tabelle T 6.1 bis T 6.4
$\sigma_1^2 < \sigma_2^2$ (einseitig)	$\frac{s_1^2}{s_2^2}$	$<$	$F_{\alpha;\, f_1;\, {}^{*}f_2}$ mit $f_1 = n_1 - 1$, $f_2 = n_2 - 1$	
$\sigma_1^2 \neq \sigma_2^2$ (zweiseitig)	$\frac{s_1^2}{s_2^2}$	$>$ $<$	$F_{1-(\alpha/2);f_1;f_2}$ $F_{(\alpha/2);f_1;f_2}$* mit $f_1 = n_1 - 1$, $f_2 = n_2 - 1$	

6. Berechnung des Vertrauensbereiches falls die Nullhypothese H_0 zugunsten der Gegenhypothese H_1 verworfen wurde

$$(\sigma_1^2/\sigma_2^2)_{OBEN} = F_{1-(\alpha/2);\, f_2;\, f_1} \cdot \frac{s_1^2}{s_2^2} \qquad (\sigma_1^2/\sigma_2^2)_{UNTEN} = \frac{1}{F_{1-(\alpha/2);\, f_1;\, f_2}} \cdot \frac{s_1^2}{s_2^2}$$

*Entfällt, wenn Indizierung so gewählt wird, daß $s_1^2 > s_2^2$ ausfällt.

Bezeichnung des Verfahrens: Vergleich der Varianzen zweier Grundgesamtheiten (F-Test 1)	Nr. 10.1
Siehe auch Verfahren Nr.	Blatt: 2

Beispiel

Problem:
Zwei Zeitaufnahmen lieferten die folgenden Ergebnisse:

Zeitaufnahme Nr.	Größe	Mittelwert in HM	Varianz in $(HM)^2$
1	$n_1 = 10$	$\bar{x}_1 = 340,4$	$s_1^2 = 61,1\bar{5}$
2	$n_2 = 15$	$\bar{x}_2 = 334,5$	$s_2^2 = 73,00$

Zunächst soll festgestellt werden, ob beide Stichproben aus Grundgesamtheiten mit gleicher Meßwertstreuung entnommen worden sein können oder ob dies nicht der Fall ist.

Lösung:

1. Formulierung der Hypothesen
   $H_0\colon \sigma_1^2 = \sigma_2^2$ $\qquad H_1\colon \sigma_1^2 \neq \sigma_2^2$

2. Die Prüfung der Meßstichproben auf Zufälligkeit, Normalverteilung und Ausreißer ist bereits erfolgt (siehe Verfahren 3, 4 und 5). Es liegt keine Beanstandung vor.

3. Berechnung der Prüfgröße z

$$z = \frac{61,1\bar{5}}{73,00} = 0,838$$

4. Aufsuchen des Schwellenwertes Z
   Zu $1-\alpha = 95\%$ (zweiseitig) bzw. $1-(\alpha/2) = 97,5\%$ (einseitig), $f_1 = n_1-1 = 9$ und $f_2 = n_2-1 = 14$ erhält man aus Tabelle T6.2

$$Z_{OBEN} = F_{1-(\alpha/2);\, f_1;\, f_2} = 3,21$$

$$Z_{UNTEN} = F_{(\alpha/2);\, f_1;\, f_2} = \frac{1}{F_{1-(\alpha/2);\, f_2;\, f_1}} = \frac{1}{\underset{\uparrow}{3,80}} = 0,263$$

   interpoliert

5. Da $Z_{UNTEN} < z < Z_{OBEN}$ ausfiel, wird H_0 nicht zugunsten von H_1 verworfen, d.h. beide Meßstichproben können aus Grundgesamtheiten entnommen worden sein, deren Streuungen σ_1^2 und σ_2^2 als gleich angesehen werden können. Der ausgeführte Vergleich der beiden Stichprobenvarianzen s_1^2 und s_2^2 hat diese Annahme nicht entkräften können.

9.2.2. Prüfkennlinien für den F-Test 1

Auch für den F-Test 1 lassen sich Prüfkennlinien berechnen und darstellen. Als Störparameter wird hier die Größe $\lambda^2 = \sigma_1^2/\sigma_2^2$ definiert, wobei die Indizierung der beiden Varianzen so gewählt worden ist, daß $s_1^2 > s_2^2$ ausfällt. λ^2 gibt an, um wieviel sich die beiden Varianzen σ_1^2 und σ_2^2 voneinander unterscheiden. Es ist

$$\lambda^2 = 1 \quad \text{wenn } H_0 \text{ zutrifft}$$

$$\lambda^2 > 1 \quad \text{wenn } H_1\text{: } \sigma_1^2 > \sigma_2^2$$

$$\text{bzw. } \lambda^2 \neq 1 \quad \text{wenn } H_1\text{: } \sigma_1^2 \neq \sigma_2^2$$

zutrifft.

Verfahren 10.2 (Seite 371 bis 383) Prüfkennlinien für den F-Test 1

Aus einem Vergleich der Prüfkennlinien folgt, daß bei konstantem Prüfaufwand $(n_1 + n_2)$, d.h. $f_1 + f_2 = \text{const.}$, die Prüfkennlinien mit $f_1 = f_2$ am günstigsten verlaufen, während die geringste Trennschärfe für $f_1 > f_2$ auftritt. Daher ist es für die Anwendungen zweckmäßig, den Versuch so anzulegen, daß $f_1 = f_2$ oder $f_2 > f_1$ ist, wenn es die vorliegende Aufgabe gestattet. In diesen Fällen sind im Vergleich zu $f_1 > f_2$ besonders steile Prüfkennlinien gegeben, d.h. ein hohes Unterscheidungsvermögen des F-Test 1 zwischen Null- und Gegenhypothese gegeben.

Bezeichnung des Verfahrens: Prüfkennlinien für den F-Test 1	Nr. 10.2
Siehe auch Verfahren Nr.	Blatt: 1

Beispiel

1. Aufgabenstellung

Da eine zyklische Arbeitsaufgabe bisher stark streuende Zykluszeiten lieferte, ist eine Arbeitsgestaltung vorgesehen mit dem Ziel, zu einer gleichmäßigeren Arbeitsausführung zu gelangen. Ob die Arbeitsgestaltung dieses Ziel erfüllt hat, soll durch Vergleich zweier Zeitaufnahmen vor und nach der Arbeitsgestaltung belegt werden. Die Streuung der Zykluszeiten v o r Arbeitsgestaltung wird gekennzeichnet durch deren (unbekannte) Varianz σ_1^2, die Streuung n a c h der Arbeitsgestaltung durch die (unbekannte) Varianz σ_2^2. Wie umfangreich sollten die beiden für den Vergleich zu verwendenden gleich großen Zeitaufnahmen zweckmäßigerweise sein?

2. Formulierung der Hypothesen

Nullhypothese H_0: $\sigma_1^2 = \sigma_2^2$
Gegenhypothese H_1: $\sigma_1^2 > \sigma_2^2$
} einseitiger F-Test 1

3. Festlegung des Störparameters

Es werden folgende Eigenschaften des Tests verlangt:

(1) Der Test soll das Vorliegen der Nullhypothese mit der Wahrscheinlichkeit $1-\alpha = 95\%$ erkennen, d.h. nur mit der "geringen" Wahrscheinlichkeit $\alpha = 5\%$ zum Verwerfen der Nullhypothese führen (Fehler 1. Art).

(2) Der Test soll eine mögliche Reduktion zwischen σ_1^2 und σ_2^2 um den Faktor 2, d.h.

$$\sigma_2^2 = \frac{\sigma_1^2}{2}$$

oder Störparameter $\lambda^2 = 2$, mit einer Wahrscheinlichkeit von $1-\beta = 90\%$ erkennen, d.h. mit der "geringen" Wahrscheinlichkeit $\beta = 10\%$ nicht zum Verwerfen der Nullhypothese führen (Fehler 2. Art).

Beim Vorliegen der Nullhypothese ist der Störparameter $\lambda^2 = 1$.

4. Ermittlung der erforderlichen Stichprobengrößen

Aus 2. und 3. lassen sich folgende Prüfpunkte P_1 und P_2 formulieren:

$$P_1(\lambda^2 = 1;\ 1-\alpha = 95\%)$$
$$P_2(\lambda^2 = 2;\ \beta = 10\%)$$

In Blatt 2 trägt man sich die beiden Prüfpunkte P_1 und P_2 ein. P_1 ist Ausgangspunkt sämtlicher dort dargestellter Prüfkennlinien. Durch P_1 und P_2 geht die (nicht eingezeichnete) Prüfkennlinie für $f_1 = f_2 \approx 70$. Wegen $f_1 = n_1 - 1$ und $f_2 = n_2 - 1$ ist auch $n_1 \approx 70$ und $n_2 \approx 70$.

5. Interpretation

Wenn beide Zeitaufnahmen mit $n_1 = n_2 \approx 70$ Zyklen ausgeführt werden, ist sichergestellt, daß eine Reduktion der Zeitenstreuung ausgedrückt durch die Varianzen der Zeiten um den Faktor 2 oder mehr mit der Wahrscheinlichkeit von mindestens 90% durch den F-Test 1 erkannt wird.

Bezeichnung des Verfahrens: Prüfkennlinien für den F-Test 1	Nr. 10.2
Siehe auch Verfahren Nr.	Blatt: 2
Gegenhypothese H_1: $\sigma_1^2 > \sigma_2^2$	$1-\alpha = 95\%$

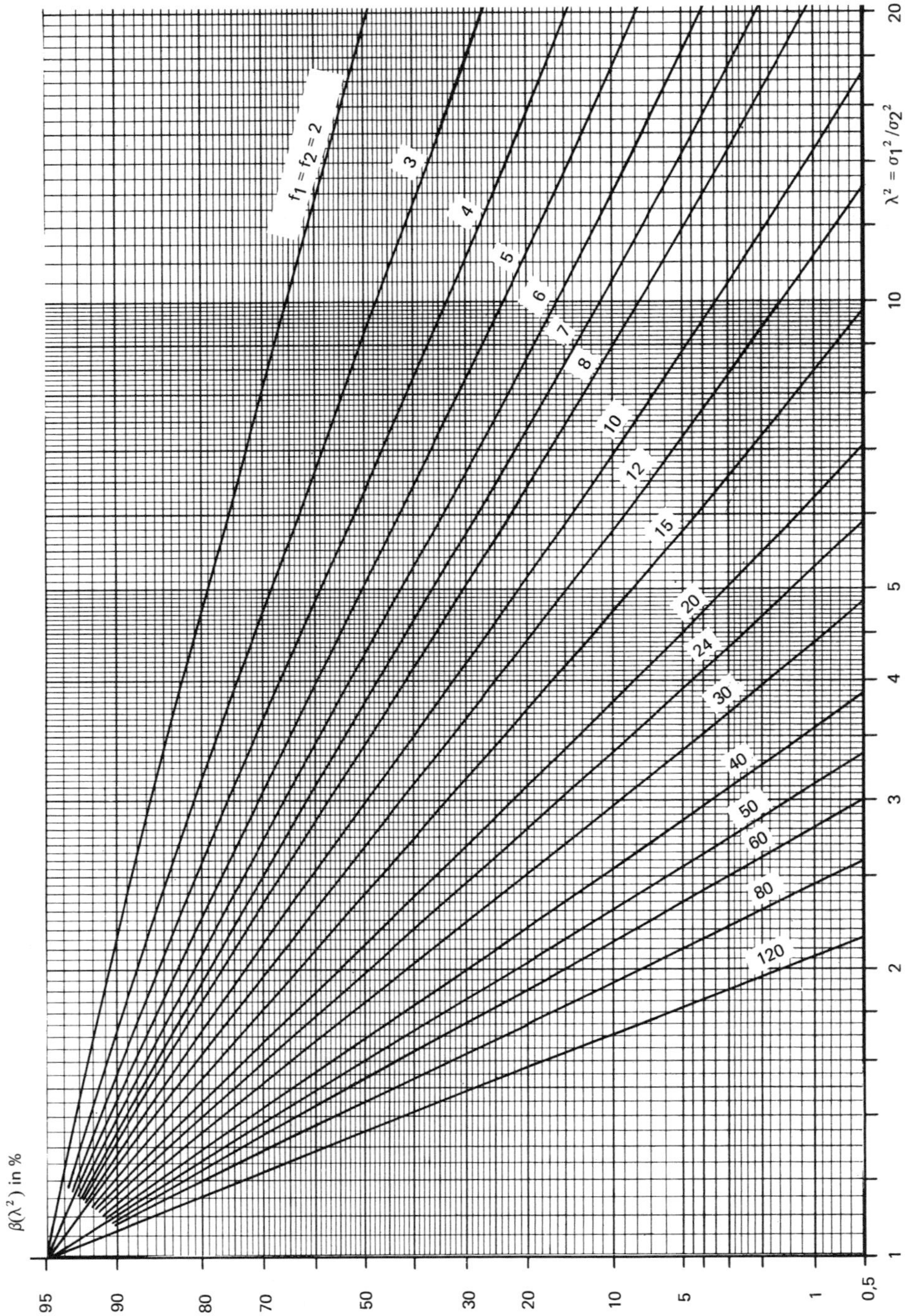

Bezeichnung des Verfahrens: Prüfkennlinien für den F-Test 1	Nr. 10.2
Siehe auch Verfahren Nr.	Blatt: 3
Gegenhypothese H_1: $\sigma_1^2 > \sigma_2^2$	$1-\alpha$ = 95%

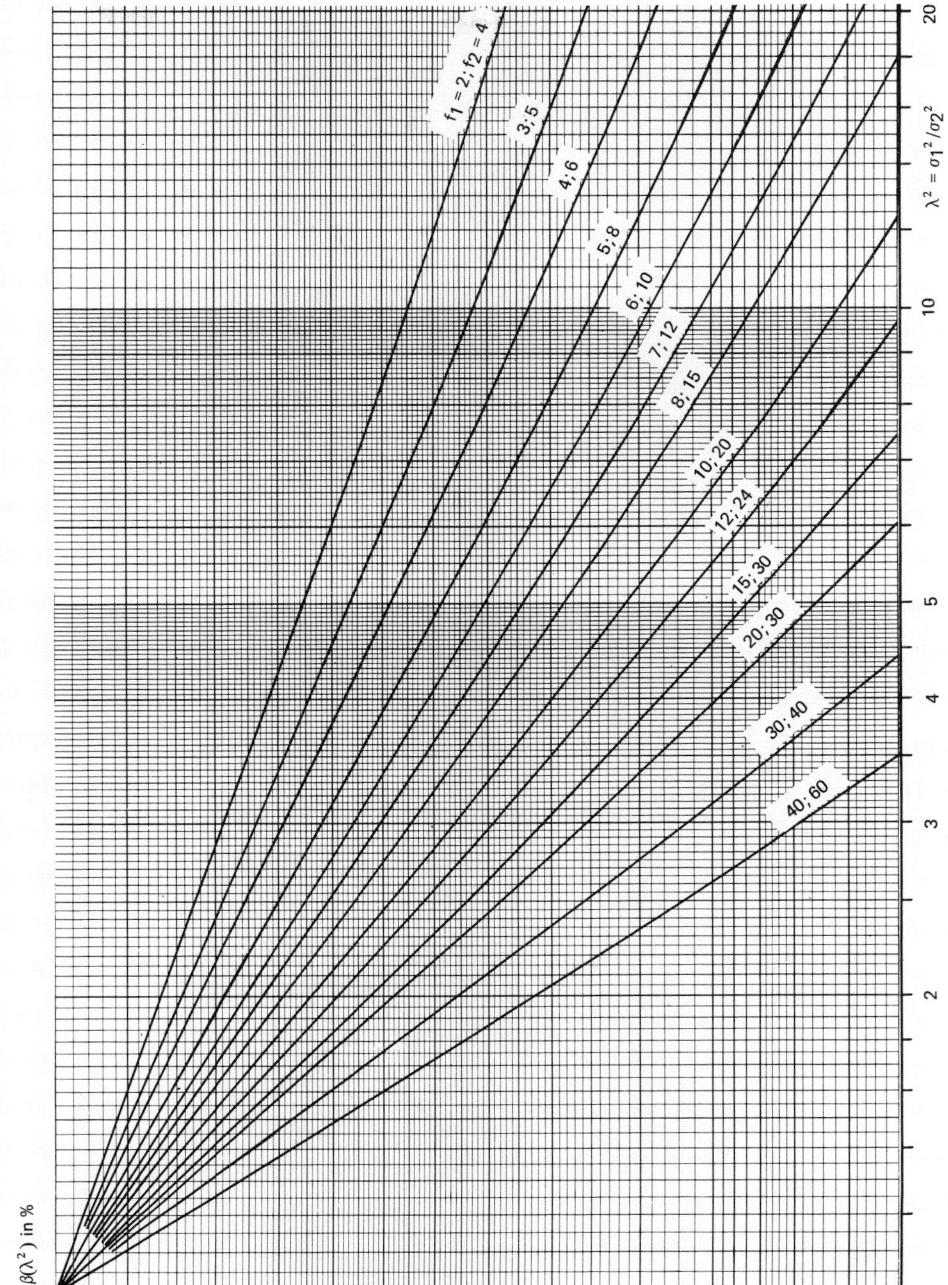

Bezeichnung des Verfahrens: Prüfkennlinien für den F-Test 1	Nr. 10.2
Siehe auch Verfahren Nr.	Blatt: 4
Gegenhypothese H_1: $\sigma_1^2 > \sigma_2^2$	$1-\alpha$ = 95%

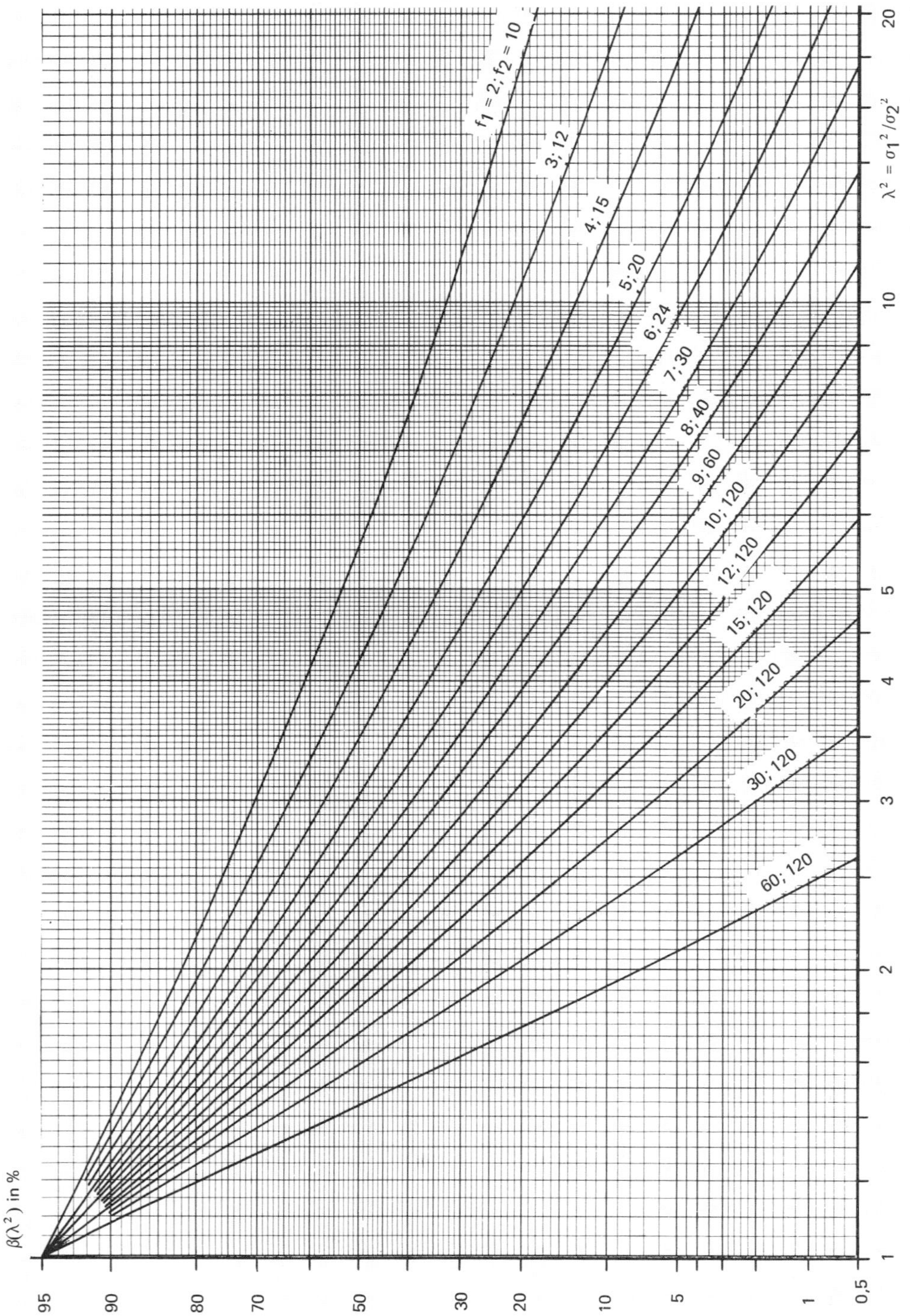

Bezeichnung des Verfahrens: Prüfkennlinien für den F-Test 1

Nr. 10.2

Siehe auch Verfahren Nr.

Blatt: 5

Gegenhypothese H_1: $\sigma_1^2 > \sigma_2^2$

$1-\alpha = 95\%$

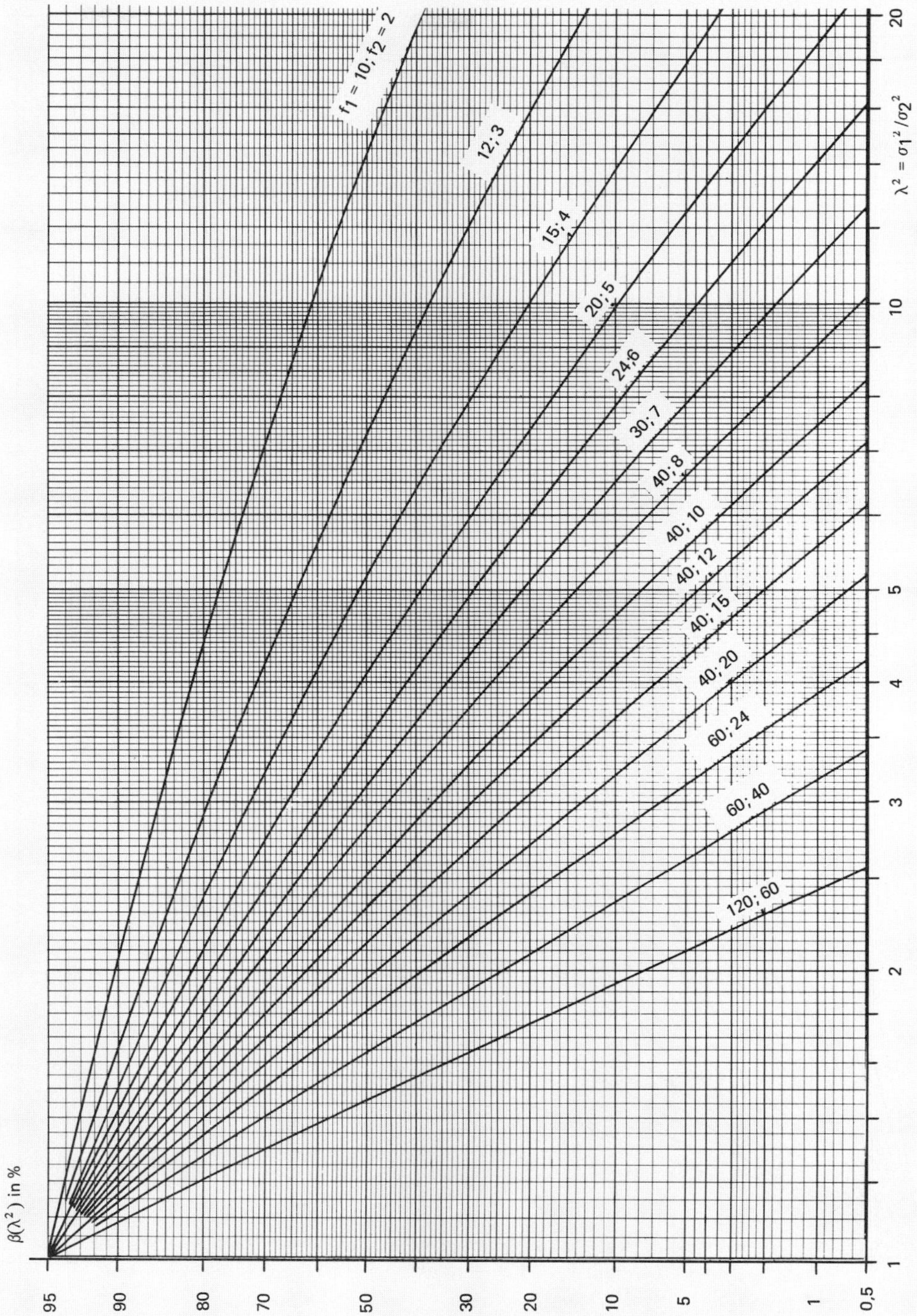

Bezeichnung des Verfahrens: Prüfkennlinien für den F-Test 1	Nr. 10.2
Siehe auch Verfahren Nr.	Blatt: 6
Gegenhypothese H_1: $\sigma_1^2 > \sigma_2^2$	$1-\alpha$ = 99%

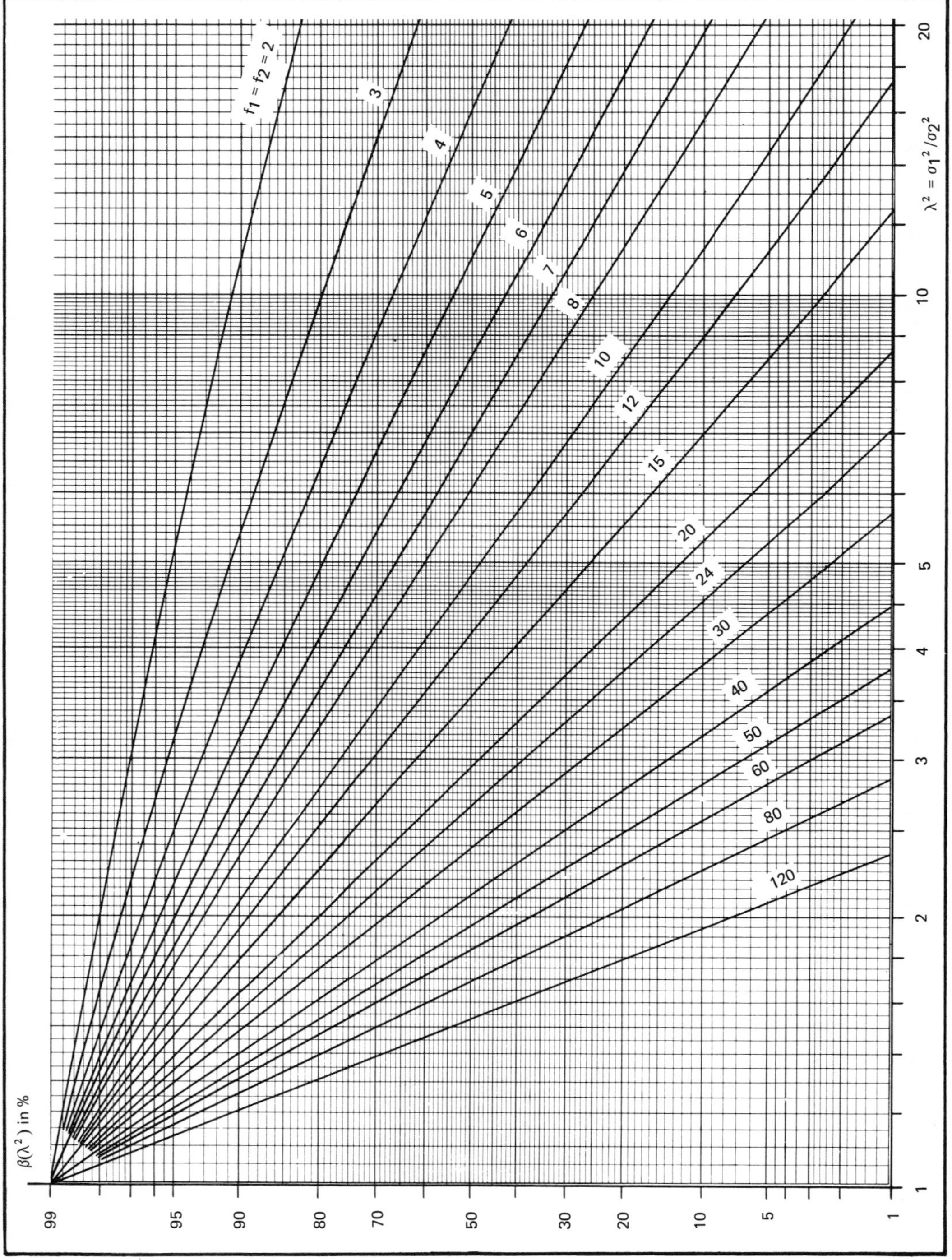

Bezeichnung des Verfahrens: Prüfkennlinien für den F-Test 1

Nr. 10.2

Siehe auch Verfahren Nr.

Blatt: 7

Gegenhypothese H_1: $\sigma_1^2 > \sigma_2^2$

$1-\alpha = 99\%$

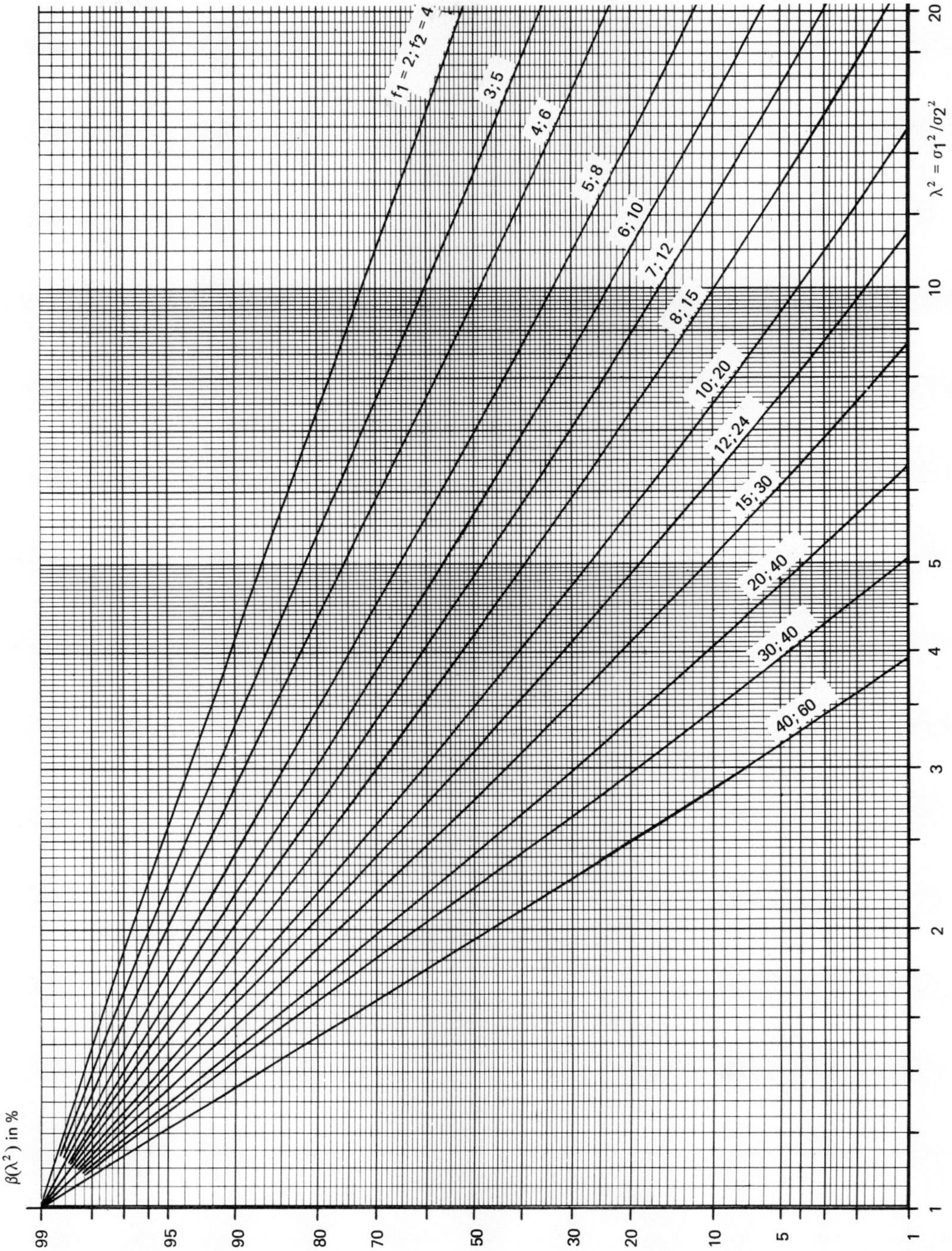

Bezeichnung des Verfahrens: Prüfkennlinien für den F-Test 1	Nr. 10.2
Siehe auch Verfahren Nr.	Blatt: 8
Gegenhypothese H_1: $\sigma_1^2 > \sigma_2^2$	$1-\alpha = 99\%$

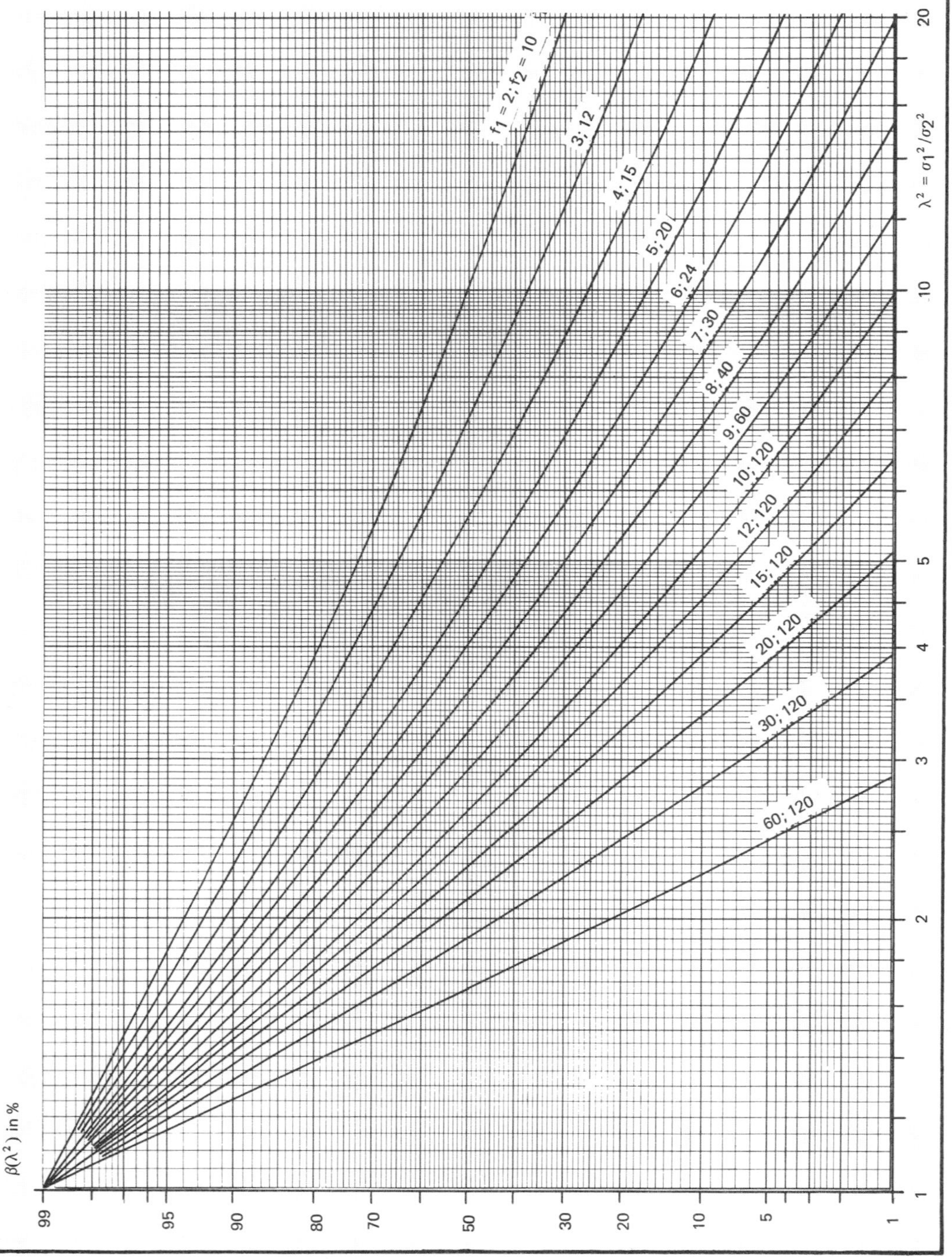

Bezeichnung des Verfahrens: Prüfkennlinien für den F-Test 1	Nr. 10.2
Siehe auch Verfahren Nr.	Blatt: 9
Gegenhypothese H_1: $\sigma_1^2 > \sigma_2^2$	$1-\alpha = 99\%$

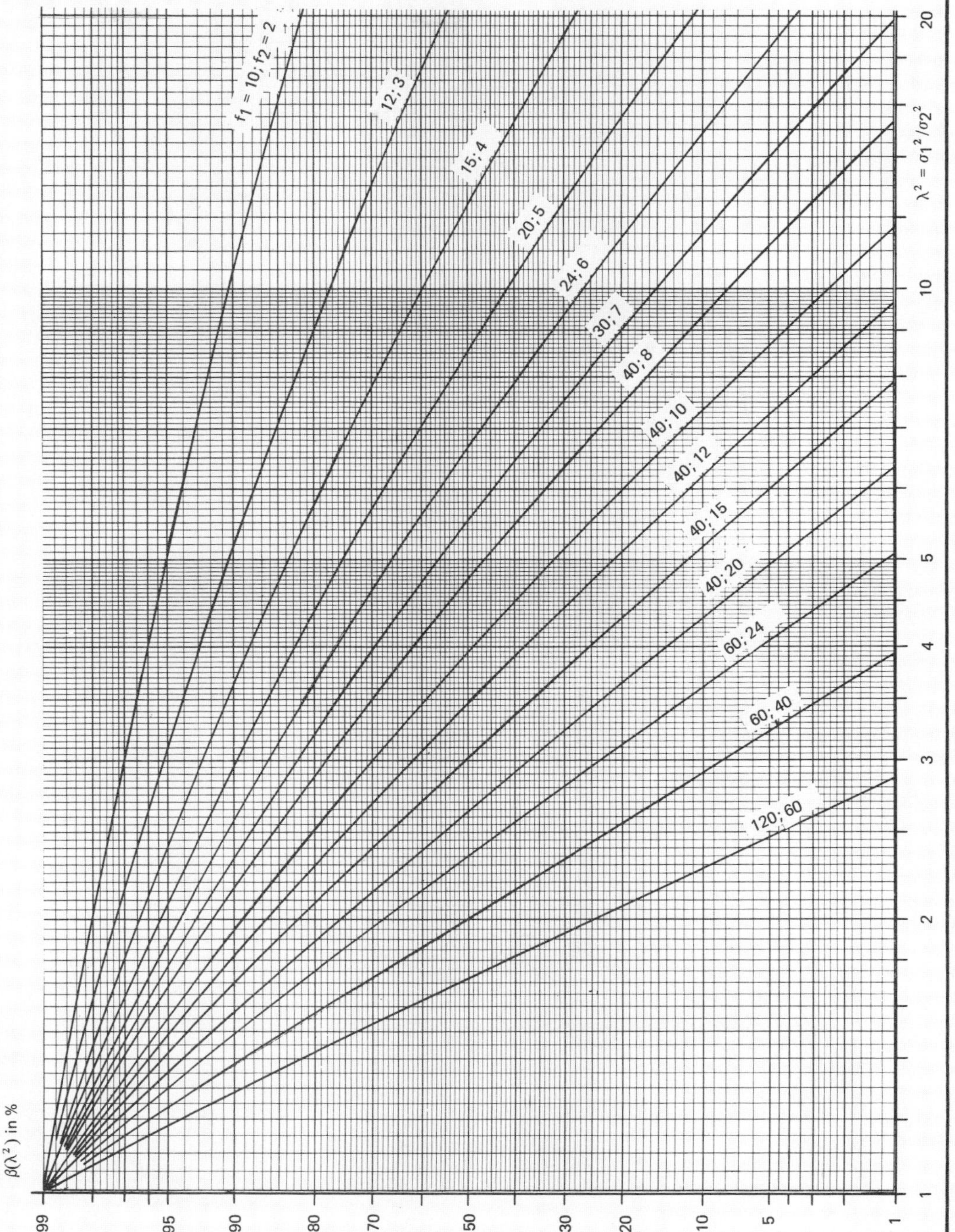

Bezeichnung des Verfahrens: Prüfkennlinien für den F-Test 1	Nr. 10.2
Siehe auch Verfahren Nr.	Blatt: 10
Gegenhypothese H_1: $\sigma_1^2 \neq \sigma_2^2$	$1-\alpha = 95\%$

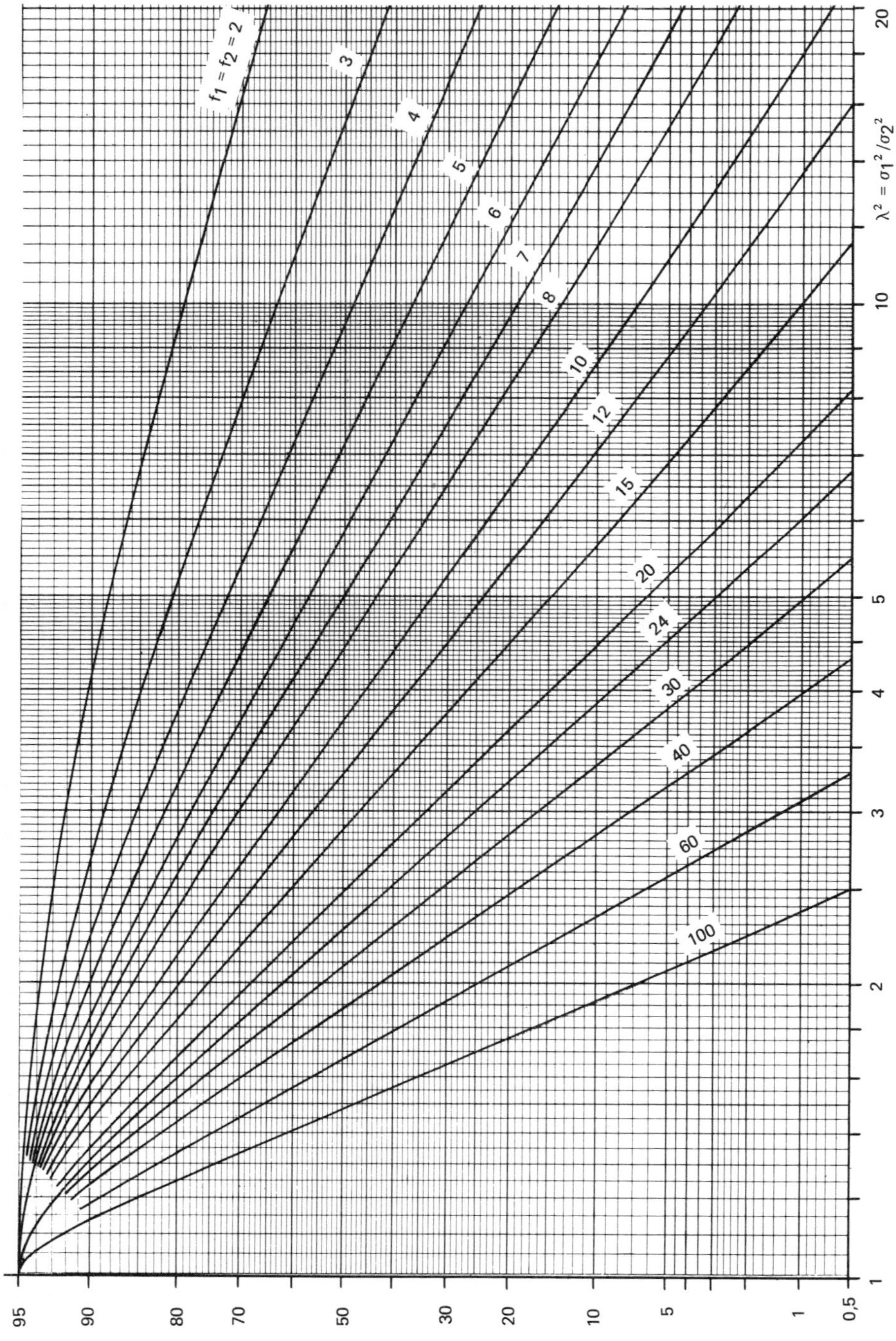

Bezeichnung des Verfahrens: Prüfkennlinien für den F-Test 1	Nr. 10.2
Siehe auch Verfahren Nr.	Blatt: 11
Gegenhypothese H_1: $\sigma_1^2 \neq \sigma_2^2$	$1-\alpha$ = 95%

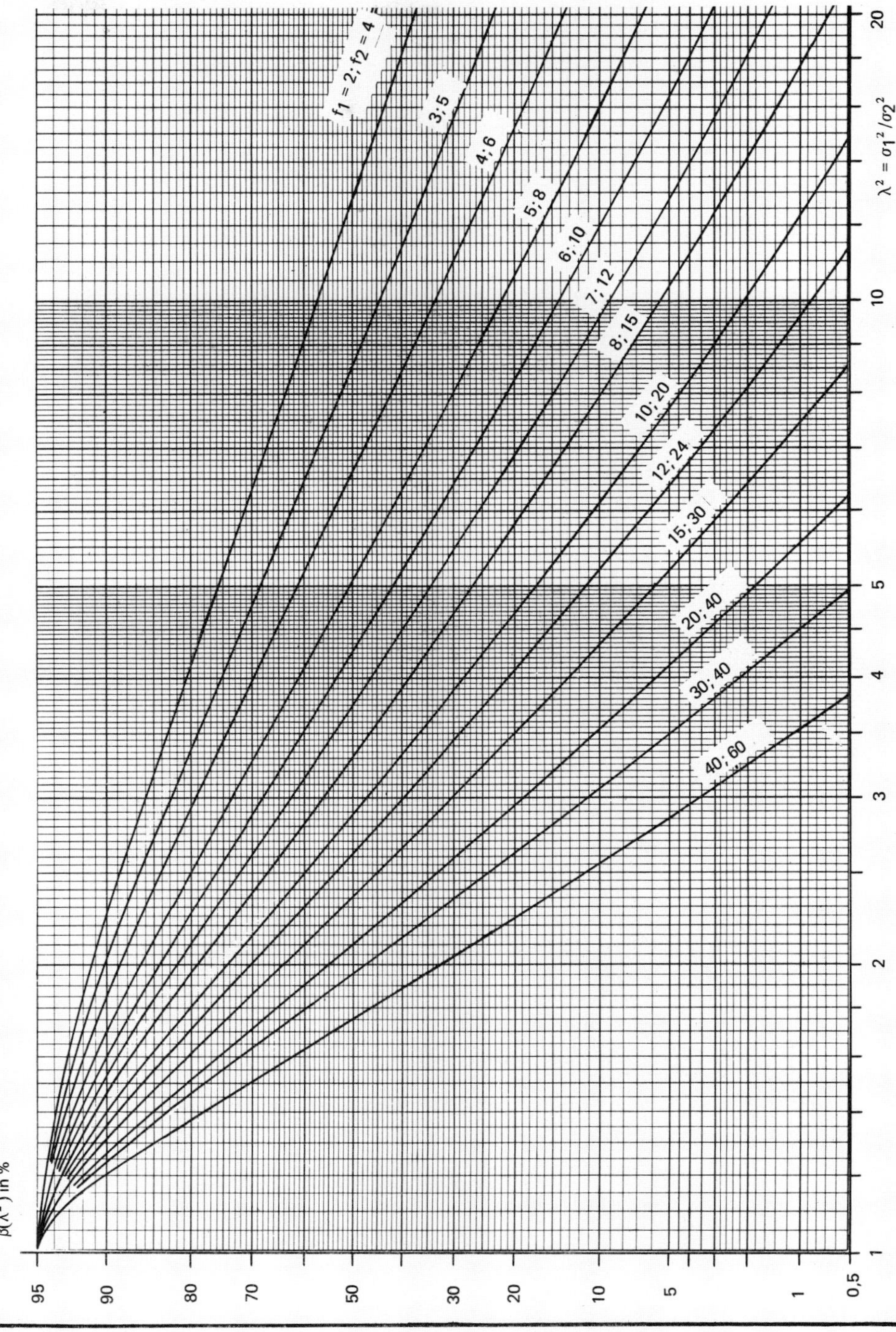

Bezeichnung des Verfahrens: Prüfkennlinien für den F-Test 1	Nr. 10.2
Siehe auch Verfahren Nr.	Blatt: 12
Gegenhypothese H_1: $\sigma_1^2 \neq \sigma_2^2$	$1-\alpha$ = 95%

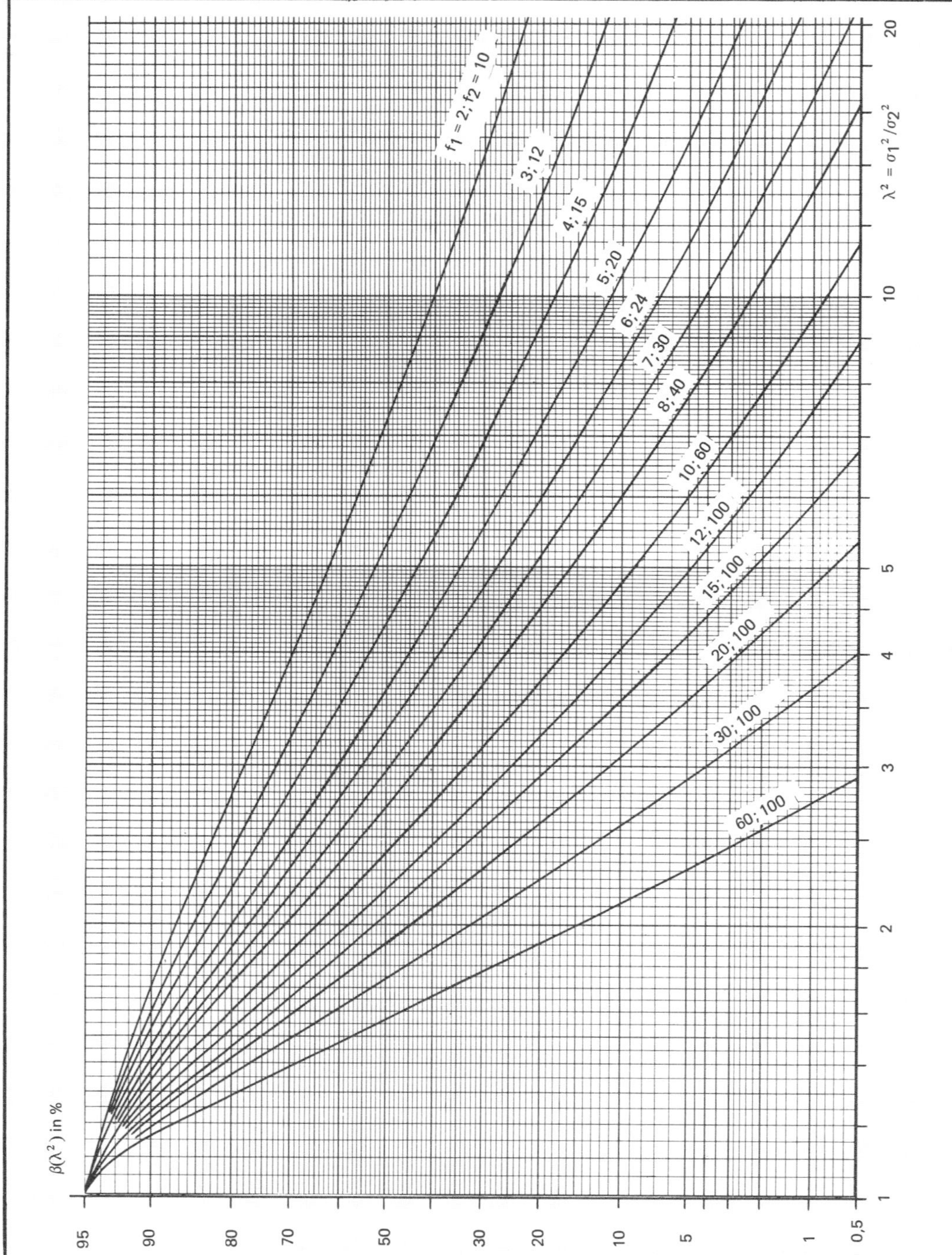

Bezeichnung des Verfahrens: Prüfkennlinien für den F-Test 1	Nr. 10.2
Siehe auch Verfahren Nr.	Blatt: 13
Gegenhypothese H_1: $\sigma_1^2 \neq \sigma_2^2$	$1-\alpha$ = 95%

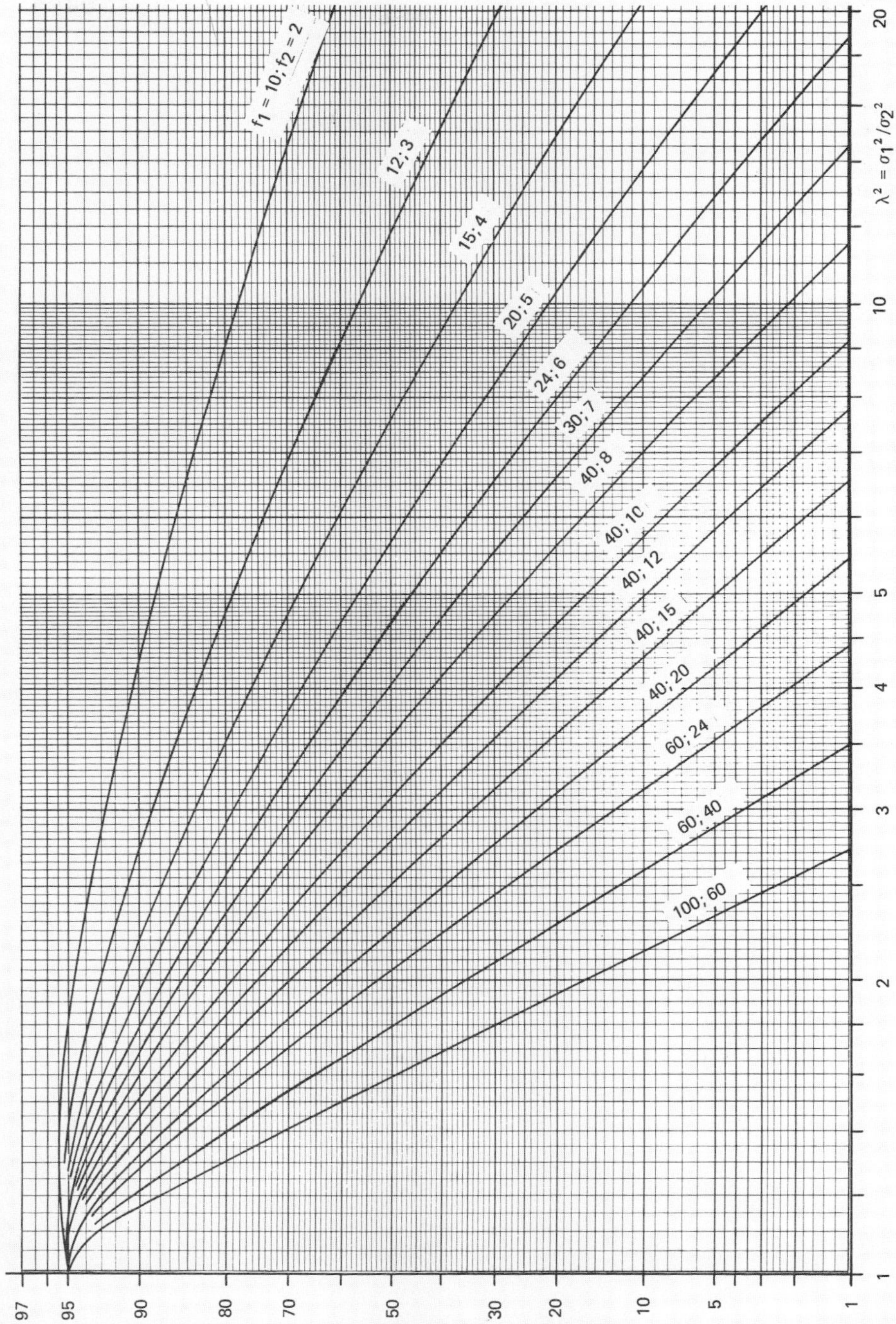

9.3 Vergleich zweier Mittelwerte

9.3.1. t-Test 2

Verfahren 11.1.1 (Seite 387 und 388) Vergleich der Mittelwerte zweier Grundgesamtheiten (t-Test 2)

Dieses Verfahren wird in der Beschreibung am Leitbeispiel 5 demonstriert (s.a. Abschnitt 9.1).

Aufgabe 9.3-1

Wenden Sie je nach Ausgang des F-Tests 1 entweder t-Test 2 (Abschnitt 9.3.1) oder t-Test 3 (Abschnitt 9.3.3) auf das Leitbeispiel 6 an ($1-\alpha = 95\%$).

Bezeichnung des Testverfahrens	Vergleich der Mittelwerte zweier Grundgesamtheiten (t-Test 2)	Nr. 11.1.1
Siehe auch Testverfahren Nr.	11.2.1	Blatt: 1

Problemstellung: Aufgrund zweier Stichprobenmittelwerte $\bar{x}_1$ und $\bar{x}_2$ soll festgestellt werden, ob sich die beiden zugeordneten Grundgesamtheiten hinsichtlich der Meßwertlage μ_1 und μ_2 voneinander unterscheiden. Die Nullhypothese $H_o: \sigma_1^2 = \sigma_2^2$ wurde beim zuvor ausgeführten F-Test 1 nicht widerlegt.

Verwendete Symbole	Bedeutung
s^2	Gesamtvarianz
n_1, n_2	Größe der Stichproben 1 und 2
$\bar{x}_1$, $\bar{x}_2$	Stichprobenmittelwerte
s_1^2, s_2^2	Stichprobenvarianzen
μ_1, μ_2	Mittelwerte der zu den Stichproben gehörenden Grundgesamtheiten

Schrittfolge (Allgemeine Formulierung)

1. Formulierung der Hypothesen H_o und H_1	Formel
Nullhypothese H_o: $\mu_1 = \mu_2$ Gegenhypothese H_1: $\mu_1 > \mu_2$ bzw. $\mu_1 < \mu_2$ bzw. $\mu_1 \neq \mu_2$	$s^2 = \dfrac{(n_1-1)s_1^2 + (n_2-1)s_2^2}{n_1 + n_2 - 2}$

2. Prüfung der Meßstichprobe(n) auf

☒ Zufälligkeit ☒ Normalverteilung ☒ Ausreißer

3. Berechnung der Prüfgröße z
4. Aufsuchen des Schwellenwertes Z
5. Vergleich von Prüfgröße z und Schwellenwert Z

Gegenhypothese H_1	Die Nullhypothese H_o wird zugunsten der Gegenhypothese H_1 verworfen, falls			
	Prüfgröße Z		Schwellenwert Z	
$\mu_1 > \mu_2$ (einseitig)	$\dfrac{\bar{x}_1-\bar{x}_2}{s} \cdot \sqrt{\dfrac{n_1 \cdot n_2}{n_1+n_2}}$	$>$	$t_{1-\alpha;\, f}$ mit $f=n_1+n_2-2$	Faktoren siehe Tabelle T 4
$\mu_1 < \mu_2$ (einseitig)	$\dfrac{\bar{x}_1-\bar{x}_2}{s} \cdot \sqrt{\dfrac{n_1 \cdot n_2}{n_1+n_2}}$	$<$	$-t_{1-\alpha;\, f}$ mit $f=n_1+n_2-2$	
$\mu_1 \neq \mu_2$ (zweiseitig)	$\dfrac{\lvert\bar{x}_1-\bar{x}_2\rvert}{s} \cdot \sqrt{\dfrac{n_1 \cdot n_2}{n_1+n_2}}$	$>$	$t_{1-(\alpha/2);\, f}$ mit $f=n_1+n_2-2$	

6. Berechnung des Vertrauensbereiches falls die Nullhypothese H_o zugunsten der Gegenhypothese H_1 verworfen wurde

$$\delta_{UNTEN}^{OBEN} = (\mu_1-\mu_2)_{UNTEN}^{OBEN} = (\bar{x}_1-\bar{x}_2) \pm t_{1-(\alpha/2);\, f} \cdot s \sqrt{\frac{n_1+n_2}{n_1 \cdot n_2}}$$

Bezeichnung des Verfahrens: Vergleich der Mittelwerte zweier Grundgesamtheiten (t-Test 2)	Nr. 11.1.1
Siehe auch Verfahren Nr. 11.2.1	Blatt: 2

Beispiel

Problem:

Zwei Zeitaufnahmen lieferten die folgenden Ergebnisse:

Zeitaufnahme Nr.	Größe	Mittelwert in HM	Varianz in $(HM)^2$
1	$n_1 = 10$	$\bar{x}_1 = 340{,}4$	$s_1^2 = 61{,}1\bar{5}$
2	$n_2 = 15$	$\bar{x}_2 = 334{,}5$	$s_2^2 = 73{,}00$

Nachdem im Verfahren Nr. 10.1, Blatt 2, festgestellt worden ist, daß sich beide Stichprobenvarianzen s_1^2 und s_2^2 nicht wesentlich voneinander unterscheiden, soll nun geprüft werden, ob dies auch für die Stichprobenmittelwerte $\bar{x}_1$ und $\bar{x}_2$ zutrifft.

Lösung:

1. Formulierung der Hypothesen

   $H_0: \ \mu_1 = \mu_2 \qquad H_1: \ \mu_1 \neq \mu_2$

2. Die Prüfung der Meßstichproben auf Zufälligkeit, Normalverteilung und Ausreißer ist bereits erfolgt (siehe Verfahren 3, 4 und 5). Es liegt keine Beanstandung vor.

3. Berechnung der Prüfgröße z

$$s^2 = \frac{9 \cdot 61{,}1\bar{5} + 14 \cdot 73{,}00}{10 + 15 - 2} = 68{,}37 \ (HM)^2$$

$$s = \sqrt{68{,}37} = 8{,}3 \ HM$$

$$z = \frac{|340{,}4 - 334{,}5|}{8{,}3}\sqrt{\frac{10 \cdot 15}{10+15}} = 1{,}741$$

4. Aufsuchen des Schwellenwertes Z
   Zu $1-\alpha = 95\%$ (zweiseitig) bzw. $1-(\alpha/2) = 97{,}5\%$ (einseitig) und $f = n_1+n_2-2 = 23$ erhält man aus der Tabelle T 4

$$Z = t_{1-(\alpha/2);\ f} = 2{,}069$$

5. Da $z < Z$ ausfiel, wird H_0 nicht zugunsten von H_1 verworfen, d.h. beiden Meßstichproben können Grundgesamtheiten mit gleicher Meßwertstreuung und gleicher Meßwertlage zugrunde liegen, so daß eine Zusammenfassung der Meßstichproben 1 und 2 zu einer Gesamtstichprobe sinnvoll ist.

9.3.2. Prüfkennlinien für den t-Test 2

Bei der Beurteilung des angewendeten t-Tests 2 kann auf die Prüfkennlinien des t-Tests 1 (Verfahren 7.3.2) zurückgegriffen werden. Die Anwendung dieser Kennlinien wird im Verfahren 11.1.2 dargestellt.

Verfahren 11.1.2 (Seite 391 und 392) Prüfkennlinien für den t-Test 2

9.3.3. t-Test 3

Wird H_0 bei F-Test 1 verworfen, wird der erforderliche Mittelwertvergleich mit dem t-Test 3 (Verfahren 11.2.1) ausgeführt.

Verfahren 11.2.1 (Seite 393 bis 396) Vergleich der Mittelwerte zweier Grundgesamtheiten (t-Test 3)

9.3.4. Prüfkennlinien für den t-Test 3

Verfahren 11.2.2 (Seite 397) Prüfkennlinien für den t-Test 2

Bezeichnung des Verfahrens: Prüfkennlinien für den t-Test 2	Nr. 11.1.2
Siehe auch Verfahren Nr. 11.1.2, Blatt 2	Blatt: 1

Problemstellung: Zu einem bestimmten Mittelwertvergleich soll die Prüfkennlinie ermittelt und damit der t-Test 2 beurteilt werden.

Verwendete Symbole	Bedeutung
μ_1, μ_2	Mittelwerte der beiden miteinander zu vergleichenden Grundgesamtheiten
$\sigma_1 = \sigma_2 = \sigma$	Gleiche, jedoch unbekannte Standardabweichungen der beiden miteinander zu vergleichenden Grundgesamtheiten
n_1, n_2	Größe der beiden Stichproben 1 und 2

Schrittfolge

Allgemeine Formulierung

1. Je nach Gegenhypothese H_1 (einseitig oder zweiseitig) und Wahrscheinlichkeit $1-\alpha$ für das Erkennen der Nullhypothese ($1-\alpha$ = 95% oder 99%) zutreffende Kennlinienschar aus Verfahren 7.3.2, Blatt 2 bis 5, auswählen.

2. Prüfkennlinie für

$$f = n_1 + n_2 - 2$$

aufsuchen.

3. Den Störparameter

$$\lambda = |\mu - \mu_0|/\sigma$$

ersetzen durch

$$\lambda^* = \frac{|\mu_1 - \mu_2|}{\sigma} \cdot \sqrt{\frac{n_1 \cdot n_2}{(n_1+n_2)\cdot(n_1+n_2-1)}}$$

Der Störparameter λ^* stellt anschaulich die standardisierte Differenz der Mittelwerte μ_1 und μ_2 unter Berücksichtigung des Prüfaufwandes dar.

Für den Fall gleichgroßer Stichproben ($n_1 = n_2 = n$) ist

$$\lambda^* = \frac{|\mu_1 - \mu_2|}{\sigma} \cdot \sqrt{\frac{n}{4n-2}}$$

Beispiel

Verwendet wird das Beispiel von Verfahren 11.1.1, Blatt 2.

1. Wegen der zweiseitigen Gegenhypothese H_1: $\mu_1 \neq \mu_2$ und $1-\alpha$ = 95% kommt Verfahren 7.3.2, Blatt 4, zur Anwendung.

2. Dieser Kennlinienschar ist die nicht eingezeichnete Kennlinie mit

$$f = 10 + 15 - 2 = 23$$

zu entnehmen.

3. Interessiert die Wahrscheinlichkeit $\beta(\lambda^*)$ für den Fehler 2. Art, wenn sich μ_1 und μ_2 um eine Standardabweichung σ voneinander unterscheiden, ist also

$$\frac{|\mu_1 - \mu_2|}{\sigma} = 1,$$

dann erhält man

$$\lambda^* = 1 \cdot \sqrt{\frac{10 \cdot 15}{(10+15) \cdot (10+15-1)}} = 0{,}5$$

Zu $\lambda^* = 0{,}5$ liest man auf der entnommenen Kennlinie $\beta(\lambda^*)$ = 35 % ab, d.h. der Test ist in der Lage, einen Unterschied zwischen μ_1 und μ_2 von der Größenordnung einer Standardabweichung σ mit der Wahrscheinlichkeit $1-\beta$ = 65 % zu erkennen (mit der Wahrscheinlichkeit β = 35% nicht zu erkennen).

Bezeichnung des Verfahrens:	Nr.
Prüfkennlinien für den t-Test 2	11.1.2
Siehe auch Verfahren Nr. 11.1.2, Blatt 1	Blatt: 2

Problemstellung:

Zu vorgegebenen Wahrscheinlichkeiten α und β für die Fehler 1. und 2. Art soll der notwendige Stichprobenumfang ermittelt werden.

Verwendete Symbole	Bedeutung
n_1'	Erforderliche Größe der 1. Stichprobe bei vorgegebener Größe n_2 der 2. Stichprobe
n_2'	Erforderliche Größe der 2. Stichprobe bei vorgegebener Größe n_1 der 1. Stichprobe
λ_β	Vorgegebener Wert des Störparameters, der bei Vorliegen mit der Wahrscheinlichkeit β erkannt werden soll

Schrittfolge

Allgemeine Formulierung

a) Berechnung der Stichprobengröße n_1' bei vorgegebener Größe n_2 der 2. Stichprobe

$$n_1' = \frac{n_2}{\left(\frac{|\mu_1-\mu_2|/\sigma}{\lambda_\beta}\right)^2 - 1}$$

Den Wert λ_β erhält man, wenn die Prüfkennlinie der Nummer n_2 an der Stelle β abgelesen wird.

b) Berechnung der Stichprobengröße n_2' bei vorgegebener Größe n_1 der 1. Stichprobe

$$n_2' = \frac{n_1}{\left(\frac{|\mu_1-\mu_2|/\sigma}{\lambda_\beta}\right)^2 - 1}$$

Den Wert λ_β erhält man, wenn die Prüfkennlinie der Nummer n_1 an der Stelle β abgelesen wird.

Beispiel

1. Die standardisierte Mittelwertdifferenz der Größe

   $$|\mu_1 - \mu_2|/\sigma = 1$$

   soll mit der Wahrscheinlichkeit $1-\beta$ = 90% erkannt (mit der Wahrscheinlichkeit β = 10% nicht erkannt) werden.
2. Trifft H_0: $\mu_1 = \mu_2$ zu, soll dies mit der Wahrscheinlichkeit $1-\alpha$ = 95% erkannt werden.
3. Die Gegenhypothese ist

   $$H_1: \mu_1 \neq \mu_2 \text{ (zweiseitig).}$$
4. Mit 1. bis 3. wird die Kennlinienschar von Verfahren 7.3.2, Blatt 4, festgelegt.
5. Soll die 1. Stichprobe mit $n_1 = 20$ ausgeführt werden, so ist

   $\lambda_\beta = 0{,}75$ für β = 10%
6. Daraus berechnet man die erforderliche Größe der 2. Stichprobe mit

   $$n_2' = \frac{20}{\left(\frac{1}{0{,}75}\right)^2 - 1} = 25{,}7 \approx 26,$$

   so daß insgesamt $n_1 + n_2' = 46$ Meßwerte zu erfassen sind.

Bezeichnung des Testverfahrens: Vergleich der Mittelwerte zweier Grundgesamtheiten (t-Test 3)	Nr. 11.2.1
Siehe auch Testverfahren Nr. 11.1.1	Blatt: 1

Problemstellung: Aufgrund zweier Stichprobenmittelwerte $\bar{x}_1$ und $\bar{x}_2$ soll festgestellt werden, ob sich die beiden zugeordneten Grundgesamtheiten hinsichtlich der Meßwertlage μ_1 und μ_2 voneinander unterscheiden.
Die Nullhypothese $H_o: \sigma_1^2 = \sigma_2^2$ wurde beim zuvor ausgeführten F-Test 1 zugunsten von H_1 verworfen.

Verwendete Symbole	Bedeutung
n_1, n_2	Größe der Stichproben 1 und 2
$\bar{x}_1$, $\bar{x}_2$	Stichprobenmittelwerte
s_1^2, s_2^2	Stichprobenvarianzen
μ_1, μ_2	Mittelwerte der zu den Stichproben gehörenden Grundgesamtheiten
s_d^2	Hilfsgröße (Schätzwert für die Varianz der Mittelwertdifferenz $\bar{x}_1 - \bar{x}_2$)

Schrittfolge (Allgemeine Formulierung)

1. Formulierung der Hypothesen H_o und H_1

Nullhypothese H_o: $\mu_1 = \mu_2$

Gegenhypothese H_1: $\mu_1 > \mu_2$

bzw. $\mu_1 < \mu_2$

bzw. $\mu_1 \neq \mu_2$

Formeln

$$s_d^2 = \frac{s_1^2}{n_1} + \frac{s_2^2}{n_2}$$

$$c = \frac{s_1^2/n_1}{(s_1^2/n_1) + (s_2^2/n_2)}$$

$$\frac{1}{f} = \frac{c^2}{n_1 - 1} + \frac{(1-c)^2}{n_2 - 1}$$

2. Prüfung der Meßstichprobe auf

☒ Zufälligkeit ☒ Normalverteilung ☒ Ausreißer

3. Berechnung der Prüfgröße z
4. Aufsuchen des Schwellenwertes Z
5. Vergleich von Prüfgröße z und Schwellenwert Z

Gegenhypothese H_1	Die Nullhypothese H_o wird zugunsten der Gegenhypothese H_1 verworfen, falls: Prüfgröße z		Schwellenwert Z	
$\mu_1 > \mu_2$ (einseitig)	$\frac{\bar{x}_1 - \bar{x}_2}{s_d}$	$>$	$t_{1-\alpha;\, f}$ mit f s.o.	Faktoren siehe Tabelle T 4
$\mu_1 < \mu_2$ (einseitig)	$\frac{\bar{x}_1 - \bar{x}_2}{s_d}$	$<$	$-t_{1-\alpha;\, f}$ mit f s.o.	
$\mu_1 \neq \mu_2$ (zweiseitig)	$\frac{\lvert\bar{x}_1 - \bar{x}_2\rvert}{s_d}$	$>$	$t_{1-(\alpha/2);\, f}$ mit f s.o.	

6. Berechnung des Vertrauensbereiches falls die Nullhypothese H_o zugunsten der Gegenhypothese H_1 verworfen wurde

$$\delta_{\text{UNTEN}}^{\text{OBEN}} = (\mu_1 - \mu_2)_{\text{UNTEN}}^{\text{OBEN}} = (\bar{x}_1 - \bar{x}_2) \pm t_{1-(\alpha/2);\, f} \cdot s_d$$

Bezeichnung des Verfahrens: Vergleich der Mittelwerte zweier Grundgesamtheiten (t-Test 3)	Nr. 11.2.1
Siehe auch Verfahren Nr. 11.1.1	Blatt: 2

Beispiel

Problem:

Zwei Meßstichproben lieferten die folgenden Ergebnisse:

Meßstichprobe Nr.	Größe	Mittelwert in g	Varianz in $(g)^2$
1	$n_1 = 35$	$\bar{x}_1 = 420{,}8$	$s_1^2 = 1{,}92$
2	$n_2 = 60$	$\bar{x}_2 = 422{,}2$	$s_2^2 = 0{,}85$

Zunächst werden die beiden Stichprobenvarianzen s_1^2 und s_2^2 miteinander verglichen, ehe anschließend der festgestellte Unterschied der Stichprobenmittelwerte $\bar{x}_1$ und $\bar{x}_2$ beurteilt werden kann.

Lösung:

1. Anwendung des F-Test 1

1.1 Formulierung der Hypothesen

$H_0: \sigma_1^2 = \sigma_2^2$, $\quad H_1: \sigma_1^2 > \sigma_2^2$

1.2 Die Prüfung der Meßstichproben auf Zufälligkeit, Normalverteilung und Ausreißer ist bereits erfolgt (siehe Verfahren 3, 4 und 5). Es liegt keine Beanstandung vor.

1.3 Berechnung der Prüfgröße z

$$z = \frac{1{,}92}{0{,}85} = 2{,}26$$

1.4 Aufsuchen des Schwellenwertes Z

Zu $1-\alpha = 95\%$ (einseitig), $f_1 = n_1-1 = 34$ und $f_2 = n_2-1 = 59$ erhält man durch Interpolation aus Tabelle 6.1

$$Z = F_{1-\alpha;f_1;f_2} = 1{,}62$$

1.5 Da $z > Z$ ausfiel, wird H_0 zugunsten von H_1 verworfen. Der beobachtete Unterschied zwischen den Stichprobenvarianzen s_1^2 und s_2^2 läßt den Schluß zu, daß sich die beiden zugeordneten unbekannten Varianzen σ_1^2 und σ_2^2 der beiden Grundgesamtheiten voneinander unterscheiden.

Deshalb ist bei dem anschließenden Mittelwertvergleich der t-Test 3 anzuwenden.

Bezeichnung des Verfahrens: Vergleich der Mittelwerte zweier Grundgesamtheiten (t-Test 3)	Nr. 11.2.1
Siehe auch Verfahren Nr. 11.1.1	Blatt: 3

Beispiel (Fortsetzung)

2. Anwendung des t-Test 3

2.1 Formulierung der Hypothesen

$H_o: \mu_1 = \mu_2$ $\qquad H_1: \mu_1 < \mu_2$

2.2 Die Prüfung der Meßstichproben auf Zufälligkeit, Normalverteilung und Ausreißer ist bereits erfolgt (siehe Verfahren 3, 4 und 5). Es liegt keine Beanstandung vor.

2.3 Berechnung der Prüfgröße z

2.3.1 Berechnung der Varianz s_d^2 und der Standardabweichung s_d

$$s_d^2 = (1{,}92/35) + (0{,}85/60) = 0{,}0690\ (g)^2$$

$$s_d = \sqrt{0{,}0690} = 0{,}263\ g$$

2.3.2 Berechnung der Prüfgröße z

$$z = \frac{420{,}8 - 422{,}2}{0{,}263} = -\ 5{,}32$$

2.4 Aufsuchen des Schwellenwertes Z

2.4.1 Berechnung der Hilfsgröße c

$$c = \frac{1{,}92/35}{(1{,}92/35) + (0{,}85/60)} = 0{,}795$$

2.4.2 Berechnung des Tabelleneinganges f in T 4

$$\frac{1}{f} = \frac{0{,}795^2}{35-1} + \frac{(1 - 0{,}795)^2}{60-1} = 0{,}0193$$

$$f = \frac{1}{0{,}0193} \approx 52$$

2.4.3 Aufsuchen des Schwellenwertes Z

Zu $1-\alpha$ = 95% (einseitig) und f = 52 erhält man (interpoliert) aus Tabelle T 4

$Z = -t_{1-\alpha;f} = -\ 1{,}675$

2.5 Da $z < Z$ ausfiel, wird H_o zugunsten von H_1 verworfen. Die beiden Meßstichproben unterscheiden sich auch in den Meßwertlagen wesentlich voneinander.

Beispiel (Fortsetzung)

2.6 Vertrauensbereich für die Mittelwertdifferenz δ

Hierzu wird der zweiseitig obere Schwellenwert für $1-\alpha$ = 95% und f = 52 benötigt:

$t_{1-(\alpha/2);f} = 2{,}007$

$\delta_{UNTEN}^{OBEN} = |\mu_1 - \mu_2|_{UNTEN}^{OBEN} = |420{,}8 - 422{,}2| \pm 2{,}007 \cdot 0{,}263$

$= (1{,}4 \pm 0{,}5)$ g

$\delta_{UNTEN} = 0{,}9$ g $\qquad \delta_{OBEN} = 1{,}9$ g

das heißt der wahre, jedoch unbekannte Unterschied zwischen den Mittelwerten μ_1 und μ_2 der beiden Grundgesamtheiten beträgt mindestens 0,9, höchstens jedoch 1,9 g. Sicherheit der Aussage: 95%.

Bezeichnung des Verfahrens: Prüfkennlinien für den t-Test 3	Nr. 11.2.2
Siehe auch Verfahren Nr.	Blatt:

Problemstellung: Zu einem bestimmten Mittelwertvergleich soll die Prüfkennlinie ermittelt und damit der t-Test 3 beurteilt werden.

Verwendete Symbole	Bedeutung
μ_1, μ_2	Mittelwerte der beiden miteinander zu vergleichenden Grundgesamtheiten
σ_1, σ_2	Verschiedene, jedoch unbekannte Standardabweichungen der beiden miteinander zu vergleichenden Grundgesamtheiten
n_1, n_2	Größe der beiden Stichproben 1 und 2

Schrittfolge

Allgemeine Formulierung

1. Je nach Gegenhypothese H_1 (einseitig oder zweiseitig) und Wahrscheinlichkeit $1-\alpha$ für das Erkennen der Nullhypothese ($1-\alpha$ = 95% oder 99%) zutreffende Kennlinienscharr aus Verfahren 7.3.2, Blatt 2 bis 5, auswählen.

2. Prüfkennlinie für

$$f = n_1 - 1$$

aufsuchen.

3. Den Störparameter

$$\lambda = |\mu-\mu_o|/\sigma$$

ersetzen durch

$$\lambda^* = |\mu_1-\mu_2| \sqrt{\frac{n_2}{n_1\sigma_2^2 + n_2\sigma_1^2}}$$

wobei σ_1^2 und σ_2^2 angenähert durch s_1^2 und s_s^2 ersetzt werden können.

Beispiel

Verwendet wird das Beispiel von Verfahren 11.2.1, Blatt 2.

1. Wegen der einseitigen Gegenhypothese H_1: $\mu_1 < \mu_2$ und $1-\alpha$ = 95% kommt Verfahren 7.3.2, Blatt 2, zur Anwendung.

2. Dieser Kennlinienscharr ist die nichteingezeichnete Kennlinie mit

$$f = 35-1 = 34$$

zu entnehmen.

3. Interessiert die Wahrscheinlichkeit $\beta(\lambda\ )$ für den Fehler 2. Art, wenn sich μ_1 und μ_2 z.B. um 2 HM unterscheiden, ist also

$$|\mu_1 - \mu_2| = 1 \text{ HM},$$

dann erhält man

$$\lambda^* \approx 1 \cdot \sqrt{\frac{60}{35 \cdot 0{,}85 + 60 \cdot 1{,}92}}$$

$$= 0{,}64$$

Zu $\lambda^* \approx 0{,}64$ liest man der entnommenen Kennlinie $\beta(\lambda^*)$ = 2% ab, d.h. der Test ist in der Lage, einen Unterschied zwischen μ_1 und μ_2 von 1 HM mit hoher Wahrscheinlichkeit zu erkennen.

9.4. Zusammenfassung der Stichprobenkenngrößen

Wenn die Nullhypothese bei t-Test 2 bzw. t-Test 3 und bei F-Test 1 nicht widerlegt werden, dann lassen sich die Stichprobenkenngrößen $\bar{x}_1$ und $\bar{x}_2$ einerseits und s_1^2 und s_2^2 andererseits gewichtet zusammenfassen ohne erneut Mittelwert, Varianz und Standardabweichung aus der zusammengefaßten Meßstichprobe berechnen zu müssen.

Verfahren 11.3.1 (Seite 401) Zusammenfassung zweier Stichprobenmittelwerte

Verfahren 11.3.2 (Seite 402) Zusammenfassung zweier Stichprobenvarianzen

Aufgabe 9.4-1

Wenn möglich, fassen Sie die Stichprobenkenngrößen zu Leitbeispiel 6 zusammen, und bestimmen Sie möglicherweise die erzielte Genauigkeit der zusammengefaßten Stichprobe (1-α = 95%).

Bezeichnung des Verfahrens: Zusammenfassung zweier Stichprobenmittelwerte	Nr. 11.3.1
Siehe auch Verfahren Nr.	Blatt:

Problemstellung: Die Anwendung von t-Test 2 oder t-Test 3 hat ergeben, daß zwischen den Mittelwerten zweier Stichproben kein wesentlicher Unterschied besteht. Deshalb sollen beide Stichprobenmittelwerte zu einem Gesamtmittelwert vereinigt werden.

Verwendete Symbole	Bedeutung
n_1, n_2	Größe der Stichproben 1 und 2
n	Größe der Gesamtstichprobe
$\bar{x}_1$, $\bar{x}_2$	Mittelwerte der Stichproben 1 und 2
$\bar{x}$	Mittelwert der Gesamtstichprobe

Schrittfolge

Allgemeine Formulierung

1. Berechnung der Größe n der Gesamtstichprobe

$$n = n_1 + n_2$$

2. Berechnung des Mittelwertes $\bar{x}$ der Gesamtstichprobe

$$\bar{x} = \frac{1}{n}(n_1\bar{x}_1 + n_2\bar{x}_2)$$

Beispiel

Zeitaufnahme Nr.	Größe	Mittelwert in HM
1	$n_1=10$	$\bar{x}_1=340,4$
2	$n_2=15$	$\bar{x}_2=334,5$
Gesamte Zeitaufnahme	n = ?	$\bar{x}$ = ?

1. Berechne Größe n der Gesamtstichprobe

$$n = 10 + 15 = 25$$

2. Berechne Mittelwert $\bar{x}$ der Gesamtstichprobe

$$\bar{x} = \frac{1}{25}\cdot(10\cdot 340,4 + 15\cdot 334,5)$$

$$= 336,86 \approx 336,9 \text{ HM}$$

Bezeichnung des Verfahrens: **Zusammenfassung zweier Stichprobenvarianzen**

Nr. 11.3.2

Siehe auch Verfahren Nr.

Blatt:

Problemstellung: Die Anwendung des F-Tests hat ergeben, daß zwischen den Varianzen zweier Stichproben kein wesentlicher Unterschied besteht. Deshalb sollen beide Stichprobenvarianzen zu einer Gesamtvarianz vereinigt werden.

Verwendete Symbole	Bedeutung
n_1, n_2	Größe der Stichproben 1 und 2
n	Größe der Gesamtstichprobe
$\bar{x}_1$, $\bar{x}_2$	Mittelwerte der Stichproben 1 und 2
$\bar{x}$	Mittelwert der Gesamtstichprobe
s_1^2, s_2^2	Varianzen der Stichproben 1 und 2
s^2	Varianz der Gesamtstichprobe

Schrittfolge

Allgemeine Formulierung

1. Berechnung der Größe der Gesamtstichprobe

$$n = n_1 + n_2$$

2. Berechnung des Mittelwertes $\bar{x}$ der Gesamtstichprobe

$$\bar{x} = \frac{1}{n}(n_1\bar{x}_1 + n_2\bar{x}_2)$$

3. Berechnung der Varianz s^2 der Gesamtstichprobe

$$s^2 = \frac{1}{n-1}\left[(n_1-1)s_1^2 + (n_2-1)s_2^2 + n_1(\bar{x}_1-\bar{x})^2 + n_2(\bar{x}_2-\bar{x})^2\right]$$

Beispiel

Zeitaufnahme Nr.	Größe	Mittelwert in HM	Varianz in $(HM)^2$
1	$n_1 = 10$	$\bar{x}_1 = 340,4$	$s_1^2 = 61,1\bar{5}$
2	$n_2 = 15$	$\bar{x}_2 = 334,5$	$s_2^2 = 73,00$
Gesamte Zeitaufnahme	$n = 25$	$\bar{x} = 336,9$	$s^2 = ?$

1. und 2. siehe Verfahren Nr. 11.3.1

3. Berechne Varianz s^2 der Gesamtstichprobe

$$s^2 = \frac{1}{24}\left[9 \cdot 61,1\bar{5} + 14 \cdot 73,00 + 10 \cdot (340,4 - 336,9)^2 + 15 \cdot (334,5 - 336,9)^2\right]$$

$$= 74,22\ (HM)^2$$

$$s = \sqrt{s^2} = 8,62 \approx 8,6\ HM$$

9.5. Weitere Behandlung der Ergebnissituationen

Daten werden erfaßt, damit man diese zum Finden von Entscheidungen und zum Ableiten von Maßnahmen verwenden kann. Beispielsweise schließt sich an eine Zeitaufnahme die Entwicklung der Vorgabezeit für einen Arbeitsauftrag an.

Wie sind nun die Stichprobenergebnisse in Abhängigkeit der jeweils erprüften Ergebnissituation weiterzuverwenden? Hierauf soll im folgenden näher eingegangen werden, wobei diese Ausführungen als ein Vorschlag anzusehen sind, wenn man an einer Zusammenfassung der beiden Stichproben in jedem Falle interessiert ist.

<u>Fall a</u>

Ergebnissituation:
Der zunächst durchgeführte F-Test 1 hat die Nullhypothese H_0: $\sigma_1^2 = \sigma_2^2$ nicht widerlegt. Der daran anschließende t-Test 2 hat ebenfalls die Nullhypothese H_0: $\mu_1 = \mu_2$ nicht verworfen. Daraufhin werden beide Meßstichproben unmittelbar zu einer Stichprobe zusammengefügt, deren Stichprobenkenngrößen nach Verfahren 11.3.1 und 11.3.2 berechnet und auf diese dann die weitere Auswertung mit den statistischen Verfahren für e i n e Stichprobe angewendet.

<u>Fall b</u>

Ergebnissituation:
Der zunächst durchgeführte F-Test 1 hat die Nullhypothese H_0: $\sigma_1^2 = \sigma_2^2$ zugunsten einer der zuvor festgelegten Gegenhypothesen verworfen. Der daran anschließende t-Test 3 hat dagegen die Nullhypothese H_0: $\mu_1 = \mu_2$ nicht verworfen. Hier steht die Frage an, ob man dennoch die beiden Stichproben hinsichtlich ihrer Mittelwerte $\bar{x}_1$ und $\bar{x}_2$ zusammenfassen und zumindest den dadurch entstehenden Gesamtmittelwert $\bar{x}$ bedingt weiterverwenden kann. Eine Entscheidung hierüber sollte davon abhängig gemacht werden, wieviel größer die Standardabweichung σ_1 im Verhältnis zur Standardabweichung σ_2 ungünstigstenfalls ausfallen könnte. Für die Abschätzung dieses Verhältnisses σ_1/σ_2 nach der ungünstigsten Seite hin, bietet sich die Berechnung einer

einseitig oberen Vertrauensgrenze ω[1] nach folgender Formel an:

$$\omega = \left(\frac{\sigma_1}{\sigma_2}\right)_{OBEN} = \sqrt{\frac{s_1^2}{s_2^2} \cdot F_{1-\alpha;f_2;f_1}}$$

Beispiel:

Zwei Zeitaufnahmen lieferten für einen interessierenden Ablaufabschnitt:

Zeitaufnahme Nr.	Größe	Mittelwert in HM	Varianz in $(HM)^2$
1	$n_1 = 30$	$\bar{x}_1 = 78{,}3$ HM	$s_1^2 = 163{,}2\ (HM)^2$
2	$n_2 = 45$	$\bar{x}_2 = 79{,}4$ HM	$s_2^2 = 38{,}3\ (HM)^2$

Zunächst wird der F-Test 1 angewendet, um die beiden Hypothesen

$$H_o: \quad \sigma_1^2 = \sigma_2^2$$
$$H_1: \quad \sigma_1^2 > \sigma_2^2$$

gegeneinander abzuwägen.

Als Prüfgröße entsteht

$$z = \frac{163{,}2}{38{,}3} = 4{,}26$$

---

1) Für ω lies "omega"; kleiner griechischer Buchstabe
Bei der Berechnung von ω wird wiederum vorausgesetzt, daß die Indizierung beim F-Test 1 so gewählt wurde, daß $s_1^2 > s_2^2$ war.

Für $1-\alpha = 95\%$; $f_1 = n_1 - 1 = 29$ und $f_2 = n_2 - 1 = 44$ wird Tabelle T 6.1 folgender einseitig oberer Schwellenwert der F-Verteilung aufgrund der Gegenhypothese $H_1: \sigma_1^2 > \sigma_2^2$ entnommen:

$$Z = 1{,}72$$

Da $z > Z$ ausfiel wird H_0 zugunsten von H_1 verworfen, d.h. die Streuung der Zeiten des beobachteten Ablaufabschnittes in den beiden Zeitaufnahmen ist signifikant unterschiedlich. Gelingt es nicht, Erklärungsgründe für diesen wesentlichen Unterschied aufzuführen und damit eine Entscheidung für die eine o d e r andere Zeitaufnahme herbeizuführen, dann muß weiter untersucht werden, ob beide Zeitaufnahmen bedingt zusammengefaßt werden sollten. Dies wird davon abhängig gemacht, welche Höhe das Standardabweichungsverhältnis σ_1/σ_2 höchstens annimmt. Dafür wird obige Formel verwendet.

Mit $1-\alpha = 95\%$; $f_1 = 44$ und $f_2 = 29$ (auf Vertauschung von 29 und 44 achten!) erhält man als ungünstigstes, möglicherweise vorliegendes Verhältnis

$$\omega = \left(\frac{\sigma_1}{\sigma_2}\right)_{OBEN} = \sqrt{\frac{163{,}2}{38{,}3} \cdot 1{,}79}$$

$$= \sqrt{7{,}63} = 2{,}8$$

d.h. der F-Test 1 hat ergeben, daß der Zeitaufnahme 1 eine Arbeitssituation mit grundsätzlich größerer Streuung zugrunde lag als der Zeitaufnahme 2. Mit 95% Wahrscheinlichkeit ist die wahre, jedoch unbekannte Zeitenstreuung während der ersten beobachteten Arbeitssituation höchstens 2,8 mal größer als bei der zweiten.

Legt man für ω einen höchstzulässigen Wert ω' fest, dann läßt sich folgende Entscheidungsregel formulieren:

(1) $\omega \leq \omega'$; trotz wesentlich verschiedener Meßwertstreuung der beiden Stichproben werden diese hinsichtlich ihrer Mittelwerte $\bar{x}_1$ und $\bar{x}_2$ zu $\bar{x}$ zusammengefaßt (sofern in t-Test 3 $H_0: \mu_1 = \mu_2$ nicht widerlegt wurde!). $\bar{x}$ wird bis zum Vorliegen besserer Informationen zum interessierenden Sachverhalt verwendet (bedingte Verwendung).

(2) $\omega > \omega'$; die beiden Meßstichproben werden weder hinsichtlich ihrer Meßwertlage noch hinsichtlich ihrer Meßwertstreuung zu jeweils einer Stichprobenkenngröße zusammengefaßt.

Fall c

Ergebnissituation:
Der zunächst durchgeführte F-Test 1 hat die Nullhypothese H_0: $\sigma_1^2 = \sigma_2^2$ nicht widerlegt. Der daran anschließende t-Test 2 hat dagegen die Nullhypothese H_0: $\mu_1 = \mu_2$ verworfen zugunsten einer der zuvor festgelegten Gegenhypothesen. Es hat sich aufgrund der Prüfungen also ergeben, daß die beiden Grundgesamtheiten zwar gleiche Streuungen, jedoch unterschiedliche Lagen haben.

Die Frage ist, ob man die beiden Stichproben trotzdem zusammenfassen und insbesondere den so entstandenen Gesamtmittelwert bedingt weiterverwenden kann.

Beispiel:

Der Ablaufabschnitt "Reinigen verschmutzter Hydraulik-Teile" wurde bislang auf der Tribad-Anlage A ausgeführt. Dabei wurden folgende Zeitmeßwerte erfaßt:

$$n_1 = 15$$
$$\bar{x}_1 = 172{,}4 \text{ HM}$$
$$s_1^2 = 19{,}3 \text{ (HM)}^2$$
$$s_1 = 4{,}4 \text{ HM}$$

Diese Zeitmeßwerte wiesen keine ausreichende Genauigkeit ε auf. Zukünftig wird dieser Ablaufabschnitt auf einer neuen Anlage B ausgeführt. Eine erste Zeitaufnahme mit $n_2 = 25$ lieferte hier:

$$\bar{x}_2 = 165{,}2 \text{ HM}$$
$$s_2^2 = 12{,}4 \text{ HM}$$
$$s_2 = 3{,}5 \text{ HM.}$$

Auch die Zeitmeßwerte für sich entsprechen nicht den Genauigkeitsanforderungen. Es ist zu fragen, ob man wegen der nichtausreichenden Genauigkeiten der beiden Zeitaufnahmen diese zumindest bedingt zu einer Aufnahme zusammenfassen kann.

Zunächst wird der F-Test 1 ausgeführt. Die Hypothesen lauten:

$$H_0: \quad \sigma_1^2 = \sigma_2^2$$
$$H_1: \quad \sigma_1^2 > \sigma_2^2$$

Die Prüfgröße ist:

$$z = \frac{19{,}3}{12{,}4} = 1{,}56$$

Der zu $1-\alpha = 95\%$, $f_1 = 14$ und $f_2 = 24$ gehörige einseitig obere Schwellenwert der F-Verteilung lautet nach Tabelle T 6.1

$$Z = 2{,}13$$

Da $z < Z$ ausfiel, wird H_0 nicht widerlegt, d.h. es werden die Zeitenstreuungen beim Bedienen beider Anlagen als gleich angesehen. Aufgrund dieses Testergebnisses wird nachfolgend t-Test 2 angewendet, um die beiden Hypothesen

$$H_0: \quad \mu_1 = \mu_2$$
$$H_1: \quad \mu_1 > \mu_2$$

gegeneinander abzuwägen.

Zunächst ist:

$$s^2 = \frac{14 \cdot 19{,}3 + 24 \cdot 12{,}4}{15 + 25 - 2} = 14{,}9 \text{ (HM)}^2$$

$$s = 3{,}86 \text{ HM}$$

Dann lautet die Prüfgröße:

$$z = \frac{172{,}4 - 165{,}2}{3{,}86} \cdot \sqrt{\frac{15 \cdot 25}{15 + 25}}$$

$$= 5{,}711$$

Der zu $1-\alpha = 95\%$ und $f = n_1 + n_2 - 2 = 38$ gehörige einseitig obere Schwellenwert der t-Verteilung lautet:

$$Z = 1{,}687$$

Da $z > Z$ ausfiel, wird H_0 zugunsten von H_1 verworfen, d.h. die Ablaufabschnittszeiten liegen auf der Anlage B nachweislich niedriger als auf A. Betrachtet man nun aber die tatsächlich beobachtete Differenz $\bar{x}_1 - \bar{x}_2 = 7{,}2$ HM, so ist diese unter Umständen vom Standpunkt der praktischen Datenverwendung noch als klein zu bezeichnen, so daß man evtl. beide Stichprobenmittelwerte zu e i n e m vorläufig weiter zu verwendenden Gesamtmittelwert $\bar{x}$ vereinigen sollte.

Ob trotz Verwerfen von H_0 beim t-Test 2 die beiden Stichprobenmittelwerte $\bar{x}_1$ und $\bar{x}_2$ zu einem Gesamtmittelwert $\bar{x}$ zusammengefaßt werden sollen, hängt von folgenden Überlegungen ab:

Die Differenz $d = \bar{x}_1 - \bar{x}_2$ ist ein Schätzwert für die wahre, jedoch unbekannte Differenz $\delta = \mu_1 - \mu_2$ der zugeordneten Mittelwerte beider Grundgesamtheiten[1]. Diese Differenz δ sollte zunächst nach der ungünstigsten Seite hin abgeschätzt werden, indem hierfür eine einseitig obere Vertrauensgrenze nach der Formel

$$\boxed{\delta_{OBEN} = d + t_{1-\alpha;f} \cdot s \cdot \sqrt{\frac{n_1 + n_2}{n_1 \cdot n_2}}}$$

$$\text{mit } s^2 = \frac{(n_1 - 1)s_1^2 + (n_2 - 1)s_2^2}{n_1 + n_2 - 2}$$

$$\text{und } f = n_1 + n_2 - 2$$

zu beurteilen. τ kann als maximale relative Mittelwertdifferenz bezeichnet werden.

[1] Für δ lies "delta"; kleiner griechischer Buchstabe

Beispiel:

Für obiges Zahlenbeispiel ist

$$n_1 = 15$$

$$n_2 = 25$$

$$d = \bar{x}_1 - \bar{x}_2 = 7{,}2 \text{ HM}$$

$$s = 3{,}86 \text{ HM}$$

$$t_{1-\alpha;f} = 1{,}687 \text{ für } 1-\alpha = 95\%;\ f = 38$$

$$\delta_{OBEN} = 7{,}2 + 1{,}687 \cdot 3{,}86 \cdot \sqrt{\frac{15 + 25}{15 \cdot 25}}$$

$$= 9{,}3 \text{ HM}$$

d.h. die wahren, jedoch unbekannten mittleren Ablaufabschnittszeiten auf beiden Anlagen unterscheiden sich um weniger als 9,3 HM voneinander. Sicherheit dieser Aussage: 95%.

Da δ_{OBEN} stets mit einer technischen Einheit versehen ist, fällt es schwer zu entscheiden, ob dieser Maximalunterschied vom Standpunkt der Datenverwendung her gesehen noch als klein bzw. als so groß zu bezeichnen ist, daß ein Zusammenfassen beider Meßstichproben nicht gerechtfertigt erscheint. Deshalb empfiehlt es sich, δ_{OBEN} auf den vorläufigen Gesamtmittelwert $\bar{x}$ zu beziehen und diesen Quotienten τ[1]

$$\tau = \frac{\delta_{OBEN}}{\bar{\bar{x}}} \cdot 100\%$$

zu beurteilen. τ kann als maximale relative Mittelwertdifferenz bezeichnet werden.

---

1) Für τ lies "tau"; kleiner griechischer Buchstabe

Beispiel:

In obigen Beispiel ist

$$n_1 = 15$$
$$\bar{x}_1 = 172{,}4 \text{ HM}$$
$$n_2 = 25$$
$$\bar{x}_2 = 165{,}2 \text{ HM}$$
$$\delta_{OBEN} = 9{,}3 \text{ HM}$$

Zunächst wird der Gesamtmittelwert $\bar{x}$ nach Verfahren 11.3.1 vorläufig berechnet

$$\bar{x} = \frac{15 \cdot 172{,}4 + 25 \cdot 165{,}2}{15 + 25} = 167{,}9 \text{ HM}$$

und anschließend

$$\tau = \frac{9{,}3}{167{,}9} \cdot 100\% = 5{,}5\%$$

d.h. bezogen auf die Größenordnung der erfaßten Meßwerte unterscheiden sich die wahren mittleren Ablaufabschnittszeiten sicherlich um weniger als 5,5% voneinander.

Setzt man für die relative Mittelwertsdifferenz τ einen höchstzulässigen Wert τ' fest, so läßt sich folgende Entscheidungsregel formulieren:

1. $\tau \leqq \tau'$; trotz wesentlich verschiedener Meßwertlagen der beiden Meßstichproben werden diese hinsichtlich ihrer Mittelwerte $\bar{x}_1$ und $\bar{x}_2$ zu $\bar{x}$ zusammengefaßt.

   $\bar{x}$ wird bis zum Vorliegen zusätzlicher Informationen zum interessierenden Sachverhalt verwendet (bedingte Verwendung).

2. $\tau > \tau'$; die beiden Meßstichproben werden nicht zusammengefaßt.

Fall d

Ergebnissituation:
Der zunächst durchgeführte F-Test 1 hat die Nullhypothese H_0: $\sigma_1^2 = \sigma_2^2$ zugunsten einer der zuvor festgelegten Gegenhypothesen verworfen. Der daran anschließende t-Test 3 hat ebenfalls die Nullhypothese H_0: $\mu_1 = \mu_2$ zugunsten einer der zuvor diesbezüglich festgelegten Gegenhypothesen verworfen. Die Streuung und die Lage der stichprobenmäßig verglichenen Grundgesamtheiten sind also verschieden.

Die Frage, ob man die beiden Stichproben trotzdem zusammenfassen und insbesondere den so entstandenen Gesamtmittelwert bedingt weiterverwenden kann, wird analog Fall c beantwortet.

In diesem Falle ist

$$\delta_{OBEN} = d + t_{1-\alpha;f} \cdot s_d$$

s_d und Bestimmung von f siehe Verfahren 11.2.1

Auch hier wird wiederum die relative Mittelwertdifferenz τ gebildet

$$\tau = \frac{\delta_{OBEN}}{\bar{\bar{x}}} \cdot 100\%$$

und mit einem gesetzten Wert τ' verglichen.

9.6. Paarweiser Vergleich

9.6.1. Vorbemerkungen

In der Praxis fallen häufig Meßstichproben an, deren Meßwerte aus sachlichen Gründen paarweise miteinander verglichen werden können. Dieser paarweise Vergleich ist eine schärfere Prüfmethode, als dies F-Test 1 in Verbindung mit t-Test 2 oder t-Test 3 sind.

Beispiele

1. Bei der bandmäßigen Montage von Pkw-Karrossen interessiert, ob bei der Montage der Fahrer- und der Beifahrertür gleiche Montagezeiten angesetzt werden können.

   Ein Vergleich von n_1 Zykluszeiten der Fahrertür mit n_2 Zykluszeiten der Beifahrertür wäre nicht sinnvoll, daß in den beiden Meßwertreihen mehr Streuungskomponenten enthalten sind als nur die Art der Tür (z.B. Arbeitsperson bei beiden Türen gleich oder verschieden, Erfassungszeitpunkt der Zykluszeit bei beiden Türen annähernd gleich oder verschieden, Art des Karrossen   auf dem Band).

2. Der Vergleich zweier Zeitermittlungsmethoden, z.B.

   - Zeitermittlung durch Messen und
   - Zeitermittlung durch ein System vorbestimmter Zeiten

   sollte zweckmäßig an einer Anzahl zufällig festgelegter Arbeitsaufgaben ausgeführt werden. Die paarweise dabei anfallenden Daten werden anschließend auf einen systematischen Unterschied nach dem paarweisen Vergleich überprüft.

Verfahren 11.4 (Seite 415 bis 418)
Paarweiser Vergleich
(Prüfung verbundener Stichproben)

Bezeichnung des Testverfahrens: Paarweiser Vergleich (Prüfung verbundener Stichproben)	Nr. 11.4
Siehe auch Testverfahren Nr.	Blatt: 1

Problemstellung: Die Einzelwerte x_{i1} und x_{i2} ($i = 1,2,\ldots,n$) zweier Stichproben gleichen Umfangs n gehören (aus sachlichen Gründen) paarweise zusammen. Aufgrund der Stichprobeneinzel- und Stichprobenmittelwerte soll eine Aussage darüber gemacht werden, ob sich die beiden zugeordneten Grundgesamtheiten hinsichtlich ihrer Meßwertlage wesentlich voneinander unterscheiden.

Verwendete Symbole	Bedeutung
$\bar{x}_1$, $\bar{x}_2$	Mittelwerte der beiden Stichproben
x_{i1}, x_{i2}	verbundene Stichprobenwerte i der Stichproben 1 und 2
μ_1, μ_2	Mittelwerte der zu den Stichproben gehörenden Grundgesamtheiten
δ	Differenz zwischen μ_1 und μ_2
d_i	Differenz zweier verbundener Stichprobenwerte i
$\bar{d}_i$	Differenz der beiden Stichprobenmittelwerte

Schrittfolge (Allgemeine Formulierung)

1. Formulierung der Hypothesen H_0 und H_1

Nullhypothese H_0: $\mu_1 = \mu_2$ oder $\delta = 0$

Gegenhypothese H_1: $\mu_1 > \mu_2$ oder $\delta > 0$

bzw. $\mu_1 < \mu_2$ " $\delta < 0$

bzw. $\mu_1 \neq \mu_2$ " $\delta \neq 0$

Formeln

$$\delta = \mu_1 - \mu_2$$

$$d_i = x_{i1} - x_{i2}$$

$$\bar{d} = \bar{x}_1 - \bar{x}_2$$

$$s_d^2 = \frac{1}{n-1}\sum_{i=1}^{n}(d_i - \bar{d})^2$$

oder

$$s_d^2 = \frac{1}{n-1}\left[\sum_{i=1}^{n} d_i^2 - \frac{1}{n}\left(\sum_{i=1}^{n} d_i\right)^2\right]$$

2. Prüfung der Differenzen auf

[X] Zufälligkeit [x] Normalverteilung [X] Ausreißer

3. Berechnung der Prüfgröße z
4. Aufsuchen des Schwellenwertes Z
5. Vergleich von Prüfgröße z und Schwellenwert Z

Gegenhypothese H_1	Die Nullhypothese H_0 wird zugunsten der Gegenhypothese H_1 verworfen, falls: Prüfgröße z		Schwellenwert Z		
$\delta > 0$ (einseitig)	$\frac{\bar{d}}{s_d}\cdot\sqrt{n}$	$>$	$t_{1-\alpha;\, f}$	mit $f = n-1$	Faktoren siehe Tabelle T4
$\delta < 0$ (einseitig)	$\frac{\bar{d}}{s_d}\cdot\sqrt{n}$	$<$	$-t_{1-\alpha;\, f}$	mit $f = n-1$	
$\delta \neq 0$ (zweiseitig)	$\frac{\lvert\bar{d}\rvert}{s_d}\cdot\sqrt{n}$	$>$	$t_{1-(\alpha/2);\, f}$	mit $f = n-1$	

6. Berechnung des Vertrauensbereiches falls die Nullhypothese H_0 zugunsten der Gegenhypothese H_1 verworfen wurde

$$\delta_{\text{UNTEN}}^{\text{OBEN}} = \bar{d} \pm t_{1-(\alpha/2);\, f}\cdot\frac{s_d}{\sqrt{n}}$$

7. Zusammenfassung von $\bar{x}_1$ und $\bar{x}_2$ zu einem besten Schätzwert $\bar{x}$, falls H_0 nicht widerlegt wurde

$$\bar{x} = \frac{1}{2}(\bar{x}_1 + \bar{x}_2)$$

Bezeichnung des Verfahrens: Paarweiser Vergleich (Prüfung verbundener Stichproben)	Nr. 11.4
Siehe auch Verfahren Nr.	Blatt: 2

Beispiel

Problem:

An n = 10 zufällig ausgewählten Pkw-Karrossen wurde die Montagezeit (in Zeiteinheiten ZE) für Fahrer- und Beifahrertür erfaßt. Jeweils ein Paar normalisierter Zykluszeiten wurde bei einer Montagegruppe an einem speziellen Fahrzeugtyp erfaßt. Die folgenden Wertepaare wurden dabei festgestellt:

(1)	(2)	(3)	(4)	(5)
Lfd. Nr. des Pkw	Zykluszeit in ZE Beifahrertür	Zykluszeit in ZE Fahrertür	Zeitdifferenz in ZE	d_i^2
i	x_{i1}	x_{i2}	d_i	(4)·(4)
1	14,7	12,1	2,6	6,76
2	14,0	10,9	3,1	9,61
3	12,9	13,1	-0,2	0,04
4	16,2	14,5	1,7	2,89
5	10,2	9,6	0,6	0,36
6	12,4	11,2	1,2	1,44
7	12,0	9,8	2,2	4,84
8	14,8	13,7	1,1	1,21
9	11,8	12,0	-0,2	0,04
10	9,7	9,1	0,6	0,36
n =	Σx_{i1} =	Σx_{i2} =	Σd_i =	Σd_i^2 =
10	128,7	116,0	12,7	27,55

Es soll festgestellt werden, ob zwischen den Montagezeiten beider Türarten ein wesentlicher Unterschied besteht, der bei der Datenverwendung (Vorgabe) berücksichtigt werden muß.

Beispiel

Lösung:

1. Formulierung der Hypothesen

   $H_o: \mu_1 = \mu_2 \qquad H_1: \mu_1 > \mu_2$

2. Die Prüfung der Zeitdifferenzen d_i (siehe Spalte (4)) auf Zufälligkeit, Normalverteilung und Ausreißer ist bereits erfolgt (siehe Verfahren 3, 4 und 5). Es liegt keine Beanstandung vor.

3. Berechnung der Prüfgröße z

3.1 Berechnung der mittleren Zykluszeiten $\bar{x}_1$ und $\bar{x}_2$ und der mittleren Zeitdifferenz $\bar{d}$

$$\bar{x}_1 = \frac{1}{n} \sum_{i=1}^{n} x_{i1}$$

$$= \frac{1}{10} \cdot 128{,}7 = 12{,}87 \text{ ZE}$$

$$\bar{x}_2 = \frac{1}{n} \sum_{i=1}^{n} x_{i2}$$

$$= \frac{1}{10} \cdot 116 = 11{,}60 \text{ ZE}$$

$$\bar{d} = \frac{1}{n} \sum_{i=1}^{n} d_i = \bar{x}_1 - \bar{x}_2$$

$$= \frac{1}{10} \cdot 12{,}7 = 12{,}87 - 11{,}60 = 1{,}27 \text{ ZE}$$

3.2 Berechnung der Varianz s_d^2 und der Standardabweichung s_d der Zeitdifferenzen d_i

$$s_d^2 = \frac{1}{10-1} \cdot \left[27{,}55 - \frac{1}{10} \cdot 12{,}7^2\right]$$

$$= 1{,}269 \text{ (ZE)}^2$$

$$s_d = \sqrt{1{,}269} = 1{,}126 \text{ ZE}$$

3.3 Berechnung der Prüfgröße z

$$z = \frac{1{,}27}{1{,}126} \cdot \sqrt{10} = 3{,}57$$

Bezeichnung des Verfahrens: Paarweiser Vergleich (Prüfung verbundener Stichproben)	Nr. 11.4
Siehe auch Verfahren Nr.	Blatt: 4

Beispiel

4. Aufsuchen des Schwellenwertes Z
   Zu $1-\alpha$ = 95% (einseitig) und $f = n-1 = 9$ erhält man aus Tabelle T4

   $$Z = t_{1-\alpha;f} = 1{,}833$$

5. Da $z > Z$ ausfiel, wird H_0 zugunsten von H_1 verworfen, d.h. die Zyklusnormalzeiten für beide Türarten unterscheiden sich wesentlich voneinander.

6. Vertrauensbereich für die wahre, jedoch unbekannte Mittelwertdifferenz
   Zu $1-\alpha$ = 95% (zweiseitig) bzw. $1-(\alpha/2)$ = 97,5% (einseitig) und $f = n-1 = 9$ erhält man aus Tabelle T 4 den zu verwendenden Schwellenwert

   $$t_{1-(\alpha/2);f} = 2{,}262$$

   $$\delta_{UNTEN}^{OBEN} = 1{,}27 \pm 2{,}262 \cdot \frac{1{,}126}{\sqrt{10}}$$

   $$= (1{,}27 \pm 0{,}81) \text{ ZE}$$

   $$\delta_{UNTEN} = 0{,}46 \text{ ZE} \qquad \delta_{OBEN} = 2{,}08 \text{ ZE}$$

   d.h. die mittlere Differenz zwischen den Montagezeiten beider Türarten liegt mindestens bei 0,46 ZE, höchstens jedoch bei 2,08 ZE.
   Sicherheit der Aussage: 95%.

Anmerkung:

Hätte man statt dessen t-Test 2 nach vorangegangenem F-Test 1 auf die beiden Meßstichproben angewendet, wäre hier die Nullhypothese H_0: $\mu_1 = \mu_2$ nicht widerlegt worden, obwohl ein Unterschied zwischen μ_1 und μ_2 existiert. Der hier beschriebene paarweise Vergleich ist also gegenüber t-Test 2 bzw. t-Test 3 in Verbindung mit F-Test 1 ein schärferes Prüfverfahren.

10. PROBLEMORIENTIERTE TESTVERFAHREN FÜR DEN VERGLEICH VON MEHR ALS ZWEI MESSSTICHPROBEN

Die im Kapitel 9 dargestellten statistischen Problemlösungen lassen sich auf mehr als zwei Meßstichproben ausdehnen.

In der Praxis trifft man häufig auf die Prüfsituation, daß zu einem Untersuchungsgegenstand mehr als zwei Meßwertreihen vorliegen und untersucht werden soll, ob sich diese voneinander wesentlich unterscheiden. Ist dies nicht der Fall, steht die Frage an, wie die einzelnen Meßstichproben zu einer Gesamtstichprobe hinsichtlich Meßwertlage und -streuung zusammengefaßt werden können.

Werden Unterschiede in der Meßwertlage und/oder -streuung nachgewiesen, interessiert die Frage, auf welche wirksamen Einflußgrößen die festgestellten Effekte zurückgeführt werden können.

k normalverteilten, ausreißerfreien Grundgesamtheiten mit den wahren, jedoch unbekannten Mittelwerten μ_i und den zugeordneten Standardabweichungen σ_i wird jeweils eine Zufallsstichprobe der Größe n_i entnommen (i = 1, 2, ..., k). Die k Zufallsstichproben sind unabhängig voneinander und liefern die Mittelwerte $\bar{x}_i$ und die Standardabweichungen s_i. In der nachfolgenden Übersicht ist dieser Sachverhalt nochmals zusammengestellt worden.

Kenngrößen	Grundgesamtheit Nr.					
	1	2	...	i	...	k
wahrer, jedoch unbekannter Mittelwert der Grundgesamtheit	μ_1	μ_2	...	μ_i	...	μ_k
wahre, jedoch unbekannte Varianz der Grundgesamtheit	σ_1^2	σ_2^2	...	σ_i^2	...	σ_k^2
wahre, jedoch unbekannte Standardabweichung der Grundgesamtheit	σ_1	σ_2	...	σ_i	...	σ_k
Größe der Zufallsstichprobe	n_1	n_2	...	n_i	...	n_k
berechneter Stichprobenmittelwert	$\bar{x}_1$	$\bar{x}_2$	...	$\bar{x}_i$	...	$\bar{x}_k$
berechnete Stichprobenvarianz	s_1^2	s_2^2	...	s_i^2	...	s_k^2
berechnete Stichprobenstandardabweichung	s_1	s_2	...	s_i	...	s_k

Bild 42: Gegenüberstellung der Kenngrößen von mehr als zwei Untersuchungen

Die daraus entstehenden Fragen lauten:

1. Kann man aus den Stichprobenmittelwerten $\bar{x}_i$ $(i = 1, 2, \ldots, k)$ darauf schließen, daß zwischen den wahren, jedoch unbekannten Mittelwerten μ_i der k Grundgesamtheiten die Beziehung gilt:

   $\mu_1 = \mu_2 = \ldots = \mu_i = \ldots = \mu_k = \mu$?

   Diese Frage, in Hypothesenform gebracht, sieht so aus:

   Nullhypothese H_o: $\mu_1 = \mu_2 = \ldots = \mu_i = \ldots = \mu_k = \mu$

   Gegenhypothese H_1: $\mu_i \neq \mu$ für bestimmtes i.

2. Kann man aus den Stichprobenvarianzen s_i^2 darauf schließen, daß zwischen den wahren, jedoch unbekannten Varianzen σ_i^2 der k Grundgesamtheiten die Beziehung gilt:

   $\sigma_1^2 = \sigma_2^2 = \ldots = \sigma_i^2 = \ldots = \sigma_k^2 = \sigma^2$?

   Diese Frage, in Hypothesenform gebracht, sieht so aus:

   Nullhypothese H_o: $\sigma_1^2 = \sigma_2^2 = \ldots = \sigma_i^2 = \ldots = \sigma_k^2 = \sigma^2$

   Gegenhypothese H_1: $\sigma_i^2 \neq \sigma^2$ für bestimmtes i.

Beispiele:

1. Zu einer Arbeitsaufgabe wird eine geteilte Zeitaufnahme ausgefüllt. Die Zusammenfassung der einzelnen Ablaufabschnitte der Teilaufnahmen zu einer Gesamtaufnahme wird davon abhängig gemacht, daß sich die Einzelzeiten hinsichtlich Meßwertlage und Meßwertstreuung nur unwesentlich voneinander unterscheiden.

2. An Lieferungen eines Materials von verschiedenen Herstellern wird jeweils eine stichprobenmäßige Prüfung eines Qualitätsmerkmals vorgenommen, um festzustellen, ob bei der Weiterverarbeitung die unterschiedliche Herkunft des Materials berücksichtigt werden muß.

3. Die Fertigung eines bestimmten Montageteiles kann auf verschiedenen Maschinen erfolgen. Auf Stichprobenbasis soll festgestellt werden, ob diese Maschinen einen vorgegebenen Qualitätsstandard gewährleisten oder die gefertigten Teile vor Montage aussortiert werden müssen.

Bezeichnung des Testverfahrens: Vergleich von mehr als zwei Mittelwerten (F-Test 2)	Nr. 12.2
Siehe auch Testverfahren Nr.	Blatt: 1

Problemstellung: Aufgrund mehrerer Stichprobenmittelwerte soll eine Aussage darüber gemacht werden, ob sich einzelne zugeordnete Grundgesamtheiten hinsichtlich der Meßwertlage wesentlich von den übrigen unterscheiden. Die Nullhypothese im vorangegangenen Bartlett-Test wurde nicht widerlegt.

Verwendete Symbole	Bedeutung
k	Zahl der zu vergleichenden Stichproben
μ_i	Mittelwert der zur Stichprobe i gehörenden Grundgesamtheit ($i = 1, 2, \ldots, k$)
n_i	Größe der Stichprobe Nr. i
$\bar{x}_i$	Mittelwert der Stichprobe Nr. i
s_i^2	Varianz der Stichprobe Nr. i
$\bar{x}$	Mittelwert aller vorliegenden Stichprobenwerte

Schrittfolge (Allgemeine Formulierung)

1. Formulierung der Hypothesen H_0 und H_1

Nullhypothese H_0: $\mu_1 = \mu_2 = \ldots \mu_i = \ldots = \mu_k = \mu$ oder $\mu_i = \mu$ für alle i

Gegenhypothese H_1: $\mu_i \neq \mu$ für bestimmtes i

2. Prüfung der Meßstichprobe(n) auf

☒ Zufälligkeit ☒ Normalverteilung ☒ Ausreißer

3. Berechnung der Prüfgröße z
4. Aufsuchen des Schwellenwertes Z
5. Vergleich von Prüfgröße z und Schwellenwert Z

Gegenhypothese H_1	Die Nullhypothese H_0 wird zugunsten der Gegenhypothese H_1 verworfen, falls: Prüfgröße z		Schwellenwert Z
$\mu_i \neq \mu$ (zweiseitig)	$\dfrac{(n-k)\sum_{i=1}^{k}(\bar{x}_i - \bar{x})^2 n_i}{(k-1)\sum_{i=1}^{k} s_i^2 (n_i - 1)}$	$>$	$F_{1-\alpha;\, f_1;\, f_2}$ mit $f_1 = k-1$; $f_2 = n-k$ — Faktoren siehe Tabelle T6.1-6.4

mit $n = \sum_{i=1}^{k} n_i$

$$\bar{x} = \frac{\sum_{i=1}^{k} n_i \bar{x}_i}{n} = \frac{1}{n}\sum_{i=1}^{k} n_i \bar{x}_i$$

Beispiel

Problem:

Für ein Hochspannungsnetz werden Kabel großer Zerreißfestigkeit benötigt. Jedes Kabel besteht aus Drähten, die in bestimmter Länge hergestellt werden. Um die Zerreißfestigkeit zu prüfen, wird von jedem Draht eine Probe entnommen und untersucht. Die nachfolgende Tabelle zeigt die Zerreißfestigkeiten von k = 9 Kabeln verschiedener Hersteller mit je 12 Drähten. Bei einigen Kabeln konnten aus meßtechnischen Gründen nur weniger als 12 Drähte auf Zerreißfestigkeit geprüft werden. Da die Zerreißfestigkeit aller Drähte bei 34 N/mm^2 liegt, wurden die Meßwerte wie folgt umgerechnet:

$$(\text{Meßwert} - 34) \cdot 10$$

Das vereinfacht die zu leistende Rechenarbeit erheblich, ohne etwas an der Aussagekraft der anzuwendenden Auswertungsverfahren zu ändern.

Es interessiert, ob die Zerreißfestigkeit ein vom Hersteller abhängiges Qualitätsmerkmal ist.

(1)	(2)	(3)	(4)	(5)	(6)	(7)	(8)	(9)	(10)
Meßwert-Nr.	Meßwerte der Stichprobe Nr. i								
j	1	2	3	4	5	6	7	8	k=9
1	5	-11	0	-12	7	1	-1	-1	2
2	-13	-13		4	1	0	0	0	6
3	-5	-8	-15	2		-5	2	7	7
4		8	-12	10	0	-4	1	5	8
5	-10	-3	-2	-5	10	-1	-4	10	15
6	-6	-12	-8	-8	6	0	2	8	11
7		-12	-5	-12		2	7	1	-7
8	0	-10	0	0	2	5	5		7
9	-3	5	-4	-5	0	1	1	-3	10
10	2	-6	1	-3	-1	-2	0	6	7
11	-7	-12	-5	-3	-10	6	-4	0	8
12	-5	-10	-11	0	-2	7	2	5	1

Bezeichnung des Verfahrens: Vergleich von mehr als zwei Mittelwerten (F-Test 2)	Nr. 12.2
Siehe auch Verfahren Nr.	Blatt: 3

Beispiel

Lösung:

Es wird unterstellt, daß der vorangegangene Bartlett-Test (siehe Verfahren 12.1) nicht zum Verwerfen der Nullhypothese führte.

1. Formulierung der Hypothesen

   H_0: $\mu_i = \mu$ für alle i (i = 1, 2, ..., k)

   H_1: $\mu_i \neq \mu$ für bestimmtes i

2. Die Prüfung der Meßstichproben auf Zufälligkeit, Normalverteilung und Ausreißer ist bereits erfolgt (siehe Verfahren 3, 4 und 5). Es liegt keine Beanstandung vor.

3. Berechnung der Prüfgröße z

3.1 Berechnung der Stichprobenmittelwerte $\bar{x}_i$ und -varianzen s_i^2

(1)	(2)	(3)	(4)	(5)	(6)	(7)
Stichprobe Nr.	Größe der Stichprobe	Mittelwert	Varianz	$n_i \bar{x}_i$	$(\bar{x}_i - \bar{x})^2 \, n_i$	$s_i^2 (n_i - 1)$
i	n_i	$\bar{x}_i$	s_i^2			
1	10	-4,2	$29,5\bar{1}$	-42	120,8	265,6
2	12	-7,0	48,36	-84	472,5	532,0
3	11	-5,72	26,418	-63	275,2	264,2
4	12	$-2,\bar{6}$	$41,\bar{3}$	-32	45,3	454,7
5	10	1,3	30,9	13	41,0	278,1
6	12	$0,8\bar{3}$	13,96	10	29,1	153,7
7	12	$0,91\bar{6}$	$10,08\bar{3}$	11	32,4	110,9
8	11	3,45	17,872	38	192,2	178,7
k=9	12	6,25	31,1136	75	583,8	342,2
	n =			$\sum_{i=1}^{k} n_i \bar{x}_i =$	$\sum_{i=1}^{k} (\bar{x}_i - \bar{x})^2 n_i =$	$\sum_{i=1}^{k} s_i^2 (n_i - 1) =$
	102			-74	1 792,3	2 580,1

Bezeichnung des Verfahrens: Vergleich von mehr als zwei Mittelwerten (F-Test 2)	Nr. 12.2.
Siehe auch Verfahren Nr.	Blatt: 4

Beispiel

3.2 Berechnung des Gesamtmittelwertes $\bar{x}$

Siehe auch Rechentafel zu 3.1, Spalte (5)

$$\bar{x} = \frac{-74}{102} = -0{,}725$$

3.3 Berechnung der Prüfgröße z

Siehe auch Rechentafel zu 3.1, Spalte (6) und (7)

$$z = \frac{(102-9) \cdot 1792{,}3}{(9-1) \cdot 2580{,}1} = 8{,}075$$

4. Aufsuchen des Schwellenwertes Z

Zu $1-\alpha$ = 95% (einseitig), $f_1 = 9-1 = 8$ und $f_2 = 102-9 = 93$ entnimmt man Tabelle T 6.1 (interpoliert)

$$Z = F_{1-\alpha;f_1;f_2} = 2{,}04$$

5. Da $z > Z$ ausfiel, wird H_0 zugunsten von H_1 verworfen, d.h. die Kabelfestigkeit fällt je nach Hersteller unterschiedlich aus.

Bezeichnung des Testverfahrens: Vergleich von mehr als zwei Stichproben (Test von Kruskal und Wallis)	Nr. 12.3
Siehe auch Testverfahren Nr.	Blatt: 1

Problemstellung: Aufgrund mehrerer Stichproben soll eine Aussage darüber gemacht werden, ob diese aus der gleichen Grundgesamtheit entnommen wurden.

Verwendete Symbole	Bedeutung
k	Zahl der zu vergleichenden Stichproben
n_i	Größe der Stichprobe Nr. i (I = 1, 2, ..., k)
R_i	Rangzahlsumme der Stichprobe Nr. i

Schrittfolge (Allgemeine Formulierung)

1. Formulierung der Hypothesen H_0 und H_1

Nullhypothese H_0: Die k Stichproben stammen aus der gleichen Grundgesamtheit

Gegenhypothese H_1: Nicht alle k Stichproben stammen aus der gleichen Grundgesamtheit

2. Prüfung der Meßstichprobe(n) auf

☐ Zufälligkeit ☐ Normalverteilung ☐ Ausreißer

3. Berechnung der Prüfgröße z
4. Aufsuchen des Schwellenwertes Z
5. Vergleich von Prüfgröße z und Schwellenwert Z

} siehe Blatt 2

Bezeichnung des Verfahrens: Vergleich von mehr als zwei Stichproben (Test von Kruskal und Wallis)	Nr. 12.3
Siehe auch Verfahren Nr.	Blatt: 2

Zu 3. Berechnung der Prüfgröße z

Die Meßwerte aller k Stichproben werden in e i n e Rangfolge gebracht und mit den Rangzahlen (1), (2), ..., (n) versehen,

mit $$n = \sum_{i=1}^{k} n_i$$

Sind die der Größe nach geordneten Meßwerte $x_{(j)}$ bis $x_{(j+a)}$ gleich, dann erhält jeder dieser zu einer sogenannten Bindung gehörende Meßwert die Rangzahl $(j + \frac{a}{2})$. Zu jeder Rangzahl wird die Nummer i der Stichprobe vermerkt, in die der Meßwert gehört, dem diese Rangzahl zugeordnet wurde.

Für jede der k Stichproben wird die Summe R_i der aus ihr stammenden Rangzahlen gebildet. Als Kontrolle benutzt man die Beziehung

$$\sum_{i=1}^{k} R_i = \frac{1}{2} n\,(n+1)$$

Gegenhypothese H_1	Die Nullhypothese H_0 wird zugunsten der Gegenhypothese H_1 verworfen, falls Prüfgröße Z		Schwellenwert Z	
s.o. (einseitig)	$\left[\frac{12}{n(n+1)} \sum_{i=1}^{k} \frac{R_i^2}{n_i} - 3(n+1)\right] \cdot \frac{1}{c}$	>	$\chi^2_{1-\alpha;f}$ mit $f = k-1$	Faktoren siehe Tabelle T 5

mit $c = 1$

bzw. $$c = 1 - \frac{1}{(n-1)\cdot n\cdot(n+1)} \sum_{r=1}^{m} (t_r-1)\cdot t_r\,(t_r+1)$$

falls mehr als 25 % aller Meßwerte Bindungen, d.h. Folgen gleicher Rangzahlen angehören.

m bedeutet hier die Zahl der Bindungen.
t_r ist die Anzahl gleicher Rangzahlen in der Bindung r.

Bezeichnung des Verfahrens: Vergleich von mehr als zwei Stichproben (Test von Kruskal und Wallis)	Nr. 12.3
Siehe auch Verfahren Nr.	Blatt: 3

Beispiel

Problem:

Für den Ablaufabschnitt "Hohlwelle auswechseln" wurden bei jeweils nahezu gleichem mittleren Leistungsgrad $\bar{L}$ = 120% Isteinzelzeiten aus k = 4 verschiedenen Zeitaufnahmen auf einen Sammelbogen übernommen, um daraus e i n e für den Ablaufabschnitt gültige Planzeit zu erstellen. Es interessiert, ob die vier Meßstichproben ohne Berücksichtigung von Einflußgrößen zusammengefaßt werden dürfen (siehe auch Beispiel zu Verfahren 12.1, Blatt 2 ff.).

(1)	(2)	(3)	(4)	(5)
Meßwert Nr.	Meßwerte der Stichprobe Nr. 1 in HM	Meßwerte der Stichprobe Nr. 2 in HM	Meßwerte der Stichprobe Nr. 3 in HM	Meßwerte der Stichprobe Nr. 4 in HM
ν	$x_{1\nu}$	$x_{2\nu}$	$x_{3\nu}$	$x_{4\nu}$
1	15	10	10	22
2	12	16	11	20
3	13	7	10	20
4	22	11	11	18
5	20	15	10	17
6	14	15	9	18
7	14	15	9	
8	15	13	10	
9	15	13	8	
10	11	14	9	
11	13	14	12	
12	25	11	11	
13	11	10	11	
14	11	10	14	
15	15	20	9	
16		14		
17		12		
18		11		
19		10		
20		12		
21		14		
22		10		
23		11		
24		12		

Bezeichnung des Verfahrens: Vergleich von mehr als zwei Stichproben (Test von Kruskal und Wallis)	Nr. 12.3
Siehe auch Verfahren Nr.	Blatt: 4

Beispiel

Lösung:

1. Formulierung der Hypothesen

   H_0: Die vier Stichproben stammen aus der gleichen Grundgesamtheit.
   H_1: Nicht alle vier Stichproben stammen aus der gleichen Grundgesamtheit.

2. Eine Prüfung jeder einzelnen Meßstichprobe auf Zufälligkeit sollte erfolgen. (Diese Prüfung wird im Zusammenhang mit diesem Beispiel nicht dargestellt.) Die Prüfung jeder einzelnen Meßstichprobe auf Normalverteilung und Ausreißer ist nicht erforderlich, da in diesem Verfahren nicht die Meßwerte, sondern lediglich deren Rangzahlen verarbeitet werden.

3. Berechnung der Prüfgröße z

3.1 Sortierung der Meßwerte, Bestimmung der Rangplatz-Nummern und Ermittlung der Bindungen

(1)	(2)		(3)	(4)
Rangfolge der Meßwerte	Häufigkeit t_r		Festgestellte Rangplatz-Nr.	Verwendete Rangplatz-Nr.
$x_{(j)}$	Strichliste	Anzahl	(j)	(j)
7	/	1	1	1
8	/	1	2	2
9	////	4 *	3 bis 6	4,5
10	~~////~~ ////	9 *	7 bis 15	11
11	~~////~~ ~~////~~ /	11 *	16 bis 26	21
12	~~////~~	5 *	27 bis 31	29
13	////	4 *	32 bis 35	33,5
14	~~////~~ //	7 *	36 bis 42	39
15	~~////~~ //	7 *	43 bis 49	46
16	/	1	50	50
17	/	1	51	51
18	//	2 *	52, 53	52,5
19		0	-	-
20	////	4 *	54 bis 57	55,5
21		0	-	-
22	//	2 *	58, 59	58,5
23		0	-	-
24		0	-	-
25	/	1	60	60
		n =		$\sum_{i=1}^{k} R_i =$
		60		1 830

Bei den durch * gekennzeichneten Häufigkeiten handelt es sich jeweils um Meßwerte, die einer Bindung angehören. Es liegen m = 10 Bindungen vor.

Bezeichnung des Verfahrens: Vergleich von mehr als zwei Stichproben (Test von Kruskal und Wallis)	Nr. 12.3
Siehe auch Verfahren Nr.	Blatt: 5

Beispiel

3.2 Berechnung der Rangplatzsummen R_i

(1)	(2)	(3)	(4)	(5)
Meßwert Nr.	Rangplätze der Stichprobe Nr. 1	Rangplätze der Stichprobe Nr. 2	Rangplätze der Stichprobe Nr. 3	Rangplätze der Stichprobe Nr. 4
1	46	11	11	58,5
2	29	50	21	55,5
3	33,5	1	11	55,5
4	58,5	21	21	52,5
5	55,5	46	11	51
6	39	46	4,5	52,5
7	39	46	4,5	
8	46	33,5	11	
9	46	33,5	2	
10	21	39	4,5	
11	33,5	39	29	
12	60	21	21	
13	21	11	21	
14	21	11	39	
15	46	55,5	4,5	
16		39		
17		29		
18		21		
19		11		
20		29		
21		39		
22		11		
23		21		
24		29		
25				
n =	R_1 =	R_2 =	R_3 =	R_4 =
60	595	693,5	216	325,5

Bezeichnung des Verfahrens: Vergleich von mehr als zwei Stichproben (Test von Kruskal und Wallis)	Nr. 12.3
Siehe auch Verfahren Nr.	Blatt: 6

Beispiel

3.3 Berechnung der Hilfsgröße c

Da mehr als 25% aller erfaßten Meßwerte Bindungen angehören, muß die Hilfsgröße c nach der auf Blatt 1 angegebenen Formel berechnet werden.

(1)	(2)	(3)
Laufende Nummer der Bindung	Anzahl gleicher Rangzahlen je Bindung	$(t_r-1)\cdot t_r\cdot(t_r+1)$
r	t_r	
1	4	60
2	9	720
3	11	1 320
4	5	120
5	4	60
6	7	336
7	7	336
8	2	6
9	4	60
m = 10	2	6
		$\sum_{r=1}^{m}(t_r-1)\cdot t_r\cdot(t_r+1) =$
		3 024

$$c = 1 - \frac{1}{(60-1)\cdot 60\cdot(60+1)}\cdot 3\,024 = 0{,}986$$

Bezeichnung des Verfahrens: Vergleich von mehr als zwei Stichproben (Test von Kruskal und Wallis)	Nr. 12.3
Siehe auch Verfahren Nr.	Blatt: 7

Beispiel

3.4 Berechnung der Prüfgröße z

(1)	(2)	(3)	(4)
Meßstichprobe Nr.	Rangzahlsumme je Stichprobe	Anzahl Meßwerte je Stichprobe	R_i^2/n_i
i	R_i	n_i	
1 2 3 4	595 693,5 216 325,5	15 24 15 6	23 602 20 039 3 110 17 658
k =	$\sum_{i=1}^{k} R_i =$	$\sum_{i=1}^{k} n_i =$	$\sum_{i=1}^{k} R_i^2/n_i =$
4	1 830	60	64 409

$$z = \left[\frac{12}{60 \cdot (60+1)} \cdot 64\,409 - 3 \cdot (60+1)\right] \cdot \frac{1}{0{,}986}$$

$$= 28{,}6$$

4. Aufsuchen des Schwellenwertes Z

Zu $1-\alpha = 95\%$ (einseitig) und $f = k-1 = 3$ entnimmt man Tabelle T 5

$$Z = \chi^2_{1-\alpha;f} = 7{,}82$$

5. Da $z > Z$ ausfiel, wird H_0 zugunsten von H_1 verworfen, d.h. zwischen den vier Zeitaufnahmen bestehen so große Unterschiede, daß eine Zusammenfassung zu einer Planzeit nicht gerechtfertigt ist. Ist der Zeitstudienmann dennoch an einer Verwendung dieser Arbeitsdaten interessiert, müßte er in die Auswertung die von Zeitaufnahme zu Zeitaufnahme variierten Einflußgrößen bei der Datenverwendung mit berücksichtigen (siehe Kapitel 11 ff).

Bezeichnung des Verfahrens: Zusammenfassung mehrerer Stichprobenmittelwerte	Nr. 12.4.1
Siehe auch Verfahren Nr.	Blatt:

Problemstellung: Die Anwendung des F-Test 2 hat ergeben, daß zwischen den Mittelwerten mehrerer Stichproben kein wesentlicher Unterschied besteht. Deshalb sollen diese zu einem Gesamtmittelwert vereinigt werden.

Verwendete Symbole	Bedeutung
k	Anzahl der Stichproben
n_i	Größe der Stichprobe Nr. i (i = 1, 2, ..., k)
n	Größe der Gesamtstichprobe
$\bar{x}_i$	Mittelwert der Stichprobe Nr. i
$\bar{x}$	Mittelwert aller vorliegenden Stichprobenwerte (Gesamtstichprobe)

Schrittfolge

Allgemeine Formulierung

1. Berechnung der Größe n der Gesamtstichprobe

$$n = \sum_{i=1}^{k} n_i$$

2. Berechnung des Mittelwertes $\bar{x}$ der Gesamtstichprobe

$$\bar{x} = \frac{1}{n} \sum_{i=1}^{k} n_i \bar{x}_i$$

Beispiel

Meßstichprobe Nr. i	Größe n_i	Mittelwert $\bar{x}_i$ in HM
1	10	340,4
2	15	334,5
3	18	338,9
k=4	30	340,9
Gesamtstichprobe	n = ?	$\bar{x}$ = ?

1. Berechne Größe n der Gesamtstichprobe

$n = 73$

2. Berechne Mittelwert $\bar{x}$ der Gesamtstichprobe

$$\bar{x} = \frac{1}{73} \cdot (10 \cdot 340{,}4 + 15 \cdot 334{,}5 + 18 \cdot 338{,}9 + 30 \cdot 340{,}9)$$

$$= 339{,}02 \approx 339{,}0 \text{ HM}$$

Bezeichnung des Verfahrens: Zusammenfassung mehrerer Stichprobenvarianzen	Nr. 12.4.2
Siehe auch Verfahren Nr.	Blatt:

Problemstellung: Die Anwendung des Bartlett-Tests hat ergeben, daß zwischen den Varianzen mehrerer Stichproben kein wesentlicher Unterschied besteht. Deshalb sollen diese zu einer Gesamtvarianz vereinigt werden.

Verwendete Symbole	Bedeutung
k	Anzahl der Stichproben
n_i	Größe der Stichprobe Nr. i (i = 1, 2, ..., k)
n	Größe der Gesamtstichprobe
$\bar{x}_i$	Mittelwert der Stichprobe Nr. i
$\bar{x}$	Mittelwert aller vorliegenden Stichprobenwerte (Gesamtstichprobe)
s_i^2	Varianz der Stichprobe Nr. i
s^2	Varianz aller vorliegenden Stichprobenwerte(Gesamtstichprobe)

Schrittfolge

Allgemeine Formulierung

1. Berechnung der Größe n der Gesamtstichprobe

$$n = \sum_{i=1}^{k} n_i$$

2. Berechnung des Mittelwertes $\bar{x}$ der Gesamtstichprobe

$$\bar{x} = \frac{1}{n} \sum_{i=1}^{k} n_i \bar{x}_i$$

3. Berechnung der Varianz s^2 der Gesamtstichprobe

$$s^2 = \frac{1}{n-1} \cdot \left[\sum_{i=1}^{k} (n_i - 1)\, s_i^2 + \sum_{i=1}^{k} n_i (\bar{x}_i - \bar{x})^2 \right]$$

Beispiel

Meßstichprobe Nr. i	Größe n_i	Mittelwert $\bar{x}_i$ in HM	Varianz s_i^2 in HM
1	10	340,4	$61,1\bar{5}$
2	15	334,5	73,00
3	18	338,9	58,38
k=4	30	340,9	$70,\bar{6}$
Gesamtstichprobe	n=73	$\bar{x}$=339,0	s^2 = ?

1. und 2. siehe Verfahren Nr. 12.4.1

3. Berechne Varianz s^2 der Gesamtstichprobe

$$s^2 = \frac{1}{72}\left[9 \cdot 61,1\bar{5} + 14 \cdot 73,00 + 17 \cdot 58,38 + 29 \cdot 70,\bar{6} + 10 \cdot (340,4-339,0)^2 + 15 \cdot (334,5-339,0)^2 + 18 \cdot (338,5-339,0)^2 + 30 \cdot (340,9-339,0)^2\right]$$

$$= 70,15\ (\text{HM})^2$$

$$s = \sqrt{s^2} = 8,38 \approx 8,4\ \text{HM}$$

11. EINFACHE LINEARE REGRESSION

11.1. Einführung

Mehr und mehr zeigt sich, daß das Bilden von Planzeiten[1] aus zuvor durchgeführten Zeitaufnahmen d i e Rationalisierungsmaßnahme des Zeitstudiums ist, gelingt es doch, die in Zeitaufnahmen vorhandenen Daten mit Einwegcharakter so zu aktivieren, daß sie auch für ähnliche Arbeitsaufgaben verwendbar werden und so neue, teure Zeitaufnahmen ersetzen.

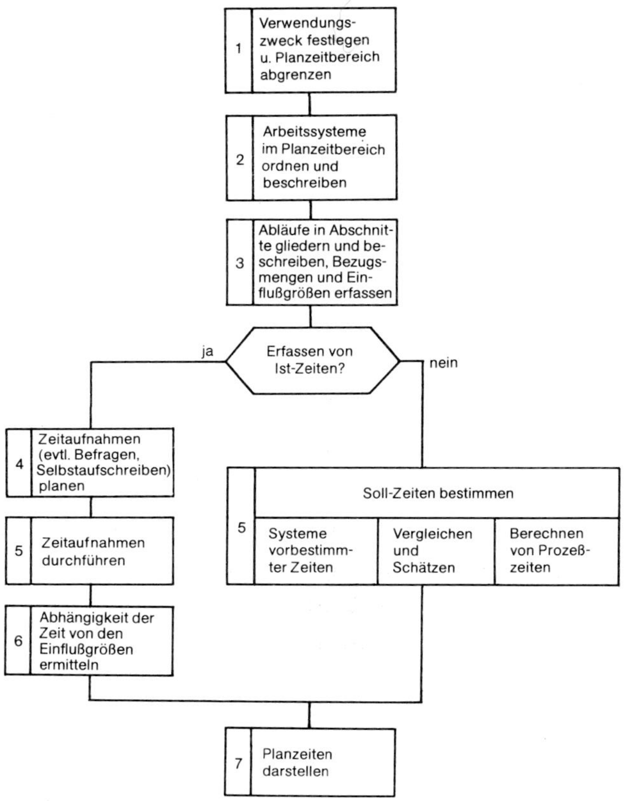

Bild 43: REFA-Standardprogramm Planzeitermittlung

---

1) Definition des Begriffes Planzeiten nach REFA-Methodenlehre des Arbeitsstudiums, Teil 2: Datenermittlung, Carl Hanser Verlag, München 1971/76, Seite 338: Planzeiten sind Soll-Zeiten für bestimmte Abschnitte, deren Ablauf mit Hilfe von Einflußgrößen beschrieben ist.

In diesem Kapitel werden Methoden dargestellt, die dem Schritt 6 "Abhängigkeit der Zeit von den Einflußgrößen" des REFA-Standardprogramms Planzeitermittlung der Methodenlehre des Arbeitsstudiums, Teil 2, Seite 340, dienen. Es handelt sich dabei um die Methoden der Regressionsrechnung, die als Ergebnis Zeitformeln für die Berechnung von Planzeiten liefern (Bild 43).

Bei den Auswertungs- und Testverfahren für Meßstichproben, wie sie bisher behandelt wurden, tritt häufig als Erklärungsgrund dür eine nichtausreichende Genauigkeit der Meßstichprobe bei der Schätzung des Mittelwertes μ der Grundgesamtheit durch den Stichprobenmittelwert $\bar{x}$ das Argument auf, daß die Streuung der Meßwerte zu groß ist.

B e i s p i e l e :

1. Der Zeitstudienabteilung liegen 23 Zeitaufnahmen der Arbeitsaufgabe Nachschleifen von Abwälzfräsern vor. Für diese Arbeitsaufgabe sollen Planzeiten zwischen den beiden Meßpunkten Ein- und Ausschalten der Schleifmaschine gebildet werden. Die Arbeitsmethode für diesen Ablaufabschnitt zwischen den Meßpunkten lautet:

   1. Heranfahren der Schleifscheibe an die Fräserkante
   2. Einstellen der Spantiefe nach Funkenflug
   3. Abschleifen des Fräsers auf Verschleißmarke
   4. Wegfahren der Schleifscheibe in Ausgangsstellung.

   Die interessierende Planzeit in Minuten ist ein Teil der beim Nachschleifen von Abwälzfräsern insgesamt anfallenden Grundzeit t_g und wird deshalb mit t_g' bezeichnet. Die übrige Grundzeit würde aus den Nebenzeiten für Auf- und Abspannen des Fräsers bestehen und möge hier nicht zur Betrachtung anstehen. t_g' besteht nach obiger Arbeitsmethode aus der unbeeinflußbaren Hauptzeit t_{hu} für das Schleifen und der beeinflußbaren Nebenzeit t_n' für die Einzelzustellungen von Hand. Es ist also $t_g' = t_{hu} + t_n'$.

   Die Grundzeiten der n = 23 Zeitaufnahmen lauten in min:

29,4	62,6	40,8	79,3	119,7
47,2	69,9	37,3	125,3	137,1
48,7	41,7	42,1	102,0	71,4
59,5	43,9	83,0	130,6	
54,8	22,7	65,3	144,2	

Die Auswertung liefert:

$$\left.\begin{array}{l} n = 23 \\ \bar{x} = 72{,}108\,695\,65 \approx 72{,}11 \text{ min} \\ s = 36{,}833\,494\,08 \approx 36{,}83 \text{ min} \end{array}\right\} v = \frac{36{,}83}{72{,}11} \cdot 100\% = 51{,}1\%$$

Die erforderliche Genauigkeit ε' wird mit Hilfe des in Kapitel 6.2 beschriebenen Verfahrens vorgegeben. Die Planzeit soll für einen Abrechnungszeitraum von einem Monat verwendet werden. Dieser Abrechnungszeitraum soll mit einer Monatsgenauigkeit von 3% kalkuliert werden, wobei insgesamt 70 Fräser je Monat und Schleifmaschine bearbeitet werden. Es ist also

$$T_{per} = 10\,000 \text{ min}$$
$$\varepsilon'_{per} = 3\%$$
$$m_{per} = 70$$

woraus sich als erforderliche Genauigkeit für die Planzeit (Mittelwert $\bar{x}$)

$$\varepsilon' = 3\% \cdot \sqrt{\frac{10\,000}{70 \cdot 72{,}11}} = 4{,}3\%$$

ergibt.

Nach dem rechnerischen Variationszahlverfahren ist mit

$$\varepsilon = \frac{t_{1-(\alpha/2);f}}{\sqrt{n}} \cdot v$$

und $f = n - 1 = 22$, $1 - \alpha = 95\%$, $t_{1-(\alpha/2);f} = 2{,}074$

$$\varepsilon = \frac{2{,}074}{\sqrt{23}} \cdot 51{,}1\% = 22{,}1\%$$

Wie man sofort erkennt, ist die bisher erzielte Genauigkeit der Grundzeiten bei weitem nicht ausreichend. Die Frage nach dem erforderlichem Umfang n' der Zeitmeßwerte ist unsinnig, da hier ein jede Wirtschaftlichkeit überschreitender n'-Wert zu nennen wäre.

2. Beim Sigmaschweißen wurden folgende n = 20 Normalzeiten in HM erfaßt:

25	88	26	32
36	98	28	68
32	104	88	64
59	52	135	44
40	35	19	15

Die erforderliche Genauigkeit betrage $\varepsilon' = 2{,}5\%$ bei $1 - \alpha = 95\%$.

Die Auswertung liefert:

$n = 20$

$\left.\begin{array}{l}\bar{x} = 54{,}4 \text{ HM} \\ s = 32{,}9 \text{ HM}\end{array}\right\} v = \frac{32{,}9}{54.4} \cdot 100\% = 60{,}6\%$

Nach dem rechnerischen Variationszahlverfahren ist mit

$$\varepsilon = \frac{t_{1-(\alpha/2);f}}{\sqrt{n}} \cdot v$$

und $f = n - 1 \doteq 19{,}1$, $1 - \alpha = 95\%$, $t_{1-(\alpha/2);f} = 2{,}093$

$$\varepsilon = \frac{2{,}093}{\sqrt{20}} \cdot 60{,}6\% = 28{,}3\%$$

Auch hier ist die Forderung nach "mehr Zeitaufnahmen" wegen der zu grossen Meßwertstreuung unsinnig.

In Bild 44 sind die Meßstichproben aus erstem und zweitem Beispiel dargestellt worden.

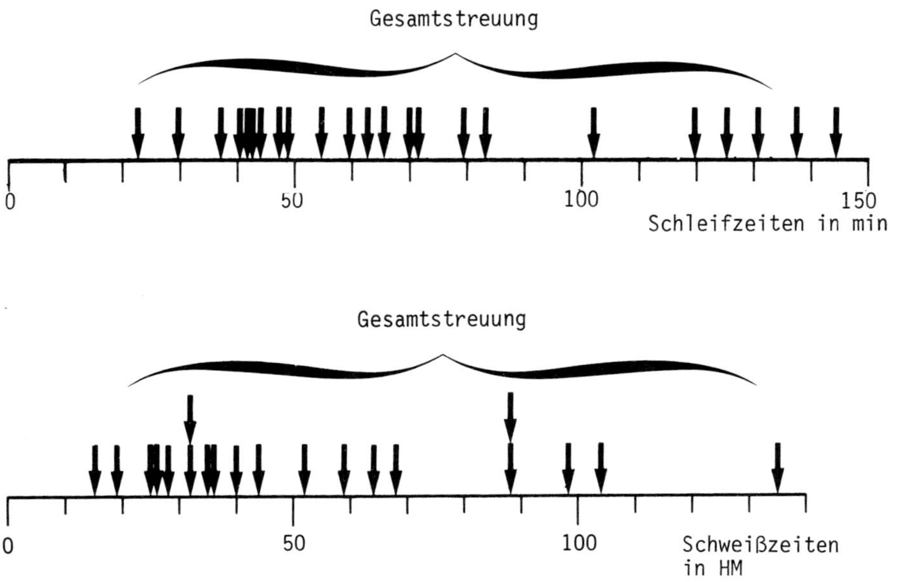

Bild 44: Beispiele für Meßstichproben mit sehr großer Streuung

Vielfach gelingt es, die beobachtete Streuung der Meßwerte durch eine oder mehrere Streuungen verursachende Faktoren - Einflußgrößen genannt - erklärbar zu machen. In solchen Fällen wird das interessierende meßbare Merkmal als Zielgröße bezeichnet.

Gelingt es, die beobachtete Streuung der Zielgrößenwerte auf die unterschiedlich zugeordneten Werte der Einflußgröße zurückzuführen, besteht zwischen Zielgröße und Einflußgröße eine Abhängigkeit.

B e i s p i e l e :

1.

(1)	(2)	(3)
Lfd.Nr. des Datensatzes	Abschliff in mm	Schleifzeit (Grundzeit) in min
1	0,5	29,4
2	0,6	47,2
3	0,6	48,7
4	0,8	59,5
5	0,6	54,8
6	0,7	62,6
7	0,5	69,9
8	0,5	41,7
9	0,8	43,9
10	0,4	22,7
11	0,5	40,8
12	0,6	37,3
13	0,6	42,1
14	0,8	83,0
15	0,7	65,3
16	0,7	79,3
17	1,6	125,3
18	0,9	102,0
19	1,6	130,6
20	4,2	144,2
21	2,0	119,7
22	2,3	137,1
23	1,6	71,4

(2): zugeordnete Werte der Einflußgröße

(3): Meßwerte der interessierenden Zielgröße

Dieses Beispiel wird Leitbeispiel 1 in diesem Kapitel

2.

(1)	(2)	(3)
Lfd.Nr. des Datensatzes	Schweiß-nahtlänge in cm	Schweißzeit in HM
1	5,0	25
2	6,0	36
3	6,0	32
4	10,0	59
5	6,0	40
6	16,0	88
7	18,0	98
8	20,0	104
9	10,0	52
10	8,0	35
11	6,0	26
12	7,0	28
13	17,5	88
14	28,0	135
15	5,0	19
16	8,5	32
17	13,0	68
18	12,5	64
19	9,0	44
20	2,0	15

zugeordnete Werte der Einflußgröße (Spalte 2) — Meßwerte der interessierenden Zielgröße (Spalte 3)

Dieses Beispiel wird Leitbeispiel 2 in diesem Kapitel.

Die Ausführungen der nachfolgenden Abschnitte basieren auf folgenden Voraussetzungen:

1. die Zielgrößen sind stets quantitative Merkmale,
2. die zugeordneten Einflußgrößen sind stets quantitative Merkmale

Dieses Voraussetzungen sind bei den beiden Leitbeispielen erfüllt:

Leitbeispiel Nr.	Einflußgröße		Zielgröße	
	Bezeichnung	Merkmalart	Bezeichnung	Merkmalart
1	Abschliff	meßbar	Schleifzeit	meßbar
2	Schweißnahtlänge	meßbar	Schweißzeit	meßbar

Eine Stichprobe, bei der neben den Werten der interessierenden Zielgröße auch die Werte einer oder mehrerer zugeordneter Einflußgrößen erfaßt wurden, wird eine mehrdimensionale Stichprobe genannt im Gegensatz zu eindimensionalen Stichproben, wie sie in den vorangegangenen Kapiteln behandelt wurden. Derartige mehrdimensionale Meßstichproben lassen sich in jedem technischen Bereich erfassen.

In Bild 45 ist Leitbeispiel 1 zeichnerisch dargestellt worden. Dabei ist der 1. Quadrant eines rechtwinkligen Koordinatenkreuzes verwendet worden. Allgemein wird der Einflußgröße die Abkürzung x, der Zielgröße die Abkürzung y zugeordnet. Es ist in der Praxis jedoch auch des besseren Verständnisses wegen üblich, statt dessen problembezogene Abkürzungen zu verwenden. Im Beispiel könnten dies ABS für die Einflußgröße Abschliff und GRZ für die Zielgröße Grundzeit sein.

Jedes Wertepaar bestehend aus Abschliffangabe und benötigter Schleifzeit wird Datensatz genannt. Jeder Datensatz erscheint als ein Punkt im Koordinatensystem.

Zusätzlich sind die in Bild 45 dargestellten Datensätze durch eine Gerade nach Augenmaß ausgeglichen worden, da die Anordnungstendenz der Punktefolge dies erkennen läßt. Hierauf aufbauend läßt sich in einfacher Weise eine Näherungsformel zur Berechnung von Planzeiten entwickeln[1].

Aufgabe 11.1-1

Stellen Sie Leitbeispiel 2 ebenfalls grafisch dar und bestimmten Sie die Art der Ausgleichsfunktion (Gerade oder andere Kurve).

---

[1] a.a.O., Seite 369 ff.

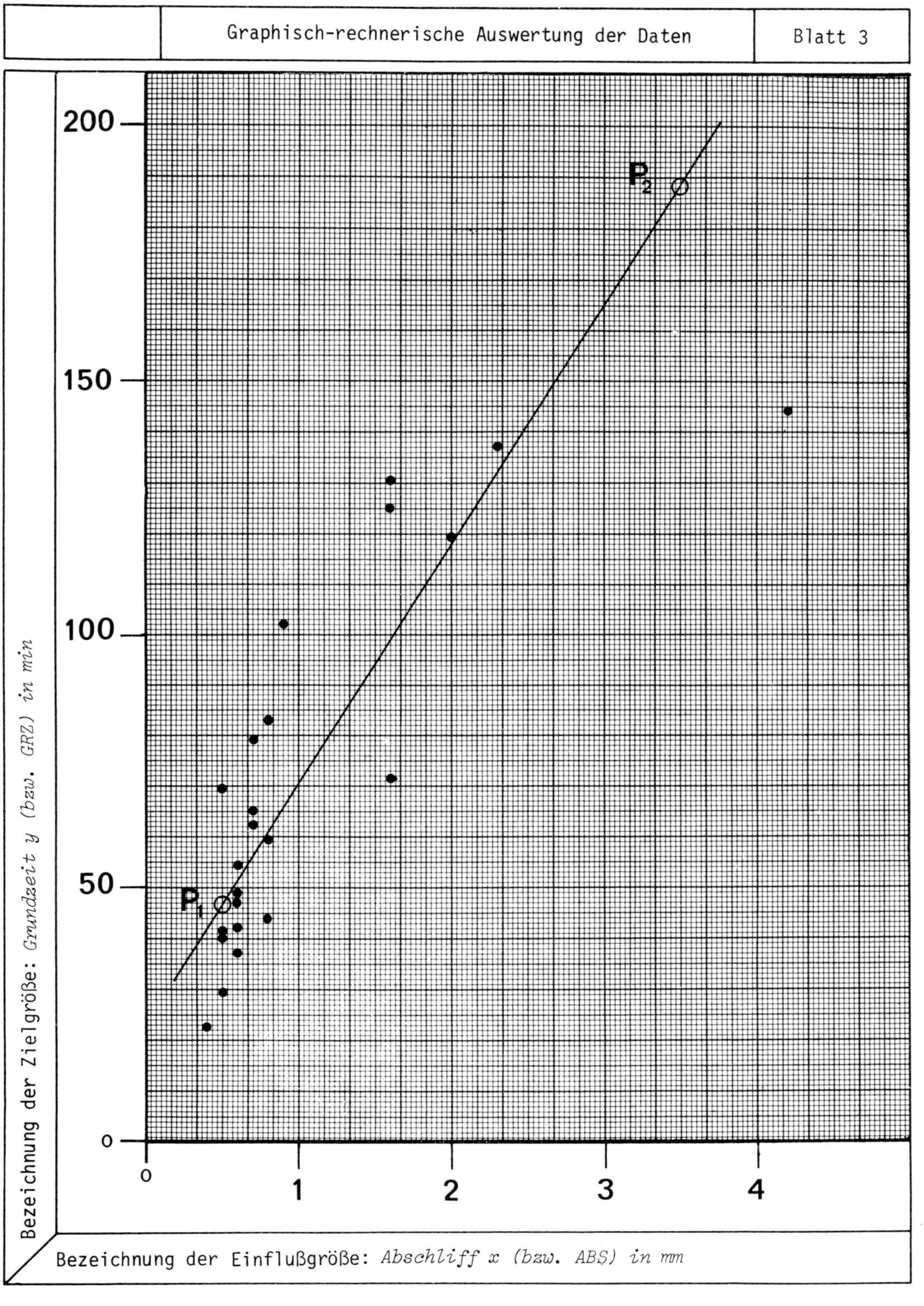

Bild 45: Darstellung der Datensätze des Leitbeispiels 1

Aufgabe der Regressionsrechnung ist es, den vorhandenen Zusammenhang zwischen einer quantitativen Zielgröße und einer oder mehrerer quantitativer Einflußgrößen rechnerisch nachzuweisen, formelmäßig zu beschreiben und durch Gütekennzahlen zu belegen.

Derartige Aufgabenstellungen sind im Zusammenhang mit der Bildung von Planzeiten von allergrößter Bedeutung. Gelingt es nämlich, aus der mehrfachen Beobachtung einer oder mehrerer Einflußgrößen und einer zugeordneten beeinflußbaren Zeit als Zielgröße zu einer (Zeit-) Formel zu gelangen, dann kann die weitere Ermittlung von Zeiten ersetzt werden durch die Zeitberechnung, wie man dies von den Prozeßzeiten her kennt.

Voraussetzung hierfür ist, daß man nicht nur die vorhandene Abhängigkeit formelmäßig beschrieben hat, sondern jeden berechneten Wert der Zielgröße mit Genauigkeitsangaben versehen kann, die seine Verwendung rechtfertigen.

Es ist üblich, das Gebiet der Regressionsrechnung in folgende vier Teilgebiete zu gliedern:

Art der Ausgleichs-funktion	Zahl der Einflußgrößen	
	1	> 1
linear	Einfache lineare Regression	Mehrfache lineare Regression
nicht linear	Einfache nichtlineare Regression	Mehrfache nichtlineare Regression

Das Prinzip der Regressionsrechnung beruht darauf, daß die im Koordinatensystem darstellbare Datenmenge, durch eine mathematische Funktion bestmöglich ausgeglichen wird, d.h. die Unterschiede zwischen den beobachteten Zielgrößenwerten und den zugeordneten Werten auf der Ausgleichsfunktion möglichst klein ausfallen. Dieses Prinzip wird häufig als Methode der kleinsten Quadrate bezeichnet, da hierbei die Summe der quadrierten Unterschiede zwischen beobachteten Zielgrößen und zugeordneten Funktionswerten minimiert wird.

Im folgenden sollen die vier Teilgebiete der Regressionsrechnung ausführlicher beschrieben werden.

11.2. Aufbereitung der Stichprobe

Als Stichprobe bezeichnet man hier die erfaßten n Datensätze, wie sie allgemein in folgende tabellarische Standardform gebracht werden können:

(1)	(2)	(3)
Lfd.Nr. des Datensatzes	Wert der Einflußgröße	Wert der Zielgröße
i	x_i	y_i
1	x_1	y_1
2	x_2	y_2
.	.	.
.	.	.
.	.	.
n	x_n	y_n

Vergleicht man diese Standardform z.B. mit Leitbeispiel 1, so ergibt sich folgende Symbolliste:

Verwendetes Symbol	Bedeutung
n	Anzahl der Datensätze ≙ Stichprobengröße
i	lfd. Nr. des erfaßten Datensatzes ($i = 1, 2, \ldots, n$)
x	Einflußgröße
x_i	Wert der Einflußgröße im Datensatz Nr. i
y	Zielgröße
y_i	Wert der Zielgröße im Datensatz Nr. i
$(x_i;y_i)$	Datensatz Nr. i bei einfacher Regression
$(x_1;y_1)$	erster Datensatz bei einfacher Regression
$(x_n;y_n)$	letzter Datensatz bei einfacher Regression

Die Aufbereitung der Stichprobe bei einfacher linearer Regression hat folgende Ziele:

1. Ermittlung der Ausgleichsgeraden, auch Regressionsgerade genannt.
2. Berechnung von Hilfsgrößen, die der gütemäßigen Beurteilung der ermittelten Regressionsgeraden dienen.

Diese Berechnungen werden auf den folgenden Seiten in zehn Schritten in aller Ausführlichkeit dargestellt. Sie sind in einem Vordrucksatz zusammengefaßt, der daran anschließend wiedergegeben wird.

Dieser Vordrucksatz eignet sich besonders, wenn die Stichprobe mittels Tischrechner oder Taschenrechner aufbereitet wird. Eine große Erleichterung stellen programmierbare Tischrechengeräte oder Taschenrechner bei der Bearbeitung der einfachen linearen Regression dar. Alle Hersteller solcher Geräte bieten heute sehr gute Rechenprogramme, zum Teil sogar in fester Programmierung für derartige Rechengeräte an.

Ein Beispiel für ein solches Gerät ist der Taschenrechner von Texas-Instruments, SR 51-II. Dieses Gerät besitzt Eingabetasten für die Datensätze einer einfachen Regression. Es ist mit Funktionstasten für die automatische Berechnung von Absolutglied a und Regressionskoeffizient b ausgestattet, die man unmittelbar nach Eingabe des letzten Datensatzes drückt, so daß die Zeitformel aus Schritt 7 unmittelbar im Anschluß daran vorliegt. Ferner besitzt dieser Taschenrechner eine Funktionstaste für das Berechnen der Planzeit. Über diese Funktionstaste wird der Wert x der Einflußgröße eingegeben, die Planzeit y(x) erscheint anschließend in der Anzeige.

Besonders gut eignen sich für die Auswertungen Magnetkarten-programmierbare Taschenrechner, z.B. HP 67 und HP 97 von Hewlett Packard und SR 52, TI-58 und TI-59 von Texas Instruments.

Mit den letztgenannten Geräten wurden die Berechnungen in den nachfolgenden Abschnitten ausgeführt. Die Geräte zeigen Ergebnisse 10-stellig an. Diese 10 Stellen sind aus Kontrollgründen zunächst angegeben und anschließend sinnvoll gerundet worden. Auf solchen Ergebnissen aufbauende Folgerechnungen sind jedoch stets mit den Exaktergebnissen und nicht mit den Rundwerten ausgeführt worden.

<u>B e i s p i e l:</u>

Leitbeispiel 1 liefert folgende Rechentafel als tabellarische Standardform für die einfache lineare Regression (Spalte (1) bis (3)):

(1)	(2)	(3)	(4)	(5)	(6)
Lfd. Nr. des Datensatzes	Wert der Einflußgröße	Wert der Zielgröße	x_i^2	$x_i y_i$	y_i^2
i	x_i	y_i	(2)·(2)	(2)·(3)	(3)·(3)
1	0,5	29,4	0,25	14,70	864,36
2	0,6	47,2	0,36	28,32	2 227,84
3	0,6	48,7	0,36	29,22	2 371,69
4	0,8	59,5	0,64	47,60	3 540,25
5	0,6	54,8	0,36	32,88	3 003,04
6	0,7	62,6	0,49	43,82	3 918,76
7	0,5	69,9	0,25	34,95	4 886,01
8	0,5	41,7	0,25	20,85	1 738,89
9	0,8	43,9	0,64	35,12	1 927,21
10	0,4	22,7	0,16	9,08	515,29
11	0,5	40,8	0,25	20,40	1 664,64
12	0,6	37,3	0,36	22,38	1 391,29
13	0,6	42,1	0,36	25,26	1 772,41
14	0,8	83,0	0,64	66,40	6 889,00
15	0,7	65,3	0,49	45,71	4 264,09
16	0,7	79,3	0,49	55,51	6 188,49
17	1,6	125,3	2,56	200,48	15 700,09
18	0,9	102,0	0,81	91,80	10 400,00
19	1,6	130,6	2,56	208,96	17 056,36
20	4,2	144,2	17,64	605,64	20 793,64
21	2,0	119,7	4,00	239,40	14 328,09
22	2,3	137,1	5,29	315,33	18 796,41
23	1,6	71,4	2,56	114,24	5 097,96

1. Schritt: Einrichtung der Spalten x_i^2, $x_i y_i$ und y_i^2

Ausgehend von der tabellarischen Standardform der einfachen linearen Regression richtet man sich zusätzliche Spalten für die Berechnung der Größen x_i^2, $x_i y_i$ und y_i^2 ein (s. Spalte (4) bis (6)).

2. Schritt: Berechnung der Spaltensummen

Man berechnet sich die Spaltensummen $\sum x_i$, $\sum y_i$, $\sum x_i^2$, $\sum x_i y_i$ und $\sum y_i^2$ der vorangegangenen Rechentafel.

Beispiel:

Für Leitbeispiel 1 erhält man durch Addition der Spalten (2) bis (6) folgende Werte:

n	$\sum x_i$	$\sum y_i$	$\sum x_i^2$	$\sum x_i y_i$	$\sum y_i^2$
23	24,1	1 658,5	41,77	2 308,05	149 439,81

3. Schritt: Berechnung der Mittelwerte für Einflußgröße und Zielgröße
Die Werte der Einflußgröße und der Zielgröße können unabhängig voneinander betrachtet werden. Deren Mittelwerte lauten:

$$\bar{x} = \frac{1}{n}\sum x_i \qquad \bar{y} = \frac{1}{n}\sum y_i$$

Natürlich lassen sich auch andere Berechnungsvorschriften für $\bar{x}$ und $\bar{y}$ angeben, da man jedoch bei der Bearbeitung von Regressionsproblemen in der Praxis stets mindestens Tischrechenmaschinen einsetzt, erübrigen sich im allgemeinen andere Berechnungsvorschriften.

Beispiel:

Im Leitbeispiel 1 ist:

$$\bar{x} = \frac{1}{n}\sum x_i \qquad \bar{y} = \frac{1}{n}\sum y_i$$

$$= \frac{1}{23}\cdot 24{,}1 \qquad = \frac{1}{23}\cdot 1\,658{,}5$$

$$= 1{,}047\,826\,087 \text{ mm} \qquad = 72{,}108\,695\,65 \text{ min}$$

$$\approx 1{,}05 \text{ mm} \qquad \approx 72{,}11 \text{ min}$$

4. Schritt: Berechnung der Summe der quadrierten Abweichungen
Von der statistischen Auswertung eindimensionaler Stichproben her ist bekannt, daß aus jeder Meßstichprobe eine Information sowohl zur Meßwertlage als auch zur Meßwertstreuung herausgearbeitet werden muß, um die Meßstichprobe statistisch weiter bearbeiten zu können. Zur Meßwertlage wurden im 3. Schritt bereits die Mittelwerte $\bar{x}$ und $\bar{y}$ berechnet. Ganz analog sind jetzt Varianzen zu berechnen. Die Varianz der erfaßten Werte einer eindimensionalen Stichprobe ist wie folgt definiert (siehe Seite   ff):

$$s^2 = \frac{1}{n-1}\underbrace{\sum (x_i - \bar{x})^2}$$

Diese Summe heißt:
Summe der quadrierten Abweichungen und wird mit S (großer Buchstabe!) abgekürzt

Es ist zweckmäßiger, die Varianz statt nach obiger Definition wie folgt zu berechnen (siehe Verfahren 2.5.1):

$$s^2 = \frac{1}{n-1}\underbrace{\left[\sum x_i^2 - \frac{1}{n}\left(\sum x_i\right)^2\right]}$$

Diese eckige Klammer ist obige Summe der quadrierten Abweichungen S

Nach dem Muster der zuletzt genannten eckigen Klammer lassen sich bei einfacher linearer Regression berechnen:

1. Summe der quadrierten Abweichungen der Einflußgrößenwerte

$$S_x{}^2 = \sum x_i{}^2 - \frac{1}{n}\left(\sum x_i\right)^2$$

2. Summe der quadrierten Abweichungen der Zielgrößenwerte

$$S_y{}^2 = \sum y_i{}^2 - \frac{1}{n}\left(\sum y_i\right)^2$$

3. Summe der gemischten Abweichungsprodukte

$$S_{xy} = \sum x_i y_i - \frac{1}{n}\sum x_i \sum y_i$$

Diese Hilfsgrößen werden bei zahlreichen weiteren Berechnungen benötigt. Deshalb werden sie in diesem Schritt bereitgestellt.

Beispiel:

Leitbeispiel 1 liefert:

$$S_x{}^2 = \sum x_i{}^2 - \frac{1}{n}\left(\sum x_i\right)^2$$

$$= 41{,}77 - \frac{24{,}1^2}{23}$$

$$= 16{,}517\,391\,30 \approx 16{,}52\ \text{mm}^2$$

$$S_y^2 = \sum y_i^2 - \frac{1}{n}(\sum y_i)^2$$

$$= 149\,439{,}81 - \frac{1\,658{,}5^2}{23}$$

$$= 29\,847{,}538\,30 \approx 29\,847\ \text{min}^2$$

$$S_{xy} = \sum x_i y_i - \frac{1}{n}(\sum x_i \cdot \sum y_i)$$

$$= 2\,308{,}05 - \frac{24{,}1 \cdot 1\,658{,}5}{23}$$

$$= 570{,}230\,434\,8 \approx 570{,}2\ \text{mm} \cdot \text{min}$$

5. Schritt: Berechnung der Varianzen

Bereits in Schritt 4 wurde darauf hingewiesen, daß sich aus der Summe der quadrierten Abweichungen die Varianz berechnen läßt. Bezogen auf die einfache, lineare Regression erhält man:

1. Varianz der Einflußgrößenwerte

$$s_x^2 = \frac{1}{n-1}\left[\sum x_i^2 - \frac{1}{n}(\sum x_i)^2\right]$$

$$= \frac{1}{n-1} \cdot S_x^2$$

2. Varianz der Zielgrößenwerte

$$s_y^2 = \frac{1}{n-1}\left[\sum y_i^2 - \frac{1}{n}(\sum y_i)^2\right]$$

$$= \frac{1}{n-1} \cdot S_y^2$$

3. Kovarianz der Datensätze

$$s_{xy} = \frac{1}{n-1}\left[\sum x_i y_i - \frac{1}{n}\sum x_i \sum y_i\right]$$

$$= \frac{1}{n-1} \cdot S_{xy}$$

Die Kovarianz s_{xy}, wie auch zuvor die Größe S_{xy}, sind erste Kenngrößen, aus denen hervorgeht, welche Abhängigkeit zwischen Einfluß- und Zielgrößenwerten besteht (siehe Bild 46).

Kovarianz s_{xy} positiv (S_{xy} positiv) | Kovarianz $s_{xy} \approx 0$ ($S_{xy} \approx 0$) | Kovarianz s_{xy} negativ (S_{xy} negativ)

Bild 46: Die Kovarianz als Abhängigskeitsmaß bei einfacher linearer Regression

<u>Beispiel:</u>

Leitbeispiel 1 liefert als Varianzen

$$s_x^2 = \frac{1}{n-1} \cdot S_x^2 = \frac{16{,}517\ 391\ 30}{22} = 0{,}750\ 790\ 513\ 6 \approx 0{,}751\ \text{mm}^2$$

$$s_y^2 = \frac{1}{n-1} \cdot S_y^2 = \frac{29\ 847{,}538\ 30}{22} = 1\ 356{,}706\ 286 \approx 1\ 357\ \text{min}^2$$

$$s_{xy} = \frac{1}{n-1} \cdot S_{xy} = \frac{570{,}230\ 434\ 8}{22} = 25{,}919\ 565\ 522 \approx 25{,}92\ \text{mm} \cdot \text{min}$$ (Kovarianz)

6. Schritt: Berechnung der Standardabweichungen

In einigen Formeln, meistens sind es Definitionsformeln, kommt die Standardabweichung der Einflußgrößenwerte s_x und die der Zielgrößenwerte s_y vor. Es ist

$$s_x = +\sqrt{s_x^2} \qquad s_y = +\sqrt{s_y^2}$$

Beispiel:

Leitbeispiel 1 liefert:

$$s_x = +\sqrt{s_x^2} \qquad s_y = +\sqrt{s_y^2}$$

$$= \sqrt{0{,}750\,790\,513\,6} \qquad = \sqrt{1\,356{,}706\,286}$$

$$= 0{,}866\,481\,686\,8 \qquad = 36{,}833\,494\,08$$

$$\approx 0{,}87 \text{ mm} \qquad \approx 36{,}83 \text{ min}$$

7. Schritt: Berechnung der Parameter der Regressionsgerade

Die allgemeine Formel für eine Gerade lautet

$$\boxed{y(x) = a + bx}$$

Es gilt nun, die Datensätze bestmöglich durch eine Gerade wiederzugeben. Anschaulich gesprochen bedeutet diese Forderung, daß man durch die im Koordinatensystem dargestellten Datensätze $(x_i; y_i)$ eine Gerade so hindurch legen muß, daß diese die eingezeichnete Punktefolge bestmöglich wiedergibt. In Bild 45 wurde die Punktefolge zu Leitbeispiel 1 bereits dargestellt.

Statt nach Augenmaß diese Gerade zu finden, ist es anhand der zuvor bereitgestellten Hilfsgrößen möglich, diese Gerade in objektiver Form zu berechnen. Die so berechnete Gerade heißt Regressionsgerade. Um die Regressionsgerade nennen zu können, müssen die Größen a, das Absolutglied, und b, der Regressionskoeffizient, durch bestimmte Zahlen ersetzt werden. Diese erhält man aus der Stichprobe nach folgenden zweckmäßigen Berechnungsvorschriften:

1. Regressionskoeffizient

$$b = \frac{s_{xy}}{s_x^2}$$

2. Absolutglied

$$a = \frac{1}{n}\left[\sum y_i - b\sum x_i\right]$$

Beispiel:

Für Leitbeispiel 1 erhält man

Regressionskoeffizient $b = \frac{s_{xy}}{s_x^2}$

$$= \frac{570{,}230\ 434\ 8}{16{,}517\ 391\ 30}$$

$$= 34{,}523\ 032\ 39 \approx 34{,}52 \text{ min/mm}$$

Absolutglied $a = \frac{1}{n}\left[\sum_i y_i - b\sum_i x_i\right]$

$$= \left[1\ 658{,}5 - 34{,}510\ 500\ 15 \cdot 24{,}1\right] : 23$$

$$= 35{,}934\ 561\ 72 \approx 35{,}9 \text{ min}$$

Die Regressionsgerade hat also folgende Formel:

$$y(x) = 35{,}9 + 34{,}52x$$

Da diese Formel aus erfaßten beeinflußbaren Zeiten ermittelt wurde, wird sie Zeitformel genannt und unter bestimmten in den nächsten Abschnitten zu erörternden Voraussetzungen zur Berechnung von Planzeiten verwendet. Eine erste selbstverständliche Voraussetzung besteht darin, daß die Zeitformel im allgemeinen nur innerhalb des beobachteten Wertebereiches der Einflußgröße verwendet werden kann. Dieser Bereich heißt Gültigkeitsbereich. Er lautet für Leitbeispiel 1:

Gültigkeitsbereich: $x = 0{,}4 \ldots 4{,}2$ mm Abschliff oder anders geschrieben

$$0{,}4 \leq x \leq 4{,}2 \text{ mm}$$

Obige Formel würde z.B. für $x = 0{,}6$ mm Abschliff eine Planzeit liefern von

$$y(x = 0{,}6) = 35{,}9 + 34{,}52 \cdot 0{,}6 = 56{,}6 \text{ min}$$

Diese Berechnung ist zulässig, da $x = 0{,}6$ mm innerhalb des Gültigkeitsbereiches liegt.

Im Lohnrahmentarifvertrag II für die Arbeiter der Metallindustrie in Nordwürttemberg-Nordbaden vom 1.11.1973 heißt es bezüglich der Verwendung von Planzeitformeln unter 3.11 sogar sinngemäß:

Das Extrapolieren der Werte sei unter der Voraussetzung zulässig (gemeint ist ein Über- oder Unterschreiten des Gültigkeitsbereiches), daß ein eindeutiger Trend vorliegt (sich das Datenmaterial also gut ausgleichen läßt), und daß der ermittelte Endwert um nicht mehr als 15% überschritten wird. (Gemeint ist damit folgendes: Setzt man in die Regressionsformel die beiden Grenzwerte für die Einflußgröße ein, so erhält man zwei Planzeiten, hier mit Endwerten bezeichnet. Die Zeitformel kann auch außerhalb des Gültigkeitsbereiches verwendet werden, so lange die berechnete Planzeit nicht um mehr als 15% von diesen Endwerten abweicht.) Die so extrapolierten Werte sind auf den Stammunterlagen zu kennzeichnen und alsbald durch eine der vereinbarten Ermittlungstechniken zu belegen.

<u>8. Schritt:</u> Berechnung der Fehlerquadratsumme

Ob die Formel für die Regressionsgerade befriedigende Rechenergebnisse liefert, kann auf verschiedene Art und Weise nachgewiesen werden. Die beste Methode besteht zunächst darin, daß man sich eine Gegenüberstellung von erfaßten Werten (y_i) der Zielgröße und berechneten Funktionswerten $y(x_i)$ anfertigt und die Differenzen (d_i) zwischen beiden Größen beurteilt.

Beispiel:

Bezogen auf das Leitbeispiel 1 sieht diese Gegenüberstellung so aus:

(1)	(2)	(3)	(4)	(5)	(6)
Lfd.Nr. des Datensatzes	Abschliff in mm	erfaßte Schleifzeit in min	berechnete Schleifzeit in min	Fehler in min	Fehlerquadrate in min^2
i	x_i	y_i	$y(x_i)$	d_i=(3)-(4)	d_i^2=(5)·(5)
1	0,5	29,4	53,196 1	-23,796 1	566,254 4
2	0,6	47,2	56,648 4	- 9,448 4	89,272 3
3	0,6	48,7	56,648 4	- 7,948 4	63,177 1
4	0,8	59,5	63,553 0	- 4,053 0	16,426 8
5	0,6	54,8	56,648 4	- 1,848 4	3,416 6
6	0,7	62,6	60,100 7	2,499 3	6,246 5
7	0,5	69,9	53,196 1	16,703 9	279,020 3
8	0,5	41,7	53,196 1	-11,496 1	132,160 3
9	0,8	43,9	63,553 0	-19,653 0	386,240 4
10	0,4	22,7	49,743 8	-27,043 8	731,367 1
11	0,5	40,8	53,196 1	-12,396 1	153,663 3
12	0,6	37,3	56,648 4	-19,348 4	374,360 6
13	0,6	42,1	56,648 4	-14,548 4	211,655 9
14	0,8	83,0	63,553 0	19,447 0	378,185 8
15	0,7	65,3	60,100 7	5,199 3	27,032 7
16	0,7	79,3	60,100 7	19,199 3	368,613 1
17	1,6	125,3	91,171 4	34,128 6	1 164,761 3
18	0,9	102,0	67,005 3	34,994 7	1 224,629 0
19	1,6	130,6	91,171 4	39,428 6	1 554,614 4
20	4,2	144,2	180,931 3	-36,731 3	1 349,188 3
21	2,0	119,7	104,980 6	14,719 4	216,660 7
22	2,3	137,1	115,337 5	21,762 5	473,606 4
23	1,6	71,4	91,171 4	-19,771 4	390,908 3
				0	10 161,461 0

Fehlerquadratsumme $Q = \sum d_i^2$

Die in Spalte (5) stehenden Differenzen d_i werden häufig auch als Fehler, Reste oder Residuen bezeichnet. Diese Fehler gilt es zu beurteilen.

Zunächst entnimmt man dieser Gegenüberstellung, daß die Summe sämtlicher $n = 23$ Differenzen den Wert 0 ergibt. Dies ist immer der Fall, da ja beim Ausgleich der Punktefolge gerade hierauf geachtet wurde.

Die berechneten Reste weichen zum Teil beträchtlich voneinander ab.

Aus den insgesamt festgestellten Abweichungen berechnet man im allgemeinen als Kennzahl für die Güte des Ausgleichs die sogenannte Fehlerquadratsumme Q. Diese ist

$$Q = \sum d_i^2 \text{ mit } d_i = y_i - y(x_i)$$

Ist die Fehlerquadratsumme Q groß, dann weichen die beobachteten y_i-Werte von den berechneten $y(x_i)$-Werten stark ab, d.h. die Punktefolge streut dann sehr stark um die Ausgleichsgerade, diese liefert dann also keine brauchbaren Planzeitwerte und umgekehrt.

Rechentechnisch zweckmäßiger und genauer als nach obiger Formel berechnet man die Fehlerquadratsumme Q nach folgender Formel:

$$Q = S_y^2 - \frac{(S_{xy})^2}{S_x^2}$$

Beispiel:

Im Leitbeispiel 1 ist

$$Q = S_y^2 - \frac{(S_{xy})^2}{S_x^2}$$

$$= 29\,847{,}538\,30 - \frac{570{,}230\,434\,8^2}{16{,}517\,391\,30}$$

$$= 10\,161{,}454\,53$$

$$\approx 10\,161 \text{ min}^2\,{}^{*)}$$

9. Schritt: Berechnung der Restvarianz und -standardabweichung

Aus der Fehlerquadratsumme, die auch als Summe quadratierter Abweichungen interpretiert werden kann, berechnet man die Varianz s_R^2 und die Standardabweichung s_R der Reste. Auch diese Stichprobenkenngröße ist ein Maß für die Abweichung der beobachteten y_i-Werte von den berechneten $y(x_i)$-Werten. Es gelten für Restvarianz s_R^2 und Reststandardabweichung s_R folgende Formeln:

---

*) Vergleiche auch mit der Summe von Spalte (6) der vorangegangenen Tabelle; die Abweichungen zwischen diesem Ergebnis und der Summe von Spalte (6) ab der zweiten Nachkommastelle ergeben sich aus der begrenzten Stellenzahl der Summanden in Spalte (6).

$$s_R^2 = \frac{1}{n-2} \cdot Q \qquad \text{und}$$

$$s_R = +\sqrt{s_R^2}$$

Beispiel:

Bezogen auf Leitbeispiel 1 erhält man als Restvarianz

$$\begin{aligned} s_R^2 &= \frac{1}{n-2} \cdot Q \\ &= \frac{1}{23-2} \cdot 10\,161{,}454\,53 \\ &= 483{,}878\,787 \\ &\approx 483{,}9 \text{ min}^2 \end{aligned}$$

und als Reststandardabweichung

$$\begin{aligned} s_R &= +\sqrt{s_R^2} \\ &= \sqrt{484{,}559\,259\,9} \\ &= 21{,}997\,244\,99 \\ &\approx 22{,}0 \text{ min} \end{aligned}$$

10. Schritt: Berechnung des Bestimmtheitsmaßes

Im allgemeinen bereitet die Beurteilung der Fehlerquadratsumme Q wegen Unanschaulichkeit Schwierigkeiten. Deshalb wählt man ein Beurteilungsverfahren, dem folgende Überlegungen zugrunde liegen:

Ohne Einsatz der Regressionsrechnung hätte man den aus den beobachteten Meßwerten y_i berechneten Stichprobenmittelwert $\bar{y}$ mit sehr geringer Genauigkeit ε verwendet. Das wäre deshalb schlecht, weil die Einzelabweichungen $(y_i - \bar{y})$ zu groß sind. Als Maß für die Höhe der Einzelabweichungen könnte die Summe der quadrierten Abweichungen

$$s_y^2 = \sum(y_i - \bar{y})^2$$

angegeben werden (s. Schritt 4).

Eine Verbesserung gegenüber der ausschließlichen Verwendung von $\bar{y}$ wird mittels Regressionsrechnung und Verwendung der $y(x_i)$ dann erzielt, wenn die Abweichungen $d_i = y_i - y(x_i)$ im Vergleich zu den Abweichungen $(y_i - \bar{y})$ klein sind. Als Maß für die Größe der Abweichungen d_i wurde deshalb die Fehlerquadratsumme

$$Q = \sum \left[y_i - y(x_i)\right]^2$$

gebildet.

Bezieht man die Fehlerquadratsumme Q auf die Summe $S_y{}^2$ der quadrierten ursprünglichen Abweichungen $(y_i - \bar{y})$, bildet man also den Quotienten $Q/S_y{}^2$, so erhält man bereits ein anschauliches Maß dafür, ob der Einsatz der Regressionsrechnung erfolgreich war. Dieser Sachverhalt wird zunächst in Bild 47 dargestellt.

Weitere, jedoch in der Praxis unübliche Beurteilungsmöglichkeiten bestehen darin,

- die Restvarianz s_R^2 mit der Varianz der Zielgrößenwerte s_y^2 oder
- die Reststandardabweichung s_R mit der Standardabweichung der Zielgrößenwerte s_y

zu vergleichen.

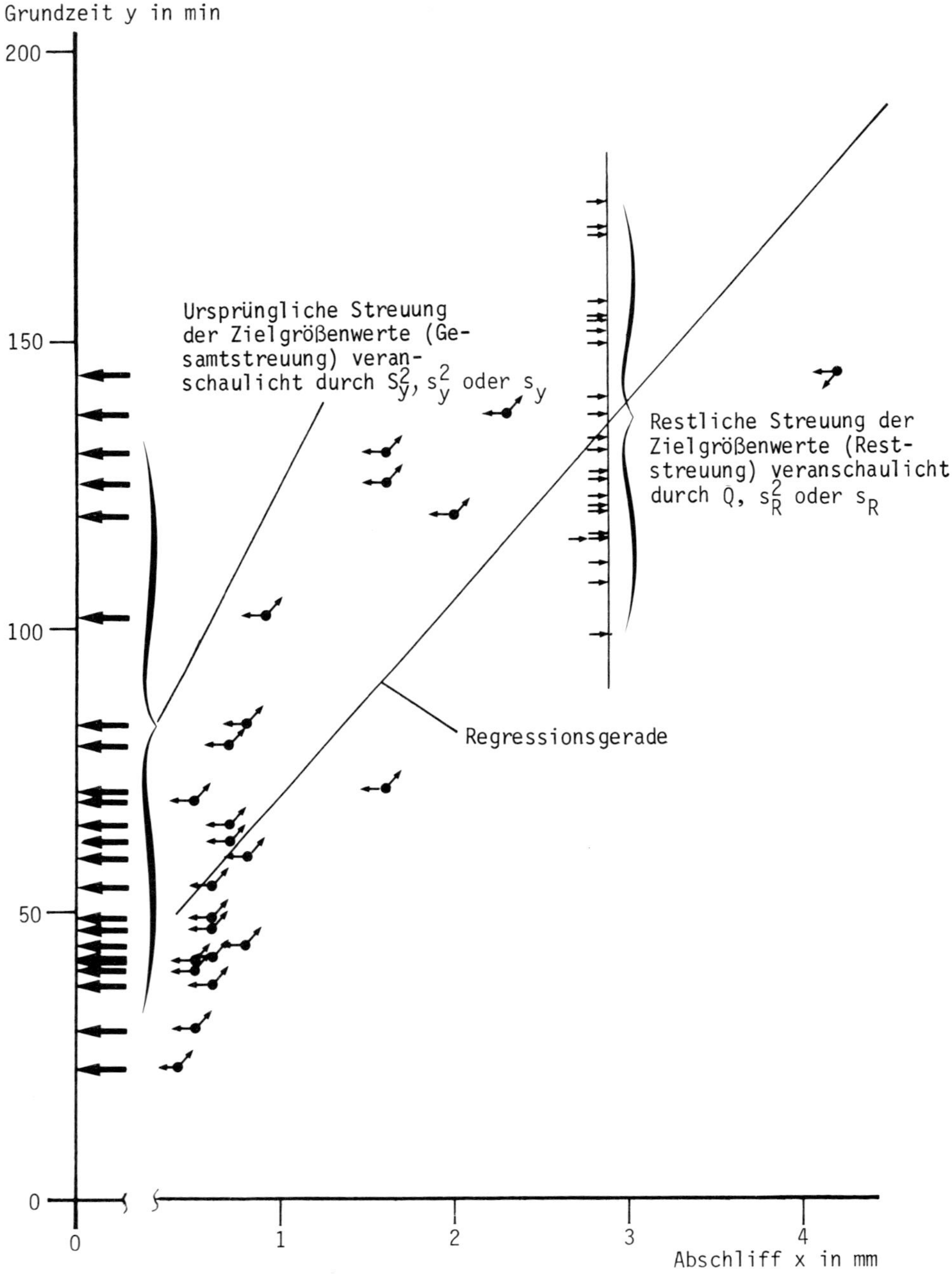

Bild 47: Zur Veranschaulichung von ursprünglicher und restlicher Streuung der Zielgrößenwerte

Ist der Quotient Q/S_y^2 "groß", dann liefert die Regressionsrechnung Funktionswerte $y(x_i)$, die nicht besser sind als der aus den Zielgrößenwerten y_i berechnete Mittelwert $\bar{y}$.

Ist dagegen Q/S_y^2 "klein", dann liefert die Regressionsrechnung Funktionswerte $y(x_i)$, die besser mit den erfaßten Zielgrößenwerten y_i übereinstimmen als der aus diesen berechnete Mittelwert $\bar{y}$.

In der Praxis haben sich für die Beurteilung der Regressionsgeraden statt des Quotienten Q/S_y^2 zwei andere Kenngrößen durchgesetzt:

1. Das Bestimmtheitsmaß B und
2. die Korrelationszahl r.

Das Bestimmtheitsmaß B wird wie folgt berechnet:

$$B = \left(1 - \frac{Q}{S_y^2}\right) \cdot 100\%$$

oder rechentechnisch zweckmäßiger und genauer:

$$B = \frac{\left(S_{xy}\right)^2}{S_x^2 \cdot S_y^2} \cdot 100\%$$

Das Bestimmtheitsmaß kann zwischen 0 und 100% variieren. Regressionsrechnungen mit einem Bestimmtheitsmaß von 80% und mehr werden von Praktikern der Regressionsrechnung häufig als hinreichend genau bezeichnet, wie die nachfolgenden Ausführungen im Kapitel 11.4 jedoch zeigen, ist es sinnvoll, statt vom Bestimmtheitsmaß B auch hier bei einer Beurteilung von der erzielten Genauigkeit ε auszugehen, mit der die Funktionswerte $y(x)$ berechnet werden.

Anschaulich drückt das Bestimmtheitsmaß aus, wie gut sich die Zielgrößenwerte y_i aufgrund der berechneten Regressionsgeraden $y(x) = a + bx$ aus den Einflußgrößenwerten x_i erklären lassen.

Aussagekräftiger, aber nicht so anschaulich ist die Korrelationszahl r.

Diese Stichprobenkenngröße wird wie folgt berechnet:

$$r = \frac{s_{xy}}{s_x \cdot s_y}$$

Ferner ist

$$B = r^2 \cdot 100\%$$

Die Korrelationszahl r kann zwischen -1 und +1 variieren. Werte in der Gegend um +1 (-1) weisen auf eine steigende (fallende) Punktefolge mit gut erkennbarer linearer Tendenz hin. Läßt sich keine, zumindest keine lineare Tendenz erkennen, dann ist r etwa 0.

In Bild 48 sind einige Meßstichproben und die dabei feststellbare Größenordnung von Bestimmtheitsmaß und Korrelationszahl wiedergegeben.

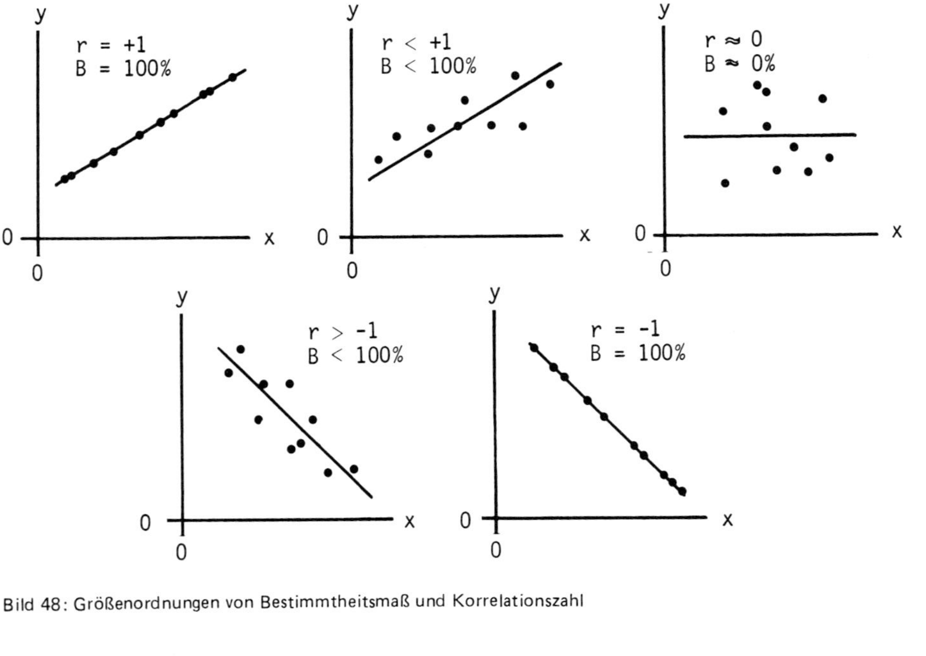

Bild 48: Größenordnungen von Bestimmtheitsmaß und Korrelationszahl

Beispiel:

Für Leitbeispiel 1 erhält man

1. Als Bestimmtheitsmaß

$$B = \frac{(s_{xy})^2}{s_x^2 \cdot s_y^2} \cdot 100\%$$

$$= \frac{570{,}230\ 434\ 8^2}{16{,}517\ 391\ 30 \cdot 29\ 847{,}538\ 30} \cdot 100\%$$

$$= 65{,}955\ 468\ 66 \approx 66{,}0\%$$

2. Als Korrelationszahl

$$r = \frac{s_{xy}}{s_x \cdot s_y}$$

$$= \frac{25{,}910\ 156\ 14}{0{,}866\ 481\ 686\ 8 \cdot 36{,}833\ 494\ 08}$$

$$= 0{,}812\ 129\ 722\ 8 \approx 0{,}812$$

Auf den nachfolgenden Seiten sind die in den Schritten 1 bis 10 erarbeiteten Rechenergebnisse nochmals vordruckmäßig gestaltet zusammengestellt worden.

Verfahren 13.1 (Seite 471 bis Seite 473) Stichprobenkenngrößen bei einfacher linearer Regression

Aufgabe 11.2-1

Bereiten Sie die Stichprobe des Leitbeispiels 2 auf dem Vordrucksatz (Blatt 1, 2, 5 und 6) auf. Verwenden Sie dafür die leeren Vordrucksätze im Anhang. Stellen Sie dieses Vorgehen der graphisch-rechnerischen Ermittlung einer Planzeitformel gegenüber, wie sie in der REFA-Methodenlehre des Arbeitsstudiums, Band 2, Seite 369, beschrieben worden ist. Für diese Ermittlung können Sie die Blätter 3 und 4 des Vordrucksatzes verwenden.

Bezeichnung des Verfahrens: *Stichprobenkenngrößen bei einfacher linearer Regression*	Nr. *13.1*
Siehe auch Verfahren Nr.	Blatt: *1*

Problemstellung: *Gegeben ist eine zweidimensionale Meßstichprobe, die durch eine Gerade ausgeglichen werden soll.*

Verwendete Symbole	Bedeutung
n	*Anzahl der Datensätze ≙ Stichprobengröße*
x_i	*Wert der Einflußgröße im Datensatz Nr. i (i = 1, 2, ..., n)*
y_i	*Wert der Zielgröße im Datensatz Nr. i*

Schrittfolge und Beispiel

1. Spalten für x_i^2, $x_i y_i$ und y_i^2 einrichten und berechnen

(1)	(2)	(3)	(4)	(5)	(6)
Lfd.Nr. des Datensatzes	Wert der Einflußgröße	Wert der Zielgröße	x_i^2	$x_i y_i$	y_i^2
i	x_i	y_i	(2)·(2)	(2)·(3)	(3)·(3)
1	*0,5*	*29,4*	*0,25*	*14,70*	*864,36*
2	*0,6*	*47,2*	*0,36*	*28,32*	*2 227,84*
3	*0,6*	*48,7*	*0,36*	*29,22*	*2 371,69*
4	*0,8*	*59,5*	*0,64*	*47,60*	*3 540,25*
5	*0,6*	*54,8*	*0,36*	*32,88*	*3 003,04*
6	*0,7*	*62,6*	*0,49*	*43,82*	*3 918,76*
7	*0,5*	*69,9*	*0,25*	*34,95*	*4 886,01*
17	*1,6*	*125,3*	*2,56*	*200,48*	*15 700,09*
18	*0,9*	*102,0*	*0,81*	*91,80*	*10 404,00*
19	*1,6*	*130,6*	*2,56*	*208,96*	*17 056,36*
20	*4,2*	*144,2*	*17,64*	*605,64*	*20 793,64*
21	*2,0*	*119,7*	*4,00*	*239,40*	*14 328,09*
22	*2,3*	*137,1*	*5,29*	*315,33*	*18 796,41*
23	*1,6*	*71,4*	*2,56*	*114,24*	*5 097,96*
n =	$\sum x_i$ =	$\sum y_i$ =	$\sum x_i^2$ =	$\sum x_i y_i$ =	$\sum y_i^2$ =
23	*24,1*	*1 658,5*	*41,77*	*2 308,05*	*149 439,81*

Bezeichnung des Verfahrens:	*Stichprobenkenngrößen bei einfacher linearer Regression*	Nr. *13.1*
Siehe auch Verfahren Nr.		Blatt: *2*

Schrittfolge und Beispiel

2. Spaltensummen berechnen

$n = 23$	$\sum x_i = 24{,}1$	$\sum y_i = 1\,658{,}5$
$\sum x_i^2 = 41{,}77$	$\sum x_i y_i = 2\,308{,}05$	$\sum y_i^2 = 149\,439{,}81$

3. Mittelwert der Einfluß- und Zielgröße berechnen

Mittelwert der Einflußgröße $\bar{x} = \frac{1}{n}\sum x_i = \frac{24{,}1}{23}$ = **1,047 826 087**

Mittelwert der Zielgröße $\bar{y} = \frac{1}{n}\sum y_i = \frac{1\,658{,}5}{23}$ = **72,108 695 65**

4. Summe der quadrierten Abweichungen (SdqA) S_x^2, S_{xy} und S_y^2 berechnen

$$S_x^2 = \sum x_i^2 - \frac{1}{n}(\sum x_i)^2 = 41{,}77 - \frac{24{,}1^2}{23} = 16{,}517\,391\,30$$

$$S_y^2 = \sum y_i^2 - \frac{1}{n}(\sum y_i)^2 = 149\,439{,}81 - \frac{1\,658{,}5^2}{23} = 29\,847{,}528\,26$$

$$S_{xy} = \sum x_i y_i - \frac{1}{n}(\sum x_i \cdot \sum y_i) = 2\,308{,}05 - \frac{24{,}1 \cdot 1\,658{,}5}{23} = 570{,}230\,435$$

5. Varianzen berechnen

$$s_x^2 = \frac{1}{n-1} \cdot S_x^2 = \frac{16{,}517\,391\,30}{22} = 0{,}750\,790\,513\,6$$

$$s_y^2 = \frac{1}{n-1} \cdot S_y^2 = \frac{29\,847{,}538\,26}{22} = 1\,356{,}706\,285$$

$$s_{xy} = \frac{1}{n-1} \cdot S_{xy} = \frac{570{,}230\,435}{22} = 25{,}919\,565\,23$$

(Kovarianz)

6. Standardabweichungen berechnen

$$s_x = +\sqrt{s_x^2} = \sqrt{0{,}750\,790\,513\,6} = 0{,}866\,481\,686\,8$$

$$s_y = +\sqrt{s_y^2} = \sqrt{1\,356{,}706\,285} = 36{,}833\,494\,06$$

Bezeichnung des Verfahrens:	*Stichprobenkenngrößen bei einfacher linearer Regression*	Nr. *13.1*
Siehe auch Verfahren Nr.		Blatt: *3*

Schrittfolge und Beispiel

7. Parameter der Regressionsgerade berechnen

Regressionskoeffizient $b = \frac{S_{xy}}{S_x^2} = \frac{570{,}230\ 435}{16{,}517\ 391\ 30} = \boxed{34{,}523\ 032\ 4}$

Absolutglied $a = \frac{1}{n}\left[\sum y_i - b\sum x_i\right] = \left[1\ 658{,}5 - 34{,}523\ 032\ 39 \cdot 24{,}1\right]:23$

$= \boxed{35{,}934\ 561\ 7}$

Die Regressionsgerade lautet:

$y(x) = a + bx = \boxed{35{,}9 + 34{,}52x}$

Gültigkeitsbereich: $0{,}4 \leqq x \leqq 4{,}2$ *mm Abschliff*

8. Fehlerquadratsumme berechnen

$Q = S_y^2 - \frac{(S_{xy})^2}{S_x^2} = 29\ 847{,}538\ 26 - \frac{570{,}230\ 435^2}{16{,}517\ 391\ 30} = \boxed{10\ 161{,}45\ 448}$

9. Restvarianz und -standardabweichung berechnen

$s_R^2 = \frac{1}{n-2} \cdot Q = \frac{10\ 161{,}45\ 448}{21} = \boxed{483{,}878\ 784\ 6}$

$s_R = +\sqrt{s_R^2} = +\sqrt{483{,}878\ 784\ 5} = \boxed{21{,}997\ 244\ 93}$

10. Korrelationszahl und Bestimmtheitsmaß berechnen

$r = \frac{s_{xy}}{s_x \cdot s_y} = \frac{25{,}919\ 565\ 23}{0{,}866\ 481\ 686\ 8 \cdot 36{,}833\ 494\ 06} = \boxed{0{,}812\ 129\ 723\ 7}$

$B = \frac{(S_{xy})^2}{S_x^2 \cdot S_y^2} \cdot 100\% = \frac{570{,}230\ 435^2}{16{,}517\ 391\ 30 \cdot 29\ 847{,}538\ 26} \cdot 100\% = \boxed{65{,}955\ 468\ 66\%}$

11.3. Problemneutrale Testverfahren

Im vorangegangenen Abschnitt wurde nicht nur gezeigt, wie die Regressionsgerade formelmäßig gefunden wird, sondern es wurden darüber hinaus schon erste Kenngrößen berechnet, die Auskunft über die Güte des Ausgleichs geben.

Im nachfolgenden Abschnitt 11.4 werden statistische Beurteilungsverfahren behandelt, die den Verfahren entsprechen, wie sie bei der Beurteilung des Mittelwertes einer eindimensionalen Stichprobe angewendet werden. Ehe diese Verfahren jedoch angewendet werden konnten, mußten einige Voraussetzungen der Stichprobe abgeprüft werden. Diese betrafen

1. die Zufälligkeit der Datenanordnung,
2. die Normalverteilung der Meßwerte und
3. die Homogenität der Stichprobe.

Ganz analoge Voraussetzungen muß die Stichprobe der Datensätze haben, die mittels Regressionsrechnung auszuwerten ist. Diese lauten bezüglich der Reste:

1. Zufälligkeit,
2. Normalverteilung,
3. Homogenität (Ausreißerfreiheit)

und als zusätzliche Voraussetzung bezüglich des Ausgleichs

4. Linearität.

Die ersten drei Voraussetzungen sind an den unsortierten Resten $d_i = y_i - y(x_i)$ entsprechend auszuführen, wie sie als Tests bei eindimensionalen Meßstichproben in den Verfahren 3, 4 und 5 dargestellt worden sind.

Zusätzlich ist der Test auf Linearität des Zusammenhanges zwischen Einflußgrößen- und Zielgrößenwerten auszuführen. Auf diesen Test soll im Rahmen der Lehrunterlage nicht eingegangen werden, da er zumindest im Falle von nur einer Einflußgröße durch die graphische Darstellung der Datensätze als Punktefolge im Koordinatensystem ersetzt werden kann. Anhand dieser Darstellung ist es leicht, den erforderlichen Ausgleich der Punktefolge durch eine Regressionsgerade oder eine andere Kurve nachzuweisen.

Man muß sich darüber im klaren sein, daß man bei jeder Stichprobe für die Regressionsrechnung zu obigen Voraussetzungen Stellung nehmen muß, sei es in subjektiver Art und Weise ("nach der Methode des scharfen Hinsehens") oder nach den objektiven Verfahren der technischen Statistik.

11.4. Problemorientierte Auswertungsverfahren und Testverfahren

11.4.1. Vorbemerkungen

Die auszuwertenden n Datensätze, bestehend aus den Werten x_i der Einflußgröße und den zugeordneten Werten y_i der Zielgröße, können bei Vorliegen der in Abschnitt 11.3 genannten Voraussetzungen als eine Stichprobe aus einer Grundgesamtheit aufgefaßt werden.

Die Stichprobe lieferte als Regressionsgerade

$$y(x) = a + bx$$

Setzt man für x einen bestimmten Zahlenwert innerhalb des Gültigkeitsbereiches in die Regressionsfunktion ein, so erhält man einen bestimmten Wert für y(x).

Beispiel:

In die Regressionsgerade des Leitbeispiels 1

$$y(x) = 35{,}9 + 34{,}52x$$

den Wert x = 0,6 mm eingesetzt, erhält man

$$y(x = 0{,}6) = 35{,}9 + 34{,}52 \cdot 0{,}6 = 56{,}6 \text{ min}$$

Was besagt nun dieser aus der Regressionsfunktion berechnete Wert y(x)?

Der Interpretation liegt folgende Vorstellung zugrunde:

Würde man sehr oft (theoretisch unendlich oft) Abschliffe der Größe x bearbeiten, erhielte man nicht immer ein und denselben Zeitmeßwert für diesen Ablaufabschnitt, sondern eine Verteilung von Zeitmeßwerten. Diese Verteilung der Zeitmeßwerte hat einen wahren Mittelwert, der mit $\mu(x)$ abgekürzt wird. Im allgemeinen ist dieser Wert unbekannt und wird durch den Wert y(x) der Regressionsgerade geschätzt.

Beispiel:

Die soeben berechnete Schleifzeit 56,6 min ist nicht die beste Zeitangabe für das Abschleifen einer Verschleißmarke von x = 0,6 mm, sondern nur ein Schätzwert für den besten Mittelwert, auf den man gekommen wäre, hätte man sehr viele 0,6 mm Abschliffe hinsichtlich der Ausführungszeit erfaßt.

Die Untersuchung der Stichprobe lieferte die Regressionsgerade

$$y(x) = a + bx.$$

Bei Untersuchung der Grundgesamtheit erhielte man die Regressionsgerade

$$\mu(x) = \alpha + \beta x.$$

Da die letztgenannte Möglichkeit aus Zeit- und Kostengründen entfällt, muß man sich auf die erste Möglichkeit beschränken.

$\mu(x)$ ist der wahre, jedoch unbekannte Mittelwert der Zielgrößenwerte y für den vorgegebenen Wert x der Einflußgröße; y(x) ist der Schätzwert für $\mu(x)$.

α ist das wahre, jedoch unbekannte Absolutglied der Regressionsgeraden; a ist der Schätzwert für α.

β ist der wahre, jedoch unbekannte Regressionskoeffizient der Regressionsgeraden; b ist der Schätzwert für β.

y(x) schätzt $\mu(x)$		
a schätzt α	}	Wie gut fallen die Schätzwerte aus?
b schätzt β		

Dieser Sachverhalt ist in Bild 49 dargestellt worden. Auf die Frage nach der Schätzgüte von y(x), a und b für die wahren, jedoch unbekannten Größen $\mu(x)$, α und β soll im folgenden eine Antwort gegeben werden.

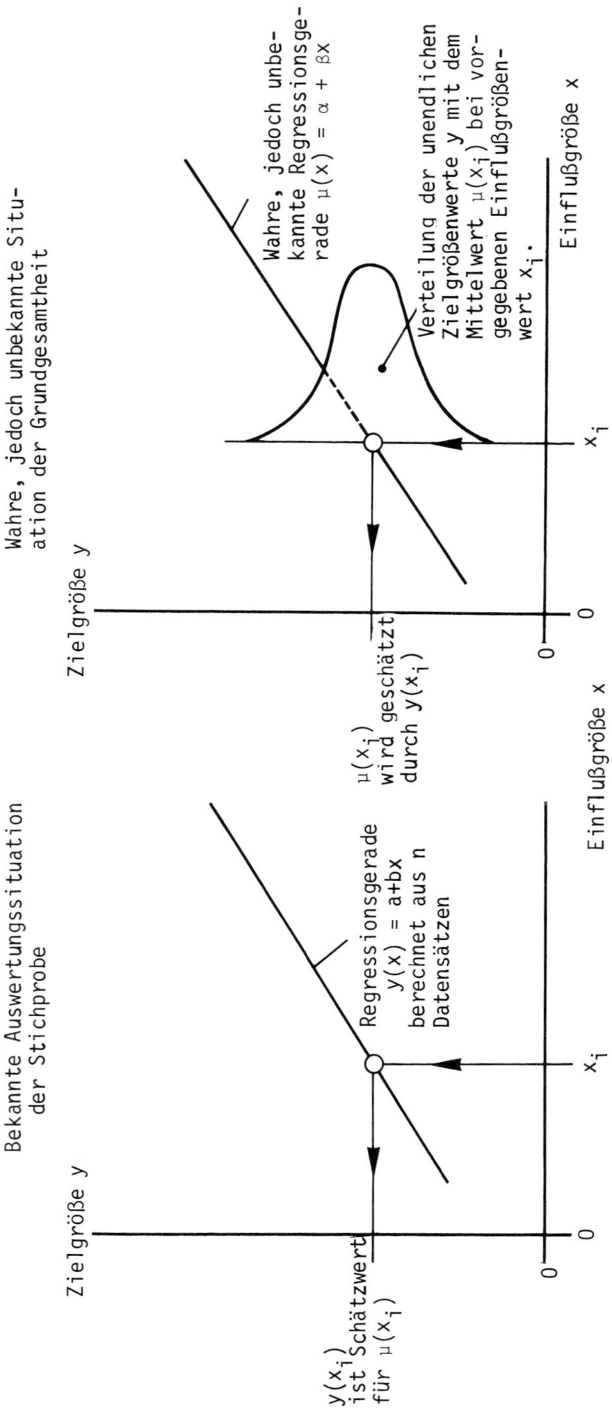

Bild 49: Gegenüberstellung der Regressionsfunktionen von Stichproben und Grundgesamtheit

11.4.2. Test des Absolutgliedes

Die Regressionsrechnung liefert das Absolutglied a nach Aufbereitung der Stichprobe. Häufig läßt sich dieser von der Einflußgröße x unabhängigen Konstanten in der Regressionsgeraden eine anschauliche Deutung geben (siehe auch Bild 50).

Beispiel:

Beim Nachschleifen von Abwälzfräsern hat man als Absolutglied a = 35,9 min erhalten. Man kann diesen Zahlenwert als einen vom Abschliff unabhängigen konstanten Zeitzuschlag in der Grundzeit t_g' interpretieren. Diese Zeit wird für die unveränderlichen Bestandteile der Grundzeit bei wechselnden Abschliffen, z.B. für das manuelle Heranfahren der Schleifscheibe an den Fräser, das Einstellen der Spantiefe nach Funkenflug usw., vergeben.

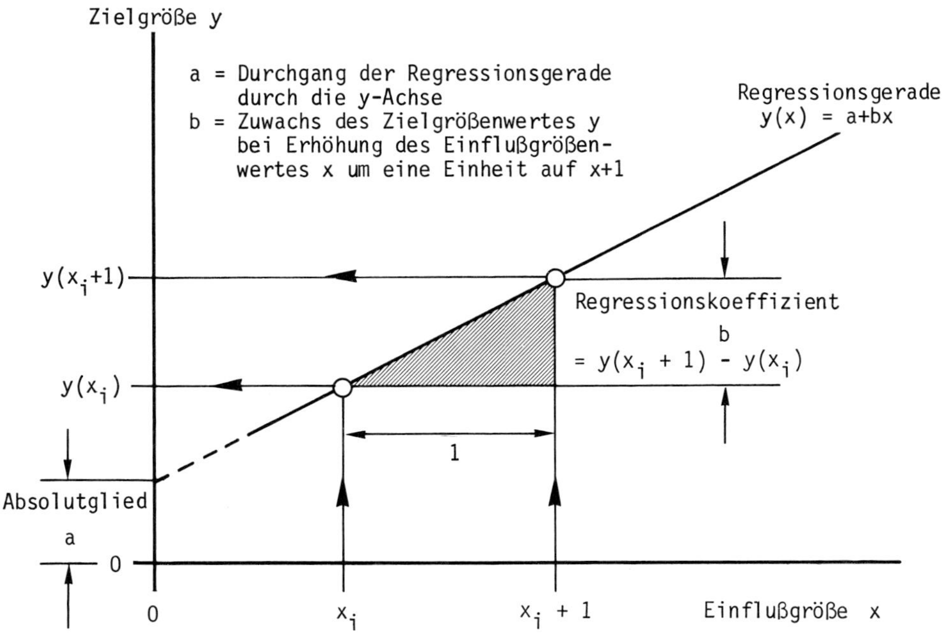

Bild 50: Anschauliche Interpretation des Absolutgliedes in der Regressionsfunktion

In jedem einzelnen Auswertungsfall ist zu fragen, ob a nur unwesentlich oder wesentlich von 0 abweicht. Diese Problemstellung kann wieder als Hypothesenpaar formuliert werden:

Nullhypothese	H_0:	$\alpha = 0$
Gegenhypothese	H_1:	$\alpha > 0$ bzw.
		$\alpha < 0$ bzw.
		$\alpha \neq 0$

In der nachfolgenden Verfahrensbeschreibung ist der Test dieser beiden Hypothesen wiedergegeben. Für den Fall, daß H_0 zugunsten von H_1 verworfen wird, interessiert die Frage, was über die Größenordnung des Absolutgliedes α der Grundgesamtheit ausgesagt werden kann. Diese Frage wird durch Berechnung des Vertrauensbereiches für α beantwortet. Die Vorschriften hierfür sind ebenfalls in der Verfahrensbeschreibung enthalten (siehe dort Punkt 6.).

Verfahren 13.2 (siehe Seite 483 und Seite 484)
Test des Absolutgliedes einer Regressionsgeraden

Der Ausdruck hinter dem (+)-Zeichen in der Formel für den Vertrauensbereich von α kann auf a bezogen werden, und gibt so Auskunft über die erzielte Genauigkeit ε bei der Schätzung von α durch a.

Der Wert ε ist analog der erzielten Genauigkeit ε bei eindimensionaler Meßstichprobe zu interpretieren, wie er für die Schätzung des Mittelwertes μ einer Grundgesamtheit durch den arithmetischen Mittelwert $\bar{x}$ der zugeordneten Stichprobe an anderer Stelle definiert wurde. Für den Test und die Berechnung des Vertrauensbereiches für α ist ebenfalls ein Vordruck entwickelt worden (Verfahren 13.2, Blatt 2).

Aufgabe 11.4-1

1. Testen Sie, ob sich das Absolutglied a der Regressionsfunktionen zu Leitbeispiel 2 wesentlich von 0 unterscheidet ($1 - \alpha = 95\%$).

2. Sollte 1. für Leitbeispiel 2 zutreffen, berechnen Sie den Vertrauensbereich für α ($1 - \alpha = 95\%$).

3. Geben Sie den Prüfergebnissen zu 1. und 2. eine anschauliche Deutung.

Bezeichnung des Testverfahrens: *Test des Absolutgliedes a einer Regressionsgeraden*	Nr. 13.2
Siehe auch Verfahren Nr. 13.1	Blatt: 1

Problemstellung: *Die Stichprobe von n Wertepaaren $(x_i;y_i)$ liefert eine Regressionsgerade, für deren Absolutglied a nachgewiesen werden soll, ob es sich wesentlich von 0 unterscheidet.*

Verwendete Symbole	Bedeutung	
α_{UNTEN}^{OBEN}	Vertrauensbereich für das Absolutglied der wahren Regr.geraden der Grundgesamtheit	
a	Absolutglied der Regr.geraden der Stichprobe	Stichproben-kenngrößen
$\sum x_i^2$	Summe der quadrierten Einflußgrößenwerte	
n	Größe der Stichprobe	
Q	Fehlerquadratsumme	
S_x^2	Summe der quadr.Abw. der Einflußgrößenwerte	

Schrittfolge (Allgemeine Formulierung)

1. Formulierung der Hypothesen H_0 und H_1

Nullhypothese H_0: $\alpha = 0$

Gegenhypothese H_1: $\alpha > 0$ bzw.

$\alpha < 0$ bzw.

$\alpha \neq 0$

2. Prüfung der Meßstichprobe *hinsichtlich der Reste auf*

☒ Zufälligkeit ☒ Normalverteilung ☒ Ausreißer

3. Berechnung der Prüfgröße z
4. Aufsuchen des Schwellenwertes Z
5. Vergleich von Prüfgröße z und Schwellenwert Z

Gegenhypothese H_1	Die Nullhypothese H_0 wird zugunsten der Gegenhypothese H_1 verworfen, falls Prüfgröße z		Schwellenwert Z	
$\alpha > 0$ (einseitig)	$\dfrac{a}{\sqrt{\dfrac{Q}{(n-2)S_x^2}}}\sqrt{\dfrac{n}{\sum x_i^2}}$	>	$t_{1-\alpha;f}$ mit $f = n-2$	t-Faktoren siehe Tabelle T4
$\alpha < 0$ (einseitig)	$\dfrac{a}{\sqrt{\dfrac{Q}{(n-2)S_x^2}}}\sqrt{\dfrac{n}{\sum x_i^2}}$	<	$-t_{1-\alpha;f}$ mit $f = n-2$	
$\alpha \neq 0$ (zweiseitig)	$\dfrac{\lvert a\rvert}{\sqrt{\dfrac{Q}{(n-2)S_x^2}}}\sqrt{\dfrac{n}{\sum x_i^2}}$	>	$t_{1-(\frac{\alpha}{2});f}$ mit $f = n-2$	

6. Berechnung des Vertrauensbereiches falls die Nullhypothese H_0 zugunsten der Gegenhypothese H_1 verworfen wurde

$$\alpha_{UNTEN}^{OBEN} = a \pm t_{1-(\frac{\alpha}{2});f}\sqrt{\frac{\sum x_i^2}{n}}\sqrt{\frac{Q}{(n-2)S_x^2}}$$

mit $f = n-2$

Bezeichnung des Testverfahrens: *Test des Absolutgliedes a einer Regressionsgeraden*	Nr. *13.2*
Siehe auch Verfahren Nr. *13.1*	Blatt: *2*

Problemstellung: *n = 23 Datensätze liefern als Regressionsgerade y(x) = 35,9 + 34,52 x. Es liegt die Behauptung nahe, daß das Absolutglied a, in diesem Falle ein konstanter Zeitzuschlag in min, von wesentlicher Bedeutung ist.*

Schrittfolge und Beispiel

1. Formulierung der Hypothesen H_0 und H_1

H_0: $\alpha = 0$

H_1: [X] $\alpha > 0$ [ ] $\alpha < 0$ [ ] $\alpha \neq 0$

2. Prüfung der Reste auf Zufälligkeit, Normalverteilung und Ausreißer

siehe Anlage-Nr. [ ] . *Es liegt keine Beanstandung vor.*

3. Berechnung der Prüfgröße z

$$z = \frac{a}{\sqrt{\frac{Q}{(n-2)s_x^2}}}\sqrt{\frac{n}{\sum x_i^2}} = \frac{35{,}9}{\sqrt{\frac{10\,161}{(23-2)\cdot 16{,}52}}}\sqrt{\frac{23}{41{,}77}} = \boxed{4{,}927}$$

4. Aufsuchen des Schwellenwertes Z

$1 - \alpha = 95\%$	$f = n - 2 = 21$	$Z = t_{1-\alpha\,;f} = 1{,}721$ aus T4

5. Vergleich von Prüfgröße z und Schwellenwert Z

Da $z > Z$ ausfiel, wird H_0 zugunsten von H_1 verworfen, d.h. *es ist nachgewiesen worden, daß der konstante Zeitzuschlag a = 35,9 min in der Zeitformel ein wesentlicher Bestandteil ist.*

6. Berechnung von Vertrauensbereich und erzielter Genauigkeit für das Absolutglied

$$\alpha_{\substack{OBEN\\UNTEN}} = a \pm t_{1-(\frac{\alpha}{2});f}\cdot\sqrt{\frac{\sum x_i^2}{n}}\cdot\sqrt{\frac{Q}{(n-2)\cdot s_x^2}} \quad \text{mit } t_{1-(\alpha/2);f} = \boxed{2{,}080}$$

(aus Tabelle T4)

$$= 35{,}9 \pm 2{,}080\cdot\sqrt{\frac{41{,}77}{23}}\cdot\sqrt{\frac{10\,161}{(23-2)\cdot 16{,}52}} = \boxed{35{,}9 \pm 15{,}2}$$

$$\alpha_{UNTEN} = \boxed{20{,}8}$$

$$\alpha_{OBEN} = \boxed{51{,}1}$$

Erzielte Genauigkeit

$$\varepsilon_\alpha = \frac{\boxed{t\cdot\sqrt{}\cdot\sqrt{}}}{|a|}\cdot 100\% = \frac{\boxed{15{,}2}}{35{,}9}\cdot 100\% = \boxed{42{,}3\ \%}$$

11.4.3. Test des Regressionskoeffizienten

Die Regressionsrechnung liefert den Regressionskoeffizienten b nach Aufbereitung der Stichprobe. Anschaulich stellt b den Anstieg der Regressionsgeraden dar (Bild 50 und 51).

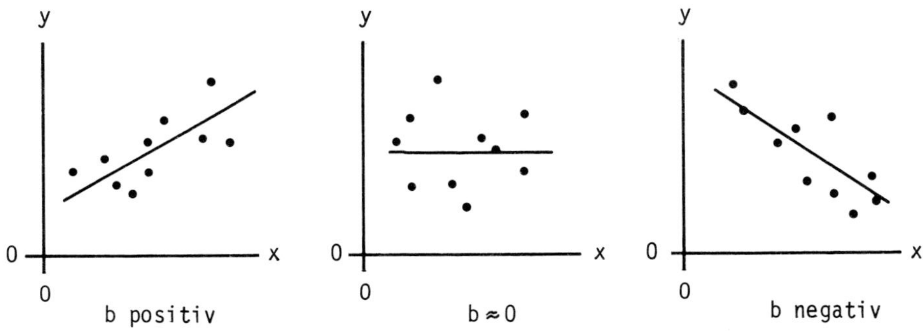

Bild 51: Anschauliche Interpretation des Regressionskoeffizienten in der Regressionsgeraden

Die Stichprobe liefert einen bestimmten b-Wert. Will man prüfen, ob die genannte Einflußgröße x einen proportionalen Einfluß auf die Zielgröße y ausübt, oder ob dieser Einfluß nicht nachweisbar ist, dann sind die beiden gegenüberzustellenden Hypothesen bezüglich des Regressionskoeffizienten

Nullhypothese H_0: $\beta = 0$

d.h. der Einfluß von x auf y ist nicht linear nachweisbar.

Gegenhypothese H_1: $\beta > 0$ bzw.
$\beta < 0$ bzw.
$\beta \neq 0$

In der nachfolgenden Verfahrensbeschreibung ist der Test dieser Hypothesen wiedergegeben. Für den Fall, daß H_0 zugunsten von H_1 verworfen wird, interessiert die Frage, was über die Größenordnung des Regressionskoeffizienten β der Grundgesamtheit ausgesagt werden kann. Die Frage wird durch Berechnung des Vertrauensbereiches für β beantwortet. Die Vorschriften hierfür sind ebenfalls in der Verfahrensbeschreibung enthalten (siehe dort Punkt 6).

Verfahren 13.3 (siehe Seite 487 und Seite 488) Test des Regressionskoeffizienten einer Regressionsgeraden

Auch hier kann analog zum Verfahren 13.1 wiederum die erzielte Genauigkeit ε der Schätzung von β durch b angegeben werden.

Die Berechnung des Vertrauensbereiches und der erzielten Genauigkeit für den Regressionskoeffizienten β kann vordruckmäßig gestaltet werden (Verfahren 13.3, Blatt 2). Das dort behandelte Beispiel zeigt eine Anwendung dieses Vordruckes bezogen auf Leitbeispiel 1.

Aufgabe 11.4-2

1. Testen Sie, ob sich der Regressionskoeffizient b der Regressionsfunktionen zu Leitbeispiel 2 wesentlich von 0 unterscheidet.

2. Sollte 1. für Leitbeispiel 2 zutreffen, berechnen Sie den Vertrauensbereich für β $(1 - \alpha = 95\%)$.

3. Geben Sie den Prüfergebnissen zu 1. eine anschauliche Deutung.

Bezeichnung des Testverfahrens: *Test des Regressionskoeffizienten b einer Regressionsgeraden*	Nr. 13.3
Siehe auch Verfahren Nr. 13.1	Blatt: 1

Problemstellung: *Die Stichprobe von n Wertepaaren $(x_i;y_i)$ liefert eine Regressionsgerade, für deren Regressionskoeffizient b nachgewiesen werden soll, ob sich dieser wesentlich von 0 unterscheidet.*

Verwendete Symbole	Bedeutung	
β^{OBEN}_{UNTEN}	Vertrauensbereiche für den Regr.koeff. der Regr.geraden	
b	Regr.koeff. der Regr.geraden der Stichprobe	Stichproben-kenngrößen
n	Größe der Stichprobe	
Q	Fehlerquadratsumme	
S_x^2	Summe der quadr.Abw. der Einflußgrößenwerte	

Schrittfolge (Allgemeine Formulierung)

1. Formulierung der Hypothesen H_0 und H_1

Nullhypothese H_0: $\beta = 0$

Gegenhypothese H_1: $\beta > 0$ bzw.

$\beta < 0$ bzw.

$\beta \neq 0$

2. Prüfung der Meßstichprobe *hinsichtlich der Reste auf*

☒ Zufälligkeit ☒ Normalverteilung ☒ Ausreißer

3. Berechnung der Prüfgröße z
4. Aufsuchen des Schwellenwertes Z
5. Vergleich von Prüfgröße z und Schwellenwert Z

Gegenhypothese H_1	Die Nullhypothese H_0 wird zugunsten der Gegenhypothese H_1 verworfen, falls Prüfgröße Z		Schwellenwert Z	
$\beta > 0$ (einseitig)	$\dfrac{b}{\sqrt{\dfrac{Q}{(n-2)S_x^2}}}$	>	$t_{1-\alpha;f}$, $f = n-2$	t-Faktoren siehe Tabelle T4
$\beta < 0$ (einseitig)	$\dfrac{b}{\sqrt{\dfrac{Q}{(n-2)S_x^2}}}$	<	$-t_{1-\alpha;f}$, $f = n-2$	
$\beta \neq 0$ (zweiseitig)	$\dfrac{\lvert b\rvert}{\sqrt{\dfrac{Q}{(n-2)S_x^2}}}$	>	$t_{1-(\frac{\alpha}{2});f}$, $f = n-2$	

6. Berechnung des Vertrauensbereiches falls die Nullhypothese H_0 zugunsten der Gegenhypothese H_1 verworfen wurde

$$\beta^{OBEN}_{UNTEN} = b \pm t_{1-(\frac{\alpha}{2});f} \cdot \sqrt{\frac{Q}{(n-2)S_x^2}}$$

mit $f = n - 1$

Bezeichnung des Testverfahrens:	*Test des Regressionskoeffizienten b einer Regressionsgeraden*	Nr. *13.3*
Siehe auch Verfahren Nr.	*13.1*	Blatt: *2*

Problemstellung: *n = 23 Datensätze liefern als Regressionsgerade y(x) = 35,9 + 34,52x. Es soll nachgewiesen werden, daß die Schleifzeit y gesichert mit zunehmenden Abschliffwerten x größer wird.*

1. Formulierung der Hypothesen H_0 und H_1

H_0: $\beta = 0$	H_1: ☒ $\beta > 0$ ☐ $\beta < 0$ ☐ $\beta \neq 0$

2. Prüfung der Reste auf Zufälligkeit, Normalverteilung und Ausreißer

siehe Anlage Nr. ☐ *Es liegt keine Beanstandung vor*

3. Berechnung der Prüfgröße z

$$z = \frac{b}{\sqrt{\dfrac{Q}{(n-2)S_x^2}}} = \frac{34{,}52}{\sqrt{\dfrac{10\,161}{(23-2)\cdot 16{,}52}}} = \boxed{6{,}379}$$

4. Aufsuchen des Schwellenwertes Z

$1 - \alpha$ = *95 %*	$f = n - 1$ = *21*	$Z = t_{1-\alpha;f}$ = *1,721* aus Tabelle T4

5. Vergleich von Prüfgröße z und Schwellenwert Z

Da z > Z ausfiel, wird H_0 zugunsten von H_1 verworfen, d.h. *es wurde nachgewiesen, daß sich die Schleifzeit y in dem Maße ändert, wie der Abschliff x zunimmt (Proportionalität zwischen x und y).*

6. Berechnung von Vertrauensbereich und erzielter Genauigkeit für den Regressionskoeffizienten

$$\beta_{\substack{OBEN\\UNTEN}} = b \pm t_{1-(\frac{\alpha}{2});f} \cdot \sqrt{\frac{Q}{(n-2)S_x^2}} \quad \text{mit } t_{1-(\alpha/2);f} = \boxed{2{,}080}$$

(aus Tabelle T4)

$$= 34{,}52 \pm 2{,}080 \cdot \sqrt{\frac{10\,161}{(23-2)\cdot 16{,}52}} = \boxed{34{,}52 \pm 11{,}26}$$

$$\beta_{UNTEN} = \boxed{23{,}27}$$

$$\beta_{OBEN} = \boxed{45{,}78}$$

Erzielte Genauigkeit

$$\varepsilon_\beta = \frac{\boxed{t\cdot\sqrt{\;}}}{|b|}\cdot 100\% = \frac{\boxed{11{,}26}}{34{,}52}\cdot 100\% = \boxed{32{,}6\ \%}$$

11.4.4. Vertrauensbereich für den Mittelwert

In dem vorangegangenen Abschnitt 11.4.1 wurde gezeigt, daß bei bestimmtem Wert x für die Einflußgröße y(x) ein Schätzwert für den wahren, jedoch unbekannten Mittelwert $\mu(x)$ der Zielgrößenwert y ist. Wie gut die Schätzung von $\mu(x)$ durch y(x) ausfällt, kann wiederum durch einen Vertrauensbereich bzw. durch die erzielte Genauigkeit ε angegeben werden. Die Formel für den Vertrauensbereich lautet:

$$\mu(x)_{UNTEN}^{OBEN} = y(x) \pm t_{1-(\frac{\alpha}{2});f} \cdot \sqrt{\frac{Q}{(n-2)S_x^2}} \sqrt{\frac{S_x^2}{n} + (x - \bar{x})^2}$$

mit f = n - 2

Bezieht man den Ausdruck hinter dem (±)-Zeichen in obiger Formel auf den Schätzwert y(x), so entsteht die erzielte Genauigkeit ε für den Mittelwert μ. In der nachfolgenden Verfahrensbeschreibung ist die Berechnung des Vertrauensbereiches für $\mu(x)$ bezogen auf das Leitbeispiel 1 ausgeführt worden.

Verfahren 13.4 (Seite 491)
Vertrauensbereich für Funktionswerte $\mu(x)$ einer Regressionsgerade

So besagt beispielsweise, daß die gewonnene Planzeitformel
y(x) = 35,9 + 34,52x für x = 0,6 mm Abschliff eine Planzeit von
y(x) = 56,6 min liefert. Dieser Wert ist ein Schätzwert für die wahre, jedoch unbekannte Grundzeit $\mu(x)$ bei vorgegebenem Abschliff x = 0,6 mm, die mit einer Wahrscheinlichkeit von 95% im Vertrauensbereich zwischen 45,9 min und 67,4 min zu erwarten ist, d.h. die wahre Planzeit $\mu(x)$ kann von dem berechneten Wert 56,6 min ungünstigenfalls bis zu 19,1% abweichen. Diese Planzeit weist im Vergleich zu berechneten Planzeiten anderer Abschliffswerte eine geringe Genauigkeit ε auf.

Bild 52 enthält eine Darstellung der Vertrauensgrenze $\mu(x)_{UNTEN}$ und $\mu(x)_{OBEN}$ über dem Gültigkeitsbereich der Regressionsgeraden. Wie man deutlich erkennt, ist die Güte der Schätzwerte y(x) um den Mittelwert $\bar{x}$ der Einflußgrößenwerte am besten und nimmt zu den Rändern des Gültigkeitsbereiches hin ab (der Vertrauensbereich vergrößert sich).

Auf dem Zusammenstellungsbogen (Bild 53) sind die zu Leitbeispiel 1 erzielten Auswertungsergebnisse nochmals zusammengefaßt worden. An einem Kalkulationsbeispiel wird gezeigt, wie die jeder Planzeit nach Verfahren 13.4 zugeordnete Genauigkeit wiederum nach dem im Kapitel 6 beschriebenen Verfahren beurteilt werden kann.

Eine Verbesserung der Zeitformel kann erreicht werden:

1. durch Vergrößerung der Stichprobe,
2. durch Ausdehnung des Gültigkeitsbereiches und Hinzunahme weiterer Datensätze,
3. durch Verringerung der Reststreuung, indem weitere Einflußgrößen hinzugenommen werden und/oder eine andere als lineare Regressionsfunktion verwendet wird (siehe Abschnitt 12.1).

Aufgabe 11.4-3

Berechnen Sie zu Leitbeispiel 2 die Vertrauensbereiche für $\mu(x)$ an mindestens 4 verschiedenen Stellen innerhalb des Gültigkeitsbereiches.

Bezeichnung des Verfahrens: *Vertrauensbereich für Funktionswerte μ(x) einer Regressionsgeraden*	Nr. *13.4*
Siehe auch Verfahren Nr. *13.1*	Blatt:

Schrittfolge und Beispiel

Vertrauensbereich und erzielte Genauigkeit für Werte der Regressionsfunktion

$$\mu(x)_{UNTEN}^{OBEN} = y(x) \pm t_{1-(\frac{\alpha}{2});f} \cdot \sqrt{\frac{Q}{(n-2)\cdot s_x^2}} \cdot \sqrt{\frac{s_x^2}{n} + (x-\bar{x})^2}$$

Erzielte Genauigkeit

$$\varepsilon_\mu = \frac{t\cdot\sqrt{}\cdot\sqrt{}}{y(x)} \cdot 100\%$$

$t_{1-(\alpha/2);f}$ = *2,080*

für $1-\alpha$ = *95 %*

$f = n - 2$ = *21*

(1)	(2)	(3)	(4)	(5)	(6)	(7)
x ≡ ABS	y(x) ≡ GRZ	$\sqrt{\frac{s_x^2}{n} + (x-\bar{x})^2}$	$t_{1-(\frac{\alpha}{2});f} \cdot \sqrt{} \cdot \sqrt{}$	$\mu(x)_{UNTEN}$	$\mu(x)_{OBEN}$	ε_μ in %
Abschliff	*Planzeit*	*Zwischen-ergebnis*	*2,08·5,412·(3)*	(2)-(4)	(2)+(4)	[(4):(2)]·100%
0,4	*49,7*	*1,067*	*12,009*	*37,7*	*61,8*	*24,2*
0,5	*53,2*	*1,009*	*11,360*	*41,8*	*64,6*	*21,4*
0,6	*56,6*	*0,958*	*10,791*	*45,8*	*67,4*	*19,1*
0,7	*60,1*	*0,916*	*10,313*	*49,8*	*70,4*	*17,2*
0,8	*63,6*	*0,883*	*9,940*	*53,7*	*73,5*	*15,6*
0,9	*67,0*	*0,860*	*9,684*	*57,3*	*76,7*	*14,5*
1,0	*70,5*	*0,849*	*9,556*	*60,9*	*80,1*	*13,6*
1,2	*77,4*	*0,861*	*9,693*	*67,7*	*87,1*	*12,5*
1,4	*84,3*	*0,918*	*10,331*	*74,0*	*94,6*	*12,3*
1,6	*91,2*	*1,011*	*11,387*	*79,8*	*102,6*	*12,5*
1,8	*98,1*	*1,133*	*12,756*	*85,3*	*110,9*	*13,0*
2,0	*105,0*	*1,275*	*14,350*	*90,6*	*119,4*	*13,7*
2,5	*122,2*	*1,681*	*18,929*	*103,3*	*141,1*	*15,5*
3,0	*139,5*	*2,128*	*23,959*	*115,5*	*163,5*	*17,2*
3,5	*156,8*	*2,594*	*29,209*	*127,6*	*186,0*	*18,6*
4,0	*174,0*	*3,071*	*34,578*	*139,4*	*208,6*	*19,9*
4,5	*191,3*	*3,555*	*40,018*	*151,3*	*231,3*	*20,9*

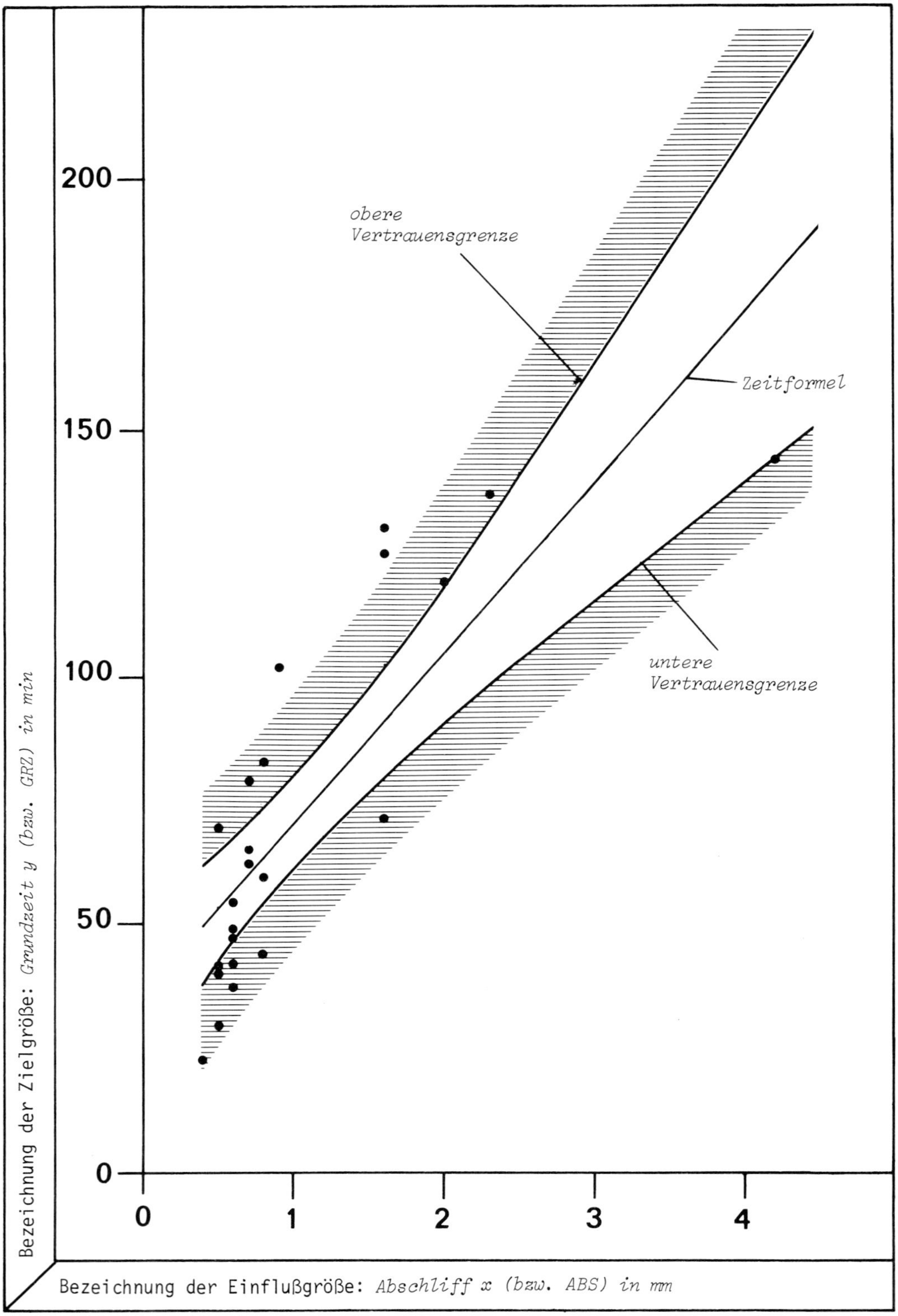

Bild 52: Darstellung der 23 Datensätze, der Zeitformel und des Vertrauensbereiches der idealen Planzeiten

BEZEICHNUNG DER LÖSUNG: *Einfache lineare Regression*

ZIELGRÖSSE: Y = GRZ

EINFLUSSGRÖSSE x_1 = ABS

~~x_2 = LAEN~~

~~x_3 = HUB~~

~~x_4 = DMES~~

~~x_5 = MODU~~

~~x_6 = TEZA~~

ZEITFORMEL: GRZ = *35,9 + 34,52 ABS*

BESTIMMTHEITSMASS: B = *66,0* %

KALKULATIONSBEISPIEL

ABS = *0,6 mm* ~~DMES =~~

~~LAEN =~~ ~~MODU =~~ PLANZEIT: GRZ = *56,6* MIN

~~HUB =~~ ~~TEZA =~~

ERZIELTE GENAUIGKEIT: ε = *19,1* %

PERIODENGENAUIGKEIT: ε'_{per} = *3* %

PERIODENDAUER: T_{per} = *10 000* MIN

VERWENDUNGSHÄUFIGKEIT: m_{per} = *15 Fräser/Monat·Maschine mit ABS = 0,6 mm*

ERFORDERLICHE GENAUIGKEIT: ε' = *10,3* %

☐ ERZIELTE GENAUIGKEIT AUSREICHEND.

☒ ERZIELTE GENAUIGKEIT MUSS VERBESSERT WERDEN.

Dr. John	Fallstudie zur Regressionsrechnung Standardprogramm Planzeitermittlung	
Nr. *1*		

Bild 53: Zusammenfassung der Ergebnisse einer einfachen linearen Regressionsrechnung

12. FALLSTUDIEN ZUR MEHRFACHEN UND EINFACHEN NICHTLINEAREN REGRESSION

12.1. Fallstudie zur Methode der mehrfachen linearen Regressionsrechnung

Weil die im vorangegangenen Kapitel erarbeitete Zeitformel noch keine ausreichende Genauigkeit aufweist (zu niedriges Bestimmtheitsmaß, zu breite Vertrauensbereiche und zu geringe erzielte Genauigkeiten für die Planzeiten), werden in diesem und den nachfolgenden Abschnitten Problemlösungen aufgezeigt, die zu Verbesserungen führen. Diese sind durch folgende Maßnahmen möglich:

1. Verwenden von mehr als einer Einflußgröße; Anwenden der Methoden der mehrfachen linearen Regression (Abschnitt 12.1)
2. Verwenden nur der wesentlichsten Einflußgröße in einer nichtlinearen Regression (Abschnitt 12.2)
3. Koppeln der Maßnahmen (1) und (2); Anwenden der Methoden der mehrfachen nichtlinearen Regression (Abschnitt 12.3).

Maßnahme (1) wird in diesem Abschnitt verfolgt. Will man die Höhe der erfaßten Zielgrößenwerte y nicht nur durch eine einzige Einflußgröße und lineare Abhängigkeit mittels Ausgleichsgerade

$$y(x) = a + bx$$

wiedergeben, sondern eine lineare Abhängigkeit zwischen den Wert der Zielgröße y und mehreren Einflußgrößen x_1, x_2, ... herstellen, so bedient man sich der Formel einer sogenannten Ausgleichsebene von der Form

$$y(x_1, x_2, \ldots) = a + b_1 x_1 + b_2 x_2 + \ldots$$

Mittels der Methode der mehrfachen linearen Regressionsrechnung ist es möglich, aus vorgegebenen n Datensätzen wiederum

1. das Absolutglied a, die Regressionskoeffizienten b_1, b_2, ... und damit die Funktionswerte $y(x_1, x_2, \ldots)$ und
2. Gütemaße, wie beispielsweise Bestimmtheitsmaß, Vertrauensbereich und erzielte Genauigkeit der Funktionswerte $y\ (x_1, x_2, \ldots)$

entsprechend der einfachen linearen Regressionsrechnung zu bestimmen.

Gegenüber der Auswertung von n Datensätzen mit einfacher linearer Regressionsrechnung erhöht sich bei mehrfacher linearer Regressionsrechnung der Rechenaufwand erheblich, und zwar mit zunehmender Zahl einbezogener Einflußgrößen sogar überproportional. Die Berechnungen werden jedoch nicht komplizierter.

Aber eben wegen des hohen Rechenaufwandes sind die Methoden der mehrfachen linearen Regression (seit etwa 50 Jahren bekannt) in der Vergangenheit zum Bilden von Planzeiten mit weniger Ausnahmen[1]) kaum verwendet worden, obwohl es d i e Methoden für derartige Problemstellungen sind. Erst mit dem Eindringen der elektronischen Datenverarbeitung (EDV) in Arbeitsstudien- und Arbeitsvorbereitungsabteilungen mehren sich die Anwendungsfälle der mehrfachen Regressionsrechnung, und man erkennt diese Verfahren als unentbehrliches Hilfsmittel einer rationellen Datenermittlung.

Die Aufgabe des Arbeitsstudienmannes, der dieses Hilfsmittel nutzt, konzentriert sich auf folgende Tätigkeiten:

- Zusammenstellen der vorhandenen Zeitaufnahmen zu einem Planzeitbereich. Dabei wird methodisch nach dem REFA-Standardprogramm Planzeitermittlung (Methodenlehre des Arbeitsstudiums, Teil 2, Seite 337 bis 359) vorgegangen und die Schritte 1 bis 5 ausgeführt.

---

1) H. Wellnitz, H. Wege; Der Einsatz der technischen Statistik bei Zeitvorgaben. Archiv für das Eisenhüttenwesen 25 (1954), Heft 9/10, Seiten 499 bis 506.

A. Mellert, Mathematik erspart Zeitstudienarbeit. Arbeitskundliche Mitteilungen für den chemischen Betrieb, Folge 4, 1956, Seiten 62 bis 69

E. Haller-Wedel, Die Einflußgrößenrechnung (Korrelationsrechnung) als statistisches Hilfsmittel der Arbeitszeitvorgabe. Zeitschrift für wirtschaftliche Fertigung 54 (1959), Heft 10, Seiten 299 bis 303, Heft 11, Seiten 337 bis 343

- Übergabe der Datensätze an die EDV-Abteilung mit dem Auftrag, diese nach dem Programm für mehrfache lineare Regressionsrechnung (andere Bezeichnung beispielsweise: multiple Regressionsanalyse) zu bearbeiten. Ist im Unternehmen keine EDVA vorhanden, wird dieser Auftrag nach auswärts vergeben.

- Interpretation und Diskussion der EDV-Rechenergebnisse nach Schritt 6 des REFA-Standardprogrammes (REFA-Methodenlehre des Arbeitsstudiums, Teil 2, Seite 361).

- Darstellen der Planzeiten (REFA-Methodenlehre des Arbeitsstudiums, Teil 2, Seite 365 bis 378).

Die Anwendung dieser Schrittfolge - insbesondere Schritt 6 - wird an einer Fortführung des Leitbeispieles 1 dargestellt. Bei diesem Beispiel liegen zu den n = 23 Datensätzen Angaben nicht nur zum Abschliff, sondern zu ingesamt folgenden 6 Einflußgrößen vor:

Nr.	Bezeichnung	Abkürzung
1	Abschliff in mm	ABS bzw. x_1
2	Fräserlänge in mm	LAEN bzw. x_2
3	Hublänge der Spindel in mm	HUB bzw. x_3
4	Fräserdurchmesser in mm	DMES bzw. x_4
5	Fräsermodell	MODU bzw. x_5
6	Teilungszahl	TEZA bzw. x_6

Die Zusammenstellung der Datensätze ist der folgenden Tabelle zu entnehmen:

(1)	(2)	(3)	(4)	(5)	(6)	(7)	(8)
Lfd.Nr.	y	x_1	x_2	x_3	x_4	x_5	x_6
	(GRZ)	(ABS)	(LAEN)	(HUB)	(DMES)	(MODU)	(TEZA)
1	29,4	0,5	130	210	140	6,9	10
2	47,2	0,6	130	210	130	5,85	10
3	48,7	0,6	130	210	130	5,85	10
4	59,5	0,8	150	250	110	2,55	12
5	54,8	0,6	150	250	110	3,85	12
6	62,6	0,7	150	240	110	4,50	12
7	69,9	0,5	240	340	110	2,75	12
8	41,7	0,5	124	210	60	1,00	12
9	43,9	0,8	90	170	80	2,75	12
10	22,7	0,4	62	145	60	2,75	12
11	40,8	0,5	90	180	80	1,25	12
12	37,3	0,6	62	150	60	1,25	12
13	42,1	0,6	90	175	80	2	13
14	83,0	0,8	260	350	95	3,6	13
15	65,3	0,7	150	230	110	3,85	15
16	79,3	0,7	185	270	125	4,50	15
17	125,3	1,6	150	240	115	4,3	15
18	102,0	0,9	150	250	115	4,3	15
19	130,6	1,6	185	260	120	4,5	15
20	144,2	4,2	105	190	100	2,5	12
21	119,7	2,0	210	300	100	2,75	12
22	137,1	2,3	240	340	110	4,0	12
23	71,4	1,6	130	220	140	6,9	10
Kleinstwert:	22,7	0,4	62	145	60	1,00	10
Größtwert:	144,2	4,2	260	350	140	6,9	15

Die nachfolgenden Bilder 54 bis 56 sind ein Auszug aus dem Ausdruck eines EDV-Rechenprogramms für mehrfache Regressionsrechnung (Berechnung der Zeitformel und deren Beurteilung). In diesen Bildern sind die Ergebnisse der Auswertung der obigen 23 Datensätze wiedergegeben.

In Bild 54 wird in Spalte (3) die berechnete Zeitformel für die Bildung der Planzeiten ausgewiesen. Diese lautet in neutraler Schreibweise mit

a =	- 127,155 0	b_4 =	0,006 1
b_1 =	31,458 3	b_5 =	2,479 8
b_2 =	0,122 6	b_6 =	7,911 6
b_3 =	0,326 2		

$$y(x_1, x_2, x_3, x_4, x_5, x_6) = -127{,}155\,0 + 31{,}458\,3 \cdot x_1 - 0{,}122\,6 \cdot x_2 + 0{,}326\,2 \cdot x_3 + 0{,}006\,1 \cdot x_4 + 2{,}479\,8 \cdot x_5 + 7{,}911\,6 \cdot x_6$$

oder unter Verwendung der eingeführten problembezogenen Abkürzungen:

$$GRZ = -127{,}155\,0 + 31{,}458\,3 \cdot ABS - 0{,}122\,6 \cdot LAEN + 0{,}326\,2 \cdot HUB + 0{,}006\,1 \cdot DMES + 2{,}479\,8 \cdot MODU + 7{,}911\,6 \cdot TEZA$$

In Spalte (5) bis (7) von Bild 54 können Vertrauensbereich und erzielte Genauigkeiten für die einzelnen Bestandteile a, b_1, b_2, ... der Zeitformel entnommen werden. Die Spalten (8) bis (11) dienen der Bildung einer Rangordnung unter den Einflußgrößen. Die Einflußgröße mit dem kleinsten Prüfgrößenwert (hier DMES mit 0,026 2) liefert den geringsten Beitrag, jene mit dem größten Prüfgrößenwert (hier: ABS mit 12,272 3) liefert den höchsten Beitrag an die Bildung von Planzeiten.

(1)	(2)	(3)	(4)	(5)	(6)	(7)	(8)	(9)	(10)	(11)
EINFLUSSGROESSE:									PRUEFGROESSE	
	KURZ-	REGRESS.	STANDARD	VERTRAUENSBEREICH		GENAUIGKEIT			KL/GL	GR
NUMMER	ZEICHEN	KOEFFIZIENT	ABWEICH.	UNTEN	OBEN	IN PROZENT	PRUEFGROESSE	SCHWELLENWERT	SCHWELLENWERT	
1	ABS	31.4583	2,5634	26.0240	36,8926	17,27	12,2723	2,120		*
2	LAE	-0.1226	0,3552	-0.8755	0.6304	-614.34	0,3451	2,120	*	
3	HUB	0.3262	0,3339	-0.3817	1.0341	217.02	0,9769	2,120	*	
4	DMES	0.0061	0.2345	-0.4909	0,5032	8101.76	0,0262	2,120	*	
5	MODU	2.4798	3,3678	-4,6600	9,6196	287,92	0,7363	2,120	*	
6	TEZA	7.9116	1,4188	4.9036	10,9195	38,02	5,5761	2,120		*
KONSTANTE:		-127.1550	34,9270	-201,2002	-53,1099	-58,23	3,6406	2,120		*

Bild 54: Berechnen der Regressionskoeffizienten, deren Vertrauensbereiche und erzielte Genauigkeiten (Verwendung sämtlicher Einflußgrößen)

(1)	(2)	(3)	(4)
BESTIMMTHEITSMASS DER REGRESSION	MULTIPLE KORREL. DER REGRESSION	QUADRATSUMME DER RESIDUEN	STAND.FEHLER DER REGRESS.
0,9478	0,9735	1558,7228	9,8702

Bild 55: Gütemaß der Regression (Verwendung sämtlicher Einflußgrößen)

(1)	(2)	(3)	(4)	(5)	(6)	(7)	(8)
	ZIELGROESSE		RESIDUUM	IN PROZENT	VERTRAUENSBEREICH		GENAUIGKEIT
LFD.NR.	ERFASST	BERECHNET	(2) - (3)	(4) / (3)	UNTEN	OBEN	IN PROZENT
1	29.4000	38,2282	-8.8282	-23,09	26,7461	49.7103	30,04
2	47.2000	38.7089	8.4911	21,94	28.3740	49,0439	26,70
3	48.7000	38,7089	9,9911	25,81	28,3740	49,0439	26,70
4	59,5000	63,1145	-3,6145	-5,73	51,0015	75,2274	19,19
5	54.8000	60,0465	-5,2465	-8,74	50,7024	69,3907	15,56
6	62,6000	61,5423	1,0577	1,72	55,6387	67,4458	9,59
7	69,9000	72,5006	-2,6006	-3,59	59,7911	85,2102	17,53
8	41.7000	39,6652	2.0348	5,13	29,4005	49,9299	25,88
9	43,9000	44,6840	-0.7840	-1,75	36.7017	52,6663	17,86
10	22.7000	27,2546	-4.5546	-16,71	13,1828	41,3264	51,63
11	40.8000	34,7888	6.0112	17,28	23,9297	45,6480	31,21
12	37,3000	31,4576	5,8424	18,57	21,2302	41,6850	32,51
13	42.1000	46,0751	-3.9751	-8,63	38,1503	53.9998	17,20
14	83,0000	92,6763	-9.6763	-10,44	78,5885	106.7641	15,20
15	65,3000	80.4031	-15.1031	-18,78	70.0474	90.7589	12,88
16	79,3000	90,8654	-11,5654	-12,73	80,4248	101,3060	11,49
17	125,3000	113,1241	12.1759	10,76	102,8296	123,4185	9,10
18	102.0000	94,3653	7,6347	8,09	80,6062	108,1243	14,58
19	130,6000	115,8852	14.7148	12,70	102,9624	128,8080	11,15
20	144,2000	155,8304	-11,6304	-7,46	137,5664	174,0945	11,72
21	119.7000	110,2555	9,4445	8,57	100,2996	120,2113	9,03
22	137.1000	132,2252	4,8748	3,69	119.2008	145,2496	9,85
23	71.4000	76,0943	-4.6943	-6,17	63,5529	88,6356	16,48

Bild 56: Berechnen der Planzeiten für die eingegebenen Datensätze und deren Beurteilen (Verwendung sämtlicher Einflußgrößen)

Das verwendete EDV-Programm ist so aufgebaut, daß die Einflußgröße mit dem Prüfgrößenwert, der am weitesten unterhalb des in Spalte (9) ausgewiesenen Schwellenwertes (der t-Verteilung, zweiseitig, f = n-k-1; k = Zahl der Einflußgrößen) liegt, aus den Berechnungen eleminiert und die so bereinigte Tabelle der n = 23 Datensätze erneut eingegeben und ausgewertet wird. Im Beispiel trifft dies auf die Einflußgröße DMES zu. Die Berechnungen werden mit den verbleibenden fünf Einflußgrößen wiederholt. Dieses Verfahren wird schrittweiser Abbau genannt und kann entweder bis zur letzten Einflußgröße, deren Prüfgröße kleiner als der Schwellenwert ausfällt, oder bis zur letzten aller genannten Einflußgrößen fortgesetzt werden. In diesem Falle würde das EDV-Programm zuletzt eine einfache lineare Regressionsrechnung ausführen, wie sie in Kapitel 11 dargestellt wurde.

Bild 55 entnimmt man in Spalte (1) das Bestimmtheitsmaß. Dieses beträgt 94,8% und zeigt an, daß obige Planzeitformel gegenüber der Planzeitformel bei einfacher linearer Regressionsrechnung eine wesentlich bessere Wiedergabe der erfaßten Grundzeiten und damit wesentlich genauere Planzeiten liefert. Das Bestimmtheitsmaß betrug dort nur 66,0%.

Bestätigt wird diese Aussage in Bild 56. Hier sind für sämtliche n = 23 Zeitaufnahmen die Grundzeiten (Spalte 2) mittels obiger Planzeitformel nachkalkuliert worden (Spalte 3).

So wurde beispielsweise für den fünften Datensatz eine Grundzeit $t_g' = 54{,}8$ min erfaßt. Bearbeitet wurde ein Fräser mit folgenden Werten für die einzelnen Einflußgrößen:

Abschliff	ABS	$\hat{=} x_1 = 0{,}6$ mm
Fräserlänge	LAEN	$\hat{=} x_2 = 150$ mm
Hublänge	HUB	$\hat{=} x_3 = 250$ mm
Fräserdurchmesser	DMES	$\hat{=} x_4 = 110$ mm
Fräsermodul	MODU	$\hat{=} x_5 = 3{,}85$
Teilungszahl	TEZA	$\hat{=} x_6 = 12$

Setzt man diese Zahlenwerte in die obige Zeitformel ein, so erhält man als Planzeit für die Grundzeit

$$GRZ \mathrel{\hat{=}} y \equiv t'_g = \begin{array}{l} -127{,}155\,0 \\ +\ 31{,}458\,3 \cdot 0{,}6 \\ -\ \ 0{,}122\,6 \cdot 150 \\ +\ \ 0{,}326\,2 \cdot 250 \\ +\ \ 0{,}006\,1 \cdot 110 \\ +\ \ 2{,}479\,8 \cdot 3{,}85 \\ +\ \ 7{,}911\,6 \cdot 12 \\ \hline = 60{,}046\,5 \text{ min} \quad \approx 60{,}0 \text{ min} \end{array}$$

In Spalte (4) und (5) sind die aufgetretenen Unterschiede - als Residuen bezeichnet - angegeben worden. Die Spalten (6) und (7) enthalten den Vertrauensbereich für die ideale Planzeit, und Spalte (8) entnimmt man die für die zu verwendende tatsächliche Planzeit wesentliche Gütekennzahl der erzielten Genauigkeit.

Diese Rechenergebnisse lauten für den fünften Datensatz: Vertrauensbereich von 50,7 bis 69,4 min und erzielte Genauigkeit 15,6% bei $1 - \alpha = 95\%$ Aussagewahrscheinlichkeit.

Gegenüber den Ergebnissen bei einfacher linearer Regressionsrechnung stellt man insgesamt sofort die Verbesserung fest, was Bild 57 im Vergleich zu Bild 53 zu entnehmen ist.

Der schrittweise Abbau der in den Bildern 54 bis 56 wiedergegebenen Zeitformel wird nach Elimination der Einflußgrößen Fräserlänge, Fräserdurchmesser und Modul, die das Rechenprogramm als unwesentlich für das Bilden der Planzeiten erkannt hat, gestoppt. Die Zeitformel lautet dann nach Bild 58:

$$\begin{aligned} GRZ = &-103{,}225\,8 \\ &+31{,}363\,0 \cdot ABS \\ &+0{,}231\,1 \cdot HUB \\ &+7{,}127\,6 \cdot TEZA \end{aligned}$$

BEZEICHNUNG DER LÖSUNG: *Mehrfache lineare Regression*

ZIELGRÖSSE: Y = GRZ

EINFLUSSGRÖSSE(N) x_1 = ABS

x_2 = LAEN

x_3 = HUB

x_4 = DMES

x_5 = MODU

x_6 = TEZA

ZEITFORMEL: GRZ = - *127,155 0*

+31,458 3·ABS

-0,122 6·LAEN

+0,326 3·HUB

+0,006 1·DMES

+2,479 8·MODU

+7,911 6·TEZA

BESTIMMTHEITSMASS: B = *94,8* %

KALKULATIONSBEISPIEL

ABS = *0,6 mm*	DMES = *110 mm*	
LAEN = *150 mm*	MODU = *3,85*	PLANZEIT: GRZ = *60,0* MIN
HUB = *250 mm*	TEZA = *12*	

ERZIELTE GENAUIGKEIT: ε = *15,6* %

PERIODENGENAUIGKEIT: ε'_{per} = *3* %

PERIODENDAUER: T_{per} = *10 000* MIN

VERWENDUNGSHÄUFIGKEIT: m_{per} = *1 Fräser/Monat·Maschine mit obigen Abmessungen*

ERFORDERLICHE GENAUIGKEIT: ε' = *38,7* %

☒ ERZIELTE GENAUIGKEIT AUSREICHEND.

☐ ERZIELTE GENAUIGKEIT MUSS VERBESSERT WERDEN.

Dr. John	Fallstudie zur Regressionsrechnung Standardprogramm Planzeitermittlung	
Nr. *2*		

Bild 57: Zusammenfassung der Ergebnisse einer mehrfachen linearen Regressionsrechnung

(1)	(2)	(3)	(4)	(5)	(6)	(7)	(8)	(9)	(10)	(11)
EINFLUSSGROESSE: NUMMER	KURZ-ZEICHEN	REGRESS. KOEFFIZIENT	STANDARD ABWEICH.	VERTRAUENSBEREICH UNTEN	OBEN	GENAUIGKEIT IN PROZENT	PRUEFGROESSE	SCHWELLENWERT	PRUEFGROESSE KL/GL SCHWELLENWERT	GR
1	ABS	31.3630	2.4721	26.1889	36.5370	16.50	12.6869	2.093		*
3	HUB	0.2311	0.0381	0.1514	0.3108	34.49	6.0682	2.093		*
6	TEZA	7.1276	1.3208	4.3632	9.8920	38.78	5.3965	2.093		*
KONSTANTE:		-103.2258	16.9147	-138.6282	-67.8233	-34.30	6.1027	2.093		*

Bild 58: Berechnen der Planzeiten für die eingegebenen Datensätze und deren Beurteilen (Verwendung der wesentlichen Einflußgrößen)

Das Bestimmtheitsmaß ist nur unbedeutend geringer (93,7%) geworden. Auf die Wiedergabe der Bild 55 und 56 entsprechenden Bilder bei Verwendung ausschließlich wesentlicher Einflußgrößen wurde hier verzichtet, obwohl die Vertrauensbereiche und erzielten Genauigkeiten teilweise erheblich verbessert werden konnten. Zudem liegt der Vorteil der zuletzt genannten Zeitformel (mit den wesentlichen Einflußgrößen) gegenüber der zuerst genannten (mit sämtlichen Einflußgrößen) bei nahezu gleicher Güte der berechneten Planzeiten in der einfacheren Darstellung und Verwendung. Trotzdem wird diese Problemlösung (Zusammenfassung s. Bild 59) nicht verwendet, da sich unter Anwendung der nachfolgenden Methoden der nichtlinearen Regression noch wesentliche Verbesserungen erzielen lassen.

BEZEICHNUNG DER LÖSUNG: *Mehrfache lineare Regression*

ZIELGRÖSSE: Y = GRZ

EINFLUSSGRÖSSE(N) x_1 = ABS

~~x_2 = LAEN~~

x_3 = HUB

~~x_4 = DMES~~

~~x_5 = MODU~~

x_6 = TEZA

ZEITFORMEL: GRZ = *−103,225 8*
+31,363 0·ABS
+0,231 1·HUB
+7,127 6·TEZA

BESTIMMTHEITSMASS: B = *93,7* %

KALKULATIONSBEISPIEL

ABS = *0,6 mm*	DMES = ·/.	
LAEN = ·/.	MODU = ·/.	PLANZEIT: GRZ = *58,9* MIN
HUB = *250 mm*	TEZA = *12*	

ERZIELTE GENAUIGKEIT: ε = *9,0* %

PERIODENGENAUIGKEIT: ε'_{per} = *3* %

PERIODENDAUER: T_{per} = *10 000* MIN

VERWENDUNGSHÄUFIGKEIT: m_{per} = *1 Fräser/Monat·Maschine mit obigen Abmessungen*

ERFORDERLICHE GENAUIGKEIT: ε' = *39,1* %

☒ ERZIELTE GENAUIGKEIT AUSREICHEND.

☐ ERZIELTE GENAUIGKEIT MUSS VERBESSERT WERDEN.

Dr. John	Fallstudie zur Regressionsrechnung Standardprogramm Planzeitermittlung	
Nr. *3*		

Bild 59: Zusammenfassung der Ergebnisse einer mehrfachen linearen Regressionsrechnung

12.2. Fallstudie zur Methode der einfachen nichtlinearen Regressionsrechnung

Trotz der guten Qualität der zuletzt genannten Planzeitformel gab man sich mit diesem Ergebnis noch nicht zufrieden. Bei kritischem Beurteilen der grafischen Darstellung der erfaßten Grundzeiten über der Einflußgröße Abschliff in Bild 45 muß man zu der Feststellung kommen, daß ein linearer Ausgleich (durch eine Gerade) nicht die beste Wiedergabemöglichkeit der dort abgebildeten Punktefolge ist, sondern daß sich die Grundzeit degressiv über dem Abschliff erhöht (s. Bild 60). Es ist also sinnvoller, eine nichtlineare Ausgleichskurve statt einer Ausgleichsgeraden zu verwenden. Zur Problemlösung läßt sich wiederum die Methode der einfachen linearen Regressionsrechnung heranziehen.

Um das Vorgehen zu veranschaulichen, wird die Methode der einfachen nichtlinearen Regression auf die 23 Datensätze von Leitbeispiel 1 angewendet. Demonstriert wird die Methode am Modell 1 aus Bild 61.

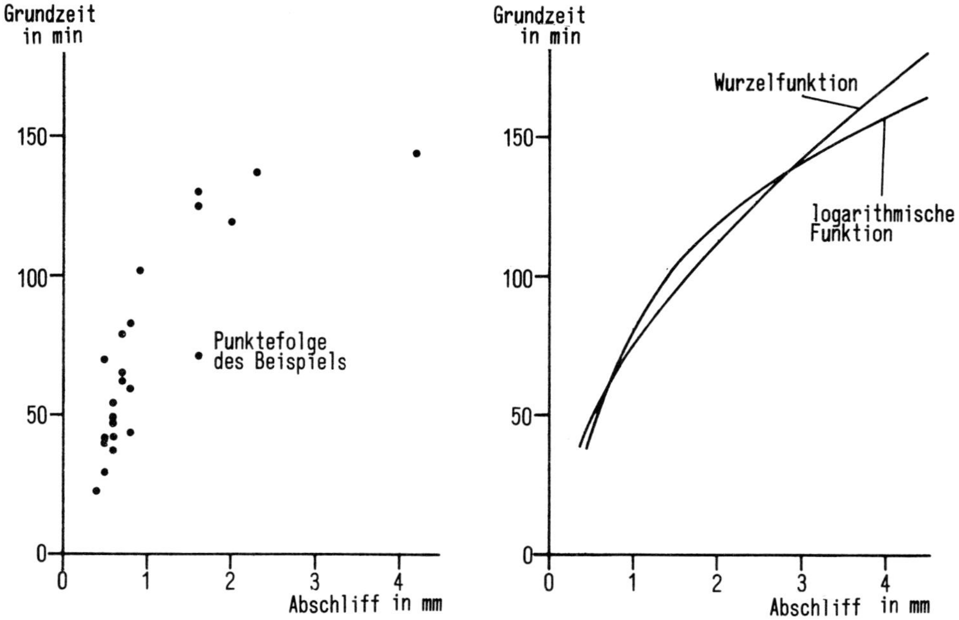

Bild 60: Logarithmische und Wurzelfunktion als vorgeschlagene Ausgleichskurven für die Punktefolge des Beispiels

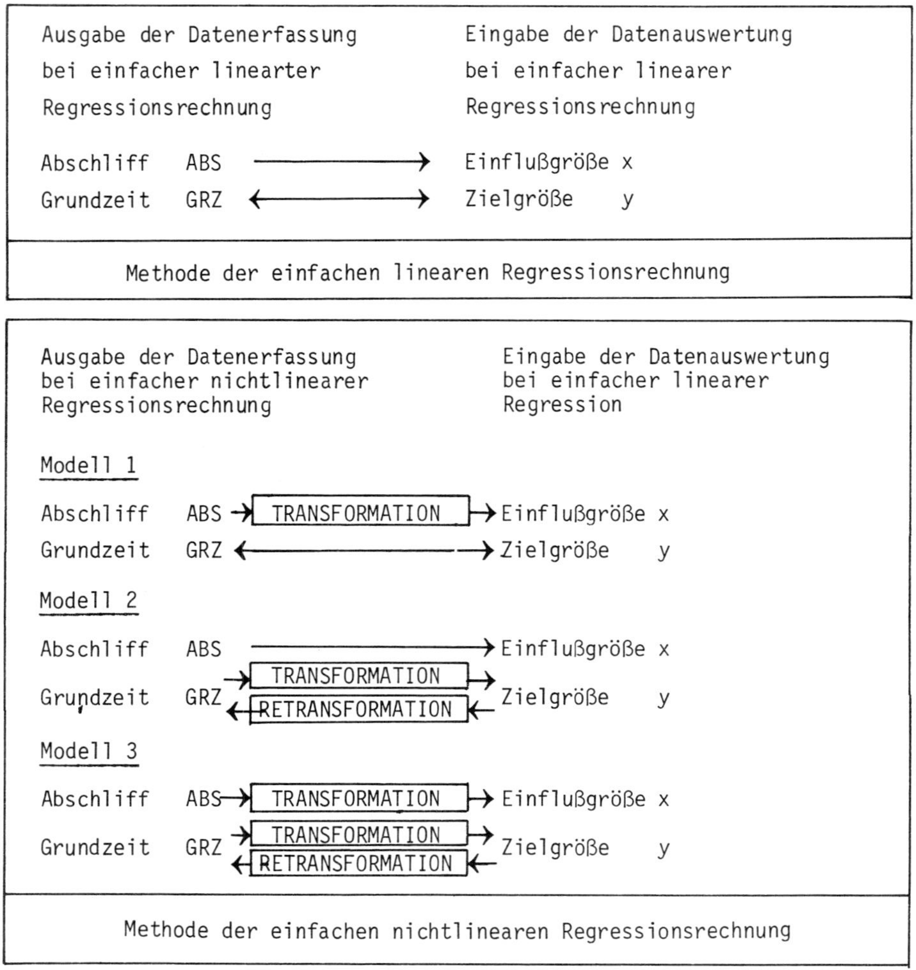

Bild 61: Verwendungsmöglichkeiten der einfachen linearen Regression bei nichtlinearen Abhängigkeiten

Es wird vorgeschlagen, den Abschliff nicht unmittelbar als Einflußgröße x und die Grundzeit GRZ als Zielgröße y nach der einfachen linearen Regressionsrechnung zu verarbeiten, wie dies im Kapitel 11 geschah, sondern die Abschliffwerte zunächst umzuformen (transformieren). Als mögliche nichtlineare Umformungen können in diesem Falle in Betracht kommen:

Vorschlag 1:

Logarithmische Transformation der Einflußgröße

$$x = \lg ABS$$

Die Zielgröße wird unverändert übernommen.

$$y \equiv GRZ$$

Vorschlag 2:

Wurzeltransformation der Einflußgröße

$$x = \sqrt{ABS}$$

Die Zielgröße wird unverändert übernommen

$$y \equiv GRZ$$

Beide Vorschläge sind im Vergleich zu anderen Transformationen, wie z.B. $x = \frac{1}{ABS}$ oder $x = e^{ABS}$, deshalb sinnvoll, weil sowohl die logarithmische als auch die Wurzelfunktion, dargestellt im Koordinatensystem, einen Verlauf zeigt, welcher der Darstellung der Datensätze (ABS, GRZ) am ähnlichsten ist (siehe entsprechende Funktionsdarstellungen in Bild 60, rechte Hälfte).

Folgt man Vorschlag 1, so sind nach der Methode der einfachen linearen Regression die Logarithmen der Abschliffwerte ABS und deren zugeordnete Grundzeiten GRZ als Einflußgröße x und als Zielgröße y zu verarbeiten. Die Bearbeitung erfolgte vordruckmäßig entsprechend Verfahren 13.1 bis 13.4 und ist auszugsweise in Bild 62 wiedergegeben.

	Tabellarische Standardform für die einfache lineare Regression	Blatt 1

(1)	(2)	(3)	(4)	(5)	(6)
Lfd.Nr. des Datensatzes	Wert der Einflußgröße	Wert der Zielgröße	x_i^2	$x_i y_i$	y_i^2
i	*ABS*	*GRZT*	(2)·(2)	(2)·(3)	(3)·(3)
1	*0,5*	*29,4*			
2	*0,6*	*47,2*			
3	*0,6*	*48,7*			
4	*0,8*	*59,5*			
5	*0,6*	*54,8*			
6	*0,7*	*62,6*			
7	*0,5*	*69,9*			
8	*0,5*	*41,7*			
9	*0,8*	*43,9*			
10	*0,4*	*22,7*			
11	*0,5*	*40,8*			
12	*0,6*	*37,3*			
13	*0,6*	*42,1*			
14	*0,8*	*83,0*			
15	*0,7*	*65,3*			
16	*0,7*	*79,3*			
17	*1,6*	*125,3*			
18	*0,9*	*102,0*			
19	*1,6*	*130,6*			
20	*4,2*	*144,2*			
21	*2,0*	*119,7*			
22	*2,3*	*137,1*			
23	*1,6*	*71,4*			
n =	$\sum x_i$ =	$\sum y_i$ =	$\sum x_i^2$ =	$\sum x_i y_i$ =	$\sum y_i^2$ =
23	*-1,614 130 080*	*1 658,5*	*1,604 069 738*	*72,672 329 41*	*149 439,81*

Die Eintragungen in diesen Spalten sind überflüssig, da die Auswertung mit dem HP 55 erfolgte.

Entsprechendes gilt für die Lücken in den nachfolgenden Blättern.

	Auswertung der Daten mittels einfacher linearer Regressionsrechnung	Blatt 2

Auswertung der Stichprobe

1. Spalten für x_i^2, $x_i y_i$ und y_i^2 einrichten und berechnen

2. Spaltensummen berechnen

n = *23*	$\sum x_i$ = *-1,614 130 080*	$\sum y_i$ = *1 658,5*
$\sum x_i^2$ = *1,604 069 738*	$\sum x_i y_i$ = *72,672 329 41*	$\sum y_i^2$ = *149 439,81*

3. Mittelwert der Einfluß- und Zielgröße berechnen

Mittelwert der Einflußgröße $\bar{x} = \frac{1}{n}\sum x_i$ = ______ = *-0,070 179 569*

Mittelwert der Zielgröße $\bar{y} = \frac{1}{n}\sum y_i$ = ______ = *72,108 695 65*

4. Summe der quadrierten Abweichungen (SdqA) S_x^2, S_{xy} und S_y^2 berechnen

$S_x^2 = \sum x_i^2 - \frac{1}{n}(\sum x_i)^2$ = - ______ = *1,490 790 785*

$S_y^2 = \sum y_i^2 - \frac{1}{n}(\sum y_i)^2$ = - ______ = *29 847,538 30*

$S_{xy} = \sum x_i y_i - \frac{1}{n}(\sum x_i \cdot \sum y_i)$ = - ______ = *189,065 144 1*

5. Varianzen berechnen

$s_x^2 = \frac{1}{n-1} \cdot S_x^2$ = ______ =

$s_y^2 = \frac{1}{n-1} \cdot S_y^2$ = ______ =

$s_{xy} = \frac{1}{n-1} \cdot S_{xy}$ = ______ =

(Kovarianz)

	Auswertung der Stichprobe (Fortsetzung)	Blatt 3

6. Standardabweichungen berechnen

$s_x = +\sqrt{s_x^2} = \sqrt{\quad}$ =

$s_y = +\sqrt{s_y^2} = \sqrt{\quad}$ =

7. Parameter der Regressionsgerade berechnen

Regressionskoeffizient $b = \frac{S_{xy}}{S_x^2}$ = ______ = *126,822 050 4*

Absolutglied $a = \frac{1}{n}\left[\sum_i y_i - b\sum_i x_i\right]$ =

= [- ·] : = *81,009 012 48*

Die Regressionsgerade lautet:

$y(x) = a + bx$ = *81,0 + 126,8 x*

Gültigkeitsbereich: *0,4* $\leq x \leq$ *4,2 mm Abschliff*

8. Fehlerquadratsumme berechnen

$Q = S_y^2 - \frac{(S_{xy})^2}{S_x^2}$ = - ______ =

9. Restvarianz und -standardabweichung berechnen

$s_R^2 = \frac{1}{n-2} \cdot Q$ = ______ =

$s_R = +\sqrt{s_R^2} = +\sqrt{\quad}$ =

10. Korrelationszahl und Bestimmtheitsmaß berechnen

$r = \frac{s_{xy}}{s_x \cdot s_y}$ = ______ = *0,896 3*

$B = r^2 \cdot 100\% = \frac{(S_{xy})^2}{S_x^2 \cdot S_y^2} \cdot 100\%$ = ______ ·100% = *80,3%*

	Beurteilung der Stichprobe (Fortsetzung)	Blatt 4

3. Vertrauensbereich und erzielte Genauigkeit für Werte der Regressionsfunktion berechnen

$$\mu(x)_{UNTEN}^{OBEN} = y(x) \pm t_{1-(\frac{\alpha}{2});f} \cdot \sqrt{\frac{Q}{(n-2) \cdot S_x^2}} \cdot \sqrt{\frac{S_x^2}{n} + (x-\bar{x})^2} \quad {}^{*)}$$

Erzielte Genauigkeit

$$\varepsilon_\mu = \frac{\square}{y(x)} \cdot 100\%$$

(1)	(2)	(3)	(4)	(5)	(6)	(7)
ABS	GRZT	$\sqrt{\frac{S_x^2}{n} + (x-\bar{x})^2}$	$t_{1-(\frac{\alpha}{2});f} \cdot \sqrt{\ } \cdot \sqrt{\ }$	$\mu(x)_{UNTEN}$	$\mu(x)_{OBEN}$	ε_μ in %
Abschliff	*Grundzeit*		· ·(3)	(2)-(4)	(2)+(4)	[(4):(2)]·100%
0,4	*30,5*			*18,7*	*42,4*	*38,7*
0,5	*42,8*			*33,0*	*52,6*	*22,9*
0,6	*52,9*			*44,4*	*61,3*	*16,0*
0,7	*61,4*			*53,7*	*69,0*	*12,5*
0,8	*68,7*			*61,4*	*76,0*	*10,6*
0,9	*75,2*			*67,9*	*82,5*	*9,7*
1,0	*81,0*			*73,5*	*88,5*	*9,3*
1,2	*91,0*			*82,5*	*99,5*	*9,2*
1,4	*99,5*			*90,0*	*109,1*	*9,6*
1,6	*106,9*			*96,2*	*117,6*	*10,0*
1,8	*113,4*			*101,6*	*125,2*	*10,4*
2,0	*119,2*			*106,4*	*132,0*	*10,8*
2,5	*131,5*			*116,3*	*146,7*	*11,5*
3,0	*141,5*			*124,3*	*158,7*	*12,1*
3,5	*150,0*			*131,1*	*168,9*	*12,6*
4,0	*157,4*			*136,9*	*177,8*	*13,0*
4,5	*163,9*			*142,0*	*185,7*	*13,3*

*) $t_{1-(\frac{\alpha}{2});f}$ = *2,080 für 1−α = 95%* *und* *f = n−2 = 21*

Bild 62: Vordrucksatz, angewendet auf die Bestimmung einer Zeitformel mittels einfacher nichtlinearer Regression (logarithmische Transformation der Einflußgröße)

Als Planzeitformel erhält man:

$$GRZ = 81{,}0 + 126{,}8 \cdot \lg ABS$$

Das Arbeiten mit dieser Formel ist ebenfalls sehr einfach, wie das folgende Beispiel zeigt:

Abschliff	$ABS = 0{,}6$ mm
Grundzeit (Planzeit)	$GRZ = 81{,}0 + 126{,}8 \cdot \lg 0{,}6$
	$= 81{,}0 + 126{,}8 \cdot (0{,}778\ 15 - 1)$
	$= 81{,}0 - 28{,}1 = 52{,}9$ min

Das Bestimmtheitsmaß ist gegenüber einfacher linearer Regression von 66,0% auf 80,3% angestiegen. Ein Vergleich der Vertrauensbereiche und erzielten Genauigkeiten zeigt ebenfalls die Verbesserungen. Auch für diese Berechnungen ließ sich wiederum ein Taschenrechner einsetzen. Die für die einfache lineare Regressionsrechnung vorhandene Programmierung konnte wiederverwendet werden. Bei der Eingabe der Datensätze (ABS, GRZ) mußte lediglich die logarithmische Transformation berücksichtigt werden, was durch Bedienen der log-Taste nach Eingabe von x erfolgte.

Vorschlag 2, Verwendung der Wurzelfunktion für die Transformation, wurde ebenfalls berechnet. Als Zeitformel entstand

$$GRZ = -18{,}2 + 93{,}33 \cdot \sqrt{ABS}$$

Das Bestimmtheitsmaß war hier nur 75,1%. Vertrauensbereiche und erzielte Genauigkeiten waren schlechter als bei Vorschlag 1. Beide Vorschläge sind in Bild 63 und 64 zusammengestellt worden.

Bei Anwendung von Modell 2 aus Bild 60 wäre statt der Einflußgröße die Zielgröße zu transformieren gewesen, um dann die Zeitformel nach der Methode der einfachen linearen Regression zu ermitteln. Allerdings würde diese nicht unmittelbar Planzeiten liefern, sondern man erhielte auch diese in transformierter Form.

Erst dadurch, daß man die zuvor gewählte Transformation der Zielgröße an den rechnerisch gewonnenen Funktionswerten rückgängig macht, entstehen Rechenergebnisse in interpretierbarer Form. Entsprechend ist bei Modell 3 vorzugehen.

BEZEICHNUNG DER LÖSUNG: *Einfache nichtlineare Regression*

ZIELGRÖSSE: Y = GRZ

EINFLUSSGRÖSSE x_1 = *lg* ABS

~~x_2 = LAEN~~

~~x_3 = HUB~~

~~x_4 = DMES~~

~~x_5 = MODU~~

~~x_6 = TEZA~~

ZEITFORMEL: GRZ = *81,0 + 126,8·lg ABS*

BESTIMMTHEITSMASS: B = *80,3* %

KALKULATIONSBEISPIEL

ABS = *0,6 mm* DMES = ·/·

LAEN = ·/· MODU = ·/· PLANZEIT: GRZ = *52,9* MIN

HUB = ·/· TEZA = ·/·

ERZIELTE GENAUIGKEIT: ε = *16,0* %

PERIODENGENAUIGKEIT: ε'_{per} = *3* %

PERIODENDAUER: T_{per} = *10 000* MIN

VERWENDUNGSHÄUFIGKEIT: m_{per} = *15 Fräser/Monat·Maschine*

ERFORDERLICHE GENAUIGKEIT: ε' = *10,6* %

☐ ERZIELTE GENAUIGKEIT AUSREICHEND.

☒ ERZIELTE GENAUIGKEIT MUSS VERBESSERT WERDEN.

Dr. John	Fallstudie zur Regressionsrechnung Standardprogramm Planzeitermittlung	
Nr. *4*		

Bild 63: Zusammenfassung der Ergebnisse einer einfachen nichtlinearen Regressionsrechnung (logarithmische Transformation)

BEZEICHNUNG DER LÖSUNG: *Einfache nichtlineare Regression*

ZIELGRÖSSE: Y = GRZ

EINFLUSSGRÖSSE x_1 = $\sqrt{ABS}$

~~x_2 = LAEN~~

~~x_3 = HUB~~

~~x_4 = DMES~~

~~x_5 = MODU~~

~~x_6 = TEZA~~

ZEITFORMEL: GRZ = $-18{,}2 + 93{,}33 \cdot \sqrt{ABS}$

BESTIMMTHEITSMASS: B = *75,1* %

KALKULATIONSBEISPIEL

ABS = *0,6 mm*	DMES = ·/.	
LAEN = ·/.	MODU = ·/.	PLANZEIT: GRZ = *54,1* MIN
HUB = ·/.	TEZA = ·/.	

ERZIELTE GENAUIGKEIT: ε = *17,4* %

PERIODENGENAUIGKEIT: ε'_{per} = *3* %

PERIODENDAUER: T_{per} = *10 000* MIN

VERWENDUNGSHÄUFIGKEIT: m_{per} = *15 Fräser/Monat·Maschine*

ERFORDERLICHE GENAUIGKEIT: ε' = *10,5* %

☐ ERZIELTE GENAUIGKEIT AUSREICHEND.

☐ ERZIELTE GENAUIGKEIT MUSS VERBESSERT WERDEN.

Nr. *5*	Fallstudie zur Regressionsrechnung Standardprogramm Planzeitermittlung	

Bild 64: Zusammenfassung der Ergebnisse einer einfachen nichtlinearen Regressionsrechnung (Wurzeltransformation)

12.3. Fallstudie zur Methode der mehrfachen nichtlinearen Regressionsrechnung

Von mehrfacher nichtlinearer Regressionsrechnung spricht man dann, wenn in die Methode der mehrfachen linearen Regressionsrechnung eine oder mehrere Einflußgrößen und/oder die Zielgröße in transformierter Form eingegeben werden. Aufgrund der bisherigen Ergebnissituation der Fallstudie war zu fragen, ob nicht der Abschliff ABS in logarithmierter Form, die weiteren fünf Einflußgrößen, unverändert in eine erneute mehrfache Regressionsrechnung eingegeben, zu einer weiteren Verbesserung der Planzeitformel führen würde.

In Bild 65 bis 67 sind die den Bildern 54 bis 56 entsprechenden EDV-Ausdrucke nach erfolgtem schrittweisem Abbau, also nur noch mit Verwendung der wesentlichen Einflußgrößen, wiedergegeben.

Die Zeitformel lautet:

$$
\begin{aligned}
GRZ = {} & -30{,}767\,1 \\
& + 110{,}092\,6 \cdot \lg ABS \\
& + 0{,}169\,3 \cdot HUB \\
& + 5{,}724\,6 \cdot TEZA
\end{aligned}
$$

Das Bestimmtheitsmaß beträgt jetzt 95,5% gegenüber

- 66,0% bei einfacher linearer Regression mit der Einflußgröße Abschliff (Kapitel 11),
- 93,7% bei mehrfacher linearer Regression mit den Einflußgrößen Abschliff, Hublänge und Teilungszahl (Abschnitt 12.1),
- 80,3% bei einfacher nichtlinearer Regression mit der Einflußgröße Abschliff (Abschnitt 12.2).

Auch die erzielten Genauigkeiten für die Planzeiten nach obiger Formel konnten weiterhin erheblich verbessert werden (siehe auch Zusammenstellungsbogen, Bild 68).

(1)	(2)	(3)	(4)	(5)	(6)	(7)	(8)	(9)	(10)	(11)
EINFLUSSGROESSE: NUMMER	KURZ-ZEICHEN	REGRESS. KOEFFIZIENT	STANDARD ABWEICH.	VERTRAUENSBEREICH UNTEN	OBEN	GENAUIGKEIT IN PROZENT	PRUEFGROESSE	SCHWELLENWERT	PRUEFGROESSE KL/GL SCHWELLENWERT	GR
1	ABS	110,0926	7,2320	94,9560	* 125,2293	13,75	15.2229	2,093		*
3	HUB	0,1693	0,0331	0,1001	0,2385	40,89	5.1186	2,093		*
6	TEZA	5,7246	1,1251	3,3698	8,0795	41.13	5,0881	2,093		*
KONSTANTE:		-30,7671	14,8671	-61,8839	0,3496	-101,14	2,0695	2,093	*	

Bild 65: Berechnen der Regressionskoeffizienten, deren Vertrauensbereiche und erzielte Genauigkeiten (Verwendung der wesentlichen Einflußgrößen)

(1)	(2)	(3)	(4)
BESTIMMTHEITSMASS DER REGRESSION	MULTIPLE KORREL. DER REGRESSION	QUADRATSUMME DER RESIDUEN	STAND.FEHLER DER REGRESS.
0,9550	0,9772	1343,2479	8,4082

Bild 66: Gütemaß der Regression (Verwendung der wesentlichen Einflußgrößen)

(1)	(2)	(3)	(4)	(5)	(6)	(7)	(8)
	ZIELGROESSE		RESIDUUM	IN PROZENT	VERTRAUENSBEREICH		GENAUIGKEIT
LFD.NR.	ERFASST	BERECHNET	(2) - (3)	(4) / (3)	UNTEN	OBEN	IN PROZENT
1	29,4000	28,8832	0,5168	1,79	21,8564	35,9100	24,33
2	47,2000	37,6005	9,5995	25,53	30,8965	44,3045	17,83
3	48,7000	37,6005	11,0995	29,52	30,8965	44,3045	17,83
4	59,5000	69,5751	-10,0751	-14,48	65,5537	73,5966	5,78
5	54,8000	55,8203	-1,0203	-1,83	51,1329	60,5077	8,40
6	62,6000	61,4980	1,1020	1,79	57,4565	65,5296	6,56
7	69,9000	62,3366	7,5634	12,13	52,5827	72,0906	15,65
8	41,7000	40,3325	1,3675	3,39	35,3304	45,3346	12,40
9	43,9000	56,0341	-12,1341	-21,65	50,3983	61,6699	10,06
10	22,7000	18,6614	4,0386	21,64	11,0416	26,2812	40,83
11	40,8000	35,2546	5,5454	15,73	29,6125	40,8968	16,00
12	37,3000	38,8940	-1,5940	-4,10	32,2446	45,5435	17,10
13	42,1000	48,8502	-6,7502	-13,82	42,8795	54,3210	12,22
14	83,0000	92,2260	-9,2260	-10,00	83,4345	101,0175	9,53
15	65,3000	76,9793	-11,6793	-15,17	69,5549	84,4038	9,64
16	79,3000	83,7498	-4,4498	-5,31	76,2246	91,2751	8,99
17	125,3000	118,1976	7,1024	6,01	110,3646	126,0306	6,63
18	102,0000	92,3806	9,6194	10,41	85,3569	99,4042	7,60
19	130,6000	121,5829	9,0171	7,42	113,9548	129,2109	6,27
20	144,2000	138,7036	5,4964	3,96	126,3856	151,0216	8,88
21	119,7000	121,8485	-2,1485	-1,76	114,3721	129,3249	6,14
22	137,1000	135,3014	1,7986	1,33	125,8457	144,7570	6,99
23	71,4000	86,1891	-14,7891	-17,16	77,9126	94,4657	9,60

Bild 67: Berechnen der Planzeiten für die eingegebenen Datensätze und deren Beurteilen (Verwendung der wesentlichen Einflußgrößen)

BEZEICHNUNG DER LÖSUNG: *Mehrfache nichtlineare Regression*

ZIELGRÖSSE: Y = GRZ

EINFLUSSGRÖSSE(N) x_1 = *lg* ABS

~~x_2 = LAEN~~

x_3 = HUB

~~x_4 = DMES~~

~~x_5 = MODU~~

x_6 = TEZA

ZEITFORMEL: GRZ = *-30,767 1*

+110,092 6·lg ABS

+0,169 3·HUB

+5,724 6·TEZA

BESTIMMTHEITSMASS: B = *95,5* %

KALKULATIONSBEISPIEL

ABS = *0,6 mm*	DMES = ·/·		
LAEN = ·/·	MODU = ·/·	PLANZEIT: GRZ = *55,8*	MIN
HUB = *250 mm*	TEZA = *12*		

ERZIELTE GENAUIGKEIT: ε = *8,4* %

PERIODENGENAUIGKEIT: ε'_{per} = *3* %

PERIODENDAUER: T_{per} = *10 000* MIN

VERWENDUNGSHÄUFIGKEIT: m_{per} = *1 Fräser/Monat·Maschine*

ERFORDERLICHE GENAUIGKEIT: ε' = *40,2* %

☒ ERZIELTE GENAUIGKEIT AUSREICHEND.

☐ ERZIELTE GENAUIGKEIT MUSS VERBESSERT WERDEN.

Dr. John	Fallstudie zur Regressionsrechnung Standardprogramm Planzeitermittlung	
Nr. *6*		

Bild 68: Zusammenfassung der Ergebnisse einer mehrfachen nichtlinearen Regressionsrechnung

12.4. Darstellung der Planzeitformel

Für die praktische Handhabung der zuletzt entwickelten (besten) Zeitformel bieten sich verschiedene Möglichkeiten an:

1. Unmittelbare Verwendung der Zeitformel bei Bedarf (Umwandlung in ein Rechenprogramm für einen programmierbaren Taschen- oder Tischrechner),
2. Umwandlung der Zeitformel in eine Planzeittabelle (Entwicklung eines Kalkulationsblattes nach REFA-Methodenlehre des Arbeitsstudiums, Teil 2, Seite 375 ff),
3. Entwicklung einer Leitertafel.

Alle drei Möglichkeiten haben ihre Berechtigung. Deshalb sollen diese nachfolgend kurz beschrieben werden.

12.4.1. Unmittelbare Verwendung der Zeitformel

Diese Möglichkeit wird wiederum am Beispiel des fünften Datensatzes aus Leitbeispiel 1 erläutert.

Setzt man für die Einflußgrößen

- Abschliff ABS = 0,6 mm
- Hublänge HUB = 250 mm
- Teilungszahl TEZA = 12

in die obige Planzeitformel ein, so erhält man

- $GRZ = -30{,}767\,1 + 110{,}092\,6 \cdot \lg 0{,}6 + 0{,}169\,3 \cdot 250 + 5{,}724\,6 \cdot 12$
  $= 55{,}820\,3 \ldots \approx 55{,}8$ min

als Planzeit.

12.4.2. Umwandlung der Zeitformel in eine Planzeittabelle

In Bild 69 ist für die Zeitformel die Planzeittabelle wiedergegeben.

Planzeittabelle: Grundzeiten für Nachschleifen von Abwälzfräsern									Teilungszahl: 12
Abschliff in mm	Hublänge in mm								
	150	175	200	225	250	275	300	325	350
0,4	19,51	23,75	27,98	32,21	36,44	40,68	44,91	49,14	53,37
0,5	30,18	34,41	38,65	42,88	47,11	51,34	55,58	59,81	64,04
0,6	38,90	43,13	47,36	51,60	55,82	60,06	64,29	68,53	72,76
0,7	46,27	50,50	54,73	58,97	63,20	67,43	71,66	75,90	80,13
0,8	52,65	56,89	61,12	65,35	69,58	73,82	78,05	82,28	86,51
0,9	58,29	62,52	66,75	70,98	75,22	79,45	83,68	87,91	92,15
1,0	63,32	67,56	71,79	76,02	80,25	84,49	88,72	92,95	97,18
1,2	72,04	76,27	80,51	84,74	88,97	93,20	97,44	101,67	105,90
1,4	79,41	83,64	87,88	92,11	96,34	100,57	104,81	109,04	113,27
1,6	85,80	90,03	94,26	98,49	102,73	106,96	111,19	115,42	119,66
1,8	91,43	95,66	99,89	104,12	108,36	112,59	116,82	121,05	125,29
2,0	96,46	100,70	104,93	109,16	113,39	117,63	121,86	126,09	130,32
2,5	107,13	111,37	115,60	119,83	124,06	128,30	132,53	136,76	140,99
3,0	115,85	120,08	124,32	128,55	132,78	137,01	141,25	145,48	149,71
3,5	123,22	127,45	131,69	135,92	140,15	144,38	148,62	152,85	157,08
4,0	129,61	133,84	138,07	142,30	146,54	150,77	155,00	159,23	163,47
4,5	135,24	139,47	143,70	147,93	152,17	156,40	160,63	164,86	169,10

Bild 69: Planzeittabelle für eine Zeitformel mit eingetragenem Ablesebeispiel
(Weitere Tabellen wurden für die Teilungszahlen 9, 10, 13, 15 und 17 entwickelt)

Es ist zweckmäßig, sich die Planzeittabelle ebenfalls per EDV als Abschluß der mehrfachen Regressionsrechnung berechnen zu lassen. Dann sollte allerdings zusätzlich zu den tabellierten Planzeiten auch noch die jeder Planzeit zugeordnete erzielte Genauigkeit tabelliert werden (beispielsweise im selben Tabellenfeld direkt unter der Planzeit in Klammer). In Bild 69 fehlen diese Werte, da die Berechnung nur mittels Taschenrechner erfolgte.

12.4.3. Entwicklung einer Leitertafel

Zeitformeln als Ergebnisse mehrfacher Regressionsrechnungen eignen sich sehr gut, als Nomogramme dargestellt zu werden. Da Leitertafeln einfach berechnet und gezeichnet werden können und zudem hohe Ablesegenauigkeiten gewährleisten, wird diese Nomogrammform auch für das Beispiel gewählt (Bild 70).

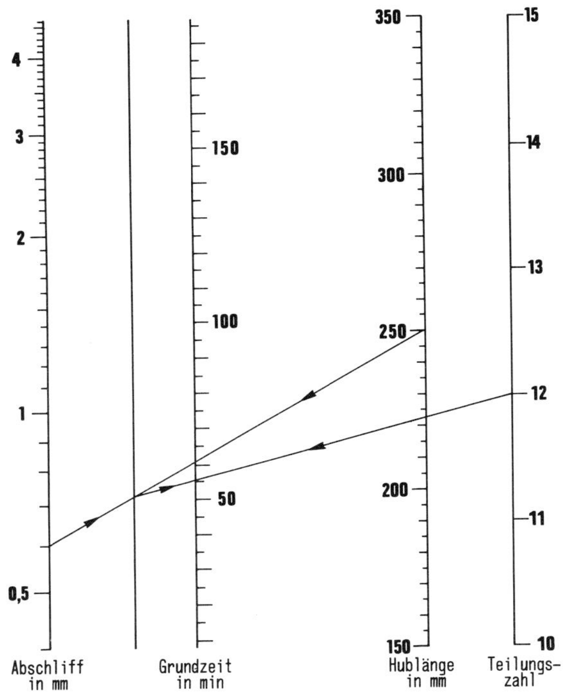

Bild 70: Leitertafel für eine Zeitformel (mit eingezeichnetem Ablesebeispiel)

12.5. Schlußbemerkungen

Wie die an einem Beispiel gezeigten Anwendungen der Regressionsrechnung ergeben haben, ist diese Methode zum Bilden von Planzeiten für jeden Arbeitsstudienpraktiker ein leicht zu erlernendes und rationell zu handhabendes Hilfsmittel. Die Methoden der einfachen Regressionsrechnung, die nur in seltenen Fällen zu befriedigenden Problemlösungen führen, lassen sich, wie gezeigt wurde, mittels Taschenrechner sehr einfach bearbeiten. Häufiger müssen die Methoden der mehrfachen Regressionsrechnung zur Anwendung kommen. Hier wird man sich zur Problemlösung eines EDV-Rechenprogrammes bedienen. Derartige Programme lassen sich durch Kauf (etwa 3 500 DM) oder Miete (etwa 200 DM/Monat bei Dreijahresvertrag) erwerben und auf einer firmeneigenen EDVA einsetzen. Man kann sich eines solchen EDV-Rechenprogramms aber auch im Lohnauftrag, durch ein dafür spezialisiertes Servicebüro, bedienen. Häufig wird von den Servicebüros über die Rechenleistung hinaus sogar noch eine branchenspezifische Problemberatung angeboten, was den Einsatz der Methoden der Regressionsrechnung zum Bilden von Planzeiten ganz erheblich erleichtert.

An dieser Stelle dankt der Verfasser für das Bereitstellen der in den Kapiteln 11 und 12 verwendeten Datensätze durch die Firma Daimler Benz, Werk Gaggenau, und der Firma EDV-Programmverlag, Bickenbach, für das EDV-Rechenprogramm zur mehrfachen Regressionsrechnung. Das verwendete Rechenprogramm ist das erste seiner Art, welches speziell für die Erfordernisse des Bildens von Planzeiten entwickelt wurde und entspricht den Anforderungen der Methodenlehre des Arbeitsstudiums (insbesondere Band 2; Datenermittlung) und zahlreicher Tarifverträge und Betriebsvereinbarungen, in denen das Bilden von Planzeiten reglementiert ist (beispielsweise Lohnrahmentarifvertrag II für die Arbeiter der Metallindustrie von Nordwürttemberg/Nordbaden).

13. LITERATUR ZUR TECHNISCHEN STATISTIK

1. BÄCHLER, F.	Einführung in die statistische Qualitätskontrolle, Verlag Hallwag, Bern/Stuttgart, 1969
2. BLUME, J.	Statistische Methoden für Ingenieure und Naturwissenschaftler, VDI-Verlag GmbH, Düsseldorf, 1974
3. COMER, J.P., D.W. GRACE, S.E. MICHAELS und H. SMITH	Statistical Applications Manual, Procter & Gamble Company, 1961
4. GNEDENKO, B.W.	Lehrbuch der Wahrscheinlichkeitsrechnung, Akademie-Verlag, Berlin 1965
5. HALD, A.	Statistical Theory with Engineering Applications, John Wiley & Sons, Inc., New York/London, 1962
6. HENNING, H.-J. und P.-Th. WILRICH	Statistische Methoden bei textilen Untersuchungen, 2. neubearbeitete Auflage, Springer Verlag, Berlin/Heidelberg, New York, 1974
7. JURAN, J.M.	Quality Control Handbook, McGraw-Hill Book Company, New York, 3. Auflage, 1969
8. KENDALL, M.G. und W.R. BUCKLAND	A Dictionary of Statistical Terms, Oliver and Boyd, Edinburgh/London, 1960
9. KREYSZIG, E.	Statistische Methoden und ihre Anwendungen, Vandenhoeck & Ruprecht, Göttingen, 1968
10. MACE, A.E.	Sample-Size Determination, Reinhold Publishing Corporation, New York, 1964
11. MÜLLER, P.H.	Wahrscheinlichkeitsrechnung und Mathematische Statistik, Lexikon der Stochastik, Akademie-Verlag, Berlin, 1975

12. NATRELLA, M.G. Experimental Statistics, National Bureau of Standards Handbook 91, U.S. Government Printing Office, Washington, D.C., 1963

13. SAHNER, H. Schließende Statistik, B.G. Teubner, Stuttgart, 1971

14. SMIRNOW, N.W. und I.W. DUNIN-BARKOWSKI Mathematische Statistik in der Technik, VEB Deutscher Verlag der Wissenschaften, Berlin, 1963

15. SOLONIN, I.S. Statistik in der Technologie, VEB Verlag Technik, Berlin, 1965

16. SOOM, E. Einführung in die mathematische Statistik und in die Wahrscheinlichkeitsrechnung, Verlag Hallwag, Bern/Stuttgart, 1967

17. SOOM, E. Varianzanalyse, Regressionsanalyse und Korrelationsrechnung, Verlag Hallwag, Bern/Stuttgart, 1972

18. STANGE, K. Angewandte Statistik, Springer Verlag, Berlin/Heidelberg, New York, 1970

19. STANGE, K. und H.J. HENNING Formeln und Tabellen der mathematischen Statistik, Springer Verlag, Berlin/Heidelberg/New York, 1966

20. STORM, R. Wahrscheinlichkeitsrechnung, mathematische Statistik und statistische Qualitätskontrolle, VEB Fachbuchverlag, Leipzig, 1965

21. WALTER, E. (Herausgeber) Statistische Methoden, Springer Verlag, Berlin/Heidelberg/New York, 1970

22. WAGNER, G. und R. LANG Statistische Auswertung von Meß- und Prüfergebnissen, Ausschuß für wirtschaftliche Fertigung e.V. (AWF), Berlin/Frankfurt, 1968

23. WEBER, E. — Grundriß der biologischen Statistik für Naturwissenschaftler, Landwirte und Mediziner,
VEB Gustav Fischer Verlag, Jena, 1964

Statistische Tafelwerke

1. FISHER, R.A. und F. YATES — Statistical Tables for Biological, Agricultural and Medical Research,
Oliver and Boyd, Edinburgh/London, 1963

2. HALD, A. — Statistical Tables and Formulars,
John Wiley & Sons, New York/London, 1960

3. OWEN, D.B. — Handbook of Statistical Tables,
Pergamon Press, London/Paris, 1962

4. PEARSON, E.S. und H.O. HARTLEY — Biometrika Tables for Statisticians,
University Press, Cambridge, 1966

5. STEGUN, I.A. — Handbook of Mathematical Functions,
Dover Publications, Inc. New York, 1970

14. VORDRUCKE ZUR TECHNISCHEN STATISTIK

	A Maschinelle Kenngrößenberechnung bei kleinen Meßstichproben ($n \lesssim 50$) A	Ablage-Nr.: Bl. v. Blättern

Bezeichnung der Untersuchung:

Bezeichnung des meßbaren Merkmals:	Techn. Einheit der Meßwerte:

(1)	(2)	(3)	(4)	(5)	(6)	Größe der Meßstichprobe
Lfd. Nr. des Meßwertes	Meßwert	x_i^2				
i	x_i	(2) · (2)				n =
1						
2						
3						
4						
5						
6						
7						
8						
9						
10						
11						
12						
13						
14						
15						Bei Meßstichproben mit $n > 20$ Meßwerten verwende man ab Meßwert Nr. 21 die Rückseite dieses Auswertungsbogens und berechne dort $\overline{x}$ und s^2.
16						
17						
18						
19						
20						
X						← Diese Zeile wird Übertrag!

Arithmetischer Mittelwert $\overline{x}$ =	(Summe 2) : n = :
Varianz s^2 =	[(Summe 3) – (Summe 2)^2 : n] : (n – 1) = [– ^{2}:] : = [–] : = [ ] :

Standardabweichung	Größtwert	Kleinstwert	Spannweite
s =	$x_{(n)}$ =	$x_{(1)}$ =	R =
Variationszahl v = ———— · 100 % =			

Bei Meßstichproben mit n > 20 Meßwerten verwende man ab Meßwert Nr. 21 diese Seite des Auswertungsbogens und berechne hier $\overline{x}$ und s^2

(1)	(2)	(3)	(4)	(5)	(6)	Größe der Meßstichprobe
Lfd. Nr. des Meßwertes	Meßwert	x_i^2				
i	x_i	(2) · (2)				n =
Übertrag						
21						
22						
23						
24						
25						
26						
27						
28						
29						
30						
31						
32						
33						
34						
35						
36						
37						
38						
39						
40						
41						
42						
43						
44						
45						
46						
47						
48						
49						
50						
☒						

Arithmetischer Mittelwert $\overline{x}$ =	(Summe 2) : n = :
Varianz s^2 =	[(Summe 3) – (Summe 2)^2 : n] : (n – 1) = [– ^{2} :] : = [–] : = [ ] :

Weitere Kenngrößen siehe Vorderseite

	B Manuelle Kenngrößenberechnung bei kleinen Meßstichproben (n $\lesssim$ 50) B	Ablage-Nr.:
		Bl. v. Blättern

Bezeichnung der Untersuchung:

Bezeichnung des meßbaren Merkmals:	Techn. Einheit der Meßwerte:

(1)	(2)	(3)	(4)	(5)	(6)	(7)	Größe der Meßstichprobe
Lfd. Nr. des Meßwertes	Meßwert	$x_i - a$	$(x_i - a)^2$				
i	x_i	– (2) – +	(3) · (3)				n =
1							Hilfswert
2							
3							
4							a =
5							
6							
7							
8							
9							
10							
11							
12							
13							
14							
15							Bei Meßstichproben mit n > 20 Meßwerten verwende man ab Nr. 21 die Rückseite dieses Auswertungsbogens und berechne damit $\overline{x}$ und s^2.
16							
17							
18							
19							
20							
X	X						← Diese Zeile wird Übertrag!

Arithmetischer Mittelwert $\overline{x}$ =	(Summe 3) : n + a = : + =
Varianz s^2 =	[(Summe 4) – (Summe 3)^2 : n] : (n – 1) = [– ^{2} :] : = [–] : = [ ] :

Standardabweichung	Größtwert	Kleinstwert	Spannweite
s =	$x_{(n)}$ =	$x_{(1)}$ =	R =
Variationszahl v = ———— · 100 % =			

Bei Meßstichproben mit n > 20 Meßwerten verwende man ab Meßwert Nr. 21 diese Seite des Auswertungsbogens und berechne hier $\overline{x}$ und s^2

(1)	(2)	(3)		(4)	(5)	(6)	(7)	
Lfd. Nr. des Meßwertes	Meßwert	$x_i - a$		$(x_i - a)^2$				Größe der Meßstichprobe
i	x_i	− (2) −	+					n =
Übertrag								Hilfswert a =
21								
22								
23								
24								
25								
26								
27								
28								
29								
30								
31								
32								
33								
34								
35								
36								
37								
38								
39								
40								
41								
42								
43								
44								
45								
46								
47								
48								
49								
50								

Arithmetischer Mittelwert $\overline{x}$ =	(Summe 3) : n + a = : + =
Varianz s^2 =	[(Summe 4) − (Summe 3)^2 : n] : (n − 1) = [− ^{2}] : = [−] : = [ ] :

Weitere Kenngrößen siehe Vorderseite

	C Maschinelle Kenngrößenberechnung bei großen Meßstichproben ($n \gtrsim 50$) **C**	Ablage-Nr.:	
		Bl. v. Blättern	

Bezeichnung der Untersuchung:

Bezeichnung des meßbaren Merkmals:	Techn. Einheit der Meßwerte:

(1)	(2)	(3)	(4)	(5)	(6)	(7)	(8)
Lfd. Nr. der Klasse	Klassenmitte	absolute Häufigkeit	$x_j\ n_j$	$x_j^2\ n_j$			
j	x_j	n_j	(2) · (3)	(2) · (4)			
1							
2							
3							
4							
5							
6							
7							
8							
9							
10							
11							
12							
13							
14							
15							
☒	☒	☒					

Größe der Meßstichprobe $n =$	Klassenbreite $w =$	

Arithmetischer Mittelwert $\bar{x} =$	(Summe 4) : n = : = =
Varianz $s^2 =$	$[(\text{Summe 5}) - (\text{Summe 4})^2 : n] : (n-1) = [\quad - \quad ^2 : \quad] :$ $= [\quad - \quad] :$ $= [\quad] :$

Standardabweichung $s =$	Größtwert $x_{(n)} =$	Kleinstwert $x_{(1)} =$	Spannweite $R =$
Variationszahl v $v = \frac{\quad}{\quad} \cdot 100\ \%$ =			

	Sortierbogen für große Meßstichproben (n ≥ 50)	Ablage-Nr.: Bl. v. Blättern

Bezeichnung der Untersuchung:

Bezeichnung des meßbaren Merkmals:	Techn. Einheit der Meßwerte:

Größe der Meßstichprobe n =	Kleinstwert $x_{(1)}$ =	Größtwert $x_{(n)}$ =
Spannweite R =	Klassenzahl k =	Klassenbreite w =

	50	50	50	50	50	50	50	50	50	50	50	50	50	50	50	50	50	50	50	50
	49	49	49	49	49	49	49	49	49	49	49	49	49	49	49	49	49	49	49	49
	48	48	48	48	48	48	48	48	48	48	48	48	48	48	48	48	48	48	48	48
	47	47	47	47	47	47	47	47	47	47	47	47	47	47	47	47	47	47	47	47
	46	46	46	46	46	46	46	46	46	46	46	46	46	46	46	46	46	46	46	46
	45	45	45	45	45	45	45	45	45	45	45	45	45	45	45	45	45	45	45	45
	44	44	44	44	44	44	44	44	44	44	44	44	44	44	44	44	44	44	44	44
	43	43	43	43	43	43	43	43	43	43	43	43	43	43	43	43	43	43	43	43
	42	42	42	42	42	42	42	42	42	42	42	42	42	42	42	42	42	42	42	42
	41	41	41	41	41	41	41	41	41	41	41	41	41	41	41	41	41	41	41	41
	40	40	40	40	40	40	40	40	40	40	40	40	40	40	40	40	40	40	40	40
	39	39	39	39	39	39	39	39	39	39	39	39	39	39	39	39	39	39	39	39
	38	38	38	38	38	38	38	38	38	38	38	38	38	38	38	38	38	38	38	38
	37	37	37	37	37	37	37	37	37	37	37	37	37	37	37	37	37	37	37	37
	36	36	36	36	36	36	36	36	36	36	36	36	36	36	36	36	36	36	36	36
	35	35	35	35	35	35	35	35	35	35	35	35	35	35	35	35	35	35	35	35
	34	34	34	34	34	34	34	34	34	34	34	34	34	34	34	34	34	34	34	34
	33	33	33	33	33	33	33	33	33	33	33	33	33	33	33	33	33	33	33	33
	32	32	32	32	32	32	32	32	32	32	32	32	32	32	32	32	32	32	32	32
	31	31	31	31	31	31	31	31	31	31	31	31	31	31	31	31	31	31	31	31
	30	30	30	30	30	30	30	30	30	30	30	30	30	30	30	30	30	30	30	30
	29	29	29	29	29	29	29	29	29	29	29	29	29	29	29	29	29	29	29	29
	28	28	28	28	28	28	28	28	28	28	28	28	28	28	28	28	28	28	28	28
	27	27	27	27	27	27	27	27	27	27	27	27	27	27	27	27	27	27	27	27
	26	26	26	26	26	26	26	26	26	26	26	26	26	26	26	26	26	26	26	26
	25	25	25	25	25	25	25	25	25	25	25	25	25	25	25	25	25	25	25	25
	24	24	24	24	24	24	24	24	24	24	24	24	24	24	24	24	24	24	24	24
	23	23	23	23	23	23	23	23	23	23	23	23	23	23	23	23	23	23	23	23
	22	22	22	22	22	22	22	22	22	22	22	22	22	22	22	22	22	22	22	22
	21	21	21	21	21	21	21	21	21	21	21	21	21	21	21	21	21	21	21	21
	20	20	20	20	20	20	20	20	20	20	20	20	20	20	20	20	20	20	20	20
	19	19	19	19	19	19	19	19	19	19	19	19	19	19	19	19	19	19	19	19
	18	18	18	18	18	18	18	18	18	18	18	18	18	18	18	18	18	18	18	18
	17	17	17	17	17	17	17	17	17	17	17	17	17	17	17	17	17	17	17	17
	16	16	16	16	16	16	16	16	16	16	16	16	16	16	16	16	16	16	16	16
	15	15	15	15	15	15	15	15	15	15	15	15	15	15	15	15	15	15	15	15
	14	14	14	14	14	14	14	14	14	14	14	14	14	14	14	14	14	14	14	14
	13	13	13	13	13	13	13	13	13	13	13	13	13	13	13	13	13	13	13	13
	12	12	12	12	12	12	12	12	12	12	12	12	12	12	12	12	12	12	12	12
	11	11	11	11	11	11	11	11	11	11	11	11	11	11	11	11	11	11	11	11
	10	10	10	10	10	10	10	10	10	10	10	10	10	10	10	10	10	10	10	10
	9	9	9	9	9	9	9	9	9	9	9	9	9	9	9	9	9	9	9	9
	8	8	8	8	8	8	8	8	8	8	8	8	8	8	8	8	8	8	8	8
	7	7	7	7	7	7	7	7	7	7	7	7	7	7	7	7	7	7	7	7
	6	6	6	6	6	6	6	6	6	6	6	6	6	6	6	6	6	6	6	6
	5	5	5	5	5	5	5	5	5	5	5	5	5	5	5	5	5	5	5	5
	4	4	4	4	4	4	4	4	4	4	4	4	4	4	4	4	4	4	4	4
	3	3	3	3	3	3	3	3	3	3	3	3	3	3	3	3	3	3	3	3
	2	2	2	2	2	2	2	2	2	2	2	2	2	2	2	2	2	2	2	2
	1	1	1	1	1	1	1	1	1	1	1	1	1	1	1	1	1	1	1	1
Klassenuntergrenze x'_{j-1}																				
Klassenobergrenze x'_j																				
Klassenmitte x_j																				
abs. Häufigkeit n_j																				

	D Manuelle Kenngrößenberechnung bei großen Meßstichproben ($n \gtrsim 50$) D	Ablage-Nr.: Bl. v. Blättern

Bezeichnung der Untersuchung:

Bezeichnung des meßbaren Merkmals:	Techn. Einheit der Meßwerte:

(1)	(2)	(3)	(4)	(5)			(6)	(7)	(8)	(9)
Lfd. Nr. der Klasse	Klassenmitte	absulote Häufigkeit	z_j	$z_j\ n_j$			$z_j^2\ n_j$			
j	x_j	n_j		−	(3) · (4)	+	(4) · (5)			
1										
2										
3										
4										
5										
6										
7										
8										
9										
10										
11										
12										
13										
14										
15										

Größe der Meßstichprobe n =	Klassenbreite w =	Hilfswert a =

Arithmetischer Mittelwert $\bar{x}$ =	(Summe 5) · $\frac{w}{n}$ + a = · ——— + = + =
Varianz s^2 =	[(Summe 6) − (Summe 5)^2 : n] · $\frac{w^2}{n-1}$ = [− ^{2} :] · ——— ^{2} = [−] · = [ ] ·

Standardabweichung s =	Größtwert $x_{(n)}$ =	Kleinstwert $x_{(1)}$ =	Spannweite R =
Variationszahl v = ——— · 100 % =			

	Sortierbogen für große Meßstichproben ($n \gtrsim 50$)	Ablage-Nr.: Bl. v. Blättern

Bezeichnung der Untersuchung:		
Bezeichnung des meßbaren Merkmals:		Techn. Einheit der Meßwerte:
Größe der Meßstichprobe n =	Kleinstwert $x_{(1)}$ =	Größtwert $x_{(n)}$ =
Spannweite R =	Klassenzahl k =	Klassenbreite w =

	50	50	50	50	50	50	50	50	50	50	50	50	50	50	50	50	50	50	50	50
	49	49	49	49	49	49	49	49	49	49	49	49	49	49	49	49	49	49	49	49
	48	48	48	48	48	48	48	48	48	48	48	48	48	48	48	48	48	48	48	48
	47	47	47	47	47	47	47	47	47	47	47	47	47	47	47	47	47	47	47	47
	46	46	46	46	46	46	46	46	46	46	46	46	46	46	46	46	46	46	46	46
	45	45	45	45	45	45	45	45	45	45	45	45	45	45	45	45	45	45	45	45
	44	44	44	44	44	44	44	44	44	44	44	44	44	44	44	44	44	44	44	44
	43	43	43	43	43	43	43	43	43	43	43	43	43	43	43	43	43	43	43	43
	42	42	42	42	42	42	42	42	42	42	42	42	42	42	42	42	42	42	42	42
	41	41	41	41	41	41	41	41	41	41	41	41	41	41	41	41	41	41	41	41
	40	40	40	40	40	40	40	40	40	40	40	40	40	40	40	40	40	40	40	40
	39	39	39	39	39	39	39	39	39	39	39	39	39	39	39	39	39	39	39	39
	38	38	38	38	38	38	38	38	38	38	38	38	38	38	38	38	38	38	38	38
	37	37	37	37	37	37	37	37	37	37	37	37	37	37	37	37	37	37	37	37
	36	36	36	36	36	36	36	36	36	36	36	36	36	36	36	36	36	36	36	36
	35	35	35	35	35	35	35	35	35	35	35	35	35	35	35	35	35	35	35	35
	34	34	34	34	34	34	34	34	34	34	34	34	34	34	34	34	34	34	34	34
	33	33	33	33	33	33	33	33	33	33	33	33	33	33	33	33	33	33	33	33
	32	32	32	32	32	32	32	32	32	32	32	32	32	32	32	32	32	32	32	32
	31	31	31	31	31	31	31	31	31	31	31	31	31	31	31	31	31	31	31	31
	30	30	30	30	30	30	30	30	30	30	30	30	30	30	30	30	30	30	30	30
	29	29	29	29	29	29	29	29	29	29	29	29	29	29	29	29	29	29	29	29
	28	28	28	28	28	28	28	28	28	28	28	28	28	28	28	28	28	28	28	28
	27	27	27	27	27	27	27	27	27	27	27	27	27	27	27	27	27	27	27	27
	26	26	26	26	26	26	26	26	26	26	26	26	26	26	26	26	26	26	26	26
	25	25	25	25	25	25	25	25	25	25	25	25	25	25	25	25	25	25	25	25
	24	24	24	24	24	24	24	24	24	24	24	24	24	24	24	24	24	24	24	24
	23	23	23	23	23	23	23	23	23	23	23	23	23	23	23	23	23	23	23	23
	22	22	22	22	22	22	22	22	22	22	22	22	22	22	22	22	22	22	22	22
	21	21	21	21	21	21	21	21	21	21	21	21	21	21	21	21	21	21	21	21
	20	20	20	20	20	20	20	20	20	20	20	20	20	20	20	20	20	20	20	20
	19	19	19	19	19	19	19	19	19	19	19	19	19	19	19	19	19	19	19	19
	18	18	18	18	18	18	18	18	18	18	18	18	18	18	18	18	18	18	18	18
	17	17	17	17	17	17	17	17	17	17	17	17	17	17	17	17	17	17	17	17
	16	16	16	16	16	16	16	16	16	16	16	16	16	16	16	16	16	16	16	16
	15	15	15	15	15	15	15	15	15	15	15	15	15	15	15	15	15	15	15	15
	14	14	14	14	14	14	14	14	14	14	14	14	14	14	14	14	14	14	14	14
	13	13	13	13	13	13	13	13	13	13	13	13	13	13	13	13	13	13	13	13
	12	12	12	12	12	12	12	12	12	12	12	12	12	12	12	12	12	12	12	12
	11	11	11	11	11	11	11	11	11	11	11	11	11	11	11	11	11	11	11	11
	10	10	10	10	10	10	10	10	10	10	10	10	10	10	10	10	10	10	10	10
	9	9	9	9	9	9	9	9	9	9	9	9	9	9	9	9	9	9	9	9
	8	8	8	8	8	8	8	8	8	8	8	8	8	8	8	8	8	8	8	8
	7	7	7	7	7	7	7	7	7	7	7	7	7	7	7	7	7	7	7	7
	6	6	6	6	6	6	6	6	6	6	6	6	6	6	6	6	6	6	6	6
	5	5	5	5	5	5	5	5	5	5	5	5	5	5	5	5	5	5	5	5
	4	4	4	4	4	4	4	4	4	4	4	4	4	4	4	4	4	4	4	4
	3	3	3	3	3	3	3	3	3	3	3	3	3	3	3	3	3	3	3	3
	2	2	2	2	2	2	2	2	2	2	2	2	2	2	2	2	2	2	2	2
	1	1	1	1	1	1	1	1	1	1	1	1	1	1	1	1	1	1	1	1
Klassenuntergrenze x'_{j-1}																				
Klassenobergrenze x'_j																				
Klassenmitte x_j																				
abs. Häufigkeit n_j																				

Gleichförmig geteiltes Wahrscheinlichkeitsnetz (Typ 1)

Ablage-Nr.:

Bl. v. Blättern

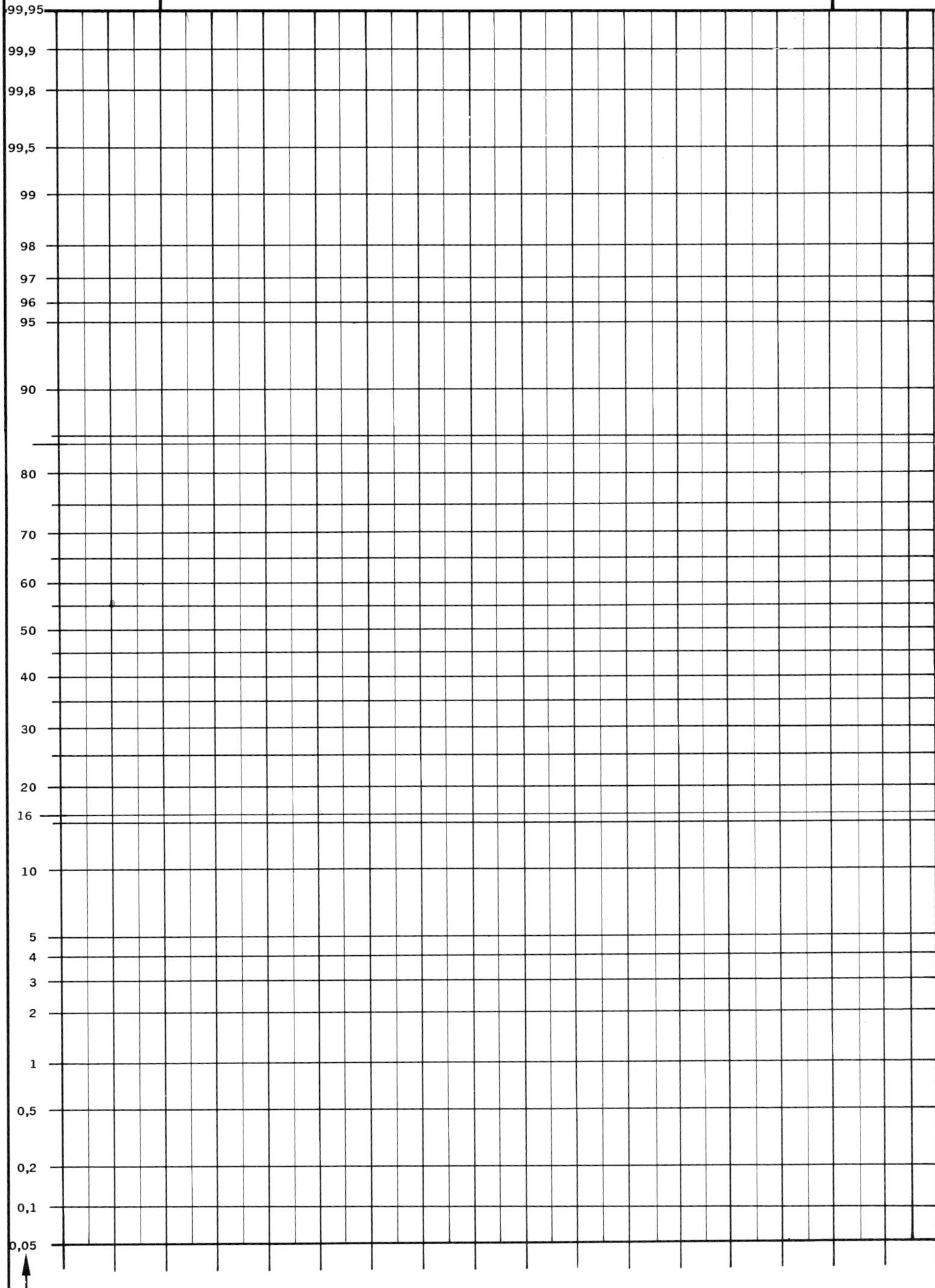

Relative Häufigkeitssumme in Prozent

Bezeichnung des meßbaren Merkmals:

Techn. Einheit der Meßwerte:

	Gleichförmig geteiltes Wahrscheinlichkeitsnetz (Typ 2; n = 10)	Ablage-Nr.:
		Bl. v. Blättern

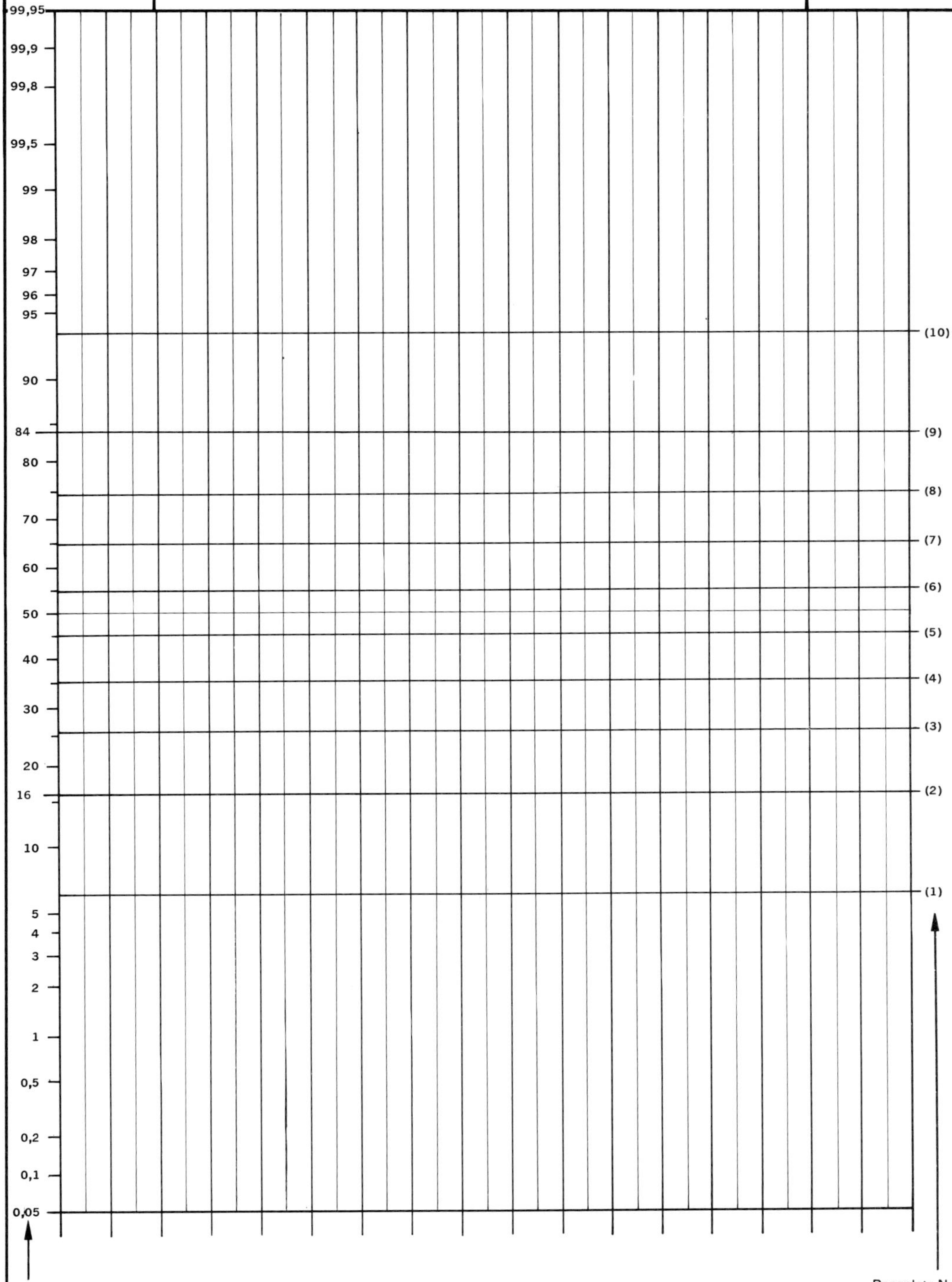

Bezeichnung des maßbaren Merkmals:	Techn. Einheit der Meßwerte:

Gleichförmig geteiltes Wahrscheinlichkeitsnetz
(Typ 2; n = 15)

Ablage-Nr.:

Bl. v. Blättern

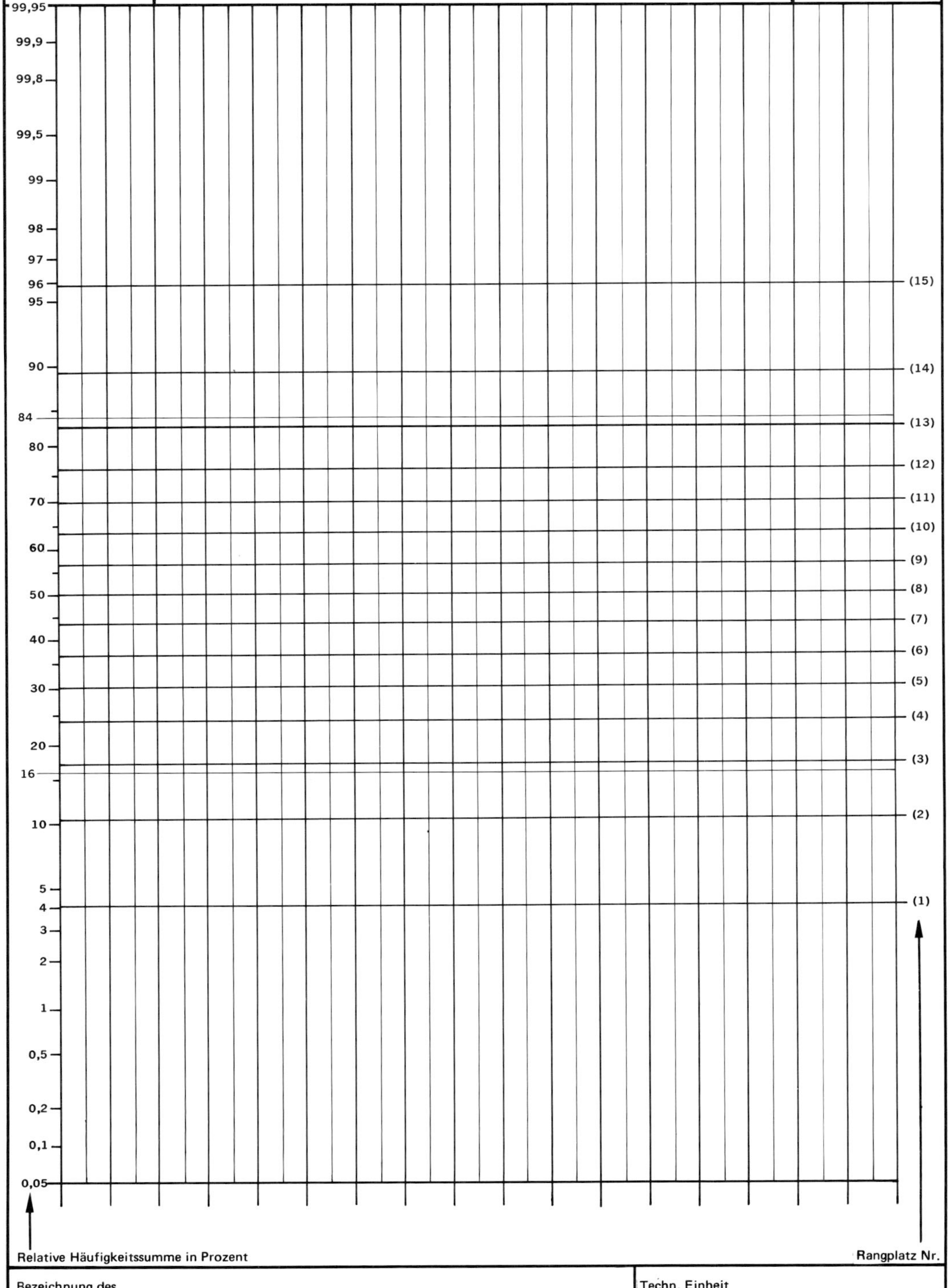

Bezeichnung des meßbaren Merkmals:

Techn. Einheit der Meßwerte:

	Gleichförmig geteiltes Wahrscheinlichkeitsnetz (Typ 2; n = 20)	Ablage-Nr.: Bl. v. Blättern

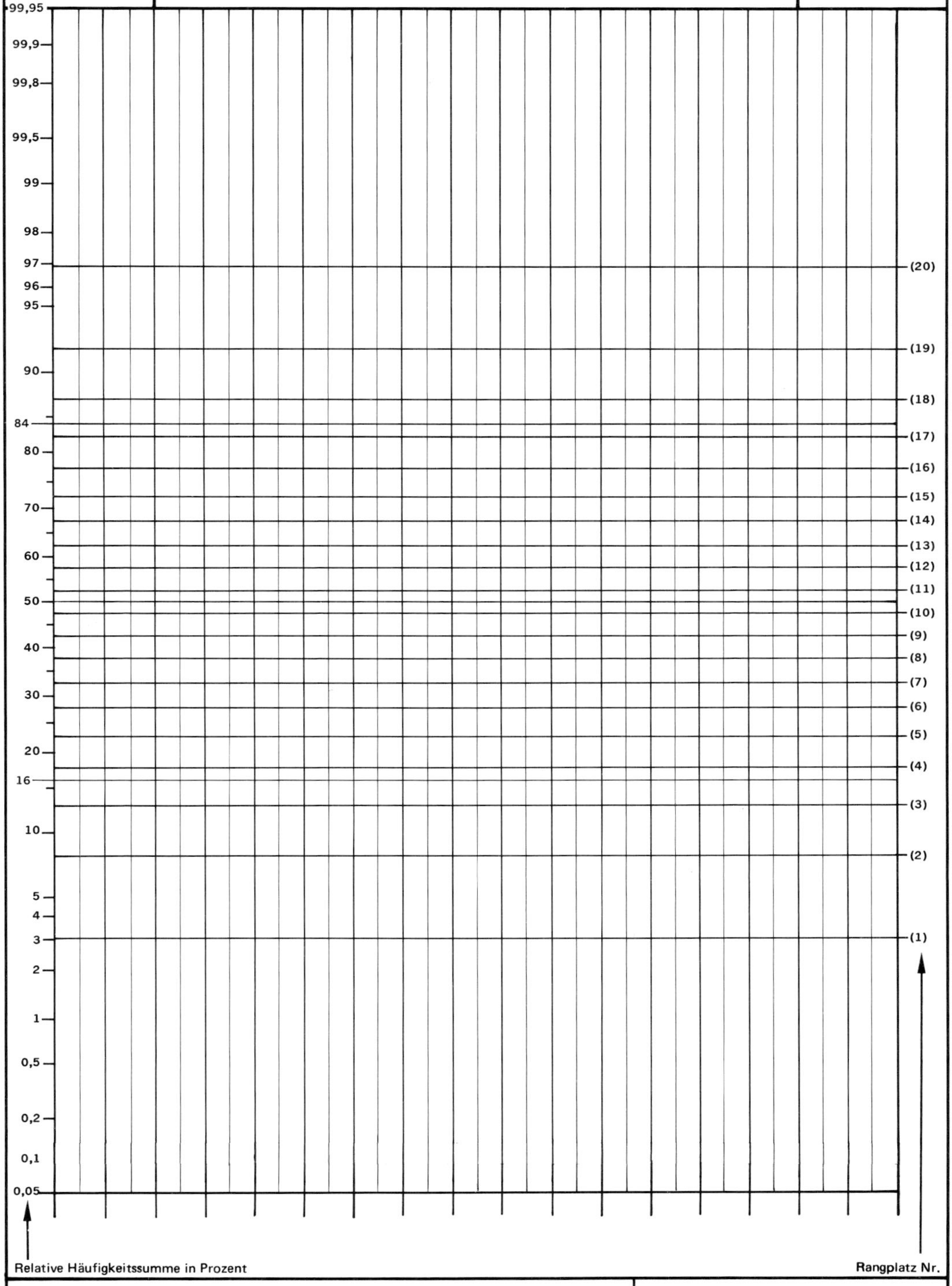

Bezeichnung des meßbaren Merkmals:	Techn. Einheit der Meßwerte:

Gleichförmig geteiltes Wahrscheinlichkeitsnetz
(Typ 2; n = 25)

Ablage-Nr.:

Bl. v. Blättern

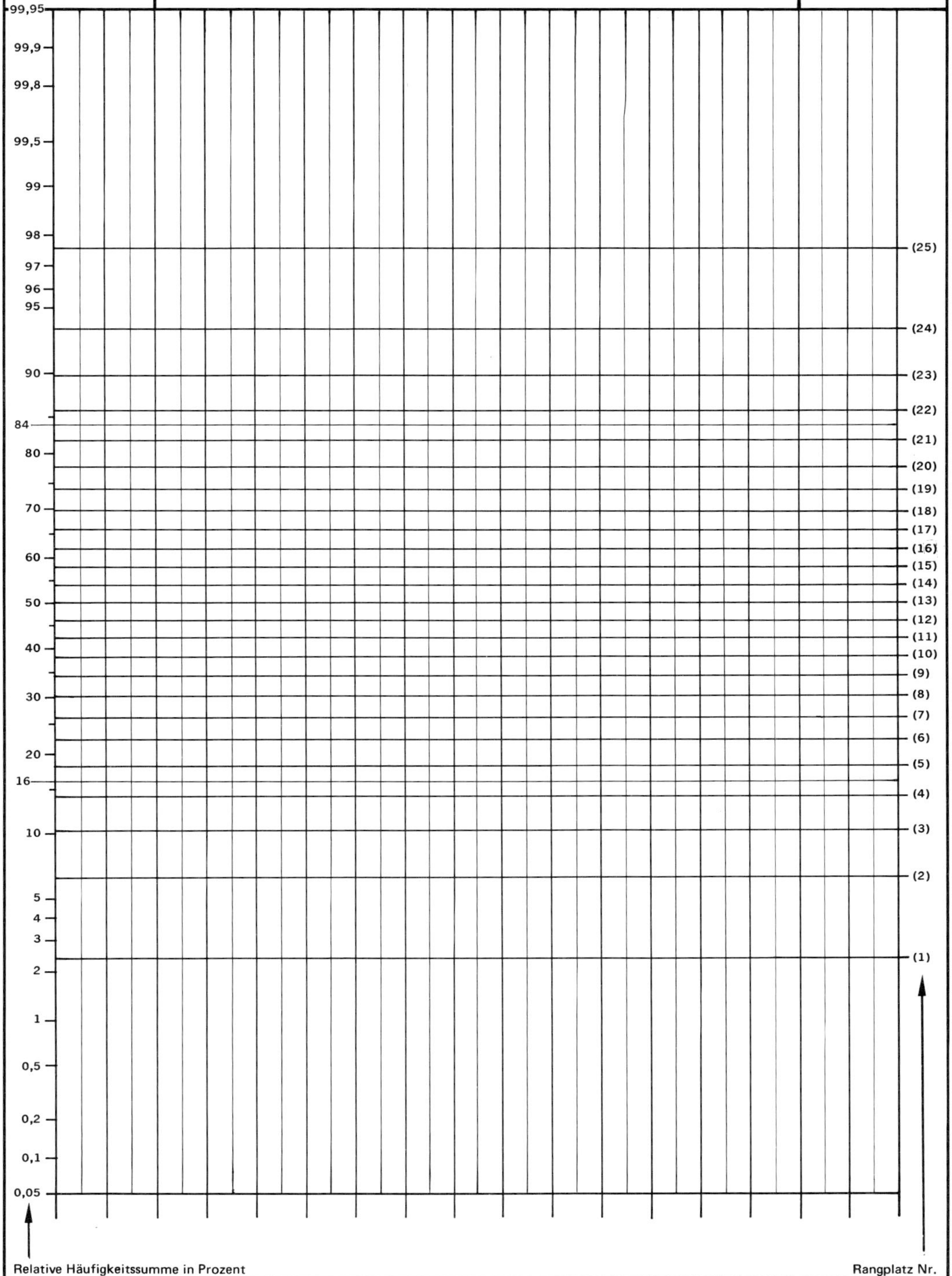

Bezeichnung des meßbaren Merkmals:

Techn. Einheit der Meßwerte:

	Gleichförmig geteiltes Wahrscheinlichkeitsnetz (Typ 2; n = 30)	Ablage-Nr.:
		Bl. v. Blättern

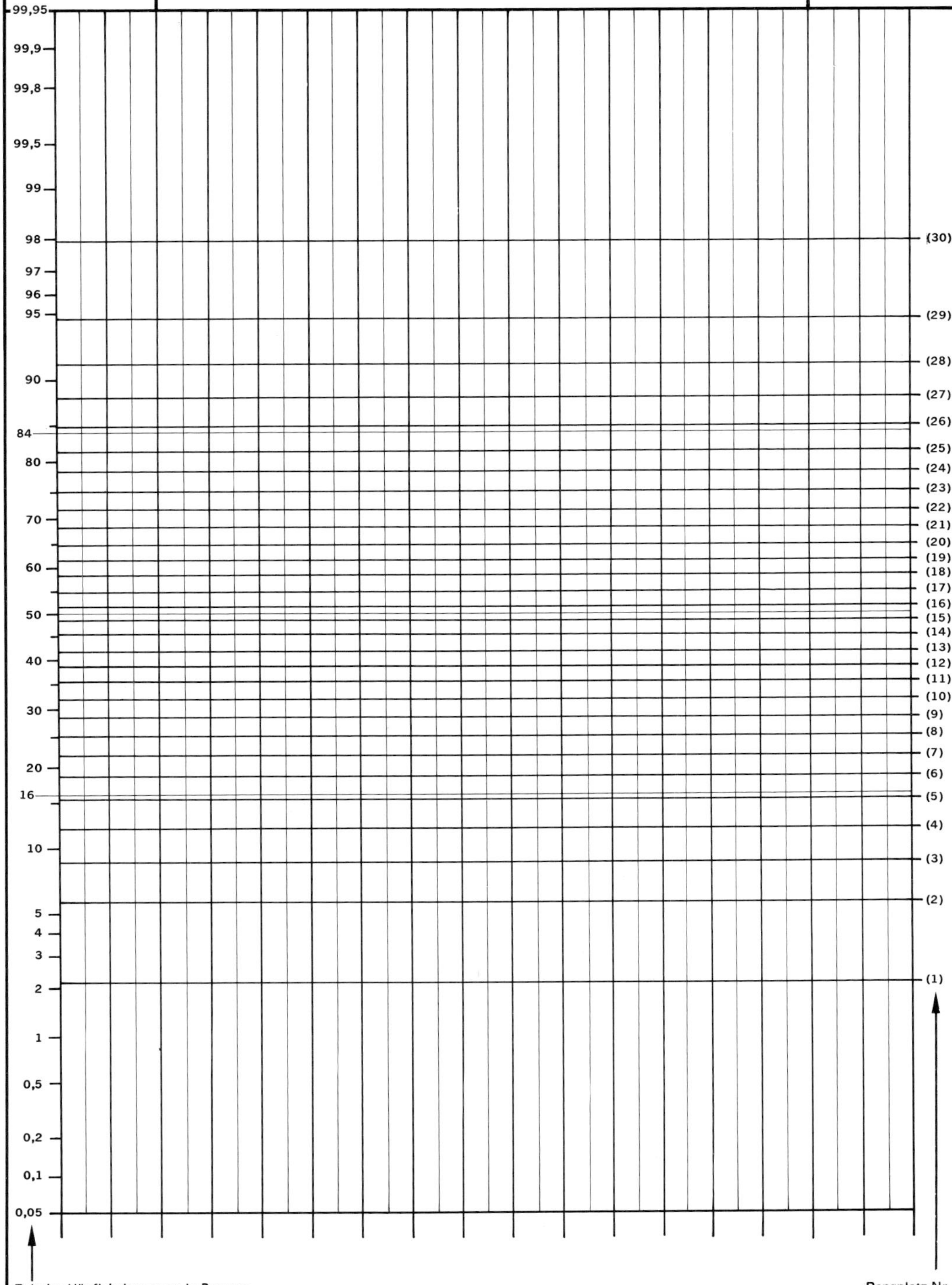

Bezeichnung des meßbaren Merkmals:	Techn. Einheit der Meßwerte:

Gleichförmig geteiltes Wahrscheinlichkeitsnetz
(Typ 2; n = 40)

Ablage-Nr.:

Bl. v. Blättern

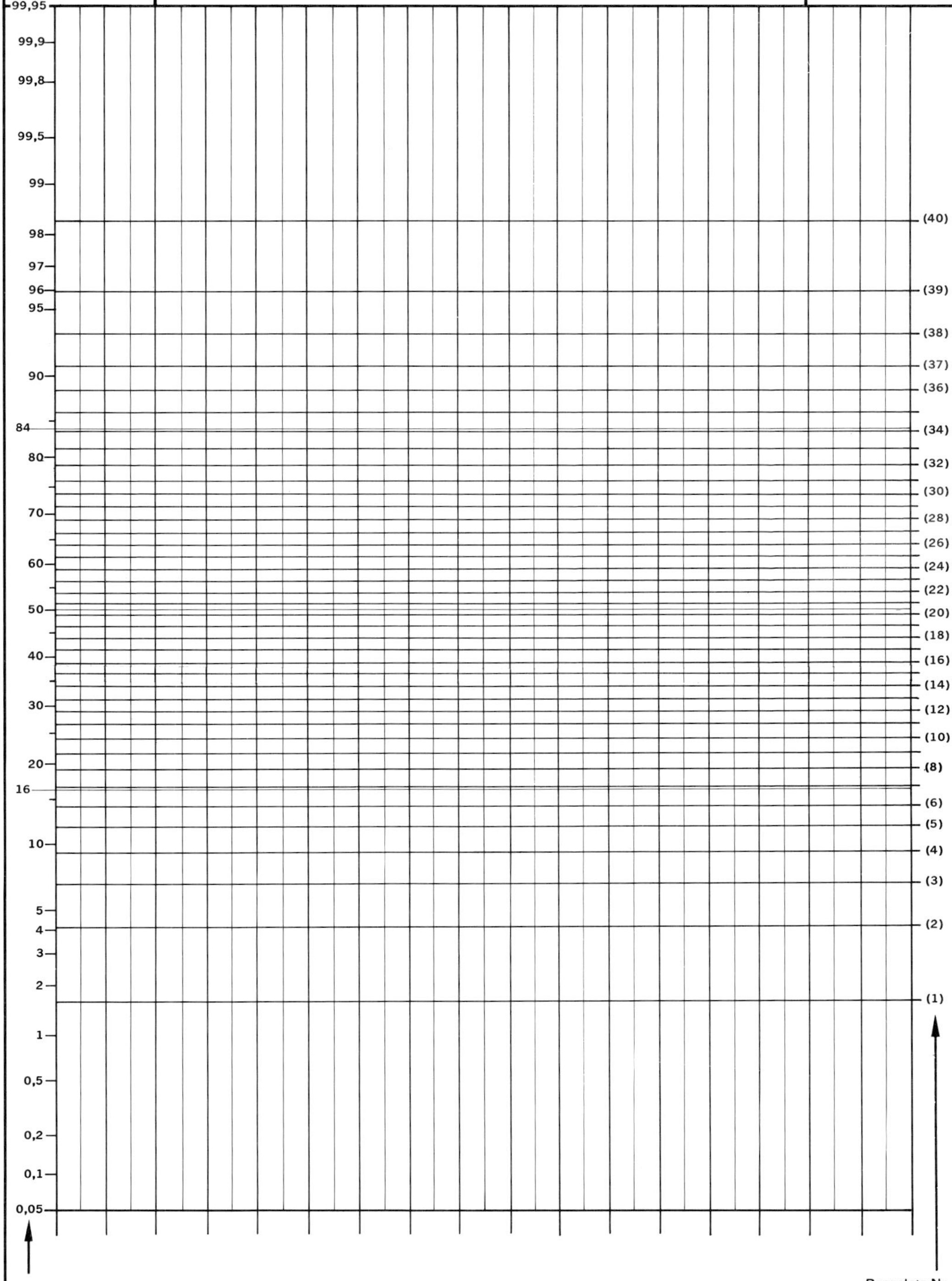

Bezeichnung des meßbaren Merkmals:

Techn. Einheit der Meßwerte:

	STATISTISCHE AUSWERTUNG **Zusammenstellungsbogen**	Ablage-Nr.: Blatt von Blättern

Bezeichnung der Untersuchung:		
Bezeichnung des meßbaren Merkmals:		
	Stat. Sicherheit: $1-\alpha$ = %	Stichprobengröße: n =

zu beurteilende Meßwerte

1	2	3	4	5	6	7	8	9	0

Stichprobenkenngrößen

Arithm. Mittelwert $\bar{x}$ =	Zentralwert $\tilde{x}$ =	Kleinstwert x_{min} =	Größtwert x_{max} =	Einfache Spannweite R =
Mittlere Spannweite $\bar{R}$ =	Varianz s^2 =	Standardabweichung s =	Streuzahl z = %	Variationszahl v = %

Prüfung auf Zufälligkeit

H_0: Die Meßwerte sind zufällig angeordnet		H_1: Die Meßwerte sind nicht zufällig angeordnet	
Prüfgröße z =	Schwellenwert(e) Z =		H_0 wird nicht widerlegt
			H_0 wird zugunsten von H_1 verworfen*)

Prüfung auf Normalverteilung

H_0: Die Meßwerte sind aus einer Normalverteilung		H_1: Die Meßwerte sind nicht aus einer Normalverteilung	
Prüfgröße z =	Schwellenwert Z =		H_0 wird nicht widerlegt
			H_0 wird zugunsten von H_1 verworfen*)

Prüfung auf Ausreißer

H_0: Die Meßwerte enthalten keine Ausreißer		H_1: Die Meßwerte enthalten Ausreißer	
Prüfgröße z =	Schwellenwert Z =		H_0 wird nicht widerlegt
			H_0 wird zugunsten von H_1 verworfen*)

Genauigkeitsbeurteilung

	Variationszahlverfahren		Streuzahlverfahren
Erzielte Genauigkeit ϵ = %	Erforderliche Genauigkeit ϵ' = %		Die erzielte Genauigkeit ist ausreichend
			Die erzielte Genauigkeit ist nicht ausreichend*)

***) Bemerkungen**

	Eine weitere unmittelbare Auswertung dieser Meßwerte sollte nicht erfolgen.
	Die Meßwerte sollten entmischt werden.
	Die Meßwerte sollten transformiert werden; vorgeschlagene Transformationen:
	Der Kleinstwert und/oder Größtwert ist Ausreißer.
	Die erzielte Genauigkeit sollte durch Verringerung der Streuung verbessert werden.
	Die erzielte Genauigkeit sollte durch voraussichtlich n' = erforderliche Meßwerte gewährleistet werden.

	Datum:	Geprüft:	Datum:

	Vordrucksatz zur einfachen linearen Regressionsrechnung von Dr. B. John, REFA-Institut Darmstadt	Blatt 1

Problembeschreibung

Definition der Zielgröße

y ≙

Definition der Einflußgrößen

x ≙

k = konstante Einflußgröße	w = wesentliche Einflußgröße	u = unwesentliche Einflußgröße

	Tabellarische Standardform für die einfache lineare Regression	Blatt 2

(1)	(2)	(3)	(4)	(5)	(6)
Lfd.Nr. des Datensatzes	Wert der Einflußgröße	Wert der Zielgröße	x_i^2	$x_i y_i$	y_i^2
i	x_i	y_i	(2)·(2)	(2)·(3)	(3)·(3)
n =	$\sum x_i$ =	$\sum y_i$ =	$\sum x_i^2$ =	$\sum x_i y_i$ =	$\sum y_i^2$ =

	Graphisch-rechnerische Auswertung der Daten	Blatt 3

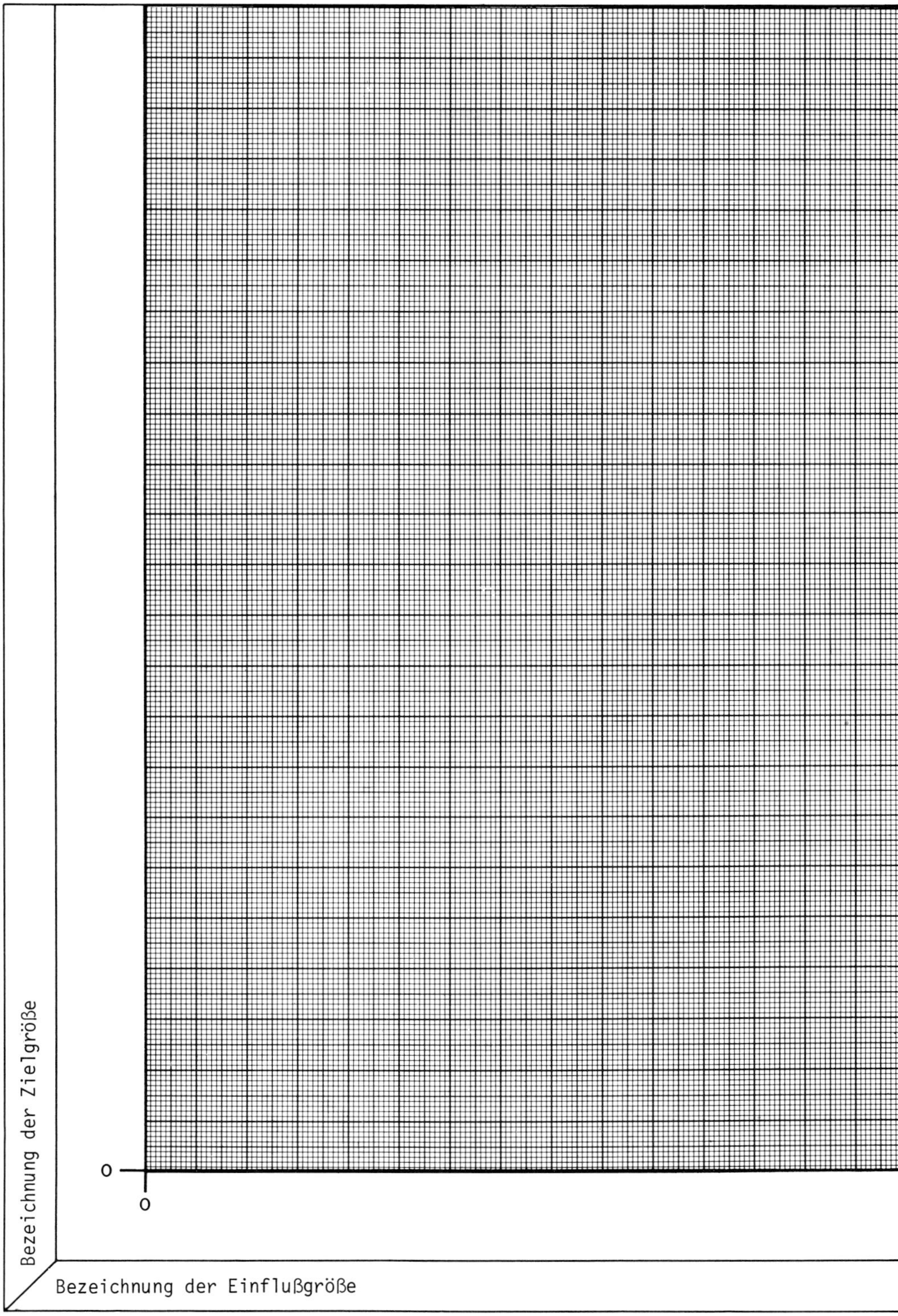

1. Erfaßte Wertepaare $(x_i;y_i)$ in das obige Koordinatensystem eintragen.
2. Ausgleichsgerade zeichnen, so daß die senkrechten Abstände der eingetragenen Wertepaare $(x_i;y_i)$ zur Ausgleichsgeraden möglichst klein ausfallen.
3. Zwei möglichst weit voneinander entfernte Punkte auf der Ausgleichsgeraden festlegen.
4. Links liegenden Punkt mit P_1, rechts liegenden mit P_2 bezeichnen.
5. Koordinaten von P_1 und P_2 ablesen

P_1:	x_1 =	y_1 =
P_2:	x_2 =	y_2 =

6. Formel für die Ausgleichsgerade (individuelle Regressionsgerade) berechnen

$$y(x) = y_1 + \frac{y_2 - y_1}{x_2 - x_1}(x - x_1)$$

$$= \qquad + \frac{\quad - \quad}{\quad - \quad}(x - \qquad)$$

$$= \qquad + \underline{\qquad\qquad} x - \underline{\qquad\qquad}.$$

y(x) =

Gültigkeitsbereich: $\quad \leq x \leq$

	Auswertung der Daten mittels einfacher linearer Regressionsrechnung	Blatt 5

Auswertung der Stichprobe

1. Spalten für x_i^2, x_iy_i und y_i^2 einrichten und berechnen

2. Spaltensummen berechnen

$n =$	$\sum x_i =$	$\sum y_i =$
$\sum x_i^2 =$	$\sum x_iy_i =$	$\sum y_i^2 =$

3. Mittelwert der Einfluß- und Zielgröße berechnen

Mittelwert der Einflußgröße $\bar{x} = \frac{1}{n}\sum x_i =$ ______________ $=$ [ ]

Mittelwert der Zielgröße $\bar{y} = \frac{1}{n}\sum y_i =$ ______________ $=$ [ ]

4. Summe der quadrierten Abweichungen (SdqA) S_x^2, S_{xy} und S_y^2 berechnen

$S_x^2 = \sum x_i^2 - \frac{1}{n}(\sum x_i)^2 =$ $-$ ______________ $=$ [ ]

$S_y^2 = \sum y_i^2 - \frac{1}{n}(\sum y_i)^2 =$ $-$ ______________ $=$ [ ]

$S_{xy} = \sum x_iy_i - \frac{1}{n}(\sum x_i \cdot \sum y_i) =$ $-$ ______________ $=$ [ ]

5. Varianzen berechnen

$s_x^2 = \frac{1}{n-1} \cdot S_x^2 =$ ______________ $=$ [ ]

$s_y^2 = \frac{1}{n-1} \cdot S_y^2 =$ ______________ $=$ [ ]

$s_{xy} = \frac{1}{n-1} \cdot S_{xy} =$ ______________ $=$ [ ]

(Kovarianz)

6. Standardabweichungen berechnen

$s_x = +\sqrt{s_x^2} = \sqrt{}$ = [ ]

$s_y = +\sqrt{s_y^2} = \sqrt{}$ = [ ]

7. Parameter der Regressionsgerade berechnen

Regressionskoeffizient $b = \frac{S_{xy}}{S_x^2}$ = ________________ = [ ]

Absolutglied $a = \frac{1}{n}\left[\sum_i y_i - b\sum_i x_i\right]$ =

$= [\quad - \quad \cdot \quad]:$ = [ ]

Die Regressionsgerade lautet:

$y(x) = a + bx =$ [ ]

Gültigkeitsbereich: $\leqq x \leqq$

8. Fehlerquadratsumme berechnen

$Q = S_y^2 - \frac{(S_{xy})^2}{S_x^2} =$ - ________________ = [ ]

9. Restvarianz und -standardabweichung berechnen

$s_R^2 = \frac{1}{n-2} \cdot Q =$ ________________ = [ ]

$s_R = +\sqrt{s_R^2} = +\sqrt{}$ = [ ]

10. Korrelationszahl und Bestimmtheitsmaß berechnen

$r = \frac{s_{xy}}{s_x \cdot s_y}$ = ________________ = [ ]

$B = r^2 \cdot 100\% = \frac{(S_{xy})^2}{S_x^2 \cdot S_y^2} \cdot 100\% =$ ________________ $\cdot 100\%$ = [%]

	Auswertungs- und Testverfahren für das Absolutglied	Blatt 7

1. Formulierung der Hypothesen H_0 und H_1

H_0: $\alpha = 0$	H_1: ☐ $\alpha > 0$ ☐ $\alpha < 0$ ☐ $\alpha \neq 0$

2. Prüfung der Reste auf Zufälligkeit, Normalverteilung und Ausreißer

siehe Anlage-Nr. ☐

3. Berechnung der Prüfgröße z

$$z = \frac{a}{\sqrt{\frac{Q}{(n-2)S_x^2}}}\sqrt{\frac{n}{\sum x_i^2}} = \frac{\quad}{\sqrt{\quad}}\sqrt{\quad} = \boxed{\quad}$$

4. Aufsuchen des Schwellenwertes Z

$1 - \alpha =$	$f = n - 2 =$	$Z = t_{1-\quad;f} =$ aus T4

5. Vergleich von Prüfgröße z und Schwellenwert Z

Da z Z ausfiel, wird H_0 zugunsten von H_1 nicht verworfen, d.h.

6. Berechnung von Vertrauensbereich und erzielter Genauigkeit für das Absolutglied

$$\alpha_{UNTEN}^{OBEN} = a \pm t_{1-(\frac{\alpha}{2});f} \cdot \sqrt{\frac{\sum x_i^2}{n}} \cdot \sqrt{\frac{Q}{(n-2) \cdot S_x^2}} \quad \text{mit } t_{1-(\alpha/2);f} = \boxed{\quad}$$

(aus Tabelle T4)

$$= \quad \pm \quad \cdot\sqrt{\quad} \cdot \sqrt{\quad} = \boxed{\quad \pm \quad}$$

α_{UNTEN} = ☐

α_{OBEN} = ☐

Erzielte Genauigkeit

$$\varepsilon_\alpha = \frac{\boxed{t \cdot \sqrt{\quad} \cdot \sqrt{\quad}}}{|a|} \cdot 100\% = \frac{\boxed{\quad}}{\quad} \cdot 100\% = \boxed{\quad \%}$$

	Auswertungs- und Testverfahren für den Regressionskoeffizienten	Blatt 8

1. Formulierung der Hypothesen H_0 und H_1

H_0: $\beta = 0$	H_1: ☐ $\beta > 0$ ☐ $\beta < 0$ ☐ $\beta \neq 0$

2. Prüfung der Reste auf Zufälligkeit, Normalverteilung und Ausreißer

siehe Anlage Nr. ☐

3. Berechnung der Prüfgröße z

$$z = \frac{b}{\sqrt{\frac{Q}{(n-2)S_x^2}}} = \frac{\quad}{\sqrt{\frac{\quad}{\quad}}} = \square$$

4. Aufsuchen des Schwellenwertes Z

$1 - \alpha =$ %	$f = n - 2 =$	$Z = t_{1- \;;f} =$ aus Tabelle T4

5. Vergleich von Prüfgröße z und Schwellenwert Z

Da z Z ausfiel, wird H_0 zugunsten von H_1 nicht verworfen, d.h.

6. Berechnung von Vertrauensbereich und erzielter Genauigkeit für den Regressionskoeffizienten

$$\beta_{UNTEN}^{OBEN} = b \pm t_{1-(\frac{\alpha}{2});f} \cdot \sqrt{\frac{Q}{(n-2)S_x^2}} \quad \text{mit } t_{1-(\alpha/2);f} = \square$$

(aus Tabelle T4)

$$= \quad \pm \quad \cdot \sqrt{\frac{\quad}{\quad}} = \square \pm \square$$

$\beta_{UNTEN} =$ ☐

$\beta_{OBEN} =$ ☐

Erzielte Genauigkeit

$$\varepsilon_\beta = \frac{\boxed{t \cdot \sqrt{\quad}}}{|b|} \cdot 100\% = \frac{\square}{\quad} \cdot 100\% = \square\ \%$$

3. Vertrauensbereich und erzielte Genauigkeit für Werte der Regressionsfunktion berechnen

$$\mu(x)_{UNTEN}^{OBEN} = y(x) \pm \underbrace{t_{1-(\frac{\alpha}{2});f} \cdot \sqrt{\frac{Q}{(n-2)\cdot s_x^2}} \cdot \sqrt{\frac{s_x^2}{n} + (x - \bar{x})^2}}\quad *)$$

Erzielte Genauigkeit

$$\varepsilon_\mu = \frac{\boxed{}}{y(x)} \cdot 100\%$$

(1)	(2)	(3)	(4)	(5)	(6)	(7)
x	$y(x)$	$\sqrt{\frac{s_x^2}{n} + (x-\bar{x})^2}$	$t_{1-(\frac{\alpha}{2});f} \cdot \sqrt{} \cdot \sqrt{}$	$\mu(x)_{UNTEN}$	$\mu(x)_{OBEN}$	ε_μ in %
			· ·(3)	(2)-(4)	(2)+(4)	[(4):(2)]·100%

*) $t_{1-(\frac{\alpha}{2});f}$ s. Fußnote zu 2.1